특별하게 독일
Germany

특별하게 독일

지은이 이민정
초판 발행일 2022년 11월 15일
개정판 발행일 2025년 2월 20일

기획 및 발행 유명종
편집 이지혜
디자인 이다혜, 이민
조판 신우인쇄
용지 에스에이치페이퍼
인쇄 신우인쇄

발행처 디스커버리미디어
출판등록 제 2021-000025(2004. 02. 11)
주소 서울시 마포구 연남로5길 32, 202호
전화 02-587-5558

ISBN 979-11-88829-48-4 13980

특별하게 독일
Germany

지은이 이민정

디스커버리미디어

개정판을 내면서

너무 바쁘거나 지루한 일상을 보낼 때, 우리는 모든 걸 던져 놓고 나라 밖으로 훌쩍 떠나고 싶은 마음이 든다. 낯선 풍경과 익숙하지 않은 언어, 계획대로만 흘러가지 않는 스케줄에 당황할 때도 있지만, 여행하는 매 순간의 경험은 살아있음을 느끼게 해주는 기분 좋은 자극이 된다. 새로운 곳에서 평소의 내가 아닌 모습으로 있을 수 있는 시간. 여행은 우리를 설레게 하는 마법 같은 힘을 지니고 있다.

독일은 방문하는 도시마다 색다른 매력을 만날 수 있는 특별한 나라이다. 여행자들 사이에서 재방문 의사가 유난히 높다. 중세도시의 매력부터 맥주, 미술, 스포츠, 힙스터 문화 등 주제를 정해 테마 여행을 계획하거나 유럽 여행의 기착지로 방문하는 한국 여행자도 매년 증가하는 추세이다. 먼 길을 떠나는 걱정과 설렘을 가진 독자들을 위해 여행 준비 단계부터 귀국할 때까지 필요한 필수 정보를 자세하게 담았다.

이 책은 독일의 주요 도시들의 관광 명소, 박물관과 미술관 그리고 맛집, 카페를 집중적으로 소개하고 있다. 베를린에 거주하는 친구들과 각 도시 관광청 직원들에게 많은 도움을 받았다. 취재하면 할수록 독일의 새로운 매력을 발견할 수 있어서 작업 내내 즐거웠다. 유명한 여행지들은 잘못 알려진 정보가 있는지 꼼꼼히 살폈고, 더불어 정확하고 많은 이야기를 담으려고 노력했다. 처음 독일을 여행하는 사람의 입장이 되어 상세하게 설명하고자 애썼고, 가장 최근의 운영시간과 요금 정보를 담기 위해 꼼꼼하게 체크했다. 베를린부터

함부르크까지 유명 명소의 역사부터 통일, 예술, 항구, 맥주, 중세 등 각 도시가 갖고 있는 차별적인 매력과 스토리, 감성을 함께 담아 내기 위해 노력했다. <특별하게 독일> 개정판이 당신의 독일 여행을 빛내주는 멋진 동행이 되길 바란다.

책을 준비하면서 평범한 우리의 일상이 통제될 수 있는 아찔한 일을 경험했다. 사랑하는 이와 함께할 수 있는 별다른 것 없는 일상이 얼마나 소중한지, 나중을 기약하며 오늘의 일을 미루지 말고 현재를 살아야 함을 다시 한번 깨닫는다. 나와 독자들에게 이번 해가 기약 없는 내일이 아닌 언제든지 떠날 수 있는 용기가 주어지는 도전적인 해가 되길 희망한다.

항상 응원해 주고 힘이 되어주는 가족들과 친구들, 작업 속도가 더딘 나를 기다려주는 유명종 편집장님과 디스커버리미디어 식구들에게 감사의 인사를 전한다. 친절한 응대와 멋진 사진을 제공해 준 뮌헨 관광청의 Maximilian bergcr, 프랑크푸르트 관광청의 Leona Flach, 뒤셀도르프 관광청의 Franziska Vogel과 로맨틱 가도 관광부의 Jürgen Wünschenmeyer 그리고 취재에 도움을 준 모든 분께 감사드린다.

2025년 새해, 이민정

Contents
목차

PART 3 베를린 Berlin

미테 지구 Mitte

포츠다머 광장 지구 Potsdamer Platz

알렉산더 광장 지구 Alexander Platz

프렌츠라우어베르크 지구 Prenzlauerberg

크로이츠베르크 & 프리드리히샤인 지구 Kreuzberg & Friedrichshain

샤를로텐부르크 지구 Charlottenburg

PART 6 퀼른 Köln

PART 7 뒤셀도르프 Düsseldorf

PART 1

독일 여행 준비

여행 전에 알아야 할 필수정보 8가지
독일의 지역과 주요 도시를 안내하는 '독일 한눈에 보
기'부터 여행 전에 꼭 알아야 할 독일 Q&A, 여행자가
꼭 알아야 할 상식과 에티켓, 코로나 검역 정보, 여행
준비와 실전 팁, 일정과 도시별 추천 코스까지 독일 여
행에 필요한 필수 정보 8가지를 상세하게 안내합니다.

일러두기
『특별하게 독일』 100% 활용법

독자 여러분의 독일 여행이 더 즐겁고, 더 특별하길 바라며
이 책의 특징과 구성, 그리고 활용법을 알려드립니다.
『특별하게 독일』이 친절한 가이드이자 멋진 동행이 되길 기대합니다.

① 이렇게 구성됐습니다

휴대용 대형 여행지도 + 여행 준비를 위한 필수 정보 + 독일을 특별하게 즐기는 방법 18가지
+ 도시별 여행 정보 + 실전에 꼭 필요한 여행 독일어와 여행 영어

『특별하게 독일』은 크게 특별부록과 본문, 권말부록으로
구성돼 있습니다. 특별부록은 베를린, 뮌헨, 프랑크푸르
트의 휴대용 대형 여행지도로 이루어져 있습니다. 본문
은 여행 준비를 위한 필수 정보, 명소·음식·체험·쇼핑 등
6가지 주제로 독일을 특별하게 즐기는 방법 18가지, 독
일의 12개 주요 도시의 여행 정보가 중심을 이루고 있습
니다. 특히, 베를린·뮌헨·프랑크푸르트·함부르크·하이
델베르크 등 가장 인기가 많은 12개 도시의 교통편부터
꼭 가야 할 명소와 맛집, 쇼핑 정보까지 자세하게 소개

합니다. 실전에 꼭 필요한 여행 독일어와 영어 회화를 담은 권말부록도 주목해주세요. 때와 상황, 장소에 따라 필요
한 필수 단어와 회화 예제를 50페이지에 걸쳐 자세하게 담았습니다.

② 특별부록 : 휴대용 대형 여행지도

관광지·전망 명소·맛집·체험·쇼핑 스폿을 모두 담은 베를린 대형 여행지도
+ 추천 코스까지 담은 뮌헨 여행지도 +추천 코스까지 담은 프랑크푸르트 여행지도

휴대용 특별부록엔 모두 세 가지 지도를 담았습니다.
먼저, 베를린 전체를 한눈에 보기 딱 좋은 대형 여행지
도를 주목해주세요. 관광지·전망 명소·맛집·카페·체험·
쇼핑 스팟 등 『특별하게 독일』에 나오는 베를린의 모
든 장소를 아이콘과 함께 실었습니다. 명소 앞엔 카메
라 아이콘을, 맛집엔 포크와 나이프, 카페와 베이커리
엔 커피잔 아이콘을 함께 표기했습니다. 지도를 펼쳐
아이콘을 확인하면 스폿의 위치와 성격을 금방 알 수
있습니다. 대형지도 뒷면엔 뮌헨과 프랑크푸르트의 여

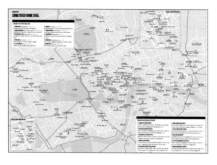

행지도를 실었습니다. 휴대용 특별부록은 공항에 도착하는 순간부터 독일 주요 도시의 여행을 마칠 때까지 독자
여러분에게 나침반 역할을 해줄 것입니다.

③ 독일 여행 준비를 위한 필수 정보
여행 전에 알아야 할 Q&A 8 + 출국과 입국 정보 + 현지 교통 정보 + 월별 날씨와 기온
+ 꼭 필요한 교통카드와 여행 앱 + 추천 숙소 + 일정별 추천 코스

독일 여행 준비를 위한 필수 정보는 여행계획을 설계하는 단계부터 실제로 여행하는 데 필요한 모든 정보를 상세하게 안내합니다. 독일 한눈에 보기, 키워드로 읽는 독일 역사, 독일 여행자가 꼭 알아야 할 상식과 에티켓, 짐 싸기 체크리스트, 출국과 입국 정보, 여행 전에 알아야 할 Q&A 8, 현지 교통 정보, 월별 날씨와 기온, 꼭 필요한 여행 앱과 교통카드, 위급 상황 시 대처법, 코로나 검역 정보, 추천 숙소, 일정별 추천 코스 등 여행에 필요한 모든 정보를 자세하게 담았습니다.

④ 독일 하이라이트 : 독일을 특별하게 여행하는 18가지 방법
인기 명소 베스트 + 로맨틱 가도 + 독일에서 꼭 먹어야 할 음식 + 도시별 최고 맛집
+ 독일 맥주와 분데스리가 즐기기 + 꼭 사야 할 기념품 리스트

독일 하이라이트를 주목해주세요. 독일을 특별하게 여행하는 18가지 방법을 안내합니다. 독자의 취향과 일정을 고려하여 독일을 즐기는 다양한 방법을 제안합니다. 인기 명소 베스트, 도시별 최고 전망 스폿, 중세 도시로 떠나는 낭만 여행, 크리스마스 마켓 투어, 독일에서 꼭 먹어야 할 음식, 도시별 베스트 맛집, 독일 여행자를 위한 맥주 상식, 양조장으로 떠나는 맥주 여행, 옥토버페스트 등 독일에서 축제 즐기기, 독일에서 꼭 사야 할 기념품 베스트 10, 분데스리가 제 ᄃᆙ브 즐기기, 독일의 의류·신발 사이즈 . 18가지 맞춤 주제 중에서 당신에게 딱 맞는 여행 프로그램을 골라보세요.

⑤ 12개 도시 여행 정보 + 실전 여행 독일어와 여행 영어
베를린 + 뮌헨 + 프랑크푸르트 + 함부르크 + 쾰른 + 하이델베르크
+ 퓌센 + 드레스덴 + 라이프치히 + 뒤셀도르프 + 뉘른베르크 + 포츠담

도시별 여행 정보는 『특별하게 독일』의 중심 콘텐츠입니다. 유럽에서 가장 핫한 도시 베를린, 축구와 맥주의 도시 뮌헨, 괴테의 도시 프랑크푸르트, 사랑과 학문의 도시 하이델베르크, 고성의 도시 퓌센, 음악의 도시 라이프치히…… 여행자에게 가장 사랑받는 12개 도시의 여행 정보를 자세하게 안내합니다. 명소는 물론 명소에 얽힌 숨겨진 스토리와 인물 이야기, 맛집과 카페, 체험과 쇼핑 정보, 교통편까지 빠짐없이 담았습니다. 당신이 원하는 독일 여행, 『특별하게 독일』이 '특별하게' 안내합니다.

독일 한눈에 보기

1 베를린

#독일의 수도 #베를린 장벽 #브란덴부르크 문

지금은 독일의 수도이지만 한때 베를린은 분단의 상징이었다. 베를린 장벽과 브란덴부르크 문은 베를린의 최고 명소이다. 박물관 섬은 미술관 5개가 모여 있는 예술의 성지이다. 동독 흔적이 남은 알렉산더 광장과 베를린 영화제가 열리는 포츠다머 광장도 빼놓지 말자.

2 포츠담

#포츠담선언 #프로이센 왕국 #상수시 궁

포츠담은 베를린과 함께 프로이센 왕국의 중심지였으나, 우리에겐 한국의 독립을 약속한 포츠담 선언으로 더 익숙하다. 상수시 궁, 브란덴부르크 문, 포츠담 선언이 있었던 체칠리엔호프 궁전에서 프로이센 왕국의 영광을 확인하자.

3 프랑크푸르트
#괴테 #뢰머 광장 #마인타워 #쉬른미술관

괴테의 고향이자 유럽중앙은행을 품은 프랑크푸르트
는 유럽의 금융, 경제, 항공 교통의 중심지이다. 명소는
구시가지에 몰려있다. 뢰머 광장, 괴테 하우스, 슈테델
미술관, 프랑크푸르트 대성당, 마인타워는 꼭 리스트에
넣어두자.

4 쾰른
#쾰른 대성당 #쾰른 카니발 #쾰쉬 맥주

독일에서 가장 오래된 도시이다. 매년 11월 11일 11시 11
분에 시작해 3개월 동안 이어지는 쾰른 카니발은 세계 3
대 사육제 중 하나이다. 600년 동안 지은 쾰른 대성당은
인류의 창조적 재능을 보여주는 고딕 건축의 걸작이다.

5 뒤셀도르프
#작은 파리 #살기 좋은 도시 #패션의 도시

영국의 일간지 텔레그래프는 뒤셀도르프를 세계에서
가장 살기 좋은 도시 6위로 뽑았다. 금융, 통신, 방송, 광
고, 패션이 발달했다. 낭만주의 시인 하인리히 하이네의
고향이다. 작곡가 슈만이 이 도시에서 말년을 보냈다.

6 하이델베르크
#황태자의 첫사랑 #하이델베르크 대학 #학생 감옥

중세의 모습이 잘 남은 매력적인 도시이다. 괴테, 빅토
르 위고, 마크 트웨인 등 문학가들이 하나같이 사랑에
빠진 곳이자, 영화 <황태자의 첫사랑>의 배경 도시이
다. 하이델베르크 성, 하이델베르크 대학교, 학생 감옥
등이 대표 명소이다.

7 뮌헨
#옥토버페스트 #마리엔 광장 #BMW 벨트

맥주의 도시 뮌헨. 마리엔 광장은 뮌헨 여행이 시작되는
곳이다. 신시청사, 호프브로이하우스, 프라우엔 교회는
광장 주변의 명소이다. 영국 정원, 문화 예술 지구의 멋
진 미술관, BMW 박물관, FC 바이에른 뮌헨, 옥토버페
스트도 기억해두자.

8 퓌센
#고성 도시 #노이슈반슈타인 성 #바그너

동화처럼 아름다운 고성 도시이다. 디즈니랜드의 신데
렐라 성의 모델이 된 노이슈반슈타인 성으로 유명하다.
바이에른의 왕 루트비히 2세가 바그너의 오페라를 성
으로 구현한 건축물이다. 바그너와 우정을 쌓은 호엔슈
방가우 성도 아름답다.

9 뉘른베르크
#중세도시 #크리스마스 마켓 #전범 재판소

중세 모습을 잘 간직하고 있는 뉘른베르크는 '캐논'의 작
곡가 파헬벨의 고향이다. 소시지 맛이 으뜸으로 꼽히는
곳이고, 세계에서 가장 아름다운 크리스마스 마켓이 열
린다. 나치 전당대회장과 전범 재판소가 이 도시에 있다.

10 라이프치히
#바흐 #멘델스존 #슈피너라이 #고제 맥주

바로크와 낭만주의 음악의 대가 바흐, 멘델스존이 활발하
게 활동한 음악의 도시이다. 개교 600년의 역사를 자랑하
는 라이프치히 대학을 품은 학문의 도시이기도 하다. 고수
와 소금으로 맛을 낸 맥주 고제Gose를 꼭 마셔보자.

11 드레스덴
#츠빙거궁 #오페라 극장 #도자기 박물관

과거와 현재를 동시에 품은 도자기의 도시이다. 구시가
지에는 츠빙거궁, 궁정 교회, 오페라 극장 등 작센 왕국
의 화려했던 과거를 보여주는 명소가 모여 있다. 엘베
강 북쪽에 동독 시기의 건물을 개조해 만든 카페와 술
집이 몰려있다.

12 함부르크
#란둥스브뤼켄 항구 #하펜시티 #칠레하우스

브람스와 비스마르크와 햄버거의 도시이다. 엘베강의
항구 란둥스브뤼켄, 오래된 낭만이 흐르는 건축 지구 하
펜시티, 세계문화유산으로 선정된 배를 닮은 건축물 칠
레하우스는 여행자가 꼭 가야 할 함부르크의 보석이다.

독일 기본정보

여행 전에 알아두면 좋을 기본정보를 소개한다. 먼저 화폐, 시차, 서머타임, 전압, 물가 등 독일 일반 정보와 주요 축제, 날씨와 기온, 코로나 등 안전을 위한 필수 정보를 안내한다. 꼼꼼하게 알차게 챙기면 독일 여행이 더 즐거울 것이다.

① 일반 정보

공식 국가명 독일연방공화국 Bundesrepublik Deutschland
위치 유럽 중부
수도 베를린
국기 통일과 정의와 자유Einigkeit und Recht und Freiheit
정치체제 의원내각제, 연방제, 양원제
면적 357,022㎢ (대한민국의 3.6배)
인구 8455만 명(2024년 기준)
화폐 공식 화폐로 유로(EUR, €)를 사용한다.
1인당 GDP 54,290 USD(2024년 기준)
시차 한국보다 8시간 느리다.
서머타임 3월 마지막 주 일요일~10월 마지막 주 토요일. 서머타임Sommerzeit 기간엔 한국보다 7시간 느리다.
전압 230V, 50Hz. 한국과 동일한 콘센트 사용. 전기 제품 사용 시 50~60Hz 겸용인지 확인요망
물가 최저시급, 인건비가 우리나라보다 높은 만큼 외식, 숙박비가 비싼 편이다. 뮌헨, 프랑크푸르트, 함부르크 지역은 우리나라 외식비의 2배를 생각해야 한다. 과거 동독 지역이었던 베를린, 드레스덴, 라이프치히는 비교적 저렴하지만 그래도 우리나라의 1.5~2배 정도이다. 대신 장보기 물가가 매우 저렴하다. 조리가 가능한 숙소에 묵는다면 직접 장을 봐 요리하여 여행경비를 절감할 수 있다.
주요 휴일 새해(1월 1일), 부활절(4월 중), 노동절(5월 1일), 주님승천대축일(5월), 통일의 날(10월 3일), 크리스마스 연휴(12월 25일)
비자 최대 90일 무비자
여행 적기 4월~10월

② 독일의 주요 축제

베를린날레 (2월 초)
함부르크 돔 (3월, 7월, 11월)
라이프치히 바흐페스트 (6월 중순)
크리스토퍼 스트리트 데이(CSD, 퀴어 축제, 7월 중)
쾰른 게임즈콘(세계 최대 게임 페스티벌, 8월 중)
뮌헨 옥토버페스트(9월 중순~10월 초)
독일 통일의 날 (10월 3일)
쾰른 카니발 (11월 11일 ~ 다음해 3월)
크리스마스 마켓(11월 말~12월 24일)
독일관광청 www.germany.travel

③ 독일의 날씨와 기온

대한민국보다 3.6배 넓은 면적 탓에 독일 전역의 날씨는 지역에 따라 차이가 있다. 우리와 마찬가지로 여름에 덥고 겨울에 춥지만, 우리나라보다 위도가 높아 일조량이 적다. 자세한 지역별 기온과 강수량은 도시별 일반 정보를 참고하자.

봄 3~5월

해가 짧고 흐린 독일 겨울 날씨가 3월까지 이어진다. 4월 중순부터 해가 조금씩 길어지지만, 흐린 날은 여전히 쌀쌀하다. 한국의 봄보다 두껍게 옷을 챙겨가거나 얇은 옷을 여러 벌 겹쳐 입는 게 좋다.

여름 6~8월

독일의 여름은 맑은 날이 많고 습하지 않아 여행하기 가장 좋은 계절이다. 햇빛이 굉장히 강하기 때문에 선크림이나 선글라스, 모자 등을 챙기는 것이 좋다. 한국의 여름과 달리 습하지 않아 바람이 불면 약간 추위를 느낄 수 있다. 얇은 긴팔 옷을 여벌로 챙기는 게 좋다.

가을 9~11월

9월까지는 여름 날씨와 비슷하지만, 서머타임이 끝나는 10월부터는 해도 짧아지고 흐린 날이 많아진다. 4계절 내내 꾸준히 맑은 날이 많은 한국과 달리 독일은 늦봄~여름철을 제외하고는 흐리거나 구름 낀 날이 많다. 강수량이 많지는 않지만, 모자가 있는 겉옷이나 작은 우산을 챙기자.

겨울 12~2월

해가 짧고 흐린 날이 많다. 한국보다 습한 겨울 날씨 탓에 뼈가 시리게 춥다. 얇은 옷을 여러 겹 입거나 목도리나 장갑을 챙기는 것이 좋다. 반대로 하이쭝Heizung이라는 난방시설 때문에 실내는 매우 건조하다. 핸드크림을 비롯한 보습제를 자주 바르고 수분도 충분히 보충하자.

안전한 여행을 위한 필수 정보

출발 전 필수 체크 사항

❶ 세계적으로 출·입국에 대한 규제가 완화되었지만, 각국 방문 시 최신으로 업데이트된 입국조건과 외교부 여행경보 발령 현황 등을 항상 확인하여 입국 및 안전 관련 정보의 사전 숙지가 필요하다.

※ 외교부 해외안전여행 홈페이지(www.0404.go.kr) 내 최신안전소식-안전공지-공지 참조

❷ 뷰사시를 내비 해외어헹자 보힘에 가입 후 출국할 것을 추천한다.

여행 중 필수 체크 사항

❶ 외교부와 재외 공관 홈페이지 내 안전공지와 사건 사고 사례 등을 참고. 현지 법령과 제도를 준수하고 문화를 존중하면서 해외여행을 안전하고 쾌적하게 진행하자.

※ 외교부 해외안전여행 홈페이지(www.0404.go.kr), 각 재외 공관별 홈페이지 참고

❷ 현지 사건·사고 발생 시 <외교부 영사콜센터(82-2-3210-0404)> 등을 활용하여 도움을 요청하자.

※ 해외안전여행 앱 및 영사콜센터 무료전화 앱도 활용 가능

❸ **영사콜센터 접수사례 예시** 여행 중 여권 분실, 가방 분실, 현지인과 다툼 후 경찰서 구금, 언어문제로 도움 요청, 여행 중 자녀가 아파 병원에 왔는데 언어소통이 어려움

독일 미리 알기

명소, 시장, 거리, 상징 건축물 등 독일이 보여주는 텍스트뿐만 아니라
그 안에 담긴 역사와 이야기를 알면 여행이 더 풍부해질 것이다. 아는 만큼 더 볼 수 있고,
더 깊이 즐길 수 있다. 독일 속으로 한 걸음 더 들어가 보자.

독일은 유럽 중부에 있는 경제 강국이다. 정식 명칭은 독
일연방공화국이다. 수도는 베를린이며 16개 주로 이루어
져 있다. 인구는 8천4백만 명이 조금 넘는다. 면적은 남한
의 3.6배, 한반도의 1.6배에 달한다. 북쪽으로 발트해와
북해와 접해 있고, 남쪽으로는 알프스 산맥과 맞닿아있
다. 네덜란드, 벨기에, 프랑스, 덴마크, 오스트리아, 스위스
와 인접해 있어 유럽 전역을 여행하기에 편리하다. 베를
린, 뮌헨, 프랑크푸르트, 함부르크, 쾰른, 라이프치히, 뒤셀
도르프, 뉘른베르크, 드레스덴, 퓌센, 포츠담, 하이델베르
크, 로맨틱 가도의 중세 소도시들…. 독일은 각기 다른 향
기와 매력을 품은 아름다운 도시를 품고 있다.

©trialsanderrors-flickr.jpg

동프랑크, 신성로마제국, 종교개혁

독일의 역사는 게르만족이 세운 게르마니아Germania로 거슬러 올라간다. 남쪽의 로마제국과 자주 전쟁을 하였으
나 뒤에는 로마제국에 편입되었다. 로마가 힘을 잃어가던 4세기 후반 동쪽에서 침략한 훈족의 영향으로 게르만족
이 유럽 전역으로 이동하였다. 5세기 말 게르만족은 독일, 프랑스, 이탈리아 북부 지역에 프랑크 왕국을 세웠다. 프
랑크왕국은 서유럽 공통의 역사라고 할 수 있다. 9세기 프랑크 왕국이 동프랑크, 서프랑크, 중프랑크로 삼분되면
서 서유럽은 각자의 길로 가게 되는데, 동프랑크는 오늘의 독일, 서프랑크는 프랑스로, 중프랑크는 독일·프랑스·
이탈리아에 편입된다. 동프랑크를 이어받은 나라는 신성로마제국962~1806이다. 이때부터를 독일 역사의 진정한
시작으로 보기도 한다.

중세 독일은 종교개혁의 중심지였다. 1517년 천주교 신부 마르틴 루터는 가톨릭의 부패와 타
락을 비판하는 '95개조 반박문'을 발표했다. 이때부터 17세기까지 독일은 신교와 구교가
갈등하는 종교 전쟁의 주 무대가 되었다. 하이델베르크 성은 이 종교 전쟁으로 황폐화된
대표적인 곳이다. 100년 동안 이어진 종교전쟁으로 독일은 인구의 30%를 잃었다. 종
교 전쟁은 신성로마제국과 오스트리아의 세력을 약화시켰고 베를린을 중심으로 형성
된 프로이센 왕국이 부상하는 계기가 되었다. 신성로마제국은 나폴레옹의 등장으로
몰락한다. 그후 독일은 주요 도시를 중심으로 형성된 39개 국가가 연합하여 독일 연방
을 결성하였다. 하지만 완전한 통일을 이룬 것은 프로이센의 정치가 비스마르크가 활약
하던 1871년이었다. 그는 통일 독일의 초대 재상이자 독일의 대표적인 위인이다. 그의 고
향 함부르크에는 비스마르크를 기리는 대형 조각상이 있다.

나치와 분단, 과거를 기억하는 나라

독일의 영광은 연합군에 처절하게 패한 1차 세계대전과 함께 막을 내렸다. 승전국은 독일에게 엄청난 배상금을 요구했다. 종전 후 맺은 베르사유 조약에 의해 독일은 전쟁 무기를 생산할 수 있는 중공업 활성화도 금지당했다. 배상금을 내면서 독일은 초인플레이션을 경험하게 되고 설상가상 미국에서 시작하여 지구촌을 휩쓴 대공황의 여파로 경기가 완전히 무너진다. 사회 혼란과 불만 속에 독일 국민은 자신들의 미래를 아돌프 히틀러와 그의 당인 나치에게 맡겨버렸다. 이후 히틀러는 선전과 선동을 통해 '아리아인'만이 우수하다는 민족 우월주의를 바탕으로 수많은 사람을 학살하였다. 희생자 수는 많게는 1100만 명으로 추정한다. 2차 세계대전 후 다시 패전국이 된 독일은 연합군에 의해 서독과 동독으로 갈라지게 된다. 40년 넘게 갈라져 있던 독일은 1989년 11월 9일 동·서 베를린 시민들이 베를린 장벽을 부수면서 다시 하나가 되었고, 그다음 해인 1990년 평화롭게 통일했다.

독일은 한때 전체주의와 우월주의의 무대였다. 서로 다르다는 이유로 폭력을 행사하고 심지어 처참하게 살해한 부끄러운 역사를 가지고 있다. 하지만 똑같은 역사를 반복하지 않기 위해 어린 시절부터 정규교육과정을 통해 부끄러운 과거를 학습하고 있으며, 나치의 범죄 현장들을 보존·관리하고 있다. 마찬가지 이유로 분단 시절의 유물도 보존·전시하고 있다. 베를린 장벽 기념관, 이스트사이드 갤러리, 체크 포인트 찰리 등이 대표적이다.

맥주, 축구, 자동차의 나라

독일은 맥주의 나라이다. 맥주가 독일의 대표 이미지가 된 것은 1516년 바이에른 빌헬름 4세가 공표한 맥주순수령 덕이 크다. 맥주 제조 기준을 엄격히 제한하면서 맥주의 품질이 세계 최고 수준으로 발전하였다.

뮌헨의 맥주 축제 옥토버페스트는 세계 3대 축제 가운데 하나이다. 분데스리가는 독일을 넘어 유럽을 대표하는 축구 리그이다. 독일을 축구 강국으로 만든 일등공신이다. 차범근과 손흥민, 황희찬이 활동했으며, 특히 차범근

은 레버쿠젠을 유로파 리그 우승으로 이끌었다. '차붐'이라 불리는 그는 여전히 전설적인 스타이다. SSC 나폴리팀을 리그 우승으로 이끈 김민재 선수도 2023년부터 FC 바이에른 뮌헨에 합류해 활약 중이다. 자동차는 독일을 상징하는 또 하나의 대표 브랜드이다. 벤츠, 아우디, BMW, 폭스바겐. 독일은 누구나 인정하는 자동차의 나라이다. 전기차가 부상하는 지금도 독일의 자동차 위상은 여전히 튼튼하다.

여행 전에 꼭 알아야 할 독일 Q&A

독일 여행의 최적 시기, 독일의 치안과 물가, 화장실 이용 팁, 유심칩 정보와 무료 와이파이, 신용카드와 여권 분실 시 대처법까지 여행 전에 꼭 알아두어야 할 정보를 8문 8답으로 풀었다. 필자가 들려주는 '소매치기 대처법'에 대해서도 주목하자.

최적 여행 시기는 언제인가?

독일을 여행하기 가장 좋은 시기는 서머타임이 적용되는 4월부터 10월까지이다. 서머타임이 한창인 7월의 평균 해지는 시간은 21시 30분이다. 그만큼 오랫동안 외부활동을 즐길 수 있다. 또 날씨가 건조해 온도가 높아도 그늘에 있으면 시원하다.

독일의 치안은?

독일 치안은 굉장히 안전한 편이지만 관광지 혹은 유동인구가 많은 쇼핑가에서는 소매치기나 도난사고를 조심해야 한다. 가능한 중요 소지품은 항상 몸에 지니고 다니자.

독일의 물가는 어떤가요?

우리나라와 비교할 때 교통비가 비싼 편이며 인터넷 결제와 대면 결제 가격이 다를 때도 있다. 열차, 고속버스 이용할 때는 온라인으로 결제하는 편이 좋다. 카페는 우리나라와 비슷하거나 조금 저렴하지만, 음식점은 기본적으로 1.5~2배 정도 비싸다. 다만 장보기 물가는 매우 저렴하다. 조리가 가능한 숙소를 이용한다면 직접 요리해 먹는 편도 좋다.

여행경비를 아낄 수 있는 여행 팁은?

독일은 인건비가 비싸 조금이라도 서비스가 더해지면 가격이 올라간다. 티켓을 구매할 때 대면 결제비용이 더 비쌀 때가 많다. 온라인 예매와 결제가 가능한 서비스라면 온라인을 이용하자. 박물관과 미술관 방문 계획이 많다면 도시마다 마련된 관광 패스를 구매하자. 대부분의 패스에 대중교통요금과 어트랙션 입장권 할인 혜택이 포함되어 있다.

화장실 이용 팁?

전철역과 쇼핑몰을 비롯해 대부분의 공중 화장실은 유료로 운영되거나 팁을 줘야한다. 1~2유로 정도의 요금을 내면 이용할 수 있으며 급하게 화장실을 가야 할 수도 있으니 동전을 항상 준비하는 것이 좋다. 자신이 이용한 음식점이나 카페, 요금을 낸 박물관과 미술관은 화장실 무료이용이 가능하니 다른 장소로 이동 전에 꼭 들리자. 남자 화장실은 Herren, 여자 화장실은 Damen로 표시하며 줄여서 H와 D로 표기하기도 한다.

유심칩과 eSIM은 어디서 구매하는 게 좋을까요?

유심칩과 eSIM은 각자의 장단점이 뚜렷하기에 사용자의 쓰임에 맞게 선택하는 것이 중요하다. 유심칩은 O2, Vodafone, Telekom의 통신사 매장 어디에서든 구매할 수 있지만, 회사마다 유심칩 종류와 혜택이 다르므로 비교, 구매하기 좋은 전자제품 대형마트를 더 추천한다. 메디아마크트Mediamarkt, 자툰SATURN이 가장 유명하며 직원에게 설치와 관련해 도움을 요청할 수도 있다. REWE, Edeka, Netto와 같은 대형마트에서도 저렴한 유심칩을 판매하지만, 이 경우 직접 설치해야 한다.

eSIM은 통신사 애플리케이션을 스마트폰에 설치한 후 이용 기간과 데이터 용량을 선택해 구매 후 사용할 수 있다.

무료 와이파이가 있나요?

전철 역사에서는 와이파이를 무료로 이용할 수 있다. 하지만 열차가 움직이면 작동하지 않는다. 대형 쇼핑몰, 가게에도 와이파이가 있지만, 이용시간이 제한되거나 비밀번호가 설정된 경우가 종종 있다. 한국에서 포켓와이파이를 따로 대여할 수도 있다. 다만, 비용이 걱정된다면 도심에 도착하자마자 현지 유심을 구매하자. 참고로 독일은 와이파이를 '베란WLAN' 혹은 '위피Wifi'라고 부른다. 비밀번호는 '파스보트Passwort'라고 발음한다.

TIP 와이파이 비밀번호가 뭔가요?

Können Sie mir das WLAN-Passwort geben? 쾨넨 지 미어 다스 베란 파스보트 게벤?

Gibt es hier kostenloses WLAN? 깁 에스 히어 코스텐로세스 베란?

소매치기, 도난 방지를 위한 현명한 여행법은?

독일의 치안은 비교적 안전한 편이지만 사람이 붐비는 장소에서의 소지품 관리는 주의하자. 특히 식당, 카페에서 자신의 소지품을 자리에 둔 채로 이동해서는 안 된다. 주문하거나 화장실을 가기 위해 이동하는 짧은 순간에도 도난사고가 일어난다. 귀중품과 소지품은 항상 몸에 지니는 것이 중요하다.

외투 주머니와 바지 뒷주머니에 귀중품을 두지 말고 외투 안쪽으로 가방을 맨 뒤 그 속에 넣는 편이 좋다. 가방도 가능한 앞쪽으로 매자. 스마트폰만 보면서 걷거나 대중교통 문 앞에서 스마트폰을 들고 있을 때 갑자기 낚아채 도망가는 소매치기들도 있으니 항상 주의하자.

휴대전화·신용카드 분실 시 대처법은? 여행지에서 물건을 잃어버리면 연방경찰청 긴급전화 110번으로 전화를 걸자. 가까운 경찰서를 방문해 도난신고서를 작성한다. 신용카드사에 사용 정지 요청을 해 2차 피해를 방지해야 하므로 신용카드사의 전화번호를 미리 확인해놓자. 여행자 보험이 있다면 귀국한 뒤 독일의 경찰서에서 작성한 도난신고서와 보험 가입증을 제출해 보장받자.

여권 분실 시 대처법은? 긴급 상황 시에는 주독일 한국대사관과 총영사관으로 연락한다. 여권은 대사관과 영사관에서 모두 재발급이 가능하다. 혹시 모를 상황을 대비해 여권의 사본을 따로 준비하거나 스마트폰에 찍어두자. 외교부 해외안전여행 홈페이지 www.0404.go.kr

TIP 여권 재발급 시 필요서류 여권발급신청서 1매, 여권용 컬러 사진 2매, 본인 증명서주민등록증, 운전면허증, 등본 등, 여권분실확인서 1매(현지 경찰서 발행)

베를린 한국대사관 주소 Botschaft der Republik Korea, Stülerstr. 10, 10787 Berlin 전화 +49 30 260650 대표 이메일 koromb-ger@mofa.go.kr, cons-ye@mofa.go.kr(영사 민원) 긴급 연락처 범죄피해, 교통사고 시, 24시간 운영 +49 173 4076943 업무시간 월-금 09:00~12:30, 14:00~17:00담당 지역 베를린, 브란덴부르크 주, 삭센-안할트 주, 작센 주, 메클렌부르크포어포메른 주, 튀링겐 주홈페이지 overseas.mofa.go.kr/de-ko

본 분관주소 Außenstelle der Botschaft der Republik Korea (Bonn)Godesberger Allee. 142-148, 53175 Bonn 전화 + 49 228 943790 대표 이메일 admin-bn@mofa.go.kr 긴급 연락처 +49 170 337 9105 업무시간 월-금 09:00~12:00, 14:00~17:00담당 지역 노르트라인-베스트팔렌 주, 라인란트-팔츠 주, 자를란트 주 홈페이지 overseas.mofa.go.kr/de-bonn-ko/index.do

주프랑크푸르트 총영사관주소 Generalkonsulat der Republik Korea (Frankfurt) Lyoner Str. 34, 60528 Frankfurt 전화 + 49 69 9567520 대표 이메일 gk-frankfurt@mofa.go.kr 긴급 연락처 +49 173 363 4854 업무시간 월-금 09:00~12:00, 14:00~17:00 담당 지역 헤센 주, 바덴-뷔르템베르크 주, 바이에른 주 홈페이지 overseas.mofa.go.kr/de-frankfurt-ko/index.do

주함부르크 총영사관 주소 Generalkonsulat der Republik Korea (Hamburg) Kaiser-Wilhelm-Str. 9 (3.OG), 20355 Hamburg 전화 + 49 40 650677600 대표 이메일 gkhamburg@mofa.go.kr 긴급 연락처 +49 170 340 1498 업무시간 월-금 09:30~12:00, 14:00~17:00담당 지역 함부르크, 브레멘, 니더작센 주, 슐레스비히-홀슈타인 주홈페이지 overseas.mofa.go.kr/de-hamburg-ko/index.do

❶ 어디든 첫인상이 중요하다.

독일을 여행할 때 꼭 알아둘 말이 있다. Hallo!할로와 Tschüss!츄스. 인사말이다. 독일은 만나고 헤어질 때 습관처럼 인사를 나눈다. 인사말로 대화를 시작하면 대부분 친절하게 응대해준다. 가게에 들어가거나 주문할 때 Hallo!할로라고 얘기하고, 가게를 떠날 때는 Tschüss!츄스라고 말하면 된다

❷ 버튼을 누르자

대부분의 횡단보도 신호등, 지하철 문은 우리나라와 다르게 버튼을 눌러야 작동한다. 열차 문은 누르는 타입과 손잡이를 잡아당기는 타입이 있다.

❸ 자전거 문화

독일의 자전거 문화는 세계적으로 유명하다. 자전거 운전자가 많은 만큼 지켜야 할 규범도 우리나라보다 엄격한 편이다. 자전거는 항상 차와 같은 방향으로 운전해야 한다. 자전거 도로에 서 있거나 걸으면 큰 사고가 날 수 있으므로 꼭 확인하며 다니자. (자세한 내용은 독일교통정보, 자전거 전용도로를 참고)

❹ 레스토랑 에티켓

• 유명한 식당을 이용할 때는 꼭 예약하자. 간단한 영어로도 충분히 가능하다. The Fork, OpenTable 같은 예약 앱이 있긴 하지만 독일에서는 크게 활용되지 않는다. 식당 홈페이지의 예약 서비스를 이용하거나 전화로 예약하는 편이 일반적이며 가장 확실하고 빠르다.

• 식당에 들어서면 종업원이 다가와 몇 명이 식사할지 물어본 후 자리를 안내한다. 종업원을 기다려도 특별한 말이 없다면 어떤 테이블에 앉아도 상관없다는 뜻이다. 자리에 앉으면 메뉴판을 가져다준다. 음료를 먼저 주문하고 메뉴를 정하는 것도 좋다.

• 메뉴를 정했다면 메뉴판을 덮고 종업원을 기다리자. 메뉴판이 펼쳐져 있다면 아직도 음식을 고른다고 생각해 주문을 받으러 오지 않는다. 주문할 때도 종업원이 오기를 기다리거나 종업원의 눈을 마주치자. 우리나라처럼 손을 들거나 부르지 않고 종업원과 눈을 마주치고 기다리는 것이 독일 식당의 기본 예의이다.

• 음식을 다 먹으면 종업원이 '페어티히?Fertig?' 라고 물어본다. 접시를 정리하기 위해 음식을 다 먹었는지 확인하는 과정이다. 다 먹었다면 '야Ja', 아니라면 '나인Nein' 이라고 대답하면 된다.

• 계산은 주로 앉은 자리에서 한다. 계산한다고 하면 영수증을 가져다준다. 팁은 필수가 아니지만, 음식이 맛있거나 종업원이 잘 응대해줬다면 음식값의 10% 정도를 팁으로 주면 된다.

❺ 수돗물을 마실까, 생수를 마실까?

독일 수돗물은 석회 성분이 많아서 가능한 생수를 마시는 편이 좋다. 생수를 구매할 때 공병보증금인 '판트 Pfand'가 추가된다. 보증금은 내용물을 다 마신 뒤 마트에 있는 판트 기계에서 돌려받을 수 있다.

❻ 현금을 챙기자

독일은 우리나라만큼 카드를 사용할 곳이 많지 않다. 음식점과 카페는 현금만 받는 곳이 아직도 많다. 또 유료 공중 화장실이 많기에 항상 현금과 동전을 가지고 있어야 한다. 동전을 수납할 수 있는 지갑을 챙겨가자.

❼ 나치와 관련된 행위는 절대 금지

공공장소에서 욕을 하면 벌금을 낼 수 있다. 특히 나치와 관련된 행위오른손을 뻗어 경례하는 행위를 하거나 나치, 히틀러를 찬양하는 행동을 하면 엄중하게 처벌된다.

여행 준비 정보

1 여권 만들기

여권은 해외에서 신분증 역할을 한다. 출국 시 유효기간이 6개월 이상 남아 있으면 된다. 여행을 목적으로 독일에 체류한다면 여권만으로 90일 동안 무비자로 머물 수 있다. 유효기간이 6개월 이내면 다시 발급받아야 한다. 6개월 이내 촬영한 여권용 사진 1매, 주민등록증이나 운전면허증을 소지하고 거주지의 구청이나 시청, 도청에 신청하면 된다.

25세~37세 병역 대상자 남자는 병무청에서 국외여행허가서를 발급받아 여권 발급 서류와 함께 제출해야 한다. 지방병무청에 직접 방문하여 발급받아도 되고, 병무청 홈페이지 전자민원창구에서 신청해도 된다. 전자민원은 2~3일 뒤 허가서가 나온다. 출력해서 여권 발급 서류와 함께 제출하면 된다. 병역을 마친 남자 여행자는 예전엔 주민등록초본이나 병적증명서를 제출해야 했으나, 마이데이터 도입으로 2022년 3월 3일부터는 제출하지 않아도 된다.

우리나라 여권 파워는 세계 3위

국제 교류 전문 업체 헨리 엔드 파트너스에 따르면 2024년 기준 우리나라 여권 파워는 1위 싱가포르, 공동 2위 독일, 이탈리아, 스페인, 프랑스에 이어 덴마크, 오스트리아, 네덜란드, 핀란드, 스웨덴과 함께 공동 3위이다. 덕분에 대한민국 여권은 여행지 내에서 소매치기의 표적이 되기 쉽다. 외국에서는 여권이 신분증 역할을 하므로, 언제나 지니고 다니되, 분실하지 않도록 잘 보관해야 한다. 분실 등 만약의 상황에 대비해 사진 포함 중요 사항이 기재된 페이지를 미리 복사하여 챙겨가면 도움이 될 수 있다.

2 항공권 구매하기

언제, 어디서 구매하는 게 유리한가?

항공권 구매는 미리 하면 할수록 저렴하다. 성수기인 여름철이 가장 비싸다. 일정이 정해졌다면 하루라도 빨리 예매하자. 저렴한 항공편의 경우 출발일 변경 시 수수료를 받는 경우가 있으니 결제 선에 꼭 확인인다. 항공권 비교사이트를 통해 여러 항공편을 비교한 뒤 구매하자. 프랑크푸르트와 뮌헨은 직항 항공편이 있지만, 그 외 도시는 1회 이상 환승해야 한다. 이 경우, 환승 시간이 적어도 1시간 이상 여유가 있는지 꼭 확인해야 한다.

주요 항공권 비교 사이트
스카이스캐너 www.skyscanner.co.kr 카약 www.kayak.co.kr 오포도 www.opodo.com

3 숙소 예약하기

숙소 형태 정하기

숙소 형태에 따라 예산이 달라지며 도심의 관광지 주변일수록 비싸다. 숙소 가격 비교사이트를 이용하면 위치와 가격을 한눈에 파악할 수 있다.

숙소 예약사이트
호스텔 www.korean.hostelworld.com 에어비앤비 www.airbnb.co.kr
가격비교사이트 호텔스닷컴 www.hotels.com 아고다 호텔 www.agoda.com
호텔스컴바인 www.hotelscombined.com 부킹닷컴 www.booking.com

4 여행 일정과 예산 짜기

시간과 예산을 아끼기 위해서는 최적의 여행 동선을 짜는 게 중요하다. 여러 도시를 여행할 계획이면 가까운 도시들을 묶자. 그중 가장 큰 도시에 숙소를 정하고 동선을 정하자. 도시가 클수록 숙소와 이동수단이 다양하며 어트랙션 할인 혜택이 포함된 여행 패스가 있어서 좋다.

5 여행자 보험 가입하기

여행자 보험은 도난, 항공기 지연, 상해 등의 피해를 보장해준다. 떠나기 전에 준비하자. 단체 여행이나 패키지여행은 보험이 포함되어 있지만, 개인 자유여행을 준비 중이라면 따로 가입해야 한다. 은행에서 환전할 때 들어주는 보험, 신용카드 회사에서 제공하는 무료 여행자 보험 서비스도 있으니 미리 확인해보자. 해외 여행자 보험을 따로 들어야 할 때는 가격비교사이트로 알아보는 것도 좋다. 보상을 받기 위해 필요한 서류는 약관을 확인하자.

6 환전하기

주거래 은행에서 환전하면 환전수수료 우대 혜택이 있으니, 여행을 떠나기 전에 미리 준비하자. 독일은 현금 사용이 많은 편이다. 식당과 카페들은 현금으로 결제하는 곳이 많고 공중화장실에서도 동전을 내야 하는 경우가 꽤 있다. €5, €10, €20, €50, €100, €200의 지폐와 1c, 2c, 5c, 10c, 20c, 50c, €1, €2 동전이 있으며, 2024년 12월 기준 1유로는 우리 돈으로 1,470원 정도이다.

7 이익이 되는 신용카드 사용법

현금 사용이 많은 독일이지만 호텔, 백화점, 쇼핑몰 그리고 큰 규모의 식당은 신용카드 사용이 가능하다. 특히 애플페이 결제도 가능해 아이폰 사용자는 신용카드 결제가 비교적 쉬울 수 있다. 현금이 필요하면 카드를 가지고 현지 ATM기를 통해 돈을 인출하는 방법도 있지만, 인출할 때마다 비싼 수수료가 청구된다는 점을 기억하자. 카드 복제를 방지하기 위해서는 현지 은행의 ATM기를 사용하는 게 좋다.

8 트래블 체크카드 활용하기

트래블 체크카드는 큰 액수의 현금을 소지하기 부담스러운 여행객들에게 꼭 필요한 필수품이 되었다. 앱을 통해 외국 통화를 충전하면 필요할 때 현지에서 인출하거나 카드 결제가 가능하다. 가장 큰 장점은 환전수수료와 카드 결제 수수료가 없다는 점이다. 현지 ATM기에서 인출이 가능하고 카드에 따라서는 인출 수수료가 없을 수도 있다. 트래블월렛, 하나 트래블고, 신한 쏠 트래블 등이 있으며 카드에 따라서 혜택이나 발급 기준이 조금씩 다르다. 최대 58개 통화를 지원하고 여행 후 남은 외화는 재환전도 가능하다. 온라인을 통해 발급 신청 후 실물 카드를 받는 데까지 시간이 걸리므로 여행 전 미리미리 준비하자.

9 짐 싸기

항공사의 수하물 무게 규정에 맞춰 짐을 싸는 게 좋다. 웬만한 물건은 독일 현지에서도 구할
수 있으므로 꼭 필요한 자신만의 체크 리스트를 미리 작성해보자. 또 여행지에서 살 기념품
이나 선물의 무게를 생각해 처음에 너무 많은 짐을 가져가지 않는 것도 짐 싸기의 중요한 팁
이다. 기내 반입이 가능한 물건인지 여부를 미리 확인해 짐을 싸면 공항에서 짐 부칠 때 번
거로움이 없다.

짐 싸기 체크리스트

품목	비고	품목	비고
여권	유효기간 6개월 이상	속옷, 양말	겨울철엔 내복 및 레깅스 준비
여권 사본	여권 분실 시 필요	모자, 선글라스	여름 방문 시 필수
증명사진 2매	여권 분실 시 필요	신발	슬리퍼 또는 구두(격식을 갖출 때 필요)
국제운전면허증	렌터카 이용 시 필요	샤워용품, 세면도구, 드라이기, 화장품	용기당 100ml 초과 시 위탁 수하물, 소량의 경우 1L 지퍼백에 밀봉 시 기내 반입 가능
국제학생증	호스텔, 관광지, 교통수단 할인	자외선 차단제	여름에 필수
신용, 트레블 체크카드	해외 결제, ATM 사용	휴대폰, 카메라, 보조배터리 등	
현금	유로	여행용 어댑터	독일 외 국가 여행 시 필요
유레일패스	유럽 여러 나라 여행 시 필요	심카드	유럽 전체에서 사용할 수 있는 심카드는 현지에서 구매하는 것이 편리
지퍼백	기내에서 사용할 소량 배게류를 품 반입 시 필요	우산·우의	
겉옷	계절에 맞게 준비	멀티탭	장기 여행자 필수품. 핸드폰과 카메라 동시 충전 시 유용
첵/노드/필기구	장거리 비행 시	상비약	종합감기약, 알레르기 약, 소화제 및 개인 복용 약
옷걸이	호스텔, 민박 이용시 세탁물 건조에 요긴	영문진단서	처방전이 필요한 약을 소지한 경우
자물쇠	도미토리 숙소 보관함		

*제한적 기내반입 가능 품목 소량의 액체류개별 용기당 100ml 이하, 1개 이하의 라이타 및 성냥
*기내반입 금지품목 날카로운 물품과도, 칼, 스포츠용품야구 배트, 골프채 등은 기내에 가지고 탈 수 없으며, 수하물로 부쳐야 한다.
* 위탁 수하물 금지품목 휴대용 보조배터리는 수하물로 부칠 수 없고 기내에 가지고 타야 한다.

10 출국하기

도심공항터미널 이용법

서울역, 광명역 도심공항터미널은 일부 항공사 탑승객에 한하여 탑승 수속부터 출국 심사 서비스를 사전에 제공한다. 리무진 버스나 직통열차를 통해 인천공항까지 바로 이동할 수도 있으므로 시간을 절약할 수 있고 편리하다.

서울역 도심공항터미널

이용 항공사 대한항공, 아시아나항공, 제주항공, 티웨이항공, 에어서울, 에어부산, 루프트한자, 이스타항공, 진에어
위치 KTX 서울역
이용 시간 탑승 수속 05:20~19:00 출국심사 05:30~19:00
　　　　　　(터미널 T1 출발 3시간 전, 터미널 T2 출발 3시간 20분 전 마감)
홈페이지 www.arex.or.kr

광명역 도심공항터미널

이용 항공사 대한항공, 아시아나항공, 제주항공, 진에어, 티웨이항공, 이스타항공, 에어서울, 에어부산
위치 KTX 광명역 서편 지하 1층(4번 출구 아래층 위치), 공항버스 6770번 정류장 광명역 4번 출구
이용 시간 탑승 수속 07:00~16:00(항공편 출발 3시간 전 탑승 수속 마감)
　　　　　　출국 심사는 인천공항 전용 출입구 통과 후 진행

공항 도착하기

비행기 탑승 2~3시간 전에 공항에 도착해 체크인 수속을 밟자. 항공사에 따라 인천공항 터미널의 위치가 다르기 때문에 먼저 터미널을 확인해야한다. 여객터미널간 이동은 무료 공항 셔틀버스로 가능하다.

제1여객터미널 취항 항공사
루프트한자, 아시아나항공, 에미레이트 항공, 스위스 국제항공
에티하드 항공, 카타르 항공, 튀르키예 항공, 폴란드 항공, 핀에어 등

제2여객터미널 취항 항공사
대한항공, KLM네덜란드항공, 에어프랑스, 중화항공

인천공항 터미널 간 셔틀버스 운행 정보

제1여객터미널 3층 중앙 8번 게이트 앞 승차장(04:30~23:20), 제2여객터미널 3층 7번 게이트 앞 승차장(04:30~23:40)에서 탑승할 수 있으며 터미널 간 이동시간은 약 25분
셔틀버스 운영사무실 032-741-3217

탑승 수속과 짐 부치기

이용하는 항공사의 수속카운터에서 여권을 제시하면 확인 후 탑승권을 발권해 준다. 항공사별 수하물 규정은 하단에 따로 기재하였다. 추가 비용을 내더라도 가방 1개의 무게는 30Kg을 넘으면 안 된다. 유럽 내 도시 간의 이동을 위해 저가 항공을 이용한다면, 휴대용 가방 또는 소형 캐리어 1개만 기내 반입이 가능하다. 소지한 짐이 많다면 추가 비용을 내고 위탁 수하물로 부쳐야 한다. 보통 현장 지급이 더 비싸므로 항공권 예매 시 또는 온라인 체크인 시 운송비를 미리 내는 게 좋다.

항공사	기내반입 수하물	위탁 수하물
아시아나항공	이코노미 클래스 10kg 이내 1개 비즈니스 클래스 10kg 이내 2개 115cm(너비+높이+깊이)	이코노미 클래스 23kg 이내 1개 비즈니스 클래스 32kg 이내 2개 158cm(너비 X + 높이 Y + 깊이 Z)
대한항공	일반석 총 10kg 이내 소지품 1개+휴대용 가방 1개 일등석/프레스티지석 총 18kg 이내 2개 115cm(너비+높이+깊이)	일반석 23kg 이내 1개 프레스티지석 32kg 이내 2개 일등석 32kg 이내 3개 158cm (너비 X + 높이 Y + 깊이 Z) 유소아 동반 시 10kg 이하 수하물 1개+ 접이식 유모차 1개+카시트 1개 추가
루프트한자 Lufthansa	이코노미 클래스 8kg 이내 1개 비즈니스, 퍼스트 클래스 8kg 이내 2개	이코노미 클래스 23kg 이내 1개 프리미엄 이코노미 23kg 이내 2개 비즈니스 32kg 이내 3개 158cm (너비 X + 높이 Y + 깊이 Z) 퍼스트 32kg 이내 3개 영유아 동반 시 아동 1명당 접이식 유모차 또는 카트가 무료
유로윙스 Eurowings	95cm(너비+높이+깊이) 가방 1개	위탁 수하물 추가 €12부터 영유아 동반 시 유모차, 카시트 무료
이지젯 Easyjet	101cm(너비+높이+깊이) 가방 1개	위탁 수하물 무게에 따라 €13.5부터

1 공항에 도착해서 해야 할 일

입국 심사, 수하물 찾기

대한민국 국민은 독일에서 무비자로 90일까지 머물 수 있다. 본인 확인만 잘된다면 특별한 질문을 받지 않고 입국할 수 있다. 탑승 항공편의 편명으로 수하물이 나오는 컨테이너 벨트 위치를 알 수 있다. 아무리 기다려도 수하물이 나오지 않을 때는 카운터에 꼭 문의하자.

로밍 혹은 유심칩이나 eSIM 구매하기

로밍, 유심칩, eSIM 중 여행 기간과 혜택을 비교해서 한 가지를 골라 사용한다. 로밍은 현재 사용하는 통신사 앱을 통해 신청, 사용이 가능하다. 한국에서의 번호를 그대로 사용하기 때문에 한국으로의 전화 통화, 문자서비스 모두 사용이 가능하지만, 상대적으로 이용 금액이 비싼 편이다.

유심칩

한국에서 유심을 미리 구매하는 방법도 있지만, 막상 현지에서 잘 작동하지 않으면 적지 않게 당황하게 된다. 현지에서 유심칩을 구매하는 편을 추천한다. 유심칩은 공항과 시내 통신사 매장, 전자상가에서 구매할 수 있다.

유심칩 구매는 장기 여행자에게 좋다. 현지 번호가 부여되어 레스토랑 예약과 같이 전화 통화가 꼭 필요할 때 편하다. 유심을 직접 교체하고 한국 번호 사용이 어렵다는 단점이 있지만, 로밍보다 저렴하게 데이터 이용이 가능하다. 대형 전자상가인 자툰Satun과 메디어막트MediaMarkt는 여러 통신사가 한 곳에 모여 있어 비교하며 구매할 수 있다. 유심을 구매할 때는 신원 확인을 위해 여권이 필요하다. 통신사들의 유심 이용 가격은 대체로 비슷한 편이며, 구매 후 직원에게 직접 설치해달라고 부탁할 수 있어 좋다.

휴대 전화의 전원을 켤 때마다 유심 비밀번호를 입력해야 하므로 비밀번호를 꼭 기억해 두는 게 중요하다. 3번 이상 틀리게 입력하면 유심 자체를 사용할 수 없게 된다.

독일의 유심카드는 유럽 다른 나라보다 비싼 편이다. 독일이 첫 여행지가 아니라면 Orange 또는 Three(3) 이동 통신사에서 유심을 구매하는 편이 낫다. 독일에서 구매할 수 있는 이동 통신사는 보다폰, 오투 그리고 텔레컴 Telekom이다.

eSIM

실물 유심칩 없이 스마트 앱을 통해 바로 설치, 개통이 가능하다. 온라인으로 미리 구매할 수도 있고, 국내에서 설치하면 여행지 도착과 함께 바로 사용할 수 있다는 장점이 있다. 단 현지 데이터만 이용하기 때문에 전화 통화는 할수 없다. 단기 여행자, 한국에서 미리 준비하는 게 마음 편한 사람들은 eSIM을 추천한다. eSIM이 가능한 모바일 기종이 따로 있으므로 미리 확인하자.

공항에서 환전하기

환전은 가능한 한국에서 미리 하는 편이 좋다. 독일은 지금도 현금 사용이 많으므로 미리 환전하지 않았을 때는 공항 내 환전소를 이용하거나 현지 ATM에서 현금카드를 활용해 직접 현지 통화로 인출해야 한다.

신용카드 사용하기

❶ 독일의 음식점과 카페에서는 아직까지도 현금을 더 선호하는 곳이 많다. 호텔, 공항, 백화점, 대형 마트, 프랜차이즈를 제외하고 큰 레스토랑에서도 현금을 더 선호한다. 유료화장실을 이용하거나 팁을 주어야 할 때도 있기에 동전을 포함한 현금 여유분을 항상 소지하는 게 좋다. 카드로 계산할 때 가게에 따라 서명이나 영어 신분증을 요구한다.

❷ 비자, 마스터 브랜드가 있는 국제 체크카드를 만들면 현지 은행의 ATM에서 인출이 가능하며 이때 수수료가 발생한다. 트래블 체크카드를 사용하면 환불, 인출 수수료를 절약할 수 있다. 은행 ATM기도 24시간 이용하지 못하는 경우도 많으니 가능한 은행 업무시간 내에 이용하자.

❸ 신용카드 사용 시 비밀번호를 입력해야 할 수 있으니 미리 확인하자.

❹ 호텔이나 교통편 예약 시 사용한 신용카드는 꼭 지참하자. 추가로 확인하는 경우가 있다.

2 독일 교통 정보

철도

민간 기업이 운영하는 U반을 제외한 독일의 열차는 대부분 독일 철도청DB, Deutsche Bahn, 데베에서 운영한다. 열차를 이용할 때는 DB 홈페이지 또는 DB매표소나 티켓 판매기에서 표를 구매하면 된다. 철도는 크게 초고속열차 ICEInter City Express, 이체에, 고속열차 ICInter City, 이체와 ECEuro City, 에체 그리고 지역열차 RERegional Express, 에르에와 RBRegional Bahn, 에르베로 나눌 수 있다. ICE는 시속 300㎞에 달하는데 우리나라의 KTX를 생각하면 된다. ICInter City, 이체와 ECEuro City, 에체는 ICE보다는 조금 느린 고속열차이다. 초고속과 고속열차 모두 장거리 여행에 적합하며 무료 화장실이 구비되어 있다. 지역 열차인 RERegional Express, 에르에와 RBRegional Bahn, 에르베는 우리가 흔히 생각하는 기차로 보면 이해가 빠르다. 고속열차에 비해 정류장 사이가 짧고 역마다 정차하기 때문에 속도는 훨씬 느린 편이다. 2층으로 되어 있고 정방향, 역방향 등 좌석의 종류와 수가 많은 편이다. 가까운 도시로 이동시에 유용하다.

독일 열차는 모두 1등급과 2등급으로 나뉘어 있으며 초고속열차와 고속열차의 1등급을 제외하고는 지정된 자리가 없다. 열차 출입문에 1 또는 2라고 표시되어 있어 자신이 구입한 등급에 맞는 칸으로 탑승 후 지정 좌석에 앉거나 비어 있는 자리에 착석하면 된다.

주변국을 연결하는 야간열차도 있다. 잠을 자며 이동하기 때문에 시간을 절약한다는 장점이 있으나 좁은 침대와 비싼 가격 그리고 저가항공의 발달로 이용객이 점점 줄어드는 추세다. 야간열차의 좌석은 배낭여행객에게 인기가 많다. 성수기에는 최소 한 달 전에 예약을 해야 한다. 야간열차의 노선과 시간은 독일철도청 홈페이지에서 확인 가능하다. 홈페이지의 ÖBB Nightjet에서 확인

티켓 구매 방법

온라인 구매

❶ 독일철도청 홈페이지www.bahn.de에 접속한다. 영어, 독어 등 8개 언어를 지원한다.

❷ 출발지, 도착지, 날짜, 시간을 입력한다. 시간 오른쪽에서 출발Dep 혹은 도착Arr을 선택하면 선택한 시간 순 또는 역순으로 열차 표를 볼 수 있다. 왕복표를 구매할 경우는 날짜와 시간을 한 번 더 입력한다.

❸ 인원 수, 성인 또는 6~14세 어린이, 독일 철도청 카드소지자만 그리고 열차 등급을 선택한다.

❹ 이동 시간, 경유 횟수, 열차 종류, 요금 등을 확인 후 원하는 표를 선택한다.

❺ 온라인 티켓을 선택하면 E티켓이 메일로 온다.

❻ 인적사항 입력 후 신용카드로 결제한다. 결제한 신용카드는 검표원이 검사하기 때문에 반드시 가져가야 한다.

현장 구매

기차역에 비치된 DB 발권기에서 구매할 수 있다. 열차 내에서 검표원에게 직접 표를 구매할 수도 있다. 검표원에게 직접 표를 구매할 경우 검표원을 직접 찾아가 구매해야 하며 표 없이 기다리다가 구매하면 무임승차로 취급한다. 미리 표를 구매한 뒤 열차를 탑승하는 게 가장 좋다. 파카르튼Fahrkarten이라고 적힌 DB발권기의 터치스크린에서 출발지와 목적지, 날짜와 시간 등을 선택해 유로, 신용카드로 결제하면 된다.

독일철도청 어플 정보

독일 철도청에서는 다양한 무료 어플을 제공하고 있다. 그 중 DB Navigator 는 여행객이 편리하게 사용할 수 있는 어플리케이션이다. 자신의 현재 위치에서 목적지까지 이용 가능한 철도를 실시간으로 검색할 수 있으며 미리 예매한 기차표를 어플로 확인할 수 있다. 또한 열차의 연착도 안내해준다. 안드로이드, 윈도우 폰, 애플iOS까지 모두 제공하며 영어도 지원한다.

이용방법

❶ 안드로이드 Google play에서 DB Navigator를 입력, 설치 후 출발과 목적지, 시간을 입력하면 이용 가능한 열차 표를 검색할 수 있다. ❷ iOS-itunes DB Navigator를 입력. 설치 후 내용은 위와 동일 ❸ 윈도우 Microsoft 스토어에서 DB Navigator를 입력. 설치 후 내용은 위와 동일

철도 패스

❶ 유레일패스Eurail pass 유럽 전역의 열차를 자유롭게 이용할 수 있는 패스. 5개국 이상의 나라에서 사용가능한 글로벌 패스, 4개의 인접국에서 사용 가능한 셀렉트 패스 등 종류가 다양해 계획에 맞게 선택하면 된다. 야간열차도 이용할 수 있으나 사전에 꼭 예약해야 한다. 유레일 패스 소지자는 독일의 열차 대부분 이용 가능하며 시내에서는 S반도 이용할 수 있다. 유레일패스 한국 홈페이지 www.eurail.com/ko

❷ 독일 철도 패스German Rail Pass, GRP 독일에서 운행하는 모든 열차와 프라하, 런던, 밀라노 등 주변국까지 이동하는 IC버스까지 이용할 수 있다. 3, 4, 5, 7, 10, 15일 동안 연속으로 사용 가능한 연속 패스GRP Consecutive와 2명이 함께 여행 가능한 트윈패스Twin Pass가 있다. 28세 이상 성인 두 명이 함께 여행할 경우 트윈패스가 더 저렴하다. 독일 철도 패스는 1등석과 2등석, 성인과 유스, 어린이로 구분된다. 만 12세 미만 어린이는 무료로 사용할 수 있다.(성인 1명당 2명의 어린이 무료 이용, 트윈패스 구매 시 어린이 4명까지 무료 이용 가능) 발권일로부터 6개월 이내 사

용해야 하며 개시일로부터 1개월 동안 이용할 수 있다. 개시는 독일 기차역에 있는 라이제첸트럼Reisezentrum의 직원에게 해야 하며, 분실 시 재발급이 불가하다는 점을 기억하자. 정식 홈페이지와 유레일패스 홈페이지에서 구매할 수 있다. 홈페이지 www.dbregio-shop.de

❸ 도이칠란트 티켓, 독일 티켓 Deutschlandticket 58유로의 파격적인 가격으로 독일 전역에서 사용할 수 있는 교통 티켓이다. 2024년까지는 49유로여서 '49€'라고도 불렸다. 2025년부터 가격이 조금 인상되었지만, 여전히 저렴하다. 독일에서 한곳 이상의 도시를 여행하고, 대중교통 이용이 많은 편이라면, 독일 티켓을 구매하는 게 좋다. 독일 전역의 버스, 지역 열차(RE, RB), 트램, S반, U반 등의 교통수단을 무제한으로 이용할 수 있다. 초고속열차 ICE, IC, EC와 야간 장거리 열차는 사용할 수 없으며, 지역 열차 레기오날 반RB의 1등급을 이용할 때는 추가 금액을 내야 한다. 양도 불가능한 티켓으로 구매 후엔 본인 확인을 위한 신분증이나 여권을 꼭 소지해야 한다.

구매 방법 독일철도, 도시별 대중교통 어플을 통해서 온라인으로 구매한다. 독일 철도DB, Deutsche Bahn 앱에서는 독일 은행의 계좌가 있어야 구매할 수 있다. 다음의 도시별 대중교통 앱 이름을 참고하여 앱을 다운로드 받아 신용카드로 구매하면 된다.
BVG(베를린 대중교통 앱), RMV(프랑크푸르트 대중교통 앱), MVV(뮌헨 대중교통 앱)

TIP 월간 정기 구독하는 형식의 티켓이라서 월초에 구매할수록 이득이다. 구독 취소는 매월 10일 전에만 가능하다. 10일 이후에 티켓을 구매하면 자동으로 다음 달까지 구독될 수 있으므로, 여행이 시작되지 않았다 하더라도 10일 전에 구매하여 취소하는 편이 좋다.

❹ 렌더 티켓Länder-Ticket 독일 소재 16개 주에서 사용할 수 있는 지역 티켓으로 독일 철도청에서 판매한다. 바이에른 티켓도 렌더 티켓에 속한다. 유효기간 동안 지역열차와 대중교통을 무제한으로 이용할 수 있으며 인원이 많을수록 저렴하다. 이용시간과 요금은 철도청 홈페이지를 참고하자. 철도청 홈페이지에서 Regional day tickets 부분 참고

고속버스 Fernbus

독일의 이우투바을 달리는 버스이다. 기격이 기차보다 훨씬 저렴하며 고속버스 회사가 다양해 이용 폭도 넓은 편이다. 가까운 도시는 기차와 이용시간이 크게 차이 나지 않아 훨씬 득을 볼 때도 있다. 고속버스는 대부분 2층으로 되어 있고 차내에 작은 화장실이 있으며 무료 인터넷과 콘센트가 설치되어 있다. 차내에는 물과 음료, 간단한 스낵을 판매하지만 가격이 비싸다. 독일 고속도로에는 우리나라 같은 휴게소가 거의 없는 편이다. 간단한 음료나 간식 정도는 미리 구매하자.
버스표는 이용할 버스 업체 홈페이지에서 미리 예매하거나 터미널외 티켓 부스 또는 기사에게 직접 구매할 수 있다. 미리 예매하는 편이 훨씬 저렴하므로, 이용하기 1~2시간 전이라도 온라인 예매를 권장한다. 온라인으로 표를 예매할 경우 바코드가 있는 e티켓을 인쇄하거나 스마트폰에 저장한 뒤 기사에게 보여주면 된다.
좌석은 따로 지정된 경우가 거의 없기에 비어있는 자리에 앉으면 그만이다. 국경을 넘을 때는 중간에 경찰이 버스에 타서 신분증을 검사하므로, 이때 당황하지 말고 여권을 보여주면 된다.
고속버스는 각 도시의 고속버스터미널인 ZOBZentrale Omnibusbahnhof에서 타면 된다. 형태를 잘 갖춘 ZOB도 있으나 작은 도시에서는 거리에 정류장 표시만 덜렁 있는 곳도 있어서 미리 터미널의 위치를 확인해야 한다. 출발시간 15분 전에는 미리 도착하자. 대표적인 버스 회사로는 플릭스부스flixbus, 유로라인스Eurolines, 블라블라부스Blar Blar Bus 등이 있다.
고속버스 가격 비교 사이트 www.omio.com, www.busliniensuche.de

시내 교통

독일의 대중교통은 S반, U반, 버스, 트람, 택시가 있다. 택시를 제외한 모든 대중교통은 반드시 교통권 구매 후 이용해야 한다. 티켓은 역내 위치한 티켓 판매기 또는 기사에게 직접 구매할 수 있다. 발권 후 개찰기에 넣어 펀칭을 해야 한다. 올바르게 펀칭 되어 있지 않을 경우에는 표가 개시 되지 않았다고 보고 무임승차로 취급한다. 무임승차 시에는 60유로의 벌금이 주어진다. 불시에 표를 검사하며 검표원들은 평상복을 입고 있어 쉽게 알아차릴 수 없기 때문에 방심했다가 벌금을 물을 수도 있다. 꼭 표를 사서 이용하자.

❶ S-bahn·U-bahn에스반·우반

S반과 U반은 둘 다 전철이다. S반은 독일 철도청이, U반은 민간 기업이 운행한다. 유레일패스와 독일 철도 패스 소지자는 S반을 무료로 이용할 수 있다. 노선은 S1·S2 혹은 U1·U2로 표기된다. U반은 도심을 중심으로 주로 운행되고 열차 크기도 작은 반면, S반은 도심 외곽까지도 운행하며 U반 보다 정류장 사이의 거리가 먼 편이다.

❷ 트람Tram

거리 철도라는 뜻의 슈트라슨반Straßenbahn이라고도 부른다. 버스처럼 전철로 다니지 않는 구석구석까지 노선이 있다. 트람 안에 매표기가 있어 교통권이 없어도 일단 트람에 탄 후 구매한 뒤 사용하면 된다.

❸ 버스Bus

버스 표는 운전기사에게 직접 살 수 있다. 이미 표를 가지고 있다면 운전기사에게 표를 보여주고 타면 된다. 독일 버스는 평일 밤에 나이트 버스를 운영한다. 운행이 종료된 전철을 대신해 전철과 똑같은 노선으로 움직이며 버스 번호 숫자 앞에 N이 붙어 표시된다.

❹ 택시Taxi

택시는 공항 또는 기차역 앞에서 쉽게 이용할 수 있으며 도시 곳곳에도 정류장이 따로 있다. 영어로 소통이 가능한 편이며 간단하게 목적지만 말해도 이용할 수 있다. 단, 다른 교통수단보다 가격이 비싸다. 우버Uber 또는 클래버셔틀CleverShuttle과 같은 차량 공유 플랫폼이 발전하면서 택시도 이와 유사한 플랫폼이 생겼다. 프리나우FREE NOW와 탁시에우taxi.eu 어플을 스마트폰에 다운받아 가입하면 사용할 수 있다. 이들 플랫폼은 이동시간과 금액을 미리 확인할 수 있고 결제 방법도 간단해 점점 많은 이들이 이용하고 있다. 신용카드나 페이팔Paypal로 결제할 수 있다.
우버 www.uber.com 클래버셔틀 www.clevershuttle.de
프리나우 www.free-now.com 탁시 에우 www.taxi.eu/en

❺ 렌터카

독일이 자랑하는 아우토반Autobahn은 속도와 차선 변경 제한이 없는 것으로 유명하지만 사실은 정해진 구간 내에서만 그러하다. 때문에 표지판을 잘 보고 운전해야 한다. 한국에 없는 표지판도 있어 운전 전에 표지판과 주의사항에 대해서 숙지해야 한다. 독일에서 렌터카를 이용할 때는 먼저 국제운전면허증, 국내운전면허증과 신분증여권이 있어야 한다. 렌터카 이용은 우리나라와 동일하다. 픽업 장소와 반환장소를 확인하고 사용이 종료되기 전에 연료를 채운 뒤 열쇠를 반납하면 된다.

유명 렌터카 업체로는 허츠Hertz, 아비스Avis, 오이로프카Europcar 그리고 식스트Sixt가 대표적이며 온라인 또는 현지에서 직접 신청할 수 있다. 렌터카 업체보다 이용이 편리한 차량 공유 플랫폼도 잘 형성되어 있다. 시내 이용 시에는 Uber와 Clever 서비스를 활용하자.

렌터카 홈페이지

허츠 www.hertz.com 식스트 www.sixt.co.kr

아비스 www.avis.de 오이로프카 www.europcar.com

독일에서 자전거와 전동 퀵보드 이용하기

독일인의 환경의식은 세계적으로 유명하다. 원전을 반대한 시민들의 자발적 행동이 프라이부르크시를 친환경 생태 도시로 만들었고, 많은 정당 가운데 녹색당Die Grünen은 독일의 주류정당으로 꼽힌다. 그래서 친환경적 교통수단에 대한 독일인의 관심 또한 높다. 독일의 주요 도시들은 훌륭한 자전거 전용도로를 모두 갖추고 있다. 서울의 공유자전거 따릉이와 같은 자전거, 전동 퀵보드 대여 서비스를 이용할 경우를 위해, 꼭 지켜야 하는 교통 법규들을 숙지해 놓도록 하자.

❶ 자전거 탈 때 알아야 할 것들

자전거 도로는 물론, 인도를 통해 자전거를 탈 때는 항상 차와 같은 방향으로 운전해야 한다. 횡단보도를 건널 때는 자전거에서 내려 걸어간다. 자전거를 가지고 전철로 이동할 경우, 자전거 전용 티켓을 추가로 구매해야 한다. 전용 티켓은 교통권과 같이 티켓 판매기에서 구매할 수 있으며 1회권과 1일권이 있다. 역시 발권하여 개찰기에 넣어 펀칭 후 사용한다.

자전거 대여 서비스 어플

LIDL-BIKE 대형 체인 마트 리들Lidl에서 제공하는 자전거 대여 서비스 www.lidl-bike.de

nextbike 베를린과 포츠담에서 쉽게 볼 수 있는 자전거 대여 서비스 www.nextbike.de/en

Uberlime 우버에서 제공하는 전동자전거 대여 서비스 www.li.me

❷ 전동 퀵보드(Electric Scooter) 탈 때 알아야 할 것들

전동 퀵보드는 차도와 자전거 전용도로에서 많이 이용한다. 자전거 전용도로에서는 자전거 운전자들과 다투는 경우가 종종 있으므로 항상 주의해야 한다. 퀵보드의 속도는 생각보다 빠르다. 가능한 인도에서는 사용을 자제하고 부득이하게 운전해야 할 때는 주변에 사람이 없는지 확인하자. 전동 퀵보드를 이용하려면 서비스 업체의 어플을 스마트폰에 다운받아 가입 후 사용할 수 있다. 전동 퀵보드는 대부분 주차할 수 있는 곳이 정해져 있다. 앱에 표시되어 있으니 확인 후 주차하자. 이용금액은 평균 분당 20센트 정도이다.

전동 퀵보드 대여 서비스 어플

Lime www.li.me Tier www.tier.app/de

Bird www.bird.co Voi www.voiscooters.com Circ circ.com

❸ 보행자가 알아야 할 것들

여행객이 실수하는 것 중 하나가 바로 자전거 도로 위를 걷는 것인데, 절대 하지 말아야 할 행동이다. 자전거가 빠르게 달리기 때문에 아무 생각 없이 전용도로 위를 걷거나 서 있다가는 사고가 날 수 있다. 특히 횡단보도를 건너기 전에 자전거 도로 위에 서 있으면 자전거 운전자들에게 맹비난을 듣거나, 심하면 욕설도 들을 수 있으니 주의하자.

3 독일에서 유용한 스마트폰 애플리케이션

이제 스마트폰 없는 여행은 상상할 수도 없는 시대가 되었다. 하지만 사용 정보를 제대로 일아아 도움을 받을 수 있다. 여행에서 스마트폰을 유용하게 활용하면 여행의 만족도 또한 높아진다.

❶ 구글맵Google Maps

익숙하지 않은 지명과 초행길로 고생하는 해외여행에 없어서는 안될 최고의 애플리케이션이다. 오프라인 지도를 다운받아 놓으면 인터넷 접속 없이도 지도를 이용할 수 있어 편리하다. 지도만 보면서 걸으면 소매치기의 표적이 될 수도 있기 때문에 지도를 보고 미리 경로를 확인한 뒤 움직이는 습관을 들이자.

❷ 구글 번역기

독일어 소통의 어려움을 느낄 때 사용하면 좋다. 한국어를 독일어로 완벽하게 번역하지는 못하지만 간단한 의사소통은 가능하다. 영어로 문장을 만든 뒤 독일어로 바꾸면 더 정확하게 번역한다. 구글 번역기의 가장 큰 장점은 사진의 글씨도 인식해 번역하기 때문에 음식점, 마트, 드럭스토어에서 유용하게 쓸 수 있다.

❸ 네이버 사전

간단한 단어들은 구글 번역기보다 네이버 사전의 '독일어사전'에서 검색하는 편이 더 정확하다. 또한 오픈사전은 실제로 일상에서 사용하는 생활 용어들이 잘 정리되어 있다.

❹ 페이팔Paypal

간편 결제 애플리케이션으로 페이팔에 신용카드를 등록해 놓으면 여러모로 쓸모가 좋다. 특히 우버, 리퍼란도 등 애플리케이션을 통해 결제를 해야할 경우 직접 신용카드 번호를 입력하는 것보다 페이팔에 등록해놓으면 결제오류가 적고 편리하다. 여행을 떠나기 전에 미리 페이팔에 가입 후 계좌를 개설하고 개설할 때 등록한 이메일 주소가 아이디가 되기 때문에 꼭 잊어버리지 말자.

❺ 교통관련 앱DB Navigator, Uber, Flixbus

독일의 대중교통정보를 실시간으로 알 수 있는 애플리케이션은 지역마다 조금씩 다르다. 물론 구글맵을 통해 경로를 확인할 수도 있지만 실시간 정보는 해당 지역의 대중교통 앱을 통해 확인하는 편이 더 정확하다. 대표적인 교통관련 앱들은 도시별 교통정보 부분을 참고하자.

❻ 오미오Omio

유럽 나라별, 도시별 이동을 할 때 고속버스와 기차, 항공권 티켓의 가격을 비교할 수 있는 애플리케이션이다. 한국어도 제공한다.

❼ 민다Minda

한인 민박을 보다 편리하게 검색할 수 있는 가격비교 및 예약 애플리케이션이다. 또한 박물관, 어트랙션 입장권을 미리 구매할 수 있다.

❽ 리퍼란도Lieferando

독일의 가장 대표적인 음식 배달 애플리케이션이다. 사용법은 우리나라의 배달 어플과 거의 유사하다. 가입 후 숙소가 위치한 주소를 입력하고 배달을 원하면 Lieferung, 직접 픽업을 하려면 Abholung 을 선택한다. 목록에 올라온 식당과 메뉴를 선택한뒤 신용카드 또는 페이팔로 결제하면 된다.

④ 숙소는 어디가 좋을까?

성공적인 여행을 준비하기 위해 가장 신경써야하는 부분 중 하나가 바로 숙소이다. 계획한 예산과 여행스타일에 맞춰 숙소를 선택하는 것이 중요하다.

❶ 한인 민박 1박·1인 기준 €60~€80

한국인이 운영하는 숙소로 소통이 편하며 한식을 제공한다. 한인 민박을 예약할 수 있는 애플리케이션을 이용하면 예약도 편리하다. 한국인들끼리 함께 숙박하기 때문에 동행을 찾거나 여행정보를 얻는데 어려움이 없어서 좋다. 대신 호스텔처럼 여러명이 함께 방을 쓰는 경우가 많다.

한인 민박 예약 앱 민다(Minda)

❷ 에어비앤비 1박·1인 기준 €60~€80

현지인의 집을 빌려 거주하는 형태인 베드 앤 브랙퍼스트Bed & Breakfast 숙소로 그 중에 가장 유명한 플랫폼 Air B&B를 통해 예약한다. 현지인과 연락할 때는 간단한 영어로도 충분히 소통가능하다. 조리가능한 경우가 많아서 현지 마트에서 음식재료를 구매해 요리하면 여행경비를 절약할 수 있다. 구글스토어와 앱스토어에서 '에어비앤비' 어플을 다운받자.

예약 앱 에어비앤비(Airbnb)

❸ 호스텔 1박·1인 기준 €30~€40

도미토리 형식의 방으로 다양한 나라에서 온 투숙객과 함께 교류하며 숙박한다. 대부분 화장실과 욕실이 공용이며 예약할 때 여성 전용 방인지 남녀공용 방인지 잘 확인해야 한다. 혼숙의 경우 보통 더 저렴한 편이다. 호스텔에 묵을 때는 슬리퍼와 옷걸이, 자물쇠를 추가로 준비해가면 여러모로 편리하다.
예약 앱 **호스텔월드**(hostelworld)

❹ 비즈니스 & 부티크 호텔 1박 기준 €100~250

일반적으로 우리가 알고 있는 호텔로 대부분 관광지와 접근성이 좋으며 비즈니스 호텔은 혼자 여행하는 여행객들에게 부티크, 브랜드 호텔은 커플 또는 가족과 투숙하기에 가장 적합하다.

한눈에 보는 숙소별 장단점

숙소 형태	장점	단점
호스텔	저렴한 가격 전 세계 여행객과의 교류	개인 공간 부재 다인실, 혼숙 가능성 의사 소통의 어려움
한인 민박	소통의 편리함 한식 제공 한국인 여행객과의 교류	개인 공간 부재 통금 등의 규제 현지 분위기 부족
에어비앤비	현지 주택 생활 경험 직접 요리 가능 인원에 따라 전체 대실 가능	호스트와 실시간 소통 어려움 호스트의 일방적 취소 가능성 청소비를 요구
비즈니스 & 부티크 호텔	편리한 개인 공간 청결, 쾌적함 문제 발생시 바로 소통 가능	높은 가격

5 독일 떠나기

탑승 수속, 짐 부치기, 세금 환급 등의 과정이 있기 때문에 가급적 탑승 3시간 전에는 공항에 도착하자

탑승 수속과 짐 부치기

이용하는 항공사의 수속카운터에서 여권을 제시하면 확인 후 탑승권을 발권해준다. 이 때 짐도 함께 부치는데 수속 시간을 단축하기 위해서는 항공사에서 정한 수하물 무게에 맞춰 짐을 미리 꾸리는게 좋다. 짐 무게가 규정을 초과한 경우 추가 비용이 발생한다.
*배터리류(노트북, 핸드폰, 전기면도기 등)는 휴대 수하물에 넣어야한다. 부치는 짐에 넣지 말자.

공항에서 부가세 환급받는 방법

독일도 유럽 대부분이 그렇듯 여행자가 구매한 물품에 대한 부가세 환급 제도텍스 리펀를 시행하고 있다. 구매 금액의 19% 정도책과 공예품은 7%를 돌려받을 수 있다. 백화점과 쇼핑센터 등 구매 현장에서 텍스 리펀을 신청해도 되지만 대부분 공항에서 환급받는다. 짐을 부치기 전에 공항 환급 창구를 방문하는 게 좋다. 세관 창구는 긴 대기 시간을 거쳐야 하므로 비행기 탑승 3시간 전에는 도착해야 한다.

❶ 체크인 시 직원에게 위탁 수하물 또는 기내 수하물에 환급받을 물품이 있음을 알려준다. 직원이 수하물에 표시하고 돌려주면 공항의 세관 창구Zollabfertigung를 방문한다. 세관에서 여권, 항공권, 세금환급신청서와 영수증, 구매한 물품을 보여주고 확인이 끝나면 확인 도장을 찍어준다. 물품 확인이 끝난 수하물은 세관 창구에서 바로 부친다.

❷ 환급 대행사에 따라 창구가 여럿이지만, 창구는 대부분이 한 곳에 몰려있다. 해당 창구에 방문해 세관 도장이 찍힌 서류를 제출한 뒤 현금으로 환급받을지 카드 계좌로 환급받을지 결정한다.

❸ 현금으로 환급받으면 최대 5%의 수수료를 지급해야 한다. 카드 계좌로 환급받으면 수수료가 없는 대신 환급까지 4주에서 7주가량 걸린다. 카드 계좌로 환급받으려면 세관 도장이 찍힌 서류를 봉투에 넣어 창구에 마련된 우체통에 넣는다.

보안 검색과 출국 심사

출국 심사는 입국 심사보다 까다롭지 않은 편이다. 기내에 들고 탈 수 없는 액체류, 스프레이는 보안 검색 전에 처리해야 한다. 안전 요원의 안내에 따라 보안 검색을 통과하면 면세점과 탑승구로 바로 이동할 수 있다. 보딩 시간 30분 전까지는 꼭 탑승구에 도착하자.

베를린 핵심 명소 여행
2일 코스

DAY 1

1일

도보 중심

09:00 브란덴부르크 문

도보 5분

09:20 홀로코스트 메모리얼

도보 10분

10:00 포츠다머 광장 & 소니센터

도보 10분

14:30 이스트 사이드 갤러리 & 오베르바움 다리

도보 12분

13:00 버거마이스터에서 점심

대중교통 15분

10:30 유대인박물관과 베를린 갤러리 관람

도보 13분

09:30 체크포인트찰리

도보 10분

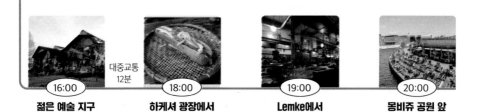

16:00 젊은 예술 지구 어반 슈프레 즐기기

대중교통 12분

18:00 하케셔 광장에서 저녁 식사

19:00 Lemke에서 수제 맥주 즐기기

20:00 몽비쥬 공원 앞 슈프레 강변 산책

10:30

베를린 문화포럼
필하모니, 국립회화관,
신 국립미술관,
악기박물관 중 선택

13:00

대중교통
20분

**포츠다머 광장
주변에서 점심**
린덴브로이
사라바나 바반

13:30

도보 10분

**박물관 섬 &
베를린 돔 관람**

17:00

니콜라이 지구 산책

**DAY 2
2일**

도보 + 대중교통

19:30

**텔레비전 탑에서
야경 즐기기**

19:00

도보 10분

알렉산더 광장

18:00

**게오르그브로이에서
저녁 식사**

베를린 핵심 명소 여행
3일 코스

DAY 1
1일

도보 + 대중교통

09:30

**샤를로텐부르크
공원 및 궁전**

도보 5분

11:00

**베르그루엔 & 샤르프
게르스텐베르크 미술관
중 선택**

대중교통
10분

12:30

샤를로텐지구에서 점심
서울가든, 아로마

대중교통
5분

16:30

브란덴부르크 문

도보 8분

16:00

노이에바헤

도보 5분

13:30

**박물관 섬 &
베를린 돔 관람**

도보 15분

12:00

**하케셔 광장에서
쇼핑 및 점심**

대중교통
15분

도보 5분

17:00

홀로코스트 메모리얼

대중교통
10분

18:00

미테 지구에서 저녁 식사
스마트 델리, 슈탠디거 베트레퉁

19:30

**슈프레 강변과
몽비쥬 공원에서
베를린 밤 즐기기**

DAY 3
3일

도보 + 대중교통

쇼핑 장소 추천

하케셔 광장, 바인바이스터Weinmeister역 주변
알렉산더 광장의 갈레리아 백화점 & 알렉사
빈티지 & 편집샵은 코티부서토어 역 주변

새벽

베를린 클럽

13:30

**카이저 빌헬름
기념교회**

14:00

쿠담 거리 쇼핑

대중교통
15분

15:30

베를린 문화포럼 관람

필하모니, 국립회화관,
신 국립미술관, 악기박물관 중 선택

도보 10분

17:00

**포츠다머 광장 지구
파노라마 풍크트에서
베를린 전경 즐기기**

대중교통 15분

10:30

**보난자 커피 또는 카우프디히
글루클리히에서 커피 한 잔**

일요일엔 마우어공원 벼룩시장 구경하기

대중교통
10분

09:30

**베를린장벽
기념공원**

DAY 2

2일

도보 + 대중교통

19:00

**BRLO에서 저녁과
수제 맥주 즐기기**

09:30

알렉산더 광장

10:00

붉은 시청사

도보 5분

10:40

알렉산더 지구 쇼핑

갈레리아 백화점, 알렉사

도보 8분

12:30

**니콜라이 지구 산책
및 점심 식사**

게오르그 브로이

대중교통 20분

19:30

**카페 루치아 주변에서
베를린의 밤 문화 즐기기**

도보 10분

18:30

**버거마이스터에서
저녁 식사**

대중교통
15분

16:00

**오베르바움 다리 &
이스트 사이드 갤러리**

도보 10분

14:30

**젊은 예술 지구
어반 슈프레 구경**

베를린과 포츠담 여행
3일 코스

DAY 1
1일

도보 중심

09:00
브란덴부르크 문

도보 5분

09:20
홀로코스트 메모리얼

도보 10분

10:00
**포츠다머 광장 &
소니센터**

도보 10분

14:30
**이스트 사이드 갤러리
& 오베르바움 다리**

도보 12분

13:00
**버거마이스터에서
점심**

대중교통
15분

10:30
**유대인박물관과
베를린 갤러리 관람**

도보 13분

09:30
체크포인트찰리

도보 10분

16:00
**젊은 예술 지구
어반 슈프레 즐기기**

대중교통
12분

18:00
**하케셔 광장에서
저녁 식사**

19:00
**Lemke에서
수제 맥주 즐기기**

20:00
**몽비쥬 공원 앞
슈프레 강변 산책**

17:00
**포츠담에서
베를린으로 출발**

10:30

베를린 문화포럼
필하모니, 국립회화관,
신 국립미술관,
악기박물관 중 선택

13:00

**포츠다머 광장
주변에서 점심**
린덴브로이
사라바나 바반

대중교통
20분

13:30

**박물관 섬 &
베를린 돔 관람**

도보 10분

17:00

니콜라이 지구 산책

DAY 2
2일

도보 + 대중교통

19:30

**텔레비전 탑에서
야경 즐기기**

19:00

알렉산더 광장

도보 10분

18:00

**게오르그브로이에서
저녁 식사**

DAY 3
3일

포츠담 여행

09:00

베를린 출발

기차 40분

10:00

포츠담 중앙역 도착

대중교통
15분

10:30

상수시 궁전 & 공원

노보 10분

15:30

구광장 중심 관광
바베리니 미술관,
필름박물관

도보 10분

14:30

쇼핑 & 휴식

13:30

**네덜란드 지구 &
도심 구경**

도보 5분

12:30

시내에서 점심 식사
와이키키 버거,
크레페리에

베를린과 포츠담·라이프치히 여행
4일 코스

DAY 1

1일

도보 중심

09:00
브란덴부르크 문

도보 5분

09:20
홀로코스트 메모리얼

도보 10분

10:00
포츠다머 광장 &
소니센터

도보 10분

14:30
이스트 사이드 갤러리
& 오베르바움 다리

도보 12분

13:00
버거마이스터에서
점심

대중교통
15분

10:30
유대인박물관과
베를린 갤러리 관람

도보 13분

09:30
체크포인트찰리

도보 10분

16:00
젊은 예술 지구
어반 슈프레 즐기기

대중교통
12분

18:00
하케셔 광장에서
저녁 식사

19:00
Lemke에서
수제 맥주 즐기기

20:00
몽비쥬 공원 앞
슈프레 강변 산책

09:50
라이프치히
중앙역 도착

도보 5분

기차 1시간
30분

08:00
베를린 출발

DAY 4

4일

라이프치히 여행

17:00
포츠담에서
베를린으로 출발

10:00
라이프치히
조형예술 미술관

11:30
구 시청 주변 관광

12:30
점심 식사
아우어바흐, 라츠켈러

도보 5분

13:30
토마스 교회 &
바흐 박물관

대중교통
10분

10:30

베를린 문화포럼

필하모니, 국립회화관,
신 국립미술관, 악기박물관 중 선택

13:00

**포츠다머 광장
주변에서 점심**

린덴브로이, 사라바나 바반

대중교통
20분

13:30

**박물관 섬 &
베를린 돔 관람**

도보 10분

17:00

니콜라이 지구 산책

DAY 2

2일

도보 + 대중교통

19:30

**텔레비전 탑에서
야경 즐기기**

19:00

알렉산더 광장

도보 10분

18:00

**게오르그브로이에서
저녁 식사**

DAY 3

3일

포츠담 여행

09:00

베를린 출발

기차 40분

10:00

포츠담 중앙역 도착

대중교통
15분

10:30

상수시 궁전 & 공원

도보 10분

도보 10분

15:30

구광장 중심 관광

바베리니 미술관, 필름박물관

14:30

쇼핑 & 휴식

13:30

**네덜란드 지구 &
도심 구경**

도보 5분

12:30

시내에서 점심 식사

와이키키 버거,
크레페리에

14:30

**라이프치히 대학교 또는
멘델스존 하우스 관람**

대중교통
8분

15:40

쇼핑 & 휴식

17:00

**라이프치히에서
베를린으로 출발**

뮌헨 핵심 명소 여행
2일 코스

DAY 1

1일

도보 중심

09:30
카를 광장

도보 5분

10:00
프라우엔 교회와 돔에서 뮌헨 전경 즐기기

도보 5분

11:30
마리엔 광장 & 신 시청사

15:00
슈바빙 지구에서 쇼핑 & 휴식

13:00
피나코테크 관람

도보 15분

11:30
점심 식사
로벤브로이

도보 5분

10:00
렌바흐 미술관 관람

대중교통 20분

16:30
BMW 박물관 & 홍보관

도보 5분

17:30
올림픽 공원 산책

대중교통 20분

19:00
저녁 식사
호프브로이

12:00

도보 5분

**신 시청사
타종 소리 듣기**

12:20

도보 5분

빅투알리엔 시장

13:00

도보 10분

점심 식사
호프브로이,
슈나이더 브로이하우스

14:20

**오데온 광장
주변 쇼핑 &
달마이어 방문**

도보 5분

DAY 2

2일

도보 + 대중교통

18:30

대중교통
20분

**저녁 식사 &
맥주 즐기기**

아우구스티너 켈러

17:00

도보 10분

영국 정원 산책

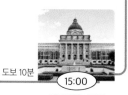

15:00

레지덴츠 궁전

뮌헨과 퓌센 여행
3일 코스

DAY 1
1일

도보 중심

09:30
카를 광장

도보 5분

10:00
프라우엔 교회와 돔에서 뮌헨 전경 즐기기

도보 5분

11:30
마리엔 광장 & 신 시청사

15:00
슈바빙 지구에서 쇼핑 & 휴식

13:00
피나코테쿤 관람

도보 15분

11:30
점심 식사
로벤브로이

도보 5분

10:00
렌바흐 미술관 관람

대중교통 20분

16:30
BMW 박물관 & 홍보관

도보 5분

17:30
올림픽 공원 산책

대중교통 20분

19:00
저녁 식사
호프브로이

DAY 3
3일

퓌센 여행

16:20
퓌센역에서 뮌헨으로 출발

12:00 도보 5분 **12:20** 도보 5분 **13:00** 도보 10분 **14:20**

**신 시청사
타종 소리 듣기**

빅투알리엔 시장

점심 식사
호프브로이,
슈나이더 브로이하우스

**오데온 광장
주변 쇼핑 &
달마이어 방문**

도보 5분

DAY 2
2일

도보 + 대중교통

18:30

**저녁 식사 &
맥주 즐기기**
아우구스티너 켈러

대중교통
20분

17:00 도보 10분 **15:00**

영국 정원 산책

레지덴츠 궁전

08:30 기차 2시간 **10:50** 대중교통
10분 **11:20** 대중교통
15분 **11:40**

뮌헨 출발

퓌센역 도착

**노이슈반슈타인
매표소 도착**

마리엔 다리

도보 10분

대중교통
15분

15:00 **14:00** **13:30** 도보 15분 **12:20**

알프 호수 산책

산 따라 산책

점심 식사

**노이슈반슈타인 성
(예약자 기준),
가이드 투어(30분 소요)**

프랑크푸르트 핵심 명소 여행
2일 코스

DAY 1
1일

09:30
뢰머 광장

도보 5분

10:00
쉬른 미술관

도보 5분

11:30
프랑크푸르트
대성당

12:40
다하임에서
점심 식사

대중교통
10분

11:00
슈테델 미술관

10:00
박물관 지구 산책

DAY 2
2일

도보 10분

14:00
유람선 타고
마인강 관광

도보 5분

15:00
현대미술관

도보 2분

16:30
카페에서 휴식
이모리

(12:00) 도보 8분 (13:00) 도보 2분 (13:30) 도보 5분 (15:00)

**클로스터호프에서
점심 식사**

바커스 커피

**괴테 하우스 &
박물관**

파울교회

도보 2분

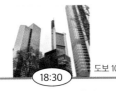

(18:30) 도보 10분 (17:30) 대중교통
12분 (16:30) 도보 5분 (15:30)

**마인 타워 전망대에서
야경 감상**

저녁 식사
십리향 팍초이

차일거리에서 쇼핑

**클라인마르크트할레에서
재래시장 구경하기**

프랑크푸르트와 하이델베르크 여행
3일 코스

DAY 1
1일

09:30 **뢰머 광장** 도보 5분 10:00 **쉬른 미술관** 도보 5분 11:30 **프랑크푸르트 대성당**

DAY 2
2일

12:40 **다하임에서 점심 식사** 대중교통 10분 11:00 **슈테델 미술관** 10:00 **박물관 지구 산책**

도보 10분

DAY 3
3일

14:00 **유람선 타고 마인강 관광** 도보 5분 15:00 **현대미술관** 도보 2분 16:30 **카페에서 휴식** 이모리

하이델베르크 여행

16:30 **하이델베르크에서 프랑크푸르트로 출발**

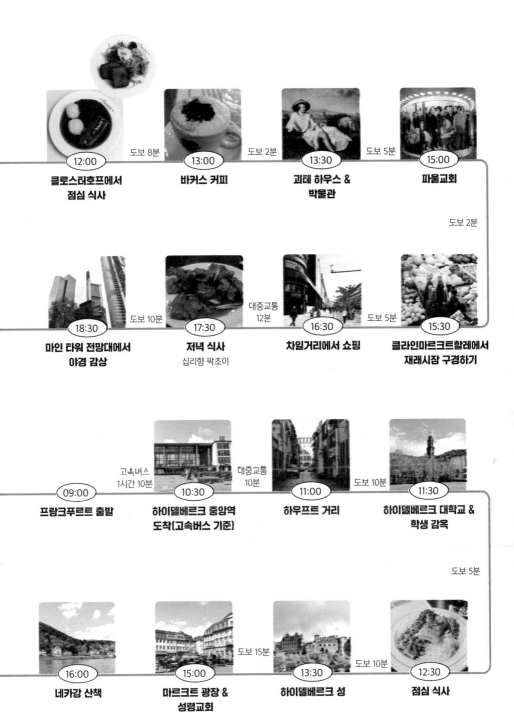

12:00
클로스터호프에서
점심 식사

도보 8분

13:00
바커스 커피

도보 2분

13:30
괴테 하우스 &
박물관

도보 5분

15:00
파울교회

도보 2분

18:30
마인 타워 전망대에서
야경 감상

도보 10분

17:30
저녁 식사
십리향 팍초이

대중교통
12분

16:30
차일거리에서 쇼핑

도보 5분

15:30
클라인마르크트할레에서
재래시장 구경하기

09:00
프랑크푸르트 출발

고속버스
1시간 10분

10:30
하이델베르크 중앙역
도착(고속버스 기준)

대중교통
10분

11:00
하우프트 거리

도보 10분

11:30
하이델베르크 대학교 &
학생 감옥

도보 5분

16:00
네카강 산책

15:00
마르크트 광장 &
성령교회

도보 15분

13:30
하이델베르크 성

도보 10분

12:30
점심 식사

PART 2

독일 하이라이트
Highlights of Germany

독일을 특별하게 즐기는 방법 18가지
독자의 취향과 일정을 고려하여 독일을 즐기는
다양한 방법을 준비했습니다. 명소, 맛집, 술집, 문화,
쇼핑 등 5가지 키워드로 18가지 즐길 거리를
안내합니다. 일정과 취향에 따라 당신에게 딱 맞는
프로그램을 선택하세요.

놓칠 수 없는 독일의 핵심 명소 10곳

독일을 여행하면서 꼭 가봐야 할 도시별 핵심 명소이자 랜드마크를 소개한다.
독일의 문화와 예술, 아픈 역사까지 오롯이 담고 있어 그들을 이해하는 데
많은 도움이 된다. 여행의 의미 또한 한결 깊어질 것이다.

① 브란덴부르크 문 Brandenburger Tor
베를린 미테지구 p120

독일의 대표 랜드마크로 베를린 중심에 있다. 문을 장식하는 승리의 여신 빅토리아와 4두 마차 조각상이 인상적이다. 월드컵과 유로 축구 시즌에는 브란덴부르크 문을 중심으로 거리 응원이 펼쳐져 우리나라의 광화문을 연상시킨다.

② 홀로코스트 메모리얼 Denkmal für die ermordeten Juden Europas 베를린 미테지구 p123

제2차 세계대전 당시 나치가 학살한 유대인 희생자를 기억하는 추모 공간이다. 묘비 같기도 하고 석관 같기도 한 2711개의 콘크리트 구조물이 압도적이다. 지하 방문자센터에는 우리와 다를 것 없이 평범한 삶을 살았던 희생자들 관련 자료가 전시되어 있다.

③ 이스트사이드 갤러리 East Side Gallery
베를린 프리드리히샤인 지구 p210

베를린 장벽을 예술로 승화시킨 대형 예술 공간이자 야외전시장이다. 베를린 장벽에 110개에 벽화가 그려져 있다. 세계 21개국의 예술가가 참여해 완성한 이 노천 전시장은 반전과 평화를 상징하는 대표적인 공간이다.

④ 괴테하우스 Frankfurter Goethe-Haus
프랑크푸르트 p276

독일의 대문호 요한 볼프강 폰 괴테가 태어나고 자란 집이다. 18세기 부유했던 귀족의 생활상을 살펴볼 수 있는 저택으로 응접실과 부엌이 자리한 1층부터 괴테가 『파우스트』의 집필을 시작한 4층까지 방마다 볼거리와 이야기가 넘쳐난다.

⑤ 쾰른 대성당 Kölner Dom
쾰른 p298

인류의 창조적 재능을 보여주는 건축물로 1996년 유네스코에 등재되었다. 세계 최대의 고딕 교회로 손꼽히며 종탑의 높이가 무려 157.38m이다. 진귀한 유물이 많아 중세 때부터 손꼽히는 순례지였다. 예수의 탄생을 축하한 동방박사들의 유골함이 대표 유물이다.

⑥ **하이델베르크 성** Heidelberger Schloss

하이델베르크 p356

낭만적인 중세 도시 하이델베르크의 대표 랜드마크이다. 13세기 이전부터 자리를 지킨 고즈넉한 고성의 매력에 흠뻑 빠져보자. 사랑하는 왕비를 위해 하룻밤 만에 세웠다고 전해지는 왕실 정원은 하이델베르크 시내의 전경을 한눈에 담을 수 있는 최고의 전망대이다.

⑦ **레지덴츠 궁전** Residenz München

뮌헨 p388

바이에른 지방을 오래 통치했던 비텔스바흐 가문의 본궁이다. 독일 제국이 붕괴한 1918년까지 500년 동안 증축을 거듭해 르네상스부터 신고전주의 건축양식까지 모두 품고 있다. 화려함을 자랑하는 안티콰리움과 보물관에서 왕족의 일상을 엿보기 좋다.

⑧ **노이슈반슈타인 성** Schloss Neuschwanstein

퓌센 p418

세계에서 가장 아름다운 성으로 바그너와 그의 오페라에 심취했던 바이에른의 왕 루트비히 2세의 꿈과 욕망을 엿볼 수 있다. 중세시대의 판타지에 심취했던 왕은 성의 완공을 목전에 두고 의문사했다. 디즈니랜드의 신데렐라 성의 모델이기도 하다.

⑨ **나치 전당대회장** Reichsparteitagsgelände

뉘른베르크 p441

로마의 콜로세움을 연상시키는 나치 전당대회장은 로마제국을 동경했던 히틀러의 취향이 반영된 대표적인 나치 건축물이다. 비극적 역사와 부끄러웠던 전쟁의 과오를 잊지 않기 위해 대회장 내에 기록물 전시관을 세웠다. 독일 청소년들의 필수 여행 코스이다.

⑩ **하펜시티** Hafencity

함부르크 p508

함부르크를 자유도시로 성장시키는데 강한 원동력이 된 항구이다. 흉물과도 같던 19세기의 대규모 창고 단지에 박물관, 호텔, 콘서트홀이 들어서면서 현지인이 가장 추천하는 관광명소이자 문화 예술 벨트로 재탄생하였다.

독일의 대표 미술관에서 예술에 취해보자

독일 최고의 미술관 여섯 곳을 소개한다. 고대부터 현대까지 미술 시간에 배운 세계적인 예술 작품을 직접 눈에 담아보자. 미술사를 관통하는 세계적인 화가와 그들의 명작을 만나는 즐거움을 마음껏 만끽할 수 있다.

① **박물관 섬** Museumsinsel

　베를린 미테지구 p135

베를린을 가로지르는 슈프레강에 있는 박물관 지구이다. 100여 년 넘게 조성되었으며, 1999년 세계문화유산에 등재되었다. 고대 이집트 유물부터 비잔틴, 르네상스를 거쳐 인상주의 작품에 이르기까지 세계 미술사를 관통하는 대작들을 5곳의 박물관에서 관람할 수 있다. 바빌론의 성문이었던 이슈타르 문, 이집트 네페르티티 왕비의 흉상이 대표작이다.

② **슈테델 미술관** Städel Museum

　프랑크푸르트 p286

파리의 루브르 박물관에서 영감을 얻은 프랑크푸르트 출신의 기업가 슈테델이 세운 미술관이다. 200여 년의 역사를 자랑하는 미술관으로, 보티첼리, 베르메르, 르누아르 등 서양 미술사를 대표하는 작가들의 작품을 만날 수 있다. 미술관에 들어서는 순간, 슈테델이 얼마나 열정적으로 작품을 수집했는지 금방 알 수 있다. 대문호 괴테도 수차례 그를 만났다고 전해진다.

③ **피나코텍큰** Pinakotheken

뮌헨 p394

맥주의 고장이자 독일의 3대 도시 뮌헨에 있다. 14세기부터 현대에 이르는 방대한 미술품을 전시하고 있다. 알테, 노이에, 모데르네 3개의 미술관을 합쳐 피나코텍큰이라 부른다. 특히 알테 피나코텍은 유럽 근대 미술관의 표본이다. 대표작으로 뒤러의 〈자화상〉, 고흐의 〈해바라기〉를 꼽을 수 있다.

④ **함부르크 시립미술관** Hamburger Kunstalle

함부르크 p504

함부르크 시민들의 자발적인 후원과 독려로 독일 최초의 미술협회를 설립해 세운 미술관이다. 중세시대부터 현대까지의 미술작품을 전시한다. 특히 17세기 네덜란드 미술과 나치 정권이 퇴폐 미술로 낙인찍은 독일 표현주의 작품들을 대거 감상할 수 있다. 대표작으로 뭉크의 〈마돈나〉, 카스퍼 다비드 프리드리히의 〈북극해〉가 있다.

⑤ **그라시 박물관** GRASSI Museum

라이프치히 p464

이탈리아 출신 사업가로 1800년대 라이프치히에서 무역업으로 큰돈을 번 프란츠 도미니크 그라시가 기부한 막대한 유산으로 세운 박물관이다. 박물관은 악기 박물관, 응용 예술 박물관 그리고 민속박물관 등 세 개로 구성되어 있다. 특히 민속박물관은 전 세계 다양한 민족의 생활상을 엿볼 수 있는 전시물들로 볼거리가 가득하다.

⑥ **쿤스트잠룽 노르트라인 베르스트팔렌** K20·K21

뒤셀도르프 p332

당신이 뒤셀도르프를 여행한다면 첫 번째로 가야 할 미술관이다. 칸딘스키, 잭슨 폴록, 앤디 워홀, 키르히너. 우리에게 익숙한 20~21세기 작가들의 현대미술 작품을 관람할 수 있다. 대표적인 작품으로는 독일 표현주의 작가 키르히너의 〈일본식 우산을 든 소녀〉를 꼽을 수 있다.

로맨틱 가도, 아름답고 낭만적인 중세 도시로 떠나자

독일의 아름다운 도시 곳곳을 여행하고 싶다면, 중세의 독일 풍경을 만나보고 싶다면, 꼭 가야 할 길이다. 알록달록한 풍경이 낭만적이고 아름다워 특별한 경험을 선사한다. 동화의 나라로 들어가는 꿈을 꾸고 있다면 로만티셔 슈트라세 버스에 몸을 싣고 GO! GO!

로맨틱 가도란?

독일에는 여행자를 위한 7가지 테마 도로가 있다. 서독 시절인 1950년대 관광 활성화를 위해 문화유산, 역사, 문학, 예술 등을 키워드로 지역과 도시, 마을을 여행할 수 있도록 도로를 테마화 한 것이다. 중세의 도시를 여행하는 로맨틱 가도Romantische Straße, 괴테의 흔적을 따라가는 괴테 가도, 아름다운 옛 성을 찾아가는 고성 가도, 그림 형제의 동화 속 배경지를 따라가는 판타스틱 가도가 대표적이다. 이 가운데 가장 유명한 도로가 로맨틱 가도이다. 로맨틱 가도는 바이에른 지역의 소도시 27곳을 연결하는 400km에 달하는 길로, 뷔르츠부르크에서 시작하여 뮌헨을 거쳐 퓌센까지 이어진다. 원래 이 길은 중세시대에 독일에서 이탈리아 로마로 이어지는 무역 교역로였다. 그래서 처음엔 로만Roman 가도라 불렸다. 하지만 해상무역이 발달하고, 30년 전쟁을 겪고 난 뒤, 이 교역로의 도시들이 쇠퇴의 길을 걷기 시작했다. 사람들의 기억에서 잊힌 소도시들이 다시금 도약하게 된 것은 1950년대부터였다. 2차 세계대전에서 패한 독일이 관광객을 유치하기 위해 중세시대의 모습이 잘 남은 소도시를 묶어 여행 상품으로 만들어 유명세를 타게 되었다. 로만 가도는 목가적인 풍경과 동화처럼 알록달록한 중세의 도시가 낭만적이고 아름다워 로맨틱 가도라 불리게 되었다.

로맨틱 가도의 주요 도시들

① **뷔르츠부르크** Würzburg 소설가 헤르만 헤세가 사랑한 도시로, 그는 "다음 생은 뷔르츠부르크에서 태어나고 싶다!"라고 말했다. 독일 최대 와이너리 3곳이 이곳에 있으며 특히 화이트 와인이 유명하다. 중세의 신비를 간직한 도시로 1127년 독일 최초로 기사 토너먼트가 열렸고, 17세기엔 마녀사냥의 중심지였다. 1402년에 설립한 뷔르츠부르크 대학과 세계문화유산이자 바로크 건축의 백미인 레지덴츠 궁전이 대표적인 명소이다. 프랑크푸르트와 뉘른베르크에서 약 120㎞ 떨어져 있다.

② **로텐부르크** Rothenburg ob der Tauber 뷔르츠부르크에서 남쪽으로 60㎞ 떨어져 있다. 1274년부터 1803년까지 신성로마제국의 자유도시였다. 신·구교가 치열하게 싸운 30년 전쟁(1618~1748) 당시 마을이 파괴될 위험에 처하자 시장이었던 게오르크 누쉬가 적군 앞에서 3.25ℓ의 와인을 호탕하게 마셔 마을을 구했다는 영웅담이 지금까지 내려오고 있다. 동화책에 나올 법한 아기자기한 건물과 자갈길이 인상적이며 로맨틱 가도의 마을 중 단연 아름다운 곳으로 손꼽힌다. 1~2시간이면 충분히 마을 전체를 돌아볼 수 있다.

③ **뢰팅겐** Röttingen 뷔르츠부르크에서 남쪽으로 35km 거리에 있다. 30년 전쟁으로 가장 큰 피해를 본 도시 중하나이다. 다행히도 도시의 성벽은 중세 시대 모습을 거의 그대로 보존하고 있으며 7개의 방어 탑도 아직 남아있다. 22종의 해시계가 설치된 산책길 '해시계의 길'과 와인 박물관이 대표적인 관광 명소이다.

④ **바이커스하임** Weikersheim 이곳의 바이커스하임 성은 독일에서 가장 중요한, 르네상스 양식으로 손꼽히는 성으로 유명하다. 보존 상태가 매우 좋은 편이며 왕궁 정원은 프랑스 베르사유 궁전의 정원을 모델로 하여 18세기에 조성된 것이다. 로만티셔 슈트라세 버스를 이용하면 탑승권에 성 입장료가 포함되어 있다.

⑤ **딩켈스뷜** Dinkelsbühl 로텐부르크에서 남쪽으로 47km 거리에 있다. 세계대전 당시 공습 피해를 입지 않아, 로맨틱 가도의 도시들 가운데 중세 도시의 정취를 가장 잘 간직하고 있다. 8세기부터 세운 도시 성곽이 지금까지 남아 있다. 인구 1.1만 명이 조금 넘는 작은 도시라 1시간 정도면 돌아볼 수 있다.

⑥ **아우크스부르크** Augsburg
독일에서 3번째로 오래된 도시로 기원전 15년경 로마 시대에 처음 생겼다. 로마 황제 아우구스투스의 양자 티베리우스가 황제의 명령으로 도시를 세워 아우크스부르크라 불리게 되었다. 신성로마제국 때 자유도시가 되면서 상업 중심지로 번성을 이뤘다. 인류 역사상 최고의 부자라고 불리는 야코프 푸거가 세운 빈민 구제 시설 푸거라이 Fuggerei가 유명하다. 바이에른 주의 제3의 도시로, 딩켈스뷜에서 남동쪽으로 107km 거리에 있다.

로맨틱 가도 어떻게 여행할까?
❶ 로만티셔 슈트라세 버스 이용하기
400km에 달하는 로맨틱 가도 중 가장 아름답고, 유명한 도시들을 편하게 여행하는 방법이다. 로만티셔 슈트라세 버스 Romantische Strasse Bus는 로맨틱 가도 관광협회에서 운영한다. 기차로 접근하기 어려운 프랑크푸르트에서 로텐부르크까지의 소도시들을 운행하는 셔틀버스로 5월부터 9월까지 일요일에 셔틀을 운행한다. 로텐부르크부터 뮌헨까지는 셔틀버스를 운행하지 않지만 기차 또는 지역의 대중교통을 통해 이동할 수 있다. 58유로의 독일 티켓을 소지했다면 로텐부르크부터 뮌헨까지의 대중교통은 무제한 이용할 수 있다.
프랑크푸르트의 버스 출발지는 중앙역 남쪽 입구 근처에 있는 고속버스 정류장 12번 플랫폼이다. 아침 9시에 출발해 오후 1시쯤 로텐부르크에 도착한다. 돌아올 때는 하차한 장소에서 오후 3시 45분에 버스에 탑승하면 된다. 셔틀버스는 뷔르츠부르크에서 출발도 가능하며 이때에는 일요일 아침 10시 35분, 뷔르츠부르크 중앙역 앞 고속버스 정류장에서 탑승하면 된다. 셔틀버스의 노선 중 뢰팅겐과 바이커스하임 Weikersheim은 관광협회에서 추천하는 소도시이다. 특정 소도시는 탑승자의 요청이 있을 때만 정차하기도 한다. 특정 소도시를 갈 계획이라면 여행하고자 하는 도시를 사전에 정하고 차량 탑승 3일 전까지 정차해 줄 것을 회사에 요청해야 한다.
차량이 도시에 정차하면 언제 다시 출발하는지 운전사에게 물어본 뒤 도시를 여행하자. 셔틀버스는 정해진 스케줄에 맞춰 운행하기 때문에 이들 도시에서 탑승 시간을 절대 놓치면 안 된다. 승하차 시 다음 노선으로의 출발시간을 다시 한번 확인하며 여행하자.

로만티셔 슈트라세 버스 출발지
프랑크푸르트 프랑크푸르트 중앙역 남쪽 입구 근처 고속버스 12번 Deutsch Touring/Eurolines 정류장
뷔르츠부르크 뷔르츠부르크 중앙역 정문 앞 버스 정류장 로텐부르크 슈라넨플라츠 Schrannenplatz 광장 앞

로만티셔 슈트라세 버스 노선 스케줄

	운행 방향	도시	도시		운행 방향	B노선
09:00		출발	프랑크푸르트	도착		19:30
10:05*		도착/출발	베르트하임	도착/출발		18:30
10:35		도착/출발	뷔르츠부르크 중앙역	도착/출발		18:00
11:35*		도착/출발	마르켈스하임	도착/출발		16:45
11:40	↓	도착	바이커스하임	도착/출발	↑	16:40
12:10		출발	바이커스하임			
12:15		도착/출발	뢰팅겐	도착/출발		16:35
12:45		도착/출발	로텐부르크 슈라넨광장	도착/출발		16:00
12:55		도착	로텐부르크 주차장	출발		15:45

*요청 시에만 정차하는 도시

로만티셔 슈트라세 버스 티켓 요금과 구매

버스표는 이용하는 구간에 따라 금액이 달라진다. 유레일패스와 저먼패스 소지자는 20%, 4~12세·장애인은 50%, 60세 이상·10명 이상의 그룹은 10% 할인된다. 홈페이지에서 예매할 경우 이용하기 36시간 전에 예매하면 된다. 전화 +49 9851 551387 예매 홈페이지 www.romanticroadcoach.com

요금표

	성인	학생, 60세 이상	4~12세
프랑크푸르트-로텐부르크 (총 여행 시간 10h)	99유로	89.1유로	49.5유로
뷔르츠부르크-로텐부르크 (총 여행시간 7h 30m)	54유로	48.6유로	27유로

❷ DB 열차로 로맨틱 가도 여행하기

로맨틱 가도를 열차로 여행하기는 사실 쉽지 않다. 여러 차례 환승하거나 복수의 교통수단을 이용해야 한다. 그만큼 시간과 금액도 많이 든다. 한 도시에 오래 머물고 싶거나 시간적 여유가 있는 여행자들에게만 추천한다. 열차로 쉽게 이동할 수 있는 도시들은 뷔르츠베르크, 로텐부르크, 아우크스부르크, 퓌센 정도이며 나머지 도시들은 지역 버스로 이동해야 한다.

로맨틱 가도의 DB 열차 이용 정보

프랑크푸르트에서 뷔르츠부르크 프랑크푸르트 중앙역에서 뮌헨München 방면 고속열차ICE 탑승, 1시간 20분 소요

뷔르츠부르크에서 로텐부르크 뷔르츠부르크 중앙역에서 트로이흐트링겐Treuchtlingen 방면 지역열차RB 탑승, 일곱 정류장 이동하여 슈타이나흐역Steinach에서 로텐부르크 옵 데어 타우버Rothenburg ob der Tauber 방면 열차로 환승, 세 정거장 이동 후 하차

뮌헨에서 아우구스부르크 뮌헨 중앙역에서 아우구스부르크 중앙역까지 고속열차ICE로는 30분, 지역열차 RB로는 45분 소요

뮌헨에서 퓌센 뮌헨 중앙역에서 퓌센역Füssen까지 지역열차BRB로 2시간 5분 소요

독일 주요 도시의 전망 스폿

도시의 전경을 한눈에 담기 좋은 전망 명소를 골랐다. 전망 명소에서 본 파노라마 풍경은 여행이 끝난 뒤에도 오래 기억에 남을 것이다. 특별한 추억을 위해 전망 명소로 가자.

① TV 타워 Berliner Fernsehturm

베를린 알렉산더 광장 지구 p170

1969년 동독 정부가 세운 라디오와 텔레비전 송신탑으로 높이가 368m이다. 독일에서 가장 높은 구조물이다. 1957년 소련의 세계 최초 인공위성 스푸트니크를 모델로 제작된 둥근 돔 모양 전망대가 인상적이다.

② 파노라마 풍크트 Panorama Punkt

베를린 포츠다머 광장 지구 p153

베를린의 미테와 포츠다머 지구를 한눈에 담을 수 있는 전망대로 콜호프 타워의 옥상에 있다. 지상 100m 높이의 24층에 있는 전망대에서 베를린 시내의 전경을 360도로 볼 수 있다.

③ 마인타워 Main Tower 프랑크푸르트 p285

지하 5층, 지상 56층의 마인타워는 프랑크푸르트에서 4번째로 높은 빌딩이다. 마인강과 프랑크푸르트의 전경을 감상할 수 있는 최적의 장소로, 레스토랑도 운영되고 있다. 여름철에는 밤 11시까지 운영해 야경을 즐기기 좋다.

④ 라인타워 Rheinturm 뒤셀도르프 p338

라디오와 텔레비전 송신탑으로 1982년에 세워졌다. 독일에서 10번째로 높은 텔레비전 타워로 타워의 높이는 234m에 이른다. 전망대는 168m 지점에 있으며 초고속 엘리베이터를 타면 1분 만에 도착한다.

⑤ 파노라마 빌딩 City-Hochhaus 라이프치히 p463

베를린 TV타워를 설계한 동독의 건축가 헤르만 헨셀만의 1972년 작품이다. 뾰족한 뿔 같은 생김새 때문에 사랑니, 유니콘이라고도 불린다. 라이프치히 대학 건물로 지어졌으며, 대학 남쪽에 있다. 31층 야외 전망대에서 라이프치히 시내를 한눈에 담을 수 있다.

낭만적인 리버 크루즈 여행

독일을 크루즈로 여행한다고? 그렇다. 베를린, 라인강, 프랑크푸르트 유람선 여행으로 당신을 초대한다.
도시를 품고 적셔주는 강물을 따라 색다른 시각으로 도시를 즐겨보자.

① 베를린 슈프레강 크루즈 p140

베를린은 의외로 물의 도시다. 슈프레강이 베를린 시내 곳곳을 적셔주며 가로질러 흐르는가 하면, 운하도 제법 잘 갖
추고 있다. 슈프레강을 따라 베를린의 주요 관광지들이 모여 있어, 크루즈 여행 상품이 제법 다채롭다. 유람선 여행은
대개 1시간 정도 진행되며, 강과 운하를 모두 여행할 경우 최대 3시간에서 3시간 반까지도 걸린다.

② 로맨틱 라인, 라인강 크루즈 p309

녹일 숭북루 라인 계속은 뷰네스코 세계분화유산에 등새될 만큼 아름나운 곳이나. 그래서 '로맨틱 라인'이라고도 불린
다. 빙엔Bingen에서 코블렌츠Koblenz까지의 구간으로 고성과 마을이 마치 동화 속 풍경 같다. 쾰른, 뒤셀도르프 같은
큰 도시에 출발하는 크루즈도 있다. 쾰른 대성당 관람 후 이용하길 권한다. 홈페이지 www.k-d.com

③ 마인강 크루즈 p284

마인강 크루즈를 타면 강변 풍경과 프랑크푸르트의 마천루, 구시가지의 낭만적인 모습을 한 눈에 즐길 수 있다.
밤에 운행하는 크루즈도 있다. 대도시의 야경을 즐기며 저녁 식사를 하는 프로그램도 있다. 유람선 위에서의 저녁
식사. 퍽 낭만적이지 않은가? 마인강 크루즈는 약 1시간 동안 강의 하류와 상류를 오가며 운행한다.

징글벨, 징글벨! 크리스마스 마켓 투어

독일 여행 중에 크리스마스를 맞았다면 당신은 운이 좋은 것이다.
독일의 크리스마스 마켓은 잊지 못할 크리스마스의 추억을 안겨주기 충분하다.
따뜻한 글루바인 한잔으로 추위를 녹이며, 흥에 겨운 크리스마스를 만끽해보자.

① **뉘른베르크 크리스마스 마켓** Nürnberg Christkindlesmarkt **p436**
11월 말부터 12월 24일까지 열린다. 세계에서 가장 아름다운 크리스마스 마켓으로 꼽힌다. 도시의 광장마다 크고 작은 시장이 열리며 그중에서 프라우엔 교회Frauenkirche 앞 광장에서 가장 큰 크리스마스 마켓이 열린다. 생강과 자 렙쿠흔Lebkuchen과 건자두로 만든 크리스마스 장식 인형 플라우멘토플plaumentoffel은 뉘른베르크의 대표적 인 크리스마스 특산품이다. 뉘른베르크 소시지와 함께 따뜻한 글루바인으로 몸을 녹이며 시장 곳곳을 구경해보자.
홈페이지 www.christkindlesmarkt.de

② 베를린의 크리스마스 마켓 Berlin Weihnachtsmarkt

베를린에서 가장 유명한 크리스마스 마켓은 젠다르멘 광장, 샤를로텐부르크 성, 알렉산더 광장의 마켓을 꼽을 수 있다. 광장마다 색다르게 연출해 구경하는 재미가 있다. 특히 알렉산더 광장의 크리스마스 마켓에는 아이스링크와 놀이기구가 설치된다. 마켓마다 특색있게 디자인된 글루바인 잔은 4~5유로의 보증금Pfand, 판트만 내면 기념품으로 간직할 수 있다. 겨울철에만 판매하는 독일 대표 간식 캬라멜아몬드 게브란테만델Gebrannte Mandeln도 잊지 말고 맛보자.

젠다르멘 광장 크리스마스 마켓
찾아가기 U-Bahn 2·6호선 슈타트미테역Stadtmitte에서 도보 2분 주소 Gendarmenmarkt, 10117 Berlin 입장료 2유로 축제 기간 11월 말~12월 31일까지 일~목 12:00~22:00, 금·토 12:00~23:00

샤를로텐부르크 성 크리스마스 마켓
찾아가기 버스M45, 109, 309번 승차 후 슐로스 샤를로텐부르크Schloss charlottenburg 정류장 하차
주소 Spandauer Damm 10-22, 14059 Berlin 축제 기간 11월 말~12월 23일까지 월~목 13:00~22:00 금~일 12:00~22:00

알렉산더 광장 크리스마스 마켓
찾아가기 U2·5·8, S-Bahn 알렉산더광장역Alexanderplatz Bahnhof 하차 주소 Alexanderplatz, 10178 Berlin
축제 기간 11월 말~12월 26일까지 매일 11:00~22:00

③ 드레스덴 크리스마스 마켓 Striezelmarkt Dresden

세계에서 가장 오래된 크리스마스 마켓으로 1434년에 처음 문을 열었다. 처음엔 작센 선거후 프리드리히 2세가 시민들에게 고기를 제공하는 하루짜리 시장으로 시작했다. 다양한 크리스마스 수공예 장식품을 판매한다. 드레스덴 크리스마스 마켓에서 꼭 맛봐야 할 것은 바로 슈톨렌Stollen이다. 럼주에 절인 건과일, 마지판, 견과류를 반죽에 넣어 구운 크리스마스 빵으로 강보에 싸인 아기 예수를 본 따 길쭉하다. 독일 전역에서 즐겨 먹지만 드레스덴 슈톨렌이 가장 유명하다.

찾아가기 트람 1·2·4 알트마르크트Altmarkt 정류장 하차 주소 Altmarkt, 01067 Dresden 축제 기간 11월 말~12월 24일까지 매일 10:00~21:00

독일에서 꼭 먹어야 할 음식 10가지

독일은 남부의 알프스산맥을 제외하고는 국토 전체가 평지 또는 구릉지라 목축업이 크게 성행하여
다양한 육식 요리가 발달했다. 소, 돼지, 닭은 물론 튀르키예 이민자들의 영향으로 양고기도 즐겨 먹는다.
소시지, 학세 등 꼭 먹어야 할 독일의 대표 음식을 소개한다.

① 부어스트 Wurst
가장 유명한 독일 음식은 소시지이다. 부어스트는 소시지를 일컫는 독일어이다. 그릴에 구운 브랏부어스트Bratwurst를 작고 둥근 빵 브뢋헨Brötchen에 끼워 먹는 브랏부어스트 브로헨Bratwurst Brötchen은 우리나라의 떡볶이처럼 많은 사람이 즐긴다. 지역별로 부어스트의 종류와 요리법이 다양하다. 베를린의 커리부어스트Currywurst, 뉘른베르크의 뉘른베르거 부어스트 Nürnberger Bratwürst, 뮌헨의 흰 소시지 바이스부어스트Weißwurst가 가장 유명하다.

② 슈바인스학세 Schweinshaxe
부어스트와 함께 한국에서 가장 유명한 독일 음식이다. 특히 바이에른 지역에서 즐겨 먹으며, 최고의 맥주 안주이다. 돼지 발목을 오븐에 구워 만든다. 겉껍질은 바삭하고 속살은 부드럽다. 바삭한 겉껍질은 식으면 너무 딱딱하거나 질겨지므로 음식이 나오자마자 먹는 것이 좋다.

③ 아이스바인 Eisbein
아이스바인은 소금에 절인 돼지 정강이를 향신료를 넣은 물에 오랜 시간 삶아 조리한 음식이다. 우리나라의 보쌈과 비슷한 맛이다. 아이스바인은 베를린과 독일 북부에서 즐겨 먹는다. 한국인의 입맛에는 조금 짜지만, 곁들여 나오는 사우어크라우트와 함께 먹으면 맛이 좋다.

④ 슈니첼 Schnizel
돈가스의 원조 격인 음식으로 19세기 오스트리아에서 유래했다. 오스트리아의 비너 슈니첼은 송아지 고기를 두드려 펴서 빵가루를 입혀 튀겨 만드는데, 독일은 돼지고기를 사용한다. 짭짤하고 기름져 맥주 안주로 그만이다.

⑤ 메트 Mett
곱게 간 돼지고기를 날로 먹는 음식이다. 독일의 장노년층이 맥주 안주와 함께 즐겨 먹는다. 간 돼지고기는 냄새도 나지 않고 부드러우며 생각보다 맛이 좋다. 메트를 처음 도전한다면 간 돼지고기를 소금과 후추로 양념한 뒤 양파와 함께 빵에 얹어 먹는 멧브로헨Mettbröchen을 추천한다.

⑥ 마울타셴 Maultaschen

노이슈반슈타인 성이 있는 슈바벤 지역의 전통음식이
다. 밀가루 반죽으로 만든 피에 고기와 양파, 시금치 등
의 채소를 넣고 빚은 독일식 만두로, 파스타의 한 종류
인 라비올리와 비슷하지만 조금 더 크다. 보통 1인분에
2~3개의 마울타셴이 우리나라 만두처럼 구워져 나온
다. 맑은 스프와 곁들여 조리하기도 한다.

⑦ 굴라쉬 Gulasch

고기와 채소를 넣고 푹 끓인 스튜이다. 헝가리 전통음식
으로 소나 양을 치던 목동들이 즐겨 먹었다. 지금은 유
럽 전역에서 사랑받는 음식으로 독일 음식점에서도 쉽
게 찾을 수 있다. 한국인 입맛에도 잘 맞으며, 술 마신 다
음 날 해장거리로도 좋다.

⑧ 로울라덴 Rouladen

넓게 편 소고기 또는 양배추에 베이컨, 양파, 겨자 등을
넣고 롤처럼 말아 조리한 음식이다. 독일뿐 아니라 오
스트리아, 스위스 등 독일어권 나라에서 즐겨 먹는다.

⑨ 크뇌델 Knödel

감자와 전분, 밀가루를 섞어 완자와 같이 만든 요리로 식
감이 떡과 같이 쫄깃쫄깃하다. 18세기 프리드리히 대왕
이 적극적으로 도입한 감자는 이제 독일인의 식탁에서
빠질 수 없는 주식으로 자리 잡았다. 다양하게 조리한 감
자요리를 고기와 함께 먹는데, 크뇌델도 그중 하나이다.

⑩ 자우어크라우트 SauerKraut

양배추를 절여 발효시킨 음식으로, 고기요리와 함께 곁
들여 먹는 대표적인 사이드 메뉴이다. 유산균이 풍부해
한국의 김치와 비슷한 점이 많다. 가게나 지역에 따라
데워져 나오거나 차갑게 나오기도 한다. 신맛이 강해 입
맛을 돋우고 느끼함을 줄여준다.

독일어 메뉴판, 이제 당황하지 말자!

독일어를 읽을 수 없어 어떤 음식인지 가늠조차 할 수 없다면?

어떤 음식점에서도 통용되는 대표적인 재료와 조리법 단어를 정리했다.

이제, 독일어 메뉴판 슈파이저카르테Speisekarte를 받아들고 당황하지 말자.

음식 재료			
Rind(fleisch) 린트(플라쉬)	소(고기)	Kartoffel 카토펠	감자
Schwein 슈바인	돼지	Kraut, Kohl 크라우트, 콜	양배추
Lamm 람	양	Spargel 슈파겔	아스파라거스
Hühn 휸	닭	Knoblauch 크노블라우흐	마늘
Ente 엔테	오리	Käse 케제	치즈
Ei 아이	달걀	Koriender 코리앤더	고수
Fisch 피슈	생선	Reis 라이스	쌀
Garnele 가넬레	새우	Brot 브롯	빵
조리방법			
grillen 그릴른	구이	Gulasch 굴라쉬	스튜
braten 브라튼	볶음	Kuchen 쿠헨	케이크
fritieren 프리티에른	튀김	Torte 토르테	타르트
Hackfleisch 학플라쉬	다짐육	Nudeln 누델른	국수
Schinken 슁켄	햄		
대표 음식			
Wurst 부어스트	소시지	Maultaschen 마울타셴	독일식 만두
Schweinshaxe 슈바인스학세	돼지족발	Brezel 브레첼	프레첼
Mett 메트	날돼지고기	Rührei 뤼라이	스크램블
Schnitzel 슈니첼	돈까스	Knödel 크뇌델	감자떡
Salat 잘라트	샐러드	Pommes 포메스	감자튀김
대표 음료와 술			
Wasser 바써	물	Saft 자프트	주스
Bier 비어	맥주	Kaffee 카페	커피
Wein 바인	와인	Tee 테	차
Apfelschorle 아펠숄레	사과 탄산음료	Schokolade 쇼콜라데	핫초코
Kohlensäure 콜렌조이레	탄산	limonade 리모나데	레모네이드
Milch 밀쉬	우유		

Food 02

여기가 베스트! 도시별 인기 맛집

여행의 반은 먹는 즐거움이다. 맛있는 음식은 여행을 더 즐겁고 특별하게 만들어 준다.
베를린, 프랑크푸르트, 쾰른, 하이델베르크 등 독일의 주요 도시에선 다양한 음식을 즐길 수 있다.
여러분의 즐거운 여행을 위해 도시별 최고 맛집을 소개한다.

① 브라우하우스 게오르그브로이

Brauhaus Georgbraeu 베를린 p178

베를린의 전통음식 아이스바인우리의 보쌈과 비슷한 돼지 정강이 음식을 전문으로 판매하는 음식점이다. 맛은 물론이고 합리적인 가격에 양도 많아 아이스바인 하나만 주문해도 성인 남녀가 함께 먹을 수 있다. 가게에서 직접 만드는 수제 맥주와 함께 즐기기 좋다.

② 코놉케스 임비스 Konnopke's Imbiss 베를린 p194

커리부어스트 전문점이다. 커리부어스트는 쉽게 말해 커리 소시지이다. 그릴에 구운 소시지를 케첩과 커리 가루로 만든 소스에 찍어 먹는 독일의 대표 길거리 음식이다. 코놉케스 임비스는 베를린의 커리부어스트 원조 가게로 1930년부터 문을 열었다. 껍질이 없는 소시지 오네담Ohne Dam이 가장 인기가 많다.

③ 클로스터호프 Restaurant Klosterhof

프랑크푸르트 p288

1936년에 문을 연 유서 깊은 독일 요리 전문점이다. 저녁에는 예약석이 가득 찰 정도로 인기가 많다. 학센과 슈니첼도 좋지만, 이 집의 인기 메뉴 로올라덴을 시켜보자. 베이컨과 피클 등으로 속을 채운 쇠고기를 말아 조리하는 요리로 식사와 맥주 안주로 아주 좋다.

④ 바이 데 에어 탕트 Bei d'r Tant 쾰른 p317

쾰른의 대표 맥주 쾰쉬를 맛볼 수 있는 현지 맛집이다. 대표 쾰쉬 브랜드 중 하나인 가펠 맥주를 판매한다. 깔끔하고 청량감 있는 맛이 일품인 쾰쉬는 어떤 음식과도 잘 어울리지만 역시 고기와 궁합이 가장 좋다.

⑤ **춤 로튼 옥슨** Zum Roten Ochsen
　하이델베르크 p365

독일의 재상이었던 비스마르크, 미국의 작가 마크 트웨인, 배우 마릴린 먼로 등 역사적인 인물들이 다녀간 하이델베르크의 대표 음식점이다. 무려 300년이 넘는 역사를 자랑한다. 독일식 만두 마울타셴과 함께 하이델베르크의 지역 맥주인 하이델베르크 1603을 즐기기 좋다.

② **골데네스 포스트호른** Foldenes Posthorn
　뉘른베르크 p444

뉘른베르크는 물론 독일에서 가장 오래된 와인 바이다. 와인에 크기가 손가락 정도인 작은 소시지를 6~12개로 묶어 판매하는 뉘른베르크 부어스트를 곁들여 먹으면 여행의 즐거움이 더욱 커진다. 뉘른베르크 부어스트는 주문과 동시에 숯불에 구워내오며, 그 맛이 일품이다.

⑤ **풀버툼** Pulverturm
　드레스덴 p492

향신료를 넣은 와인에 고기를 재워 만든 독일의 전통 요리 자우어브라텐Sauerbraten을 비롯해 작센 지방 요리를 만날 수 있는 곳이다. 독일인이 사랑하는 치즈, 크박Quark으로 만든 작센 디저트 아이어쉐케Eierschecke도 맛볼 수 있다.

(Travel Tip)

식당 기본 매너

매너가 사람을 만든다는 말이 있다. 우리나라와는 너무 다른 독일의 식당 예절을 알고 가면 더욱 근사한 식사를 즐길 수 있다.

❶ 가게에 들어서면? 종업원에게 일행이 몇 명인지, 예약 여부를 말하고 테이블 안내를 받는다.

❷ 주문할 때는? 큰 소리를 내서 종업원을 부르는 일은 에티켓에 어긋난다. 보던 메뉴판을 덮거나 종업원과 눈을 맞추면 주문을 받으러 온다. 가볍게 검지 손가락을 드는 것도 좋다.

❸ 계산할 때는? 식사를 마친 후 종업원에게 '잘렌 지 비테'Zahlen Sie, bitte라고 말하면 계산서를 가져다준다. 테이블에서 계산을 마친 후 일어난다.

❹ 팁 문화? 독일은 미국과 같이 팁 문화가 엄격하지 않다. 식당 서비스에 만족했다면 음식값의 10~15% 정도의 팁이 적당하다.

독일 여행자를 위한 맥주 상식

알고 떠나면 더 많이, 더 깊이 즐길 수 있다. 벨 에포크 시대와 헤밍웨이를 알고 가면 파리 여행이 더 깊어지고, 가우디의 생애를 알고 나면 바르셀로나가 더 매력적으로 다가온다. 마찬가지로 맥주를 알면 독일 여행이 더 즐거울 것이다. 독일 여행자를 위해 맥주에 대한 상식을 소개한다.

©징앤크래프트

맥주의 기원

인류는 언제부터 맥주를 마셨을까? 정확한 시점을 특정하기는 어렵지만, 대체로 1만 2천 년 전으로 짐작하고 있다. 이 무렵부터 인류는 정착 생활을 시작하였는데, 이때 맥주가 탄생했다고 보는 것이 정설이다. 튀르키예 중남부 괴베클리 테페엔 1만 년 전 맥주 유적이 남아 있다. 당시 인류는 제사와 축제의 용도로 맥주를 만들었다. 또 정착 생활로 오염된 물을 대신하는 음료 기능도 있었다. 맥주의 어원은 비베레Bibere이다. 라틴어로 '음료'와 '마시다'라는 뜻이다. 맥주에 관한 첫 기록은 메소포타미아 문명의 한 부류인 수메르 시대약 6천년 전의 비석에 나온다. 이 비석엔 맥주 만드는 법이 나온다. 약 4천 년 전인 바빌로니아 시대엔 양조장과 비어 홀까지 있었다. 맥주는 이집트, 페니키아를 거쳐 고대 그리스와 로마로, 서유럽으로, 그리고 전 세계로 펴져 나갔다.

맥주 순수령

맥주를 빼놓고 독일을 이야기할 수 없다. 맥주의 역사는 1만 년을 헤아리지만, 꽃을 피운 건 독일이었다. 1516년 바이에른 공국의 공작 빌헬름 4세가 공포한 '맥주 순수령'이 결정적인 계기였다. '맥주 순수령'이란 순수한 맥주의 정의를 내린 독일의 법령이다. 오직 물, 보리, 홉으로만 맥주를 만들라는 게 핵심이었다. 순수령 원문에는 효모에 관한 내용이 없다. 그 당시엔 효모의 존재를 알지 못했다. 1800년대 중반 파스퇴르가 효모를 발견하자, 맥주 순수령이 개정됐다. 이때부터 효모는 물, 보리, 홉과 더불어 맥주의 4대 요소로 자리 잡았다. 맥주 순수령은 1993년에 폐지되었다. 순수령 덕분에 독일은 맥주의 나라가 되었다. 특히 순수령의 중심 도시였던 뮌헨을 비롯한 독일 남부는 지금도 세계에서 가장 품질 좋은 맥주를 생산한다. 뮌헨 옥토버페스트가 이를 증명해준다.

상면 발효 맥주

에일 맥주라고도 부른다. 효모가 맥주의 '윗부분'에서 발효된다는 의미와 하면 발효 맥주라거 맥주보다 비교적 높은 온도섭씨 18~25℃에서 발효된다는 의미를 동시에 품고 있다. 높은 온도 덕에 효모가 더 활발하게 활동하여 발효 속도가 라거보다 빠르다. 라거보다 향이 풍부하고, 홉의 맛을 진하게 느낄 수 있다. 약 1만 년 전 맥주 발견 초기부터 시작된 양조법이다. 독일의 대표적인 에일 맥주로는 알트비어, 쾰쉬, 바이젠, 고제 등이 있다.

① 알트비어 Altbier 뒤셀도르프 ⓒ

뒤셀도르프를 중심으로 생산되는 맥주로 1838년 양조사 마티아스 슈마허가 처음 이름 붙였다. 짙은 구리색을 띠며 맛이 진하고 바디 감이 일품이다. 뒤셀도르프의 유명 양조장 슈마허 알트Schmacher Alt와 우에리게Uerige의 알트비어가 유명하다.

② 쾰쉬 Kölsch 쾰른

쾰른지역에서 생산되는 맥주로 깔끔하고 부드러운 맛을 좋아하는 사람들에게 추천한다. 0.2ℓ 전용 잔으로 마시며 뒤셀도르프의 알트비어와 같이 전문 웨이터, 쾨베스Köbes가 서빙한다. 대표적인 쾰쉬 맥주로는 프뤼Früh와 가펠Gaffel의 맥주가 유명하다.

③ 바이젠 Weizen 바이에른

밀맥주이다. 독일 남부 바이에른 지역을 중심으로 16세기부터 제조되었다. 흑맥주와 구분하기 위해 하얀 맥주 바이스비어Weissbier라고도 부른다. 탄산이 강하고 바나나 향과 비슷한 향이 있다. 파울라너Paulaner, 에르딩거Erdinger, 바이엔슈테판Weihenstephan이 대표적인 바이젠 맥주이다.

④ 고제 맥주 Gose 라이프치히

고슬라Goslar 지역에서 처음 만들어진 맥주로 1738년 라이프치히에 전파되어 단번에 라이프치히 사람들의 마음을 사로잡았다. 소금과 고수를 첨가해 고제만의 독특한 개성이 있지만, 발효과정에서 생긴 젖산 특유의 향과 신맛 때문에 호불호가 갈린다.

하면 발효 맥주

라거 맥주라고도 부른다. 7~15℃의 저온에서 서서히 발효시키는 맥주이다. 발효가 끝난 효모가 바닥에 가라앉아, 히면 발효 맥주라고 한다. 15세기 독일 뮌헨의 베네딕트 수도원에서 처음 라거 맥주 양조법을 개발했다. 그 이전의 모든 맥주는 상면 발효, 즉 에일 타입 맥주였다. 하면 발효 맥주는 밝은 황금빛을 띠고 에일 맥주에 비해 맛이 담백하고 청량감이 강하다. 대표적인 하면 발효 맥주로는 필스너, 흑맥주 둔켈이 있다.

① 필스너 Pilsner 플젠, 뮌헨

체코의 플젠Plzen 지역에서 처음 개발해 필스너라 불리며, 라거 맥주를 일컫는 말로 사용된다. 체코의 필스너 우르켈, 독일의 크롬바허Krombacher와 발슈타이너Warsteiner가 여기에 속한다. 대부분의 양조장에서 쉽게 찾을 수 있다.

② 둔켈 Dunkel 뮌헨

독일의 대표 흑맥주로 볶은 보리로 제조해 맥주의 빛깔이 검다. 둔켈은 독일어로 '어두운'이란 뜻이다. 에일 타입 흑맥주 슈타우트보다 쓴맛이 적고 고소하며 약간의 단맛이 나 초보자들도 쉽게 마실 수 있다. 바이에른 지방에서 주로 생산된다.

Drink 02

양조장으로 떠나는 맥주 여행

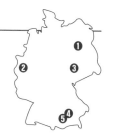

맥주의 나라답게 독일의 주요 도시엔 양조장이 많다. 브루어리와 술집,
그러니까 맥주 양조장과 비어 펍이 같이 있는 곳이 대부분이다.
일거양득, 양조장 구경도 하고 갓 만든 신선한 맥주를 현장에서 즐길 수 있다.
맥주 양조장으로 조금은 특별한 맥주 체험 여행을 떠나자.

ⓒ장앤크래프트

① **양조장 렘케** Brauerei Lemke 베를린 p239

베를린은 독일에서 수제 맥주크라프트 비어, Craft Bier가 가장 발달한 도시이다. 렘케는 그중에서 가장 성공한 양조장이다. 기본기가 탄탄해 깊은 맛을 자랑한다. 베를린에만 4개의 양조장이 있다. 대형 마트 맥주 코너에서 병맥주로도 구매할 수 있다.

② **양조장 슈마허** Brauerei Schumacher 뒤셀도르프 p339

이름 없이 팔리던 뒤셀도르프 맥주에 알트 비어라는 이름을 붙여 판매한 최초의 양조장이다. 진한 구릿빛이 도는 묵직한 바디감이 특징인 슈마허 알트는 맥주를 즐길 줄 아는 고수들에게 특별히 추천한다.

③ **아우어바흐 켈러** Auerbach Keller 라이프치히 p470

독일의 대문호 괴테가 라이프치히에서 공부하며 자주 들린 술집이다. 라이프치히 지역 맥주인 고제맥주는 젖산 특유의 향과 신맛이 청량감을 더해줘 입맛 없고 지치기 쉬운 여름에 특히 좋다. 라이프치히 지방 요리와 함께 즐기기를 추천한다.

④ **호프브로이** Hofbräuhaus 뮌헨 p407

맥주 순수령을 선포한 빈헬름 4세의 손자 빌헬름 5세가 1589년에 설립한 왕실 양조장이다. 세계에서 가장 큰 비어홀로도 유명하다. 무려 3천 명을 동시에 수용할 수 있다. 라거와 둔켈, 바이젠 비어까지 모두 맛볼 수 있으며 뮌헨의 명물 슈바인스학세를 곁들여 먹기를 추천한다.

⑤ **슈나이더 브로이하우스** Schneider Bräuhaus 뮌헨 p409

예전엔 밀맥주는 상류층이 즐겨 마셨다. 뮌헨 지역에 밀맥주 수요가 점점 늘어나자, 슈나이더 부자가 1872년 밀맥주를 전문으로 만드는 양조장 슈나이더 브로이하우스를 세웠다. TAP7 Weisse는 양조장을 시작할 때부터 판매했다. 슈나이더 브로이하우스의 역사이자 시그니처 맥주인 셈이다.

Drink 03

베를린에서 수제 맥주 즐기기

베를린은 독일에서도 수제 맥주가 발달한 도시이다. 양조법이 창의적이어서 다채로운 맥주를 즐길 수 있다.
개성 넘치는 베를린의 수제 맥주 양조장으로 가자.

① 브라우하우스 게오르그브로이

Brauhaus Georgbraeu 알렉산더광장 지구 p178

베를린의 원조 수제 맥주 양조장이다. 니콜라이 구역에
1991년 문을 열었다. 베를린의 지역 음식인 짭짤한 아이
스바인돼지 정강이로 만든 요리로 우리의 보쌈과 비슷하다.과 달
콤 쌉쌀한 흑맥주를 함께 맛보기 좋다.

② 렘케 양조장 Brauerei Lemke

샤를로텐부르크 지구 p239

베를린에서 가장 성공한 수제 맥주 양조장 중 하나이
다. 개성 넘치는 베를린 수제 맥주 중에서도 기본기가
탄탄한 깊은 맛을 자랑한다. 필스너, 인디언 페일 에일
부터 베를리너 바이쎄까지 다양한 맥주를 맛볼 수 있다.

③ 브르로 양조장 BRLO Brwhouse

포츠다머광장 지구 p164

맛도 좋고 몸에도 좋은 건강한 필수 영양소들을 맥주에
담아내고 있는 수제 맥주 양조장이다. 기본에 충실한 맥
주부터 특별한 맥주까지 종류가 다양하다. 여름에는 양
조장 앞마당에 비어가든을 열어 더욱 흥겹다.

④ 스트라센브로이 Straßenbräu

프리드리히샤인 지구 p220

노이에 반호프 거리Neue Bahnhofstraße에 있다. 맥주의
종류가 수십 가지가 넘는다. 종류가 너무 많아 선택하
기 어렵다면 이곳의 대표 에일 맥주 슈트랄라우어 블론
드Stralauer Blond를 추천한다.

(Special Tip) **베를린에는 왜 수제 맥주 양조장이 많을까?**

독일은 지역마다 대표 맥주가 있지만, 대부분은 그 배경을 남부지방 바이에른에 두고 있다. 반면 베를린은 패전의 상
흔과 냉전으로 맥주 산업이 발전하지 못했다. 분단의 상징 도시였던 베를린은 독일이 통일을 이룬 20세기 말부터 새
로운 국제도시로 떠올랐다. 특히 동베를린과 서베를린이 통합하며 만들어낸 독특한 문화에 환호하며 세계의 젊은이
들이 몰려들었다. 베를린이 개성과 새로움을 추구하는 도시로 자리매김하자, 자연스럽게 수제 맥주 문화가 꽃피기
시작했다. 베를린 곳곳에 수제 맥주 양조장이 자리하고 있으며 그 수도 점점 증가하고 있다.

이재성, 김민재, 홍현석…, 분데스리가 보러 가자

독일의 프로 축구 리그 분데스리가는 영국의 프리미어리그, 스페인의 라리가,
이탈리아의 세리에A와 함께 세계 축구 문화를 선도하고 있다.
차범근과 손흥민, 황희찬이 맹활약했고, 지금은 김민재, 정우영, 홍현석이 누비고 있다.

분데스리가의 역사

분데스리가는 연방과 리그를 뜻하는 'Bundes'와 'Liga'의 합성어로 독
일의 모든 스포츠 경기 리그를 일컫지만, 일반적으로는 푸스발 분데
스리가Fußball Bundesliga 즉 축구 리그를 가리킨다. 독일의 프로 축구
팀은 20세기 말부터 조금씩 생겨났다. 1962년 칠레 월드컵에서 유고
슬라비아에 패배하여 8강 진출이 좌절되자 강력한 축구 리그의 필요
성을 느끼게 된다. 이에 다음 해인 1963년 독일축구연맹 DFB는 16개
팀으로 통일된 리그를 본격적으로 출범시킨다. 1965년 18개 팀이 되
었으며, 이 구성은 지금까지도 이어지고 있다. 1974년엔 2부 리그가,
2008~09시즌부터는 3부 리그가 출범했다.

분데스리가의 힘 덕분에 서독은 1974년 월드컵 우승을 시작으로 축구
부흥기를 맞는다. 프로 축구 리그도 유럽 최고의 리그로 올라섰다. 특
히 바이에른 뮌헨은 바르셀로나, 마드리드와 더불어 현존하는 세계 최고의 축구팀으로 인정받고 있다. 분데스리
가는 8~12월 초까지 전반기 리그를 치른 후 약 6주의 휴식기를 거치고, 2월~5월 중순까지 남은 리그를 진행한다.

분데스리가 티켓 예매하기

① 각 구단의 홈페이지에 회원 가입 후 티켓을 예매하는
방식이 가장 확실하고 안전하다. 빅경기일수록 시즌권
예매자들이 표를 쓸어가 표를 구하기가 쉽지 않지만, '티
켓 익스프레스Ticket Express'를 통해 구매자가 취소한 티
켓을 구매하는 방법이 있다. 구매 후 이메일로 티켓을 받
아 출력하거나, 스마트폰에 저장하면 된다.

② 경기장에서 티켓을 구매하는 일은 쉽지 않다. 인
기가 많은 경기는 남은 표라 할지라도 입석일 가능성이
크다. 이미 표가 매진이라면 티켓 마켓에서 중고 거래
를 노려보자. 축구팀의 공식 홈페이지에 중고 거래를 위
한 티켓 마켓, 즈바이트마르크트zweitmarkt가 있다. 스
텁허브Stebhurb와 같은 티켓 재판매 사이트보다 안전
한 편이다.

독일의 대표 축구 구단

❶ F.C. 바이에른 뮌헨 F.C. Bayern München

1900년에 창단한 명품 구단이다. 분데스리가 60년 역사에서 무려 31회나 우승을 차지
했을 만큼 독보적이다. 유럽 최고 프로 축구팀끼리 경쟁하는 챔피언스리그에서도 6회 우
승을 차지했으며, 지금도 늘 우승 후보로 꼽힌다. 바이에른주를 넘어 독일을 대표하는 축
구팀으로 인정받는다. 바이에른 뮌헨의 경기가 열리는 날이면 홈구장 알리안츠 아레나는
붉은빛으로 물들곤 한다. SSC 나폴리를 33년 만에 우승으로 이끈 김민재 선수가 2023년
부터 이적해 좋은 활약을 보여주고 있다. 홈페이지 fcbayern.com/de

❷ BV 보루시아 도르트문트 BV Borussia Dortmund

벌을 연상케 하는 노랑과 검은색이 팀의 상징 컬러이다. 가장 유난스런 팬을 둔 팀으로 유
명하다. 팀의 슬로건 진정한 사랑Echte Liebe은 도르트문트 팀을 가장 잘 대변해주는 말
이다. 이 팀을 얘기할 때 빠질 수 없는 것이 레비어더비Revierderby이다. 도르트문트와 살
케04가 실력을 겨루는 이 더비는 라리가의 엘 클라시코, 프리미어리그의 맨체스터 더비
에 버금가는 유럽 최고의 더비이다. 레비어더비가 있는 날은 경찰이 총동원될 정도이다.
홈페이지 www.bvb.de

❸ 바이어 04 레버쿠젠 Bayer 04 Leverkusen

차범근과 손흥민이 활동했던 팀으로 유명하다. 아스피린으로 유명한 바이엘 제약회사가
운영하는 프로 축구 구단으로 분데스리가에서 수차례 준우승만을 기록해 매번 팬들의 아
쉬움을 사기도 한다. 레버쿠젠의 가장 큰 업적으로는 지금의 유로파리그인 UEFA컵에서
1988년 우승한 것으로, 이때 팀을 승리로 이끈 주역이 바로 '차붐'이라는 별명으로 더 유
명했던 차범근이다. 레베쿠젠에서 그는 여전히 전설적인 스타이다.
홈페이지 www.bayer04.de/

경기장 관람하기

❶ 알리안츠 아레나 Allianz Arena München

F.C 바이에른 뮌헨과 2부 리그 TSV1860 뮌헨의 홈구장이다. 하얀 고무보트를 연상시키는 외관 때문에 슐라우흐부트Schlauchboot, 고무보트라는 별명으로도 불린다. 경기에 따라 경기장 외벽의 색이 바뀐다. 국가대표 경기가 있는 날은 하얀색, F.C바이에른 경기가 있는 날은 붉은색, TSV 1860의 경기가 있는 날은 파란색으로 바뀐다. 경기가 없는 날에는 관람석, 라커룸 등을 관람하는 가이드 투어가 진행된다.

찾아가기 U6호선 프뢰마닝역Fröttmaning에 하차 후 도보 15분
주소 Werner-Heisenberg-Allee 25, 80939 München
가이드 투어 독일어 11:00, 13:00, 15:00, 16:30 영어 13:00 입장료 성인 19유로, 학생 17유로, 6~13세 11유로
홈페이지 allianz-arena.com

❷ 레드불 아레나 Red Bull Arena

RB라이프치히의 홈구장으로 약 43,000명을 수용할 수 있다. 본래 1893년에 창단해 1903년 독일 챔피언십의 첫 우승팀이었던 VfB라이프치히의 오랜 홈구장이었다. 재정문제로 2004년 클럽이 파산하자 2009년 창단한 RB라이프치히가 그 뒤를 이어받았다. RB라이프치히는 분데스리가 프로 구단 중 유일한 동독 지역의 프로팀이다. 2006년 독일 월드컵 당시 한국과 프랑스가 이 경기장에서 조별예선을 치렀다. 황희찬이 프리미어리그로 가기 전까지 활약했다.

찾아가기 트람 정류장 슈포르트포럼 쥬드Sportforum Süd에서 하차 후 도보 10분
주소 Am Sportforum 3, 04105 Leipzig 홈페이지 arena-leipzig.de

❸ 올림피아 스타디움 Olympiastadion Berlin

1936년 베를린 하계 올림픽이 이곳에서 열렸다. 일제강점기에 우리나라의 손기정, 남승룡 선수가 마라톤에서 금메달과 동메달을 딴 역사적 장소이기도 하다. 현재는 헤르타 베를린Hertha BSC의 홈구장으로 75,000여 명의 관중을 수용할 수 있다. 2006년 독일 월드컵 메인 스타디움으로 사용했다.

찾아가기 S-Bahn, U2호선 올림피아슈타디온역Olympiastadi-on에서 하차 후 도보 5분 주소 Olympischer Platz 3, 14053 Berlin 가이드 투어 영어 11:30 입장료 성인 11유로, 학생 9.5유로, 6~14세 8유로, 패밀리 카드(성인 2명+16세 이하 3명) 24유로 홈페이지 olympiastadion.berlin

Culture 02

독일에서 축제 즐기기

정통성을 중요하게 여기고 딱딱한 분위기일 것 같은 독일, 그러나 여느 나라 못지않게 축제를
즐긴다. 세계 최고의 맥주 축제 옥토버페스트가 이를 증명해준다. 독일에서 가장 유명한
쾰른 카니발과 세계에서 가장 성대한 성소수자 축제 크리스토퍼 스트리트 데이도 소개한다.

❶ 옥토버페스트 Oktoberfest p376

뮌헨의 옥토버페스트는 베니스의 카니발, 리우의 삼바축제와 함께 세계 3대 축제로 꼽힌다. 바이에른 황태자와 작
센 공주의 결혼 축하 연회가 1880년부터 맥주 축제로 바뀌며 옥토버페스트가 시작되었다. 매년 9월 중순부터 10
월 초까지 최대 18일 동안 열린다. 바이에른의 크고 작은 40여 개 양조장에서 거대한 축제 천막을 설치한다. 축제
기간엔 브라스 밴드의 노래를 들으며 이 시기에만 판매하는 페스트 맥주를 맛볼 수 있다. 회전목마, 관람차와 같은
놀이기구도 설치된다. 가을, 당신이 독일 여행을 계획한다면 원픽은 아마도 옥토버페스트가 아닐까?
찾아가기 U4·U5호선 테레지엔비제역Theresienwiese에서 도보 5분
주소 Theresienwiese, Bavariaring, 80336 München
축제 기간 9월 중순~10월 초 홈페이지 www.oktoberfest.de

❷ 쾰른 카니발 Karneval köln **p304**

기독교 절기인 사순절은 예수 그리스도의 40일간의 고난 시기를 말한다. 이 시기에는 고기와 향락을 금한다. 그래서 사순절에 앞서 고기를 마음껏 먹고 향락을 즐기는 사육제가 생겼다. 카니발은 사육제가 발전한 축제로, '고기여, 안녕'이라는 뜻을 담고 있다. 쾰른과 뒤셀도르프의 카니발이 가장 유명하다. 쾰른 카니발은 매년 11월 11일 11시 11분에 시작해 무려 3개월 동안 이어진다. 주요 축제는 호이마르크트, 노이마르크트, 알터마르크트 등 주로 광장에서 열린다. 장미의 월요일이라는 뜻의 로젠몬탁매년 다르지만 대체로 2월 10일~20일 사이이 되면 축제가 절정에 달한다. 다양한 복장과 소품으로 꾸민 1만여 명이 거리를 가득 메우고 가장행렬을 벌인다.

축제기간 매년 11월 11일부터 3개월

주소 **호이마르크트** Heumarkt, 50667 köln **노이마르크트** Neumarkt, 50667 köln **알터마르크트** Alter Markt, 50667 köln

홈페이지 www.koelnerkarneval.de

❸ 크리스토퍼 스트리트 데이 Gay Pride

크리스토퍼 스트리트 데이Christopher Street Day는 전 세계적으로 열리는 성소수자LGBTIQ 행사로, CSD 베를린은 그중에서도 최대 규모이다. 매년 7월 마지막 주 토요일에 열리며, 대규모 게이 퍼레이드로 유명하다. 퍼레이드는 카이저 빌헬름 기념교회 부근에서 시작된다. 각자 개성을 뽐낸 화려한 의상을 입은 참가자들의 행렬은 쿠담 거리에서 시작해 브란덴부르크 문까지 이어진다. 일반 시민들도 참가자들과 함께 행렬에 참여할 수 있다. 퍼레이드의 마지막엔 축하 공연이 진행되며, 이튿날까지 술집과 클럽을 중심으로 베를린 곳곳에서 다양한 행사가 이어진다.

카이저 빌헬름 기념교회 찾아가기 U1·U9 호선 쿠어퓌어스텐담(쿠담)역Kurfürstendamm에서 쿠어퓌어스텐담 도로 따라 동북쪽으로 도보 3분 주소 Kurfürstendamm 20, 10719 Berlin 축제기간 7월 마지막 주 토요일 12시 홈페이지 www.csd-berlin.de

독일에서 꼭 사야 할 기념품 베스트 10

보고, 먹고, 사는 즐거움. 여행의 매력을 순서대로 꼽는다면 이 셋이 앞자리를 차지할 것이다.
쇼핑이 빠진다면 여행의 즐거움은 산술적으로 계산해도 70%로 줄어들 것이다.
여행자에게 인기가 좋은 독일 기념품 10가지를 소개한다.

허브차 & 감기 차 Bad Heilbrunner

독일은 영국 못지않게 차를 사랑하는 나라이다. 영국보다 독일의 차 소비량이 더 많다고 할 정도이다. 특히 허브차와 감기 차 Erkältungs Tee가 유명해 여행자들 사이에서 선물용과 기념품으로 인기가 좋다. 바트 하일부르너Bad Heilbrunner 브랜드가 유명하다.

감기 사탕 Hustenbonbons

감기에 걸려 목이 칼칼할 때, 목이 잠길 때, 입이 심심할 때 먹으면 좋은 목캔디이다. 사탕종류가 다양하다. 감초맛Lakritz 사탕은 호불호가 심하다. 엠오이칼Em-eukal 브랜드가 종류가 많고 가격도 저렴한 편이다.

아요나 치약 Ajona

불소가 없는 무불소 치약으로, 잇몸에 좋다고 소문난 고농축치약이다. 평소 사용하는 양의 1/3 정도만 사용해도 거품이 잘 나며 양치 후에는 느낌이 깔끔하다. 독일 여행자들이 꼭 찾는 상품으로, 선물용으로 딱 좋다.

카밀 핸드크림 Kamill

카밀 핸드크림은 카모마일 성분으로 만든 핸드크림을 통칭하는 말이다. 허바신 핸드크림이 가장 유명하다. 허바신은 승무원 핸드크림으로 유명세를 얻었다. 하지만 허바신 말고도 카모마일 성분으로 만든 다양한 핸드크림이 있다.

오르소몰 영양제 Orthomol

김태희 영양제로 알려진 독일의 명품 종합영양제 브랜드이다. 면역력을 올려주는 임뮨Immun, 임산부들에게 좋은 나탈Natal, 황반변성 등 노안에 효과가 좋은 아엠데 엑스트라AMD extra 등 종류가 다양하다. 한국보다 약 30% 저렴하게 구매할 수 있다.

친환경 영양크림 라베라 Lavera

드럭스토어에서 쉽게 찾을 수 있는 친환경 화장품이다. 유기농 원재료를 사용하고 동물 실험을 하지 않아 독일 내에서 많은 사람이 애용한다. 기초화장품이 특히 유명하다. 라베라 말고도 벨레다 WELEDA, 로고나 Logona 도 있다.

오이세린 Eucerin, 유세린

글로벌 스킨 케어 회사 바이어스도르프에서 생산하는 브랜드이다. 하이알루론산 영양 크림과 아이크림이 유명하며 한국에서보다 50% 정도 저렴한 가격에 구매할 수 있다. 드럭스토어보다 아포테케Apotheke, 약국에서 구매할 수 있다.

리터 슈포트 초콜릿 Ritter Sport

다양한 맛으로 인기가 좋은 정사각형 초콜릿 브랜드이다. 베를린에 가면 꼭 사야 할 품목으로 꼽히는데, 100g짜리 정사각형 모양 초콜릿이 가장 인기가 좋다. 베를린 젠다르멘 광장에서 북서쪽으로 도보 2분 거리에 리터 슈포트 숍Französische Straße 24, 10117이 있다.

쌍둥이 칼 Zwilling

쌍둥이 칼, 헹켈이라는 이름으로 더 익숙한 주방용 칼 브랜드이다. 정식 브랜드 이름은 300년 전통의 즈빌링 Zwilling이다. 중세시대부터 대장장이 마을로 유명했던 졸링겐에서 1731년 설립되었다. 주방용 가위와 손톱깎이 세트도 유명하다.

라미 만년필 Lamy

독일의 대표적인 만년필 브랜드는 몽블랑이다. 만년필로 시작하여 시계, 가죽 제품까지 상품 영역을 확장했다. 하지만 럭셔리 브랜드라 가격이 너무 높은 게 흠이다. 이럴 땐 라미 만년필을 추천한다. 무엇보다 가격이 합리적이라 좋다.

드럭스토어에서 꼭 사야 할 기념품

독일의 대표 드럭스토어로는 데엠DM, 로즈만Rossmann, 뮬러Müller가 있다.
다양한 제품이 모여 있어서 선물용 기념품을 사기에 제일 좋다. 드럭스토어 자체 브랜드도
품질이 좋고 인기가 많다. 필자가 직접 사용해보고 선물하기 좋은 기념품만 추천한다.

허바신 카밀 핸드크림 Kamill

승무원 핸드크림으로 유명세를 얻었다. 한국에서도 구매할 수 있지만, 현지에서 훨씬 더 저렴하게 구매할 수 있다.

립밤 Lippenpflege

드럭스토어 자체 브랜드부터 유기농 브랜드까지 다양한 립밤 제품이 있다. 개당 가격은 한화로 1300원 정도이다.

발포 비타민 Brausetabletten

생수에 한 알씩 넣어 차처럼 복용할 수 있는 비타민이다. 비타민 C, 마그네슘, 아연 등 종류가 다양하다. 20인분의 한 통 가격이 50센트 미만이다.

당근 오일 Karotten-Öl

페이스 오일로 보습과 미백 효과가 좋다고 소문난 제품이다. 바르고 나면 당근처럼 얼굴이 주황빛이 되기 때문에 꼭 자기 전에만 써야 한다.

아요나 치약 Ajona

무불소 치약으로 잇몸에 특히 좋다고 알려져 있다. 고농축치약으로 다른 치약의 1/3만 사용해도 거품이 잘 나며 느낌이 깔끔하다.

아로날 & 엘멕스 치약 aronal & elmex

파란색은 아침용 치약이다. 입 냄새와 치석 제거를 도와주는 아연이 함유되어 있다. 주황색은 저녁용 치약으로, 불소가 들어있어 자는 동안 치아를 보호해준다.

감기 사탕 Hustenbonbons

감기 때문에 목이 잠길 때 먹으면 좋다. 입가심용으로도 좋으며 휴대용으로 작게 포장되어 나오기도 한다. 엠오이칼Em eukal 사탕이 가장 유명하다.

감기차 Erkältungs Tee

다양한 허브차가 있어 증상에 따라 골라 마실 수 있다. 바트 하일브루너Bad Heilbrunner 브랜드가 가장 유명하다. 감기차 Erkältungs Tee, 숙면차Schlaf-und Nerven Tee 등 종류도 다양하다

독일 약국에서 꼭 사야 할 기념품

독일어로 약국은 아포테케이다. 독일인은 약의 오남용을 지양하고 자연치유를 선호한다.
이런 까닭에 자연 친화적인 약품이 많고, 일반 의약품도 품질이 뛰어난 편이다.
여행자를 위해 아스피린처럼 처방전 없이도 구매할 수 있는 대표적인 아포테케 상품을 소개한다.

아스피린 Aspirin

목과 코가 아플 때는 물에 타서 먹는 파우더 형태의 아스피린 콤플렉스Aspirin Complex를, 심혈관질환 예방 목적이라면 100g짜리 알약으로 된 아스피린 프로텍트 Aspirin Protect를 구매하면 된다.

오르소몰 Orthomol

명품 종합영양제이다. 면역력을 올려주는 임뮨Immun, 임산부들에게 좋은 나탈Natal, 노안에 효과가 좋은 아엠데 엑스트라AMD extra 등 다양하다. 한국보다 1/3 저렴한 가격에 구매할 수 있다.

나센스프레이 NasenSpray

코감기, 비염 알레르기로 코가 막히고 답답할 때 사용하면 좋은 스프레이 약품이다. 콧속에 넣고 코 벽에 뿌리면 된다.

이베로가스트 Iberogast

과식, 소화불량, 속 쓰림 증세 완화를 위해 병원에서도 처방해주는 위장약이다. 허브 성분으로 만들어 아이들도 복용할 수 있다. 성인은 1회 20방울, 아이들은 10~15방울 섭취하면 된다. 매우 쓰지만 효과가 좋다.

베판텐 Bepanthen

독일의 만능 연고로 우리나라의 후시딘, 마데카솔 정도로 이해하면 된다. 상처가 나거나 피부질환에 주로 사용하며 유해성분이 없어 아이들도 부담 없이 쓸 수 있다.

볼타렌 Voltaren

한국에서도 유명한 바르는 파스, 쉽게 말해 근육통 완화 크림이다. 급성 타박상, 관절염 통증에 좋다. 독일 국가대표 선수들의 애용품이다. 12살 미만 어린이, 임산부는 사용하지 않는 게 좋다.

여행자들이 많이 찾는 쇼핑 핫 스폿

독일에서도 다른 유럽과 마찬가지로 백화점부터 쇼핑 거리, 드럭스토어와 슈퍼마켓, 벼룩시장 등 다양한 곳에서 취향에 따라 쇼핑을 즐길 수 있다. 여행자의 취향을 고려해 독일의 다양한 쇼핑 명소를 소개한다.

© Breuninger-Wikimedia Commons

쇼핑 거리

① 쿠담 거리 Kurfürstendamm 베를린

유명 명품매장뿐 아니라 전자상가, 백화점, 드럭스토어까지 일직선으로 빼곡하게 모여 있다. S-Bahn의 베를린 동물원역Zoologischer garten 또는 U7호선 쿠어퓌어스텐담역Kurfürstendamm에서 가깝다.

② 마리엔 광장 Marienplatz 뮌헨

노이하우저 거리Neuhauser str.는 뮌헨 중앙역 앞 칼스 광장에서 마리엔 광장까지 이어지는 일직선의 보행로이다. 이 거리는 쇼핑 스폿으로도 유명하다. 유명 맥주 홀도 있어 쇼핑과 식사를 한 번에 즐길 수 있다.

③ 쾨닉스 알레 Königsallee 뒤셀도르프

패션 도시 뒤셀도르프의 명품거리이다. 1km에 이르는 거리에 대형 쇼핑몰과 백화점이 자리하고 있다. 패션 브랜드뿐 아니라 도자기와 인테리어 매장 등도 있어 볼거리가 많다. 독일의 유일한 재팬타운과도 가깝다.

④ 차일거리 & 괴테거리 Zeil & GoethestraBe 프랑크푸르트

차일 거리는 S-Bahn 하우프트바헤역Hauptwache 일대의 보행자 전용거리이다. 갤러리아 백화점과 우리에게 익숙한 브랜드 매장이 모여 있다. 괴테 거리에는 티파니, 샤넬과 같은 명품매장이 자리하고 있다.

백화점 & 쇼핑몰

① 카데베 Kaufhaus des Westens 베를린

서쪽의 백화점이라는 뜻의 약자를 따서 카데베라고 부른다. 베를린 백화점 중에서 가장 고급 백화점으로 입점한 매장 대부분 명품 브랜드이다. 6층 고메 식품관에는 레스토랑, 와인 바, 디저트 숍이 있다.

② 몰 오브 베를린 Mall of Berlin 베를린

지하철 한 정류장 길이의 큰 규모를 자랑하는 포츠다머 광장 대표 쇼핑몰이다. 접근성이 좋고 다양한 상점과 음식점이 입점해 있어 기념품 쇼핑부터 식사까지 한 곳에서 해결할 수 있다.

③ 갈레리아 칼슈타트 백화점 Galeria Karstadt Kaufhof

독일 전역

칼슈타트Karstadt와 갤러리아Galeria 백화점이 얼마 전 합병하여 만들어졌다. 베를린, 함부르크, 뒤셀도르프 등 독일 전역에서 운영되는 백화점 체인 브랜드이다. 비교적 저렴한 중저가 브랜드 매장이 많다.

④ 회페 암 브륄 Höfe am Brühl 라이프치히

라이프치히 중앙역 맞은쪽에 있는 대형 쇼핑몰이다. 대형마트, 드럭스토어, 중저가 브랜드 매장, 음식점이 들어서 있다. 여행의 마지막 날 라이프치히 중앙역에서 떠나기 전에 들러 선물용 기념품을 쇼핑하기 좋다.

벼룩시장 & 전통시장

① 마우어 파크 벼룩시장 Flohmarkt im Mauerpark
베를린

마우어 파크는 독일 통일 이후 베를린 장벽이 있던 자리에 조성된 공원이다. 음악 예능 프로그램 <비긴 어게인 3>에 등장해 많은 관심을 받기도 했다. 이곳에서 매주 일요일 베를린의 대표 벼룩시장이 열린다.

② 나우쾰른 벼룩시장 Nowkölln Flohmarkt 베를린
현지인들이 애용하는 벼룩시장이다. 화요일과 금요일에는 튀르기예인들의 재래시장이 열린다. 4월부터 10월까지 격주로 주말에만 문을 연다. 빈티지 의류와 액세서리, LP 음반까지 볼거리가 다양하다.

③ 클라인마르크트할레 Kleinmarkthalle 프랑크푸르트
1945년에 문을 연 실내 새래시장으로 아인트라흐트 프랑크푸르트 축구팀 선수로 활약했던 차범근이 즐겨 찾았던 곳이다. 식재료 구매뿐 아니라 작은 식당들도 많아 간단히 식사하기 좋다.

④ 빅투알리엔 시장 Viktualienmarkt 뮌헨
일요일과 공휴일을 제외하고는 거의 매일 문을 여는 야외 재래시장이다. 식료품점부터 꽃집, 카페까지 다양한 매장이 있다. 시장 초입 정육점에서 구워주는 소시지와 샌드위치를 먹기 위해 길게 줄이 늘어서 있다.

⑤ 쾨-보겐 Kö-Bogen 뒤셀도르프

대형 쇼핑몰이다. 해운대 아이파크를 설계한 뉴욕의 유명 건축가 다니엘 리버스킨트가 디자인했다. 고급 백화점 브로이닝어Breuninger가 입점해있지만, 쾨-보겐으로 더 많이 불린다. 쾨-보겐 동쪽엔 유럽 최대 녹색 파사드 쾨-보겐 II 가 있다.

드럭스토어 & 대형 슈퍼마켓

① 데엠 & 로즈만 DM & ROSSMANN
가장 유명한 드럭스토어로 대형 쇼핑몰이나 쇼핑 거리에서 찾아볼 수 있다. 유기농 화장품부터 선물용 립밤, 핸드크림 등을 사기 좋다. 인기 좋은 품목은 한 사람이 구매할 수 있는 양을 정해 판매하기도 한다.

② 레베 & 에데카 REWE & Edeka
우리나라의 이마트, 홈플러스와 같은 대형마트로 독일 전역의 쇼핑몰에 자리하고 있다. 패트음료나 캔 음료를 사면 공병의 값도 함께 지불해야 한다. 마트에 공병 환불 자판기도 마련되어 있다.

③ 알나투라 Alnatura Super Natur Markt
독일 전역에 있는 유기농 전문 슈퍼마켓이다. 화장품과 영유아 옷도 찾아볼 수 있다. 단독 매장이 많지만, 드럭스토어 로즈만과 대형마트 에데카에서도 알니투라의 일부 제품을 구매할 수 있다.

> **Shopping Tip**
>
> 대부분의 드럭스토어에는 영양제나 연고, 화장품은 물론 유기농 제품과 간식류도 함께 판매한다. 슈퍼마켓까지 갈 시간이 없다면 드럭스토어에서도 어지간한 기념품을 모두 챙길 수 있다. 드럭스토어는 쇼핑 거리 어디서나 쉽게 발견할 수 있어 좋다. 슈퍼마켓에서는 초콜릿, 과자 등을 구매하기 좋다.

돈이 되는 쇼핑, 부가세 환급 꼭 챙기세요!

한곳에서 50유로 이상 쇼핑을 했다면 부가세를 돌려주는 텍스 리펀VAT REFUND 제도를 활용하자. 구매 금액의 19% 정도를 돌려받을 수 있다. 돈을 아끼는 알뜰 쇼핑을 위해 부가세 환급 정보를 자세히 정리했다.

환급 대상

❶ 만 16세 이상의 구매자로 유럽 내에 3개월 이상 체류하지 않은 여행객

❷ 텍스 리펀VAT REFUND 마크가 있는 상점에서 물건을 구매한 사람

❸ 출국 전, 세금 환급 창구에 부가세 환급 신청서와 구매한 영수증을 제출한 사람

환급 조건

❶ 텍스 리펀TAX REFUND 마크가 있는 상점에서 지출한 금액만 해당한다.

❷ 한 곳에서 최소 50.01€ 이상 구매해야 하며 환급 신청서를 작성해야 한다.

❸ 상품 구매 후 3개월 이내에 환급 신청서를 환급 창구에 제출해야 한다.

쇼핑부터 환급까지

❶ 부가세 환급이 가능한 상점 또는 쇼핑센터에서 구매한다. 텍스 리펀 제휴점은 TAX FREE, TAX REFUND, VAT FREE 등의 마크가 표시되어 있다. 물건을 구매하기 전에 점원에게 한 번 더 물어 확인하는 편이 좋다.

❷ 여권을 소지한 상태에서 물건을 구매해야 한다. 최소 50.01€ 이상 구매해야 부가세의 19%책, 공예품 등 7%를 환급받을 수 있다.

❸ 직원에게 텍스 리펀 서류를 요청한다. 서류를 받으면 이름, 여권번호, 구매한 제품명, 제품 가격 등을 적어 넣는다. 직원이 직접 적어줄 수도 있는 데, 이런 경우 서류 내용을 한 번 더 확인하자.

❹ 환급금은 공항이나 백화점의 세관 환급 창구에 서류를 제출한 후 받을 수 있다. 출국 전 공항에서 신청하는 것이 가장 편하다.

독일의 대표적인 부가세 환급 신청 장소

공항

❶ 베를린 브란덴부르크 공항 터미널 1의 2층독일식 E1층 마켓플레이스 메인홀, 터미널 1의 3층독일식 E2층 Global

❷ 프랑크푸르트 공항 터미널 1의 B구역 643-646 카운터, 터미널 2의 D구역 체크인 홀

❸ 뮌헨 공항 터미널 1의 B구역 level 4, 터미널 2의 level 5(게이트 H·G)

백화점 베를린 카데베KADEWE 6층독일식 5층

환급 신청 준비물 여권, 항공권, 세금환급신청서와 영수증, 구매한 물품

공항에서 부가세 환급받는 방법

공항 세관에서 환금 신청서류와 물품을 확인할 수도 있으니, 짐을 부치기 전에 환급 창구를 방문하는 게 좋다. 세관 창구는 긴 대기 시간을 거쳐야 하므로 비행기 탑승 3시간 전에는 공항에 도착해야 한다. 세관과 환급 창구의 위치를 미리 파악해두면 시간을 조금이라도 줄일 수 있다.

❶ 체크인 시 직원에게 위탁 수하물 또는 기내 수하물에 환급받을 물품이 있음을 알려준다. 직원이 수하물에 표시하고 돌려주면 공항의 세관 창구Zollabfertigung를 방문한다. 세관에서 여권, 항공권, 서류를 보여주고 물품을 확인하면 확인 도장을 찍어준다. 물품 확인이 끝난 수화물은 세관 창구에서 바로 부친다.

❷ 환급 대행사에 따라 창구가 다르며, 창구는 대부분이 한 곳에 몰려있다. 해당 창구에 방문해 세관 도장이 찍힌 서류를 제출한 뒤 현금으로 환급받을지 카드 계좌로 환급받을지 결정한다.

❸ 현금으로 환급받으면 최대 5%의 수수료를 지급해야 한다. 카드 계좌로 환급받으면 수수료가 없는 대신 환급까지 4주에서 7주가량 걸린다. 카드 계좌로 환급받으려면 세관 도장이 찍힌 서류를 봉투에 넣어 창구에 마련된 우체통에 넣는다.

독일의 의류와 신발 사이즈

여성 의류

	XS	S	M	L	XL
한국	44/24-25	55/26-27	66/28-29	77/30-31	/32-33
독일	34/32	36/34	38/36	40/38	42/40

남성 의류

	XS	S	M	L	XL
한국	90/27-28	95/29-30	100/31-32	105/33-34	110/36-38
독일	42/44	44-46/46	48-50/48	52/50	54/52-54

아동복

나이	1-3m	6m	9m	12m	24m	36m	4-5y	6-7y	8-10y	11-13y
독일	62	68	74	80	92	98	104-110	116-122	128-140	146-158

여성 신발

한국	220	225	230	235	240	245	250	255	260
독일	35	35.5	36	36.5	37	37.5	38	38.5	40

남성 신발

한국	245	250	255	260	265	270	275	280	290
독일	39	40	40.5	41	42	42.5	43	44	45

아이 신발

한국	110	115	125	130	135	145	150	160	180
독일	18	19	20	21	22	23	24	25	29

베를린
Berlin

유럽에서 가장 핫한 도시

베를린
프랑크푸르트
뮌헨

독일을 생각하면 떠오르는 이미지들은 어떤 것이 있을까. 맥주와 축구, 자동차와 첨단 기술력, 깨끗한 거리, 유럽 금융의 중심지 따위를 떠올리기 쉽다. 그러나 독일의 수도 베를린은 이런 이미지와 부합하지 않는 도시이다. 가장 독일답지 않으면서, 그러나 그 어느 도시와 비교할 수 없는 매력적인 곳이다.

'Poor but Sexy.' 베를린을 정의하는 간단하면서 유명한 이 문구는 2014년까지 베를린 시장을 지낸 클라우스 보베라이트가 한 말이다. 베를린은 동독으로 둘려 쌓인 육지 속의 섬이 되면서 발전이 더뎠다. 냉전시기 도시를 가로질러 설치된 베를린 장벽은 30년 가까이 가족, 친구 그리고 이웃을 갈라놓았다. 1989년 장벽이 무너지고 통일된 후에는 다른 도시에 비해 저렴한 주거비와 생활비 때문에 가난한 예술가들과 외국인들이 대거 유입되었고, 이제는 세계 어디에도 없는 특별한 도시로 탈바꿈했다.

베를린의 주요 관광지는 브란덴부르크 문, 베를린장벽, 박물관과 미술관이 모여 있는 박물관 섬, 동베를린 지구의 알렉산더 광장, 베를린영화제가 열리는 포츠다머 광장 등을 꼽을 수 있다. 베를린은 지금도 계속 발전하고 있는 중이다. 분단으로 잃어버린 시간들을 되찾기 위해 시내 중심가는 한창 공사가 진행 중이다. 통일된 지 20년이 되었지만 아직도 낙후된 구동독 지구는, 그 이질감 덕에 오히려 힙Hip한 곳으로 바뀌었다. 동베를린 지구는 젊은 베를리너들에게 점령당하면서 가장 핫한 장소로 변신했다. 매일 밤 열리는 공연과 파티로 베를린은 오늘도 잠들지 않는다.

주요 축제

베를린 국제영화제 2월 초, www.berlinale.de/en
크리스토퍼 스트리트 데이 7월 중순
국제 베를린 맥주 축제 8월 초, www.bierfestival-berlin.de
크리스마스 마켓 11월 말~12.24

베를린 한눈에 보기

① 미테 지구 Mitte
#브란덴부르크 문 #홀로코스트 메모리얼 #국회의사당 #박물관 섬
서울의 종로와 중구에 해당하는 지역이다. 도시의 중앙이라 베를린 여행을 시작하기 좋다. 브란덴부르크 문, 홀로코스트 메모리얼, 국회의사당과 박물관 섬 등 베를린에서 놓쳐서는 안 될 여행지가 가득하다. 도보 여행도 좋고, 관광버스라고도 불리는 100번과 200번 버스로 여행해도 좋다.

② 포츠다머광장 지구 Potsdamer Platz
#신시가지 #베를린영화제 #베를린필하모니 #신국립미술관
베를린이 반으로 나뉜 냉전 시기엔 동과 서 어느 쪽에서도 출입이 허락되지 않은 황폐한 월경지였다. 독일이 통일된 1990년부터 본격적으로 개발돼 다른 어떤 지구보다 현대적인 분위기가 돋보인다. 베를린필하모니 콘서트홀, 국립회관, 신국립미술관 등이 있다. 매년 2월 베를린국제영화제가 소니센터를 중심으로 펼쳐진다.

③ 알렉산더광장 지구 Alexander Platz
#동베를린 #TV타워 #쇼핑과 맛집 #크리스마스 마켓
알렉산더 광장은 통일 이전엔 동베를린 지역이었다. 냉전 시기를 상징하는 대표적인 프로파간다 건축물 TV타워와 붉은 시청사가 있다. 12월이 되면 광장에서는 베를린에서 가장 큰 크리스마스 마켓이 열린다. 백화점과 유명 브랜드 숍, 편집숍과 카페, 맛집이 모여 있어 베를리너들이 데이트와 쇼핑을 즐기는 곳이다.

6 샤를로텐부르크 지구
Charlottenburg

2 포츠다머광장 지구
Potsdamer Platz

④ 프렌츠라우어베르크 지구 Prenzlauerberg
#베를린장벽 #벼룩시장 #커리 부어스트
베를린 장벽에 대해 알고 싶다면 프렌츠라우어베르크 지구를 꼭 방문하자. 베를린 장벽을 넘기 위해 목숨을 건 사람들의 흔적과 역사를 기록한 전시장이 곳곳에 있다. 매주 일요일에 열리는 마우어파크 플로마르크트는 베를린에서 가장 유명한 벼룩시장이다. 커리 부어스트의 원조 맛집이 프렌츠라우어베르크 지구에 있다.

⑤ 크로이츠베르크 & 프리드리히샤인 지구 Kreuzberg & Friedrischshain

#이스트 사이드 갤러리 #체크포인트 찰리 #유대인박물관

베를린 동남쪽에 있다. 동독의 향수를 가장 많이 간직한 곳이다. 동독 주요 건물이 밀집해 있고 비교적 낙후된 시설 때문에 통일 직후, 세계 각지에서 온 많은 예술가와 이민자들의 보금자리가 되었으나 재개발이 활발히 이루어지고 있다. 독특하고 힙한 베를린만의 개성이 가장 잘 드러나는 곳이다. 관광지로는 이스트 사이드 갤러리, 체크포인트 찰리가 유명하다.

⑥ 샤를로텐부르크 지구 Charlottenburg

#샤를로텐부르크 성 #바우하우스 뮤지엄 #쇼핑가 #아시아 음식점

프로이센 초대 왕비의 여름 궁전인 샤를로텐부르크성, 1844년에 처음 문을 연 동물원, 현대 건축과 디자인의 역사에서 빠질 수 없는 바우하우스 뮤지엄이 이 지구의 대표 관광지이다. 쿠담 거리는 명품 브랜드가 많이 들어선 쇼핑가이다. 칸트 거리엔 맛과 가격이 좋은 아시아 음식점이 많아 식사하기 좋다.

4
프렌츠라우어베르크 지구
Prenzlauerberg

1
미테 지구
Mitte

3
알렉산더광장 지구
Alexander Platz

5
크로이츠베르크 &
프리드리히샤인 지구
Kreuzberg & Friedrischshain

베를린 여행 지도

함부르거 반호프 미술관
Hamburger Bahnhof-
Museum für Gegenwart

Invalidenstraße

Alt-Moabit

중앙역 아포테케

S U

베를린 중앙역
Berlin Hb

Alt-Moabit

총리관저

U Hansaplatz

Altonaer Str.

슈프레강

Straße des 17. Juni

Straße des 17. Juni

베를린 전승기념탑
Berliner Siegessäule

티어가르텐 공원
Großer Tiergarten

샤를로텐부르크 궁전(3km)
Schloss Charlottenburg

Straße des 17. Juni

소니 센터/레고랜드
Sony Center

샤를로텐부르크 지구

Tiergartenstraße

악기박물관
Musikinstrumenten-Museum

Hofjägerallee

장식 예술 박물관
Kunstgewerbemuseum

린덴
브로이

베를린 동물원
Zoologischer Garten Berlin

국립회화관
Gemäldegalerie

베를린
필하모니
Berliner
Philharmonie

Zoologischer
Garten
S U

신 국립 미술관
Neue Nationalgalerie

리사치킨

수족관
Aquarium Berlin

바우하우스
아카이브 미술관
Bauhaus-Archiv Museum

Potsdamer Str.

카이저 빌헬름 기념교회
Kaiser-Wilhelm-Gedächtnis-Kirche

Kurfürstenstraße

Kurfürstendamm

쿠담 거리
Kurfürstendamm
U Kurfürstendamm

Nürnberger Str.

Kurfürstenstraße

기억의창
도큐멘테이션센터
Dokumentationszentrum
화해의 예배당
Kapelle der Versöhnung
BernauerStraße
베를린 장벽 추모지 공원
Gedenkstätte Berliner Mauer
마우어파크 벼룩시장(900m)
Flohmarkt im Mauerpark
베를린 장벽 방문자센터
Besucherzentrum der Gedenkstätte
Berliner Mauer

프렌츠라우어베르크 지구

자연사 박물관
Museum für Naturkunde

Berlin Nordbahnhof

디스트리트 커피

로젠버거   Rosenthaler Platz

TorstraBe   TorstraBe

스마트델리 스시

Oranienburger Tor

하우스오브
스몰원더

차이트 퓨어 브롯
마메차   반미스테이블
무슈부웅

신 시나고그
Neue Synagoge

바코미스 델리
파이브 엘리펀트
하우스 슈바르첸베르크
Haus Schwarzenberg Rosenthaler Str. 39

벤라힘

식스티스 다이너
하케서 회페
Hackesche Höfe

투카두
콤 비엣
베를리너
마르쿠스 브로이

보데 박물관
Bode Museum

Hackescher
Markt

알렉산더광장 지구

갈레리아
백화점
Alexander
platz

스텐디그
페트레퉁

페르가몬 박물관
Pergamon Museum

구 국립미술관
Alte Nationalgalerie

Alexander
platz

TV타워
Berliner Fernsehturm

알렉산더 광장

에데카

Friedrich Straße

더엠
프리드리히역점

신박물관
Neues Museum

베를린 돔

암펠만 숍

동독 박물관
DDR Museum

마리엔 교회
Marienkirche

알렉사

독일역사박물관
Deutsches Historisches Museum

구박물관
Altes Museum

붉은 시청사
Rotes Rathaus

국가의회의사당
Reichstag

두스만 컬처
카우프하우스

훔볼트 대학교
Humboldt Universität

노이에 바헤
Neue Wache

유람선
선착장

박물관 섬

클리오 카라딤 공방
Klio Karadim im Nikolaiviertel

집시 메모리얼
침묵의 방

마담투쏘베를린

마레도

Unter den Linden

브라우하우스
게오르그브로이

니콜라이 교회
Nikolaikirche

운터 덴 린덴

베벨 광장
Bebel Platz

에프라임 궁전
Ephraim-Palais

브란덴부르크 문
Brandenburger Tor

Brandenburger
Tor

폭스바겐 포럼
Volkswagen Group Forum

성 헤트비히스 대성당
St. Hedwigs Kathedrale

Französische
Straße

리터 슈포트

홀로코스트 메모리얼
Denkmal für die ermordeten
Juden Europas

젠다르멘 광장 Gendarmenmarkt
(독일 돔, 프랑스 돔, 콘체르트하우스)

게이 메모리얼

스틸 빈티지
바이크 카페

사라바나 바반

Stadtmitte

Mohrenstraße

라우쉬 쇼콜라든
하우스

Leipaiger StraBe

막시밀리안

포츠담 광장
Potsdamer Platz

몰 오브
베를린

Leipaiger StraBe

Potsdamer
Platz Bahnhof

포츠다머 플라츠
아카덴

포츠다머광장 지구

냉전박물관 Black Box Kalter Kreig

레베

체크포인트 찰리
Der Checkpoint Charlie

테러의 토포그래피 박물관
Topographie des Terrors

크로이츠베르크 지구

Anhalter Bahnhof

베를린 갤러리
Berlinische Galerie

베를린 유대인 박물관
Jüdisches Museum Berlin

브릴로 브루하우스

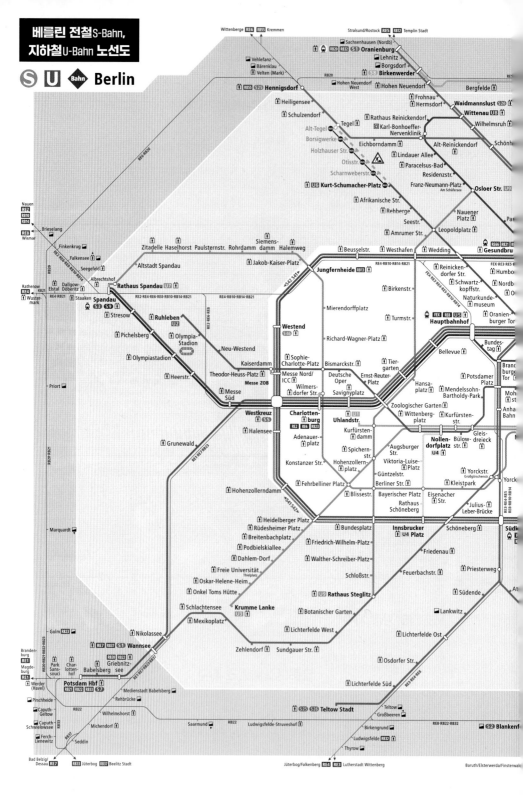

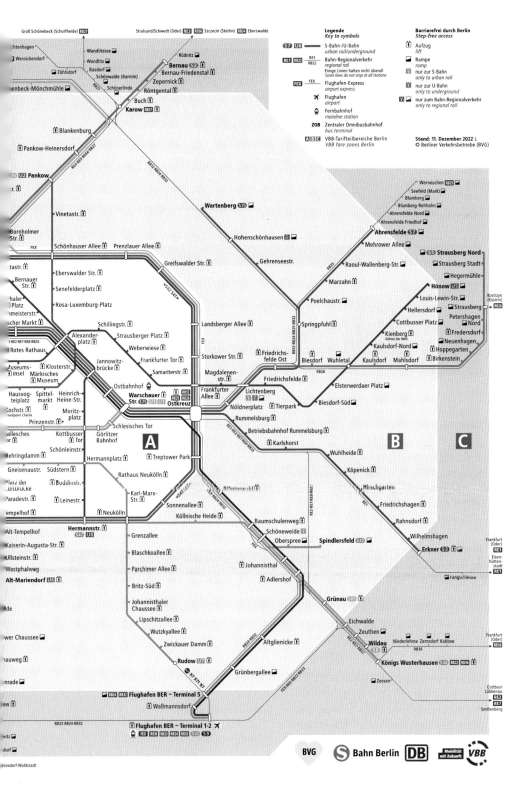

베를린 일반 정보

위치 독일 북동부 인구 약 357만 명
기온 연평균 10℃ 여름평균 18℃ 겨울평균 1℃

℃/월	1월	2월	3월	4월	5월	6월	7월	8월	9월	10월	11월	12월
최고	3	4	9	14	19	22	24	24	19	14	8	4
최저	-2	-1	1	5	10	13	15	14	11	7	3	0

여행 정보 홈페이지

베를린 시 홈페이지 www.berlin.de 베를린 관광안내 www.visitberlin.de
베를린 시내교통 www.bvg.de

베를린 관광안내소

시내와 공항에 네 곳이 있다. 베를린 웰컴 카드와 뮤지엄 패스를 구매할 수 있다. 여행 정보를 얻고, 베를린 지도나 기념품도 구매할 수 있다.

브란덴부르크 문
🚶 S반 1·2·25·26호선 브란덴부르크 토어역Brandenburger Tor에서 브란덴부르크 문 방향으로 도보 5분, 문 왼편에 위치
📍 Brandenburger Tor, Pariser Platz 1, 10117 🕐 매일 10:00~18:00

중앙역 Berlin Central Station/Berlin Hauptbahnhof
🚶 베를린 중앙역 1층 오이로파플라츠Europaplatz 입구 📍 Hauptbahnhof, Europaplatz 1, 10557 🕐 매일 08:00~21:00

훔볼트 포럼 Humboldt Forum
🚶 U반 5호선 무제움스인젤역(박물관 섬, Museumsinsel)에서 도보로 3분 📍 Schloßplatz 10178 🕐 매일 10:00~18:00

브란덴부르크공항 관광안내소
🚶 Terminal 1, 1층 🕐 매일 09:00~21:00

베를린 가는 방법

비행기

베를린의 테겔공항, 쉐네펠트 공항을 통합한 브란덴부르크 빌리 브란트 국제공항Flughafen Berlin-Brandenburg "Willy Brandt", BER이 2020년 문을 열었다. 과거 쉐네펠트 공항은 터미널 5로 브란덴부르크 국제공항에 통합되었다.

인천공항에서

베를린 직항노선이 없으므로 직항노선이 있는 뮌헨이나 프랑크푸르트를 환승하거나 런던, 암스테르담, 모스크바 등에서 최소 1회 환승해야 한다. 총 비행시간은 대략 15~17시간이다.
대한항공 www.koreanair.com 아시아나 flyasiana.com 루프트한자 www.lufthansa.com
에어프랑스 wwws.airfrance.co.kr KLM www.klm.co.kr

독일 및 유럽에서

독일과 유럽 내에서 이동 시에는 이지젯, 유로윙스와 같은 저비용항공사로 저렴하게 이동할 수 있다. 이지젯과 유로윙스는 터미널 1, 라이언에어는 터미널 2에서 운항한다.
유로윙스 www.eurowings.com 이지젯 www.easyjet.com
라이언에어 www.ryanair.com 부엘링 www.vueling.com

기차

유럽 주요국과 베를린 사이엔 다양한 철도 노선이 있다. 독일의 주요 도시뿐 아니라 인접 국가에서 베를린으로 이동할 경우 독일철도청의 데베DB, Deutsche bahn를 이용하는 것이 일반적이다. 스위스 취리히, 폴란드 바르샤바, 체코 프라하, 덴마크 코펜하겐에 이르기까지 독일 철도청 노선이 연결되어 있다. 다만 기차는 이동시간이 길어 저비용 항공을 이용하는 경우가 더 편하다. 각지에서 출발한 기차는 베를린 중앙역으로 들어오는 것이 일반적이지만 일부 노선은 동물원역초역Zoologischer Garten, 남역Südkreuz, 동역Ostbahnhof을 이용하기도 한다.

도시별 기차 소요시간
프랑크푸르트-베를린 4시간 20분
뮌헨-베를린 4시간 30분
드레스덴-베를린 2~3시간
프라하-베를린 4시간 20분
바르샤바-베를린 6시간

베를린 기차역 안내
베를린 중앙역
🚶 S-Bahn S5·S7·S75 U-Bahn U55 트람 M5·M8·M10
버스 120·123·142·147·245·M41·M85·N20·N40·TXL
📍 Hauptbahnhof, Europaplatz 1
📞 +49 30 2971055 ☰ www.bahnhof.de
ⓘ 출·도착 기차 **지역열차** RE1, RE2, RE3, RE4, RE5, RE7, RB10, RB14 **열차** EC, EN, 470, IC, 2431, ICE
출·도착 도시 쾰른, 함부르크, 뮌헨, 라이프치히, 드레스덴, 프랑크푸르트, 뉘른베르크, 바르샤바, 프라하, 코펜하겐, 암스테르담, 취리히

초역(동물원역, Zoologischer Garten)
🚶 S-Bahn S5·S7·S75 U-Bahn U1·U2·U9
버스 100·109·110·200·245·249·M45·M46·M49·N1·N10·N2·N26·N9·X10·X34
📍 Hardenbergplatz 11, 10623
ⓘ 출·도착 기차 **지역열차** RE1, RE2, RE3, RE7, RB14 **열차** IC 출·도착 도시 쾰른, 함부르크, 바르샤바, 취리히

남역Südkreuz
🚶 S-Bahn S2·S25·S41·S42·S45·S46 버스 M46, 106, 204, 248
📍 Bahnhof Südkreuz, 10829
ⓘ 출·도착 기차 **지역열차** RE3, RE4, RE5, RB10 **열차** EC, EN, IC, ICE
출·도착 도시 쾰른, 함부르크, 뮌헨, 라이프치히, 드레스덴, 뉘른베르크, 빈오스트리아

동역Ostbahnhof
🚶 S-Bahn S3·S5·S7·S75·S8·S85·S9·S41·S42 버스 140, 142, 240, 248, N40
📍 Ostbahnhof, 10243
ⓘ 출·도착 기차 **지역열차** RE1, RE2, RE7, RB14 **열차** EC, IC, 2431, ICE
출·도착 도시 쾰른, 프랑크푸르트, 바르샤바, 포즈난, 암스테르담, 브뤼셀, 취리히

버스

버스는 가격은 저렴하지만, 이동 시간이 긴 단점이 있다. 프라하 또는 드레스덴처럼 소요시간이 기차와 비슷한 도시를 오갈 때 이용하기를 추천한다. 유럽의 고속버스는 안에 화장실도 있고, 좌석 사이도 비교적 넓다. 버스표는 버스터미널에서 직접 구매할 수 있으나 인터넷으로 미리 예매하면 더 저렴하다. 고속버스 가격 비교 사이트를 통해 먼저 가격과 시간을 확인 후 구매하도록 하자. 터미널에 도착하여 전광판에서 버스정류장을 확인 후 이용하면 된다. 출발 15분 전에는 도착하도록 하자. 베를린의 버스터미널Zentraler Omnibusbahnhof, ZOB은 시내에서 서쪽으로 좀 떨어진 곳에 있어서 오갈 때는 버스 또는 전철로 이동해야 한다.

도시별 버스 소요시간
프랑크푸르트-베를린 7시간
뮌헨-베를린 7시간
드레스덴-베를린 2시간 30분
프라하-베를린 5시간 30분
바르샤바-베를린 9시간 30분
코펜하겐-베를린 7시간 20분
부다페스트-베를린 11시간 30분

베를린 버스터미널 Zentraler Omnibusbahnhof, ZOB
⊙ Messedamm 4-6, 14057
🚶❶ 버스 218번 타고 메세 담/춉Messedamm/ZOB 정류장 하차-도보 1분
❷ S41·S42호선 메세 노드/이체체역Messe Nord/ICC에서 서쪽으로 도보 3분
❸ U2호선 카이저담역Kaiserdamm에서 남쪽으로 도보 5분
☰ 버스터미널 zob.berlin/de 버스 가격 비교 사이트 www.busliniensuche.de

공항에서 시내로 가는 방법

브란덴부르크 공항 Flughafen Berlin Brandenburger

베를린 남동쪽에 있는 공항이다. 베를린 분단 시기부터 운영되었던 테겔 공항과 쉐네펠트 공항을 통합하여 2020년에 새롭게 문을 열었다. 베를린과 브란덴부르크주의 경계에 있으며, 베를린 시내에서 18㎞ 떨어져 있다. 교통 운임구역은 ABC존에 해당한다. 전철역과 버스정류장이 공항과 바로 연결되어 있어 편리하게 이동할 수 있으며, 대중교통을 이용하려면 전철과 정류장의 티켓 판매기에서 ABC존의 티켓을 구매하면 된다.

열차

공항 터미널 1에서 바로 연결된 전철역 'BER-Terminal 1-2'역을 통해 베를린 시내로 이동할 수 있다. 베를린 시내로 이동하는 열차는 공항 익스프레스, 지역 열차, S-bahn이 있다. 공항 익스프레스Airport Express, FEX는 30분마다 운행하며 베를린 중앙역, 게순브루넌역Gesundbrunnen, 오스트크로이츠역Ostkreuz에 정차한다. 지역 열차 RE7, RB14는 매시간 베를린 동서를 가로질러 운행한다. 샤를로텐부르크역Charlottenburg, 동물원역Zoologischer Garten, 중앙역, 프리드리히슈트라세역Friedrichstraße, 알렉산더플라츠역Alexanderplatz, 동역Ostbahnhof, 오스트크로이츠역Ostkreuz 등을 지난다. 포츠담으로 가고 싶다면 RB22를 이용하자. S-Bahn의 S9호선과 S45호선은 20분마다 운행하지만, 열차보다 정차 역이 많아 시간이 오래 걸린다. 티켓 가격이 차이가 없으므로 가능하면 익스프레스나 지역 열차로 이동하는 게 좋다.

버스

공항 터미널 1의 1층, A2와 A6, A7 버스정류장에서 승하차한다. 직항 버스
BER1, BER2는 공항에서 슈테글리츠 시청과 포츠담 중앙역으로 바로 연
결된다. 버스에서 기사를 통해 승차권을 구매해야 한다. 그밖에 X7과 X71
버스가 있다. X7은 공항과 U-Bahn 7호선 루도우역Rudow을 연결하는 버
스이고, X71은 공항과 U-Bahn 6호선 알트-마리엔도르프역Alt-Mariendorf
을 연결하는 버스이다. 시내 중심부로 이동하기 위해서는 버스에서 내
려 지하철로 환승해야 하는 번거로움이 있다. 가능하면 열차로 이동하자.

택시

택시를 이용하면 시내 중심가까지 50분가량 소요되며, 요금은 평균 70유로 정도 나온다. 터미널 1의 북쪽과 남쪽에
택시 승차장이 있다. 기사들이 간단한 영어를 할 수 있어 불편함이 덜하다. 차량 공유 플랫폼인 프리나우Free Now나
우버Uber를 통해 안전하게 이용할 수 있다. 플랫폼 어플에 출발지와 목적지를 입력하면 이동 거리와 이용시간에 따
른 요금을 미리 알려주므로 바가지를 쓰지 않는다.

베를린의 시내 교통

베를린의 인구는 서울보다 적지만 면적은 더 넓다. 시내 대중교통으로는 전철 S-Bahn, 지하철 U-Bahn, 버스 그리
고 트람이 있다. 택시도 있지만 물론 다른 대중교통에 비해 비싼 편이다. 만약 택시를 이용할 경우 탑승 전 현금을 준
비하거나 카드 결제가 가능한지 미리 확인하도록 하자. 주말 금·토 저녁에는 S-Bahn과 U-Bahn이 밤새 운영되며,
평일에는 운행이 종료된 전철과 지하철 노선을 따라 나이트 버스N으로 표시된다가 운영된다. 나이트 버스는 일반 교
통권으로도 이용할 수 있으며 교통권이 없을 경우 버스 기사에게 직접 구매할 수 있다.

타리프존Tarifzone, 구간 확인하기

S-Bahn과 U-Bahn, 버스, 트람을 이용하기 위해서는 교통권을 구매해
야 하는데 이때 살펴봐야 할 것이 타리프존Tarifzone이다. 교통 요금은
거리에 따라 달라지는데, 이를 구분하기 위해 운임 구역을 A·B·C존으로
나누었다. A·B존은 도시의 중심부를 빙 둘러 운영하는 S-Bahn의 Ring
노선을 기준으로 나눈 구간이다. 베를린 관광지 대부분은 A존에 속한다.
브란덴부르크 공항과 베를린 근교 도시 포츠담은 C존에 해당한다. C존
에도 가야할 경우, ABC존의 티켓을 구매하기보다는 AB존의 교통권을
구매 후 필요에 따라 C존 연장 티켓2.3유로을 따로 구매하는 편이 더 저렴

하다. 교통권을 구매하고 나서 최초 사용 시에는 꼭 개찰기에 교통권을 넣어 유효화를 시켜야 한다. 유효화를 시키면 개찰기에 교통권을 시작한 시간, 날짜, 장소가 표시된다.

베를린 시내 교통 요금표

교통권 종류	AB존		ABC존		비고
	성인	6~14세	성인	6~14세	
단기권 Kurzstecke	2.6€	2€	–	–	지하철 세 정거장 이내, 버스·트람 여섯 정거장 이내 (환승 불가)
4회 단기권 4-Fahrten-Karte Kurzstecke	7.4€	5.8€	–	–	
1회권 Einzelfahrausweis	3.8€	2.4€	4.7€	3.4€	이용시간 2시간
4회권 4-Fahrten-Karte Einzelfahrausweis	11.6€	7€	16€	11.4€	
1일권 24-Stunden-Karte	10.6€	7€	12.3€	7.5€	다음날 새벽 3시까지 사용 가능
소규모 1일권 (최대 5인) Kleingruppe	33.3€	–	35.5€	–	

*1회권인 아인젤파샤인Einzelfahrschein은 2시간 동안 사용할 수 있으며, 동일한 진행 방향으로만 사용해야 한다는 조건이 있다.
*베를린 도시 철도 홈페이지 www.bvg.de, www.sbahn.berlin

시내버스 100번, 200번, 300번 이용하기

시내 중심가를 가로질러 운행하는 100번, 200번, 300번 버스는 일명 '관광버스'라고 불릴 정도로 여행객에게 좋은 이동 수단이다. 100번과 200번 버스는 초역Zoologischer Garten에서 출발해 알렉산더 광장까지 베를린의 주요 관광지를 따라 운행된다. 300번 버스는 포츠다머 광장에서 바르샤우어거리역Warschauer Str.까지 운행된다. 이들 버스로 편리하게 베를린 여행을 즐길 수 있다. 필요에 따라 1회권, 1일권을 구매하여 이용하면 된다.

베를린 대중교통 어플

베를린 교통공사BVG Berliner Verkehrsbetriebe에서 제공하는 무료 앱인 'BVG Fahrinfo-App'을 이용하면 현 위치에서 가장 가까운 정류장과 목적지까지의 최단 거리, 최단 시간의 이동 경로를 편리하게 검색할 수 있다. 앱에서 직접 교통권을 구매할 수도 있다. 교통권 구매와 동시에 표가 개시되기 때문에 이용 시간이 정해진 1회권은 대중교통 이용 직전에 구매하자.

베를린 시내 교통권뿐 아니라 베를린 웰컴 카드, 뮤지엄 패스와 같은 관광 패스 그리고 독일 카드Deutschlandticket를 편리하게 구매하고 이용하려면 'BVG Tickets Bus & Bahn Berlin' 앱을 사용하자

패스 카드로 편리하게 베를린 여행하기

패스 카드는 베를린의 대중교통과 관광지를 편리하고 저렴하게 이용하는데 많은 도움을 준다. 여러 종류가 있지만, 그 가운데 베를린 웰컴카드, 시티투어카드 그리고 뮤지엄 패스가 가장 유명하다. 관광안내소와 S반, U반 티켓 판매기 그리고 온라인 홈페이지에서 구매할 수 있다.

① 베를린 웰컴 카드 Berlin Welcome Card

베를린 관광청에서 주관하는 여행 패스로 무제한 교통권은 물론 베를린 지도와 가이드북 그리고 약 200개 관광 명소 할인 혜택이 포함되어 있는 카드이다. 베를린 시내 전용 카드와 포츠담까지 사용 가능한 카드가 있으며, 사용 날짜에 따라 가격이 달라진다. 가격은 베를린 시티투어 카드 아래에 있는 표를 참고하자. 카드 한 장으로 성인 1명과 6~14세 아이 3명까지 사용할 수 있다. 박물관 섬에 있는 모든 박물관에 입장할 수 있는 패스까지 함께 제공되는 3일권이 가장 인기가 많다.

≡ www.berlin-welcomecard.de

② 베를린 시티투어 카드

웰컴카드와 마찬가지로 해당 기간 동안 무제한 이용이 가능한 교통권과 관광지 할인 혜택이 포함되어 있는 카드이다. 베를린 시내 전용 카드와 포츠담까지 사용 가능한 카드가 있다. 웰컴카드에 비해 저렴해 할인되는 곳이 적은 편이다.

≡ www.citytourcard.com

③ 베를린 퀴어 시티 패스 Queer CITY PASS

퀴어 시티 패스는 성소수자LGBTIQ를 위한 클럽, 펍, 상점과 관광지 할인 혜택이 포함된, 무제한 이용이 가능한 교통권이다. 매년 7월 마지막 주 토요일에는 대규모 게이 퍼레이드인 크리스토퍼 스트리트 데이CSD로 베를린 전역이 떠들썩해진다. 그 정도로 베를린은 대표적인 LGBTIQ 프렌들리 도시로 유명하다. 베를린 퀴어 문화의 시작은 1920년으로 거슬러 올라가며, 그래서 퀴어 문화의 역사가 깊고 나이트 문화도 잘 발달해 있다. 48시간(AB존) 이용권은 성인 25.5유로 72시간(AB존) 이용권은 성인 34.5유로이다.

사용 기간	베를린 시내 AB존		베를린·포츠담 ABC존	
	웰컴카드	시티투어	웰컴카드	시티투어
48시간	26€	22.1€	31€	25.2€
72시간	36€	33.1€	41€	37.8€
72시간+박물관 섬	54€	–	57€	–
4일	45€	43.6€	51€	50.4€
5일	49€	44.6€	53€	51.5€
6일	54€	45.6€	57€	52.5€

④ 베를린 뮤지엄 패스

3일 동안 베를린에 있는 30여 곳의 박물관과 미술관에 입장할 수 있는 패스이다. 관광안내소에서 구매할 수 있고, 베를린 교통 앱과 홈페이지에서 온라인으로 구매할 수도 있다. 종이 패스를 받으면 바로 사용할 날짜와 이름을 적어 넣어야 한다. 온라인 구매 시 메일로 받은 QR코드를 인쇄하거나 스마트폰에 캡처해 사용한다. 안내서를 포함한 가격이 성인 32유로, 학생 16유로이다.
≡ www.visitberlin.de/en/museum-pass-berlin

(Travel Tip)

박물관에서 무료로 일요일 보내기

무제움스 존탁 베를린Museums Sonntag Berlin이라는 프로그램을 활용하면, 매달 첫 번째 일요일은 베를린의 박물관과 미술관을 무료로 관람할 수 있다. 2021년에 처음 시작된 프로그램이 시민들의 큰 호응을 얻어 2025년까지 연장되었다. 무료 관람이라 방문객이 많은 편이다. 방문하고자 하는 전시실과 시간을 정해 홈페이지에서 온라인 예약을 하면 입장할 때 대기할 필요 없이 바로 관람할 수 있다. 예약은 이벤트 시작하기 1주일 전부터 홈페이지를 통해 가능하다. ≡ www.museumssonntag.berlin

투어 상품으로 베를린 즐기기

베를린에는 버스 시티투어, 트라비구동독 국민차 투어, 맥주 투어, 자전거 투어, 유람선 투어 등 다양한 종류의 여행 상품이 있다. 관련 정보는 관광청 홈페이지 또는 관광안내소에서 얻을 수 있다.

버스 시티 투어

유명 관광지를 운행하는 시티 투어 버스이다. 20개 정류장 중 자신이  원하는 곳에서 자유롭게 승하차 할 수 있다. 독일어와 영어로 진행되는 가이드 방송이 기본이며, 여행사에 따라 한국어 오디오 가이드를 제공받을 수도 있다. 가격과 여행지는 여행사마다 조금씩 차이가 있으며, 보통 2시간에서 2시간 반 정도 소요된다.
€ 1일권 성인 25~35유로 6~14세 12.5~20유로
2일권 성인 30~40유로 6~14세 15~25유로
≡ www.city-sightseeing.com, www.city-tour-berlin.de

자전거 투어

자전거를 타고 개인 혹은 그룹으로 투어를 진행한다. 맥주를 마시면서 관광을 할 수 있는 비어 바이크 투어도 있고, 베를린 장벽, 나치 등 주제와 관련된 관광지를 여행하는 가이드 투어 등 종류가 다양하다. 독일어와 영어로 진행된다. ≡ berlin.de/en/tourism/bicycle-tours

트라비 투어

트라비라는 별명으로 더 유명한 트라반트Trabant는 구동독 가정마다 1대씩은 있던 국민차였다. 트라비 투어는 이 국민차를 이용해 하는 투어이다. 가이드 차량을 따라 4대의 트라비가 함께 움직이는데, 여행객이 직접 운전해야 하므로 수동 운전이 가능한 국제운전면허증 소지자만 참가할 수 있다. 트라비 사파리Trabi-Safari가 가장 유명하며 참가 인원에 따라 가격이 달라진다. ≡ **트라비 사파리** www.trabi-safari.de

미테 지구

Mitte

베를린의 중심이자 여행의 시작점

Einigkeit und Recht und Freiheit! 아이니쉬카이트 운트 레쉬트 운트 프라이하이트! 통일과 정의와 자유, 독일 국가의 첫 소절은 미테 지구를 가장 잘 설명하는 말이다. 서울의 중구에 해당하는 베를린 미테 지구는 도시의 정중앙에 있어 베를린 여행을 시작하기 좋다. 냉전의 아픔과 화합을 상징하는 브란덴부르크 문을 비롯하여 전쟁과 학살의 과오를 인정하고 기억하려는 홀로코스트 메모리얼, 국회의사당과 박물관 섬 등 베를린 여행에서 놓쳐서는 안 될 여행지로 가득하다. 관광버스라고도 불리는 100번과 200번 버스는 미테 지구를 관통하여 운행하므로 노선을 따라 미테의 거리 곳곳을 여행하기 좋다.

미테 지구 여행 지도

자연사 박물관
Museum für Naturku

함부르거 반호프 미술관
Hamburger Bahnhof-
Museum für Gegenwart

Chausseestraße

Invalidenstraße

Invalidenstraße

Luisenstraße

Luisenstraße

베를린 중앙역
아포테케

S U Tram

베를린 중앙역
Berlin Hbf

Luisenstraße

국가의회의사당
Reichstag

마담투쏘베를린
Madame Tussauds Berlin

집시 홀로코스트 메모리얼
Denkmal für die im Nationalsozialismus
ermordeten Sinti und Roma Europas

침묵의 방
Raum der Stille

브란덴부르크 문
Brandenburger Tor

S U

Brandenburger

Straße des 17.Juni

도착

Behrenstraße

Straße des 17.Juni

홀로코스트 메모리얼
Denkmal für die ermordeten
Juden Europas

티어가르텐
Tiergarten

Ebertstraße

Franz. Str.

게이 홀로코스트 메모리얼
Denkmal für die im Nationalsozialismus
verfolgten Homosexuellen

Wilhelmstraße

Mohr

Potsdamer
Platz Bahnhof U

Leipaiger Stra

미테 지구 하루 추천 코스 지도의 빨간 점선 참고

베를린 돔 & 박물관 섬의 미술관들 → 도보 8분

→ 베벨 광장 & 노이에 바헤/ 독일 역사 박물관 → 도보 10분 →

젠다르멘 광장 → 도보 15분 → 브란덴부르크 문 → 도보 8분 →

국가의회 의사당 → 도보 7분 → 집시 홀로코스트 메모리얼 →

도보 5분 → 홀로코스트 메모리얼 (역방향 투어도 가능)

Berlin Nordbahnhof

디스트릭트 커피

Bergstraße

Torstraße

Torstraße

Torstraße

스마트 델리

urger Tor

Friedrichstraße

하우스오프 스몰원더

보데 박물관
Bode Museum

Hackescher Markt

Alexanderplatz

스텐디그 페트레퉁

구 국립미술관
Alte Nationalgalerie

Bundesstraße

Friedrich Straße

데엠
프리드리히역전

페르가몬 박물관
Pergamon Museum

신박물관
Neues Museum

베를린 돔
Berliner Dom

에데카

독일역사박물관
Deutsches Historisches Museum

구박물관
Altes Museum

동독 박물관
DDR Museum

Spandauer Str.

Grunerstraße

두스만 다스 컬투어
카우프하우스

홈볼트 대학교
Humboldt Universität

노이에 바헤
Neue Wache

출발

유람선 선착장

운터 덴 린덴
Unter den Linden

Unter den Linden

Unter den Linden

박물관 섬
Museuminsel

폭스바겐 그룹 포럼
kswagen Group Forum

베벨 광장
Bebel Platz

Schloßplatz

Behrenstraße

성 헤트비히스
대성당
St. Hedwigs Kathedrale

Kléine Gertraudenstraße

Französische
Straße

Franz. Str.

Franz. Str.

리터 슈포르트

젠다르멘 광장
(독일돔, 프랑스 돔, 콘체르트하우스)
Gendarmenmarkt

Stadtmitte

라우쉬 쇼콜라든
하우스

막시밀리언

Leipaiger Straße

Friedrichstraße

📷 브란덴부르크 문

Brandenburger Tor 브란덴부르거 토어

🚶 ❶ S1·S2·S25·S26, U5호선 브란덴부르거 토어역Brandenburger Tor에서 도보 2분

🚇 ❷ S1·S2 운터 덴 린덴역Unter Den Linden에서 도보 2분 📍 Pariser Platz, 10117 Berlin

야경이 더 아름다운 베를린의 개선문

베를린뿐만 아니라 독일을 대표하는 랜드마크 중 하나이다. 베를린은 30년 전쟁1618~1648, 독일을 무대로 벌어진 유럽의 신·구교 사이의 종교 전쟁 후 프로이센 왕국의 수도가 되었다. 도시가 커지자 새로운 관문이 필요해졌다. 프리드리히 빌헬름 2세는 평화를 상징하는 새로운 문을 세우고 싶었다. 왕의 명을 받은 건축가 카를 고트하르트 랑한스는 아테네 아크로폴리스의 출입문에서 영감을 얻어 브란덴부르크 문을 디자인했고, 1791년 완공되었다. 문 위에는 콰드리가 Quadriga, 4두 마차와 평화를 상징하는 그리스 여신 에이레네 조각상이 있었다. 그래서 평화의 문이라는 뜻을 가진 프리든스토어Friedenstor라 불리기도 한다.

1806년 나폴레옹 보나파르트는 프로이센과의 전투에서 승리한 후 브란덴부르크 문을 통해 베를린에 입성했다. 이때 나폴레옹은 전리품으로 콰드리가와 여신상을 파리로 가져갔다. 나폴레옹에게 굴욕적인 개선식을 허락해야 했던 프로이센은 오랜 기다림 끝에, 1814년 파리를 점령했다. 이때 나폴레옹의 전리품들은 다시 제자리로 돌아올 수 있었다. 프로이센은 달콤한 승리를 자축하며 조각상에 독수리와 참나무 잎을 두른 철십자가 깃발을 추가하고, 평화의 여신 에이레네를 승리의 여신 빅토리아로 바꾸어 장식했다.

전후 냉전의 시기에 동독과 서독은 이 문을 통해 자유롭게 왕래했다. 그러나 베를린 장벽이 생기면서 1961년부터 브란덴부르크 문은 장벽에 만들어진 검문소 8곳 중 하나가 되었다. 통일 전까지는 일반인들이 쉽게 출입할 수 있는 곳이 아니었다. 1989년 12월 독일 통일 이후 브란덴부르크 문은 분단의 상징에서 통일과 평화의 상징물로 자리 잡았다. 동시에 베를린을 대표하는 관광지가 되었다. 밤에 보면 더욱 멋져 베를린에서 야경이 아름다운 곳으로 꼽힌다.

ONE MORE

침묵의 방Raum der Stille, 라움 데어 슈틸레
침묵의 소리를 듣자

1994년 10월 브란덴부르크 문에 조성된 방이다. 이 방은 지금까지도 계속되는 폭력과 제노포비아이방인에 대한 혐오 현상에 저항한다는 의미를 담고 있으며, 모든 국적과 이념, 인종과 종교를 껴안을 수 있는 인류애와 관용을 상징한다. 몇 명 들어가지 못하는 작은 방이지만 이 방에 머무르는 동안에는 침묵 속에서 짧게나마 평화에 대해 명상하고 기도하게 된다. 방 안 벽에는 평화를 뜻하는 단어가 30여개 언어로 씌어져 있다. 한글로 쓴 '평화'도 보인다.

🕐 매일 11:00~18:00 (11월~2월에는 폐관이 평소보다 이르다.)

€ 무료

베를린 홀로코스트 메모리얼
Denkmal für die ermordeten Juden Europas 뎅크말 퓨어 디 에르모르데텐 유든 오이로파스

🚶 S1·S2·S25·S26, U5호선 브란덴부르거 토어역Brandenburger Tor에서 도보 5분, 브란덴부르크 문에서 포츠다머 광장 방향으로 도보 5분 ⊙ Cora-Berliner-Straße 1, 10117 Berlin 📞 +49 30 2639430 🕐 **화~일** 10:00~18:00 (17:15 입장 마감) **휴관** 월요일 € 무료 방문자 센터 보안 검색대를 통과해야만 입장 가능 ☰ www.stiftung-denkmal.de

희생을 추모하고 기억하다
브란덴부르크 문 남쪽에 있다. 2차 세계대전 당시 나치 독일이 학살한 홀로코스트 희생자 600만 명을 추모하고 기억하기 위해 만든 공원이다. 종전 60주년을 맞아 2005년에 조성되었다. 모두 2711개의 콘크리트 조각물이 횡렬로 87줄, 종렬로 54줄을 이루고 있으며, 콘크리트 조각물의 크기와 높이는 각각 조금씩 다르다. 추모공원의 바닥도 평평하지 않아, 수많은 조각물이 모두 똑같은 육면체이지만 각각의 아름다움을 담고 있다. 무리지어 있는 조각물을 보고 있으면 강렬한 내면이 느껴지며 압도되는 듯한 기분이 든다.

이곳을 설계한 이는 미국 건축가 피터 아이젠만이다. 그는 방문객이 들어서는 순간 불편하고 혼란스러운 공기를 느낄 수 있게 디자인했다. 흔히 생각하는 추모 공원처럼 희생자의 이름이 새겨진 비석이나 기념물이 있는 것은 아니지만 2711개의 조각물은 마치 석관이나 비석처럼 느껴져 그들이 겪었을 죽음의 공포가 가슴 깊이 전해진다.

지하에는 방문자센터가 있다. 나치 독일에 희생된 유대인들의 자료가 전시되어 있는 곳으로, 평범한 사람들이 겪어야 했던 참혹한 역사를 아프게 느끼게 해준다.

또 다른 홀로코스트 메모리얼

브란덴부르크 문 서쪽으로 붙어 있는 티어가르텐 공원Großer Tiergarten은 베를린 중심부에 있는 거대한 시민 공원 이다. 몹시 아름다워 산책하기 좋고, 또 다양한 볼거리도 있다. 특히 게이 홀로코스트 메모리얼과 집시 홀로코스트 메모리얼도 있어 베를린 홀로코스트 메모리얼을 관람한 후에 산책도 할 겸 들러보기 좋다.

1 게이 홀로코스트 메모리얼
Denkmal für die im Nationalsozialismus verfolgten Homosexuellen

소수를 위한 노래

나치 독일 치하에서 박해받은 동성애자 희생자들을 추모하기 위한 기념물로 베를린 홀로코스트 메모리얼 옆 티어가르텐 공원 안에 있 다. 북유럽 출신 큐레이터이자 아티스트 듀오, 마이클 엘름그린과 잉가 드락셋이 디자인하였다. 베를린에 함께 살면서 작품 활동을 하 는 이 듀오는 1997년부터 꾸준히 작업한 'Powerless Structures'무 력한 구조라는 타이틀로 전시하면서, 사회적 계급은 없어졌으나 여전 히 소수에 의해 좌우되는 현대 사회의 불평등 구조를 얘기해왔다. 게이 홀로코스트 메모리얼은 세로 3.6m, 가로 1.9m인 아주 작은 콘 크리트 기념물이다. 모니터가 설치되어 있어 짧은 영상을 감상할 수 있다. 영상물은 2년마다 교체되며, 한 가지 영상이 반복적으로 상영 된다. 낮과 밤 언제든지 자유롭게 관람할 수 있다.

🚶 S1·S2·S25·S26, U5호선 브란덴부르거 토어역Brandenburger Tor에서 도보 7분 ⊙ Ebertstraße, 10557 Berlin 📞 +49 30 2639430 🕐 연중무휴

2 집시 홀로코스트 메모리얼
Denkmal für die im Nationalsozialismus ermordeten Sinti und Roma Europas

나치 독일에 희생된 50만 집시들을 추모하기 위해 2012년 10월 24일 세워진 기념물이다. 이스라엘 조각가 대니 카라반이 설계한 것으로, 커다란 원 형태 조각물 안에 물이 채워져 있는 구조라 인공 연못처럼 보이기도 한다. 기념 물의 원은 '평등'을, 안에 채워진 물은 '눈물'을 의미한다. 기념물에는 이탈리아 시인 산티노 스피넬리의 '아우슈비츠' 라는 시가 영어와 독일어로 새겨져있다. 티어가르텐 공원의 국회의사당 남쪽에 있다.

🚶 S1·S2·S25·S26, U5호선 브란덴부르거 토어역Brandenburger Tor에서 도보 5분
⊙ Simsonsweg, 10557 Berlin 📞 +49 30 2639430

운터 덴 린덴
Unter den Linden

🚶 ❶ S1·S2·S25·S26, U5호선 브란덴부르거 토어역Brandenburger Tor에서 하차
❷ 버스 100번, 300번 타고 운터 덴 린덴Unter den Linden/Friedrichstr. 정류장 하차
📍 Unter den Linden, 10117

베를린의 세종로

운터 덴 린덴은 브란덴부르크 문에서 시작하여, 박물관 섬으로 연결되는 슐로스 다리Schloßbrüke까지 길게 놓인 일직선의 길을 말한다. 이 거리는 베를린에서 가장 중요한 길이라 조성 당시엔 이름이 '첫 번째 길'Erste Straße이었다. 지금도 그 중요성을 대변하듯 베를린 국립오페라, 국립도서관, 베벨 광장, 훔볼트 대학교 등 주요 관광지와 관공서, 교육기관이 이 길의 양 옆으로 늘어서 있다.

'운터 덴 린덴'이란 '보리수 아래'라는 뜻으로 17세기경 길 양 옆으로 보리수가 심어진 데서 유래했다. 왕정 당시엔 이곳에서 축하 퍼레이드가 벌어졌고, 나치 정권 때에는 전당대회가 이 거리에서 열렸다. 2차 세계대전의 막바지에는 연합군의 공습으로 이 일대가 크게 파괴되었으나 모두 복구되어, 독일 분단 후 동베를린의 번화가 역할을 하였다. 1953년 6월에는 동베를린 노동자들이 공산 정권의 임금 동결에 항의하며 이곳에서 시위를 벌이다 군과 경찰의 발포로 55명이 사망하고 106명이 처형되기도 했다.

역사적 중심지였던 운터 덴 린덴은 현재 베를린의 척추와 같은 곳이다. 베를린은 면적이 서울보다 넓다. 어디서부터 여행할지 걱정이 앞선다면, 운터 덴 린덴에서 시작할 것을 추천한다. 운터 덴 린덴에서 정차하는 시내버스 100번과 200번은 베를린의 주요 관광지를 따라 운행하는 대중교통으로, 시티투어버스 역할을 한다. 또 쇼핑하기 편리한 프리드리히 거리와 프랑조지쉐 거리프랑스 거리도 이 거리와 인접해있으므로, 여행은 운터 덴 린덴에서 시작하는 게 여러모로 편리하다.

마담 투소 박물관
Madame Tussauds Berlin

🚶 S1·S2·S25·S26, U5호선 브란덴부르거 토어역Brandenburger tor에서 도보 2분
📍 Unter den Linden 74, 10117 📞 +49 30 40004620 🕐 매일 10:00~18:00(17:00 입장 마감)
€ **일반** 성인 23.5유로, 2~14세 18유로 **콤비 티켓(마담투소+레고랜드)** 성인 40유로, 2~14세 35유로(온라인 기준)
≡ www.madametussauds.com/berlin

©mathew browne

세계적인 밀랍 인형 박물관
런던에 본점을 둔 세계적인 밀랍 인형 박물관의 베를린 지점이다. '마담 투소'는 런던에 처음 박물관을 세운 밀랍 조 각가 이니 마리아 그로숄츠Anna Maria Grosholtz의 별명이나. 그녀는 볼테르를 시작으로 장 자크 루소, 벤저민 프랭 클린과 같은 유명인들의 모형을 만들었다. 마담 투소 박물관이 큰 인기를 끄는 이유는 바로 싱크로율이 높은 유명 인 인형을 만든다는 점에 있다. 역사적 인물부터 대중의 사랑을 받는 영화배우, 스포츠 스타, 정치인의 모습을 똑같 이 재현해, 모형 옆에 서면 그들과 같은 공간에 있는 것 같은 착각을 불러일으킨다. 세계적인 축구 스타 킬리안 음바 페, 마누엘 노이어, 올리버 칸과 독일에서만 볼 수 있는 빌리 브란트, 앙겔라 메르켈 전 총리의 모형도 만나볼 수 있 다. 현장 구매와 온라인 구매 차이가 크기 때문에 꼭 온라인을 통해 입장권을 예매하자.

국가의회의사당
Reichstag 라이히슈탁

🚶 S1·S2·S25·S26, U5호선 브란덴부르거 토어역Brandenburger Tor에서 도보 8분, U5
호선 분데스탁역Bundestag에서 도보 2분 ⊙ Platz der Republik 1, 11011 📞 +49 30
22732152 🕐 매일 08:00~22:00(21:45 입장 마감) € 무료 ☰ www.bundestag.de

베를린의 멋진 전망을 한 눈에

네오르네상스 양식 건축물로 독일 연방의회 의사당이다. 군소국가로 분열되어 있던 독일은 1871년 '독일제국'으로
통일되었다. 연방정부는 파울 발로트의 설계를 바탕으로 1894년 연방의회 의사당을 건설했다. 20세기 초 의사당
은 연이은 수난을 겪는다. 1933년 2월에 방화 사건이 발생했는데 네덜란드 출신 공산주의자인 루페가 방화범으로
지목됐다. 단순 방화였으나 총리였던 아돌프 히틀러와 나치당은 이 사건을 하늘이 준 기회로 여겼다. 그들은 코민
테른의 계획적인 방화라고 주장하며 대대적으로 공산주의자들을 탄압했다. 독일을 공포 정치 속으로 몰아넣은 것
이다. 1945년 의사당은 소련의 폭격으로 건물이 파괴되어 또 한 번 수난을 겪었다. 의사당은 1990년 독일의 통일
의식을 치르는 장소로 쓰이면서 다시 존재감을 드러냈다. 대화재와 전쟁으로 소실됐던 돔을 1999년 유리와 알루미
늄으로 리모델링하였는데, 이후로 의사당은 베를린의 멋진 전망을 즐기는 명소가 되었다. 방문객들은 나선형의 경
사로에서 본회의장을 내려다 볼 수 있다.

⊶ Travel Tip

국가의회의사당 방문하기

의사당 내부 관람은 미리 신청한 사람만 할 수 있다. 예약은 의사당 건너편에 위치한 서비스 센터에서 하거나 온라
인을 통해 가능하다. 인원이 한정되어 있으므로 하루나 이틀 전에는 예약해야 한다. 여권을 꼭 지참해야 한다. 보
안 검색대를 통과해야 하므로 예약한 시간보다 15분 일찍 도착하도록 준비하자.
온라인으로 예약하기 ❶ 의사당 홈페이지 www.bundestag.de/en/에 들어가 온라인 신청Visit the dome, Online regis-
tration을 선택한다. ❷ 회의실 방문 후 돔 방문, 가이드 투어 후 돔 방문, 돔 방문 가운데 원하는 관람을 선택해 방문 날짜와
시간을 정한다. ❸ 인적사항과 이메일 주소를 적으면 예약증이 메일로 온다. 이 때 예약증에 적힌 날짜와 시간을 링크된 주소
에서 한 번 더 확인해야만 예약이 완료된다. ❹ PDF확인증을 인쇄해 의사당을 방문한다.

폭스바겐 그룹 포럼
DRIVE, Volkswagen Group Forum

🚶 ❶ 브란덴부르크 광장에서 도보 10분
❷ 버스 100, 300번 승차-운터 덴 린덴/프리드리히Unter den Linen/Friedrichstr. 정류장 하차, 도보 1분
📍 Friedrichstraße 159, 10117 📞 +49 30 20921300
🕐 매일 10:00~19:00 ☰ drive-volkswagen-group.com

자동차 마니아의 천국

자동차의 명가 폭스바겐 그룹의 쇼룸으로, 유동 인구가 많은 미테 중심가에 있다 자동차 마 l아들의 로망을 만족
시켜주는 곳으로, 이곳을 둘러봤다면 우리가 아는 많은 독일의 명차를 구경할 수 있다고 해도 과언이 아니다. 폭스
바겐 그룹의 쇼룸에서는 폭스바겐, 아우디, 벤틀리, 람보르기니, 포르쉐 등 자동차 명가로 우뚝 서게 해준 세단과 콘
셉트 카, 경주용 자동차를 구경할 수 있다. 이곳이 더 특별한 이유는 완성차뿐만 아니라 자동차의 엔진까지 구경할
수 있기 때문이다. 원하면 일부 차량은 시승도 가능하다.

갤러리 숍에서는 열쇠고리, 옷, 자동차 미니어처 등 관련 상품을 판매한다. 레스토랑도
함께 운영하고 있어 더욱 편리하다. 자동차 마니아라면 미테지구의 폭
스바겐 그룹 포럼을 기억해주자.

훔볼트 대학교
Humboldt Universität 훔볼트 우니버지탯

🚶 ❶ S1 S2 S25 S26, U5호선 브란덴부르거 토어역Brandenburger Tor에서 도보 9분
❷ 버스 100번, 300번 승차하여 슈타츠오퍼Staatsoper 정류장 하차, 도보 2분
📍 Unter den Linden 6, 10099 📞 +49 30 209 370 333
🕐 화~목 10:00~16:00 ☰ hu-berlin.de

근대 대학의 효시

프로이센 왕국은 1792년부터 유럽 역사상 최초로 국가 주도하의 공교육을 시행하였다. 언어학자이자 교육 개혁가였던 빌헬름 폰 훔볼트1767~1835는 교육 개혁을 국정 개혁 과제 중 하나로 설정하고 전인적 교육을 주장하였다. '교육과 연구의 통합', '학문의 자유', '학생의 전인적 교육' 등이 훔볼트가 내세운 철학이었다. 훔볼트 대학교는 프로이센 왕국의 프리드리히 빌헬름 3세 때인 1810년 훔볼트의 교육 철학을 바탕으로 세워진 대학교로, 오늘날 근대적 체계를 갖춘 대학의 효시로 인정받고 있다.

설립 당시엔 베를린 대학교Universität zu Berlin라 불렸고, 이후 1826년부터는 프리드리히 빌헬름 대학교Friedrich-Wilhelms-Univerität라 불리다가, 1949년 베를린 훔볼트 대학교로 이름을 바꾸어 오늘에 이르렀다. 운터 덴 린덴의 북쪽에 위치하고 있어, 운터 덴 린덴 대학교Universität unter den Linden라 불리기도 했다. 독일 분단 당시 훔볼트 대학교는 사회주의를 지지하는 동독에 속해 있었는데, 1948년 소련의 이념을 지지하지 않던 교수와 학생들이 동베를린을 탈출하여 서베를린에 새로운 대학을 설립하였고, 이후 이 대학이 베를린 자유 대학교가 되었다.

훔볼트 대학교는 베를린에서 가장 오랜 역사를 지닌 명문 대학으로 손꼽힌다. 헤겔, 아인슈타인 등이 교수로 재직했으며, 카를 마르크스·막스 베버·발터 벤야민·비스마르크·프리드리히 엥겔스 등 세계적 인물을 배출했다.

노이에 바헤
Neue Wache

🚶 훔볼트 대학 오른편에 위치 ❶ S1 S2 S25 S26, U5호선 브란덴부르거 토어역Brandenburger Tor에서 도보 11분
❷ U5호선 무제움스인젤역Museumsinsel(박물관섬)에서 브란덴부르거 문 방향으로 도보 5분
❸ 버스 100번, 300번 승차하여 슈타츠오퍼Staatsoper 정류장에서 하차 도보 3분
📍 Unter den Linden 4, 10117 📞 +49 30 25002333 🕐 10:00~18:00
€ 무료 ☰ www.visitberlin.de/de/ort/neue-wache

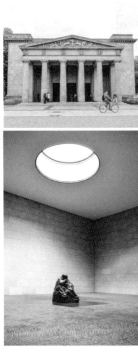

전쟁으로 고통 받은 시민을 기억하다

노이에 바헤는 '새 경비소'라는 뜻으로, 1816년 프리드리히 빌헬름 3세 때 건축가 칼 프리드리히 싱켈이 신고전주의
양식으로 지은 경비초소였다. 1차 세계대전에서 패한 후 1918년까지 국왕의 경호처 및 기념관으로 활용되었다. 1931
년 건축가 하인리히 테세노브가 '희생된 장병을 위한 기념관'으로 개조하면서 건물 천장에 원형 채광창을 만들었다.
베를린 대공습 때 크게 파손되었으나 복원하였다. 현재의 정식명칭은 '잔악 행위와 전
쟁으로 인한 희생자를 위한 독일연방공화국의 중앙기념관'이다. 건물 안에는 독일의
유명 판화가이자 조각가 케테 콜비츠의 '죽은 아들을 안고 있는 어머니 상'피에타이
덩그러니 놓여 있다. 채광창 바로 아래에 있어 눈이 오거나 비가 오는 날에는 피
에타 상이 흠뻑 젖는다. 2차 세계대전 당시 고통 받은 독일 시민의 아픔을 상
징적으로 보여주기 위해 일부러 그 위치에 놓은 것이다. 운터 덴 린덴 거
리 북쪽의 훔볼트 대학 오른편에 위치하고 있다.

베벨 광장
Bebel Platz 베벨플라츠

🚶 U5호선 무제움스인젤역Museumsinsel(박물관섬)에서 브란덴부르거 문 방향으로 도보 5분
🚌 버스 100번, 300번 승차하여 슈타츠오퍼Staatsoper 정류장 하차, 도보 2분
📍 Unter den Linden 4, 10117 📞 +49 30 250 02 333 € 무료

아픈 역사가 가슴을 찌른다

1933년 5월 10일 나치당을 지지하던 극우파 대학생들이 베벨 광장에서 2만여 권의 책을 불살랐다. 대학생들은 그
렇게 당을 향한 자신들의 열정과 사랑을 표현했다. 광장은 붉게 타고 있었다. 불꽃은 단지 책이 아니라 마르틴 루터
와 카를 마르크스를 불태우고 프란츠 카프카까지 집어삼켰다. 반나치적이라는 이유로 작가의 정신을 불태운 것이
었고, 그 정신을 사랑하는 독자들마저 불태운 것이다. 그것은 폭력이었다.

베벨 광장은 운터 덴 린덴의 남쪽, 베를린 국립 오페라와 베를린 훔볼트 대학교 사이에 있다. 프로이센의 프리드리
히 2세 통치시절인 1741년~1743년에 만들어졌으며, 독일사회민주당SPD의 공동 설립자인 아우구스트 베벨의 이름
에서 따라 베벨 광장이라 불렀다. 세계 2차 대전 당시 연합군의 공습으로 상당 부분 파괴되었으나 후에 복원하였다.
이 광장이 더욱 의미 깊게 파고드는 이유는 광장 한가운데에 1933년의 분서사건을 잊지 않기 위해 만들어 놓은 기
념물1995 때문이다. 광장 바닥의 유리판을 통해 지하를 들여다보면 책이 꽂혀 있지 않은 텅 빈 책장 4개가 서로 마주
하고 있다. 기념물 앞 동판에는 이런 글귀가 있다. '책을 불태우는 것은 오직 서곡일 뿐이다. 책을 불태운 자는 결국
인류도 불태우게 된다.' 시인 하인리히 하이네의 글이다. 독일인들은 기념물을 통해 아픈 역사를 잊지 않고자 했다.

성 헤트비히스 대성당
St. Hedwigs Kathedrale 상크트 헤드비히스 카테드랄레

🚶 ❶ U5호선 무제움스인젤역Museumsinsel(박물관섬)에서 브란덴부르거 문 방향으로 도보 5분 ❷버스 100번, 300번 승차하여 슈타츠오퍼Staatsoper 정류장에서 하차, 도보 3분 ⓥ Hinter d. Katholischen Kirche 3, 10117 📞+49 30 2034810 🕐 매일 08:00~19:00 ☰ www.hedwigs-kathedrate.de

프로이센 왕국 최초의 성당

베벨 광장 국립 오페라 극장Staatsoper Unter den Linden 뒤편으로 푸른 돔이 눈에 들어오는데, 이 돔 건물이 헤트비히스 대성당이다. 종교개혁 이후 프로이센 왕국이 세운 최초의 성당이다. 당시 베를린으로 이주해 온 가톨릭 신도들을 위해 프리드리히 대왕이 땅을 기부하여, 로마의 판테온을 모델삼아 1773년에 완공하였다. 1938년 유대인 탄압의 시발점이 된 수정의 밤Kristallnacht, 나치가 유대인 상점을 총기로 난사하고 3만여 명을 끌고 간 사건 이후 대성당의 신부였던 베른하르트 리히텐베르크는 매일 저녁 유대인들을 위한 기도를 공개적으로 하며 나치 정부를 비판했다. 결국 그는 1941년 나치 정부에 체포되어 다하우 강제 수용소에서 생을 마감하였다. 성당 지하실에 그의 유해가 안치되어 있다.

독일역사박물관
Deutsches Historisches Museum 도이쳐스 히스토리셔스 무제움

🚶 버스 100, 300번 승차–슈타츠오퍼Staatsoper 정류장 하차–도보 3분 ⓥ Unter den Linden 2, 10117 📞 +49 30 203040 🕐 상설전 보수공사로 임시 휴관 특별전 매일 10:00~18:00 € 성인 5~7유로 학생 2.5~3.5유로 콤비티켓 성인 10유로 학생 5유로 ☰ dhm.de

운터 덴 린덴에서 가장 오래된 건물

옛 병기고 건물인 초이그 하우스Zeughaus에 있다. 운터 덴 린덴에서 가장 오래된 건물이다. 원래는 베를린시 탄생 750주년을 기념하여 1987년 지금의 국회의사당 건물에 개관하였으나, 통일 이후인 1990년 동독의 역사박물관과 통합하여 초이그 하우스에 다시 문을 열었다. 2003년에 특별 전시를 위한 건물을 추가로 개관하였는데, 이 건물은 루브르 박물관의 유리 피라미드를 디자인한 미국의 건축가 이오밍 페이가 설계하였다. 회화, 의상, 지도, 공예품 등 독일 역사 전반에 관한 유물 90만 점을 소장하고 있으며 그중 일부를 특별전으로 기획해 이오밍 페이 건물에서 전시하고 있다. 초이그 하우스는 보수공사 중으로 입장이 불가능하다.

젠다르멘 광장

Gendarmenmarkt 젠다르멘마르크트

🚶 U2호선 슈타드미테역Stadtmitte에서 도보 2분
📍 Gendarmenmarkt, 10117

아름다운 광장과 멋진 명소들

베벨 광장 남쪽에 있다. 젠다르멘이란 기갑병이나 군대를
상징하는 말이다. 그 의미는 좀 딱딱하지만, 젠다르멘 광
장은 베를린에서 가장 아름다운 광장으로 손꼽는다. 많은
베를리너와 여행객들이 찾는 명소이다. 독일 돔Deutscher
Dom과 프랑스 돔Französischer Dom, 베를린 심포니 오케
스트라의 전용 콘서트 홀인 콘체르트 하우스로 둘러 싸여
있다. 독일 돔과 프랑스 돔은 18세기 초 예배당으로 지어
졌다가, 1780년부터 1785년 사이에 돔이 설치되면서 쌍
둥이 건물이 되었다. 콘체르트 하우스를 중심으로 두 건축
물이 대칭되게 어우러진 모습이 더 없이 아름답다. 건축적
인 미학도 뛰어나지만 광장 분위기를 안정감 있게 해준다.
12월이 되면 트리와 조명으로 예쁘게 치장한 크리스마스
마켓이 젠다르멘 광장에서 열린다. 그 모습을 보는 것만으
로도 마음이 따뜻해지고 행복감이 솟아난다.

ONE MORE
Gendarmenmarkt

젠다르멘 광장의 아름다운 명소들

1 독일 돔

Deutscher Dom 도이쳐 돔

독일 민주주의를 위한 박물관

1708년에 지은 바로크 양식 교회 건축물이다. 광장 맞은편에 지어진 프랑스 교회와 구분하기 위해 신교회Neue Kirche라고도 불렸다. 1785년 돔이 추가로 설치되었고, 현재는 독일 돔 혹은 도이쳐 돔이라 불린다. 처음에 베를린에 기주하는 칼벵파 신도들을 위해 건축되었으나 점점 루터파 신도늘이 늘어나 두 종파가 함께 교회를 사용하기도 했다. 2차 세계대전 때 파괴된 것을 복원하기 시작하여 통일 이후인 1996년에 완성하였다. 현재는 독일 의회와 민주주의의 역사를 알려주는 전시장으로 사용되고 있다.

🚶 젠다르멘 광장과 동일 📍 Gendarmenmarkt 1-2, 10117 📞 +49 30 22730431
🕐 **화~일 10:00~18:00(5~9월 19:00까지) 휴관 월요일 € 무료**

2 프랑스 돔
Französischer Dom 프랑조지쉐 돔

자유의 꿈을 담은 교회

©Katherine Price

1685년 프랑스에서 종교의 자유를 보장해주던 낭트칙
령이 폐지되자 20~30만 명의 위그노들은 프랑스를 떠
나기 시작했다. 당시 브란덴부르크의 선제후였던 프리
드리히 빌헬름은 종교 자유를 보장하는 포츠담 칙령
1685을 발표하였고, 이에 칼뱅파 개신교도인 위그노들
은 베를린과 포츠담 등지로 모여들었다. 베를린 인구의
1/4이 위그노로 채워질 정도였다. 신도들은 파리의 위
그노 교회를 모델로 1705년 베를린에 위그노를 위한 교
회를 건설하였는데, 이 건물이 지금의 프랑스 돔이다.
후에 돔이 추가되면서 프랑스 돔이라 불리고 있다. 2차
세계대전 때 파괴되었다가 복원되었으며, 교회 탑 안에
60개의 종이 있다. 프랑스 위그노의 역사에 대해 전시
하는 위그노 박물관과 교회, 돔 전망대가 들어서 있다.

🚶 젠다르멘 광장과 동일
📍 Gendarmenmarkt 5, 10117 📞 +49 30 203060
🕐 전망대 화~일 11:00~16:00 박물관 화~일 11:30~16:30
€ 전망대 성인 6.5유로 6~18세 4.5유로 박물관 성인 6유로
학생 4유로 ☰ franzoesischer-dom.de

3 콘체르트하우스 베를린
Konzerthaus Berlin

아름다운 선율이 흐르는 콘서트 홀

1821년 왕립극장으로 지어졌다. 통일 이전 동베를린 지역에 있던 아름다운 고전주의 건축물이었으나 2차 세계대
전 말미에 크게 파괴되었다. 동독 시절 옛 모습 그대로 복원하고 1984년 베를린 심포니 오케스트라 전용 공연장으
로 문을 열었다. 통일 후에는 콘체르트하우스 오케스트라 베를린Konzerthaus orchester Berlin으로 이름을 바꾸었다.
콘체르트하우스엔 1600석 대형 음악당과 400석 콘서트홀이 있다. 콘체르트하우스 앞 광장에는 독일을 대표하는
극작가 프리드리히 쉴러Friedrich Schiller의 동상이 서 있으며, 주변에서 종종 거리 음악가들의 공연이 열리기도 한
다. 콘체르트하우스 오케스트라 베를린Konzerthaus orchester Berlin은 정기적으로 공연을 연다. 또 매년 9월에 열리
는 뮤직페스티벌에 꾸준히 참여하고 있다. 공연 티켓은 인터넷과 전화로 예매 가능하다.
🚶 젠다르멘 광장과 동일 📍 Gendarmenmarkt, 10117 📞 +49 30 20309233 ☰ konzerthaus.de

©Ken Lennox

박물관 섬
Museumsinsel 무제움스인젤

🚶 ❶ U5호선 무제움스인젤역Museumsinsel(박물관섬)에서 도보 2분 ❷ 버스 100, 300번 승차–루스트가르텐Lustgarten 정류장
하차–도보 5분 € 박물관 섬 콤비 티켓 성인 24유로 학생 12유로 뮤지엄패스 성인 32유로 학생 16유로

100년 동안 조성된 세계문화유산

슈프레Spree강은 베를린 시내를 적셔주며 굽이굽이 흐른다. 브란덴부르크 문에서 운터 덴 린덴 거리를 따라 동쪽
으로 20분쯤 걷다 보면 이윽고 슈프레강 위에 떠 있는 박물관 섬이 보인다. 페르가몬 박물관, 구박물관, 신박물관,
구 국립회화관, 보데 박물관 등 세계적으로 유명한 박물관 5개가 섬 북쪽 끝에 모여 있다. 예술과 과학에 관심이 많
았던 프로이센 왕국의 프리드리히 빌헬름 4세1795 ~ 1861, 재위 1840 ~ 1861의 명으로 궁중 건축가들에 의해 이곳에
박물관이 건설되기 시작했다. 1828년에 건설된 구 박물관을 시작으로 1세기 넘게 조성되었는데, 100여 년에 걸
쳐 발전해 온 현대 박물관 설계 과정을 잔 보아주다 위네스코는 이런 건축적 가치를 높게 평가하여 1999년 세계
문화유산으로 등재했다.

박물관의 전시물은 고대 이집트와 메소포타미아 유물부터 19세기 조각과 그림까지 다양하며, 각 박물관마다 다른
주제로 유물을 보관, 전시하고 있다. 6개의 박물관 가운데 페르가몬 박물관이 가장 많은 여행객이 찾아 온다. 박물
관들은 2차 세계대전 때 큰 피해를 입어 지금까지도 복원 공사가 꾸준히 이루어지고 있다. 또 박물관 섬을 더욱 발
전시키기 위한 마스터 플랜인 미래 프로젝트Project Zufunft도 진행 중이다. 박물관 섬의 방문자 센터인 제임스 시몬
갤러리가 문을 열었다. 이곳은 페르가몬 박물관과 신박물관의 새로운 입구이자 매표소이기도 하다. 그밖에 박물관
기념품 샵, 카페와 레스토랑이 자리하고 있다.

> **박물관의 밤**Lange Nacht der Museen 8월 중 하루 동안, 저녁 6시부터 다음날 새벽 2시까지 70여 개 박물관이 야
> 간개장을 하는 날이다. 티켓을 구입하면 해당 박물관의 출입과 셔틀 버스 이용이 가능하다. 유명 박물관 몇 곳
> 을 사람들과 함께 돌 수 있는 가이드 프로그램도 준비되어 있다. 포츠다머 광장 또는 박물관 섬의 루프트 공원
> 등지에 안내데스크가 설치되며 이곳에서 표를 구할 수 있다. 인터넷을 통해서도 표를 구매할 수 있으며 e-ticket
> 을 인쇄하여 소지하여야 한다. ☰ lange-nacht-der-mussen.de

박물관 섬의 명소들 ▬

1 페르가몬 박물관
Pergamon Museum 페르가몬 무제움

독일을 대표하는 박물관

19세기부터 독일이 발굴한 유럽과 아시아, 아프리카의 고고학 유물들을 전시하는 박물관이다. 1910년 착공하여 1930년에 완성되었다. 그리스, 로마, 터키, 이집트 등지에서 발굴된 거대한 고고학 유물들이 눈길을 끈다. 그중 페르가몬 대제단은 제우스의 제단으로, 이 유물이 전시되어 있어 페르가몬 박물관이라 불린다. 가로 35.64m, 세로 33.4m에 이르는 거대한 유물이다. 유물 한쪽에는 올림푸스 신과 기간테스거인족으로 대지의 신 가이아의 자손들이와의 싸움이 부조로 장식되어 있다. 바빌론의 성문이었던 이슈타르 문도 이 박물관의 대표적인 유물이다. 유물이 화려하고 너무 커서 발굴에만 10년이 넘게 걸렸다. 성문과 성벽은 1200여 마리의 사자와 용, 오록스지금은 멸종된 소의 부조로 꾸며져 있다. 이슈타르 문의 오른편에는 함무라비 법전이 세워져 있다. 2037년을 목표로 확장, 보수공사가 진행 중이어서 일부 전시실은 관람을 제한하고 있다. 보데 박물관 맞은편에 임시 전시관인 파노라마 관이 운영되고 있어 함께 관람하면 좋다.

🚶 ❶ U5호선 무제움스인젤역Museumsinsel(박물관섬)에서 도보 5분 ❷ 버스 100, 300번 승차-루스트가르텐Lustgarten 정류장 하차 도보 5분 ◉ Bodestraße 1-3, 10178 📞 +49 30 266424242 🕐 **화~일** 10:00~18:00, **목** 10:00~20:00 € **성인** 14유로 **학생** 7유로 ☰ www.smb.museum

2 구 박물관
Altes Museum 알테스 무제움

고대 그리스와 로마 유물 박물관

1830년 카를 프리드리히 쉰켈의 설계로 박물관 섬에 최초로 세워진 박물관이다. 고대 그리스, 로마의 신전을 연상시키는 고전주의 양식으로 지어졌으며, 입구 양쪽에 세워진 역동적인 청동 기사상이 매우 인상적이다. 2차 세계대전이 끝나갈 무렵 박물관 앞에서 탱크가 폭발하면서 큰 피해를 입었으나, 전쟁이 끝난 뒤 박물관 섬에서 처음으로 복원되었다. 고대 그리스의 항아리 암포라를 비롯해 아테네 병사들의 투구, 로마인들의 초상화, 황제와 신들의 대리석 조각 등 고대 그리스와 로마의 유물이 중점적으로 전시되어 있다.

🚶 ❶ U5호선 무제움스인젤역Museumsinsel(박물관섬)에서 도보 5분 ❷ 버스 100, 300번 승차-루스트가르텐Lustgarten 정류장 하차 도보 3분 ◉ Am Lustgarten, 10178 📞 +49 30 266424242 🕐 **수~금** 10:00~17:00, **토·일** 10:00~18:00 **휴관** 월·화 € **성인** 12유로 **학생** 6유로18세 미만 무료 ☰ www.smb.museum

3 신 박물관
Neues Museum 노이에스 무제움

이집트 미술과 선사 유물 박물관

건축가 프리드리히 아우구스트 슈튈러의 설계로 1855년에 세워졌다. 2차 대전 때 연합군의 폭격으로 파괴되었는데, 박물관 섬의 건물 중 가장 늦게 2009년 복원되었다. 주로 이집트 미술과 선사시대의 유물이 보관, 전시되고 있다. 수준 높은 이집트 유물이 있기 때문에 미술사와 고대 이집트 역사를 공부하는 사람이 꼭 방문하는 곳이다. 대표적인 유물은 고대 이집트 제18왕조 아케나톤 왕과 왕비 관련 유물들이다. 아케나톤 왕의 시대에는 사실적인 표현기법이 발달했는데, 유물 가운데 왕비 네페르티티의 흉상Büste der Nofretete이 가장 인기가 많다. 수천 년 동안 전해져오는 왕비의 미모를 감상하기 위해 전시실은 항상 인산인해를 이룬다. 그 밖에 청동기 유물인 베를린 황금모자Berliner Goldhut도 인기가 많다. 네페르티티의 흉상과 황금모자는 사진 촬영이 금지되어 있다.

🚶 ❶ U5호선 무제움스인젤역Museumsinsel(박물관섬)에서 도보 5분 ❷ 버스 100, 300번 승차-루스트가르텐Lustgarten 정류장 하차 도보 3분 ◎ Bodestraße 1-3, 10178 Berlin 📞 +49 30 266424242 ⏰ 화~일 10:00~18:00 휴관 월요일 € 성인 14유로 학생 7유로 18세 미만 무료 ☰ www.smb.museum

4 구 국립미술관
Alte Nationalgallerie 알테 나치오날갈라리

프랑스 명화를 베를린에서 만나다

프리드리히 아우구스트 슈튈러의 설계로 1876년 세워졌다. 구 국립회화관이라 불리기도 한다. 은행가이자 예술품 수집가인 요하킴 바게너가 기증한 262점의 유물로 출발하였으며, 포츠다머 광장에 위치한 신 국립미술관신 국립회화관과 구별하기 위해 '구'자를 붙인다. 전시 작품으로는 독일의 조각가 요한 고트프리드 샤도의 <루이제 공주와 프리데리케 공주>를 비롯하여 고전주의 조각품과 사실주의, 프랑스 인상주의 작품 등이 있다. 모네, 르누아르, 로댕의 작품을 만나볼 수 있다.

🚶 ❶ U5호선 무제움스인젤역Museumsinsel(박물관섬)에서 도보 5분 ❷ 버스 100, 300번 승차-루스트가르텐Lustgarten 정류장 하차 도보 5분 ◎ Bodestraße 1-3, 10178 Berlin 📞 +49 30 266424242 ⏰ 화~일 10:00~18:00 휴관 월요일 € 성인 14유로 학생 7유로 18세 미만 무료 ☰ www.smb.museum

5 보데 박물관
Bode Museum 보데 무제움

비잔틴과 르네상스의 빛나는 유물

궁중 건축가 에른스트 폰 이네의 설계로 1904년에 세워진 박물관으로, 박물관 섬의 서쪽 끝에 있다. 설립 초기에는 카이저 프리드리히 박물관이라 불렸으나, 1956년부터 박물관의 초대 큐레이터 빌헬름 폰 보데의 이름에서 따다 보데 박물관으로 이름을 바꾸었다. 주요 유물은 비잔틴, 중세, 초기 르네상스 시기의 회화와 조각 작품들이다. 6세기경 이탈리아 라벤나 지역에서 제작된 비잔틴 모자이크 벽화가 보데 박물관을 대표하는 작품으로 꼽힌다.

🚶 ❶ 버스 100, 300번 승차~루스트가르텐Lustgarten 정류장 하차 도보 10분 ❷ S5·S7·S75호선 하케셔 마르크트역 Hackescher Markt에서 도보 10분 ◎ Am Kupfergruben, 10117 Berlin 📞 +49 30 266424242 🕐 수~금 10:00~17:00 토·일 10:00~18:00 휴관 월·화 € 성인 12유로 학생 6유로 18세 미만 무료 ☰ www.smb.museum

6 베를린 돔
Berliner Dom 베를리너 돔

베를린에서 가장 큰 교회

박물관 섬의 상징적인 건물로 베를린에서 가장 큰 개신교 교회이다. 1465년 왕가의 성당으로 지어졌으며 호헨촐레른 왕가의 유해가 건물 지하 납골당에 모셔져 있다. 처음엔 바로크 양식으로 지어졌는데, 1905년 율리우스 카를 라슈도르프에 의해 거대한 돔이 있는 이탈리아 르네상스 양식 건물로 재건축되면서 현재 모습이 되었다. 왕가의 교회답게 무척 화려하다. 2차 대전 당시 중앙 돔이 크게 파괴되었고, 1975년에야 복원 공사가 시작되었다. 베를린 돔에는 독일의 오르간 장인 빌헬름 자우어가 만든 파이프 오르간이 있다. 7269개의 파이프가 있는 이 오르간은 제작 당시 독일에서 가장 큰 규모였다고 전해진다. 돔에 이르려면 270개의 좁은 계단을 올라가야 된다. 돔은 베를린을 360도로 관람할 수 있는 전망대로 이용되고 있다.

🚶 ❶ U5호선 무제움스인젤역Museumsinsel(박물관섬)에서 도보 3분 ❷ 버스 100, 300번 승차~루스트가르텐Lustgarten 정류장 하차 도보 1분 ◎ Am Lustgarten, 10178 📞 +49 30 20269136 🕐 월~금 09:00~18:00 토 09:00~17:00 일 12:00~17:00 € 성인 10유로 학생 7.5유로 베를린 웰컴 카드 소지자 7유로 가족(성인 1명+18세 미만 3명) 10유로 ☰ www.berlinerdom.de

동독 박물관

DDR Museum 데데알 무제움

🚶 ❶ U5호선 무제움스인젤역Museumsinsel(박물관섬)에서 도보 5분 ❷ 버스 100, 300번 승차-루스트가르텐Lustgarten 정류장
하차-도보 5분 ⊙ Karl-Liebknecht-Str. 1, 10178 📞 +49 30 847123731 🕐 매일 09:00~21:00
€ 성인 13.5유로 학생 8유로 ☰ www.ddr-museum.de

공산주의 생활상을 엿보자

독일에게 2차 세계대전의 상처는 뼈아팠다. 1945년 5월 8일 전쟁에서 승리한 연합국은 포츠담과 얄타 회담에서 미
국, 영국, 프랑스, 소련이 4년간 독일을 분할 통치하기로 결정했다. 이때 수도 베를린도 네 나라가 4개 지역으로 나
누어 통치하기로 결정되었다. 1948년 베를린의 서쪽을 비롯하여 미국, 영국, 프랑스가 점령했던 지역에 연방공화국
Bundesrepublik Deutschland, 서독이 들어섰다. 반면 소련은 1949년 10월 7일 자신들의 점령지에 독일민주공화국동독
을 세웠다. 베를린도, 독일도 둘로 갈라졌다.

동독 박물관은 통일 이전 동독의 역사와 생활상을 전시해놓은 곳이다. 박물관 섬 동쪽에서 슈프레강을 사이에 두고
베를린 돔과 마주보고 있다. DDR은 독일민주공화국Deutsche Demokratische Republik의 앞 글자를 따 붙인 이름이다.
2006년 개관 이래 공산주의 국가의 생활상을 궁금해 하는 여행객으로 항상 붐비는 명소가 되었다. 2008년에는 유
럽 최고의 박물관에 선정되기도 했다. 특히 동독의 일반 가정집을 충실히 재현해 놓은 전시실이 눈길을 끈다. 의식주,
교육, 직업, 취미 활동 등 동독 사람들의 일상을 엿볼 수 있는 다양한 소품들로 꾸며져 있다. 국민을 감찰했던 동독 국
가보안부 슈타지와 성 문화가 자유로웠던 동독의 누드 비치에 관한 자료도 전시되어 있다. 박물관의 입구에는 '트라비'
라는 애칭으로 더 유명한 동독의 국민 자동차 트라반트Trabant와 운전시뮬레이더가 실치되어 있다.

유람선 타고 베를린 여행하기

슈프레강 낭만 유람선

슈프레강은 베를린 북쪽으로 흐르는 하펠강의 지류로 하펠강, 엘베강과 합류해 북해로 흘러들어간다. 강은 베를린시를 관통해 흐르며, 강을 따라 베를린의 주요 관광지가 모여 있어서 크루즈 여행 상품도 많다. 유람선 여행은 1시간 동안 진행된다. 베를린 중앙역 부근에서 박물관 섬을 지나 니콜라이 지구까지 왕복 운행한다. 크루즈 회사에 따라서 선착장의 위치가 다르다. 독어와 영어로 가이드를 진행한다. 유명한 크루즈회사는 Reederei Riedel리더라이 리들, Stern und Kreisschiffahrt슈턴 운트 크라이스쉬파르트, BWSG이다. 세 곳 모두 베를린 웰컴카드와 시티카드 소지자를 대상으로 25%을 할인해 준다. 운행 시간은 보통 겨울철에는 10시부터 16시 사이, 그 외 계절에는 19시까지이다.

티어가르텐을 지나 포츠다머 광장, 크로이츠베르크와 프리드리히샤인 지역으로 흐르는 란트베어 운하Landwehr Kanal 쿠르즈 상품도 있다. 슈프레강과 운하를 모두 여행하는 유람선은 3시간에서 많게는 3시간 반까지 길린다.

Reederei Riedel ⊙ 중앙역 선착장 Ludwig-Erhard-Ufer, 10557 ⚡ 베를린 중앙역에서 Washingtonplatz 방면 출구로 나온 후 Friedrich-List-Ufer 거리를 따라 강 쪽으로 걸어와 Gustav-Heinemann-Brücke 다리를 건너 강의 건너편으로 넘어 온 후 오른편 강가에 위치한 선착장. 도보 3분 ① **운항 코스** 중앙역-국회의사당-프리드리히역-보데 미술관-페르가몬미술관-베를린돔-베를린 티비 타워-니콜라이 지구 **운항 횟수** 60분, 11~3월 목~일(4회) 4~10월 월~금(5회) 토~일(6회) € 19유로부터 ☰ reederei-riedel.de

Stern und Kreisschiffahrt ⊙ 알테 뵈저 선착장 Alte Börse Burgstraße 27, 10178 ⚡ S5·S7·S75호선 하케셔마르크트역 Hackescher Markt에서 Henriette-Herz-Platz 방면 출구로 나온 후 오른쪽으로 걷다가 Burgstraße 따라 강변 선착장으로 도보 3분 ① **경로** 베를린돔-티비타워-니콜라이지구-박물관 섬-프리드리히역-국회의사당-중앙역 **운항 횟수** 60분, 3~11월 매일(5회) € 21.9유로부터 ☰ www.sternundkreis.de

BWSG ⊙ 알테 뵈저 선착장 Pier Alte Börse Burgstraße 27, 10178 ⚡ S5·S7·S75호선 하케셔마르크트역 Hackescher Markt에서 Henriette-Herz-Platz 방면 출구로 나온 후 오른쪽으로 걷다가 Burgstraße 따라 강변 선착장으로 도보 3분 ① **경로** 베를린돔-티비타워-니콜라이지구-박물관 섬-프리드리히역-국회의사당-중앙역 **운항 횟수** 50분, 3~11월 매일(5회) € 22유로부터 ☰ www.bwsg-berlin.de

자연사 박물관
Museum für Naturkunde 무제움 퓨어 나투어쿤데

🚶 U6호선 나투어쿤데 무제움역Naturkundemuseum에서 도보 3분
📍 Invalidenstraße 43, 10115 📞 +49 30 20938591
🕐 화~금 09:30~18:00 토·일 10:00~18:00(17:30 입장 마감) 휴관
월요일 € 성인 11유로 학생 5유로 가족 (성인 2명 아이 3명) 18유로
☰ www.naturkundemuseum.berlin

세계에서 가장 큰 공룡과 시조새 화석

슈프레강 북쪽에 있다. 뉴욕, 파리, 워싱턴, 런던의 자연사 박물관
과 더불어 세계 5대 자연사 박물관 중 하나이다. 소장품이 3천만
점이 넘는다. 특히 천문학, 지질학, 생물학에 관련된 다양한 표본
과 화석, 광물 표본들의 가치가 꽤 높다. 대표적인 소장품으로는
1909년 탄자니아에서 발견된 공룡 브라키오 사우르스 브란카이
의 뼈가 있다. 현재까지 발견된 공룡 화석 중에 가장 큰 것으로 높
이는 13.27m, 길이는 22.25m에 달한다. 또한 1816년 바이에른 지
역에서 발견되어 베를린 표본이라고도 불리는 시조새의 화석도
이곳의 대표 유물이다.

함부르거 반호프 미술관
Hamburger Bahnhof-Museum für Gegenwart 함부르거 반호프 무제움 퓨어 게겐바르트

🚶 버스 100, 300번 승차~슈타츠오퍼staatsoper 정류장 하차~도보 3분 📍 Invalidenstraße 50-51, 10557
📞 +49 30 39783411 🕐 화·수·금 10:00~18:00 목 10:00~20:00 토·일 11:00~18:00 휴관 월요일 € 성인 16유로
학생 8유로 ☰ www.smb.museum/museen-und-einrichtungen/hamburger-bahnhof

베를린의 오르세, 앤디 워홀을 만나자

슈프레강 북쪽에 있는 현대미술관이다. 1846년 함부르크를 잇는 노선의 기차역으로 지어졌으나 베를린 중앙역으로
통합되면서 폐쇄되었다. 독일의 기차역 가운데 가장 오래된 건물로, 1996년 함부르거 반호프 미술관으로 자리를 잡
았다. 20세기 이후의 현대 예술품을 주로 전시하며 행위예술 또는 음악 공연도 기획된다. 팝 아티스트 앤디 워홀과
전위적인 오브제로 유명한 요셉 보이스의 작품 등을 만날 수 있다. 높은 천장, 작은 팻말 등 곳곳에서 기차역의 흔적
을 찾아볼 수 있다.

막시밀리언 Restaurant Maximilians Berlin

슈바인스 학세와 바이에른 맥주 즐기기

베를린에서 정통 바이에른독일 남부 요리를 맛볼 수 있는
곳이다. 바이에른의 맥주와 슈바인스 학세돼지 발목 관절
요리, 브롯차이트Brotzeit가 대표 음식이다. 브롯차이트
는 독일 빵에 치즈, 소시지나 햄 등을 함께 먹는 음식이
다. 가장 있기 좋은 메뉴는 퀵 런치 메뉴이다. 11시 30분
부터 14시 30분까지 제공하는 런치 메뉴는 12유로 정
도의 착한 가격이다. 매일 음식의 종류는 달라지며, 수
준 있는 식사를 원하는 회사원들이 많이 찾는다. 9월말
부터 10월까지 바이에른 지역의 대표 도시인 뮌헨의 맥
주 축제에 가지 못하는 베를리너들을 위해 옥토버페스
트를 진행한다. 이때 가면 바이에른 전통 복장인 드린
딜과 레더호젠을 입은 베를리너들을 만나볼 수 있다. 옥
토버페스트 기간에는 반드시 예약을 해야 한다. 젠다르
멘 광장Gendarmenmarkt에서 걸어서 5분 거리에 있다.

🏃 U6호선 슈타트미테역stadtmitte에서 도보 3분
📍 Friedrichstraße 185-190, 10117
📞 +49 30 20450559 🕐 매일 11:30~23:30
€ 35유로 내외 ☰ maximilians-berlin.de

스마트 델리 Smartdeli Sushi

맛있는 일본 가정식

슈프레강 북쪽에 있다. 2002년에 오픈하여 20년 넘게 운영 중인 베테랑 일식당이다. 감각적인 인테리어와 맛있
는 음식으로 일본인뿐 아니라 현지인들에게도 꾸준히 사랑을 받고 있다. 일본 가정식이 주요 메뉴이지만, 덮밥과
라멘도 먹을 수 있다. 가게의 모든 음식은 유기농 재료를 사용해 만든다. 맛은 물론 건강도 놓칠 수 없다는 가게 철
학을 잘 엿볼 수 있다. 점심시간에는 많이 붐비므로 이 시간을 피해 가면 여유롭게 식사를 즐길 수 있다. 일본 식재
료와 과자도 판매한다.

🏃 U6호선 오라니엔부르거 토어역Oranienburger Tor에서 도보 3분 📍 Novalisstraße 2, 10115 📞 +49 30 20687037
🕐 월~토 12:00~22:00(브레이크 타임 15:45~17:00, 겨울 시즌 토 12:00~18:00) € 15~20유로 내외 ☰ smartdeli.org

🍴 슈탠디그 페트레퉁 Ständige Vertretung

슈프레 강변에서 즐기는 독일 전통음식

슈프레강 북쪽 강변에 있다. 1970년대 초부터 1990년까지 존재한 동독과 서독 간의 외교 상설기구에서 상호를 따왔다. 이 기간 동안 동서독의 수도였던 베를린과 본에 각각 슈탠디그 페트레퉁이 있었다. 1970년대 본에서 가게를 운영했던 주인장이 베를린에 새로 가게를 연 점도 외교기구의 역사와 비슷하다. 또한 가게의 마스코트인 부엉이는 외교기구의 문장이었던 독일의 상징 독수리를 패러디 한 것이다. 마스코트 관련 상품을 따로 팔 정도로 인기가 많다. 가게는 독일의 유명 정치인 사진과 냉전시대 상징물로 장식되어 있다. 화창한 날이면 슈프레 강가를 따라 마련된 파티오건물의 안뜰에서 햇빛을 즐기며 식사하려는 손님들로 가득 찬다. 특히 학세가 유명하다. 쾰른 지역 맥주인 쾰쉬를 생맥주로 만날 수 있다.

🚶 S-bahn 프리드리히 슈트라세역Friedrichstraße에서 슈프레강 건너 도보 4분 📍 Schiffbauerdamm 8, 10117 Berlin 📞 +49 30 2823965 🕐 매일 11:00~01:00 💶 30유로 내외 🖃 staev.de

🍴 하우스 오브 스몰 원더 Hause of Small Wonder

베를리너에게 인기 좋은 브런치 카페

베를리너들의 숨은 맛집이다. 슈프레강 북쪽 U반 오라니엔부르거 도어역Oranienburger Tor 근처에 있다. 일식 전문점 젠키치에서 함께 운영하는 브런치 카페로, 하루 종일 브런치와 런치 메뉴를 즐길 수 있다. 입구부터 화분으로 아기자기하게 장식을 하여 베를리너에게 사랑받는 가게이다. 프렌치토스트, 샌드위치 등 비교적 잘 알려신 브런치 메뉴와 오키나와식 문어 요리, 돈가스덮밥 등 일본 음식도 선보인다. 그날 준비한 재료가 소진되면 더 이상 주문을 받지 않는다. 스프, 샐러드와 함께 나오는 샌드위치는 가격 대비 맛이 좋은 메뉴이다. 카드 결제가 안 되므로 꼭 현금을 가져가자. 야외 파티오가 아름답다.

🚶 U6호선 오라니엔부르거 토어역Oranienburger Tor에서 하차. 오라니엔부르거 거리Oranienburgerstraße로 진입 후 아우구스트 거리Auguststraße 방면으로 도보 3분 📍 Auguststraße 11-13, 10117 🕐 매일 09:00~16:30, 17:30~23:30 💶 20~30유로 내외 🖃 houseofsmallwonder.de

☕ 디스트릭트 커피 Distrikt Coffee

맛있는 커피와 브런치 즐기기

입맛을 살려주는 브런치, 깊은 맛과 풍미가 살아있는 커피, 클래식한 듯 모던한 인테리어……. 음식과 분위기 무엇 하나 빠지지 않는 매력적인 카페이다. 내벽의 벽돌과 나무 탁자, 철제 의자, 세월의 향기가 배인 빈티지 의자, 디자인 이 뛰어난 조명이 조화를 이루는 실내는 평안하면서도 감각적이다. 품질이 좋은 원두를 사용하며, 주기적으로 커피 원두를 바꾸기도 한다. 홈페이지에 사용할 커피 원두를 미리 홍보하기 때문에, 새로운 커피를 맛보기 위해 일부러 혹은 주기적으로 찾는 손님이 많은 편이다. 슈프레강 북쪽 노드반호프역Nordbahnhof에서 도보로 5분 거리에 있다.

🚶 S1·S2·S25 노드반호프역Nordbahnhof에서 도보 5분 ⊙ Bergstraße 68, 10115 📞 +49 30 20450559
🕐 월~금 08:30~16:00 토·일 09:00~16:30(14:30 주방마감) € 음료 6유로 내외, 브런치 15유로 내외 ☰ distriktcoffee.de

☕ 리터 슈포르트 Ritter Sport Bunte Schokowelt Berlin

달콤한 초콜릿의 모든 것

리터 슈포르트는 독일의 대표적인 초콜릿 회사이다. 1912년 알프레드와 클라라 리터 부부가 설립한 후 3대에 걸쳐 이어오고 있다. 16개 블록으로 나누어진 100g짜리 정사각형 판 초콜릿이 가장 유명하다. 1932년 설립자 클라라가 스포츠 재킷에 넣어도 부서지지 않는 초콜릿을 제안하여 생산하기 시작했는데, 지금까지 이 회사의 대표 상품 노릇 을 톡톡히 하고 있다. 젠다르멘 광장 근처에 있는 베를린점에는 매장과 카페가 함께 있다. 마트에서 흔히 볼 수 없는 다양한 초콜릿이 매장에 가득하다. 원하는 토핑을 선택해 나만의 초콜릿을 만들 수도 있다. 30분~1시간 소요 2층에는 초콜릿 디저트와 음료를 만들 수 있는 체험실이 있다. 홈페이지에서 미리 신청해야 참여할 수 있다.

🚶 U6호선 프랑조지쉐 슈트라세역Französische str.에서 도보 3분 ⊙ Französische Straße 24, 10117
📞 +49 30 200950810 🕐 월~토 10:00~18:30, 휴무 일요일 ☰ www.ritter-sport.de

라우쉬 쇼콜라든하우스 Rausch Schokoladenhaus

명품 초콜릿과 미니 타르트

초콜릿의 명가 라우쉬 가문에서 대를 이어 운영해오고 있는 초콜릿 가게이다. 빌헬름 라우쉬가 1918년 수제 초콜릿 가게를 오픈하면서 시작하였는데, 사업 수완이 좋아 점점 규모가 커지자 1999년 초콜릿 장인 하인리히 파스밴더의 가게와 합병해 지금 자리에 가게를 오픈했다. 상점 안에는 초콜릿으로 만든 베를린의 주요 관광 명소가 전시되어 있으며, 그 중 브란덴부르크 문 초콜릿이 기념품으로 가장 인기가 높다. 함께 운영하는 카페와 레스토랑에서는 초콜릿으로 조리한 다양한 음식과 디저트, 음료 등을 판매한다. 대표 메뉴인 미니 타르트는 가격이 좀 비싸지만 꼭 한번 먹어볼만 하다. 젠다르멘 광장 독일 돔 옆에 있다.

🚶 U6호선 슈타트미테역Stadtmitte에서 도보 2분 ⊙ CharlottenstraBe 60, 10117 📞 +49 30 757882411
🕐 초콜릿 숍 월~토 10:00~20:00 일·공휴일 12:00~20:00 카페 월~일 12:00~19:00 ☰ www.rausch.de

🛍 두스만 다스 컬투어 카우프하우스
Dussmann das Kultur Kaufhaus

베를린의 교보문고

미테 지구 번화가인 프리드리히 거리운터 덴 린덴이 동서로 뻗은 중심 도로라면 프리드리히는 베를린을 남북으로 잇는 중심 도로이다.에 있는 대형 서점으로 1997년 처음 문을 열었디 줄여서 두스만이리 부른다. 서점 앞에서는 항상 예술가들이 거리 공연을 하고 있으므로, 프리드리히 거리에서 음악 소리를 따라 걷다보면 쉽게 찾을 수 있다. 지하 1층, 지상 4층으로 구성된 실내에서는 서적뿐 아니라 문화 전반에 걸친 다양한 상품을 판매한다. CD, LP, 게임, 디자인 문구까지도 판매해 우리나라이 교보문고기 띠오른다. 0층한국식 1층 입구에서는 공연 예약도 할 수 있다.

🚶 S-bahn, U6호선 프리드리히 슈트라세역FriedrichstraBe에서
도보 3분 ⊙ FriedrichstraBe 90, 10117
📞 +49 30 20251111
🕐 월~금 09:00~24:00 토 09:00~23:30
☰ kulturkaufhaus.de

베를린 중앙역 아포테케 Apotheke Berlin Hauptbahnhof

🚶 S3, 5, 7, 9호선 베를린 중앙역Hauptbahnhof 2층(독일식 1층)
📍 Europaplatz 1, 10557 📞 +49 30 20614190 🕐 매일 07:00~21:00

독일 약 안심하고 구매하기

도시 곳곳에서 쉽게 발견할 수 있는 붉은색의 영문 대문자 A는 독일의 약국, 아포테케를 의미한다. 기념품이나 선물로 사기 좋은 발포 비타민과 대부분의 영양제는 드럭스토어에서도 충분히 살 수 있다. 여기서 더 나아가 아스피린Aspirin, 종합영양제 오르소몰Orthomol, 바르는 파스 볼타렌Voltaren 등 품질 좋은 독일 의약품을 구매하고 싶다면 아포테케에 가면 된다. 베를린 중앙역 아포테케는 중앙역 내에 있어 여행 중에 들러 쇼핑하기 좋다. 24시간 운영하여 이용하기도 편리하다. 동네 약국보다 할인율이 적어 가격은 조금 비싼 편이지만, 모두 정가로 판매하므로 바가지 쓸 걱정은 하지 않아도 된다. 직원들도 영어소통이 가능해 병명에 관한 간단한 단어들을 보여주면 처방전 없이 구매 가능한 제품을 소개해 준다.

다른 도시의 접근성 좋은 아포테케

❶ 프랑크푸르트 차일 거리의
   Hirsch Apotheke IHRE APOTHEKER
🚶 S/U-Bahn 하우프트바헤역Hauptwache에서 동쪽으로 도보 2분
📍 Zeil 111, 60313 Frankfurt am Main
📞 +49 69 281564 🕐 월~토 09:00~20:00

❷ 뮌헨 마리엔 광장의
   Internationale Ludwigs-Apotheke
🚶 S/U-Bahn 마리엔플라츠역Mariensplaz에서 도보 6분 📍 Neuhauser Str. 11, 80331
📞 +49 89 5505070 🕐 월~토 09:00~20:00

(Shopping Tip)

가장 저렴하게 아포테케 의약품 쇼핑하기!

아포테케 의약품을 가장 저렴하게 구매하는 방법은 인터넷 홈페이지를 통해 구매하는 것이다. 독일에 오래 머물 계획이라면 아포테케 홈페이지를 이용해보자. 인터넷 구매요령을 자세히 소개한다.

❶ 머무는 숙소에서 택배 수령이 가능한지 미리 확인한다. 호텔의 경우 대부분 가능한데, 핸들링 요금이라고 해서 소정의 요금을 부과하기도 한다. 숙소를 예약하기 전에 미리 전화나 이메일 등을 통해 택배 수령이 가능한지 물어보자.

❷ 인터넷 홈페이지 중 가장 신뢰할만한 사이트는 아래와 같다.
샵 아포테케 Shop Apotheke www.shop-apotheke.com
디아 Deutsche Internet Apotheke www.deutscheinternetapotheke.de
메드펙스 medpex www.medpex.de

❸ 홈페이지에서 회원 가입 후 배송 주소를 정확하게 입력한다. 대부분 사이트는 첫 가입 고객 또는 뉴스레터 신청 고객에게 10%의 할인쿠폰을 제공한다. 메일로 보내는 쿠폰 코드를 결제할 때 잊지 않고 입력하면 할인 혜택을 받을 수 있다. 대부분 30유로~50유로 정도의 최소 구매 금액 조건이 있다는 점도 기억해두자.

❹ 신용카드 혹은 Paypal로 결제 후 2~3일 뒤에 택배로 구매 물품을 받을 수 있다.

ONE MORE

의약품 기내반입 시 유의사항

처방전이 필요 없는 약과 영양제는 위탁 수하물에 넣으면 불편함 없이 국내 반입이 가능하다. 보통 3개월의 복용 기간을 기준으로 그보다 많은 양의 의약품 반출과 반입은 문제가 생길 수 있는 점을 기억하자. 불시에 생길 수 있는 검문을 대비해 의약품의 정보가 적힌 용기나 박스, 설명서는 버리지 말고 꼭 소지하는 게 좋다. 복용을 위한 소량의 의약품은 기내반입도 허용된다. 이 경우 처방전 또는 안내서를 함께 소지하자.

데엠 프리드리히역점 dm-drogerie markt

🚶 S1·2·3·5·7·9호선, U6호선 프리드리히스트라세역FriedrichstraBe에서 나오자마자
길 건너편 ⊙ FriedrichstraBe 100, 10117 📞 +49 30 20453133
🕐 월~금 08:00~21:30 토 08:30~21:30 ☰ www.dm.de

드럭스토어 쇼핑의 모든 것

데엠은 독일 최대 드럭스토어 브랜드이다. 도시 곳곳에서 찾아볼 수 있으며, 유명한 쇼핑 거리에서는 2~3개의 크고 작은 매장이 있어 쉽게 만날 수 있다. 베를린 중심가 미테지구에 있는 프리드리히역점 매장은 접근성이 좋아 관광객들이 많이 찾는다. 화장품은 물론 건강용품, 생활용품, 간식거리, 와인 등 제품이 다양하다. 직원들과 영어로 소통할 수 있어 물건 구매에 어려움도 없다. 데엠에서 자체적으로 개발, 판매하는 다양한 PB브랜드도 있으며, 그 중 코스메틱 브랜드 '발레아'Balea는 최근 한국에도 소량씩 수입되며 인기를 끌고 있다.

ONE MORE 독일의 드럭스토어 독일의 드럭스토어 혹은 드로게리Drogerie는 미용 관련 제품이 중심인 우리의 드럭스토어와는 조금 다르다. 화장품을 비롯하여 건강용품, 생활용품, 유기농 제품, 유아용품 그리고 간식거리와 음료, 와인까지 제품의 영역이 훨씬 넓다. 간단한 간식거리와 음료수를 편의점인 키오스크보다 저렴하게 구매할 수 있다.주의할 점은 특정 제품의 경우 1인당 구매량이 정해져 있다는 점이다. 분유는 대부분 매장에서 1인 최대 3통까지 구매할 수 있고, 아요나 치약도 직원이 정해진 구매 개수를 안내해 준다. 데엠 외에 유명한 드럭스토어 브랜드로는 로즈만Rossmann, 뮬러Müller 등이 있다.

 ## 에데카 EDEKA City Markt

🚶 S1~3·5·7·9호선, U6호선 프리드리히슈트라세역FriedrichstraBe 1층
⊙ FriedrichstraBe 142, 10117 📞 +49 30 20166540
🕐 월~금 06:00~22:00 토~일 08:00~22:00 ☰ www.edeka.de

독일 최대 슈퍼마켓

독일의 최대 슈퍼마켓 브랜드이다. 편의점 규모의 소규모 슈퍼마켓부터 대형마트 규모까지 매장별 크기시 다양하다. 동네 작은 마트 매장은 Edeka nah und gut 또는 aktiv markt라고 따로 표기한다. 여행객들에게 힘을 주는 간식거리와 음료, 맥주들은 물론 급하게 필요한 생필품도 어려움 없이 구매할 수 있다. 과자, 음료, 요구르트 등의 브랜드인 '굿운트귄스틱'Gut & Günstig은 에데카에서 자체 생산, 판매하는 PB브랜드이다. 미테지구의 에데카 매장은 프리드리히역 내에 있으며, 연중무휴여서 여행객에게 더욱 편리하다.

ONE MORE 독일의 대형마트 대형마트는 수로 주요 쇼핑몰과 각 도시의 큰 기차역 내에 있다. 기차역 대형마트들은 일요일과 휴일에도 문을 연다. 에데카Edeka와 레베REWE, Netto Discount와 Lidl가 유명하다. 대형마트의 가장 큰 장점은 현지에서만 맛볼 수 있는 다양한 식재료들을 만날 수 있다는 점이다. 정육점 코너에서는 질 좋은 독일식 소시지 부어스트Wurst나 생햄 쉰켄Schinken, 치즈Käse 등을 판매하여 지역별 독일 맥주와 함께 즐기기 좋다.

• ─(**Shopping Tip**)─

판트Pfand, **공병보증금제도** 독일은 PET병, 알루미늄 캔, 유리병에 든 음료를 구매하면 용기의 값도 함께 지불하는 공병 보증금 제도인 판트Pfand를 운영한다. 다 마신 뒤 용기는 대형마트 내에 설치된 공병회수기인 판트아우토마트 Pfandautomat에 넣으면 용기 요금이 적힌 현금 교환권이 출력된다. 교환권을 계산대에 보여주면 현금으로 돌려준다.

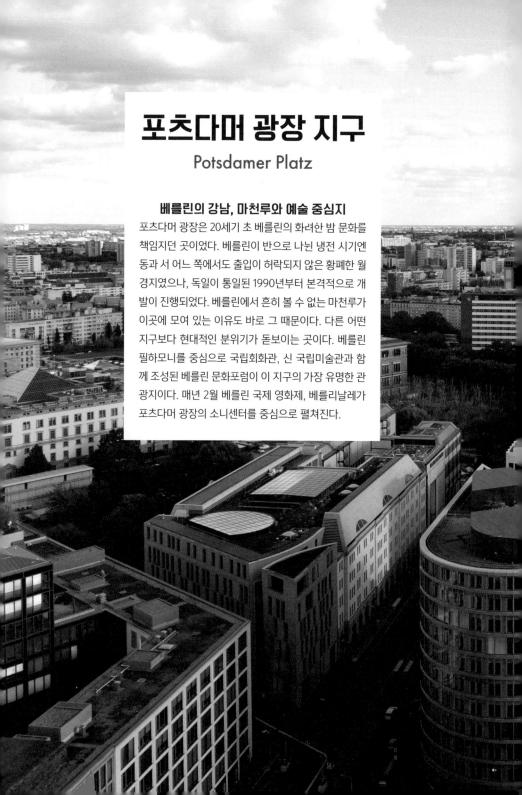

포츠다머 광장 지구
Potsdamer Platz

베를린의 강남, 마천루와 예술 중심지

포츠다머 광장은 20세기 초 베를린의 화려한 밤 문화를 책임지던 곳이었다. 베를린이 반으로 나뉜 냉전 시기엔 동과 서 어느 쪽에서도 출입이 허락되지 않은 황폐한 월경지였으나, 독일이 통일된 1990년부터 본격적으로 개발이 진행되었다. 베를린에서 흔히 볼 수 없는 마천루가 이곳에 모여 있는 이유도 바로 그 때문이다. 다른 어떤 지구보다 현대적인 분위기가 돋보이는 곳이다. 베를린 필하모니를 중심으로 국립회화관, 신 국립미술관과 함께 조성된 베를린 문화포럼이 이 지구의 가장 유명한 관광지이다. 매년 2월 베를린 국제 영화제, 베를리날레가 포츠다머 광장의 소니센터를 중심으로 펼쳐진다.

포츠다머 광장 지구 여행 지도

포츠다머 광장 지구 하루 추천 코스 지도의 빨간 점선 참고

포츠다머 광장, 전망대 → 도보 7분 → 베를린 문화 포럼(국립 회화관, 신 국립 미술관 등)
→ 도보 10분 → 티어가르텐 → 도보 10분 → 소니센터 → 도보 15분 → BRLO 브로우하우스

Alt-Moabit

U Hansaplatz

Altonaer Str.

베를린 전승기념탑
Berliner Siegessäule

Straße des 17.

Straße des 17.Juni

Hofjägerallee

Tiergartenstraße

S U Zoologischer Garten

베를린 동물원

Budapester Str.

바우하우스 아키브 미술관

Budapester Str.

클라이네 낙흐트레뷰
Kleine Nachtrevue

쿠담거리

카이저 빌헬름
기념교회

Kurfürstenstraße

Kurfür

U Kurfürstendamm

Kurfürstendamm

Nürnberger Str.

Kurfür

바 예더 퍼눈프트
Bar Jeder Vernunft

S U Tram
베를린 중앙역
Berlin Hbf

프리드리히슈타트-팔라스트
Friedrichstadt-Palast

Friedrichstraße

Luisenstraße

Friedrich Straße
S U Tram

훔볼트 대학교
Humboldt Universität

국가의회의사당
Reichstag

짚시 홀로코스트 메모리얼
Denkmal für die im Nationalsozialismus
ermordeten Sinti und Roma Europas

운터 덴 린덴
Unter den Linden

Unter den Lin

브란덴부르크 문
Brandenburger Tor

Unter den Linden

S U
Brandenburger Tor

Französische U
Straße

Friedrucgstraße

Straße des 17.Juni

Behrenstraße

티어가르텐 공원
Großer Tiergarten

홀로코스트 메모리얼
Denkmal für die ermordeten
Juden Europas

게이 홀로코스트 메모리얼
Denkmal für die im Nationalsozialismus
verfolgten Homosexuellen

스틸 빈티지 바이크 카페

Ebertstraße

Mohrenstraße U

Stadtmitte U

레고랜드
Legoland

사라바나 바반
Saravanaa Bhavan

소니 센터
Sony Center

Leipaiger Straße

악기박물관
Musikinstrumenten-Museum

파노라마
풍크트 전망대
Panorama Punkt

포츠다머
Platz Bahnhof

몰 오브 베를린
Mall of Berlin

장식 예술 박물관
Kunstgewerbemuseum

|를린 문화 포럼

베를린 필하모니
Berliner Philharmonie

U
출발

국립회화관
Gemäldegalerie

린덴브로이
암 포츠다머 플라츠

포츠다머 광장
Potsdamer Platz

Wilhelmstrasse

Friedrucgstraße

신 국립미술관
Neue Nationalgalerie

레베 포츠다머
광장점

뷘터가르트 바리테
Wintergarten Varieté

Kötheher Str.

Steesmannstraße

S Anhalter Bahnhof

Potsdamer Str.

Wilhelmstraße

Streesmannstraße

브를로 브루하우스
BRLO Brwhouse

도착

포츠다머 광장
Potsdamer platz 포츠다머 플라츠

🚶 ❶ 버스 100, 200, M41, M48, M85번 포츠다머 플라츠 반호프Potsdamer Platz Bahnhof 정류장 하차
❷ S-bahn S1·S2·S25호선 포츠다머 플라츠 반호프역Potsdamer Platz Bahnhof에서 도보 2분
❸ U-bahn U2호선 포츠다머 플라츠역Potsdamer Platz에서 도보 3분
📍 Potsdamer Platz, 10785

소니센터, 베를린영화제, 최초의 신호등

베를린을 대표하는 광장 가운데 하나이다. 브란덴부르크 문에서 남쪽으로 도보 10분 거리에 있다. 브란덴부르크 광장과 젠다르멘 광장이 고풍스러운 이미지라면 이곳은 세련된 도시 분위기가 물씬 풍긴다. 1838년 베를린의 첫 기차역이 들어선 교통의 요충지이자 번화가였으나, 2차 세계대전 때 연합군 공습의 표적이 되어 처참하게 파괴되었다. 1961년 8월 베를린 장벽이 세워지면서 그나마 남아 있던 건물도 철거되고 오랫동안 폐허로 방치되었다. 독일 통일 후 1990년부터 재개발이 진행되었다. 소니센터, 베를린 필하모니, 베를린 문화 포럼의 회화관 등 주요 명소가 몰려있고, 접근성도 좋아 베를린 여행의 시작점으로도 손색이 없다. 또 베를린 국제영화제, 박물관의 날 등 큰 문화 행사의 주요 무대로 활용되고 있다. 연말에는 크리스마스 마켓이 열린다. 포츠다머 광장 역 앞에는 베를린 장벽의 일부가 관련 자료와 함께 전시되어 있다. 광장의 시계탑은 유럽 최초 신호등이다. 1920년대 베를린에는 매일 2만여 대의 자동차와 26개의 전차 노선, 5개의 버스 노선이 운행되었다. 거리의 혼란을 통제하기 위해 베를린 교통의 중심지였던 포츠다머 광장에 1924년 유럽 대륙 최초의 신호등이 설치되었다. 냉전 시기가 끝나고 21세기를 맞이하며 본래의 자리에 옛 신호등을 복원했다. 이 신호등은 지금까지도 베를리너들의 약속 장소이자 포츠다머 광장의 상징물로 자리하고 있다.

파노라마 풍크트 전망대
Panorama Punkt

🚶 S-bahn S1·S2·S25호선 포츠다머 플라츠 반호프역Potsdamer Platz Bahnhof에서 도보 2분
📍 Potsdamer Platz 1, 10785 🕐 전망대 10:00~18:00(17:30 입장 마감) 카페 매일 11:00~17:00
€ 일반 성인 9유로 6~14세 7유로 가족(성인 2명+18세 미만 4명) 19.5유로
Vip(대기 시간 없음) 성인 13.5유로 6~14세 11유로 가족 29.5유로 ☰ www.panoramapunkt.de

베를린 시내를 한 눈에

베를린 시내를 한 눈에 볼 수 있는 전망대이다. 콜호프 타
워의 옥상에 있다. 건축가 한스 콜호프가 세운 콜호프 타
워는 포츠다머 광장을 대표하는 세 개의 고층 빌딩 중 하
나이다. 렌조 피아노 빌딩, 도이치반(DB) 빌딩과 함께 약
20년간 베를린의 발전 과정을 지켜보았다. 지상 100미
터, 24층 전망대에는 20세기부터 현재까지의 포츠다머
광장과 베를린 시내 모습을 사진으로 설명한 전시를 관
람할 수 있다. 커피와 간식을 즐길 수 있는 카페도 있다.

소니 센터
Sony Center

🚶 ❶ 버스 300번, M41, M48, M85번 승차-베리언 프라이 슈트라세Varian-Fry-Str. 정류장 하차-건너편
❷ S1·S2·S25호선 포츠다머 플라츠 반호프역Potsdamer Platz Bahnhof에서 도보 3분
❸ U2호선 포츠다머 플라츠역Potsdamer Platz에서 도보 4분 📍 Bellevuestraße 5, 10785 ☰ www.sonycenter.de

베를린 대표 복합문화센터

2017년까지만 해도 건물의 입구에 서있는 입간판에는 한글로 써진 안내문이 보였다. 일본 소니가 2000년 6월 건설했지만 우리나라의 국민연금관리공단이 2010년 8천억 원을 들여 매입한 후 2017년 10월에 큰 차익을 얻고 매각했다.

소니 센터는 7개 건물에 문화 시설, 사무실, 음식점, 상업 시설, 호텔 등이 공존하는 복합 공간이다. 우리나라로 치면 코엑스와 성격이 비슷하다. 대표적인 문화 시설로는 스크린 40여 개를 갖춘 영화관을 꼽을 수 있다. 독일은 외국 영화도 독일어 더빙을 해서 상영하는 것이 보통인데 더빙되지 않은 영화를 볼 수 있는 베를린의 몇 안 되는 영화관이기도 하다. 이곳에서 베를린 영화제 주요 영화가 상영된다. 1m 맥주 4가지를 두 잔씩 맛 볼 수 있는 유명한 맛집 린덴브로이도 이곳에 있다. 맥주뿐만 아니라 음식도 맛있다. 소니 센터는 독일 건축가 헬무트 얀Helmut Jahn이 설계하였으며, 중앙 광장을 덮고 있는 지붕은 일본의 후지산을 상징한다.

ONE MORE

레고랜드
Legoland Discovery centre Berlin 레고랜드 디스커버리 센터 베를린

신기하고 재미있는 장난감 나라

세계적인 장난감 회사 레고의 실내 놀이공원이다. 소니센터 지하에 있다. 4D 극장, 정글짐, 레고 미니어처 등 15개 구역으로 나누어져 있다. 아이를 동반한 가족 단위의 고객이 많은 편이다. 미리 홈페이지를 통해 입장권을 예매하면 현장 구매보다 훨씬 저렴하다. 소니 센터 영화관 지하에 레고 용품을 판매하는 매장도 있다.

📍 Potsdamer Straße 4, 10785 📞 +49 30 3010400
🕐 월~일 10:00~19:00(17:00 입장 마감)
€ 3세 이상 19.5유로(온라인 기준)
☰ www.legolanddiscoverycentre.de/berlin/

📷 베를린 문화 포럼
Kulturforum 컬투어 포룸

🚶 ❶ 포츠담 광장에서 도보 6~7분 ❷ 버스 200번 승차-필하모니에Philharmonie 정류장 하차-도보 3분,
버스 M48·M85번 승차-컬투어 포룸Kulturforum 정류장 하차-도보 2분 ❸ S1·S2·S25호선 포츠다머 플라츠
반호프역Potsdamer Platz Bahnhof에서 도보 10분 ❹ U2호선 포츠다머 플라츠역Potsdamer Platz에서 도보 10분
📍 Matthäikirchplatz 4, 10785 🌐 www.kulturforum-berlin.de

미술관·악기 박물관·콘서트홀
포츠담 광장 북쪽, 시베를리 티이가텐 지구에 있는 국립문화단지이다. 누 자례에 걸친 세계대전으로 베를린은 많
은 문화유산을 잃었다. 장벽으로 도시가 둘로 나뉘면서 이마저도 분산되었다. 박물관 섬이 동독 지역에 속하여 서
베를린과 문화 격차가 생기자, 서베를린은 1959년 남아있던 유물을 한 곳에 모아 박물관 섬에 버금가는 문화 중심
지 구축에 나섰다. 이때 조성된 것이 베를린 문화 포럼이다. 베를린 필하모니 콘서트홀 건축 계획이 문화 포럼 조
성 사업의 시작이었다. 현재는 신 국립 미술관, 국립 회화관, 동판화 전시관, 베를린 필하모니 콘서트 홀 등 모두 11
개 문화 공간이 들어서 있다.

베를린 문화 포럼의 명소들

1 국립회화관
Gemäldegalerie 게멜데 갈레리

렘브란트, 루벤스, 중세의 수준 높은 회화들

베를린 문화 포럼의 박물관 중에서 가장 인기가 많은 곳이다. 왕실과 수집가들이 소장하고 있던 회화 1198점을 기초로 1830년 문을 열었다. 2차 세계대전 때 대형 작품 400여 점이 손실되었으나, 통일 후 남아있던 작품을 모아 베를린 문화 포럼 내에 다시 개관하였다. 13세기부터 18세기까지의 수준 높은 유럽 회화를 화파와 연대별로 구분하여 전시하고 있다. 대표적인 작품으로는 카라바조의 〈벌집을 훔치는 비너스와 에로스〉, 히에로니무스 보스의 〈최후의 심판〉, 피테르 브뢰헬의 〈푸른 외투〉, 요하네스 베르메르의 〈진주 목걸이를 한 여인〉 등이 있다. 거장 렘브란트와 루벤스의 작품도 만나볼 수 있다.

ⓥ Matthäikirchplatz, 10785 📞 +49 30 266424242
🕐 화~일 10:00~18:00 휴관 월요일 € 성인 12유로, 학생 6유로 ☰ www.smb.museum/museen-und-einrichtungen/gemaeldegalerie

2 장식예술 박물관
Kunstgewerbemuseum 쿤스트게베르베무제움

비잔틴 장식 미술과 패션 갤러리

1868년 설립된 박물관이다. 1985년 베를린 문화 포럼으로 옮겨 다시 문을 열었다. 금, 은 장식품, 도자기, 가구, 의상 등 유럽과 비잔틴의 장식 예술품이 시대 순으로 전시되어 있다. 1814년부터 20세기까지 수집된 다양한 의상, 장신구들을 별도로 모아 전시한 패션 갤러리도 있다.

ⓥ Matthäikirchplatz, 10785 📞 +49 30 266424242 🕐 수~금 10:00~17:00 토·일 11:00~18:00 휴관 월·화 € 성인 10유로 학생 5유로 ☰ www.smb.museum/en/museums-institutions/kunstgewerbemuseum

3 악기박물관
Musikinstrumenten-Museum 무지크인스트러멘튼 무제움

시립 음악 연구소Staatliches Institut für Musikforschung, SIM에서 운영하는 박물관이다. 베를린 필하모니 동쪽 옆에 있다. 1888년 베를린 왕립음악원이 음악 연구자이자 연주자였던 필립 슈피타와 요셉 요하임의 소장품을 토대로 설립하였다. 이후에도 꾸준하게 악기를 수집하였으나 2차 세계대전 때 연합군의 폭격으로 일부 소장품을 잃었다. 16세기부터 현재까지 제작된 3천여 점이 넘는 악기를 소장하고 있다. 이탈리아 악기 제작 가문의 과르네리가 제작하고 파가니니가 사용했던 바이올린, 쇼팽이 호평한 악기 제작자 콘라드 그라프의 피아노 등 800여점의 악기를 상설 전시로 만날 수 있다.

🚶 ❶ 버스 200번 승차-필하모니에Philharmonie 정류장 하차-도보 5분, 버스 M48·M85번 승차-컬투어 포룸Kulturforum 정류장에서 하차-도보 5분 ❷ S1·S2·S25호선 포츠다머 플라츠 반호프역Potsdamer Platz Bahnhof에서 도보 10분 ❸ U2호선 포츠다머 플라츠역Potsdamer Platz에서 도보 10분 ⊙ Ben-Gurion-Straße, 10785 📞 +49 30 25481139 ⏲ 화~금 09:00~17:00 목 09:00~20:00 토·일 10:00~17:00(종료 30분 전까지 입장) **휴관** 월요일 **가이드 투어** 매주 목요일 18시, 토요일 11시(요금 3유로로) € **성인** 6유로 **학생** 3유로 ☰ www.simpk.de

4 신 국립미술관
Neue Nationalgalerie 노이에 나치오날갈레리

20세기 미술사조의 대표작을 한눈에

1968년, 근대 건축가 루드비히 미스 반데어 로에가 설계한 미술관이다. 미니멀리즘 외관이 인상적이다. 개관 당시엔 20세기 전반기 유럽 회화와 조각을 주로 전시하였으나, 1996년 함부르거 반호프 현대 미술관이 개관하면서, 20세기 초부터 1960년대까지의 작품을 중점적으로 전시하고 있다. 기나긴 보수 공사가 끝나고 드디어 2021년 재개관했다. 다리파, 독일 표현주의 그리고 초현실주의를 대표하는 수준 높은 작품들을 즐길 수 있다. ⊙ Potsdamer Straße 50, 10785 ⏲ 화~일 10:00~18:00, 목 10:00~20:00 **휴관** 월요일 € **상설+특별전 성인** 16유로 **학생** 10유로 ☰ www.smb.museum/museums-institutions/neue-nationalgalerie

©wikipedia_Eisenacher

베를린 필하모니
Berliner Philharmonie 베를리너 필하모니에

🚶❶ 버스 200번 승차-필하모니에Philharmonie 정류장 하차-도보 1분, 버스 M48·M85번 승차-컬투어포룸Kulturforum 정류장 하차-도보 5분 ❷ S-bahn S1·S2·S25호선 포츠다머 플라츠 반호프역Potsdamer Platz Bahnhof에서 도보 9분
❸ U-bahn U2호선 포츠다머 플라츠역Potsdamer Platz에서 도보 10분 📍 Herbert-von-Karajan-Straße 1, 10785
📞 +49 30 254880 🖥 berliner-philharmoniker.de(공연예매)

베를린에 흐르는 아름다운 선율

베를린 문화 포럼 안에 있다. 베를린 필하모니 오케스트라의 전용 공연장으로, 1963년 10월 15일 첫 문을 열었다. 건축가 한스 샤룬이 설계했는데, 서커스 텐트 같은 외관이 특이하다. 외관 덕분에 드레스덴의 유명한 서커스단 '자라자니'와 상임 지휘자 카라얀의 이름을 차용하여 '서커스 카라야니'Zirkus Karajani라고 부르기도 한다. 객석은 모두 2250개이다. 어느 자리에서든 무대가 잘 보이고 소리 전달이 잘 되도록 무대를 둘러싸는 구조로 설계했다. 정기공연 외에 9월부터 6월까지 매주 수요일 13시에 단원들의 무료 콘서트Lunchkonzerte, 점심시간에 열려 점심 콘서트라고 부른다.가 열린다. 오랜 기간 필하모니의 지휘자로 활약한 카라얀을 기리며 만든 헤르베르트 폰 카라얀 거리에 있다.

ONE MORE

베를린 필하모니 오케스트라 Berliner Philharmoniker 베를리너 필하모니커
베를린을 음악의 도시로 만들다

1862년 사설 관현악단 단원들 일부가 퇴단하여 만들었다. 시작은 초라했지만 바그너의 제자이자 세계 최초의 전문 지휘자 한스 폰 뷜로가 상임 지휘자로 초빙되면서 세계적인 오케스트라로 발돋움하기 시작했다. 나치 정권 때는 국영화되는 오욕을 당했다. 전후에 나치에 부역했던 단원들을 퇴단시키고 폰 카라얀Herbert von Kara- jan, 1908~1989을 예술 감독 겸 상임 지휘자로 영입하였다. 카라얀과 함께 베를린 필하모니는 세계적인 관현악단으로 거듭날 수 있었다. 카라얀 이후로는 단원들 투표로 지휘자를 선출하고 있다. 2020년 시즌부터 뛰어난 오페라 해석으로 유명한 키릴 페트렌코Kirill Petrenko가 상임 지휘자로 활동 중이다. 베를린 필은 오케스트라 단원들이 자주적으로 이끌어가는 재단법인의 형식으로 운영되고 있다.

©flickr_keriluamox

베를린 전승기념탑
Berliner Siegessäule 베를리너 지게조일레

🚶 버스 100, 187번 승차-그로세 슈턴Großer Stern 정류장 하차-도보 1분(지하통로 이용) ⓞ Großer Stern, 10557
🕐 4~10월 월~금 09:30~18:30 토·일 09:30~19:00 11~3월 매일 10:00~17:00
€ 성인 3유로 학생 2.5유로 6~14세 1.5유로 ☰ www.siegessaeule-berlin.de

베를린 시내를 한 눈에 담다

전승기념탑은 티어가르텐 중앙에 우뚝 솟아있다. 19세기 프로이센1701년부터 베를린을 수도로 삼고 세운 독일 왕국. 1871년 독일의 통일을 주도하였다.이 덴마크, 오스트리아, 프랑스와의 전쟁에서 연이어 승리하자 이를 기념하기 위해 세운 탑이다. 높이는 67m이며, 285개의 나선형 계단을 타고 전망대에 오르면 베를린 시내 전경을 한눈에 담을 수 있다. 영화 〈베를린 천사의 시〉Der Himmel Über Berlin에서 주인공인 천사 다니엘이 베를린을 내려다 보기위해 이 탑 꼭대기에 걸터앉는 장면이 나와 더욱 유명해졌다. 건축가 하인리히 슈트라크스Heinrich Stracks가 설계하였고, 처음엔 지금의 국회의사당 앞에 설치되었다가 1939년 히틀러의 게르마니아 제국 건설을 위해 현재의 자리로 옮겨졌다. 기념탑에 설치된 청동 부조는 4명의 베를린 출신 조각가가 제작한 것으로, 프로이센이 승리를 거둔 전쟁에 관한 내용을 담고 있다. 이 부조들은 연합군이 베를린을 분할 통치할 당시 프랑스 점령군의 요구로 철수되었다가 베를린 시 탄생 750주년이었던 1987년 재설치 되었다. 탑 기둥이 안톤 폰 베르너Anton von Werner, 그는 독일 아카데미 화단을 주름잡던 역사 화가이자 프리드리히 빌헬름 2세(1744~1797)의 미술 선생이었다.의 모자이크 작품으로 장식되어 있어 인상적이다. 탑 내부에는 전 세계의 대표 건축물에 관한 간단한 전시실이 있다.

카바레
Kabarett

19~20세기의 사교 문화 체험 하기

19세기 말 프랑스에서 시작된 카바레는 귀족과 신흥 재벌들의 사교장이자 유흥 장소였다. 1901년 사회 풍자 작가였던 볼로겐이 베를린에 처음 카바레를 오픈한 이래 1920~30년대에 크게 성행하였다. 1930년대의 베를린을 배경으로 한 뮤지컬 영화 〈카바레〉는 당시의 모습을 잘 보여주는 수작이다.

파리의 물랑루주가 카바레의 전형으로 이해되고 있지만 독일의 카바레에서는 블랙 유머Black Humor가 발달했다. 정치·사회 풍자와 반정부적인 정치 운동과 문학 운동의 중심지 역할도 했다. 독일의 카바레는 예술가·작가·혁명가·지식인들이 즐겨 찾았다. 〈서푼짜리 오페라〉Die Dreigroschenoper, 1928로 명성을 얻은 시인이자 극작가 베르톨트 브레히트도 카바레에서 그의 연극을 무대에 올렸다.

카바레는 나치당의 출현, 세계대전 등으로 잠시 주춤했으나, 분단 시기에는 동서 베를린의 모든 사람들에게 사랑을 받았다. 통일 이후 새로운 문화 콘텐츠에 밀려 급격히 쇠퇴하여 지금은 유명 카바레 몇 곳만이 명맥을 유지하고 있다. 벌레스크, 아카펠라, 블랙코미디쇼, 뮤지컬 등 공연 장르가 다양하다. 너무 캐주얼한 복장보다는 단정하게 차려입고 공연을 보러가는 건 어떨까. 카바레 공연을 볼 수 있는 곳으로는 티어가르텐 공원 남쪽에 있는 바 예더 퍼눈프트Bar Jeder Vernunft, 클라이네 낙흐트레뷰Kleine Nachtrevue, 뷘터가르튼 바리테Wintergarten Varieté를 꼽을 수 있다. 박물관섬 북쪽 슈프레강 건너편에 있는 프리드리히슈타트-팔라스트Friedrichstadt-Palast도 유명하다.

©Friedrichstadt-Palast Berlin

바 예더 퍼눈프트Bar Jeder Vernunft 🚶 U-Bahn U3·U9호선 슈피션슈트라세역Spichernstr.에서 북서쪽 도보 5분
📍 Schaperstraße 24, 10719 Berlin 📞 +49 30 8831582 🕐 매일 19:00 일 19:00, 20:00 즈음
€ 공연, 좌석에 따라 다르다(최대 60유로 정도) ☰ bar-jeder-vernunft.de

클라이네 낙흐트레뷰Kleine Nachtrevue (벌레스크 극장) 🚶 ❶ U1·U2·U3호선 비튼버그플라츠역Wittenbergplatz에서
동북쪽으로 도보 7분 ❷ 버스 100번 쉴슈트라세Schillstraße 정류장에서 하차 후 사거리에서 서쪽으로 도보 2분
📍 Kurfürstenstraße 116, 10787 Berlin 📞 +49 30 2188950 🕐 21:00 € 공연, 좌석에 따라 다르다.(최대 40유로)
☰ kleine-nachtrevue.de

뷘터가르튼 바리테Wintergarten Varieté 🚶 ❶ U1호선 쿠르퓌어스텐슈트라세역Kurfürstenstr.에서 큰 길따라 북쪽으로 4분
❷ 포츠다머플라츠Potsdamer Platz 소니센터 앞에서 버스 M48(Zehlendorf 방면) 승차 Lützowstr./Potsdamer Str. 정류장에서
하차 📍 Potsdamer Straße 96, 10785 Berlin 📞 +49 30 588433 🕐 수~토 20:00 일 18:00, 박스오피스 15:00~공연 전까지
€ 최대 123유로 ☰ wintergarten-berlin.de

프리드리히슈타트-팔라스트Friedrichstadt-Palast 🚶 U6호선 오라니엔부르거토어역Oranienburger Tor에서 도보 3분
📍 Friedrichstraße 107, 10117 Berlin 📞 +49 30 23262326 🕐 화·목·금·일 19:30 토 15:30, 19:30
€ 좌석에 따라 29.9~150유로 정도, 스카이라운지 약 300유로로 ☰ palast.berlin
TIP 너무 캐주얼한 복장으로 가지 말 것. 조금 갖춰 입자.

티어가르텐 공원
Großer Tiergarten 그로쎄 티어가르텐

공원 🚶 ❶ 공원 서쪽 S5·S7·S75호선 티어가르텐역Tiergarten **공원 동쪽** S1·S2·S25·U55호선 브란덴부르거 토어역Bran-denburger Tor ❷ 버스 100번 승차-그로쎄 스턴Großer Stern 정류장, 플라츠 데어 리포블리크Platz der Republik 정류장 하차
동물원 🚶 ❶ S5·S7·S75·U2·U9호선 베를린 동물원역초역, Berlin Zoologischer Garten ❷ S5·S7·S75호선 티어가르텐역Tier-garten **벨뷰 궁전** 🚶 버스 100번 승차-궁 바로 앞 하차

베를린의 센트럴 파크

서베를린 중심부에 있는 커다란 시민 공원이다. 옛날 선제후황제를 뽑을 수 있는 자격을 가진 제후들의 사냥터였으나, 1740년 공원으로 바뀌었다. 종교의 자유를 찾아 프랑스에서 이주해온 위그노프랑스 칼뱅파 프로테스탄트 교도. 17~18세기 신교도 탄압을 피해 독일로 망명한 사람이 많았다.들의 거주지도 이곳에 있었다. 미테 지역의 모아비트에도 티어가르텐 공원이 있어서 이와 구분하기 위해 크다는 뜻의 '그로쎄'를 앞에 붙인다. 공원의 동쪽엔 옛날 동서 베를린의 경계였던 브란덴부르크 문이, 동북쪽 끝엔 국회의사당이 있다. 남서쪽에는 베를린 동물원이, 남동쪽 끝에는 복합문화단지 베를린 문화 포럼이 자리하고 있다. 베를린 전승기념탑, 대통령궁인 벨뷰 궁전Schloss Bellevue, 비스마르크 기념비도 공원 안에 있다. 공원 한 가운데로는 동서로 뻗은 6.17 도로Straße des 17. Juni가 지난다. 도로는 폭이 70m에 이르는데, 나치 말기에 공항이 파괴되자 이 도로를 활주로로 대신 사용하기도 했다. 공원 지하로는 베를린 중앙역과 연결된 철도와 도로가 지나간다. 베를린의 명소가 가까이에 있어 여행 후 들러 휴식을 취하기에 좋다.

🍴 린덴브로이 암 포츠다머 플라츠 Lindenbräu am Potsdamer Platz

맥주와 함께 독일 음식 즐기기

소니센터에 있는 유명 맛집이다. 소시지, 감자, 육류, 샐러드 같은 독일 음식과 피자, 파스타를 맥주와 함께 즐길 수 있다. 메뉴판에 이름과 함께 음식 사진이 표기되어 있어 선택하기가 수월하다. 이곳의 대표 맥주는 200ml 잔 8개에 풍미가 각기 다른 맛을 즐길 수 있는 1m 맥주이다. 가게는 모두 3층으로 이루어져 있다. 저녁 시간에는 사람들로 가득 차기 때문에 주문 시간이 좀 긴 편이다. 사우어크라우트양배추 발효 음식와 함께 나오는 그릴 소시지가 맥주와 잘 어울린다.

🚶 포츠다머광장 소니 센터에 위치 ⓥ Bellevuestraße 3, 10785 📞 +49 30 25751280 🕐 매일 11:30~01:00
€ 40유로~45유로(필스너 0.5ℓ 5.9유로, 슈바인스학세 24.9유로, 슈니첼 26.9유로) 🖃 bier-genuss.berlin

🍴 사라바나 바반 Saravanaa Bhavan

전 세계를 사로잡은 인도의 맛

사라바나 바반은 전 세계 28개국에 100개 이상이 체인을 운영하는 대규모 남인도 요리 전문점이다. 가장 큰 특징은 바로 300개가 넘는 채식 메뉴이다. 커리 종류만 40가지가 넘고, 커리와 함께 곁들여 먹는 난과 도사ⅰDosa 종류만 7가지나 되다 보니, 어떤 음식을 먹어야 할지 고민이 된다. 남인도 음식은 채식 요리와 매운 음식이 많아 우리나라 사람의 입맛에 잘 맞는다. 유럽인들이 가장 좋아한다는 마살라 커리, 시금치와 치즈로 맛을 낸 팔락 파니르를 추천한다. 남인도는 난보다 도사라는 크고 얇은 팬케이크를 커리에 찍어 먹는데, 먹어본 적이 없다면 한번 도전해 보자.

🚶 버스 M41, M85 승차하여 Potsdamer Platz Bhf/Voßstr. 정류장 하차, 도보 2분
ⓥ Potsdamer Platz 5, 10785 📞 +49 30 55655654
🕐 화~금 12:00~22:00, 토~일 11:00~22:30, 휴무 월요일
€ 25유로 내외 🖃 www.saravanaabhavan-berlin.de

☕ 스틸 빈티지 바이크 카페
Steel Vintage Bikes Café

빈티지 자전거 카페

스틸 빈티지 바이크 카페는 자전거를 사랑하는 사람이라면 꼭 들려야 하는 곳이다. 스틸 빈티지 바이크는 1930~40년대부터 생산된 다양한 빈티지 자전거를 전 세계로 판매하는 자전거 가게이다. 자전거 가게는 크로이츠베르크에 있는데, 스틸 빈티지 바이크 카페는 이 가게가 포츠다머 광장 근처에 낸 자전거 테마 카페이다. 쇼윈도에 자전거를 마치 설치 작품처럼 전시해놓아 눈길을 끈다. 빈티지 자전거, 자전거 그림, 자전거 포스터, 유니폼, 사이클용 물병 등이 카페 곳곳을 차지하고 있다. 카페에서는 샐러드, 디저트, 브런치, 음료, 커피를 판매한다. 커피 한 잔과 함께 점심식사를 즐기기도 좋은 곳이다. 가게 근처에는 옛 히틀러 벙커 터가 있다. 현재는 주차장으로 변해 장소를 알리는 작은 표지판만 세워져 있다.
🚶 U2호선 모흐른슈트라세역Mohrenstraße에서 서쪽 몰 오브 베를린 방면으로 도보 1분 - 빌헬름슈트라세Wilhelmstraße로 우회전 후 도보 2분
📍 Wilhelmstraße 91, 10117 📞 +49 30 20623877 🕐 월~목 10:00~17:00 금~일 09:00~18:00 € 10~15유로 정도 ☰ steel-vintage.com/

🍸 브를로 브루하우스 BRLO Brwhouse

맥주의 새로운 가능성을 경험하다

브를로? 비를로? 이 발음도 하기 힘든 단어의 정체는 오래된 슬라브어로 베를린을 뜻한다. 베를린에서 수제 맥주로 유명한 BRLO 양조장은 2014년 맛은 물론이고 몸에 좋은 건강한 필수 영양소들을 맥주에 담겠다는 철학으로 문을 열었다. 기본에 충실한 맥주부터 이곳에서만 맛볼 수 있는 특별한 맥주까지, 매장에서 직접 맛볼 수 있는 생맥주의 종류만 20여 가지에 달한다. 여름철에는 양조장 앞마당에 아이들 놀이터처럼 꾸민 비어 가든이 설치되어 여름의 열기에 지친 방문객들로 항상 붐빈다. 램케 맥주와 마찬가지로 대형마트에서 BRLO의 병맥주도 쉽게 구매할 수 있다. BRLO의 정확한 발음은 양조장 설립자도 밝히지 않았으나 버로우Berlow에 가깝다고 전해진다.
🚶 U1·2·3호선 글라이스드라이크역Gleisdreieck에서 하차, 글라이스드라이크 공원 Gleisdreieckpark 바로 옆 📍 Schöneberger Str. 16, 10963 📞 +49 30 55577606 🕐 화~금 17:00~24:00 토 12:00~24:00 일 13:00~22:00 ☰ brlo.de

🛍️ 몰 오브 베를린 Mall of Berlin

포츠담 광장의 대형 쇼핑몰

2014년에 문을 연 대형 쇼핑몰로 건물의 시작과 끝이 지하철 한 정거장에 달한다. 20세기 초, 독일에서 가장 아름다운 백화점으로 손꼽혔던 베어하임 백화점das Kaufhaus Wertheim이 이 쇼핑몰의 전신이다. 당시 베어하임 백화점은 각종 고급 상점과 음식점뿐 아니라 여행사, 소방서와 은행까지 있어 유럽에서 가장 큰 규모를 자랑했다. 지금은 현지인과 관광객 모두 즐길 수 있는 대형 쇼핑몰로 탈바꿈했다. 접근성이 좋고 다양한 상점과 음식점이 함께 있어 쇼핑과 식사를 한 번에 해결하기 좋다.

🚶 S-bahn S1·S2·S25호선과 U-bahn U2호선 포츠다머플라츠 역Potsdamer Platz에서 도보 5분
📍 Leipziger Platz 12, 10117 📞 +49 30 20621770
🕐 월~토 10:00~20:00(슈퍼마켓은 09:00 오픈) 휴무 일요일 ☰ www.mallofberlin.de

🛍️ 레베 포츠다머 광장점 REWE

없는 게 없는 스마트한 대형마트

에네카와 함께 독일에서 가장 큰 대형마트 브랜드이다. 인터넷 주문, 배달 서비스를 독일에서 처음 시작하였고, 우리나라의 편의점과 같은 슈퍼마켓 REWE ToGo를 운영하는 등 혁신적인 시도를 많이 하는 젊은 이미지의 기업이다. 판매하는 제품들은 독일 최대 마트 브랜드 에데카EDEKA와 비슷하며, 자체 PB브랜드 'Ja'를 소유하고 있다. 포츠다머 광장점은 역에서 바로 연결되는 아카덴Arkaden 건물 지하에 있다. 현재 아카덴 지상은 바비 장난감 회사가 어트랙션 시설로 개조 공사 중이다.

🚶 S1, S2, S25, S26호선 포츠다머 광장역Potsdamer Platz에서 지하통로로 이어진 아카덴 건물 지하 1층에 위치
📍 Alte Potsdamer Str. 7, 10785 📞 +49 30 25796686
🕐 월~토 08:00~21:30 ☰ www.rewe.de

> **다른 도시의 접근성 좋은 레베 매장**
> 프랑크푸르트 차일거리의 REWE
> 🚶 S1~6·8·9호선 하우프트바헤역Hauptwache에서 도보 3분 📍 Zeil 106–110, 60313
> 📞 +49 69 21936546 🕐 월~금 07:00~24:00 토 07:00~23:30

알렉산더 광장 지구

Alexander Platz

동독의 흔적, 베를리너들이 좋아하는 핫 스폿

알렉산더 광장은 통일 이전 동베를린에 속해 있었다. 베를린에서 가장 크고 대표적인 광장이다. 냉전 시기를 상징하는 대표적인 프로파간다 건축물 TV타워와 붉은 시청사가 있다. 매년 12월이 되면 베를린에서 가장 큰 크리스마스 마켓이 열린다. 알렉산더 광장을 중심으로 하케셔 마르크트, 로자-룩셈부르크 플라츠Rosa-Luxemburg-Platz, 바인마이스터거리Weinmeisterstraße가 들어서 있으며, 이를 통틀어 알렉산더 광장 지구라 한다. 알렉산더 광장 지구는 백화점과 유명 브랜드 숍, 편집숍과 카페, 맛집이 모여 있다. 베를리너들이 데이트와 쇼핑을 즐기는 핫 스폿이다. 베를린에서 유동 인구가 가장 많으므로 소매치기가 있을 수 있으니 소지품 관리에 주의해야 한다.

알렉산더 광장 지구 여행 지도

알렉산더 광장 지구 하루 추천 코스 지도의 빨간 점선 참고

알렉산더 광장, 텔레비전 탑→ 도보 5분 → 붉은 시청사 → 도보 5분
→ 니콜라이 지구 → 대중교통 이동 10분 → 하케셔 광장→ 도보 5분
→ 빈티지 숍 & 카페 즐기기

로젠버거

Brunnenstraße

Torstraße

Oranienburger Tor **U**

하우스 슈바르첸베르크
Haus Schwarzenberg
Rosenthaler Str. 39

신 시나고그
Neue Synagoge

벤 라힘

Große Hamburger Str.

하케셔 회페
Hackesche Höfe

투카두

식스티스 다이너

하케셔 광장
Hackescher Markt

도착

Oranienburger Straße

Friedrichstraße

슈프레강

Hackescher Markt **S**

보데 박물관
Bode Museum

페르가몬 박물관
Pergamon Museum

구박물관
Altes Museum

Friedrich Straße
S **U** Tram

신박물관
Neues Museum

Borderstraße

암펠만 숍

루스트 정원

구 동독 박물관
DDR Museum

베를린 돔
Berliner Dom

훔볼트 대학교
Humboldt Universität

노이에 바헤
Neue Wache

Bundesstraße 2

Unter den Linden

박물관 섬
Museuminsel

운터 덴 린덴
Unter den Linden

브란덴부르크 문

Friedrichstraße

Rathausstraße

Französische
Straße **U**

Franz. Str.

Franz. Str.

Torstraße

자이트 퓨어 브롯

Torstraße

마메차

반미 스테이블

파이브 엘리펀트

Karl-Liebknecht Str.

Mollstraße

네토 마르크-디스카운트
알렉산더 광장점

Mollstraße

베를리너
마르쿠스 브로이

갈레리아 백화점 알렉산더 광장점
GALERIA(Kaufhof) Berlin Alexanderplatz

알렉산더 광장
Alexanderplatz

Karl-Liebknecht Str.

출발

Otto-Braun-Straße

TV타워
Berliner Fernsehturm

Karl-Marx-Allee

마리엔 교회
Marienkirche

알렉사

Alexanderstraße

Spandauer Str.

붉은 시청사
Rotes Rathaus

니콜라이 지구
Nikolaiviertel

클리오 카라딤 공방
Klio Karadim im Nikolaiviertel

니콜라이 교회
Nikolaikirche

브라우하우스
게오르그브로이

에프라임 궁전
Ephraim-Palais

Stralauer Str.

e Gertraudenstraße

슈프레강

알렉산더 광장
Alexanderplatz 알렉산더플라츠

🚶 ❶ U-bahn U2·U5·U8호선 베를린 알렉산더플라츠 반호프역Berlin Alexanderplatz Bahnhof에서 도보 1~2분 ❷ S5·S7·S75호선 알렉산더플라츠 반호프역Alexanderplatz Bahnhof에서 도보 1분 Travel tip 유동 인구가 많으므로 소지품 분실에 주의하자.

베를린에서 가장 크고 유명한 광장

브란덴부르크 문에서 운터 덴 린덴을 따라 동쪽으로 가다 박물관 섬과 슈프레강을 지나면 나온다. 붉은 시청, TV타워, 호텔 파크 인 베를린, 마리엔 교회, 갤러리아 백화점, 가전 매장 자툰, 쇼핑몰 알렉사가 광장을 둘러싸고 있다. 브란덴부르크 문에서 동쪽으로 2.6km 떨어져 있다. 1805년 10월 러시아 황제 알렉산더 1세Alexander I 의 방문을 기념하며 이름 붙여졌다. 유동 인구가 많은 베를린의 대표적인 번화가이다. 광장에 있는 '세계 시계'Weltzeit Uhr와 호텔 파크 인 베를린은 동베를린 시절은 물론 지금까지도 광장을 대표하는 구조물이다. 동독 수립 20년을 기념하며 1969년에 설치되었고, 148개 도시의 동시간대 시간을 알려주고 있다. 베를린에서 가장 높은 호텔 파크 인 베를린의 125m 호텔 옥상에는 번지점프 베이스 플라잉www.base-flying.de이 설치되어 있다. 매년 크리스마스 시즌에는 광장 앞에 큰 마켓이 열리며, 쇼핑몰 알렉사 뒤편으로는 놀이기구가 설치된다.

ONE MORE
Alexanderplatz

알렉산더 광장의 명소

① TV타워
Berliner Fernsehturm 베를리너 페엔제툼

베를린 최고의 전망탑

동독 시절인 1969년 라디오와 텔레비전 송신탑으로 세웠다. 368m에 달하며 독일에서 가장 높은 구조물이다. 엘리베이터를 타고 전망대에 오르면 베를린 시내 전경을 360도로 감상할 수 있다. 알렉산더 광장 옆에 있어서 알렉스 타워라고도 부른다. 1957년 소련에서 발사한 세계 최초의 인공위성 스푸트니크Sputnik를 모델로 제작되었다. 2006년 월드컵 때엔 이 전망대를 축구공 모양으로 장식하기도 했다. 동독 시절 강렬한 태양이 타워를 비추면 돔에 십자가 모양 빛이 반사되었는데, 이를 사람들은 '교황의 복수'Rache des Papstes라 불렀다. 사회주의 국가에서 종교는 금기시 되는 것이었는데, TV타워에 십자가 문양이 생기는 것은 고위층 관료들에게 달갑지 않은 일이었다. 이 때문에 타워를 철거해야한다는 움직임까지 일었다. 결국 타워를 설계한 헤르만 헨셀만이 이것은 십자가가 아니라 사회주의를 위한 플러스(+)를 상징하는 것이라고 해명하면서 논란이 종결되었다.

🚶 ❶ S-bahn S5·S7·S75호선 베를린 알렉산더플라츠 반호프역Berlin Alexanderplatz Bahnhof에서 도보 1분 ❷ U-bahn U2·U5·U8호선 알렉산더플라츠역Alexanderplatz에서 도보 5분 ⊚ Panoramastraße 1A, 10178 📞 +49 30 247575875 ⏰ 매일 10:00~23:00 € 성인 25.5유로 4~14세 15.5유로(온라인 기준) 🖥 tv-turm.de

② 마리엔 교회
Marienkirche 마리엔키르헤

유명한 프레스코 벽화와 황금빛 파이프 오르간

니콜라이 지구의 니콜라이 교회와 함께 베를린에서 오래된 교회로 꼽힌다. 정확하게 건축된 시기를 알 수는 없지만 1292년부터 기록에 등장한다. 초기엔 가톨릭 성당이었으나 종교개혁 이후 개신교회로 바뀌었다. 2차 세계대전 말 연합군의 공습으로 파괴되었지만, 1950년 동베를린에서 재건하였다. 교회 안에는 1485년경 제작된 프레스코 벽화 〈죽음의 무도〉가 있다. 22m 길이의 이 벽화는 전염병이 퍼지면서 죽음에 직면한 사람들의 절망적인 모습을 그려내고 있다. 또 교회에는 황금빛으로 아름답게 장식된 오르간이 있다. 1720~1722년에 제작된 것으로 연합군의 공습에도 손상되지 않고 잘 보존 되었다.

🚶 TV타워에서 도보 3분
📍 Karl-Liebknecht-Str. 8, 10178
📞 +49 30 24759510 🕐 매일 10:00~18:00
☰ marienkirche-berlin.de

③ 붉은 시청사
Rotes Rathaus 로테스 라타우스

광장에서 보는 모습이 제일 아름답다

건축가 헤르만 프리드리히 베서만의 설계로 1869년에 세워졌다. 건물은 폴란드 포룬 시의 구시청사를, 시계탑은 프랑스 북부 라온 대성당의 시계탑을 모델로 지었다. 아름다운 붉은 벽돌 때문에 붉은 시청사라 불린다. 동독 시절에 동베를린이 시청이었고, 현재는 베를린 시청사이다. 성사 앞 광상에서 바라보는 전경이 아름답기로 유명하다. 청사 내부를 누구든지 무료로 관람할 수 있으며, 행사가 있을 경우엔 방문을 제한하기도 한다. 청사 시계탑 위에는 베를린의 상징인 검은 곰이 그려진 깃발이 펄럭인다.

🚶 ❶ S-bahn S5·S7·S75호선 베를린 알렉산더플라츠 반호프역Berlin Alexanderplatz Bahnhof에서 도보 6분
❷ U-bahn U2·U5·U8호선 알렉산더플라츠역Alexanderplatz에서 도보 6분 📍 Rathausstraße 15, 10178
📞 +49 30 90260 🕐 월~금 09:00~18:00 ☰ berlin.de

니콜라이 지구
Nikolaiviertel 니콜라이피어텔

독일 중세를 만나는 특별함

알렉산더 광장 서남쪽 슈프레강 방향으로 도보 5분 거리에 있다. 슈판다우어 거리Spandauer Straße, 라타우스 거리 RathausstraBe, 슈프레강Spree R, 뮐렌담Mühlendamm 등으로 둘러싸여 있다. 13세기 초에 조성된 지역으로 베를린에서 가장 오래된 시가지이자, 베를린에서 독일의 중세 분위기를 느낄 수 있는 유일한 곳이다. 서울에 비유하면 북촌 같은 곳이다. 나치의 재개발과 연합군의 공습으로 많이 파괴되었으나 1987년 베를린 750주년을 기념하며 동독 정부가 대대적인 복원 작업을 진행했다. 콤비 티켓을 구매하면 니콜라이 지구 내에 있는 니콜라이 교회, 에프라임 궁전 그리고 산업혁명 이후 독일 중산층의 주택과 생활양식을 살펴볼 수 있는 크노블라우 하우스Knoblauchhaus를 이틀간 자유로이 입장할 수 있다.

🚶 버스 248번, M48번 승차~베를리너 라타우스Berliner Rathaus 정류장 하차~서쪽으로 도보 2분
📍 Am Nußbaum 3, 10178 € **콤비 티켓** 성인 15유로(tickets.stadtmuseum.de에서 온라인 구매)

ONE MORE
Nikolaiviertel

니콜라이 지구의 명소

[1] 니콜라이 교회
Nikolaikirche 니콜라이키르헤

베를린에서 가장 오래된 교회

알렉산더 광장 부근의 마리엔 교회와 함께 베를린에서 가장 오래된 교회이다. 1230년 경 후기 로마네스크 양식으로 건축되었으며, 처음엔 가톨릭 교회였으나 종교개혁 이후 개신교회가 되었다. 2차대전 때 연합군의 공습으로 외벽을 제외하고는 불에 타 크게 파손되었다. 1980년부터 복원 작업을 시작하였으나, 불에 그슬린 자국을 아직도 찾아볼 수 있다. 지금은 박물관 겸 콘서트홀로 사용되고 있다. 니콜라이 지구와 베를린의 역사에 관한 자료가 전시되어 있다. 예배단을 장식하는 천사 조각상이 인상적이다.

🚶 버스 248번, M48번 승차~베를리너 라타우스Berliner Rathaus 정류장 하차~서쪽으로 도보 2분
📍 Nikolaikirchplatz, 10178 📞 +49 30 24002162 🕐 매일 10:00~18:00 € 성인 7유로로 **18세 이하** 무료
매달 첫 번째 일요일 무료 입장 ☰ www.stadtmuseum.de/nikolaikirche

2 에프라임 궁전

Ephraim-Palais 에프라임 팔레

시립박물관이 된 아름다운 옛 건축

니콜라이 지구의 가장 안쪽에 있다. 1769년에 건축되었으며, 궁 이름은 소유자 바이텔 하이네 에프라임의 이름에서 유래하였다. 그는 부유한 상인이자 보석사로 프로이센 왕가의 보호를 받으며 특혜를 누린 유대인이었다. 화려한 로코코 양식이 돋보인다. 베를린의 아름다운 건물 중 하나로 손꼽힌다. 베를린 탄생 750주년을 기념하여 1980년부터 복원이 시작되었고, 지금은 베를린 시립박물관으로 사용되고 있다. 베를린의 역사, 문화, 건축, 라이프 스타일, 예술 등 매번 주제를 달리하는 특별 전시가 열린다.

🏃 니콜라이 교회에서 남쪽으로 도보 1분 ◉ Poststraße 16, 10178 📞 +49 30 24002162 ⏱ 화~일 10:00~18:00 **휴관** 월요일 € 성인 7유로, 매달 첫 번째 일요일 무료입장
≡ www.stadtmuseum.de/ephraim-palais

3 클리오 카라딤 공방

Klio Karadim im Nikolaiviertel

화가가 그림을 그려주는

불가리아의 소피아 출신 예술가 클리오 카라딤의 공방이다. 니콜라이 지구에 가면 방문객을 맞아주는 예쁜 곰 조각상이 있는데, 이 곰 조각상이 클리오 카라딤의 작품이다. 그녀는 2014년부터 니콜라이 지구에 자신의 공방을 열고, 대부분의 시간을 공방에 머물면서 열정적으로 작업하고 있다. 그녀의 그림은 주로 베를린이 배경이다. 도시를 대표하는 랜드마크들을 다양한 색감으로 그려내고 있으며, 인쇄물 또는 상품으로도 제작하여 판매한다. 의뢰인의 요청에 따라 그림을 그려주기도 한다.

🏃 니콜라이 교회 북측 건너편 ◉ Propststr.1/Am Nussbaumpassage, 10178 📞 +49 30 21801816 ⏱ 월·수·금 12:00~17:00 **휴무** 목·토·일요일 ≡ www.karadim.info

©ActiveSteve

📷 하케셔 광장
Hackescher Markt 하케셔 마르크트

찾아가기 S5·S7·S75호선 하케셔 마르크트역Hackescher Markt에서 도보 1분

이색 박물관, 멋진 상점, 예쁜 카페들

동베를린의 주요 쇼핑거리였던 곳으로, 박물관 섬 북동쪽 슈프레강 건너편에 있다. 18세기 프로이센 왕국의 베를린 사령관이 늪지대를 개간하여 광장으로 만들어 그의 이름에서 따라 하케셔 마르크트라 불렀다. 통일 이후 젊은 예술가들이 모여들면서 하케셔 마르크트를 중심으로 도보로 10분 내외 지역인 오라니엔부르거 거리Oranienburger Straße, 로젠탈러 광장Rosenthaler Platz, 로자 룩셈부르크 광장Rosa-Luxemburg Platz까지 핫플레이스로 떠올랐다. 작고 개성 넘치는 상점과 카페, 식당이 모여 있는 예쁜 거리들이다. 매주 목요일과 토요일 하케셔 마르크트역 앞 광장에서는 음식과 기념품 등을 파는 시장이 열린다.09:00~18:00 역 부근은 한국의 영화 〈베를린〉의 촬영지로도 유명하다.

ONE MORE
Hackescher Markt

하케셔 광장의 명소들

1 하케셔 회페 Hackesche Höfe

마당이 8개인 상점·극장·카페 복합 공간

하케셔 마르크트 북쪽 길 건너에 있다. 상업용 건물 여러 개가 독특하게 연결된 곳으로 1906년 아르데코 양식으로 지어졌다. 하케셔 회페에는 모두 8개의 안마당이 조성되어 있다. 회페Höfe는 안뜰을 의미하는 호프의 복수형이다. 건물 안에는 사무실을 비롯하여 멋진 상점, 극장, 카페 등이 미로를 만들며 들어서 있어서 개성 넘치는 볼거리가 많

다. 건물도 아름답고 마당과 상점들도 하나 같이 인상적이다. 특히 1920~30년대 유럽에서 가장 유명한 카바레였던 카멜리온이라는 극장이 눈길을 끈다.

🚶 S5·S7·S75호선 하케셔 마르크트역Hackescher Markt에서 도보 2분 📍 Rosenthaler Str. 40-41, 10178
📞 +49 30 28098010 🖥 hackesche-hoefe.com

2 하우스 슈바르첸베르크 Haus Schwarzenberg Rosenthaler Str. 39

그래피티, 안네 프랑크 박물관, 카페가 있는 핫플레이스

'하우스 슈바르첸베르크 로젠달러 슈트라세 39'라는 긴 이름을 가진 복합 예술 공간이다. 하케셔 광장 위쪽 카페 시네마 오른편 골목에 있다. 예쁘고 독특한 디자이너 편집 숍, 레스토랑, 카페 등이 있는 핫한 곳이라 젊은 베를리너들이 즐겨 찾는다. 골목이 온통 그래피티와 낙서들로 빼곡하게 장식되어 있어 베를린에서 가장 독특하고 개성 넘치는 곳으로 꼽힌다. 과거엔 공장과 주거공간이었으나 1995년 슈바르첸베르크라는 예술 단체가 이 공간을 활용하기 시작하면서 예술성이 담긴 개성 넘치는 공간이자 베를리너들의 놀이터가 되었다.

골목에서 가장 안쪽에 괴물 로봇 전시관 '몬스터 캐비넷'과 디자이너 멜린다의 의상을 판매하는 '슈톡스 숍'이 있다. 슈톡스 숍이 있는 건물 내부는 계단, 천장, 벽 어디 하나 빠진 구석 없이 빼곡하게 낙서가 채워져 있어 인상적이다. 안네 프랑크 박물관과 오토 바이트Otto Weidt 박물관도 있다. 안네 프랑크 박물관에는 〈안네의 일기〉로 유명한 안네 관련 자료가 전시되어 있다. 오토 바이트는 독일인 사업가 오토 바이트가 세운 빗자루 제조 공장이었다. 그는 1930~40년대 게슈타포의 감시와 탄압 속에서도 30여명의 유대인을 고용하여 보호한 인물로 유명하다. 그를 기념하여 2006년 박물관이 들어섰다.

🚶 하케셔 회페에서 도보 2분, S5·S7·S75호선 하케셔 마르크트역Hackescher Markt에서 도보 3분
📍 Rosenthaler Str. 39, 10178 📞 +49 30 30872573 🖥 haus-schwarzenberg.org

하우스 슈바르첸베르크의 명소 정보

몬스터 캐비넷 Monsterkabinett 가이드 투어 🕐 수·목 17:30~20:30 금·토 16:30~21:30(투어 입장)
€ 성인 10유로 6세 미만 입장제한 🖥 monsterkabinett.de
안네 프랑크 빅툴관 Anne Frank Zentrum 📞 +49 30 288865600 🕐 화~일 10:00~18:00 휴관 월요일 € 성인 8유로 11~17세 4유로 🖥 www.annefrank.de
오토 바이트 박물관 Museum Blindenwerkstatt Otto Weidt 📞 +49 30 28599407
🕐 월~금 09:00~18:00, 토·일 10:00~18:00 € 무료 🖥 museum-blindenwerkstatt.de

신 시나고그
Neue Synagoge 노이에 시나고그

🚶 ❶ S-bahn S1·S2·S25호선 오라니엔부르거 슈트라세역Oranienburger Str.에서 동남쪽으로 도보 2분
❷ U6호선 오라니엔부르거 토어역Oranienburger Tor에서 동남쪽으로 도보 5분 📍 Oranienburger Str. 28~30, 10117
📞 +49 30 88028300 🕐 10월~3월 일~목 10:00~18:00 금 10:00~15:00 4월~9월 월~금 10:00~18:00 일 10:00~19:00
휴관 1월 1일, 12월 24·25·31일 € 성인 7유로 학생 4.5유로 돔 임시휴관 중 🖥 centrumjudaicum.de

아인슈타인이 바이올린 연주한 유대인 회당

하케셔 광장에서 서북쪽으로 도보 10분 거리에 있는 유대인 회당이다. 오라니엔부르거 거리Oranienburger Straße의 랜드마크로 멀리서도 빛나는 황금 돔이 인상적이다. 아마도 베를린에서 가장 독특하고 인상적인 성전 가운데 하나일 것이다. 1866년 스페인의 알함브라 궁전에서 영향을 받아 무어 양식으로 지었다. 건축 당시 독일에서 가장 큰 유대인 회당이었다. 옛날에는 회당에서 종종 공연이 열리기도 했는데, 1930년 알버트 아인슈타인이 이곳에서 바이올린 연주를 했다고 전해진다.

1938년 나치가 유대인 건물과 유대인에게 총기를 난사하는 사건이 발생했다. 이를 '수정의 밤' 사건이라 부른다. 이때 가까스로 건물의 훼손은 면했지만, 2차 대전 당시 연합군의 공습으로 크게 파괴되었다. 이후 재건되면서 새로운 회당이라는 의미를 담아 신 시나고그라 불리게 되었다. 전시장도 갖추고 있다. 여행객은 회당의 돔 전망대와 상설전, 특별전 전시장 입장이 가능하다.

©flickr. The Magnes Collection of Jewish Art and Life, UC Berkeley

🍴 반미 스테이블 Banh Mi Stable

베트남 분위기의 독특한 인테리어와 뛰어난 맛

쌀국수와 함께 베트남을 대표하는 음식인 반미(바인미)를 전문으로 판매하는 곳이다. 반미는 양념한 돼지고기와 고수, 당근, 오이, 무 등의 채소를 바게트에 넣어 먹는 샌드위치이다. 베트남의 대표 서민 음식으로 빠르고 저렴하게 한 끼를 해결하기 좋다. 베트남 현지가 연상되는 독특한 인테리어와 뛰어난 맛 때문에 문을 연 2016년부터 지금까지 꾸준히 베를리너들의 사랑을 받고 있다.

🚶 U8호선 바인마이스터슈트라세역Weinmeisterstraße에서 알테 쉔하우저 슈트라세Alte Schönhauser Str. 따라 북동쪽으로 도보 3분 ⊙ Alte Schönhauser Str. 50, 10119
📞 +49 170 9680959
🕐 월~토 12:00~20:00, 휴무 일요일 € 15유로 내외

🍴 식스티스 다이너 The Sixties Diner

60년대 아메리카 분위기가 나는

하케셔 마르크트 근처에 있는 미국 음식점이다. 1960년대 미국 식당 분위기를 재현해 놓아 인상적이다. 좌석마다 동전을 넣으면 작동되는 뮤직 박스가 설치되어 있고, 벽면은 헐리우드 스타들의 그림으로 장식되어 있다. 정말 미국의 어느 식당에 앉아 있는 느낌이 든다. 분위기뿐 아니라 음식도 미국식이다. 미국식 비거의 피자를 비롯해, 텍사스 주에서 유행하는 텍스 멕스Tex-Mex 고기와 치즈를 듬뿍 사용한 요리도 맛볼 수 있다. 평일 해피 아워12:00~15:00에는 평소보다 더 저렴한 가격으로 메인 요리를 맛볼 수 있다.

🚶 S5·S7·S75호선 하케셔 마르크트역Hackescher Markt 북동쪽에 있는 트람 M1·M5 몽비주플라츠Monbijouplatz 정류장까지 도보 4분 후 우회전하여 도보 1분. 오라니엔부르거 거리Oranienburger Str. 도로 옆 ⊙ Oranienburger Str. 11, 10178
📞 +49 30 28599041 🕐 일~목 10:00~01:00 금·토 10:00~03:00 € 30유로 내외 🔗 www.sixtiesdiner.de

🍽 브라우하우스 게오르그브로이 Brauhaus Georgbraeu

니콜라이 지구의 아이스바인 맛집

니콜라이 지구 슈프레 강변에 있는 베를린 전통 음식점이다. 독일의 대표 음식은 슈바인스학세와 아이스바인이다. 둘 다 돼지 정강이 부위를 사용하는데 조리법이 조금 다르다. 슈바인스학세schweinshaxe는 고기를 삶은 뒤 오븐이나 그릴에 구워 조리한다. 독일 남부와 체코, 오스트리아의 전통 요리이다. 아이스바인Eisbein은 소금에 절인 고기를 향신료를 넣은 물에 오랜 시간 삶아 만든다. 베를린을 비롯한 독일 북부에서 주로 먹는다. 작은 양조장을 갖추고 있어서 수제 맥주와 함께 아이스바인을 저렴한 가격에 맛볼 수 있다. 삶은 감자와 사우어크라우트양배추를 발효시켜 만드는 음식가 함께 나와 고기의 느끼한 맛을 잡아준다.

🏃 니콜라이교회Nikolaikirche 정문 앞에서 프로프스트슈트라세PropststraBe를 따라 슈프레강 방면으로 도보 2분

📍 Spreeufer 4, 10178 📞 +49 30 2424244

🕐 매일 12:00~22:00 € 35유로 내외(아이스바인 19.8유로, 슈바인학세 19.8유로)

≡ brauhaus-georgbraeu.de

🍽 로젠버거 Rosenburger

베를린의 유명한 수제 버거 전문점

로젠탈러역 앞에 있는 수제 버거 전문점이다. 채식주의자를 위한 버거를 포함해 30여 종류의 버거를 판매한다. 패티는 소고기로 만든다. 동물 복지와 자연친화적인 사육으로 유명한 독일의 축산 브랜드 노이란트Neuland 고기를 선택할 경우 추가 요금이 붙는다. 세트 메뉴를 시키면 저렴한 가격에 한끼 식사를 할 수 있다. 이 집의 대표 메뉴는 로젠버거, 칠리치즈버거Chilicheeseburger 그리고 매콤한 포이어버거Feuerburger이다. 로젠버거 왼편엔 '호숫가의 나의 집'이란 뜻을 가진 마인 하우스 암 제Mein haus am see라는 24시간 술집이 있다.

🏃 U8호선 로젠탈러 플라츠역Rosenthaler Platz에서 브루넨슈트라세BrunnenstraBe를 따라 도보 1분

📍 BrunnenstraBe 196, 10119 Berlin

📞 +49 30 24083037 🕐 일~수 11:00~01:00

목~토 11:00~04:00 € 20유로 내외

🍴 자이트 퓨어 브롯 Zeit für Brot

🚶 U2호선 로자 룩셈부르그 플라츠역Rosa-Luxemburg-Platz에서 리니엔슈트라세 LinienstraBe를 따라 도보 1분 직진-알터 숀하우저 슈트라세Alte Schönhauser str.로 좌회전 후 도보 1분 ⑨ Alte Schönhauser Str. 4, 10119 ⏰ 월~금 07:00~20:00 토 08:00~20:00 일 08:00~18:00 € 10~15유로 ☰ www.zeitfuerbrot.com

베를린의 소문난 베이커리

독일은 베커라이Bäckerei라는 이름을 걸기 위해서는 반드시 제빵 마이스터가 빵을 만들어야 한다. 따라서 독일의 베이커리는 어디든 맛이 꽤 좋은 편이다. 자이트 퓨어 브롯은 베를린에서 가장 유명한 베이커리이다. 유기농 재료를 사용해 빵을 만든다. 계산대 앞에서 간식으로 주로 먹는 길쭉한 덩어리 빵을 크기에 맞춰 잘라준다. 시나몬 롤, 침트슈네커Zimtschnecke가 베스트셀러이다. 계산대 뒤쪽에는 주식으로 먹는 호밀빵이 종류별로 진열되어 있다. 호밀과 통밀로 만든 폴콘-자프트콘Vollkorn-Saft-korn은 이 가게의 추천 메뉴이다. 무게가 1kg에 달한다. 샌드위치, 케이크 그리고 커피도 판매해 한 끼 식사를 해결하기에도 좋다. 베를린 전역에 여러 매장이 있다.

☕ 벤 라힘 Ben Rahim

베를린에서 즐기는 아랍커피

하케셔 회페 깊숙이 위치한 벤 라힘은 베를린에서 주목받는 카페 중 하나이다. 베를린의 유명 카페 더반The Barn의 튀니지 출신 수석 바리스타가 정통 아랍 커피를 선보이고자 2015년 문을 열었다. 주목할 만한 메뉴는 이브릭Ibrik 커피이다. 가장 원초적인 커피 추출법인 이브릭은 튀르키예식 커피로 더 잘 알려져 있다. 손잡이기 길고 뚜껑이 없는 세즈베Cezve라는 도구에 물과 커피가루를 넣고 달여서 만드는데 에스프레소처럼 진한 맛이 특징이다. 또 다른 간판 메뉴는 니트로 커피Nitro coffee이다. 찬 물로 오랜 시간 커피를 추출하는 도구인 콜드 브루에 질소를 주입해 만든 커피로 부드러운 거품과 함께 맛이 색다른 커피를 즐길 수 있다. 튀니지 민트 차와 오리지널 블렌딩 티, 간단한 디저트도 함께 판매하고 있다.

🚶 트람 M1번 바인마이스터슈트라세/깁스슈트라세Weinmeisterstr./Gipsstr. 정류장에서 남쪽으로 로젠탈러 거리Rosenthaler Str 따라 1분 직진 후 소피엔거리SophienstraBe로 우회전 후 도보 1분 ⑨ SophienstraBe 7, 10178
📞 +49 30 28886034 ⏰ 매일 08:00~20:00 € 6유로로 내외 ☰ benrahim.de

🫖 파이브 엘리펀트 Five Elephant

커피에 치즈 케이크까지

보난자, 더 반The Barn과 함께 꼽히는 베를린의 대표 커피 전문점이다. 2010년 크로이츠 베르크 지구에 처음 매장을 연 이후 10년 만에 매장을 4개로 늘렸다. 럭셔리 백화점 카데베에도 입점해 있다. 파이브 엘리펀트가 베를린을 대표하는 커피 전문점이 되는 데는 빵과 디저트도 한몫했다. 그중에서 가장 유명한 치즈 케이크는 조기 매진되기 일쑤다. 매장 방문 시 치즈 케이크가 아직 남아 있다면 잊지 말고 주문하자. 베트남 음식점 반미 스테이블에서 도보 1분 거리이다.

🚶 U8호선 바인마이스터슈트라세역Weinmeisterstraße에서 알테 쉔하우저 슈트라세Alte Schönhauser Str. 따라 북동쪽으로 도보 3분 📍 Alte Schönhauser Str. 14, 10119

📞 +49 30 28484320

🕐 월~금 08:00~18:00
토~일 09:00~18:00
€ 10 유로 내외
☰ www.fiveelephant.com

☕ 마메차 Mamecha

일본 전통 차 카페

일본 전통 차를 판매하는 카페이다. 하케셔 마르크트 북쪽 U2호선 로자-룩셈부룩-플라츠역Rosa-Luxemburg-Platz 근처에 있다. 카페 이름 마메차는 매장에서 판매하는 일본 차의 한 종류이기도 하다. 독특한 실내 인테리어가 인상적이며, 엽차나 현미차 등 독일에서 쉽게 보지 못하는 동양의 차를 맛볼 수 있어 더욱 좋다. 이곳에서 직접 만든 서양식 디저트와도 잘 어울린다. 그밖에 젠자이, 녹차 아이스크림 등 일본식 디저트도 판매한다.

🚶 U2호선 로자-룩셈부룩-플라츠역Rosa-Luxemburg-Platz에서 서쪽으로 한 블록 간 다음 Alte Schönhauser 거리를 따라 남쪽으로 2분 이동. Schendel park 끝나는 지점에서 Mulackstraße 도로 따라 서쪽으로 도보 1분

📍 Mulackstraße 33, 10119 📞 +49 30 28884264

🕐 월~토 12:00~19:00 휴무 일요일 € 15유로 내외 ☰ www.mamecha.com

베를리너 마르쿠스 브로이
Berliner Marcus Bräu

알렉산더 지구의 수제 맥주집

맥주의 나라 독일엔 수제 맥주가 무척 발달해 있다. 개
인 또는 소규모 양조장에서 개성을 담은 맥주를 제조
하기 때문에 서로 맛을 비교할 수 없을 정도로 종류가
다양하다. 수제 맥주 양조장은 자신만의 로고를 만들어
맥주잔 또는 관련 상품을 함께 판매하기도 한다. 알렉
산더 지구에 있는 베를리너 마르쿠스 브로이는 베를린
에서 이름난 수제 맥주 집이다. 필스너와 둔켈 두 종류
맥주를 판매하는데, 향이 풍부하고 적당한 탄산감을 가
진 필스너가 특히 일품이다. 200ml의 맥주 12잔이 한
번에 나오는 1m 맥주와 맥주 3ℓ를 정수기 같은 긴 병
에 담아주는 맥주 타워는 이 집만의 특별한 메뉴이다.
900g 슈바인스학세와 함께 나오는 맥주 세트도 있다.
점심 메뉴12시~17시도 따로 마련되어 있다. 가격이 비교
적 저렴하다.

🚶 U8호선 바인마이스터슈트라세역Weinmeisterstraße에서 알
렉산더 광장 방면으로 뮌츠슈트라세Münzstraße를 따라 도보
3분 ⊙ Münzstraße 1-3, 10178
📞 +49 30 2476985 🕐 월~금 12:00~00:00
토 14:00~00:00 일 16:00~00:00 € 25유로 내외

 # 알렉사 Alexa

알렉산더 광장의 대형 쇼핑몰

알렉산더 광장 남동쪽에 있다. 2007년에 문을 연 대형 쇼핑몰로 분홍색 외관이 인상적이다. 독일의 대표적인 가전
매장인 미디어 막, 베를린 관광 상품과 분데스리가 축구팀 관련 상품을 파는 기념품 숍 등 180여 개의 점포가 카페,
식당과 함께 들어서 있다. 3층한국식으로는 4층에는 음식과 술을 판매하는 대규모 푸드코트이 있어, 붐비는 쇼핑거리 음료
니 간단한 식사도 즐길 수 있다. 알렉산더 광장과 알렉사 부근 거리에서는 화로를 매고 다니면서 소시지를 구워 빵
과 함께 판매하는 그릴워커Grillwalker들을 쉽게 만날 수 있어 이색적이다.

🚶 ❶ U-bahn U2·U5·U8호선 알렉산더더플라츠역Alexanderplatz에서 남쪽으로 다음 블록, 도보 5분 ❷ S-bahn S5·S7·S75호
선 베를린 알렉산더더플라츠 반호프역Berlin Alexanderplatz Bahnhof에서 Dircksenstraße 도로따라 남동쪽으로 도보 5분
⊙ Grunerstraße 20, 10179 📞 +49 30 269340121 🕐 월~토 10:00~20:00 휴무 일요일 🔗 alexacentre.com

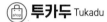 **투카두** Tukadu

독특하고 개성이 넘치는 액세서리 가게

하케셔 마르크트를 지나는 사람들은 누구나 투카두를
한번은 쳐다보게 된다. 범상치 않은 분위기를 풍기는 쇼
윈도에는 평범하지 않은 액세서리들이 진열되어 있다.
귀걸이, 팔찌, 목걸이……. 하나같이 컬러, 재질, 모양이
특이하다. 중남미 분위기가 나는가 하면 히피적이고, 아
프리카와 중동 이미지도 느껴지는 등 과감하고 파격적
이다. 1993년 처음 문을 연 이래 평범함을 거부하는 모
자母子가 운영해오고 있다. 가게에 진열된 제품은 엄마
와 아들이 직접 디자인한 것이다. 또 구매자가 직접 재료
를 골라 그 자리에서 나만의 액세서리를 만들 수도 있다.
🚶 S5·S7·S75호선 하케셔 마르크트역Hackescher Markt 북
동쪽 하케셔 회페Hackesche Höfe에서 로젠탈러 슈트라세
Rosenthaler Str. 도로 따라 도보 2분 ⊙ Rosenthaler Str.
46/47, 10178 📞 +49 30 2836770 ⏰ **월~금** 12:00~18:00
토 12:00~16:00 **휴무** 일요일 🌐 tukadu.com

암펠만 숍 AMPELMANN Shop

🚶 동독박물관DDR Museum 옆 건물 1층. 동독박물관에서 동쪽으로 큰 길 따라 도보 2분
⊙ Karl-Liebknecht-Str. 5, 10178 📞 +49 30 27583238
⏰ **월~목** 10:00~20:00 **금·토** 10:00~20:30 **일** 13:00~18:00 🌐 ampelmann.de

베를린의 손꼽히는 캐릭터 기념품 숍

디자인 상품과 의류 등을 판매하는 숍이다. 암펠만은 원래 동독의 보행 신호등 캐릭터였
다. 1961년 교통심리학자 칼 페글라우가 만들었다. 통일 후 귀여운 외모 덕에 베를린을 대
표하는 캐릭터로 자리 잡았다. 지금도 암펠만 신호등을 쉽게 찾아볼 수 있다. 암펠만 숍
은 베를린 주요 관광지 주변에서 어렵지 않게 만날 수 있다. 저렴한 가격은 아니지만 여행
기념품으로 매우 좋다. 동물원역초역, S5·S7·S75·U2·U9호선 베를린 동물원역Berlin Zoologischer
Garten에는 암펠만 카페가, 박물관 섬 북쪽 슈프레강 건너편 모비쥬 공원에는 암펠만 레스
토랑도 있다. 드레스덴에는 소녀 모습을 한 암펠프라우Ampelfrau 신호등도 있다.

네토 마르큰-디스카운트 알렉산더 광장점
Netto Marken-Discount

🚶 S3, 5, 7, 9호선 베를린 알렉산더플라츠 반호프역Berlin Alexanderplatz Bahnhof에서 남쪽으로 도보 4~5분 📍 RathausstraBe 5, 10178 📞 +49 800 2000015
🕐 월~토 07:00~22:00 ☰ www.netto-online.de

품질 좋고 저렴한 할인마트

네토는 할인마트Marken Discount이다. 일반 대형마트에 비해 저렴한 중저가 브랜드를 판매한다. 대표적인 독일의 할인마트로는 네토Netto, 페니Penny, 리들Lidl, 알디Aldi 등이 있다. 가격이 비교적 저렴하지만, 자체 유기농 전용 PB 브랜드도 소유하고 있을 정도로 질적인 면에서 일반 대형마트에 뒤지지 않는다. 네토 알렉산더 광장점은 붉은 시청사 옆의 쇼핑몰 라타우스 파사진Rathaus Passagen 안에 있다. 저렴한 가격에 품질 좋은 식재료를 판매해 독일에 체류하는 유학생과 여행객들에게 든든한 친구 같은 마트이다.

 # 갈레리아 백화점 알렉산더 광장점 GALERIA(Kaufhof) Berlin Alexanderplatz

🚶 S3·5·7·9호선과 U2·5·8호선 알렉산더광장역Alexanderplatz에서 도보 4분 📍 Alexanderpl. 9, 10178
📞 +49 30 247430 🕐 월~목 10:00~20:00 금·토 10:00~21:00 ☰ www.galeria.de

가격대가 다양하다

19세기 말에 처음 실린된 백화점 회사로 최근 수도 중저가 브랜드를 판매하는 칼슈타트Karstadt 백화점과 합병했다. 고가브랜드를 중점적으로 선보이는 카데베와 달리, 다양한 가격대와 브랜드 상품을 한 번에 만날 수 있어 구경하기도 좋고 여행선물을 구매하기도 좋다. 특히 알렉산더 광장점은 베를린을 넘어 독일에서 가장 높은 판매 수익을 자랑하는 백화점으로 꼽힌다. 1970년 당시 동독 지역에서 가장 큰 규모의 백화점이었다. 뮌헨 마리엔 광장 부근에도 갈레리아 백화점이 있다.

프렌츠라우어베르크 지구

Prenzlauerberg

베를린 장벽, 아픔이 명소가 되다

베를린 장벽은 독일 분단의 아픔을 고스란히 품고 있다. 베를린 장벽에 관해 알고 싶다면 프렌츠라우어베르크 지구를 꼭 방문하자. 베를린 장벽을 넘기 위해 고군분투한 사람들의 흔적과 역사를 기록한 전시장이 이 지구 곳곳에 자리하고 있다. 매주 일요일에 문을 여는 마우어파크 플로마르크트는 베를린에서 가장 유명한 벼룩시장이다. 프렌츠라우어베르크는 반전과 평화를 사랑한 조각가 케테 콜비츠, 〈굿바이 레닌〉, 〈바스터즈 : 거친 녀석들〉로 유명한 다니엘 브륄 등 작가, 예술가들이 거주하는 곳으로도 유명하다.

프렌츠라우어베르크 지구 여행 지도

프렌츠라우어베르크 지구 하루 추천 코스 지도의 빨간 점선 참고

베를린 장벽 추모지 공원 → 도보 5분 → 도큐멘테이션센터 → 트람 5분 →
장벽 공원, 마우어 파크 벼룩시장(일요일) → 도보 5분 → 보난자 커피, 상점들 구경
→ 도보 10분 → 컬투어 브라우어라이, 커리부어스트 즐기기

Brunnenstraße

Bernauer Straße Ⓤ

Bernauer Str.

기억의 창
Fenster des Gedenkens

출발

도큐멘테이션센터
Dokumentationszentrum

화해의 예배당
Kapelle der Versöhnung

베를린 장벽 추모지 공원
Gedenkstätte Berliner Mauer

베를린 장벽 방문자센터
Besucherzentrum
der Gedenkstätte
Berliner Mauer

Brunnenstraße

Chausseestraße

Invalidenstraße

Ⓢ Tram
Berlin Nordbahnhof

Invalidenstraße

디스트릭트 커피

로젠

마우어파크
Mauerpark

마우어파크 벼룩시장
Flohmarkt im Mauerpark

Schönhauser Allee

Eberswalder
Straße U

브라미발스 도넛(130m)
Brammibal's donut →

Bernauer Str.

파우에베 오랑게

코놉케스 임비스

보난자 커피
히어로스

Oderberger Straße

카우프 디히
글루클리히

Sredzkistraße

폴스 부티크

문화의 양조장 영화관

컬투어 브라우어라이
(문화의 양조장)
KulturBrauerei

도착

Kastanienallee

Schönhauser Allee

U senefelderplatz

Rosenthaler Platz
U

Torstraße

베를린 장벽
Berliner Mauer 베를리너 마우어

🚶❶ 트람 M10번 게덴크슈탯트 베를리너 마우어Gedenkstätte Berliner Mauer 정류장에서 Bernauer Str. 따라 남서쪽으로 도보 1분 ❷ S1·S2·S25호선 베를린 노드반호프역Berlin Nordbahnhof에서 Invalidenstraße 따라 동쪽으로 1분 이동-좌회전 하여 Gartenstraße 따라 북쪽으로 도보 4분-사거리 대각선 건너편 방문자 센터 위치(베를린 장벽 추모지는 방문자 센터에서 Bernauer Str. 따라 동북 방향으로 도보 2분) 📍 추모지 Bernauer Str. 111 방문자 센터 Bernauer Str. 119, 13355 📞 +49 30 467986666 🕐 방문자 센터 화~일 10:00~18:00(17:45 입장마감, 월요일 휴관) 🖰 berliner-mauer-gedenk-staette.de

장벽 무너지다, 독일 역사상 가장 아름다운 실수

U8호선 베나우어 슈트라세역Bernauer Str에서 지상으로 올라오면 무장한 동독 군인 '콘라트 슈만'이 철조망을 뛰어 넘는 장면을 담은 사진이 눈에 들어온다. 이 철조망은 1961년 동베를린 시민들의 이탈을 막기 위해 세운 임시 장벽이었다. 슈만은 왜 철조망을 넘어 서독으로 왔을까?

2차 대전이 끝나고 독일 분단이 결정되자 지식인을 비롯한 동독의 주민들은 대규모 탈출을 감행한다. 주로 국경을 넘거나 중립국을 통해 서독으로 입국했다. 가장 쉬운 방법은 동베를린에서 서베를린으로 탈출하는 것이었다. 1961년까지 동독 주민 350만명이 서독으로 탈출했다. 무려 동독 인구 20%에 해당했다. 각 분야의 전문가와 지식인의 유출을 염려한 동독은 베를린 한가운데 장벽을 세우기로 하고, 1961년 8월 13일 임시로 철조망을 세웠다.

철조망이 세워진지 이틀 뒤인 8월 15일 베나우어 거리에서 경비를 서던 19세의 부사관, 한스 콘라트 슈만Hans Conrad Schumann은 장벽 너머의 서독 군인에게 "이쪽으로 넘어오라!"Komm' rüber!는 말을 듣고 철조망을 뛰어 넘었다. 그 순간이 극적으로 촬영되었고, 이 사진은 아직까지도 냉전을 상징하는 사진으로 남게 되었다. 이후 철조망은 서너 차례 공사를 통해 높이 3.6m, 길이 약 45km에 이르는 콘크리트 장벽으로 바뀌었다. 1980년대 후반, 동유럽의 공산 국가가 무너지고 동독에서 반정부 시위가 연일 이어지는 상황 속에서 30년 가까이 굳게 닫혀있던 장벽은 어이 없이, 너무 쉽게 무너져 버렸다. 1989년 11월 9일 동독 공산당 정치국원 샤보스키는 동서독 국경의 자유로운 입출국을 허용하는 여행 자유화 정책을 발표했다. 이 내용이 언론을 통해 베를린 장벽의 붕괴로 해석되자, 독일 사람들은 물밀듯이 몰려와 장벽을 무너뜨렸다. 서독과 동독 사람들은 무너진 장벽 앞에서 샴페인을 터트리며 감동의 순간을 맞이했다. '독일 역사상 가장 아름다운 실수'로 꼽히는 샤보스키의 발언은 45년 동안 갈라져있던 독일을 다시 하나로 만들었다. 공식적으로 베를린 장벽 철거는 1990년 6월 이루어졌고, 1990년 10월 3일 독일은 통일을 이루었다.

> ONE MORE
> Berliner Mauer

베를린 장벽의 명소

1 베를린 장벽 추모지 공원
Gedenkstätte Berliner Mauer 게덴크슈탯트 베를리너 마우어

베를린 장벽 추모지는 베를린 장벽 1.4km 구간이 거의 온전한 상태로 남아 있는 곳이다. 베나우어 거리에 있다. 장벽을 감시했던 감시탑, 무인지대를 비추던 서치라이트, 감시 벙커 등도 그대로 남아있으며, 장벽의 구조와 주변을 설명하는 모형도 있다. 장벽이 철거된 곳에는 돌이나 쇠기둥으로 본래의 위치를 표시해두었다. 빗매는 죽음비 끼리고 불리기도 한다. 딜술하나 실패해 목숨을 잃은 희생자가 많은 곳이기 때문이다. 그래서 희생자를 위한 추모 공간과 '화해의 예배당'Kapelle der Versöhnung도 들어서 있다.

장벽 추모지 일대는 죽음의 띠라고 불리기도 하는데 장벽을 설치하기 위해 집들을 파괴하고 주민들을 강제로 이주시켰으며 탈출자의 흔적을 쉽게 알아차리기 위해 모래와 자갈로 길을 만들어 탈출이 거의 불가능했기 때문이다. 현재 공원처럼 풀이 올라온 부분도 예전에는 탈출자들이 쉽게 발각되도록 제초제를 뿌려 풀이 없었다고 한다. 야외 기념관의 마지막에는 서베를린의 마지막 역이었던 노드반호프 역이 있다. 동독에서는 이 역을 폐쇄했기 때문에 '유령역'으로 알려졌었다. 현재는 S반이 다닌다.

🚶 트람 M10번·U8호선 베나우어 슈트라세Bernauer Straße 정류장에서 북쪽으로 도보 1분
📍 Bernauer Str. 85, 13355 📞 +49 30 467986666
☰ berliner-mauer-gedenkstaette.de

2 방문자센터 Besucherzentrum der Gedenkstätte Berliner Mauer
베주헤첸트럼 데어 게덴크슈텟트 베를리너 마우어

추모지 서쪽 끝에 있는 붉은 건물이다. '화해의 예배당'
의 목사였던 만프레드 피셔는 재단을 설립해 기념관과
방문자센터를 세우는데 앞장섰다. 그는 분단으로 파괴되
었던 독일인의 삶과 상처를 잊지 않고 후대에 전해주기
위해 장벽의 보존을 주장했다. 그와 재단의 노력으로 야
외기념관이 2008년에, 방문자센터는 2009년에 개관했
다. 방문자센터는 S반 베를린 노드반호프역 북쪽에 있다.
장벽에 관한 기록들이 전시되어 있으며, 구내 서점에서
는 베를린 장벽, 독일 분단에 관련된 책자와 영상 자료
를 판매한다. 베를린 장벽에 관한 영상을 독일어와 영어
로 무료 상영한다.

🚶 S1·S2·S25호선 노드반호프역Nordbahnhof에서 북쪽으로
도보 4분 📍 Bernauer Str. 119, 13355
📞 +49 30 467986666 🕐 화~일 10:00~18:00
☰ www.berliner-mauer-gedenkstaette.de

3 도큐멘테이션센터
Dokumentationszentrum 도쿠멘타치온스젠트럼

베를린 장벽 방문자센터에서 동북쪽으로 3분 거리에 있다. 장벽이 무너진 지 25주년을 맞아 2014년 11월 9일 세
워졌다. 베를린 장벽에 관한 기록이 사진과 함께 전시되어 있다. 센터 옆에 전망대가 있다. 베를린 장벽은 하나의
벽으로만 이루어진 것이 아니었다. 장벽 뒤편에는 60m가 넘는 텅 빈 공터가 있는데 이곳에는 탈출자를 감시하기
위해 감시탑과 감시 벙커, 전기 감지기와 서치라이터가 꼼꼼하게 세워져 있었다. 전망대
에서는 장벽 모습을 한 눈에 담을 수 있다.

🚶 ❶ S1·S2·S25호선 노드반호프역Nordbahnhof에서 북동쪽으로 도보 7분 ❷ 트람 M10
번 Gedenkstätte Berliner Mauer(Berlin)정류장에서 하차 후 Ackerstraße를 건너면
바로 📍 Bernauer Str. 111, 13355 📞 +49 30 467986666 🕐 화~일 10:00~18:00
☰ www.berliner-mauer-gedenkstaette.de

4 기억의 창

Fenster des Gedenkens 펜스터 데스 게덴큰

베를린 장벽이 세워지자 하루아침에 가족, 친구들과 생이별을 하게 된 동독 사람들은 급기야 탈출을 감행하게 된다. 탈출이 발각되어 체포되는 이들도 많았고, 유명을 달리하는 이들도 생겨났다. 기억의 창은 2010년 베를린 장벽 추모지에 세운 12m의 기념물이다. 모두 162개의 창이 있으며 베를린 장벽을 탈출하는 과정에서 사망한 희생자 128명의 사진이 걸려있다. 사진 아래에는 피해자들의 이름과 생년월일이 새겨져있다. 이들 중 마지막 희생자인 크리스 귀프로이는 장벽이 무너지기 불과 9개월 전에 탈출하다가 총상으로 사망하였다. 가끔 희생자 가족들과 방문객들이 이들의 넋을 기리며 꽃을 놓고 간다. 🚶 베를린 장벽 추모지 공원 안에 위치

5 화해의 예배당

Kapelle der Versöhnung 카펠레 데어 페어죠눙

1894년 세운 교회가 있던 자리에 새로 세운 예배당이다. 원래 이 교회는 2차 세계대전과 미국의 공격으로 어느 정도 손상은 입었지만 비교적 원형을 보존하고 있었다. 하지만 1961년 베를린 장벽이 세워지면서 출입이 힘들어지자 점차 황폐해졌다. 장벽이 무너지기 4년 전인 1985년 동독은 장벽의 보안과 관리를 이유로 교회를 아예 철거해버렸다. 통일 후인 1999년 건축가와 점토 예술가가 공동 작업으로 화해의 예배당을 세웠다. 교회의 벽은 점토로 지어졌는데 그 사이사이에는 이전 교회의 잔해에서 나온 돌 조각과 유리 조각을 함께 넣어 재건의 의미를 더했다.

🚶 베를린 장벽 추모지에서 서남쪽으로 도부 6분, 자벽기 넘판에서 농북쪽으로 도보 6분 📍 Bernauer Str. 4, 10115 📞 +49 30 4636034 🕐 화~일 10:00~16:00 ☰ www.kapelle-versoehnung.de

6 터널 57

Tunnel 57

터널 57은 서베를린으로 탈출하기 위해 동독의 어느 가정집에서 만든 땅굴이다. 이 땅굴을 계획한 이는 1961년 동독을 탈출한 대학생 요하킴 노이만이었다. 1964년, 그는 아직 동독에 있는 여자 친구를 탈출시키기 위해 땅굴을 파는 계획을 세운다. 깊이 12m, 길이 145m에 이르는 땅굴은 장벽 맞은편 베나우어 거리에 있는 서베를린의 한 빵집으로 이어졌다. 이 땅굴을 통해 1964년 4월부터 10월까지 총 57명의 사람이 탈출했다. 하지만 1964년 10월 4일 동독 시민이 슈타지에 밀고하면서 발각되고 말았다.

마우어파크 벼룩시장
Flohmarkt im Mauerpark 플로마르크트 임 마우어파크

🚶 ❶ U8호선 베나우어 슈트라세역Bernauer Str에서 Bernauer Str. 따라 동쪽으로 도보 10분→마우어파크 방향으로 좌회전하여 도보 2분 ❷ 트람 M10번 프리드리히-루드빅-얀-슈포르트파크Friedrich-Ludwig-Jahn-Sportpark 정류장 하차. Eberswalder Str. 경유하여 서남쪽으로 도보 2분→마우어파크 방향으로 우회전하여 도보 2분

📍 Bernauer Str. 63-64, 13355 📞 +49 30 29772486 🕐 매주 일요일 10:00~18:00 ☰ www.flohmarktimmauerpark.de

베를린에서 가장 유명한 벼룩시장

마우어파크는 베를린 북부, 알렉산더 광장에서 북쪽으로 약 3.3km 떨어져 있다. 통일 후 베를린 장벽이 있던 자리에 조성된 공원이다. 매주 일요일 이 공원에서 베를린에서 가장 유명한 벼룩시장이 열린다. 2004년부터 시작된 시장인데, 그 규모가 베를린의 어떤 시장보다도 크다. 옷과 구두는 물론 가구, 식기, 장난감, 책 등 집에 있을 법한 물건은 모두 거래된다. 종종 동독 시절 물건도 찾아볼 수 있다. 마우어파크 벼룩시장에서 물건을 팔고 싶으면, 미리 인터넷으로 신청해 사용료를 내고 좌판을 열어 장사할 수 있다. 많은 베를리너들이 사용하지 않는 물건을 바리바리 싸 들고 마우어파크로 모여든다. 운이 좋으면 5~6유로에 스웨터를 살 수도 있다.

하지만 벼룩시장에 관광객이 많아지면서 목이 좋은 공원 앞쪽 자리에 공산품을 판매하는 업자가 생겨나기 시작했다. 저렴한 중고 물품은 공원 안쪽까지 가야 만날 수 있다. 그래도 이곳은 여전히 베를린 최고의 벼룩시장이다. 시장 외에 먹거리와 볼거리도 풍부하기 때문이다. 전 세계의 길거리 음식은 모두 만날 수 있으며, 시장 건너편 공원에서는 오후부터 야외 노래방이 열린다. 열정을 다해 노래하는 사람들은 아낌없는 박수 세례를 받는다.

컬투어 브라우어라이
KulturBrauerei

🚶 U2호선 에버슈발더 슈트라세역Eberswalder Str.에서 Schönhauser
Allee 도로 따라 남쪽으로 도보 3분–길 왼쪽에 위치
📍 Schönhauser Allee 36, 10435
📞 +49 30 44352614 ☰ kulturbrauerei.de

동독 맥주 공장이 복합문화 상업공간으로

문화 양조장이라는 독특하고 매력적인 뜻을 가진 베를린의 복합문화 상업공간이다. 이곳은 원래 19세기에 지어진
대규모 양조장 '슐트 하이스'가 있었다. 넓이가 약 7천 평에 이를만큼 동독 지역에서 규모가 큰 양조장이었다. 낙후
된 시설 때문에 방치되어 있었는데, 1967년 '프란츠-클럽'Franz-Club이라는 그룹이 이 양조장에서 공연을 하면서, 동
독 젊은이들에게 전폭적인 지지를 얻는 문화공간으로 부상했다. 통일 후인 2001년 대대적인 리모델링 공사를 통해
복합문화 상업공간으로 다시 태어났다.

컬투어 브라우어라이는 19세기 산업 건축물 중에서 가장 잘 보존된 사례 중 하나이다. 양조장 특유의 붉은 벽돌 건
물을 그대로 살려 빈티지 분위기가 물씬 풍긴다. 공연장 명칭을 보일러실, 기계실, 마구간 등 과거의 공간 쓰임새에
맞춰 그대로 사용하고 있어서 이색적이다. 공연장 외에 극장, 키노갤러리, 장애인 전용 극장, 여행사, 마켓, 카페 등이
들어서 있다. 꾸준히 베를리너들의 사랑을 받고 있다. 겨울에는 크리스마스 마켓이 열리기도 한다. 베를린 북부 U2
호선 에버슈발디 슈트라세역Eberswalder Str.에서 가깝다.

베를리너의 소울 푸드,
커리부어스트 Currywurst 🇩🇪

베를린의 길거리 음식이자 국민 간식으로, 쉽게 표현하면 커리 소시지다. 그릴에 구운 소시지 위에 케첩과 카레가루를 뿌려 만드는 비교적 간단한 음식이다. 노점상을 운영하던 헤르타 호이베가 처음 만들었다고 전해진다. 원조 커리부어스트는 삶은 소시지에 소스토마토 페이스트와 우스터 소스, 커리 파우더를 섞어 만들었다.를 얹고 포메즈감자튀김을 곁들여 만들었다. 이후 부어스트는 저렴하지만 한끼 식사로 손색이 없어, 베를리너에게 사랑받는 국민 간식이 되었다.

커리부어스트에 사용되는 소시지는 두 종류이다. 껍질이 없는 오네담Ohne Dam과 껍질이 있는 밋담Mit Dam이 그것이다. 원조 커리부어스트는 오네담으로 주로 만들지만, 톡톡 터지는 밋담의 식감을 즐기는 사람들이 늘어나면서 대부분의 가게에서 두 종류 모두 판매한다. 대표적인 커리부어스트 가게로는 코놉케스 임비스가 있다.

🍴 코놉케스 임비스 Konnopke's Imbiss

가장 유명한 커리부어스트 맛집

1930년 프란츠라우어베르크에 처음 가게를 연 이래 지금까지 그 자리를 지키고 있는, 베를린에서 가장 유명한 커리부어스트 가게이다. 소시지와 간단한 간식거리를 파는 것으로 시작해, 2차 대전 후 동독의 첫 커리부어스트 가게로 성공했다. 통일이 된 지금도 인기는 식지 않고 있다. 이곳의 껍질 없는 소시지 오네담Ohne Dam은 소스가 잘 배어들어 부드러운 식감이 일품이다. 커리부어스트 하나에 포메즈감자튀김가 함께 나오는 스몰 메뉴가 가장 인기가 많다. 포메즈의 소스는 추가로 주문해야 하는데, 소시지 위에 뿌려진 케첩 소스에 찍어 먹어도 충분하다. 음료와 음식을 서로 다른 창구에서 주문해야한다.

🚶 U2호선 에버슈발더 슈트라세역Eberswalder Str.에서 사거리 지나 Schönhauser Allee 도로 따라 남쪽으로 도보 1분
📍 Schönhauser Allee 44A, 10435 📞 +49 30 4427765
🕐 화~금 11:00~18:00, 토 12:00~18:00 € 5유로 내외 ☰ www.konnopke-imbiss.de

☕ 보난자 커피 히어로스 Bonanza Coffee Heroes

히어로스 🚶 트램 M10번 프리드리히-루드윅-얀-스포파크Friedrich-Ludwig-Jahn-Sportpark 정류장에서 하차 후 Schwedter Str. 따라 걷다 Oderberger Str.로 직진 📍 Oderberger Str. 35, 10435 🕐 월~금 08:30~19:00, 토·일 10:00~19:00
로스터리 🚶 U1·U3·U8호선 코트부서Kottbusser Tor역에서 하차 후 Adalbert Str.따라 도보 5분 📍 AdalbertstraBe 70, 10999
📞 +49 30 208488020 🕐 월~금 09:00~18:00, 토·일 10:00~18:00 € 6유로 내외 ☰ bonanzacoffee.de

유럽 5대 카페 중 하나

벼룩시장으로 이름난 마우어파크 근처에 있는 그야말로 유명한 카페이다. 내셔널 지오그래픽에서 선정한 유럽 5대 카페이자 세계 25대 카페 중 하나이다. 깔끔하고 예뻐면서도 ㅁ스한 ㅁ화 위 ㅣㅌ ㅓ러가 멋ㅆ니. ㄹㄱㅇ 독일인 쇠유 미와 가ㄴ 보이스가 2007년 공동으로 창업했다. 최유미는 런던의 몬머스 커피를 마시고 자신이 먹어왔던 커피에 대해 다시 생각하게 되었다고 전해진다. 두 창업자는 좋은 커피콩을 찾아 1년간 여러 나라를 여행했다. 에티오피아, 과테말라, 엘살바도르, 케냐, 인도네시아와 콜롬비아 커피를 사용한다. 커피의 맛과 질에 큰 자부심을 가지고 있으며, 보난자 커피 히어로스에서 로스팅한 커피는 베를린 전역의 카페에 공급된다. 크로이츠베르크에 로스팅과 핸드 드립 커피를 전문으로 판매하는 큰 규모의 카페보난자 커피 로스더리를 띠로 운영하고 있나.

카우프 디히 글루클리히 Kauf dich Glücklich cafe & mehr

맛있는 와플과 향기로운 커피

프란츠라우어베르크는 예쁘고 개성 넘치는 카페와 빈티지 숍이 들어서 있는 멋진 곳이다. 마우어파크에서 오더베거 슈트라세Oderberger Str. 방향으로 접어들면, 쉬기 좋은 예쁜 카페 카우프 디히 글루클리히가 나온다. '행복을 사세요'라는 뜻의 카우프 디히 글루클리히는 독일 전역에 매장이 있는 편집 숍이다. 이 카페는 편집 숍에서 운영하는 같은 이름의 카페로, 빈티지 가구로 꾸며져 있어 아늑하고 다정한 분위기가 흐른다. 카페 간판이 마치 잡지에서 글자를 오려내 만든 듯 이색적이라 눈길을 끈다. 와플과 수제아이스크림으로 유명하며, 특히 주문하자마자 구워내는 와플은 종류가 다양하고 맛도 좋다. 채식주의자를 위한 와플도 판매한다.

🏃 보난자 커피 히어로스에서 오더베거 슈트라세Oderberger Str. 따라 동남쪽으로 도보 2분. 길 오른쪽에 위치
📍 Oderberger Str. 44, 10435 📞 +49 30 48623292 🕐 매일 11:00~19:00, 브런치 11:00~15:00
€ 10유로 내외 ≡ www.kaufdichgluecklich-shop.de/berlin

브라미발스 도넛 Brammibal's donut

맛도 건강도 챙기는 비건 도넛

비건 디저트는 몸엔 좋지만, 맛은 조금 떨어진다는 인식이 있다. 유제품을 넣지 않은 케이크와 페이스트리를 상상하기 어렵듯, 100% 비건 디저트는 무슨 맛인지 가늠하기 어렵다. 그러나 브라미발스 도넛은 동물성 재료를 사용하지 않고도 달콤하고 풍성한 맛으로 베를리너의 마음을 사로잡았다. 초콜릿 스프링클, 화이트 촉 & 스트로베리와 같은 브라미발의 클래식 도넛 외에도 매달 일정 기간에만 맛볼 수 있는 스페셜 도넛들을 새롭게 선보인다. 귀여운 도넛의 외형과 매번 추가되는 새로운 맛 때문에 인기가 식을 날이 없다. 베를린 내에만 8곳에 매장이 있고, 최근에는 함부르크에도 매장을 열었다.

🏃 트람 M10노선 프렌츠라우어 알레/단치거 거리Prenzlauer Allee/Danziger Str. 정류장 하차, 도보 2~3분 📍 Danziger Str. 65, 10435 🕐 매일 10:00~20:00 € 1~10유로 내외 ≡ www.brammibalsdonuts.com

🛍 파우에베 오랑게 VEB Orange

동독 시절의 향수가 느껴지는 가게

VEBDer Volkseigene Betrieb는 동독의 인민 기업을 뜻하는 것으로, 이름에서 유추할 수 있듯이 주로 동독의 물건을 판매하는 곳이다. 동독이 고향인 사람들이 동독 시절의 향수오스탈기, ostalgie를 느끼기 위해 많이 찾는다. 가게 안의 모든 제품이 판매용은 아니다. 더 이상 구할 수 없는 희귀한 물건들은 비치만 하고 있을 뿐 판매하지는 않는다. 물건은 대부분 실제 동독에서 생산, 사용되던 것들로, 박물관에 버금갈 정도로 그 양이 어마어마하다. 물건을 보관하는 창고가 따로 있으며, 가게에 내놓지 못한 소장품도 무척 많다. 필요한 물건이 있다면 직접 사장님께 물어보면 된다. 실내 촬영은 가능하지만 촬영 전에 사장님께 꼭 허락을 받도록 하자.

🚶 오더베거 슈트라세Oderberger Str. 거리의 보난자 커피 히어로스 건너편 ⊙ Oderberger Str. 29, 10435
📞 +49 30 97886886 ⏰ 월~토 11:00~19:00 휴무 일요일 ☰ veborange.de

🛍 폴스 부티크 Paul's Boutique

베를린의 손꼽히는 빈티지 패션 숍

검소함이 몸에 밴 베를리너들은 유난히 빈티지를 사랑한다. 빈티지 가구, 빈티지 의류, 빈티지 구두를 구비해놓고 빈티지한 인테리어로 장식한 유명 상점도 종종 만날 수 있다. 중고 옷가게 폴스 부티크는 베를린에서 다섯 손가락 안에 드는 빈티지 옷가게이다. 독일의 대표 브랜드 아디다스를 비롯한 중고 신발만 1천 켤레 넘게 구비되어 있으며, 가죽점퍼·티셔츠·남방·청바지 등 많은 외류도 준비되어 있나. 양이 많이 구경하고 고르는 데에도 꽤 시간이 걸린다. 시간을 넉넉히 가지고 여유 있게 둘러볼 준비를 하고 가자. 참고로 가게 안의 장난감들은 장식을 위한 것으로 판매하지는 않는다. 🚶 ❶ U2호선 에버슈발더 슈트라세역Eberswalder Str.에서 Schönhauser Allee와 Kastanienallee 도로 경유하여 남쪽으로 도보 4분. Eberswalder Str.로 우회전하여 도보 2분. 길 왼쪽에 위치 ❷ 보난자 커피 히어로스에서 오더베거 슈트라세Oderberger Str. 따라 동남쪽으로 도보 2분. 길 오른쪽에 위치 ⊙ Oderberger Str. 47, 10435 📞 +49 30 44033737 ⏰ 월~토 12:00~19:00 휴무 일요일 ☰ paulsboutiqueberlin.de

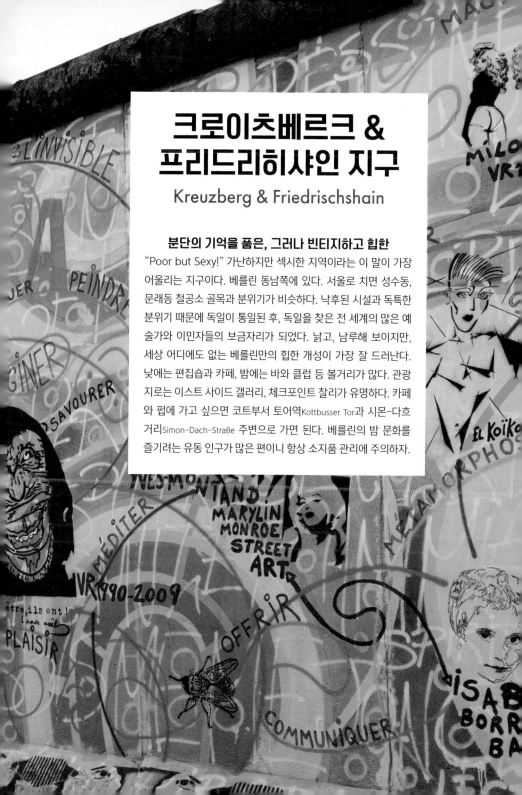

크로이츠베르크 &
프리드리히샤인 지구
Kreuzberg & Friedrischshain

분단의 기억을 품은, 그러나 빈티지하고 힙한

"Poor but Sexy!" 가난하지만 섹시한 지역이라는 이 말이 가장
어울리는 지구이다. 베를린 동남쪽에 있다. 서울로 치면 성수동,
문래동 철공소 골목과 분위기가 비슷하다. 낙후된 시설과 독특한
분위기 때문에 독일이 통일된 후, 독일을 찾은 전 세계의 많은 예
술가와 이민자들의 보금자리가 되었다. 낡고, 남루해 보이지만,
세상 어디에도 없는 베를린만의 힙한 개성이 가장 잘 드러난다.
낮에는 편집숍과 카페, 밤에는 바와 클럽 등 볼거리가 많다. 관광
지로는 이스트 사이드 갤러리, 체크포인트 찰리가 유명하다. 카페
와 펍에 가고 싶으면 코트부서 토어역Kottbusser Tor과 시몬-다흐
거리Simon-Dach-Straße 주변으로 가면 된다. 베를린의 밤 문화를
즐기려는 유동 인구가 많은 편이니 항상 소지품 관리에 주의하자.

크로이츠베르크와 프리드리히샤인 지구 여행 지도

서벳 케밥(2.5km)

Karl-Liebknecht Str.

Friedrucgstraße

알렉산더 광장

Otto-Braun-Straße

페르가몬 박물관

슈프레강

베를린돔

Alexanderstraße

훔볼트 대학교
Unter den Linden

Unter den Linden

박물관 섬

브란덴부르크 문

Kleine Gertraudenstraße

Stralauer Str.

Friedrucgstraße

Ebertstraße

Wilhelmstrasse

프라우 토니스 퍼퓸
Frau Tonis Parfum

Leipaiger Straße

키캣클럽
KitKatClub

Potsdamer Platz
Leipaiger Straße

체크포인트 찰리
Der Checkpoint Charlie

포츠다머 광장

냉전 박물관
Black Box Kalter Krieg

Heinrich-Heine-Straße

테러의 토포그래피 박물관
Topographie des Terrors

출발

체크포인트 찰리 박물관
Museum Haus am Checkpoint Charlie

크로이츠베르크
지구

KochstraBe

Oranienstraße

Wilhelmstrasse

Anhalter

베를린 갤러리
Berlinische Galerie

Lindenstraße

Friedrucgstraße

Prinzenstraße

루치아

베를린 유대인 박물관
Jüdisches Museum Berlin

Stresemannstraße

Gleisdreieck

버거마이스터
코트부서 토어역점

Hallesches Tor

Gitschiner Str.

Kottbusser

독일기술박물관
Deutsches Technikmuseum

Urbanstrasse

말로버 아인스
(750m)

크로이츠베르크와 프리드리히샤인 지구 하루 추천 코스 지도의 빨간 점선 참고

체크포인트 찰리→ 도보 5분 → 테러의 토포그래피 박물관 → 도보 10분
→ 베를린 유대인 박물관, 베를린 주립미술관 → 도보 20분 → 독일 기술 박물관 →
대중교통 이동 20분 → 오베르바움, 이스트 사이드 갤러리 → 도보 20분 →
마르크트할레 노인

프리드리히샤인
지구

Frankfurter Tor

Samariter Straße

게뮤즈 케밥 앤 프렌즈
Gemüse Kebab & Friends

슈타지 박물관(1.3km)
Stasi Museum

베르카인
Berghain

무스타파 케밥

사일로 커피 Silo coffee

슈베스터헤르츠

크렉벨머
Crack Bellmer Bar

어반 슈프레
Urban Spree

이스트 사이드 몰
East Side Mall

Warschauer
Straße

슈트라센브로이

Köpenicker Str.

이스트사이드 갤러리
East Side Gallery

도착

마르크트할레 노인

버 서마이스터
본점

오베르바움 다리
Oberbaumbrücke

던그래픽

워터게이트
watergate

잇 블리드

Skalitzer Str.

Schlesisches Tor

Schlesische Str.

kalitzer Str.

슈프레강

나우쿼른 벼룩시장
Nowkölln Flowmarkt

소렐 sorrel

ser Damm

베를린 버거
인터내셔널

킨들 미술관(1km)
KINDL- Zentrum für zeitgenössische Kunst

클룬커크라니히
(500m)

체크포인트 찰리
Der Checkpoint Charlie

🚶 U6호선 코흐슈트라세역Kochstraße에서 Friedrichstraße 도로 따라 북쪽으로 도보 3분
📍 Friedrichstraße 43-45, 10117

이별과 사랑 그리고 첩보전 스토리를 담은 검문소

체크 포인트 찰리는 미테 지구 남쪽 크로이츠베르크 지구의 프리드리히 거리에 있다. 2차 세계대전 이후 연합국영국, 미국, 프랑스, 소련은 독일을 분할하여 통치하고 있었다. 1949년 소련 관리 아래 있던 지역은 동독이 되고, 나머지 지역은 서독이 되었다. 프로이센 왕국의 수도이자 비스마르크 이후 신생 독일 제국의 수도였던 베를린도 그 중요성 때문에 독일과 같은 방법으로 네 나라가 나누어 관리하였다. 뒤이어 독일이 분단되면서 베를린도 동베를린과 서베를린으로 분단되었다. 문제는 베를린이 동독 지역에 있었다는 점이다. 졸지에 서베를린이 동독 땅에 완전히 포위되는 형국이 된 것이다. 자본주의 도시 서베를린은 1989년 독일이 통일될 때까지 사회주의에 둘러싸인 '외로운 육지의 섬'으로 28년을 지냈다.

소련의 국경선 관리는 매우 엄격했지만, 상대적으로 베를린은 분단선을 통과하기 쉬운 지역이었다. 자본주의를 이식받은 서베를린이 번성하자 동베를린 시민들이 하나 둘 넘어오기 시작하더니 급기야 지식인, 전문 기술자를 중심

으로 탈출 러시가 이어졌다. 10여 년 동안 250만 명이 빠져나가자 1961년 소련은 탈출을 막기 위해 서베를린을 에워싸는 장벽을 설치했다.

체크 포인트 찰리는 분단 시기 베를린 장벽의 여러 검문소 중 하나로, 유일하게 미군이 관할하고 있었다. 베를린 장벽, 브란덴부르크 문과 함께 냉전을 상징하는 대표적인 장소였던 것이다. 검문소 반대편은 소련이 관할했다. 1961년에는 이곳에서 미군과 소련군이 전차를 두고 대치하는 아찔한 상황이 연출되기도 했다. 1989년 11월 베를린 장벽이 개방되면서 모든 검문소는 철거되었다. 철거된 체크포인트 찰리는 연합군 박물관에 전시되어 있다. 현재의 체크포인트 찰리 자리에 세워진 건물은 원래 건물을 모델로 2008년에 다시 세웠다. 검문소 앞 군인들과 유료로 사진을 찍을 수 있는데, 이들은 실제 군인은 아니다. 검문소 앞에는 지금도 영어, 불어, 독일어, 러시아어 등 4개 국어로 표기된 표지판이 있다. 분단의 아픔을 품은 검문소는 이별과 사랑 그리고 첩보전 스토리도 아울러 품고 있다.

체크포인트 찰리 박물관과 냉전 박물관

체크포인트 찰리 박물관 ⊙ Friedrichstraße 43-45, 10969 ☎ +49 30 2537250
ⓛ 매일 10:00~20:00 € 성인 18.5유로 학생 12.5(온라인 구매, 카드 결제만 가능) ☰ mauermuseum.de
냉전박물관 ⊙ Friedrichstraße 47, 10969 ☎ +49 30 2163571
ⓛ 매일 10:00~18:00 € 성인 18.5유로, 학생 12.5유로 ☰ www.visitberlin.de/de/blackbox

기상천외한 탈출 이야기를 담다

체크포인트 찰리 박물관은 검문소 옆 체크포인트 찰리 하우스에 있다.
장벽이 세워지고 통일을 이룰 때까지 동독을 탈출한 약 5천여 명과 탈출에
실패한 136명에 관한 자료, 상상을 뛰어 넘는 기상천외한 탈출 방법에 동원
된 물건들이 전시되어 있다. 꿈을 찾아 분단을 뛰어 넘으려 했던 사람들의 이
야기가 가슴 뭉클하게 다가온다.
냉전박물관은 검문소 건너편에 있다. 1945년부터 1990년까지 자유 진영과
공산 진영이 치열하게 대치하던 냉전 시대에 관한 자료들이 전시되어 있다.

ONE MORE
Der Checkpoint Charlie

영화 속의 체크포인트 찰리

〈사랑의 국경선〉Die Frau vom Checkpoint Charlie은 실화를 바탕으로 만들어진 영화이다. 프랑스와 독일 공동 출자 방
송국인 아르테Arte를 통해 방영되었다. 주인공 사라가 동독에서 탈출하다 헤어진 두 딸을 되찾기 위해 체크포인트
찰리에서 몇 년간 플랜카드를 들고 시위를 벌이는 이야기를 담고 있다. 체크포인트 찰리는 단순히 보면 검문소였지
만, 수없이 많은 이별과 사랑을 담고 있는 상징적인 장소여서 항상 언론의 주목을 받았다. 영화 속 주인공 사라처럼
많은 사람들이 자신의 생이별의 아픔을 알리기 위해 이곳에서 1인 시위를 벌였다. 제임스 본드의 007 시리즈 등 여
러 첩보물에 단골 배경지로 등장하기도 했다. 톰 행크스 주연의 영화 〈스파이 브릿지〉의 클라이막스도 체크포인트
찰리에서 촬영되었다. 소련 스파이 루돌프 아벨의 변호를 맡은 제임스 도노반톰 행크스이 소련에 붙잡힌 CIA 첩보기
조종사와 '스파이 맞교환'이라는 사상 유래 없는 비밀협상에 나서는 과정을 그린 영화이다. 이 영화는 2015년 스티
븐 스필버그가 제임스 도노반의 실화를 바탕으로 만들었다.

테러의 토포그래피 박물관
Topographie des Terrors 토포그라피 데스 테러스

🚶 U6호선 코흐슈트라세역Kochstraße에서 Kochstraße도로 따라 서쪽으로 도보 5분
📍 Niederkirchnerstraße 8, 10963 📞 +49 30 2545090 🕐 10:00~20:00 ☰ topographie.de

역사가 만든 '공포'를 잊지 않기 위하여

베를린을 여행하다 보면 굳이 만나려 하지 않아도 그들의 역사가 만든 두 개의 커다란 흔적을 자주 만나게 된다. 이 두 가지는 '나치'와 '분단'으로 아쉽게도 모두 부정적인 것이다. 독일 사람들은 이를 반복하지 않기 위해 베를린 곳곳에 이들의 상흔을 그대로 간직하거나 되새기고 있다. 테러의 토포그래피 박물관은 '나치'와 '분단'의 실상을 온전히 보관하여, 잘못된 역사가 얼마나 무서운 공포를 안겨주는지 보여주는 곳이다.

통일 이후인 1992년 박물관을 만들기 위한 재단을 설립하고, 자그마치 18년이 지난 2010년 나치당의 비밀경찰 게슈타포와 히틀러 친위대 SSSchutzstaffel의 본부로 사용되었던 건물 주변에 종전 65주년을 기념하며 개관하였다. 박물관 안에는 홀로코스트에서 저질렀던 나치의 만행과 히틀러의 부역자들, SS친위대와 게슈타포의 역사 등 1933년부터 1945년까지 그들이 저질렀던 만행을 철저하게 고발하는 자료가 전시되어 있다. 독일어와 영어로만 설명되어 있어 아쉽지만, 전시된 사진과 소품만으로도 당시의 참상을 충분히 유추할 수 있다. 또 박물관 건물 앞에는 철근이 박히고 구멍이 뚫린 베를린 장벽이 원형 그대로 전시되어 있다.

독일기술박물관
Deutsches Technikmuseum 도이쳐스 테크닉무제움

🚶 U1·U2호선 글라이스드라이엑역Gleisdreieck에서 스테이션 베를린과 Trebbiner Str. 경유하여 동쪽으로 도보 5분
📍 Trebbiner Str. 9, 10963 📞 +49 30 902540 🕐 화~금 09:00~17:30 토·일·공휴일 10:00~18:00 **휴관** 월요일
€ 성인 12유로, 학생 6유로, 18세 미만 무료(온라인 기준) 베를린 웰컴카드 소지자 5유로, 매달 첫 번째 일요일 무료
≡ technikmuseum.berlin

최초 컴퓨터, 열차, 비행기, 배가 전시되어 있는 박물관

기술과 과학 강국 독일의 면모를 실감나게 경험할 수 있는 박물관이다. 비행기, 자동차, 배, 버스, 열차, 고속열차, 군용 수송 장비 같은 전시물을 거침없이 전시할 수 있을 만큼 규모가 크다. 인쇄, 방직, 통신, 카메라, 화학 관련 전시 공간도 있다. 상설 전시관만 무려 18곳에 달한다. 박물관 안 각 전시실마다 시연과 체험이 가능한 이벤트가 준비되어 있어, 관람하기 전 이벤트 시간을 확인하여 이동 동선을 짜는 게 편리하다. 이 박물관의 대표 유물로는 세계 최초의 컴퓨터 발명가인 콘라드 추제Konrad Zuse의 컴퓨터 'Z1'과 관련된 유물이다. 추제는 펀칭 테이프를 이용하여 2진수 계산기 'Z1'을 1938년 제작한 과학자로 기존의 세계 최초 컴퓨터로 알려졌던 에니악보다 더 빨리 컴퓨터를 만든 인물이다. 그의 컴퓨터 관련 유물은 특별 전시실에 전시되어 있다. 또 19세기부터 현재 실제로 사용하는 고속 전철 ICEInter City Express 까지 40대의 열차 컬렉션도 대표 전시물로 꼽을 수 있다. 열차 컬렉션에는 나치 치하에서 유대인을 실어 나르는데 사용된 열차도 전시되어 있다. 기술 강국 독일의 뿌리를 이해하는데 큰 도움을 받을 수 있는 곳이다. 공업과 과학에 관심이 많거나 그 분야와 관련이 있는 사람에게 추천한다. 박람회와 산업 전시회가 열리는 스테이션 베를린 동쪽에 있다.

베를린 유대인 박물관

Jüdisches Museum Berlin 유디셰스 무제움 베를린

🚶 버스 248번 승차~유디셰스 무제움Jüdisches Museum 정류장 하차~린덴슈트라세 도로Lindenstraße 따라 남쪽으로 도보 2분
📍 Lindenstraße 9-14, 10969 📞 +49 30 25993300 🕐 10:00~18:00, 17:00 입장 마감 € 상설전시(Libeskind-Bau건물)
무료 알트바우(Alt-Bau건물) 성인 10유로 학생 4유로 🌐 www.jmberlin.de Travel Tip 홈페이지에서 사전예약을 해야 입
장 시간을 단축할 수 있다. 박물관에 들어서면 동선 안내도를 반드시 챙기자. 실내가 복잡한 구조이긴 하지만 안내도를 따라
시작하면 빠짐없이 관람하고 나올 수 있다.

파격의 건축, 유대인의 아픔을 보여주다

독특한 볼거리가 많은 핫 플레이스 크로이츠베르크에 2001년 개관했다. 박물관 자리에는 원래부터 유대인 박물관
이 있었다. 1933년에 세워졌으나 1938년 나치 정권에 의해 폐쇄되는 아픔을 겪었다. 독일 통일 후 복원과 확장을 위
한 신축 논의를 하기 시작하여 약 10년이 지난 2001년 다시 빛을 보았다. 옛 건물과 신축 건물로 구성되어 있다. 신축
건물은 뒤틀린 지그재그 모양의 파격적인 외관으로 유명한데, 이는 유대인의 상징인 다윗의 별을 형상화한 것이다.
박물관은 독일에 서수했던 시대신들의 역시와 그들이 뀌이아 했던 닫입과 학실의 아픔을 보여주고 있다. 전시품을
보고 있으면 유대인의 아픔과 전시의 주제가 온몸으로 전달되는 듯하다. 추모의 공간도 여러 군데 조성되어 있다. 가
장 대표적인 곳이 '홀로코스트 타워'와 '추방과 이민의 정원'이다. 지하 복도를 따라 걷다가 끝에서 철문을 만나게 되
는데, 이 문을 열면 홀로코스트 타워가 나온다. 높이 24m에 몇 평 안 되는 좁은 공간이다. 인공조명은 없고 오직 위
에서 스며드는 자연광이 유일한 빛이다. 그 빛을 보고 있으면 수용소에 감금된 유대인이 된 것 같은 기분이 든다. 지
하에서 연결되어 있는 '추방과 이민의 정원'도 사색의 길로 인도한다. 사각 기둥이 49개가 있는 정원인데, 기둥 주변
에는 올리브 나무가 심어져 있다. 유대인에게 올리브 나무는 인내와 영광을 상징한다.

 ## 베를린 갤러리
Berlinische Galerie 베를리너 갈레리

🚶 버스 248번 승차-유디세스 무제움Jüdisches Museum 정류장에서 하차-Am Berlin Museum 도로와 Alte Jakobstraße를 경유하여 도보 5분 ◎ Alte Jakobstraße 124-128, 10969 📞 +49 30 78902600 ⏰ 수~월 10:00~18:00 **휴관 화요일, 12월 24일, 12월 31일** € 성인 10유로, 학생 6유로, 18세 미만 무료 ≡ berlinischegalerie.de

유리 공장 창고를 갤러리로

유대인 박물관 근처에 있는 현대 미술 박물관이다. 2004년 건축가 요르그 프리케Jörg Fricke의 설계를 바탕으로 유리 공장 창고를 리모델링하였다. 회화, 그래픽, 조각, 멀티미디어, 사진, 건축 등 현대 예술의 다양한 장르를 넘나들며 전시하고 있다. 미술관 앞마당을 가득 차지하고 있는 노란색 가로형 평면 작품이 인상적이다. 노란색 바탕을 일정하게 구획하고 그 안에 알파벳을 그려 넣은 작품으로 관람객의 시선을 단번에 사로잡는다. 베를린 갤러리는 주목할 만한 특별전을 매번 성공적으로 치러내는 것으로 유명하다. 2층엔 근현대의 회화, 판화, 사진 등 소장품을 상설 전시하는 공간이 있다.

어반 슈프레
Urban Spree

🚶 S-Bahn 발샤우어거리역Warschauer Straße에서 하차, 발샤우어 다리 건너 오른편에 있는 즉석 사진기 뒤편 계단 이용, 역에서 총 도보 7분 ◎ Revaler Str. 99, 10245

기찻길 위의 미술관

발샤우어거리역Warschauer Straße의 열차 선로를 따라 조성된 거리의 미술관이자 베를리너들의 놀이터이다. 젊은 베를린 예술가들이 그들의 작품을 세상에 소개하는 전시회와 콘서트가 상시 열리고, 주말에는 벼룩시장이 열린다. 벼룩시장의 푸드 트럭에서는 전 세계 음식들을 다양하게 판매한다. 특히 화려한 그래비티 벽화들이 아름다워 자유분방한 베를린의 분위기를 사진에 담기 좋다. 사람이 많이 몰리는 노상이기 때문에 소지품 관리에 항상 주의해야 한다.

오베르바움 다리
Oberbaumbrücke 오베르바움브뤼케

🚶 U1호선 쉴리즈시스 토어역Schlesisches Tor에서 Oberbaumstraße 도로 따라 동남쪽으로 도보 5분
📍 Oberbaumbrücke, 10243

©Marek Heise Fotografie-Wikimedia Commons

베를린에서 가장 아름다운 다리

크로이츠베르크와 프리드리히샤인을 연결하는 다리로 베를린의 랜드마크이다. 1732년 목재로 만든 다리를 이후 석
조로 재건하였다. 1896년 위로는 U반이 아래로는 자동차와 보행자가 통행할 수 있도록 이중구조로 개조되었다. 베
를린에서 가장 아름다운 다리로 꼽힌다. 크로이츠베르크와 프리드리히샤인은 냉전 시절 오베르바움 다리를 사이에
두고 각각 미국과 소련이 통치했지만 통행은 가능했다. 하지만 1948년 경비를 보던 동독 경찰이 다리에서 자동차
사고로 사망하자, 오직 허락한 보행자만 이용할 수 있게 되었다. 통일 후 통행이 재개되면서 온전히 제구실을 할 수
있었다. 이스트사이드 갤러리를 걸으며 슈프레 강변에서 보는 다리의 모습이 가장 아름다우며, 특히 붉은 오베르바
움을 통과하는 노란색 전차의 모습이 색대비를 이뤄 인상적이다.

©Raimond Spekking-Wikimedia Commons

이스트사이드 갤러리
East Side Gallery

🚶 S-bahn 오스트반호프역Ostbahnhof에서 Mühlenstraße 도로 따라 동남쪽으로 도보 10분
📍 Mühlenstraße, 10243 📞 +49 172 3918726
☰ eastsidegallery-berlin.com

베를린 장벽 야외 전시장

이름에서 알 수 있듯이 베를린 동부 프리드리히샤인에 있는 야외 전시장이다. 현재까지 가장 길게 남아 있는 베를린
장벽을 있는 그대로 노천에 전시하고 있다. 길이가 무려 1.3km에 이른다. 베를린의 장벽이 무너진 이듬해인 1990년
세계 21개 나라의 예술가 118명이 베를린으로 날아왔다. 그들은 프리드리히샤인의 슈프레 강변을 따라 설치된 장벽
에 통일과 반전, 평화 등을 주제로 대형 그림 110개를 그려 넣었다. 이스트사이드 갤러리는 세계에서 가장 긴 미술관
이다. 그리고 장벽에 그린 벽화 또한 세계에서 가장 긴 미술 작품이다. 야외에 노출되어 있어 날씨와 인위적인 훼손
으로 손상이 되었지만 그래도 역사와 예술이 공존하는 대형 작품을 보고 있으면 가슴이 뭉클해진다. 2009년 대대
적으로 복원 작업을 진행했지만 안타깝게도 훼손은 여전히 진행되고 있다. 이스트사이드 갤러리에서 가장 유명한
작품은 소련과 동독의 서기장이었던 브레즈네프와 에리히 호네커의 입맞춤을 그린 작품이다. 러시아 화가 드미트
리 브루넬의 작품으로, '신이시여, 저를 도와주소서. 이 치명적인 사랑에서 살아남을 수 있도록'Mein Gott hilf mir, diese
tödliche Liebe zu überleben이라는 부제를 갖고 있다.

킨들 미술관
KINDL- Zentrum für zeitgenössische Kunst

🏃 U-Bahn U7호선 라타우스 노이쾰른역Rathaus Neukölln에서 하차하여 칼막스 거리 Karl-Marx-Straße에서 우회전하여 보딩 거리BoddinStraße로 진입, 조금 걸어 사거리가 나오면 좌회전, 이사르거리IsarStraße의 마지막 계단을 따라 올라가면 우측에 양조장이 있음. 총 도보 8분 ⊙ Am Sudhaus 3, 12053 🕐 수 12:00~20:00 목~일 12:00~18:00 **휴관** 월요일, 화요일 € 7~10유로, 18세 미만 무료, 매달 첫 번째 일요일 무료 입장 ☰ www.kindl-berlin.com

양조장에 들어선 미술관

양조장을 개조해 2016년에 문을 연 미술관이다. 킨들KINDL은 1872년에 설립한 베를린의 대표 맥주회사인 베를리너 킨들Berliner Kindl을 말한다. 이 양조장은 1차 세계대전에서 패전한 독일이 극심한 경제공황을 겪기 바로 직전인 1926년~1930년에 지어졌다. 이 시기는 '황금의 20년대Goldene Zwanziger'로 베를린의 카바레, 무성영화가 크게 유행하여 문화적 부흥을 이룬 때이다. 이 양조장은 건축 당시 유럽에서 가장 큰 구리 맥주 보관 통을 6개나 가지고 있는 대형 맥주 공장이었다. 보관 통은 지금도 남아 있으며, 1층 카페에서 확인할 수 있다. 기념 건축물로 보존되던 양조장 새롭게 활기를 되찾게 된 것은 2011년부터이다. 취리히의 예술 애호가 부부가 구매하여 런던의 '테이트 모던'과도 같은 현대 미술관으로 탈바꿈하였다. 미술관은 상설전 없이 매년 3~5회의 기획전만을 연다. 주목해야 할 사회 문제를 예술과 연결지은 작품들이 대부분이다. 미술관 안에 카페가 있고, 여름에는 비어가르텐 '바베트의 정원'이 오픈한다. 비어가르텐에서는 베를리너 킨들 생맥주를 맛볼 수 있다.

슈타지 박물관
Stasi Museum

🚶 U-bahn, U5호선 막달레넨슈트라세역Magdalenenstraße에서 하차 → 프랑크푸르터 알리Frankfurter Allee 거리 따라 서쪽으로 걷다가 우회전해 루셔슈트라세RuscheStraße로 진입 → 약 240m 도보 이동(4분) 후 우회전하여 직진, 총 도보 6분
📍 Normannenstraße 20/Haus 1, 10365 🕐 월~금 10:00~18:00 토~일 11:00~18:00 € 성인 10유로 학생 7.5유로 **가이드 투어(영어)** 오후 3시(90분), 1인당 5유로 **오디오 가이드** 2유로 ☰ www.stasi-museum.de

동독 비밀경찰의 모든 것을 전시하다

슈타지는 '국가안전'을 뜻하는 '슈타트지혀하이트'Staatssicherheit의 줄임말로, 동독의 정보기관이자 방첩기관이다. 슈타지 박물관은 슈타지 본부를 그대로 보존해 전시한 곳으로 전 국가안보 장관이었던 에리히 미엘케Erich Mielke의 집무실부터 구금실까지 관람할 수 있다. 호화로운 물건으로 장식한 집무실과 다양한 감시 도구들 그리고 전 국민을 감시하며 작성한 방대한 문서들이 볼거리다. 특히 이 문서들은 베를린 장벽이 무너지자마자 동독 시민들이 빠르게 확보한 것들이다. 분쇄기에 미처 파기하지 못해 손으로 찢어 폐기한 문서들까지 모두 자루에 담아 확보하여 지금까지도 복원하고 있다. 영어로 진행되는 가이드 투어와 오디오 가이드가 마련되어 있지만, 전시물을 감상하는 것만으로도 어두웠던 당시의 상황이 충분히 짐작할 수 있다.

ONE MORE 슈타지는 무슨 짓을 했을까?

동독의 비밀 정보기관 슈타지는 독일이 통일을 이룬 1989년에 공식 해체되었지만, 30여 년이 지난 지금까지도 악명이 높다. 당시 전 국민을 대상으로 한 감시 프로젝트 때문이다. 민간인 사이에 수많은 정보원을 심어 놓고 동독 국민을 전체를 감시했다. 매수된 정보원들은 친구, 이웃사촌 심지어 가족이기도 했다. 사정이 이러하니 서로를 끝없이 불신하고 의심할 수밖에 없었다. 비공식 정보원Inoffizieller Mitarbeiter, IM이 가장 많을 때 약 62만 명이 넘었다. 동독이 해체된 1989년에도 18만9천 명이었다고 전해진다. 이 숫자는 동독 인구 약 89명 중 1명이 슈타지의 협력자였다는 것을 의미한다. 슈타지는 협력자들을 통해 간첩색출은 물론 체제 반항적인 행동을 하거나 서방의 문화를 접하는 젊은이들까지도 감시, 추궁하며 새로운 협력자로 매수했다. 영화 〈타인의 삶〉에서는 슈타지의 민간인 감시에 관한 내용이 상세히 표현되어 있다.

베르카인
Berghain

🚶 S-Bahn 오스트반호프역Ostbahnhof에서 Am Ostbahnhof, An der Ostbahn, Am Wriezener Bahnhof 도로
경유하여 북동쪽 헬벡 바우막트Hellweg Baumarkt(대형 공구 상점) 방면으로 도보 15분 📍 Am Wriezener Bahnhof, 10243
📞 +49 30 29360210 🕐 금요일 저녁부터 월요일 아침까지 € 20~30유로 내외

베를린에서 가장 유명한 클럽

입장했다는 사실만으로도 자랑거리가 되는 유명한 클럽이다. 크로이츠베
르크Kreuzberg와 프리드리히샤인Fridrichshain의 경계에 있다. 두 지역의 끝
글자인 베르크berg와 하인hain을 합쳐 'Berghain'이라는 이름을 갖게 되
다. S반의 오스트반호프역Ostbahnhof에서 15분 정도 걸어가다, 이런 곳에
클럽이 있을지 의심이 들 무렵 덩그러니 눈에 들어오는 베르카인을 마주
하게 된다. 베르카인에 도착하면 세 번 놀라게 되는데, 공장 같아 보이는
외관에 놀라고, 클럽 앞에 서 있는 인파에 놀란다. 마지막으로 인파 중 절
반은 클럽 문에 발을 들이지도 못하고 쫓겨난다는 사실에 놀란다. 베를린
최고의 사운드는 베르카인의 유명세에 더 이상 토를 달지 못하게 만든다.
클럽은 금요일부터 일요일까지 연속적으로 운영된다. 식사와 커피를 파
는 것은 물론 쉴 수 있는 공간도 많다. 실내 촬영은 금지되어 있다. 클럽에
반드시 입장하고 싶다면 너무 차려입은 복장보다 청바지에 운동화 차림,
혹은 검은 티와 검은색 진을 입는 편이 오히려 확률이 높다.

ONE MORE 베를린 클럽 이야기

베를린 클럽의 특별함 3가지 베를린의 밤은 일주일 내내 잠들지 않는다. 전철은 금요일 저녁부터 주말 내내 밤새도록 운행한다.
베를린 클럽이 특별한 첫 번째 이유는 음악 때문이다. 전 세계의 수많은 DJ들이 아티스트 비자를 받고 베를린에 거주한다. 유명
클럽은 직접 레이블을 설립해 DJ의 음반을 발매하기도 한다. 두 번째는 독특한 분위기 때문이다. 동베를린의 폐허로 방치된 공
장, 발전소, 수영장 등을 개조해 운영하는 곳이 많다. 다른 곳에서 느낄 수 없는 독특한 분위기를 발견하게 된다. 세 번째는 다양함
때문이다. 비슷한 느낌이 클럽이 없다, 독특히 취향을 가진 사람이나는 사실에세 있는 근법을 킬쿠 쑷세 빈다.

베를린의 유명 클럽&바
크랙벨머Crack Bellmer Bar 매일 다른 DJ의 음악을 들을 수 있다. 바Bar이기 때문에 입장료는 없다. 유명한 클럽하고 가까워 이곳에
서 간단히 술을 마시고 이동하기에도 좋다. 🚶 S1·S7·S75·U1호선 바르샤와 슈트라세역Warschauer Straße에서 하차 후 Warschauer
Str.와 Libauer Str. 도로 경유하여 북동쪽으로 도보 6분 📍 Revaler Str. 99, 10245 🕐 수~토 00:00~06:00 ☰ crackbellmer.de
키캣클럽KitKatClub 프리드리히샤인Fridrichshain의 하인리히 하이네 슈트라세역Heinrich-Heine-Straße 근처에 있다. 성소수자
가 즐겨 찾는 클럽으로, 2달에 1번씩 열리는 파티가 유명하다. 키캣은 지금은 클럽을 넘어 하나의 문화로 인정받는 곳이다. 패
션 관계자, 공연 기획자들이 즐겨 찾지만, 에로틱 파티로 유명해 호불호가 나뉘는 편이다. 🚶 U8호선 하인리히 하이네 슈트라
세역Heinrich-Heine-Straße에서 사거리 대각선 방향 도보 1분 📍 Köpenicker Str. 76, 10179 🕐 공연에 따라 일정이 바뀐다. 홈
페이지에서 확인 요망 ☰ www.kitkatclub.org
워터게이트watergate 크로이츠베르크Kreuzberg 슈프레강 남쪽 강변에 있다. 베를린에서 가장 아름다운 클럽이다. 🚶 U1호선 쉴
리즈시스 토어역Schlesisches Tor에서 오베르바움슈트라세Oberbaumstraße 따라 남동쪽 슈프레 강변으로 도보 3분 📍 Falken-
steinstrasse 49, 10997 🕐 목요일 23:55~금요일 10:00, 금요일 23:55~일요일까지 ☰ water-gate.de
트레조어Tresor 테크노를 좋아한다면 꼭 가야 한다. 스테이지마다 전혀 다른 음악과 분위기를 즐길 수 있다. 🚶 U반 하인리히 하
이네 슈트라세역Heinrich-Heine-Straße에서 쾨페니커 거리Köpenicker str. 방면으로 나와 도보 5분 📍 Köpenicker str. 70, 10179
🕐 수~목 23:00~09:00 ☰ www.tresorberlin.com

나우쾰른 벼룩시장

Nowkölln Flowmarkt 나우쾰른 플로우마르크트

🚶 U8호선 쉔라인슈트라세역Schönleinstraße에서 Kottbusser Damm-Pflügerstraße-Liberdastraße 경유하여 남동쪽으로 도보 7분 📍 Maybachufer 31, 12047 🕐 나우쾰른 매년 봄부터 가을까지(대략 4~10월, 4월 첫 주부터 2주마다 주말 오픈) 10:00~17:00 튀르키예마켓 화·금 08:00~17:00 ☰ nowkoelln.de

베를린의 벼룩시장

일요일이 되면 베를린 번화가는 대체로 조용하지만 유독 번잡한 곳이 벼룩시장이다. 주말이 되면 베를린에 40개가 넘는 벼룩시장이 문을 연다. 관공서나 역 앞, 강변 등지에서 열리는 벼룩시장의 위치를 표시한 지도가 있을 정도로 성행하고 있다. 마우어파크 벼룩시장이 베를린의 대표적인 벼룩시장이지만, 최근 들어 베를리너 사이에선 나우쾰른 벼룩시장이 뜨고 있다. 크로이츠베르크 남쪽 노이쾰른 지구 슈프레 강변 옆에 있다. 관광객보다는 현지인이 많다. 평범한 도로 위에 천막과 매대를 설치하고 시장을 여는데, 의류부터 음반까지 다양한 빈티지 물건을 저렴한 가격에 살 수 있어 좋다. 길거리 음식도 판매한다. 낮에는 복잡하지만, 아침 일찍 가면 한산한 편이다. 매주 화요일과 금요일에는 같은 장소에서 튀르키예 마켓이 열린다.

🍴 베를린에서 케밥 즐기기

베를린은 튀르키예인이 꽤 많이 거주하고 있는 도시이다. 시내를 걷다 보면 한 블록에 한 번꼴로 튀르키예 슈퍼나 케밥Kebap 가게, 포장마차를 만나게 된다. 케밥은 베를린에서 꼭 먹어봐야 하는 음식 중 하나이다. 케밥은 '불에 구운 고기'라는 뜻이다. 양고기나 소고기 등을 꼬치에 꽂아 숯불에 구운 뒤 야채와 함께 두툼한 빵에 넣어 먹는 음식이다. 평균 7~8유로 정도 하는 가격으로 여행자와 유학생의 배를 따뜻하게 채워주는 고마운 음식이다. 현지인들은 케밥을 주문하면서 마시는 요구르트 아이란Ayran을 함께 주문한다. 달지 않고 살짝 시큼한 요구르트의 맛이 식욕을 돋우어 케밥의 맛을 끝까지 즐길 수 있게 도와준다.

1 무스타파 케밥 Mustafa's Gemüse Kebap 무스타파스 게뮈즈 케밥

은은한 불향이 일품인 케밥

이미 많은 블로그와 여행 책자에서 소개된 크로이츠베르크 지구에 있는 명물 케밥 집이다. 베를린에 왔을 때부터 즐겨 찾았던 곳으로, 고기에서 나는 은은한 불향이 한국에 돌아와서도 계속 생각날 정도였다. 단점이라면 워낙 유명한 맛집이라서 인내심을 가지고 꽤 오랜 시간 줄을 서서 기다려야 한다는 것이다. 그래도 겉이 바삭한 빵과 숯불향이 나는 고기, 신선한 채소와 소스가 잘 어우러진 케밥을 한입 베어 물면 오랜 기다림이 헛되지 않았음을 느끼게 될 것이다.

🚶 U6·U7호선 반호프 메링담역Bhf Mehringdamm에서 요크슈트라세Youckstraße 남쪽 방향으로 도보 3분 ◎ Mehringdamm 32, 10961 📞 +49 30 31801117 🕐 월~목 10:00~01:00, 금 14:00~03:00, 토 10:00~02:00, 일 10:00~01:00 € 10유로 내외

2 게뮤즈 케밥 앤 프렌즈 Gemüse Kebap & Friends

현지인이 추천하는 케밥

베를린 서북쪽 베딩Wedding의 서벳 케밥과 함께 현지인이 추천하는 케밥 집이
다. 힙한 베를리너의 놀이터 프리드리히샤인 지역을 대표하는 맛집으
로 방문객은 대부분 현지인이다. 주말 새벽에는 출출한 배를 달래기
위한 사람들이 가득하다. 구운 채소와 불 향이 가득한 고기, 그 위
에 올려진 양젖 치즈의 조화가 환상적이다. 양도 넉넉하여 케
밥 하나만 먹어도 배가 부르다. 베를리너는 술집에서 거창
한 안주를 먹지 않는 편이다. 1치에서 2차 술집으로 이동
하는 사이 잠시 가게에 들러 햄버거나 케밥을 순식간에
해치운다. 이 때문에 가게 앞에서 친구들과 삼삼오오 모
여 케밥을 먹는 사람들의 모습을 심심치 않게 볼 수 있다.

🚶 U5호선 프랑크푸어터 토어역Frankfurter Tor에서 발샤우어스트라세
역Warschauer Str 방면으로 도보 3분
📍 Warschauer Str. 81A, 10243
🕐 일~목 11:00~01:00, 금·토 11:00~02:00
€ 10유로 내외

3 서벳 케밥
Original Gemüse Kebap Servet´s

한국말로 인사하는
친절한 튀르키예 아저씨의 케밥 집

케밥 좀 먹어본 사람이라면 누구나 좋아하는 집이다. 직
원이 '안녕하세요, 좋은 밤' 등 간단한 인사를 한국말로
전해주어 친근감이 느껴진다. 이 집 케밥은 양이 엄청
나기로 유명하다.

구운 채소의 단맛과 고기, 레몬즙이 잘 어우러져 마지막
까지 느끼하지 않게 즐길 수 있다. 여기에 매운 고춧가
루를 첨가하면 그 맛이 아주 일품이다. 주요 관광지에서
좀 떨어진 베딩Wedding 지역에 있기 때문에 여행 중인
경우보다 오래 머물 사람에게 추천한다. 이 집 근처에
한국인이 운영하는 작은 아시아 마트 '아띠'Luxemburger
Str. 31, 13353가 있는데, 다양한 한국 식료품을 팔고 있으
니 함께 들러보자.

🚶 U6·U9호선 레오폴드 광장역Leopoldplatz에서 룩셈부르거
거리Luxemburger Str. 따라 서남쪽으로 도보 3분
📍 Luxemburger Str. 33 13353 📞 +49 1778557019
🕐 매일 11:00~24:00 € 10유로 내외

🍴 마르크트할레 노인 Markthalle Neun

젊은 요리사들의 맛집 열전

런던에 버로우 마켓, 바르셀로나에 보케리아 시장이 있다면 베를린에는 마르크트할레 노인이 있다. 마르크트할레Markthalle란 실내 재래시장을 말한다. 19세기에 시 전역에 14개가 만들어졌는데, 그중 마르크트할레 노인은 아홉 번째 재래시장으로 세워졌다. 젊은 베를리너들의 마음을 사로잡으며 지금까지도 재래시장의 명맥을 이어오는 곳은 이제 마르크트할레 노인뿐이다. 월요일부터 토요일까지 열리며, 목요일은 스트리트 푸드 마켓이 늦게까지 열린다. 스트리트 푸드 마켓에서 처음 장사를 시작해 성공하는 경우가 많아 젊은 셰프들의 등용문과 같은 곳이다. 주말에는 비어 마켓, 커피 페스티벌, 치즈 마켓 등 이벤트 팝업 행사가 열린다.

🚶 U1호선 괴리처 반호프역Görlitzer Bahnhof에서 Skalitzer Str.–Lausitzer Platz–Pücklerstraße 도로 경유하여 도보 7분 ⊚ Eisenbahnstraße 42-43, 10997 📞 +49 30 61073473 ⏰ 재래시장 월~금 12:00~18:00, 토 10:00~18:00 스트리트 푸드 마켓 목 17:00~22:00 브렉퍼스트 마켓 일 11:00~18:00 ☰ markthalleneun.de

🍴 버거마이스터 Burgermeister

베를린을 대표하는 햄버거 가게

크로이츠베르크 지구의 U1호선 쉴리즈시스 토어역Schlesisches Tor 철길 아래에 있다. 버거마이스터는 밤을 즐긴 베를리너들의 허기진 배를 채워주는 크로이츠베르크의 등대 같은 곳이다. 베를린에서 가장 인기 있는 햄버거 전문점이다. 100% 소고기 패티를 사용한 햄버거는 별다른 기교가 없는데도 사람을 중독되게 만드는 묘한 매력이 있다. 할라피뇨가 들어간 쉴리 치즈버거가 인기 메뉴이다. 베를린 곳 세네비니 문념이 있으니, 본점에서 오랫등인 줄을 서는 게 부담스럽다면 분점을 이용하자.

본점 🚶 U1호선 쉴리즈시스 토어역Schlesisches Tor ⊚ Oberbaumstraße 8, 10997 ⏰ 월~목 11:00~02:00, 금~토 11:00~04:00, 일 11:00~02:00 코트부서 토어역점 ▣ U1·3·8호선 코트부서 토어역Kottbusser Tor에서 Skalitzer거리 방면으로 올라오면 정면에 위치 ⊚ Skalitzerstraße 136, 10999 ⏰ 일~목 11:00~02:00, 금~토 11:00~04:00

초역점 🚶 S반 초역Bahnhof Zoo 정문 좌측의 Joachimsthaler거리 길 건너편 Primark 건물 1층에 위치 ⊚ Joachimsthaler Str.3, 10623 ⏰ 일~목 11:00~02:00, 금~토 11:00~04:00

베를린 버거 인터내셔널 Berlinburger International, BBI

베를린 대표 수제 버거

2평 남짓한 작은 매장이지만 현지인이 인정하는 베를린 대표 수제 버거 집이다. 2009년 처음 문을 열자마자 베를리너의 입맛을 빠르게 사로잡았다. 베를린의 문화와 맛집을 소개하는 유명 잡지 Tip Berlin에 실릴 정도로 유명해졌지만, 지금까지도 가게의 크기는 변하지 않고 있으며, 지금의 자리를 여전히 지키고 있다. 베를린에서 활동하는 프리랜서 아티스트들의 PR스티커로 장식된 매장 인테리어가 인상적이다. 특제 BBQ소스와 패티의 불 향이 돋보이는 BBQ-Burger를 추천한다.

🚶 U-Bahn 헤르만플라츠역Hermannplatz에서 하차, 조넨알리Sonnenallee 거리 경유하여 도보 6분
📍 PannierstraBe 5, 12047 📞 +49 160 4826 505 🕐 월~목 12:00~21:00 금~일 12:00~22:00
€ 15유로 정도 🖥 www.berlinburgerinternational.com

소렐 Sorrel

고급스러운 브런치 메뉴

베를린의 벼룩시장과 빈티지 가게들이 모여있는 파울-링케 운하 주변을 구경하다 배가 고프면 가기 좋은 곳이다. 관광객들보다 현지인들의 사랑을 받는 가게로, 색다르고 고급스러운 브런치 메뉴를 맛볼 수 있다. 맛있는 커피와 브런치 메뉴로 오랜 시간 베를리너의 신뢰를 얻은 사일로 커피에서 함께 운영하는 곳이다. 제철 채소와 유기농 재료들로 시즌마다 메뉴를 변경해 제공한다. 프랑스, 이탈리아 그리고 일본의 영향을 받은 독특한 음식들이 이곳의 가장 큰 매력이다. 주인장이 엄선한 내추럴 와인도 함께 즐길 수 있다.

🚶 U-Bahn 헤르만플라츠역Hermannplatz 하차, 도보 12분
📍 PannierstraBe 40, 12047 🕐 월~수 10:00~17:00, 목~일 10:00~23:00
€ 15~20유로 내외 🖥 www.sorrel.berlin

루치아 Luzia

클럽 가기 전에 한잔하기 좋은

루치아는 낮에는 카페, 밤에는 바로 운영된다. 크로이츠베르크의 유명 클럽SO 36, Prince Charles, Ritter Butzke과 가까워 클럽을 가기 전에 한잔 하려는 베를리너들로 가득한 곳이다. 잡아 뜯은 것 같은 벽지, 짓다 만 듯 거친 벽 등 러프한 인테리어가 빈티지 가구와 잘 어우러져 독특한 분위기를 풍긴다. 매주 주말 루치아는 DJ가 직접 디제잉을 하고, 음악에 맞춰 춤추는 사람들로 가득해진다.

🚶 U1·U8호선 코트부서 토어역Kottbusser Tor에서 Skalitzer Str. 방면 북동쪽으로 걷기-73m 직진 후 로터리에서 Adalbert-straße로 진입하여 240m 직진- Oranienstraße에서 좌회전 후 도보 1분. 길 오른쪽에 위치 📍 Oranienstraße 34, 10999 📞 +49 30 8179958 🕐 월~목 16:00~03:00, 금~일 12:00~05:00 € 15유로 🖥 luzia.tc

사일로 커피 Silo coffee

여유롭게 브런치 즐기기

사일로 커피가 있는 복스하겐 광장Boxhagener Platz 일대는 베를린에서 가장 힙한 곳이다. 유명 음식점과 카페가 즐비하고 유명 클럽 크레 벨머Crack Bellmer가 멀지 않은 곳에 있다. 평인은 물론 주말 내내 베를리너로 붐빈다. 특히 사일로는 아침 식사와 브런치가 맛있기로 베를린에서도 손꼽히는 곳이다. 주말에는 클럽에서 날을 새거나, 늦잠 자고 일어나 여유로운 브런치를 즐기기 위한 사람들로 금방 카페가 가득 찬다. 이곳이 이렇게 사랑받는 이유는 뛰어난 맛의 커피와 음식들 때문이다. 이곳의 인기 메뉴는 사워도 빵 위에 페코리노 치즈와 버섯을 얹은 토스트이다.

🚶 트람 M13 노선 심플론슈트라세Simplonstr. 정류장에서 하차, Gabriel-Max-Straße거리로 진입하여 도보 2분
📍 Gabriel-Max-Straße 4, 10245 📞 +49 306 2608833
🕐 월~목 08:30~15:30 금 08:30~16:00 토~일 09:00~17:00 € 15~20유로 내외 🖥 www.silo-coffee.com

클룬커크라니히 Klunkerkranich

음악이 흐르는 루프톱 카페 혹은 클럽 바

베를린에서 가장 유명한 루프톱 카페로, 저녁에는 전문 DJ가 있는 클럽바로 운영된다. 쇼핑센터 아카덴 건물 옥상에 있는데 가는 길이 좀 복잡하다. 아카덴 내 도서관/우체국 입구에서 엘리베이터를 타고 5층으로 이동해 지상 주차장을 가로지르면 루프톱 입구가 나온다. 루프톱 데크에서 베를린의 아름다운 노을을 감상할 수 있어 저녁 즈음이 가장 인기가 많다. 특히 여름철에는 오픈 시간부터 줄을 서야 입장이 가능할 때도 있으며, 소량의 입장료를 내야 하므로 동전도 꼭 챙겨가자.

🚶 U-Bahn 라타우스 노이쾰른역Rathaus Neukölln 바로 앞의 쇼핑센터 노이쾰른 아카덴Neukölln Arcaden 5층에 위치
📍 Karl-Marx-Straße 66, 12043 🕐 월~수 18:00~00:00, 목~일 16:00~01:00 ☰ www.klunkerkranich.org

 ## 슈트라센브로이 Straßenbräu

프리드리히샤인 지구의 대표 수제 맥주

프리드리히샤인 지구의 핫한 거리 노이에 반호프거리 Neue Bahnhofstraße에 있는 수제 맥주 양조장이다. 2015년 문을 열어 프리드리히샤인 지구의 대표 수제 맥주 양조장으로 급성장했다. 생산하는 맥주의 종류는 수십 가지가 넘는다. 맥주 종류가 너무 다양해 선택이 어렵다면 이곳의 대표 에일 맥주인 슈트랄라우어 블론드Stralauer Blond로 시작하기를 추천한다. 안주는 판매하지 않는다. 맥주 제조에만 전력을 다하기 위함이다. 대신 주변 식당에서 음식을 주문해 같이 먹는 것은 가능하다.

🚶 S3·5·7·8·9호선 오스트크로이츠역Ostkreuz에서 하차하여 노이에 반호프슈트라세Neue Bahnhofstraße 방면으로 도보 5분 📍 Neue Bahnhofstraße 30, 10245
📞 +49 30 55527550 🕐 월~수 16:00~00:00,
목 16:00~01:00, 금 16:00~02:00, 토 12:00~02:00
일 12:00~00:00 €15~20유로
☰ www.strassenbraeu.de

렛 잇 블리드 Let it bleed

독특한 상품이 가득한 편집숍

옷과 액세서리를 판매하는 편집숍이다. 독특하고 형식에 얽매이지 않는, 분위기가 자유로운 크로이츠베르크의 이미지를 그대로 보여주는 가게이다. U1호선 괴리처 반호프역Görlitzer Bahnhof과 U1·U8호선 코트부서 토어역Kottbusser Tor에서 가깝다. 거꾸로 달린 상호, 창과 벽에 가득한 벽화가 자유분방하고 독특한 이 가게 분위기를 그대로 보여준다. 크지 않은 가게에 상품들이 빼곡하게 진열되어 있으며, 유쾌한 사장님을 닮은 독특한 물건이 많다. 티셔츠와 에코백이 이곳 효자 상품으로 가격도 저렴한 편이다. 판화, 프린트물 위주의 작은 미술품도 판매한다.

🚶 U1호선 괴리처 반호프역Görlitzer Bahnhof에서 도보 3분. Skalitzer Str. 도로 서쪽으로 방면으로 1분 직진 후 약간 우회전하여 OranienstraBe에 진입. 230m 직진 후 MariannenstraBe 방향으로 좌회전. 길 건너 로터리에 위치

📍 OranienstraBe 194, 10999 📞 +49 176 65903015 🕐 월~토 11:00~19:00 ≡ letitbleedberlin.com

 모던그래픽 Modern Graphics

만화책 전문 서점

베를린에 3개의 점포와 온라인 숍을 가지고 있는 만화책 전문 서점이다. 미국의 마블코믹스, 일본 유명 만화책의 독일어 번역본은 물론 유럽의 만화책과 일러스트 북도 판매한다. 뿐만 아니라 애니메이션 관련 피규어와 의류, 컵 등 다양한 관련 상품도 판매한다. 일반 서점에서 쉽게 찾아볼 수 없는 아트북도 있어 구경하는 재미가 쏠쏠하다.

🚶 U1·U8호선 코트부서 토어역Kottbusser Tor에서 도보 6분. (Skalitzer Str. 북동쪽으로 73m 진행-로터리에서 Adalbertstraße로 집입-240m 직진 후 우회전하여 OranienstraBe로 진입 160m 직진 후 길 왼쪽)

📍 OranienstraBe 22, 10999

📞 +49 30 6158810

🕐 월~토 11:00~19:00

≡ modern-graphics.de

슈베스터헤르츠 Schwesterherz

인테리어 소품부터 문구류까지

슈베스터헤르츠는 독일과 유럽의 다양한 문구류를 판매하는 가게로 2007년 처음 문을 열었다. 소중한 사람들에게 작은 선물을 주기 좋아했던 사장님이 선물을 사러 매번 도심까지 가는 불편을 겪다가 직접 자신의 동네에 가게를 열었다고 한다. 인테리어 소품이나 아기자기한 문구류에 관심이 있는 사람들에게 특별히 추천한다. 가게 부근의 지몬-다흐 거리Simon-Dach-Straße는 베를린에서 가장 힙한 거리 중 하나로 유명 카페와 바가 밀집되어 있다. 가게 방문 후 함께 돌아보기 좋다.

🚶 M13 트람으로 심플론슈트라세Simplonstr. 정류장에서 하차 후 뷜리슈거리Wühlischstraße 따라
도보 4분 📍 Gärtnerstraße 28, 10245 📞 +49 30 77901183 🕐 월~금 11:00~20:00,
토 10:30~19:00 ☰ www.schwesterherz-berlin.de

 ## 말로버 아인스 MAHLOWER EINS

친환경 의류 패션 스튜디오

베를린에 정착한 지 20년이 넘은 여성들이 운영하는 패션 스튜디오이다. 주인장들은 환경과 패션을 전공하였는데, 빠르게 생산·소비되는 현 의류 시장에 저항하며 내 몸에도 좋고 환경도 보호할 수 있는 옷을 만들어 판매한다. 매장의 모든 옷은 꽃과 식물의 뿌리로 염색했으며 유기농 천으로 제작된다.

🚶 U-Bahn 보딩슈트라세역Boddinstraße에 하차하여 Hermannstraße 방면으로 도보 2분
📍 Mahlower str. 1, 12049 🕐 토요일 11:00~19:00

🛍️ 프라우 토니스 퍼퓸 Frau Tonis Parfum

향으로 추억하는 베를린

배우 정유미는 해외여행을 떠나면 꼭 그곳에서 파는 향수를 사서 여행 기간 내내 뿌린다고 한다. 언젠가 그 향을 맡으면 여행지의 추억을 다시 떠올릴 수 있기를 바라는 그녀만의 방법인 셈이다. 체크포인트 찰리 근처에 자리한 이 향수 가게는 베를린을 기억하기에 더없이 좋은 곳이다. 베를린에서 만든 향수 '베를린'과 '베를린의 여름'을 판매한다. 베르가못과 레몬, 시더우드, 카다멈으로 베를린의 낮과 밤의 향을 잘 표현했다. 이제 사진과 동영상이 아닌 향으로 베를린을 기억하자.

🚶 U6호선 코흐슈트라세/체크포인트 찰리역Kochstr./Checkpoint Charlie 하차, 도보 3분

📍 Zimmerstr.13 10969

📞 +49 30 20215310

🕐 월~수 10:00~18:00 목~토 10:00~19:00 **휴무** 일요일

🛍️ 이스트 사이드 몰 EAST SIDE MALL

기념품 쇼핑부터 식사까지 한 곳에서

베를린 남동부에서 가장 큰 대형 쇼핑몰이다. 접근성이 좋으며 100여 개가 넘는 상점이 입주해 있다. 쇼핑부터 식사, 커피까지 모두 가능하다. 대형 쇼핑몰이 좋은 점은 슈퍼마켓과 드럭스토어, 아시안 마트까지 모두 함께 있다는 것이다. REWE, ALDI와 같은 슈퍼마켓에서는 비건 젤리, 독일 초콜릿과 과자, 독일 치즈 구매하자. 기념품으로 좋은 서먼한 핸드크림과 발포비타민, 치약은 드럭스토어에서 구매하자. 긴 여행 내내 먹은 서양 음식으로 지쳐 있을 때는 아시안 마트에서 구매한 컵라면으로 속을 달래보자. 사람이 많은 쇼핑몰에서는 항상 소지품을 조심하는 것도 잊지 말자.

🚶 S+U bahn 발샤우어슈트라세역Warschauer Strasse에서 하차, 정면에 위치 📍 Tamara-Danz-strasse 11, 10243

📞 +49 30 293609213 🕐 월~토 10:00~20:00 **휴무** 일요일 🔗 www.eastsidemall.de

샤를로텐부르크 지구
Charlottenburg

분단의 기억을 품은, 그러나 빈티지하고 힙한

세계대전 말기에 파괴된 베를린 미테의 경제, 문화 시설이 이전하면서 크게 발전한 지역이다. 베를린 공과대학교TU9, 테우와 예술대학교UDK, 우데카가 있다. 프로이센 초대 왕비의 여름 궁전인 샤를로텐부르크성, 1844년에 처음 문을 연 동물원, 현대 건축과 디자인의 역사에서 빠질 수 없는 바우하우스 뮤지엄이 이 지구의 대표 관광지이다. 샤를로텐부르크 지구의 중심인 쿠담 거리는 냉전 시기 서베를린의 경제, 문화의 중심지였다. 지금은 화려한 명품 거리가 들어서 있다. 칸트 거리Kantstraße는 베를린의 차이나타운이라는 별칭을 가질 정도로 맛과 가격이 뛰어난 아시아 음식점이 많아 식사하기 좋다.

샤를로텐부르크 여행 지도

샤를로텐부르크 궁전
Schloss Charlottenburg
출발

쿠흔차이트

렘케 양조장

베르그루엔 미술관
Museum Berggruen

브뢰한 미술관
Bröhan-Museum

잠룽 샤르프 게르스텐베르크 미술관
Sammlung Scharf-Gerstenberg

Spandauer Damn

Westend

Richard-Wagner-Platz
U

Schicßstraße

Kaiser-Friedrich-Straße

Otto-Suhr-Allee

Cau

BismarkstraBe

Kaiser-Friedrich-Straße

Leibnizstraße

Neue KantstraBe

민트랑

아로마

Wilmersdorfer
StraBe
U

Berlin Charlottenburg
S

Lewishamstraße

Leibnizstraße

Kurfürstendamm

Konstanzerstraße

Konstanzer
StraBe
U

타이파크

샤를로텐부르크 지구 하루 추천 코스 지도의 빨간 점선 참고
샤를로텐부르크 성 → 도보 8분 → 베르그루엔 미술관 & 샤르프
게르스텐베르크 미술관 → 대중교통 10분 → 쿠담 거리 →
도보 5분 → 카이저 빌헬름 기념교회 → 도보 8분 →
카데베 백화점 → 도보 10분 → 베를린 동물원

티어가르텐
Großer Tiergarten

Großer Tiergarten

Straße des 17. Juni
Straße des 17. Juni
Straße des 17. Juni

Altonaer Str.

Levetzowstraße

TiergartenstraBe

Klingelhöferstraße

Hardenbergstraße

U
Ernst-Reuter-
-Platz

서울가든

아리랑

Zoologischer
Garten

리사 치킨

베를린 동물원
Zoologischer Garten Berlin

도착
Budapester Str.

바우하우스
아키브 미술관
Bauhaus-Archiv Museum
für Gestaltung Berlin

Kantstraße

카이저 빌헬름 기념교회
Kaiser-Wilhelm-Gedächtnis-Kirche

Kurfürstendamm
U

쿠담 거리
Kurfürstendamm

Kurfürstendamm

프린세스
치즈케이기

Kurfürstendamm

컴바이

스토리 오브 베를린
The Story Of Berlin

Joachimsthaler Str.

Nürnberger Str.

Wittenbergplatz
U

카데베 백화점
KaDeWe

Nollendorfplatz
U

샤를로텐부르크 궁전
Schloss Charlottenburg 슐로스 샤를로텐부르크

🚶 ❶ U7호선 리차드-바그너-플라츠역Richard-Wagner-Platz에서 Otto-Suhr-Allee 도로 따라 서쪽으로 도보 6분

❷ U2호선 소피-샤를로테-플라츠역Sophie-Charlotte-Platz에서 Schloßstraße 도로 따라 북쪽으로 도보 10분

❸ 버스 M45, 309번 승차-슈로스 샤를로텐부르크Schloss Charlottenburg 정류장 하차-북쪽으로 도보 2분

📍 Spandauer Damm 20-24, 14059 📞 +49 30 320911

🕐 11월~3월 화~일 10:00~16:30 4월~10월 화~일 10:00~17:30 휴관 월요일, 12월 24, 25일

€ 옛궁전Altes Schloss 성인 12유로, 학생 8유로 신관Neuer Flügel 성인 12유로, 학생 8유로
콤비 티켓 성인 19유로, 학생 14유로 패밀리 티켓(성인 2명+7~18세 4명) 25유로 ☰ www.spsg.de

박물관이 된 왕비의 궁전

샤를로텐부르크 지구 북쪽 슈프레 강변에 있는 로코코 양식 건축물이다. 1699년 프리드리히 1세1657~1713, 브란덴부르크의 선제후이자 프로이센의 초대 왕의 왕비 소피 샤를로테의 여름 별궁으로 지었다. 리첸부르크 궁이라 불리다가 왕비가 죽은 뒤인 1705년부터 샤를로텐부르크 궁전이라 부르고 있다. 증축과 확장을 거쳐 1790년 현재의 모습을 갖추었다. 궁전 뒤쪽으로는 베르사유궁의 정원을 연상시키는 아름다운 정원이 있다.

궁전에는 많은 방이 있었는데, 최대 이야깃거리는 단연 '호박의 방'이다. 높이가 8m에 이르고, 전체가 금과 보석 호박으로 장식되어 있었다. 왕비가 죽은 뒤인 1716년 아들 프리드리히 빌헬름 1세는 이 방을 마음에 들어 했던 러시아 표토르 대제에게 통째로 선물하였다. 러시아의 예카테리나 여름 궁전표트르 대제의 두 번째 부인이자 표트르 이후 로마노프 왕조 황제에 오른 예카테리나의 이름에서 유래했다. 페테르부르크 근교 푸시킨 시에 있다.으로 이 호박방을 옮겨놓았지만 2차 세계대전을 겪으면서 없어졌다.

현재 궁전은 파리의 루브르처럼 박물관으로 사용하고 있다. 일본과 중국의 도자기를 전시한 도자기 전시실을 비롯한 미술공예박물관, 선사박물관, 역사박물관이 있다. 콤비티켓, 패밀리 티켓 온라인 예매 시 입장 시간을 미리 정할 수 있으며, 시간에 맞춰 입장해야 대기시간 없이 입장할 수 있다. 매년 크리스마스 시즌에는 궁 앞에서 마켓이 열린다.

샤를로텐부르크 궁전 앞 미술관

마티스, 피카소, 클레, 미로를 만나자

샤를로텐 궁전 앞에는 미술관이 여럿 모여 있다. 규모가 크지 않지만 모두 세계적인 예술가들의 작품들을 전시하고 있어 들러볼만하다. 달리, 미로, 마그리트 그리고 아르누보와 아르데코 양식 미술품을 구경할 수 있다. 베르그루엔, 샤르프 게르스텐베르크, 브뢰한 미술관이 대표적이다. 이 가운데 베르그루엔 미술관은 아쉽게도 보수 공사로 휴관중이다.

1 잠룽 샤르프 게르스텐베르크 미술관
Sammlung Scharf-Gerstenberg

베르그루엔 미술관과 마주 보고 있는 쌍둥이 건물이다. 이집트 유물을 중심으로 전시된 박물관 섬 지구의 신박물관의 구청사로 지금도 이집트 제5왕조 파라오 사후레 사원의 기둥이 전시되어 있다. 현재는 프랑스 낭만주의부터 초현실주의 작가들의 작품들이 전시되어 있다. 달리, 미로, 장 뒤뷔페, 마그리트와 만 레이의 작품을 만날 수 있다.
🚶 샤를로텐부르크 궁전 앞 ⓞ SchloBstraBe 70, 14059 📞 +49 30 266424242 ⓛ 화~일 11:00~18:00 **휴관** 월요일, 12월 24일, 12월 31일 € 성인 10유로, 학생 5유로, 18세 미만 무료 ☰ www.smb.museum

2 브뢰한 미술관
Bröhan-Museum

카를 브뢰한(1921~2000)이 베를린시에 기증한 수집품을 바탕으로 세워진 미술관이다. 주로 아르누보, 아르데코 양식 그리고 기능주의 미술품과 가구, 공예품을 전시하고 있다. 새로운 예술을 뜻하는 아르누보Art Nouvear는 19세기 말부터 20세기 초까지 유럽과 미국 등지에서 유행한 예술 양식으로, 산업혁명 이후 가능해진 미술품의 대량 생산을 비판하며 중세의 장인과 수공예의 부활을 주장했다. 사진 촬영시 추가 요금 2유로를 내야한다.
🚶 베르그루엔 미술관 뒤편
ⓞ SchloBstraBe 1a, 14059 📞 +49 30 32690600
ⓛ 화~일 10:00~18:00, 휴관 월요일
€ 성인 8유로, 베를린 패스 소지자·학생 5유로, 18세 미만 무료, 매달 첫 번째 일요일 무료입장 ☰ www.broehan-museum.de

카이저 빌헬름 기념교회
Kaiser-Wilhelm-Gedächtnis-Kirche 카이저 빌헬름 게대흐트니스 키르헤

🏃 ❶ U1·U9 호선 쿠어퓌어스텐담(쿠담)역Kurfürstendamm에서 쿠어퓌어스텐담 도로 따라 동북쪽으로 도보 3분
❷ 버스 100, 200번 승차-브라이트샤이드플라츠Breitscheidplatz 정류장 하차-서쪽으로 도보 2분
📍 Breitscheidplatz, 10789 📞 +49 30 2185023 🕐 기념관 월~토 10:00~18:00, 일 12:00~18:00 기념교회 매일 10:00~18:00(예배, 연주회 중 입장 불가) € 무료 ☰ www.gedaechtniskirche-berlin.de

전쟁의 상처를 고스란히 안고 있는

독일 통일을 이룩한 빌헬름 1세를 기념하기 위해 지은 교회로, 베를린 동물원 남쪽에 있다. 빌헬름 1세의 생일인 1891년 3월 22일 짓기 시작해 1895년에 완공되었다. 네오로마네스크 양식으로 지어졌으며, 113m 높이의 첨탑과 2천석이 넘는 좌석을 갖출 정도로 그 규모가 상당히 컸다. 그러나 1943년 연합군의 공습으로 중앙 현관과 첨탑의 일부만 남긴 채 완전히 파괴되었다.

2차 세계대전 때 파괴된 베를린 건물들 대부분 복구되었으나, 이 교회는 전쟁의 참상을 잊지 않기 위해 복구하지 않은 채 그대로 보존되고 있다. 대신 교회 바로 옆에 신관을 지어 교회의 업무를 이어가고 있다. 새 교회는 6각형 건물로 단순한 편이지만, 2만개가 넘는 푸른 스테인드글라스로 장식되어 있어 무척 아름답다. 복구하지 않은 카이저 빌헬름 기념교회는 현재 교회의 역사에 관한 기록과 유물을 전시하고 있으며, 천장과 벽 등에 아직도 모자이크 벽화가 남아 있어, 이 교회가 과거에 얼마나 화려했는지를 보여준다.

바우하우스 아키브 미술관
Bauhaus-Archiv Museum für Gestaltung Berlin 바우하우스 아키브 무제움 퓨어 게슈탈퉁 베를린

본관 🚶 버스 100, 187, M29번 승차-루초플라츠Lützowplatz 정류장 하차-북쪽 란드베흐 운하Landwehr Canal 방면으로
도보 3분 📍 Klingelhöferstraße 14, 10785 📞 +49 30 2540020
🕐 본관 보수공사로 임시 휴무 중 ☰ www.bauhaus.de
임시 전시관 🚶 U2 에른스트 로이터 플라츠Ernst-Reuter-platz역에서 하차 후 Hardenberg Str.따라 도보 2분
📍 Knesebeckstraße 1-2, 10623 🕐 월~토 10:00~18:00 € 무료

현대 건축과 디자인의 고향

바우하우스를 제외하고 현대 건축과 디자인을 이야기할 수 있을까? 단언컨대, 그건 불가능하다. 바우하우스Bauhaus는 독일 건축가 발터 그로피우스Walter Gropius가 1919년 바이마르독일 중동부 튀링겐주에 있는 문화도시에 세운 디자인 학교이다. 이후 데사우독일 동부에 있는 도시. 베를린에서 남서쪽으로 130km 떨어져 있다.로 이전했다가 1932년 다시 베를린에 자리를 잡았으나, 나치의 탄압으로 1933년 문을 닫고 말았다. 그로피우스는 이 학교를 통해 예술과 기술의 통합을 구현하고자 했다. 바우하우스가 존재했던 시간은 14년으로 짧았지만, 현대 디자인 예술에 큰 영향을 끼쳤다. 현대 회화의 거장인 파울 클레와 칸딘스키, 현대 건축의 아버지 미스 반 데어 로에가 교수를 지냈다. 기능과 예술의 통합을 지향한 바우하우스는 독일은 물론 세계 디자인과 건축에 새로운 지평을 열어주었다. 현대 건축과 디자인이 바우하우스에서 비롯되었다고 해도 과언이 아니다.

바우하우스 아키브 미술관은 디자인 학교가 있던 곳에 들어선 미술관으로, 바우하우스의 전통을 잇고 그 결과물을 정리하기 위해 설립되었다. 바우하우스에서 제작된 가구, 식기, 직물, 무대 디자인 등이 전시되어 있다. 2019년 바우하우스 설립 100주년을 맞아 미술관은 대대적인 공사에 들어갔다. 전시물은 베를리너 갤러리와 임시 바우하우스 전시관에서 관람할 수 있다.

베를린 동물원
Zoologischer Garten Berlin 초로기셔 가르튼 베를린

🚶 ❶ S5·S7·S75·U2·U9호선 베를린 동물원역(초역)Berlin Zoologischer Garten에서 도보 2분 ❷ 버스 100, 200번 승차–동물원Zoologischer Garten 정류장 하차–도보 2분 ⊙ Hardenbergplatz 8, 10787
📞 +49 30 254010 🕐 동물원 **2월 24일~3월 30일과 9월 22일~10월 26일** 09:00~18:00 **3월 31일~9월 21일** 09:00~18:30 **10월 27일~2월 23일** 09:00~16:30(매일 개장, 폐장 1시간 전 입장 마감)
아쿠아리움 **1~12월** 09:00~18:00(폐장 1시간 전 입장 마감)
€ 동물원·아쿠아리움(온라인 기준) 성인 16유로, 4~15세 7.5유로, 4세 미만 무료 콤비 티켓(동물원+아쿠아리움) 성인 24유로, 4~15세 11유로, 4세 미만 무료 ☰ zoo-berlin.de

독일 최초의 동물원과 아쿠아리움

베를린에는 티어가르텐 서남쪽에 있는 베를린 동물원과 냉전 시기 동독이 만든 티어파크, 이렇게 동물원이 두 개 있다. 베를린 동물원은 독일에서 가장 오래된 동물원으로 1844년에 문을 열었다. 베를린 대학교훔볼트 대학교의 전신의 동물학자 마르틴 리히튼슈타인이 빌헬름 4세를 설득해 만들었다. 2차 세계대전 때에는 연합군의 공습으로 4천 마리의 동물 가운데 91마리만 살아남았다. 지금은 1,400종, 1만 8천여 마리 동물이 살고 있다. 규모가 크기 때문에 방문 전 홈페이지를 통해 동물의 위치, 먹이 주는 시간 등을 확인해 관람 계획을 짜는 게 편리하다. 동물원 바로 옆에는 어류·양서류 900종, 1만 6천여 마리를 만날 수 있는 아쿠아리움도 있다. 아쿠아리움은 보수공사 중으로 현재 부분 개장 중이다. 입장권의 가격은 온라인과 현장구매의 차이가 크므로 꼭 온라인으로 구매하자.

쿠담 거리
Kurfürstendamm 쿠어퓌어스텐담

🚶 U1·U9호선 쿠어퓌어스텐담(쿠담)역Kurfürstendamm 하차

서베를린의 번화가

쿠어퓌어스텐담은 베를린의 유일한 거리로 동베를린의 운디 덴 린넨에 버금가는 서베를린 최대 번화가이다. 베를린 초로기셔 가르튼역초역, Berlin Zoologischer Garten에서 가까우며, 줄여서 쿠담이라고 부른다. 베를린의 황금 시기인 1920년대 알렉산더 광장과 함께 베를린의 밤을 화려하게 만들어주는 거리로 유명했다. 지금도 쿠담은 명품 브랜드 매장이 모여 있고, 상점이 모두 문을 닫는 일요일을 제외하고는 항상 사람들로 붐비는 곳이다. 인근의 카이저 빌헬름 기념교회 바로 옆 오이로파센터 안에 관광안내소가 있으며, 100번과 200번 버스가 시작하는 초역과 가까워 여행을 시작하기도 편리하다.

🍽 서울가든 Seoulgarden

한국 음식이 그리울 때

독일 체류 기간이 길수록 한국 음식이 그리워진다. 다행
히 베를린에는 최근 한식 붐이 일면서 곳곳에 한국 음식
점이 생겼다. 베를린의 힙스터들을 위한 잡지 엑스베를리
너EXBERLINER는 2020년 주목해야 하는 트렌드로 한국 요
리를 꼽았다. 베를린의 한국 레스토랑 가운데 샤를로텐부
르크 지구의 서울가든의 인기가 높다. 한국인뿐만 아니라
현지인의 입맛까지도 사로잡았다. 특히 오징어덮밥, 불고
기덮밥 등 덮밥 메뉴만 10가지가 넘는다. 정갈한 집밥을 기
대한다면 꼭 방문하자. 비빔밥, 돈가스, 파전 그리고 한국
식 BBQ도 판매한다. 런치 메뉴가 따로 있어서 점심시간에
는 좀 더 저렴하게 식사를 즐길 수 있다. 최근 포츠담에 세
번째 가게를 열었다.

샤를로텐부르크점 🚶 S-Bahn 자비니플라츠역Savignyplatz에서 하차 후 도보 5분
📍 Knesebeckstraße 16, 10623 🕐 매일 12:00~22:00 📞 +49 30 64465646 € 20~25유로 정도
프렌츠라우어베르크점 🚶 트람 M10번 프리드리히-루드뷕-얀-스포파크Fridrich-Ludwig-Jahn-Sportpark 정류장에서 하차 후
Oderberger 길 따라 도보 8분 📍 Oderberger Str. 41, 10435 📞 +49 30 23639867 🕐 매일 12:00~22:00
포츠담점 🚶 브란덴부르크 문을 등지고 정면의 큰길 따라 도보 5분 📍 Brandenburger Street.11, 14467 📞 +49 331 58148332
🕐 화~일 12:00~22:00

🍽 베를린의 베트남 맛집

베를린에서 쌀국수 즐기기

1950년대 베트남 사람들은 유학이나 직업 훈련을 위해 동독으로 많이 이주를 시작했다. 같은 공산 정권이기에 가능한 일이었다. 통일 직전 조사에 따르면 1989년 동독에 거주하던 베트남인은 6만여 명에 가까웠다. 반면 서독은 1978년 베트남 전쟁 난민 640여 명이 하노버에 도착하면서 이주가 시작되었다. 이때부터 베트남 사람들의 독일 이주는 급물살을 탔고, 통일 당시 서독에 거주하는 베트남인은 3만 3천여 명에 달했다. 베트남 이민자들은 새로운 땅에서 적극적으로 적응해 나가며 독일의 전반적인 분야로 진출하는데, 특히 이들이 큰 성공을 이룬 분야가 요식업이다. 베를린에 있는 한국과 일본 음식점의 경영자 가운데 베트남인의 비율도 상당히 높은 편이다. 베를린에서는 베트남 식당과 쌀국수 음식점을 쉽게 찾아볼 수 있다. 맛도 훌륭하다. 대표적인 베트남 음식점으로는 서베를린의 칸트슈트라세 거리에 있는 민트랑, 알렉산더 광장과 하케셔마르크트 북쪽에 있는 무슈 부옹, 콤 비엣, 베를린 동부 베트남 쇼핑센터인 동수안 센터 구내식당 등이 있다.

---

1 민트랑 Minh-Trang
🚶 S-Bahn 베를린 샤를로텐부르크역Berlin-Charlottenburg에서 Kaiser-Friedrich-Straße 따라 북쪽으로 도보 3분
📍 Kantstraße 67, 10627 🕐 월~금 11:30~23:00, 토·일 12:00~23:00

2 무슈 부옹 Monsieur Vuong
🚶 U8호선 바인마이스터슈트라세역Weinmeisterstraße에서 Alte Schönhauser Str. 따라 북동쪽으로 도보 3분
📍 Alte Schönhauser Str. 46, 10119 🕐 일~목 12:00~22:00, 금·토 12:00~22:30

3 마다미 Madami-Mom's Viet Kitchen
🚶 100번, 200번 버스 승차하여 S+U Alexanderplatz Bhf/Memhardstr. 정류장에서 하차, 도보 3분
📍 Rosa-Luxemburg-Straße 3, 10178
🕐 매일 12:00~23:00

4 동수안 센터 Dong Xuan Center
🚶 트람 M4·M5·M8·M10·M13 헤츠버그슈트라세/인두스트리그비트Herzbergstr./Industriegebiet 정류장에서 도보 4분
📍 Herzbergstraße 128-139, 10365 🕐 수~월 10:00~20:00
휴무 화요일

🍴 타이 파크 Thaipark

공원에서 즐기는 아시아 음식

언제부터인지 모르지만, 베를린 서남쪽에 있는 프로이센 공원은 타이파크라는 이름으로 더 유명해졌다. 주말 오후가 되면 공원 중앙 잔디밭에 노점상이 하나, 둘 모여 태국 길거리 음식과 음료를 판매했다. 시간이 지날수록 음식의 종류와 노점상의 숫자도 점점 많아져 요즘은 한국 음식은 물론 일본과 베트남 음식도 맛볼 수 있다. 주말이 되면 노점상 파라솔이 공원을 가득 메우는 진풍경이 벌어지곤 했다. 주민들의 민원으로 한차례 폐점의 위기를 겪었지만, 베를리너의 도움으로 새롭게 탈바꿈했다. 더욱 깨끗한 위생환경과 질서를 위해 노점상들은 공원 앞 거리로 자리를 옮겼고, 지속 가능한 운영 방식을 찾아 고군분투하고 있다.

🚶 U2 U3 U7호선 페어베를리너 플라츠역Fehrberliner platz에서 내리면 바로 보이는 뷔템베르기셔 거리Württembergische Str.와 바거리Barstr. 일대에 위치 📍 Württembergische Str. 10707 🕐 토·일 11:00~21:00

🍴 리사 치킨 Risa Chicken

베를리너의 야식을 책임지는 곳

베를리너의 영혼을 울리는 대표적인 치킨 음식점으로 손꼽히는 곳은 시티 치킨City chicken das Original과 리사 치킨이다. 그릴에 구워진 통닭을 후무스, 샐러드와 함께 먹는 시티 치킨과 기름에 바싹 튀겨낸 프라이드치킨으로 가격 걱정 없이 배를 채울 수 있는 리사 치킨, 이 두 가게는 베를린의 동쪽과 서쪽을 대표하는 치킨집이다. 그중에서 리사 치킨은 저렴한 가격과 푸짐한 양을 강점으로 베를린 전역에 들어선 패스트푸드 매장으로 관광지에서 멀지 않아 여행객들이 방문하기도 좋다. 특히 동물원역(초역) 바로 앞의 리사 치킨 매장이 규모도 크고 새벽까지 문을 열어 인기가 많다.

🚶 S·U반 초역동물원역, 촐로기셔 가르텐역, Bhf Zoologischer Garten에서 쿠담 방향으로 나오자마자 맞은편

📍 Hardenbergpl.2 10623
🕐 일~목 10:00~01:00 금·토 10:00~03:00 € 15유로 정도
🌐 www.risachicken.de

☕ 아로마 Aroma

서베를린의 이름난 중식당

베를린 동물원 남쪽에서 서쪽으로 일직선으로 뻗은 칸트슈트라세Kantstraße에는 음식점이 밀집해 있다. 아무 곳에나 들어가도 보통 이상의 맛을 내는 맛집이 많다. 한식, 일식, 중식, 태국 음식 등 동양 음식점이 많은데다가 주변에 아시안 마트까지 있어 한국인 유학생들도 즐겨 찾는다. 중식당 아로마는 그곳의 많은 음식점 가운데 베를리너뿐 아니라 베를린에 거주하는 중국인들도 인정하는 음식점이다. 식사 시간에는 항상 손님으로 북적이고 주말 저녁은 예약하지 않으면 오래 기다려야 한다. 중국인들이 직접 요리하는 정통 중국 음식점으로 딤섬, 마파두부, 면요리가 특히 맛있다.

🚶 버스 101, M49, X34번 승차~칸트슈트라세/라이브니츠슈트라세Kantstr./Leibnizstr. 정류장에서 하차~칸트슈트라세 도로 따라 동쪽으로 도보 3분 ⊙ Kantstraße 35, 10625 📞 +49 30 37591628 ⏰ 월~금 13:00~02:00, 토·일 12:00~03:00 € 25유로 내외

☕ 컴바이 Come Buy Berlin City West

달콤하고 시원한 버블티 한잔

베를리너들에게 가장 사랑받는 대만의 버블티 카페이다. 타피오카 펄이 들어간 버블티 쩐쭈나이차는 우리에게 익숙한 대만의 대표 음료이다. 대만의 버블티는 커피를 주로 마시는 유럽에서는 생소한 편이었다. 컴바이는 베를리너에게 버블티를 유행시킨 가장 대표적인 가게로 베를린뿐 아니라 독일 전역에 매장을 열었다. 특히 청소년들에게 폭발적인 인기를 끌며 여름, 겨울 가리지 않고 문전성시를 이룬다. 달콤하고 시원한 버블티 한잔이면 여행의 피로가 한 번에 날아간다. 베를린에만 매장이 8곳이며 베를린에서 제일 처음 문을 연 하케셔 광장 근처 매장은 항상 손님이 많다.

쿠담점 🚶 U1·U9호선 쿠어퓌어스텐담(쿠담)역Kurfürstendamm에서 요아힘스탈러 슈트라세Joachimsthalerstr. 거리 따라 남쪽으로 도보 2분 ⊙ Joachimsthaler Str. 14, 10719 ⏰ 월~금 11:00~20:00, 토~일 12:00~20:00

미테점 🚶 S반 하케셔마르크트역S-Bhf Hackescher Markt에서 오라니엔부르거 슈트라세Oranienburger Str. 거리 방면으로 도보 3분 ⊙ Oranienburger Str. 83, 10178 ⏰ 월~일 11:00~20:00 € 6유로 내외 ⊟ www.comebuy2002.de

☕ 쿠흔차이트 Cafe KuchenZeit

지친 여행객을 위로하는 달콤한 케이크 시간

샤를로텐 궁전 맞은편에 자리한 카페로 '케이크 시간'이라는 가게 이름에 맞게 다양하고 맛있는 케이크를 만날수 있다. 가게에서 직접 구워 더욱 특별한 케이크들 중에는 채식주의자를 위한 비건 케이크도 준비되어 있다. 드넓은 샤를로텐 궁전과 공원을 구경하다 지쳤을 때 잠시 쉬어가기에 더없이 좋은 곳이다.

🚶 U7호선 리차드-바그너-플라츠역Richard-Wagner-Platz에서 도보 7분, 샤를로텐 궁전 남동쪽
📍 Kaiser-Friedrich-Straße 1A, 10585
🕐 월~금 09:00~18:30, 토·일 09:00~19:00
€ 8~9유로

☕ 프린세스 치즈케이크
Princess Cheesecake

독일식 치즈케이크를 즐길 수 있는 곳

여행에 지쳐있을 때는 달콤한 디저트가 간절해진다. 프린세스 치즈케이크는 완성도 높은 케이크와 차를 마실 수 있는 곳으로 유명하다. 가장 인기 있는 케이크는 독일식 치즈케이크인 케제쿠흔Käsekuchen인데, 크박Quark이라는 프레시 치즈로 만드는 것이 특징이다. 크박은 독일인의 식사에 빠질 수 없는 재료로 빵에 발라 먹거나 샐러드에 곁들어 먹는다. 채식주의자를 위한 비건 케이크도 있다.

샤를로텐부르크 점
🚶 S-Bahn 자비니플라츠역Savignyplatz에서 하차 후 크네즈벡Knesebeck 거리 방면으로 도보 5분
📍 Knesebeckstraße 32, 10623 📞 +49 30 88625870
🕐 월~목 11:00~19:00 금~일 10:00~19:00
€ 10유로 정도 🌐 www.princess-cheesecake.de
미테 점
🚶 S-Bahn 오라니엔부르거 슈트라세역Oranienburger Straße에서 하차 후 도보 3분 📍 Tucholskystraße 37, 10117
🕐 월~목 11:00~19:00 금~일 10:00~19:00

렘케 양조장 Brauerei Lemke

샤를로텐부르크 점 Brauhaus Lemke am Schloss

🚶 ➊ 샤를로텐부르크 궁전 정문에서 나와 동쪽(왼편)으로 도보 5분
➋ 버스 109번, M45번 승차하여 Luisenplatz/Schloss Charlottenburg 정류장 하차, 바로 앞
📍 Luisenplatz 1, 10585 📞 +49 30 30878979 🕐 월~목 12:30~23:00, 금·토 12:00~24:00, 일 12:00~22:00
€ 25~30유로 정도 (오리지날 맥주 0.5ℓ 4.9유로, 슈니첼 17유로, 아이스바인 17유로) 🖥 www.lemke.berlin

하케셔마르크트 점 Brauhaus Lemke am Hackeschen Markt

🚶 S3·5·7·9호선 하케셔마르크트역Hackescher Markt에서 도보 3분, 알렉산더광장 방향의 고가선로 아래
📍 Dircksenstraße S-Bahnbogen, 143, 10178 📞 +49 30 24728727
🕐 월~토 12:00~23:30, 일 13:00~22:00

기본에 충실한 깊은 맛

베를린에서 가장 성공한 수제 맥주 양조장 중 하나이다. 세계 3대 주류대회로 꼽히는 마이닝거스 대회에서 연거푸 상을 받았다. 렘케의 맥주는 개성 넘치는 여느 베를린 수제 맥주와는 달리 기본기가 탄탄한 깊은 맛을 자랑한다. 필스너, 인디언 페일 에일같이 우리에게 익숙한 맥주부터, 베를린에 그 뿌리를 두었으나 점점 명맥이 끊기고 있는 베를리너 바이쎄까지, 다양한 맥주를 맛볼 수 있다. 기름진 고기요리와 함께 즐기면 금세 맥주잔을 비우게 된다. 베를린에 샤를로텐부르크 점을 비롯하여 모두 4개의 양조장이 있으며 대형마트의 맥주 코너에서도 구매할 수 있다. 샤를로텐부르크 점은 샤를로텐부르크 궁전을 품고 있는 아름다운 정원 바로 동쪽에 있어, 궁전을 돌아보고 쉬어가기 좋다.

포츠담
Potsdam
옛 모습을 간직한 왕의 도시

포츠담은 베를린에서 서쪽으로 25km 떨어진 브란덴부르크 주의 주도이다. 우리에겐 '포츠담 선언'으로 알려진 도시이기도 하다. 1600년대 프랑스는 가톨릭을 반대하고 칼뱅주의 개신교를 믿는 위그노들을 대대적으로 탄압했다. 이 무렵 브란덴부르크 선제후 프리드리히 빌헬름은 위그노들의 종교적 자유를 보장하고 세금도 면제해준다는 포츠담 칙령1685년을 발표했고 위그노인 6천여 명이 베를린과 포츠담으로 이주하였다. 이때부터 포츠담은 도시의 변모를 갖추어 갔다. 18세기부터 20세기까지 포츠담은 호엔촐레른 왕가의 휴양지로, 베를린에 버금가는 지위를 누렸다. 호엔촐레른 왕가의 여름 별궁이자 세계문화유산으로 지정된 상수시 궁은 포츠담을 대표하는 관광지이다. 2차 세계대전 말 일본의 무조건 항복을 요구한 포츠담 회담이 이루어진 체칠리엔호프 궁전도 이곳에 있다. 베를린에서 지역 열차로 불과 30분 거리이고, 베를린과 같은 고도이지만 분위기는 사뭇 다르게 여유와 옛 도시 특유의 품위가 흐른다. 베를린에서 당일치기 여행을 하기에 좋다.

상수시 궁전
Park Sanssouci

회화관
Bildergalerie

러시아 거주지구
(1km)
Alexandrowka

포츠담 여행 지도

상수시 공원
Park Sanssouci

크레페리 라 마들렌

Gutenbergstraße

서울가든
Seoul Garden

루이젠 광장
Luisenplatz

브란덴부르크 문
Brandenburger Tor

ZimmerstraBe

Tram Bus
Luisenplatz-Süd/
Park Sanssouci

쇼핑몰
Markt-Center

하펠강

포츠담 하루 여행 추천코스 지도의 빨간 점선 참고

구광장 & 바베리니 미술관 → 트람 10분 → 브란덴부르크 문 →

도보 5분 → 상수시 공원 → 도보 10분 → 상수시 궁전, 회화관

→ 대중교통 15분 → 러시아 거주 지구 → 트람 8분 →

나우엔 문, 네덜란드 지구

나우엔 문
Nauener Tor

레스토랑 & 카페 하이더

Tram Bus
Potsdam, Nauener Tor

네덜란드 지구
Holländisches Viertel

도착

신공원과 체칠리엔호프 궁전
(1.5km)
Neuer Garten & Cecilienhof

예거 문
Jägertor

Mittelstraße

Gutenbergstraße

대학병원
Klinikum Ernst von Bergmann

와이키키 버거

부에나 비다 커피 클럽

Brandenburger Str.

Am Bassin

성 페터와 파울 교회
Propsteikirche Sankt Peter und Paul

Charlottenstraße

Friedrich-Ebert-Straße

Berliner Str.

주립공원
Platz der Einheit

Yorckstraße

Am Kanal

Tram Bus
포츠담 주립공원/교육청
Potsdam, Platz der Einheit
/Bildungsforum

니콜라이 교회 & 시궁
St. Nikolaikirche Potsdam &
Potsdamer Stadtschloss

출발

포츠담박물관
Potsdam Museum

구광장
Alter Markt

포츠담 영화박물관
Filmmuseum Potsdam

바베리니 미술관
Museum barberini

공원 Freundschaftsinsel

Tram Bus
포츠담 구광장/시의회
Potsdam, Alter Markt/Landtag

쇼핑몰
Bahnhofspassagen Potsdam

S 🚆 Tram Bus
포츠담 중앙역
Potsdam Hbf

포츠담 여행 정보

포츠담 일반 정보와 날씨 정보

위치 독일 북동부(베를린에서 서쪽 25km. 베를린에서 기차로 25~35분 소요)

인구 약 19.7만 명

월별 기온 연평균 10℃, 여름 평균 18℃, 겨울 평균 2℃

℃/월	1월	2월	3월	4월	5월	6월	7월	8월	9월	10월	11월	12월
최고	3	5	9	14	19	22	24	24	19	14	8	4
최저	-1	-1	2	5	9	12	15	14	11	7	3	0

여행 정보 홈페이지

포츠담시 홈페이지 www.potsdam.de 포츠담 관광 안내 www.potsdam-tourism.com

포츠담 관광안내소

중앙역 관광안내소

◎ Babelsberger 16, 14473 ✦ 역사 1층(한국식 2층)에 위치

◷ 월~금 09:00~18:00, 토 09:00~17:00, 일 09:30~15:00 **휴관** 1월 1일, 12월 24·25·26·31일

구광장Alten Markt 관광안내소

◎ Humboldtstraße 1-2, 14467 ✦ 트람 91, 92, 93, 96, 98, 99번 승차하여 포츠담, 알터 마르크트/란트탁Potsdam, Alter Markt/Landtag 정류장 하차 후 도보 2분, 바베리니 미술관 왼편

◷ 월~금 09:00~18:00, 토 09:00~17:00, 일 09:30~15:00 **휴관** 1월 1일, 12월 24·25·26·31일

포츠담 가는 방법

베를린 중앙역에서 포츠담 중앙역까지 지역열차RE1 이용 시 25분, 열차S7 이용 시 35분이 걸린다. 포츠담은 베를린 교통 구역 중 C존C Zone에 해당하기 때문에 베를린 교통권 중 ABC존 이용권을 구매해야 한다. ABC존 1회 이용권은 성인 4.7유로, 6~14세 3.4유로이다. AB존 이용권을 이미 가지고 있다면 성인 2.3유로, 6~14세 1.7유로의 C존 연장 티켓Anschlussfahrausweis Berlin A/C만 추가로 구매하면 된다. C존 연장 티켓 추가 구매 시에는 최초 펀칭 후 2시간까지 이용할 수 있다. 베를린 웰컴카드와 시티투어카드 중에서 베를린·포츠담 ABC존 카드로도 이동할 수 있다.

포츠담 시내 교통편

포츠담 시내에서는 트람, 버스를 이용하면 된다. 별도의 티켓 구매 없이 C존이 포함된 베를린 교통권, 베를린 웰컴카드와 시티투어카드 중에서 베를린·포츠담 ABC존 카드를 소지했다면 대중교통을 모두 이용할 수 있다. 베를린 대중교통 어플인 BVG로 포츠담 교통정보까지 이용할 수 있다.

구광장
Alter Markt 알터 마르크트

🚶 트람 알터 마르크트Alter Markt 정류장 하차
📍 Am Alten Markt, 14467 Potsdam

포츠담 여행이 시작되는 곳

포츠담 중앙역에서 하펠강을 건너면 처음으로 만나는 여행지이다. 구광장은 18세기 중엽 프로이센을 유럽의 강국으로 키운 프리드리히 대왕프리드리히 빌헬름 2세, 재위 1740~1786이 대대적으로 벌인 도시 재건 계획으로 탄생했다. 문화 예술에 조예가 깊었던 왕은 프랑스와 이탈리아 문화에 관심이 많았고, 광장을 바로크와 로코코 양식 건물들로 꾸며 놓았다. 1945년 포츠담 중앙역을 파괴하려는 연합군의 공습으로 구광장 역시 큰 타격을 입었다. 공습 이전의 광장으로 회복하기 위해 지금까지도 꾸준히 복원공사가 이루어지고 있다.

> **ONE MORE**
> **Alter Markt**

구광장 주변에서 꼭 봐야 할 건축물

1 니콜라이교회 & 시궁 St. Nikolaikirche Potsdam & Potsdamer Stadtschloss
니콜라이키르셰 포츠담 & 포츠다머 슈타츠슐로스

니콜라이교회는 베를린 박물관 섬의 베를린 돔, 구 비술관, 국립회화관을 설계한 카를 프리드리히 쉰켈1781~1841의 작품이다. 정육면체 건물 위에 올린 거대한 돔은 로마의 판테온과 바티칸의 성 베드로 성당을 연상시킨다. 2차 세계대전 때 소련군 포격으로 크게 파괴되었으나, 동독 시기에 재건하였다. 예배당은 신약 성서의 4복음서 저자와 예수의 제자들을 그린 벽화로 장식되어 있다. 별도의 입장료를 내면 돔 전망대에 올라가 포츠담 전경을 즐길 수 있다. 맞은편에 있는 포츠담 시궁市宮은 프리드리히 대왕프리드리히 빌헬름 2세, 재위 1740~1786과 그의 아버지였던 프리드리히 빌헬름 1세재위 1713~40가 본궁으로 사용했다. 그러나 2차 세계대전 때 파괴되자 동독 시기에 완전히 철거했다. 지금은 궁을 복원해 시의회 건물로 사용하고 있다. 내부 입장은 불가하다.
니콜라이 교회 🚶 트람 알터 마르크트/란트탁Alter Markt/Landtag 정류장에서 도보 2분, 구광장 북쪽 오벨리스크 뒤 건물 📍 Am Alten Markt, 14467 🕐 월~토 09:30~17:00, 일 11:00~17:00 🌐 www.nikolai-potsdam.de

2 포츠담박물관
Potsdam Museum 포츠담 무제움

네덜란드 출신의 건축가 얀 보우만이 설계해 1755년 완공한 바로크 양식 건물이다. 얀 보우만은 프리드리히 대왕의 아버지 프리드리히 빌헬름 1세가 네덜란드 지구 Holländisches Viertel를 세우기 위해 직접 초빙한 인물이다. 그는 건축과 예술에 조예가 깊은 프리드리히 대왕의 건축적 이상을 가장 잘 실현한 건축가로, 1755년 포츠담·베를린시 최고 건설 책임자로 임명되었다. 1909년 처음 문을 열었다. 포츠담을 다스렸던 호엔촐레른 가문 브란덴부르크 선제후와 프로이센 왕국의 왕가의 유물, 도시의 역사를 살펴볼 수 있는 예술작품과 사진 등 27만여 점을 소장하고 있다.

🚶 트람 알터 마르크트/란트탁Alter Markt/Landtag 정류장에서 도보 3분, 구광장의 동쪽
📍 Am Alten Markt 9, 14467
🕐 화~일 12:00~18:00 휴관 월요일
€ 상설전 무료, 특별전 성인 5유로, 학생 3유로, 18세 미만 무료 ☰ www.potsdam-museum.de

3 바베리니 미술관
Museum barberini 무제움 바베리니

원래는 이탈리아 르네상스 양식이 돋보이는 바베리니 궁이었다. 프리드리히 대왕 때인 1771년에 완공되었다. 150년 먼저 로마에 지어진 바베리니 궁Palazzo Barberini을 모델로 지었다. 2차 세계대전 말에 폭격으로 크게 파괴되었으나, 최근 복원 후 미술관으로 변모시켰다. 카라바조, 반 고흐 전 등 매번 수준 높은 특별전을 연다. 베를린의 유명 미술관 못지않게 방문객이 많다. 1970~80년대 활동했던 동독 출신 작가들의 회화작품도 상설 관람할 수 있다.

🚶 알터 마르크트/란트탁Alter Markt/Landtag 정류장에서 도보 3분, 구광장 남동쪽 📍 Humboldtstraße 5-6, 14467
🕐 10:00~19:00 휴관 화요일 € 성인 평일 16유로 주말·공휴일 18유로, 학생 10유로, 18세 미만 무료
☰ www.museum-barberini.com

4 포츠담 영화박물관
Filmmuseum Potsdam 필름무제움 포츠담

구광장 맞은편에 있다. 100년이 넘는 독일 영화 역사를 만날 수 있는 곳으로, 중심 전시는 '바벨스베르그 스튜디오' 상설전이다. 포츠담 근교에 있는 바벨스베르그 스튜디오는 유럽 최초의 영화 스튜디오로 1912년에 개관했다. 나치의 대표적인 프로파간다 영화 〈의지의 승리〉를 제작한 죄과가 있지만, 지금까지도 〈그랜드 부다페스트 호텔〉, 〈캡틴 아메리카 : 시빌 워〉와 같은 대작을 활발하게 제작하고 있다. 영화 제작에 사용된 소품과 트로피들이 전시되어 있으며, 특히 영화 『바스터즈 : 거친 녀석들』의 대미를 장식했던 영사실을 재현한 세트장이 인상적이다.

🚶 트람 알터 마르크트Alter Markt 정류장에서 구광장 반대 방향(구광장 서쪽)으로 도보 2분 📍 Breitetstraße 1A, 14467
🕐 화~일 10:00~18:00, 휴관 월요일 € 성인 6유로, 학생 4유로, 10세 미만 무료 ☰ www.filmmuseum-potsdam.de

브란덴부르크 문
Brandenburger Tor 브란덴부르크 토어

🚶 버스 605·606·610번, 트람 91·94·98번 루이젠플라츠Luisenplatz-Süd 정류장 하차~쇼펜하우저슈트라세Schopenhau-erstraße 경유하여 도보 2분 📍 Luisenpl., 14467 Potsdam

7년 전쟁 승리 기념 개선문

베를린의 랜드마크 브란덴부르크 문과 이름이 같은 문이 포츠담에도 존재한다. 루이젠 광장Luisenplatz에 있는데, 베를린의 브란덴부르크 문과 마찬가지로 프리드리히 대왕1712~1786, 프로이센의 프리드리히 2세이 1770년 7년 전쟁의 승리를 기념하며 세운 개선문이다. 7년 전쟁1756~1763, 오스트리아 왕위계승전쟁은 프랑스 등과 합세한 오스트리아가 프로이센에 대항하여 벌인 전쟁이다. 이 전쟁을 승리로 이끈 이가 프리드리히 대왕이다. 그는 계몽군주이자 특출한 군사 전략가였다. 전쟁과 외교 신탁으로 영토를 확장하여 독일 제국에 빼껴을 차지하였으며, 프로이센을 유럽 최강의 군사 대국으로 만들었다. 전쟁 승리를 기억하기 위해 세운 개선문인 만큼 로마시대의 개선문과 많이 닮아 있다. 건축가 카를 폰 곤타르트와 그의 제자 조지 크리스티안 웅거가 각각 문 한 쪽씩 설계를 맡았다. 큰 틀은 일반적인 개선문의 모습이지만 양쪽의 세부 모양이 많이 달라 그 어떤 문보다 독특하고 인상적이다.

브란덴부르크 문에서 성 페터와 바울 교회까지 동쪽으로 뻗은 800m 거리는 브란덴부르크 거리Brandenburger Straße이다. 포츠담에서 가장 번화한 곳으로 레스토랑과 쇼핑몰이 밀집해 있디. 성탄절 시즌에는 이 길을 따라 크리스마스 마켓이 열린다.

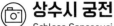

상수시 궁전
Schloss Sanssouci 슐로스 상수시

🚶 버스 612·614·650·695번 승차 후 슐로스 상수시Schloss Sanssouci 정류장에서 하차~Bornstedter Str.와
Zur Historischen Mühle 도로 경유하여 도보 5분 📍 Maulbeerallee, 14469 📞 +49 331 9694200
🕐 **11월~3월** 화~일 10:00~16:30 **4월~10월** 화~일 10:00~17:30 **휴관** 월요일, 12월 24·25일
€ 상수시 궁전 성인 14유로, 학생 10유로 상수시 + 모든 시설 관람 성인 22유로, 학생 17유로
가족 티켓(성인 2명+18세 미만 4명) 49유로 🖥 www.spsg.de

베르사유를 닮은, 철학자 볼테르가 머물던

프로이센 왕국의 세 번째 왕이자 대왕으로 칭송받는 프리드리히 빌헬름 2세가 세운 궁전이다. 프리드리히 2세는 뛰어난 군사적 재능과 합리적인 국가 경영으로 프로이센을 강대국으로 만든 계몽전제군주였다.

프로이센이 유럽의 패권국으로 자리하기까지는 선왕들의 정책이 뒷받침되었기에 가능한 일이었다. 초대 왕 프리드리히 1세는 종교 박해를 피해 독일까지 온 위그노프랑스의 개신교 신자들과 유대인들을 적극적으로 수용했다. 자본가와 기술 장인들로 구성된 이들의 이주로 프로이센 왕국은 문화, 기술 발전의 토대를 마련했다. 그의 아들 프리드리히 빌헬름 1세재위 1713~1740는 '군인왕'이라는 그의 별명에 걸맞게 군대 양성에 큰 힘을 쏟았다.

프리드리히 2세는 아버지로부터 물려받은 강력한 군사력을 바탕으로 오스트리아령의 슐레지엔을 차지한다. 부유한 슐레지엔의 경제력을 손에 넣자, 그는 정무에서 벗어나 모든 근심을 떨쳐버릴 자신만의 안식처를 원했다. 그는 어

린 시절부터 프랑스인에게 교육을 받았다. 그래서 자국어보다 프랑스어를 즐겨 사용했으며, 프랑스 문화에 관심이 많았다. 그는 베르사유 궁전을 모델로 자신의 안식처를 구상하고 직접 그린 스케치를 건축가에게 보여주기도 했다. 프리드리히 2세의 안식처였던 상수시 궁전은 상수시 공원 동쪽에 있다. 상수시 공원의 여러 궁 가운데 핵심 궁전이며, 프리드리히 2세의 성향을 잘 보여준다. 상수시Sans souci는 '걱정이 없다'는 뜻의 프랑스어이다.

궁전 공사는 1745년에 시작되었다. 1747년에 개관 기념 음악회가 열렸지만, 실내까지 다 완성된 것은 이듬해인 1748년이었다. 베르사유 궁전을 모방했지만 실내 장식은 바로크 양식이 아니라 당시 유행한 로코코 양식의 전형을 보여준다. 그만큼 화려하고 장식적이다. 규모는 베르사유보다 작은 편이다. 프리드리히 2세는 이 궁전에서 볼테르를 비롯한 프랑스 지식인을 초대해 친교를 맺기도 했다.

상수시 궁전의 핵심 공간은 포도나무 정원이다. 궁전으로 오르는 언덕 지형의 계단 양쪽에 만들었는데, 다른 곳에서는 볼 수 없는 상수시 정원만의 독특한 스타일이다. 포도나무 정원은 프리드리히 대왕의 아이디어를 반영한 것이다. 궁전의 외부 장식을 이 포도나무와 어울리는 술의 신 바커스의 조각으로 꾸몄다. 궁전에는 만찬 손님을 맞이하는 홀, 프리드리히 2세의 집무실과 프랑스의 철학가 볼테르가 묵었던 방 등이 있다. 프리드리히 2세는 볼테르에 큰 관심을 보이며 함께 철학적 대화를 나누곤 했다. 상수시 궁전은 동독 시절 최고의 관광 명소 가운데 하나였다. 프리드리히 2세는 그가 만든 정원이 내려다보이는 곳에 잠들어 있다. 상수시 궁전에는 본궁 이외에 상수시 공원, 오랑게리 궁, 회화관, 신 궁전, 중국의 집, 전망대 등이 있다.

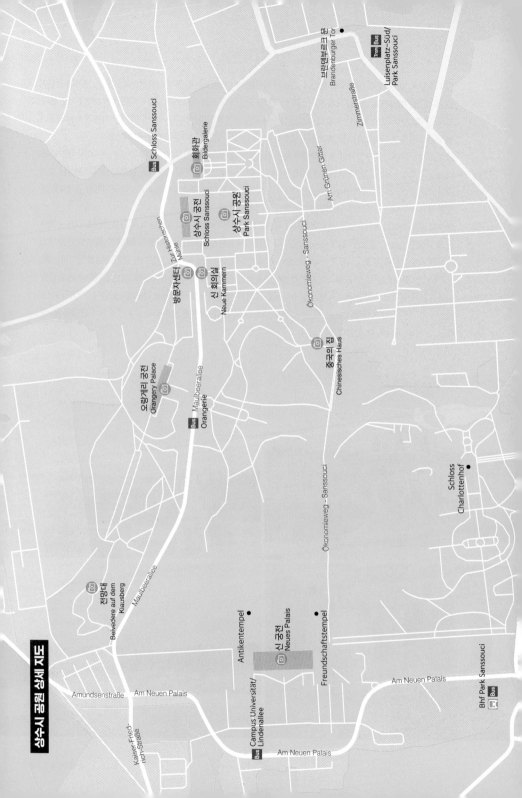

상수시 공원 상세 지도

Amundsenstraße

Am Neuen Palais

Kaiser-Fried-
rich-Straße

Maulbeerallee

전망대
Belvedere auf dem
Klausberg

오랑게리 궁전
Orangery Palace

Orangerie

Maulbeerallee

Bus

방문자센터

신 히의실
Neue Kammern

Zur Historischen
Mühle

Schloss Sanssouci

Bus

회화관
Bildergalerie

상수시 궁전
Schloss Sanssouci

상수시 공원
Park Sanssouci

브란덴부르크 문
Brandenburger Tor

Zimmerstraße

Am Grünen Gitter

Ökonomieweg – Sanssouci

Luisenplatz–Süd/
Park Sanssouci

Tram   Bus

중국의 집
Chinesisches Haus

Ökonomieweg – Sanssouci

Schloss
Charlottenhof

Antikentempel

신 궁전
Neues Palais

Freundschaftstempel

Campus Universität/
Lindenallee

Bus

Am Neuen Palais

Am Neuen Palais

Bhf Park Sanssouci

Bus

ONE MORE
Schloss Sanssouci
상수시 궁전의 또 다른 명소들

1 상수시 공원
Park Sanssouci 파크 상수시

18세기에 조성된 프랑스식 공원이다. 브란덴부르크 문에서 서북쪽으로 도보 10분 거리에 있다. 프랑스 문화에 심취하고 동경했던 프리드리히 대왕이 베르사유를 모델 삼아 공원과 상수시 궁을 만들었다. 전체 넓이는 9만평이 넘는다. 상수시 궁을 비롯한 신 궁전, 오랑게리 궁, 회화관, 전망대 등 10여개 건물을 품고 있다. 잔디밭, 분수대, 가로수, 바로크 양식의 화원이 있는 아름다운 공원이다. 동서로 2km가 넘는 일직선의 대로도 인상적이다. 공원 내 궁전과 미술관 등은 입장료를 따로 내야 하지만 공원 입장은 무료이다. 산책이나 조깅을 하는 시민 모습을 쉽게 볼 수 있다.

🚶 버스 612·614·650·695번 승차 후 슐로스 상수시Schloss Sans-souci 정류장에서 하차-Bornstedter Str.와 Zur Historischen Mühle 도로 경유하여 도보 5분

2 회화관
Bildergalerie 빌더갈레리

카라바조, 루벤스 등 대가들의 작품을 소장하고 있는 미술관이다. 상수시 공원 동쪽 초입에 있다. 군대에만 관심이 있던 아버지와는 달리 프리드리히 대제프리드리히 2세는 예술에 조예가 깊었다. 음악에도 관심이 많았던 그는 음악의 아버지 바흐를 궁에 초청하기도 하였고, 바흐의 아들 엠마누엘 바흐는 20년간 왕이 돌베르 빌으며 왕실 음악가로 활동했다. 회화관은 그런 그가 열정적으로 수집한 미술품을 전시, 보관했던 곳이다. 르네상스, 매너리즘, 바로크 시대의 이탈리아와 플랑드르 지역 그림을 소장하고 있다. 이 중에서 50여 점은 베를린 구 박물관으로 옮겨갔다. 2차 세계대전 중에는 이곳의 모든 회화를 라인스베르크궁으로 피신시켰으나, 1946년 오직 10점만이 다시 돌아왔다. 대표작으로 카라바조의 <의심하는 두마>가 있다.

🚶 버스 650번 승차하여 슐로스 상수시Schloss Sanssouci 정류장 하차, 남쪽으로 도보 4분 ⊙ Im Park Sanssouci 4, 14469 🕐 5~10월 화~일 10:00~17:30(11~4월 휴관) **휴관** 월요일 € 성인 8유로 학생 6유로

3 오랑게리 궁전
Orangerieschloss 오랑게리스슐로스

상수시 공원에서 가장 마지막으로 지어진 궁으로, 상수시 궁전에서 서쪽으로 650m 떨어져 있다. 어릴 때부터 고전 문화에 관심이 많았던 프리드리히 빌헬름 4세의 건축 스케치를 바탕으로 1864년에 지어졌다. 왕은 20대에 떠난 짧은 이탈리아 여행 후 '로마 열병'을 앓았다. 고대와 중세 건축물에 관심이 많았던 그는 7000여 점이 넘는 건축 스케치를 직접 그렸다. 오랑게리 궁전은 이탈리아의 대표적인 르네상스 건물인 우피치 미술관과 메디치 빌라를 모델로 삼았다. 빌헬름 4세의 여동생이자 러시아 황제 니콜라이 1세의 아내였던 샤를로테알렉산드라 표도로브나의 방문을 대비해 로코코 양식으로 꾸며진 방과 회화작품으로 장식된 라파엘 홀이 있다. 100미터에 이르는 실내 정원은 포츠담 대학의 수업 장소로 사용된다.

🚶 버스 695번 승차하여 오랑게리Orangerie 정류장 하차, 서북쪽으로 도보 3분 ⊙ An der Orangerie 3-5, 14469
ⓘ 부분 보수공사로 임시휴관

4 신 궁전
Neues Palais 노이에스 팔라이스

상수시 공원 동쪽 입구에서 서쪽으로 일직선 끝에 있다. 상수시 궁전에서 서쪽으로 1.8km 떨어져 있다. 신 궁전은 프리드리히 대왕이 7년 전쟁의 승전을 기념하며 1763년부터 건립한 궁전이다. 독일 제국이 붕괴된 1918년 11월 혁명 전까지 왕가의 여름 거주지로 사용되었다. 혁명 후에는 박물관이 되었다. 영국 바로크 양식으로 건축된 이 궁전은 220m 길이의 3층 건물로 독일의 18세기 건축물 중 가장 큰 규모에 속한다. 궁전 안에는 조개의 방Shell Room을 포함하여 방이 200여 개나 된다. 궁전은 무척 화려하고 장식적이다. 세 명의 여신이 왕관을 받치듯 건물 중앙부 돔을 들고 있어서 이채롭다. 신 궁전 관람은 가이드 투어로 가능하다. 상수시 궁전 입구 쪽에 있는 방문자센터를 통해 입장 시간에 맞게 예약 후, 시간에 맞춰 방문하면 된다. 상수시 궁전에서 걸어서 25분 내외 걸리므로 시간을 여유롭게 잡고 여행하길 권한다.

🚶 버스 605·606·695번 승차하여 Neues Palais 정류장 하차, 북쪽으로 도보 6분 ⊙ Am Neuen Palais, 14469
🕐 4~10월 수~월 10:00~17:30 11~3월 수~월 10:00~16:30 휴관 화요일 € 성인 12유로, 학생 8유로

5 중국의 집
Chinesisches Haus 히네지셰스 하우스

상수시 공원 남쪽 구역에 있다. 상수시 궁전에서 남서쪽으로 700m 정도 떨어져 있다. 중국 찻집이라고도 불리는 이 집은 회화관을 지은 건축가 뷔링이 1764년에 완성했다. 왕의 여름 별장에 중국의 집이 들어선 이유는 당시 유럽인들이 가지고 있던 동양에 대한 환상과 신비감 때문이었다. 15~18세기 서유럽은 항해술이 발전하자 아메리카 또는 아시아로 무역로를 개척하였다. 이때 각종 향신료, 도자기, 비단 등 동양의 귀중품을 수입하게 되었는데, 왕과 귀족은 이 물건의 주 소비층이었다. 그들은 동양의 환상과 신비로움에 매료되어 있었다. 상수시 공원의 중국의 집은 당시 사람들의 동양에 대한 인식을 잘 보여준다.

하지만 이름은 중국의 집이지만 실제 모습은 중국 건축과 거리가 멀다. 동양 양식도 아니고 그렇다고 서양 건축도 아닌 국적이 불분명한 건물이다. 건물 밖은 실물 크기의 중국인 조각상들로 화려하게 장식되어 있는데 이 또한 동양인이라고 하기엔 어색하다. 실제 교류가 아니라 문헌의 기록 또는 도자기나 회화를 통해 동양을 이해하고 있었던 까닭이다. 실내에도 테라스에서 차를 즐기는 중국인들의 모습을 그린 그림으로 꾸며져 있으나 이 또한 실제와는 다르다. 현재 내부 공사 중으로 외부 관람만 가능하다. 🚶 버스 695번 승차하여 오랑제리Orangerie 정류장에서 하차, 남쪽으로 도보 8분 ⊙ Am Grünen Gitter, 14469 ⏱ 5~10월 화~일 10:00~17:30 € 성인 5유로, 학생 4유로

6 전망대
Belvedere auf dem Klausberg
벨베데레 아우프 뎀 클라우스베르그

상수시 공원 북쪽 구역에 있다. 오랑게리 궁에서 서북쪽으로 750m 떨어져 있다. 벨베데르는 궁 또는 저택의 옥상, 정원 높은 곳에 조성한 전망대를 말한다. 르네상스 시대에 유행했던 건축양식이다. 이 전망대는 신 궁전이 완성된 1769년 프리드리히 대제의 명령으로 상수시 공원에서 마지막으로 지어졌다. 상수시 공원을 한 눈에 감상할 수 있다. 전망대 앞 가로수길이 무척 아름답다. 시간 여유가 있다면 둘러볼만하다.

예거 문과 나우엔 문
Jägertor & Nauener Tor 예거 토어와 나우에너 토어

예거 문 🚶 나우엔 문에서 헤겔 거리Hegelallee 따라 서남쪽으로 도보 5분 ⊙ Jägertor, 14467
나우엔 문 🚶 트람 92·96번 승차하여 나우에너 토어Nauener Tor 정류장 하차, 북쪽으로 도보 1분
⊙ Friedrich-Ebert-Straße, 14469

스타일이 서로 다른 18세기 성벽 출입문 두 개

포츠담에 남아 있는 성문은 브란덴부르크 문, 나우엔 문과 예거 문 등 모두 3개이다.
예거 문은 브란덴부르크 문 서북쪽 헤겔 거리Hegelallee에 있다. 세 문 중에서 가장
앞선 1733년에 세워졌다. 처음엔 성의 일부였으나 지금은 성벽은 없고 문만 남아있
다. 이 문은 도시 방어 기능보다 군인의 탈영 또는 물건의 밀반입을 감시하기 위해 세
워졌다. 작고 아담한 출입문이다.

나우엔 문은 영국식 고딕 건축물이다. 1755년 상수시 궁의 회화 전시실을 지은 건축가 요한 고트프리드 뷔링이 설
계했다. 나우엔 문이 처음 세워진 것은 1722년이었다. 애초 포츠담 성엔 출입문이 5개였는데, 나우엔 문도 그 중 하
나였다. 인구가 증가하고 도시가 확장되면서 위치도 바뀌고 출입문도 수차례 재건축되었다. 1755년을 끝으로 지금
의 모습을 유지하고 있다. 문의 가장 큰 출입구로는 트람이 다닌다. 성벽의 일부가 남아 있는 곳에는 레스토랑이 입
점해있다.

러시아 거주지구
Alexandrowka 알렉산드로브카

알렉산드로브카 박물관Alexandrowka Museum 🚶 트람 92·96번, 버스 604·609·638·697번 승차 후 암 쉬라곤Am Schragen 정류장에서 하차. Kiepenheuerallee와 Russische Kolonie 도로 경유하여 동남쪽으로 도보 3분 ⊙ Russische Kolonie 2, 14469 📞 +49 331 8170203 ⏱ 10:00~18:00 휴관 수요일 € 성인 3.5유로, 학생 3유로, 14세 이하 1.5유로 🖥 alexandrowka.de
알렉산더 네브스키 성당Alexander-Newski-Gedächtniskirche 🚶 알렉산드로브카 박물관에서 Russische Kolonie와 Nedlitzer Str. 경유하여 북쪽으로 도보 5분 ⊙ Russische Kolonie 14, 14469 📞 +49 331 296313 ⏱ 월~금 11:30~15:00, 토 10:00~19:00, 일 09:30~17:00 기타 신도만 입장 권유

세계문화유산, 200년 전 러시안 마을

포츠담 북쪽에 있는 러시안 거주지구이다. 1827년 프리드리히 빌헬름 3세는 러시아 스타일 주택 13채를 지었다. 포츠담에 살고 있던 러시아인 1 부분을 위해서였다. 호엔촐레른 왕가와 러시아 로마노프 왕가의 유대감과 친밀감을 표시하기 위해서였다. 기혼자만 거주할 수 있었기에 일부 청년은 포츠담 여성과 결혼해 입주했다. 모든 가구에 소를 선물로 주었다. 집은 타인에게 팔 수 없었고 오직 남자 후손에게 상속할 수 있었다. 2008년 안타깝게도 마지막 직계 후손이 사망했다. 2005년 이 마을의 역사를 소개하는 알렉산드로브카 박물관이 러시아 거주지구 안에 개관했다. 또 알렉산드로브카 6번가www.alexandrowkaunterkunft.de는 숙소로 개조해 여행객이 머물 수 있다. 그 외 건물은 일반인이 거주하고 있다. 마을 북쪽 언덕에는 1829년에 지은 러시아 정교회 알렉산더 네브스키 성당이 있다. 이 역시 빌헬름 3세의 명으로 세웠다. 12세기 러시안 왕자였고 16세기에 성인으로 추대된 알렉산더 네브스키에게 봉헌된 성당이다. 규모는 작지만 황금빛 내부가 무척 화려하다. 러시아 거주 지구는 1999년 유네스코 세계문화유산에 등재되었다.

네덜란드 지구
Holländisches Viertel 홀랜디셔스 피어텔

🚶 나우엔 문에서 Friedrich-Ebert-Straße 따라 남쪽을 향해 도보로 3분
📍 Potsdam, Mittelstrasse, 14467 📞 +49 331 2002870
🌐 www.hollaendisches-viertel.net

이국적인 붉은 벽돌 건물

프리드리히 빌헬름 1세는 프리드리히 대제의 아버지로 프로이센이 강대국으로 성장하는 데 기틀을 다진 인물이다. 그는 '군인왕'이라 불리기도 했는데 군대 예산을 마련하기 위해 정부의 부패를 제거하고 왕 본인도 지독히 절약했다. 그는 결국 아들에게 8만 군대를 물려주었다. 그는 건축, 공학, 예술 등 다양한 분야에서 뛰어난 재능을 가진 네덜란드의 장인들을 영입하여 나라의 발전을 도모하였다. 그는 18세기 중반 포츠담에 네덜란드 거주 지역을 조성해 장인의 이주를 적극적으로 추진하였다.

네덜란드 건축가 요한 보우만은 1733년부터 1742년까지 나우엔 문 남쪽에 네덜란드 지구를 건축했다. 현재 네덜란드식 벽돌집 134채가 남아 있다. 독일식 건물 사이에 있는 붉은 벽돌 건물이 단연 눈에 띈다. 포츠담에 또 하나의 표정을 만들어주는 독특한 구역이다. 매년 4월 중순 주말에 튤립 축제Tulpenfest가 열린다. 이 기간에 네덜란드 기념품과 수공예품들을 판매한다.

성 페터와 파울 교회
Propsteikirche Sankt Peter und Paul 프롭슈타이키르헤 상크트 페터 운트 파울

🚶 트람 92·96번, 버스 604·609·638번 승차하여 브란덴부르거 슈트라세Brandenburger Straße 정류장에서
하차–동쪽으로 도보 2분 ⊙ Am Bassin 2, 14467 📞 +49 331 2307990 🕐 화~토 12:00~17:00
☰ www.peter-paul-kirche.de

조각과 벽화가 아름다운 성당

성 페터와 파울 교회는 브란덴부르크 거리 끝에서 브란덴부르크 문과 마주보며 있는 가톨릭 성당이다. 1870년 베를린의 건축가 아우구스트 슈틀러와 빌헬름 잘츠베르그가 이탈리아의 교회들을 모델로 건축하였다. 특히 이 교회는 64m의 종탑이 눈에 띄는데 이탈리아 산 제노 성당의 종탑을 모델로 하여 지은 것이다. 건축가 슈틀러는 원래 탑 2개를 세우는 것으로 초안 설계를 했으나 그의 사후 잘츠베르그가 지금의 모습으로 변경하였다. 건축물 정면에서 성당 이름의 주인공인 사도 베드로와 바울의 조각을 볼 수 있다. 마리아와 아기 예수 조각도 있다.

노란빛 벽돌로 지어진 교회는 비잔틴 양식과 로마네스크 양식이 혼재되어 있다. 생김새와 화려한 벽화 장식이 이스탄불의 하기아 소피아Hagia Sophia를 연상하게 한다. 교회 내부에는 바로크, 로코코 시대의 예술 대가였던 앙트안 펜Antoine Perne의 그림이 있다. 그는 파리에서 태어난 프랑스인인데, 프리드리히 1세의 초청을 받고 왕실 화가로 체류하면서 왕 3명을 섬기다가 베를린에서 사망했다.

신공원과 체칠리엔호프 궁전
Neuer Garten & Cecilienhof 노이어 가르튼 & 체칠리엔호프

🚶 중앙역에서 트람 91·92·96번 승차 후 Platz der Einheit/West 정류장에서 하차~버스 603번Höhenstr. 방면으로 환승 후 슐로스 체칠리엔호프Schloss Cecilienhof 정류장에서 하차~동쪽 공원 안으로 도보 3분

📍 Im Neuen Garten 11, 14469 📞 +49 331 9694200

🕐 체칠리엔호프 보수공사로 임시휴관

마르모르궁 4월 토~일 10:00~17:30 5월~10월 화~일 10:00~17:30

11월~3월 토~일 10:00~16:00(입장료 성인 8유로, 학생 6유로) ⎓ www.spsg.de

독일의 마지막 궁전, 이곳에서 포츠담 회담이 열렸다

신공원은 포츠담 중동부 하일리거 호숫가Heiliger See, 포츠담시를 흐르는 하펠강 근처에 있다. 1787년 프리드리히 빌헬름 2세1744~1797, 제4대 프로이센 국왕. 프리드리히 대왕의 조카 명으로 세워졌다. 빌헬름 2세는 이 공원에 특별히 신경을 썼다. 왕세자 시절부터 공원 근처의 과수원과 포도원을 직접 구매하였는가 하면 왕좌에 오르고 1년 뒤 바로 공원 조성에 관여하였다. 자연 그대로의 모습을 중시하는 영국식 정원으로 나무나 식물을 인위적인 모양으로 꾸미지 않는 게 특징이다.

신공원 북쪽 초입에 위치한 체칠리엔호프 궁은 호엔촐레른 왕가가 세운 마지막 궁전이다. 빌헬름 2세가 그의 아들 빌헬름 빅토르1882~1951와 세자비 체칠리에1886~1954를 위해 지은 것으로, 1917년 건축가 파울 슐츠 나움부르크의 설계를 바탕으로 건설되었다. 영국의 튜더 왕조시대에 유행한 튜더 양식으로, 목재가 노출된 전형적인 목골조 주택 양식이다. 독일이 공화국이 되자 황태자는 네덜란드로 추방되었고 황태자비 홀로 이 궁에서 생활하다 2차 세계대전 말기 진격해오는 소련군을 피해 도피하였다. 목숨을 건진 그녀는 1954년 독일 중부의 작은 도시 바트 키싱엔에서 조용히 눈을 감았다.

체칠리엔호프 궁전은 1차 세계대전의 발발로 본래 계획보다 작은 규모로 건립되었다. 하지만 이 궁이 많은 이들에게 회자되는 이유는 포츠담 회담이 열린 장소이기 때문이다. 2차 세계대전 막바지인 1945년 7월 17일 미국, 영국, 소련의 지도자투르먼, 처칠, 스탈린들이 체칠리엔호프 궁에 모여 독일의 전후 처리 방침과 태평양 전선 종결을 논의하였다. 연합국 지도자들은 7월 26일 회담 후 일본의 무조건 항복을 요구하는 선언문을 발표했으며 독일의 전쟁 배상금 지불, 전범 재판 등을 결정짓는다. 지금은 보수공사로 임시휴관 중이다.

신공원엔 체칠리엔호프 궁전 외에도 피라미드 모양의 제빙고, 황실에 우유·치즈를 공급하기 위해 세운 낙농장 건물이 있다. 낙농장 건물엔 현재 양조장을 겸한 레스토랑이 입주해 있다. 포츠담 브란덴부르크 문을 설계한 두 건축가가 지었고 왕실의 여름 별궁으로 사용되었던 마르모르 궁Marmorpalais도 이 공원의 남쪽에 자리하고 있다. 신공원은 무료로 입장할 수 있어서 상수시 공원과 더불어 포츠담 시민들의 산책 장소로 이용되고 있다.

 ## 레스토랑 & 카페 하이더
Restaurant & Café Heider

150년 된 왕실 직원들의 단골 맛집

포츠담 구시가지 나우엔 문 바로 앞에 있는 카페 겸 레스토랑이다. 1878년부터 영업을 시작한 곳이다. 당시 포츠담 궁의 직원과 경호원들이 디저트와 커피를 즐겼다. 동독 시기에는 문인, 예술가, 학생들이 토론과 휴식을 즐겼다. 워낙 사람들이 많이 모이는 곳이라 동독 정보기관 슈타지가 이곳에서 시민들의 정보를 수집했다고 한다. 음식과 디저트, 차, 커피를 함께 판매한다. 오전 9~12시에는 독일식 아침 식사 & 브런치 뷔페를 즐길 수 있다. 1인당 19유로이다. 추천 메뉴는 오스트리아 황제 프란츠 요제프 1세가 즐겨 먹었다는 카이저슈마렌Kaiserschmarren이다. 아몬드와 건포도를 넣은 달콤한 팬케이크에 자두 또는 체리를 졸여 만든 새콤한 콤포트를 곁들여 먹는 디저트로 홍차와 아주 잘 어울린다.

🚶 트람 92·96번, 버스 604·609·638번 승차하여 나우엔 토어Nauener Tor 정류장 하차, 바로 앞 📍 Friedrich-Ebert-Straße 29, 14467 📞 +49 331 2705596 🕐 매일 09:00~21:00 € 15~20유로 내외 🖹 cafeheider.de

🍴 와이키키 버거 Waikiki Burger

하와이 분위기가 물씬 풍기는

'알로하'라는 하와이 인사말로 손님을 맞이하는 수제 버거 전문점이다. 실내는 하와이 분위기가 물씬 나는 소품들로 장식되어 있다. 영어 메뉴판도 준비되어 있어 어려움 없이 주문할 수 있다. 음식 재료도 꼼꼼하게 적혀 있기 때문에 본인이 싫어하는 재료가 있다면 주문 시 빼달라고 요청하면 된다. 몸에 좋은 다이어트 푸드로 유명한 치아 씨드를 사용해 만든 번즈버거의 빵은 씹을수록 고소하다. 야채와 육즙 가득한 고기의 맛도 조화롭다. 버거를 먹을 때 고구마튀김을 즐겨먹는 하와이 사람들처럼 이곳에도 고구마튀김이 준비되어 있으니 한 번 맛보자. 하와이에서 유명한 코나 맥주도 판매한다.

🚶 브란덴부르크 문에서 브란덴부르크 거리Brandenburger Str. 따라 동쪽으로 도보 5분 직진-도르투거리Dortustraße로 좌회전 후 도보 2분 📍 Dortustraße 62, 14467 📞 +49 331 86745415 🕐 월~목 12:00~22:00, 금·토 12:00~23:00, 일 12:00~21:00 € 15유로 내외 🖹 www.waikiki-burger.de

크레페리 라 마들렌 Crêperie La Madeleine

프랑스가 생각나는 브르타뉴 크레페

브르타뉴 지방의 특산 요리이자 프랑스의 대표 요리 중 하나인 크레페 전문점이다. 이 가게의 대표 메뉴는 크레페의 일종인 '갈레트' 요리이다. 프랑스 북부 지방 브르타뉴는 땅이 척박하고 비가 많이 와 예로부터 밀 대신 메밀을 재배했다. 납작한 케이크라는 뜻의 갈레트Galette는 메밀가루를 얇게 반죽해 만든 크레이프에 달걀, 치즈, 시금치, 생햄 등을 더해 짭짤하게 먹는 음식이다. 재료에 따라 갈레트 요리만 20가지 정도이며 하나만 먹어도 배가 든든하다. 달콤한 크레페도 판매한다. 메뉴판에 메밀로 만든 갈레트는 부흐바이젠멜Buchweizenmehl, 밀로 만드는 크레페는 바이젠멜Weizenmehl로 표기되어 있다. 브르타뉴 지역의 사과주와 함께 즐기자.

🚶 브란덴부르크 문에서 브란덴부르크 거리Brandenburger Str.를 따라 5분 직진-린덴거리Lindenstraße로 좌회전 후 도보 2분
📍 Lindenstraße 9, 14467 📞 +49 331 2705400 🕐 매일 12:00~22:00 € 15유로 내외 ☰ www.creperie-potsdam.de

 ## 부에나 비다 커피 클럽 Buena Vida Coffee Club

공정무역 원두를 사용하는

쿠바의 재즈 연주단 부에나 비스타 소셜 클럽을 떠오르게 하는 가게명이 인상적이다. 코스타리카부터 부에노스아이레스까지 3개월 동안 배낭여행을 떠날 정도로 중남미 문화에 관심이 많았던 주인장이 직접 지은 이름이다. 카페 이름 '부에나 비다'는 이름다운 인생, 순거운 인생이라는 뜻이다. 주인은 10여년 동안 커피 관련 식송에서 일하며 전문성을 쌓았다. 직접 로스팅한 커피 원두를 사용한다. 바리스타, 로스팅 관련 수업도 카페에서 진행하고 있다. 공정무역으로 생산된 원두를 사용하고, 되도록 플라스틱 용기는 사용하지 않는다. 민트색 커피 머신과 커피 잔이 이집의 트레이드마크이다. 부드럽고 풍부한 우유맛과 커피를 함께 즐길 수 있는 라떼를 추천한다.

🚶 성 페터와 파울교회 정문 맞은편 📍 Am Bassin 7, 14467 📞 +49 331 87093393
🕐 월~토 09:00~18:00, 일·공휴일 10:00~18:00 € 5~6유로 ☰ www.buenavidacoffeeclub.de

프랑크푸르트 암 마인
Frankfurt am Main

괴테 그리고 유럽의 금융 수도

독일을 생각하면 흔히 높은 기술력, 고층 빌딩, 넓고 깨끗한 도로, 그 위를 달리는 벤츠와 아우디를 떠올리기 쉽다. 프랑크푸르트는 독일의 이런 이미지를 대표하는 도시이다. 정식 명칭은 프랑크푸르트 암 마인으로 '마인에 있는 프랑크푸르트'라는 뜻이며, 베를린 동남쪽 폴란드 국경 지대에 있는 이름이 같은 도시와 구별하기 위해 '암 마인'을 붙였다. 독일의 주요 은행인 도이체방크와 코메르츠방크 본점이 프랑크푸르트에 있다. 또 유로€를 발권하는 유럽중앙은행도 이 도시에 있다. 프랑크푸르트는 독일을 넘어 유럽의 금융, 경제 중심지로 자리 잡았다. 독일에서 가장 높은 빌딩 10개가 모두 프랑크푸르트에 있다. 그 중에서 코메르츠방크타워가 259m로 가장 높다.

프랑크푸르트는 독일이 자랑하는 대문호 괴테의 고향이다. 또 책 박람회를 비롯한 국제박람회가 1년 내내 열리는 문화의 도시이기도 하다. 유럽의 관문이자 교통의 요충지로 대한항공, 아시아나항공이 매일 운항하며 주변국 또는 주변 도시로 이동하기에 편리하다. 대표적인 관광지로 구시가지의 중심인 뢰머광장, 괴테 하우스, 유럽의 손꼽히는 미술관인 쉬른미술관과 슈테델미술관, 프랑크푸르트 대성당, 유로타워와 마인타워 등을 꼽을 수 있다. 명소 대부분이 뢰머 광장 주변 구시가지에 몰려있다.

주요축제

디페메스Dippemess 프랑크푸르트의 가장 대표적인 전통축제이다. 이 축제에 관한 언급이 나온 것은 14세기로 현재는 4월과 9월에 페스트광장에서 열린다. U7호선 아이스포트할레역Eissporthalle에서 하차해 Ostpark 공원 쪽으로 도보 6분 www.dippemess.de

오페라 스퀘어 페스티벌 6월 말~7월 초, www.opernplatzfest.com

마인페스트Mainfest 8월 초 뢰머 광장, www.frankfurt-tourismus.de/mainfest

아펠바인 페스티벌Apfelweinfestival 사과로 만든 프랑크푸르트 대표 지역 술, 아펠바인 축제, 8월 로스광장 Roßmarkt, www.frankfurt-tourismus.de/apfelweinfestival

무제움우퍼페스트 8월 말 3일, 박물관 지구의 박물관과 미술관을 무료입장, www.museumsuferfest.de

프랑크푸르트 여행 지도

프랑크푸르트 하루 여행 추천코스
지도의 빨간 점선 참고
뢰머광장 → 도보 3분 → 쉬른 미술관 →
도보 3분 → 프랑크푸르트 대성당 → 도보 10분 →
괴테 하우스 & 박물관 → 도보 8분 →
클라인마르크트할레, 차일거리 → 대중교통 15분 →
슈테델 미술관 → 대중교통 15분 → 마인타워 전망대

Alte Oper

Frankfurt
Taunusanlage

Neue Mainzer Str.

Junghofstraße

Taunusanlage

Taunusanlage

마인타워
Mein Tower

Neue Mainzer Str.

Große Gallusstraße

Mainzer Landstraße

Niddastraße

Taunusstraße

TaunusstraBe

Gallusanlage

Kaiserstraße

유로타워
Eurotower

Willy-Brandt-Platz

Düsseldorfer Str.

Karlstr.

Kaiserstraße

Münchener Str.

오페라 극장
Oper Frankfurt
Willy Brandt Platz

경찰서

Frankfurt (Main)
Hauptbahnhof

관광 안내소

십리향 팍초이

M

프랑크푸르트 중앙역
Frankfurt Hbf

Elbestraße

Gutleutstr.

클로스터호프
Klosterhof

Baseler Str.

Wilhelm-Leuschner-Straße

Untermainkai

마인강
Main

박물관 지구
Museumsufer

커뮤니케이
Museum für
Kommunika

홀베인 다리
Holbeinsteg

도착

Dürerstraße

슈테델 미술관
Städel Museum

오토 한 플라츠 정류장
Otto-Hahn-Platz

Tram

주 덴 즈볼프 아포스텔른
Zu den 12 Aposteln

차일거리
Zeil

Ⓢ Ⓤ Konstablerwache

Ⓤ Hauptwache

하웁트바헤
Hauptwache

클라인마르크트할레
Kleinmarkthalle

Berliner Str.

바커스커피

하우스 & 박물관
kfurter Goethe-Haus

파울 교회
Paulskirche

이모리

현대미술관
Museum MMK für Moderne Kunst

비타앤차르트

출발

돔/뢰머역
Dom/Römer
Ⓤ

프랑크푸르트 대성당
Kaiser Dom

뢰머 광장
Römerplatz

알테 니콜라이 교회
Alte Nikolaikirche

쉬른 미술관
Schirn Kunsthalle Frankfurt

Münzgasse

Fahrtor

Mainkai

Schöne Aussicht

Alte Brücke

마인강 유람선
Schifffahrten

아이젤너 다리
Eiserner Steg

마인강
Main

Sachsenhäuser Ufer

프랑켄슈타이너 플라츠
Frankensteiner Platz
Tram

세계 문화 박물관
● Weltkulturen Museum

영화 박물관
● Deutsches Filmmuseum

축 박물관
eutsches
chitekturmuseum

Walter-Kolb-Straße

Elisabethenstraße

Brückenstraße

Wallstraße

다하임
Daheim

Schaumainkai

Gartenstraße

Ⓤ Schweizer Platz

프랑크푸르트 대중 교통 노선도

U3 Oberursel Hohemark
Rosengärtchen
Glöcknerwiese
Waldlust
Kupferhammer
Lahnstr.
Oberursel Altstadt
Oberursel Stadtmitte
Oberursel Bahnhof
Bommersheim
Weißkirchen Ost
Niede...
Wiese...
Stierstadt
Weißkirchen/Steinbach

S4 Kronberg
Kronberg Süd
Schwalbach Nord
Niederhöchstadt
Schwalbach
Eschborn
Sulzbach Nord
Eschborn Süd
RÖDELHEIM
S3 Bad Soden
Rödelheim

U6 Praunheim Heerstr.
Friedhof Westhausen
Stephan-Heise-Str.
Hausener Weg
Fischstein
U7 Hausen
Große Nelkenstr.
Nidda-park
U1 U9 1...
Ginnheim
Nordwestzentrum
U9
Heddernhei... Land...
Römerstadt

Markus-Krankenhau...
Industriehof
Kirch-platz
Frauen-friedenskirc...
Leipziger Str.
Juliusstr.
BOCKENHEIM
U4 Bockenhein... Warte

Niedernhausen S2
Niederjosbach
Bremthal
Eppstein
Lorsbach
Hofheim
Kriftel
Zeilsheim

S1 S8 S9
Wiesbaden Hauptbahnhof
Wiesbaden Ost
Farbwerke
Höchst Bahnhof
HÖCHST
Sindlingen
17 Rebstockbad
Leonardo-da-Vinci-Allee
An der Dammheide
West-bahnhof
Adalbert-/Schloßstr.
Varrentrappstr.
Ludwig-Erhard-Anlage
Kuhwald-str.
Nauheimer Str.
Festhalle/Mess...
Messe
Speyerer Str.
Hohenstaufens...
Platz der Republik

11 Höchst Zuckschwerdtstr.
21 Nied Kirche
Tillystr.
Bolongaropalast
Luthmerstr.
Birminghamstr.
Jägerallee
Linnegraben
Waldschulstr.
Wickerer Str.
Schwalbacher Str.
Rebstöcker Str.
21 Gallus Mönchhofstr.
Galluswarte
Güterplatz
GALLUS
NIED
Nied

Hattersheim
Eddersheim
Flörsheim
Kastel
Hochheim
Mainz Nord
Mainz Hauptbahnhof
Mainz Römisches Theater

Rhein
Rhein

Griesheim
GRIESHEIM
GUTLEUTVIERTEL
Baseler Plat...
U5 S7 20 Hauptbahnhof

50
SCHWANHEIM
Main

12 Schwanheim Rheinland-str.
19
Ferdinand-Dirichs-Weg
Waldfriedhof Goldstein
Harthweg
Waldau
Kiesschneise
Bürostadt Niederrad
Niederrad Bf
15 Niederrad Haardtwaldplatz
Oden-waldstr.
Schwarz-waldstr.
Frauenhofstr.
NIEDERRAD
Melibocusstr.
Gerauer Str.
Vogelw...
Heinrich-Hoffmann-S...
Blutspendedier...
Rennbahn

Bischofsheim
Rüsselsheim
Kelsterbach
Flughafen Regionalbahnhof
5090
Stadion
20 Stadion Straßenbahn
21
Oberforsthaus
*Verkehr nur zu Veranstaltungen im Stadion

Gustavsburg
Opelwerk
Raunheim
Zeppelinheim
Walldorf
Mörfelden
Wolfskehlen
Groß-Gerau Dornberg
Dornheim

S7 Riedstadt-Goddelau
S3 Darmstadt Hbf
Wixhausen
Arheilgen
Erzhaus...
Lange...
Dre...

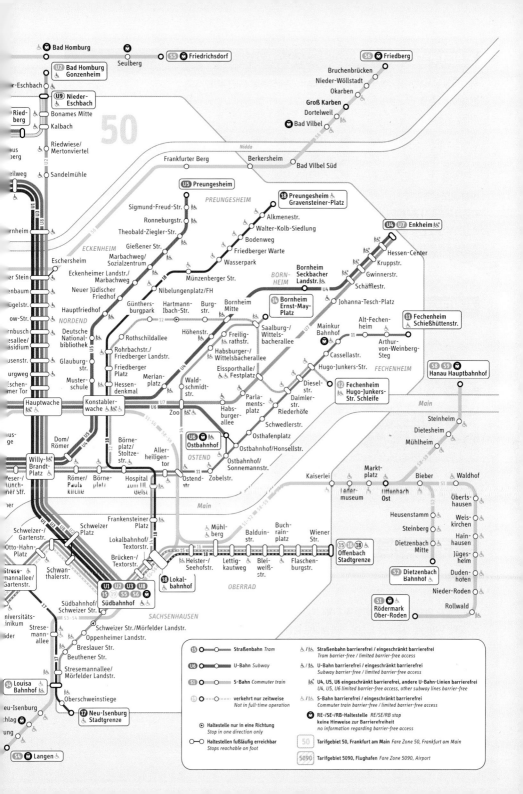

프랑크푸르트 일반 정보

위치 독일 남서부(베를린에서 서남쪽으로 550km, 고속열차로 4시간 40분 소요)

인구 약 80만 명

기온

℃/월	1월	2월	3월	4월	5월	6월	7월	8월	9월	10월	11월	12월
최고	4	6	10	15	19	22	24	24	20	14	8	5
최저	-1	1	2	6	9	12	14	14	11	7	4	0

여행 정보 홈페이지

프랑크푸르트시 홈페이지 www.frankfurt.de

프랑크푸르트 관광 안내 www.frankfurt-tourismus.de/en

프랑크푸르트 시내 교통 www.rmv.de

프랑크푸르트 관광안내소

뢰머광장

◎ Römerberg 27, 60311(시청사 왼편) ◷ 월~토 09:00~18:00, 일 09:00~16:00

프랑크푸르트 가는 방법

비행기

인천공항에서

루프트한자, 아시아나항공, 대한항공, 티웨이항공에서 운항하는 직항노선이 있다. 그 외 많은 외국 항공사에서 홍콩, 도하, 두바이를 경유하는 노선을 거의 매일 운항한다. 직항노선 소요 시간은 12시간 내외이다.

독일 및 유럽에서

프랑크푸르트 국제공항은 루프트한자의 허브 공항으로 루프트한자 비행편이 유독 많다. 일찍 예매하면 저렴한 가격으로 이용할 수도 있어서 저비용항공사와의 가격을 비교해 예매하는 게 좋다. 라이언에어Ryanair와 위즈항공 Wizzair은 프랑크푸르트 한 공항Frankfurt Hahn flughafen을 이용한다. 한 공항은 시내까지 버스로 1시간 45분가량 소요되므로 예매 시 공항 이름을 잘 확인하자.

프랑크푸르트 국제공항으로 취항하는 저비용항공들
티유아이항공TUIFly, 유로윙스Eurowings, 페가수스항공Pegasus, 콘도르Condor, 이베리아 익스프레스Iberia express

프랑크푸르트 한 공항으로 취항하는 저비용항공들
라이언에어Ryanair, 위즈항공Wizzair, 플라이원FlyOne, 에어 세르비아Air Serbia

기차

프랑크푸르트는 독일뿐만 아니라 주변국 주요 도시까지 기차 노선이
연결돼 있다. 저비용항공이 편리하지만 가까운 도시는 기차가 더 낫
다. 가끔 프로모션 기간에는 매우 싼 가격으로 이용할 수도 있으니 독
일 철도청 홈페이지www.bahn.de를 자주 살펴보도록 하자. 가격과 운
행시간은 홈페이지에서 확인 후 예매할 수 있다.

기차 소요시간
베를린-프랑크푸르트 4시간 20분 뮌헨-프랑크푸르트 3시간 20분
쾰른-프랑크푸르트 약 1시간 20분 파리-프랑크푸르트 5시간(환승필요)
바젤-프랑크푸르트 3시간

버스

버스는 가격은 저렴하지만 이동 시간이 긴 단점이 있다. 하이델베르크처럼 소요시간이 기차와 비슷한 도시를 오갈
때 이용하기를 추천한다. 표는 터미널에서 직접 구매할 수 있으나 인터넷으로 미리 예매하면 더 저렴하다. 비교 사
이트를 통해 먼저 가격과 시간을 확인 후 구매하도록 하자.
프랑크푸르트 중앙역Frankfurt (Main) Hauptbahnhof 남쪽에 있는 프랑크푸르트 고속버스터미널Fernbusbahnhof ZOB
을 이용한다. 출발지에 따라 플랫폼이 다르니 출발 시간 15분 전에는 터미널에 도착해 플랫폼의 정확한 위치를 확
인하자. 프랑크푸르트 국제공항에서도 다른 도시를 오가는 고속버스를 이용할 수 있다. 터미널 1의 주차장 36번에
고속버스 정류장이 있다. 터미널 2와 터미널 1 사이에는 무료 셔틀버스가 운행된다.

버스 소요시간
쾰른-프랑크푸르트 2시간 하이델베르크-프랑크푸르트 1시간 30분
뉘른베르크-프랑크푸르트 4시간 뮌헨-프랑크푸르트 6시간

공항에서 기차로 독일과 유럽 도시로 가기

프랑크푸르트 공항은 유럽의 관문이어서 독일과 유럽의 다른 도시로 이동 시에 경유지로 많이 이용한다. 공항에 도
착하면 이어서 주로 저비용항공과 기차를 이용한다. 기차도 공항에서 바로 탈 수 있다. 터미널1 북쪽의 장거리 기차
역 페른반호프Frankfurt am Main Flughafen Fernbahnhof에서 이용하면 된다.

페른반호프Frankfurt am Main Flughafen Fernbahnhof
🚶 터미널 1의 지하에 있다. Long distance train 또는 T 표시판을 따라 긴 터널을 통과한다. 터미널 1로 도착했다면 기차역까
지 도보로 15~20분가량 소요되지만, 터미널 2에서는 버스(D와 E구역 사이의 택시 정류장 옆에서 승차)또는 Sky Line(터미널 2의 D와 E
구역 사이에 위치) 셔틀 기차를 이용해 터미널 1로 이동해야 한다. 버스와 셔틀기차는 무료로 이용할 수 있다.
ⓘ 출·도착 기차 지역 열차 RE, 열차 EN·IC·ICE·ICE International·RJ
◎ Frankfurt am Main Flughafen Fernbahnhof, 60547 ⓒ 셔틀 운행시간 **버스** 05:30~23:30 **SkyLine** 24시간 운행

공항에서 시내 들어가기

프랑크푸르트 국제공항Flughafen Frankfurt am Main, FRA에서

프랑크푸르트 국제공항은 시내에서 10Km 정도 떨어진 곳에 있으며 FRA로 표기한다. 시내로 이동하는 방법은 지하철, 버스, 택시가 있다. 지하철은 공항과 바로 연결되어 있으며 시내까지 약 10분 정도 소요되기 때문에 가장 추천하는 방법이다.
공항 홈페이지 www.frankfurt-airport.com

❶ 지하철 터미널 1 지하에 있는 지하철역에서 지역열차 혹은 S반을 타고 프랑크푸르트 중앙역까지 이동하면 된다. 터미널 2에 도착했다면 공항에서 무료로 운행하는 버스 또는 Sky Line 셔틀기차를 이용해 먼저 터미널 1로 가면 된다. 터미널 1에 도착 후 기차역을 뜻하는 반회페Bahnhöfe 표지판을 따라 이동한다. 지하철 티켓을 구매하고 레기오날반호프Regionalbahnhof에서 S-Bahn S8, S9호선을 탑승한다. 성인 6.3유로, 어린이 3.7유로의 표를 구매하면 된다.
❷ 버스 터미널 1과 터미널 2의 2층 E지역 8번 출입구에서 버스 61번을 타면 프랑크푸르트 남역Südbahnhof에 도착한다. 약 35분 정도 소요된다. 버스 요금은 성인 5유로, 어린이 3유로이며, 표는 버스 기사에게 구매하면 된다.
❸ 택시 공항에서 시내로 진입하는데 20분 정도 소요된다. 시내에서 공항으로 갈 때는 공항 이름과 함께 이용하는 항공회사를 말하면 체크인 카운터와 가까운 입구로 인도해 준다. 시내에서 공항까지 약 60유로 정도 소요된다.

프랑크푸르트 한 공항Frankfurt Hahn flughafen에서

프랑크푸르트 시내에서 120km나 떨어져 있으며 저가 항공사가 주로 운항된다. HHN으로 표기된다. 워낙 시내에서 떨어져 있어 지하철과 택시로의 이동은 힘들고 프랑크푸르트 한 공항과 국제공항을 오가는 고속버스 flibco를 이용해야한다. flibco 승차권은 기사에게 직접 구매하거나 홈페이지www.flibco.com에서 예매할 수 있는데, 기사에게 직접 사는 게 훨씬 비싸다. 가능하면 온라인으로 구매하자. 온라인 구매의 경우 5세~성인 18.99유로, 4세 이하 무료이다. 홈페이지 www.hahn-airport.de

---

(Travel Tip)

flibco 승차하는 곳
❶ 프랑크푸르트 국제공항FRA→프랑크푸르트 한 공항HHN
프랑크푸르트 국제공항 터미널 1의 'P36 정류장Fernbusparkplatz P36'에서 flibco 탑승
❷ 프랑크푸르트 시내→한 공항HHN
프랑크푸르트 중앙역Hauptbahnhof의 고속버스터미널Fernbusbahnhof ZOB, Stuttgarter Straße 26에서 flibco탑승
❸ 한 공항HHN→국제공항FRA
한 공항 터미널 B 정문 앞에서 flibco 탑승

프랑크푸르트 시내 교통

프랑크푸르트 대중교통기관 RMVRhein-Main-Verkehrsverbund는 S반, U반, 버스, 트람, 지역열차(레기오날)을 관할한다. 교통권을 사면 택시를 제외한 시내 대중교통 수단을 탑승할 수 있다. 관광지가 구도심에 모여 있어서 도보 여행이 가능하나 숙소가 중앙역 근처라면 박물관 지구나 작센하우젠까지는 도보로 이동하기 부담스럽다. 목적지에 맞

춰 단거리권이나 1일권을 이용해보자. S반, U반 역이나 트람 내 티켓 판매기에서, 또는 버스 기사에게 교통권을 구입하면 된다. 공항 운임은 시내 운임 지역인 Tarif 5000에 해당하지 않기 때문에 교통권이 조금 더 비싸다.
RMV 홈페이지 www.rmv.de

프랑크푸르트 시내(Tarif 5000) 요금표

티켓종류	성인	6~14세
단기권 Kurzstrecke	2.35€	1.75€
1회권 Einzelfahrt	3.8€	1.55€
1일권 Tageskarte	7.4€	3€
공항(5090)에서 1회권	6.6€	3.85€
공항(5090)에서 1일권	12.9€	7.5€

프랑크푸르트 카드Frankfurt Card

공항과 시내의 대중교통을 무제한으로 이용 가능하며 박물관이나 레스토랑, 가이드 투어의 할인 혜택이 제공된다. 괴테하우스, 슈테델미술관 등 관광지 입장권이 최대 50% 할인된다. 1일권과 2일권이 있으며 카드를 받으면 뒷면에 날짜를 기입한다. 1일권 싱글카드1인용의 가격은 12유로이고, 그룹카드 최대 5인은 24유로이다. 프랑크푸르트 관광안내소 및 프랑크푸르트 기차역에서 구매할 수 있다.
홈페이지 www.frankfurt-tourismus.de/Informieren-Planen/Frankfurt-Card

프랑크푸르트 카드 요금

티켓종류	성인	그룹 (최대 5인)
1일 (교통권 포함)	12€	24€
2일 (교통권 포함)	14€	36€
2일 (교통권 제외)	6€	13€
3일 (교통권 제외)	9€	19€

(Special tip)

뮤지엄스우퍼 티켓 MuseumsuferTicket

프랑크푸르트 박물관 지구의 뮤지엄스우퍼Museumsufer뿐 아니라 프랑크푸르트 시내의 박물관과 미술관 39곳을 이틀간 입장할 수 있는 티켓이다. 관광안내소와 박물관, 미술관에서 현장 구매할 수 있다. 타인에게 양도할 수 없으므로 박물관 입장 시 신분증을 보여줘야 한다. 연간 무료입장이 가능한 뮤지엄스우퍼 카드와 헷갈리지 말자
요금 성인 21유로, 6~18세 12유로, 가족(성인 2명+18세 이하 아동 3명) 32유로
홈페이지 www.museumsufer.de/en

뢰머 광장
Römerplatz 뢰머플라츠

🚶 U5·U6호선 돔/뢰머역Dom/Römer에서 서쪽으로 도보 2분
📍 Römerberg 23, 60311
📞 +49 69 21238800
🕐 시청사 월~토 10:00~17:00(시정행사 시 입장 불가) 입장료 성인 2유로

© visitfrankfurt-Christoph Parts

구도심의 심장이자 프랑크푸르트 여행의 중심

프랑크푸르트는 고층 빌딩숲과 시간의 향기를 품은 중세 건축이 공존하는 매력적인 도시이다. 고층 빌딩이 프랑크푸르트의 발전과 역동성을 상징한다면 고건축은 이 도시의 오랜 이야기를 전해준다. 뢰머 광장뢰머베르크, 뢰머플라츠은 옛 건축이 몰려있는 구도심의 심장이다. 광장의 시작은 이곳에 로마군이 주둔했던 기원전 50년경으로 거슬러 올라간다. 뢰머Römer는 독일어로 로마인이라는 뜻이다. 뢰머 광장에는 계단처럼 세워진 뾰족한 지붕의 붉은 건물 세 채가 단연 눈에 띄는데 바로 프랑크푸르트의 시청사이다. 시청사의 역사는 1405년부터 시작되었으며, 1562년 신성로마제국 막시밀리안 2세의 대관식과 축하 연회의 무대로도 사용되었다. 시청사 2층 황제의 홀Kaisersaal에는 신성로마제국 황제 52명의 초상화가 전시되어 있어 방문객은 편하게 관람할 수 있다.

뢰머 광장의 중앙에는 1543년에 세워진 정의의 분수가 있다. 분수에는 검과 저울을 들고 있는 정의의 여신 유스티티아Justitia의 동상이 있는데, 여신의 이름에서 분수의 이름과 정의를 뜻하는 영어 단어 저스티스Justice가 유래했다. 광장을 중심으로 알테니콜라이 교회, 파울 교회, 프랑크푸르트 대성당, 괴테하우스, 마인강 등 주요 관광 명소가 5분 내외 거리에 펼쳐져 있다. 광장엔 관광안내소가 있고, 겨울에는 크리스마스 마켓이 열린다.

쉬른 미술관
Schirn Kunsthalle Frankfurt 쉬른 쿤스트할레 프랑크푸르트

🚶 ❶ 뢰머 광장에서 동쪽으로 열주회랑 따라 도보 1분 ❷ U5·U6호선 돔/뢰머역Dom/Römer에서 도보 1분 이내
📍 Römerberg, 60311 📞 +49 069 2998820 🕐 화·금~일 10:00~19:00, 수·목 10:00~22:00 **휴관** 월요일
€ 8세 이하 무료, 입장료는 전시회에 따라 차이가 있으나 평균 15유로 정도. 매주 수·목 18:00~22:00는 데이트 나이트로 성인 티켓 1장으로 2명 관람 가능 ☰ www.schirn.de

© Wikipedia_CC-BY-SA-4

프랑크푸르트의 자존심

뢰머 광장과 프랑크푸르트 대성당 사이에 자리한 현대미술관이다. 2차 세계대전의 아픔을 딛고 경제 부흥에 성공한 프랑크푸르트는 이제 물질이 아닌 정신의 풍요가 필요했다. 이때 프랑크푸르트가 선택한 것이 미술관이었다. 시의 자존심이자 역사가 시작된 뢰머 광장에 문화 부흥을 일으킬 미술관의 설립을 위해 건축 공모전을 거쳐 1986년 마침내 쉬른 미술관이 문을 열었다. 그리고 뢰머 광장과 프랑크푸르트 대성당을 잇는 150m의 긴 열주 회랑이 만들어졌다. 열주 회랑을 걷다 보면 순간에서 커다란 아트리움 홀을 만나게 되는데 이곳이 쉬른 미술관이다. 미술관 외에도 음악학교, 미술 공방, 아트숍, 카페 등으로 구성되어 있다. '쉬른'은 독일어로 '푸줏간' 또는 '고기 써는 도마'라는 뜻이다. 연합국의 폭격으로 파괴된 푸줏간 자리에 미술관이 들어서면서 이 같은 이름을 얻었다.

'모두를 위한 문화'를 내세우는 쉬른 미술관은 자체 소장품 없이 수준 높은 기획 전시를 유치하는 곳으로 유명하다. 1986년 개관한 이래 지금까지 중요한 전시 200여 회가 열렸다. 최근에 열린 대표적인 전시로는 뭉크, 마그리트, 자코메티, 오노 요코 기획전을 꼽을 수 있다. 근대부터 현대미술까지 그림과 조각 등 다양한 전시가 이루어진다.

© PantaRhei

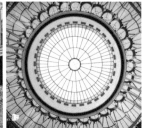

프랑크푸르트 대성당

Kaiser Dom 카이저 돔

🏃 뢰머 광장에서 Römerberg와 Krönungsweg/Markt 도로를 경유하여 동쪽으로 도보 3분 ⊚ Domplatz 1, 60311
📞 +49 69 2970320 ⏰ 성당 매일 09:00~20:00 탑 전망대 **10월~3월** 수~금 10:00~17:00, 토~일 11:00~17:00 **4월~9월** 월
~금 10:00~18:00, 토~일 11:00~18:00 성당 박물관 화~금 10:00~17:00, 토~일 11:00~17:00 € 성당 무료 탑 전망대 성인 3
유로 학생 2유로 성당 박물관 성인 4유로 학생 3유로 8세 이하 무료, 마지막 주 토요일 무료입장 ☱ www.dom-frankfurt.de

황제의 대관식이 이곳에서 열렸다

1562년부터 230년 동안 신성로마제국의 황제를 선출하고 대관식이 열린 고딕 양식 성당이다. 뢰머 광장에서 동쪽
으로 걸어서 3분 거리에 있다. 프랑크푸르트 대성당은 시내에 있는 어떤 교회보다도 큰 규모를 자랑한다. 정식 명
칭은 성 바톨로메오 성당Kaiserdom St. Bartholomäus이지만 황제의 대관식이 이곳에 열린 까닭에 흔히 황제의 성당,
즉 카이저 돔으로 불린다. 카이저 돔을 줄여서 그냥 돔이라 부르기도 한다. 9세기에 처음 만들어진 것으로 알려졌
으나 19세기 말에 이루어진 발굴 조사에 따르면 7세기부터 몇 세기에 걸쳐 증축과 재건축이 반복된 것으로 확인되
었다. 현재와 같은 고딕 성당의 모습을 갖춘 것은 1550년이다. 2차 세계대전 당시 6차례 공습으로 크게 파괴된 것
을 전후에 대대적으로 복원했다. 황제의 대관식을 거행한 성당답게 건물 안은 화려한 제단과 종교 예술품이 있으
며 오래된 벽화의 흔적도 찾아 볼 수 있다.

이 성당은 높이가 무려 95m에 이르는 첨탑으로 유명하다. 탑 꼭대기에 전망대가 있는데 300개가 넘는 계단을 올
라야 다다를 수 있다. 전망대에 오르면 현재와 과거가 공존하는 프랑크푸르트의 아름다운 모습을 시야 가득 담을
수 있다. 성당 입장은 무료이나 탑 전망대와 성당 박물관은 유료이다.

알테 니콜라이 교회

Alte Nikolaikirche 알테 니콜라이키르헤

🚶 뢰머 광장 남쪽에 위치 ⊙ Römerberg 11, 60311
📞 +49 69 284235 🕐 10:00~18:00
€ 무료 ☰ www.paulsgemeinde.de/alte-nikolaikirche

옛 왕실의 예배당

알테 니콜라이 교회는 뢰머 광장 남쪽에 있다. 12세기 중반에 초기 고딕양식으로 지어진 뒤 13세기 말부터 14세기까지 왕실 예배당으로 사용되었다. 여러 차례의 재건을 통해 15세기에 지금과 같은 후기 고딕양식으로 정착되었다. 4세기 초 터키 남부 미라Myra의 주교이자 산타클로스의 모델인 니콜라우스에서 교회 이름이 유래되었다. 설립 당시엔 가톨릭 교회였으나 현재는 루터교의 건물이다. 왕실 예배당으로 사용되었다고 하기에는 규모가 아담한 편이다.

파울 교회

Paulskirche 파울스키르헤

🚶 뢰머 광장에서 서북쪽으로 도보 3분
⊙ Paulsplatz 11, 60311 📞 +49 69 21234920
🕐 월~목 10:00~17:00 € 무료

독일 민주주의의 출발지,
첫 국민의회가 이곳에서 열렸다

1848년 프랑스 2월 혁명이 임힘으로 유럽 지역에 혁명의 불길이 번졌다. 독일도 마찬가지여서 독일 연방을 하나로 통합하고자 하는 움직임이 거세게 일어났다. 마침내 통일 헌법을 제정하기 위해 국민의회의 첫 회의가 1848년 5월 18일 열렸는데, 그 장소가 바로 파울 교회이나. 1년 뒤인 1849년 3월 28일 의회는 이 교회에서 바이마르공화국과 독일연방공화국 기본법의 바탕이 된 프랑크푸르트 헌법을 가결시켰다. 교회의 이름을 따 파울교회 헌법으로 부르는데, 주요 내용은 국민의 다양한 기본권을 보장하는 것이다. 독일 민주주의 역사가 시작된 파울교회는 자유와 평화의 상징이다. 1833년에 처음 지어졌으나 2차 세계대전 때 파괴된 것을 1944년 재건축하였다. 지금은 독일 민주주의 기념관으로 사용되고 있다. 화가 요하네스 그뤼츠케가 제작한 33m의 원형 벽화 <국회의원들>이 유명하다. 벽화는 교회 1층에 있다.

괴테하우스 & 독일낭만주의박물관
Frankfurter Goethe-Haus & Deutsches Romantik-Museum

🏃 뢰머 광장에서 Neue Kräme, Berliner Str., Großer Hirschgraben 도로 경유하여 북서쪽으로 도보 5분
📍 Großer Hirschgraben 23-25, 60311 📞 +49 69 138800
🕐 월·수·금·일 10:00~18:00, 목 10:00~21:00(유모차와 휠체어 입장 불가)
€ 성인 10유로, 학생 3유로(프랑크푸르트 카드 소지 시 50% 할인), 가족 티켓 15유로(성인 최대 2명+18세 이하 1명)
오디오 가이드 3유로 ☰ www.goethehaus-frankfurt.de

독일의 자랑, 괴테의 집

『젊은 베르테르의 슬픔』과 『파우스트』『빌헬름 마이스터의 편력시대』 괴테1749~1832는 소설가였고, 시인이었다. 극작가였고, 법률가였고, 정치가였다. 대문호 요한 볼프강 폰 괴테는 독일의 자랑이다. 그는 1749년 8월 28일 프랑크푸르트에서 태어났다. 귀족 출신은 아니었지만 집안은 꽤 유복했다. 아버지는 법률가였고, 어머니는 프랑크푸르트 시장의 딸이었다. 그는 괴테하우스에서 태어나 16세 때까지 이곳에서 자랐다. 괴테하우스는 1733년 할머니가 처음 구매하였고, 1755년 아버지1710~1782, 요한 카스파르 괴테가 크게 보수를 하였다. 10대 후반과 20대 초반 법률을 공부하기 위해 라이프치히와 스트라스부르로 떠난 뒤 20대 중반 변호사가 되어 고향으로 돌아와 다시 괴테하우스에 살았다. 7년 전쟁1756~1763 때는 프랑스에 점령되어 프랑스 군정관의 관사가 되는 불운을 겪었으나 괴테는 1795년까지 이 저택에서 살았다. 2차 세계대전 당시 많이 파괴되었으나 저택의 물건을 미리 안전한 곳에 보관해 피해를 최소화하였다. 저택도 전후인 1949년 재건하였다. 괴테하우스는 모두 4층독일식으로는 3층으로 이루어져 있다. 방 만 해도 약 20개에 이른다. 저택을 살펴보면 그와 그의 가족이 얼마나 부유한 삶을 살았는지 가늠할 수 있다. 수많은 그림, 가구, 조각상 등 볼거리가 다양하므로 꼭 방문하길 권한다. 특이한 것은 방마다 벽지를 달리하여 벽지 색깔에 따라 이름을 붙인 점이다. 저택에 관해 상세히 설명해 주는 휴대용 한국어 안내서가 있어 관람하는 데 불편함이 없다. 입장권의 QR코드를 통해 한국어 오디오 가이드도 무료로 들을 수 있다. 저택은 괴테가 활동한 독일 낭만주의 시대의 역사와 예술을 보여주는 낭만주의박물관 옆 건물에 있다. 입장료로 박물관까지 모두 관람이 가능하다.

© visitfrankfurt_Holger_Ullman

ONE MORE

괴테
독일의 가장 위대한 작가

괴테1749~1832, 요한 볼프강 폰 괴테, Johann Wolfgang von Goethe
는 독일 역사상 가장 위대한 작가 중의 한 사람이다. 어려서부
터 문학과 음악에 심취했으며, 열세 살에 이미 시집을 낼만큼
문제를 늘렸다. 법률가였던 아버지의 영향으로 대학에서 법률
을 공부했지만 그는 문학에 더 깊은 관심을 보였다. 1774년 20
대 중반이 된 그는 자신의 짝사랑 경험과 이룰 수 없는 사랑에
괴로워하다 자살한 친구 이야기를 바탕으로 편지체 소설『젊
은 베르트르의 슬픔』을 썼다. 그는 이 소설로 하루아침에 스
타 작가로 떠올랐다.

1775년, 괴테는 고향 프랑크푸르트를 떠나 독일 중부의 소도시 바이마르로 향했다. 그는 바이마르 공국1741~1918의
재상이 되어 작은 공국을 이끌었다. 1786년에는 3년 동안 이탈리아를 여행한 뒤 바이마르로 돌아왔다. 이탈리아 여
행은 그에게 고전주의 예술관을 확립시켜주었다. 이후 괴테는 독일의 또 다른 대문호 쉴러1759~1805와 교류하며 절
정의 문학 세계를 보여주었다. 『파우스트』『이탈리아 기행』『빌헬름 마이스터의 편력시대』등 그의 인생을 빛내준
명작들이 모두 중후반기에 쏟아져 나왔다. 그의 수많은 작품은 독일 문화 전반에 큰 영향을 끼쳤다. 그의 시 〈마왕〉
과 〈들장미〉는 슈베르트에 의해 독일의 대표 가곡으로 다시 태어났고, 당대 최고 작곡가 베토벤은 희곡 〈에그몬트〉
에 붙이는 서곡을 만들었다. 1808년 천하의 영웅 나폴레옹이 괴테를 만났다. 그는 괴테를 만난 후 이런 말을 남겼
다. "여기에도 사람이 있었군." 당대의 영웅이, 또 다른 영웅을 알아본 것이다.

괴테하우스 층별 안내

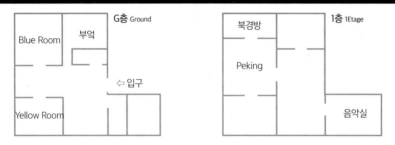

G층 Ground

Blue Room
부엌
⇐ 입구
Yellow Room

1층 1Etage

북경방
Peking
음악실

G층 Ground 층, Erdgeschoss

우리나라로 치면 1층이다. 손님을 맞이했던 노란 방, 가까운 친구를 맞이한 응접실파란 방, 부엌이 있다. 부엌에는 지하실의 물을 끌어 쓰던 펌프가 있는데, 개인이 물을 조달할 수 있었다는 점이 괴테가 매우 부유한 삶을 살았다는 사실을 반증해준다. 당시 시민들은 공동 우물에서 물을 길어 썼다.

1층 1Etage

괴테 가족은 모두 악기를 다룰 정도로 음악에 조예가 깊었다. 회색방이 음악실이었다. 이곳엔 공간을 줄이기 위해 발명된 매우 드문 형태의 피라미드 피아노가 있다. 중국 문양 벽지 때문에 북경 방이라는 별명을 가진 붉은 방은 가족이 행사를 하거나 중요한 손님이 왔을 때 사용했다. 7년 전쟁 당시 프랑스 점령군의 군정관 토랑 백작이 이곳에서 머물렀다.

2층 2Etage

2층에는 괴테의 여동생 코르넬리아의 방, 괴테가 태어난 탄생의 방, 괴테 어머니의 방, 회화전시실, 도서관이 있다. 2층에 오르자마자 천문 시계가 눈에 띈다. 해의 위치, 시간, 날짜를 보여준다. 시계의 동력이 다하기 6시간 전 천문 시계 아래쪽에 있는 작은 곰 조각상이 뒤집어진다. 회화전시실에는 괴테 아버지가 수집한 동시대 프랑크푸르트 일대에서 활동한 작가들의 작품이 전시되어 있다. 벽마다 그림이 가득하다. 괴테가 태어난 탄생의 방, 괴테 어머니의 방, 도서관도 2층에 있다. 자식 교육에 열성적이었던 아버지는 괴테와 여동생을 2층 도서관에서 직접 가르치거나 가정교사를 초대하여 교육시켰다. 그들이 공부한 언어만도 7가지가 된다고 한다.

3층 3Etage

3층은 복도, 시인의 방, 인형극의 방 등으로 구성되어 있다. 3층 복도에 있는 빨래 압축기가 단연 눈에 띈다. 이 압축기는 이불보만 144장이었던 괴테 가족의 빨래를 한 번에 다릴 수 있었다고 한다. 시인의 방은 괴테가 수많은 시와 소설 『젊은 베르테르의 슬픔』을 쓰고, 『파우스트』의 집필을 시작했던 곳이다.

하우프트바헤와 차일거리
Hauptwache & Zeil 하우프트바헤 & 차일

하우프트바헤 🚶 ❶ S/U-Bahn 하우프트바헤역 Hauptwache에서 하차
❷ 괴테하우스에서 북쪽으로 걸어서 5분 ◎ An der Hauptwache 15, 60313

100년 넘은 카페와 프랑크푸르트 최대 번화가

하우프트바헤는 시내 중심가 S/U반 하우프트바헤역 근처에 있는 약 300년 가까이 된 바로크 양식 건물이다. 원래 프랑크푸르트 시의 경비를 담당하는 군대의 위병소였다. 이후 경찰서로 사용되다가 1904년부터 카페로 바뀐 뒤 지금까지 이어오고 있다. 2차 세계대전 때 연합군의 공습으로 훼손되었으나 전쟁 후 건물을 크게 수리하였다. U반과 S반이 모두 정차하는 지하철 역이 들어서면서 하우프트바헤 앞 광장이 번화가로 자리 잡았다.

차일 거리는 하우프트바헤 북동쪽에 위치한 보행자 전용 도로이다. 갤러리아 백화점과 유명 SPA브랜드 매장과 각종 상점이 밀집한 프랑크푸르트 최대 번화가이다. 우리에게 익숙한 브랜드 매장이 이곳에 모여 있고 자동차가 다니지 않아 산책을 하거나 쇼핑하기 편하다. 차일거리의 대각선 방향, 그러니까 하우프트바헤 서쪽 블록은 명품 매장이 모여 있는 괴테 거리Goethestraße이다. 프랑크푸르트의 샹젤리제로 거리 양편으로 구찌, 샤넬, 카르티에, 루이뷔통, 아르마니, 발리, 불가리, 버버리 등 유명 패션 매장이 늘어서 있다. 괴테 거리가 시작되는 곳엔 괴테 광장이 있다. 괴테 동상을 보며 나무 그늘에서 쉬어 가기 좋다.

현대미술관
Museum MMK für Moderne Kunst 무제움 엠엠카 퓨어 모데르너 쿤스트

🚶 ❶ 뢰머 광장에서 Römerberg와 Braubachstraße 따라 북동쪽으로 도보 5분 ❷ 프랑크푸르트 대성당에서 Domstraße를 따라 북쪽으로 걸어서 2분 ◎ MMK1 Domstraße 10, 60311 TOWER(MMK2) Taunustor1, 60310 ZOLLAMT Domstraße 3, 60311 📞 +49 69 21230447 ⏰ 화·목~일 11:00~18:00, 수 11:00~20:00 **휴관** 월요일
€ MMK1 리노베이션 임시휴업 TOWER 성인 8유로, 학생 4유로 ZOLLAMT 성인 6유로, 학생 3유로 프랑크푸르트 카드 소지자 50% 할인 ☰ www.mmk.art

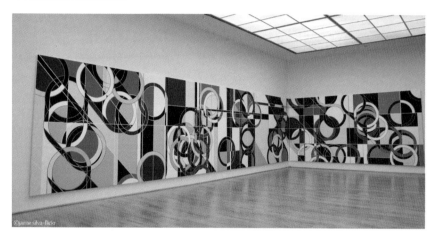
©jaime.silva-flickr

팝아트부터 미니멀리즘 작품까지

구시가지 돔 슈트라세Domstraße에 있다. 프랑크푸르트 대성당에서 북쪽으로 걸어서 2분 거리이다. 건물 생김새가 케이크를 닮아서 케이크 조각이라는 별명이 있다. 프랑크푸르트에서는 비교적 역사가 짧아1991개관 '어린 미술관'이라고 소개되기도 한다. 현대미술관 건립이 처음 논의된 것은 1981년이다. 2년 후 국제 공모를 통해 건축가를 모았고, 오스트리아를 대표하는 모더니즘 건축가 한스 홀라인의 디자인이 채택되었다. 그는 한때 현대 건축의 아버지인 루드비히 미스 반 네어 로에, 프랭크 로이드 라이드와 힘께 직업하였으나, 1985년에는 건축계의 노벨상이라는 프리츠커 상을 수상했다. 현대미술관은 1991년, 독일의 예술품 수집가인 칼 슈트뢰허가 기증한 팝아트와 미니멀리즘 작품을 기반으로 개관하였다. 프란시스 베이컨, 요셉 보이스, 백남준 그리고 독일에서 현재 활동 중인 프랑스 작가 카데 아티아의 작품 등 1960년부터 최근 작품까지의 현대 미술품을 소장, 전시하고 있다. 미술관은 본관 외에 2개의 별관을 가지고 있다. 가장 전시 비중이 높은 MMK 1관과 MMK2관Tower은 미술관의 정식 명칭인 Museum für Moderne Kunst의 약자에서 따나 이름 지었다. 그리고 3관인 ZOLLAMT까지 3채의 건물로 구성되어 있다.

©jaime.silva-flickr

©jaime.silva-flickr

©Rupert Ganzer-flickr

클라인마르크트할레
Kleinmarkthalle

🏃 MMK 현대미술관에서 한슨가세Hansengasse 따라 북쪽으로 도보 3분 📍 Hasengasse 5-7, 60311
📞 +49 69 21233696 🕐 월~금 08:00~18:00, 토 08:00~16:00 ☰ kleinmarkthalle.de

차범근이 애용한 재래시장

독일의 여느 도시와 마찬가지로 프랑크푸르트에도 공공 시장이 발달했다. 농민이 농장에서 직접 재배한 농산물을 팔기도 했지만 상인들이 곡물, 채소, 생선, 육류를 받아와 파는 것이 일반적이었다. 공공 시장의 흔적은 거리 이름에 흔히 발견할 수 있다. 마르크트Markt는 독일어로 시장을 뜻하는데, 거리 이름에 'markt'가 붙어 있으면 예전엔 그 근처에 시장이 있었다는 뜻이다. 구시가지에 있는 베크마르크트Weckmarkt, 코른마르크트Kornmarkt가 좋은 예이다. 하지만 공공 시장은 공터에 가건물이나 천막을 치고 열리는 게 대부분이어서 늘 위생 문제가 대두되었다. 19세기 말에 이르러 프랑크푸르트 법원은 시장의 불결한 위생 문제를 해결하기 위해 모든 상점을 한 건물에 입주시키도록 했다. 프랑크푸르트의 대표적인 재래시장 클라인마르크트할레도 이때 생겨났다. 1879년 네오 르네상스 스타일로 지은 건물이 1944년 연합군의 공습으로 무너지자 1954년 재건하였다. 클라인마르크트할레에는 채소, 과일, 육류, 그리고 꽃을 파는 화원 외 60여 개 가게가 입주해 있다. 차범근이 아인트라흐트 프랑크푸르트 소속 선수로 활동하던 시절 자주 이용하던 정육점도 이곳에 있다. 가게 입구엔 소꼬리, 불고기라고 한글로 적혀있어 눈길을 끈다. 할머니 두 분이 운영하는 소시지 가게 슈라이버Schreiber는 클라인마르크트할레의 가장 유명한 맛집이다.

─(Travel Tip)─

소시지 가게 슈라이버에서 부어스트 주문하기

❶ 소시지 종류를 선택한다.
Krakauer크라카우어(소고기+돼지고기)
Fleischwurst플라쉬부어스트(돼지고기)
Gelbwurst겔브부어스트(돼지고기+향신료)
Rindswurst린트부어스트(소고기)

❷ 빵과 함께 먹고 싶다면 브로첸 Brötchen을 추가로 구매한다.

❸ 기호에 맞게 주문할 때
필요한 독일어
바머Warme 따뜻하게,
칼터Kalte 차갑게,
밋 담Mit Damm 껍질 있게,
오네 담Ohne Damm 껍질 없이

마인강과 아이젤너 다리

Main&Eiserner Steg 마인&아이젤너 슈테그

🚶 뢰머 광장에서 도보 3분

📍 Mainkai, 60311

© primus-linie

고층 빌딩과 구 시가지를 한눈에 담기

마인강은 라인강의 지류이다. 동쪽에서 서쪽으로 흐르며 프랑크푸르트 시내를 골고루 적셔준 뒤 라인강 품에 안긴다. 길이는 527㎞로 라인강 지류 중 가장 길다. 독일엔 프랑크푸르트라는 도시가 두 개다. 다른 하나는 베를린 동남쪽 폴란드 경계 지점에 있다. 베를린 근교에 있는 동명의 도시와 구별하기 위해 이곳 프랑크푸르트에는 암 마인이라는 단어를 뒤에 붙이는데, 이때 '마인'이 바로 이 마인강을 의미한다. 즉 마인 강변의 프랑크푸르트라는 뜻이다. 마인강의 북쪽엔 구 시가지와 금융 중심지가 있고, 남쪽에는 슈테델 미술관을 비롯한 박물관 지구와 작센하우젠 지구가 있다. 카이저 돔에서 북쪽, 그러니까 마인 강변 쪽으로 걸어 내려오면 옛 철로를 보존해 만든 작은 공원이 있다. 옛 철로와 철도가 다녔던 터널을 구경하며 강변을 거닐다 보면 잔디밭에서 놀고 있는 거위를 만날 수 있다. 산책할 때는 거위 똥을 잘 살펴보며 걷자.

아이젤너 다리Eiserner Steg는 프랑크푸르트의 남쪽과 북쪽을 이어주는 보행자 전용 다리이다. 이 다리에 서면 마인강과 수직으로 뻗은 고층 빌딩 구 시가지에 조래된 궁경을 한눈에 담을 수 있다. 아이젤너 다리는 1868년 처음 건설되었으나 2차 세계대전 막바지에 연합군의 폭격으로 무너졌다. 지금 모습은 전쟁 후 다시 재건한 것이다. 다리 난간엔 연인들이 달아놓은 사랑의 열쇠가 길게 이어지며 달려 있다.

마인강 유람선
Schifffahrten 쉬프파아튼

프리무스 리니에Primus Linie ⫳ 뢰머광장Römerberg에서 남쪽으로 파토어Fahrtor 길을 따라 도보 3분 ⊙ Mainkai, 60311
☎ +49 69 13383731 ⏱ 11월~3월 중순 토~일 11:00~16:00, 3월 중순~10월 중순 월~일 11:00~16:00에 1시간마다 상류와 하
류를 번갈아 운행. € **상·하류 모두 이용 시** 성인 19유로, 6~14세 9.5유로, 가족 티켓(성인 2명+아이 3명) 44유로 **상·하류 한
쪽 이용 시** 성인 15.5유로, 6~14세 9.5유로, 가족 티켓(성인 2명+아이 3명) 37유로(성인 프랑크푸르트 카드 소지자 20% 할인,
뢰머 광장 관광안내소에서 예약 시 할인 적용) ☰ www.primus-linie.de/en(인터넷 예매 가능)
KD크루즈 ⫳ 뢰머광장Römerberg에서 남쪽으로 파토어Fahrtor 길을 따라 도보 3분 ⊙ Mainkai, 60311 ☎ +49 69 285728
⏱ 4월~10월 10:30, 12:00, 13:30, 15:00, 16:30, 18:00 € **상·하류 1시간 이용 시** 성인 16유로, 어린이 9유로, 가족 티켓(성인 2
명+아이 2명) 42유로 ☰ www.k-d.com(인터넷 예매 가능)

© visitfrankfurt Holger Ullmann

유람선 타고 프랑크푸르트 즐기기

마인강 유람선은 프랑크푸르트를 색다르게 즐길 수 있는 방법이다. 프리무
스 리니에Primus-Linie Fahrkarten-Kiosk와 KD크루즈Köln-Düsseldorfer Deutsche
Rheinschiffahrt AG라는 두 회사가 프랑크푸르트 시내 전경을 즐길 수 있는 유람선
을 운영한다. 4월부터 12월까지 KD크루즈는 10월까지 강의 하류 또는 상류로 가는 코스를
각각 50~60분 동안 진행한다. 상류, 하류행 유람선을 모두 이용할 수도 있다. 시내 야경을 즐기며 저녁식사를 할
수 있는 프로그램도 있다. 선착장 매표소에서 상류Griesheim, 그리스하임 또는 하류Gerbermühle, 게어버뮬러 방향을 선
택 후 표를 구매하면 된다.
더 넓은 지역을 운행하는 크루즈 여행 상품도 있다. 마인강부터 라인강, 네카강 사이에 위치한 작은 도시들을 왕복
운행하는 크루즈이다. KD크루즈는 세계문화유산에 등재된 라인 계곡을 여행하는 '로맨틱라인' 상품으로도 유명하
다. 매표소와 선착장은 마인 강변에 있다. 뢰머광장Römerberg에서 남쪽으로 파토어Fahrtor 길을 걸어서 3분 정도
걸어가면 선착장이 나온다. 두 회사 선착장이 50m 거리를 두고 붙어 있다.

유로타워와 마인타워
Eurotower & Mein Tower

유로타워 🚶 U1·U2·U3·U4·U6·U8호선 빌리 브란트 광장역Willy-Brandt-Platz에서 서쪽으로 도보 2분
⊙ KaiserstraBe 29, 60311

마인타워 🚶 ❶ U1·U2·U3·U4·U6·U8호선 빌리 브란트 광장역Willy-Brandt-Platz에서 Neue Mainzer Str. 따라 북서쪽으로
도보 5분 ❷ 괴테 광장Goetheplatz에서 JunghofstraBe 와 Neue Mainzer Str. 따라 서쪽으로 도보로 5분
⊙ Neue Mainzer Str. 52-58, 60311 📞 +49 69 36504740 🕐 전망대 영업시간 **여름** 일~목 10:00~21:00, 금·토 10:00~23:00
겨울 일~목 10:00~19:00, 금·토 10:00~21:00 € 성인 9유로, 학생 6유로, 가족 티켓 20유로(성인 2명+12세 이하 어린이 3명).
프랑크푸르트 카드 소지자 성인 가격만 20% 할인 ☰ www.maintower.de

유럽중앙은행과 전망이 최고인 고층 빌딩

프랑크푸르트는 유럽을 대표하는 금융도시이다. 독일에서 가장 높은 빌딩 10개가 모두 프랑크푸르트에 있는 것도
이런 배경 때문이다. 유로타워는 시내 중심가 빌리 브란트 광장Willy-Brandt-Platz에 있는 고층 빌딩이다. 1977년에
지어졌으며, 프랑크푸르트의 마천루를 이루는 건물 중 하나이다. 높이 148m, 40층의 이 건물보다 높은 건물은 프
랑크푸르트에 많이 있지만, 유로타워가 특별하게 유명한 까닭은 유럽중앙은행 때문이다. 유럽중앙은행Europäische
Zentralbank: EZB은 유로 발권 은행이자 유럽 통합의 상징으로 이 건물에 1998년부터 2015년까지 입주했었다. 현재
유럽중앙은행은 이전했으나 건물 앞 잔디밭의 유로화 조형물은 아직도 프랑크푸르트의 대표 포토 존으로 남아있
다. 건물 지하에는 레스토랑과 카페 등이 있다.

마인타워는 프랑크푸르트에서 5번째로 높은 빌딩이다. 2000년에 완공되었으며, 지하 5층, 지상 56층에 높이는
200m이다. 꼭대기에 있는 전망대는 프랑크푸르트의 전경을 감상할 수 있는 최적의 장소로, 레스토랑도 운영하고
있다. 여름철에는 밤 11시까지금, 토 운영해 야경을 즐기기에 좋다.

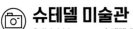

슈테델 미술관
Städel Museum 슈테델 뮤제움

🚶 ❶ 독일 영화 박물관에서 Schaumainkai 도로 따라 서쪽으로 도보 5분 ❷ 트람 15·16·19번 오토 한 플라츠Otto-Hahn-Platz 정류장에서 북쪽으로 도보 5분 ⊙ Schaumainkai 63, 60596 Frankfurt am Main

📞 +49 69 6050980 ⏰ 화·수·금~일 10:00~18:00, 목 10:00~21:00 **휴관** 월요일

€ **화~금** 성인 16유로, 학생 14유로(매주 화요일 오후 3시부터 9유로, 12세 이하 무료, 18세 이하 자녀는 직계 성인 가족의 온라인 티켓으로 동반 입장 가능. 뮤지엄우퍼티켓 현장 구매처) **토~일** 성인 18유로, 학생 16유로

🔗 www.staedelmuseum.de

작품으로 보는 서양 미술사

박물관 지구에 있는 200년 역사를 자랑하는 프랑크푸르트 대표 미술관이다. 14세기 후기 고딕 미술부터 르네상스, 바로크, 인상주의, 현대 회화 등 700년 미술 역사를 관통하는 작품들로 가득하다. 작품으로 서양 미술사를 요약해 놓은 곳이다.

요한 프리드리히 슈테델1728~1816, Johann Friedrich Städel은 은행가이자 향료·커피·염료 사업을 하는 기업가였다. 그는 사업차 파리, 암스테르담, 런던 등지를 여행하면서 회화와 드로잉을 수집하였다. 회화만 500여 점에 이르렀다. 대문호였던 괴테도 슈테델이 소유했던 판화를 구경하기 위해 수차례 그를 만났다고 한다. 일반인들에게 공개된 파리 루브르 박물관에서 영감을 얻은 그는 1793년 미술관 겸 미술 학교를 설립하기 위해 재단을 세우고 자신의 재산과 수집품을 기증했다. 마침내 1815년, 성별과 종교에 상관없이 수업을 받을 수 있는 미술학교와 미술관이 설립되었다. 2년 뒤, 미술관은 일반에 공개된다.

슈테델 미술관은 중세 이후 서유럽을 중심으로 활동한 여러 화파의 작품이 소장되어 있다. 특히 16~18세기의 독일, 네덜란드, 플랑드르, 이탈리아의 그림이 많으며 2012년 박물관을 확장하면서 현대미술 작품도 추가되었다. 회화 3천 점, 조각상 600점, 드로잉과 판화 10만여 점, 사진 4천 점을 소장·전시한다. 대표작으로는 렘브란트의 〈눈 먼 삼손〉, 티슈바인의 〈캄파냐에서의 괴테〉, 드가의 〈오케스트라의 음악가들〉이 있다.

ONE MORE

박물관 지구 Museumsufer 무제움스우퍼
박물관과 미술관 15개가 몰려 있는

유로타워가 있는 금융 지구 반대편 마인강 남쪽에 있다. 1970년부터 20여 년간 프랑크푸르트 문화행정관을 지낸 힐마 호프만은 금융과 경제에 치중된 시의 이미지를 바꾸기 위해 거대한 문화 프로젝트를 구상한다. 마인강 이남에 자리하고 있던 몇몇 박물관을 기반으로 이곳을 문화의 중심지로 만들려는 계획이었다. 호프만의 구상으로 탄생한 곳이 박물관지구이다. 현재 이곳엔 15개가 넘는 박물관, 미술관, 공연장 문화 시설이 운집해 있다. 프랑크푸르트 박물관 지구는 베를린의 박물관 섬Museumsinsel, 비엔나의 박물관 지구Museumsquartier와 비견되는 종합 문화 공간이다. 박물관 지구는 마인 강변을 따라 조성되었다. 이 가운데 슈테델 미술관이 가장 유명하고, 독일 영화 박물관, 응용 미술 박물관, 건축 박물관도 빼놓을 수 없다. 문화 공간 사이에 마련된 공원들은 산책을 하거나 휴식을 즐기기에 좋다.

찾아가기 ❶ 트람 15·16·19번 오토 한 플라츠 Otto-Hahn-Platz 정류장에서 북쪽으로 도보 5분 ❷ U1·U2·U3·U8호선 슈파이쳐 플라츠역 Schweizer Platz에서 북쪽으로 걸어서 6분

🍴🍵 프랑크푸르트의 맛집·카페

🍴 클로스터호프 Restaurant Klosterhof

🚶 프랑크푸르트 중앙역에서 모젤 거리MoselstraBe 진입 후 강변 쪽으로 도보 5분 ⊚ Windmuehlstrasse 14, 60329 📞 +49 699 1399000 🕐 월~토 11:30~23:00 € 로올라덴 23.2유로, 슈니첼 18.4유로, 아르케부저(Arquebuse, 허브술) 2cl 4.8유로 ☰ www.klosterhof-frankfurt.de

현지인이 추천하는 독일 요리 전문점

수녀원 마당이라는 이름을 가진 음식점이다. 클로스터호프는 옛 가르멜 수도회 건물 옆에서 1936년부터 운영해 온 유서 깊은 독일 요리 전문점이다. 저녁에는 예약석이 가득 찰 정도로 프랑크푸르트 시민의 오랜 사랑을 받은 현지인 추천 맛집이다. 학센과 슈니첼에 지쳤다면 이 곳의 인기 메뉴 로올라덴을 먹어보자. 베이컨과 피클, 맥주 소스로 속을 채운 쇠고기를 말아 조리하는 독일 요리로 식사와 맥주 안주로 좋다. 식사를 다 마친 다음에 각종 허브에 술을 더해 숙성시킨 리큐르를 한 잔 마셔보자. 독일의 전통 리큐르는 알코올 도수가 높지만 예부터 소화제나 감기약으로 여겨졌다. 대표적인 리큐르로 예거마이스터가 있다. 여행의 피로를 풀고 하루를 깔끔하게 마무리할 수 있는 좋은 술이다.

🍴 다하임 Daheim im Lorsbacher Thal

사과주와 더불어 독일 가정식 즐기기

사과를 발효해 만드는 아펠바인Apfelwein은 프랑크푸르트의 향토 술이다. 프랑크푸르트는 맥주보다 아펠바인을 더 즐겨 마시곤 한다. 다하임은 1803년부터 사과주의 전통을 이어 온 유서 깊은 레스토랑이다. 이곳의 지하실에는 전 세계에서 온 300종 이상의 사과 사이다와 식당에서 직접 제조한 사과주들로 가득 차 있다. 와인 제조자이자 호스트에게 직접 사과주의 역사를 소개받고 시음하는 코스도 있다. 다하임은 본가, 고향을 의미한다. 독일 전통 가정식을 프랑크푸르트 대표 사과주 아펠바인과 함께 즐겨보자.

🚶 트람 15, 18번 프랑켄슈타이너 플라츠Frankensteiner Platz 정류장에서 하차 후 강 반대편으로 2분 걸어 내려오다 Große Rittergasse 거리 우편으로 진입 후 도보 2분 ⊙ Große Rittergasse 49, 60594 📞 +49 6109 5077611 ⊙ 월~금 17:00~24:00 토·일 12:00~24:00 € 슈니첼 20.5유로, 아펠바인 0.3ℓ 2.9유로, 탄산음료 0.2ℓ 3.2유로 ☰ www.lorsbacher-thal.de

🍴 십리향 팍초이 Pak Choi

유학생들에게 소문난 중식당

프랑크푸르트 중앙역 앞 카이저 거리Kaiserstraße는 기차에서 내리면 제일 먼저 만나는 도로이다. 십리향 팍초이는 카이저 거리 근처 엘베슈트라세ElbestraBe 거리에 있다. 유학생들 사이에 꽤 알려진 사천 음식 전문 식당이다. 양이 많고 가격이 저렴해 점심시간에는 현지인들로 가득차며, 주말에는 방문 전 예약을 해야 한다. 음식은 우리 입맛에 꼭 맞다. 탕수육은 한국말로 말해도 알아들을 정도로 이 집의 단골 메뉴이다. 추천할 만한 메뉴는 100번 마파두부, 133번 탕수육, 174번 오징어볶음 등이며, 112번 청경채볶음은 느끼한 맛을 달래는데 좋다. 메인 요리에 밥이 포함되어 있다.

🚶 중앙역에서 카이저 거리Kaiserstraße와 엘베 거리ElbestraBe를 경유하여 도보 4분 ⊙ ElbestraBe 12, 60329 📞 +49 69 78988418 ⊙ 월 17:30~22:30 화~금 11:30~15:00, 17:30~22:30 토~일 11:30~22:30 € 20~25유로 내외

🍴 주 덴 즈볼프 아포스텔른
Zu den 12 Aposteln

학센과 슈니첼 맛집

현지인이 추천하는 학센과 슈니첼 맛집으로, 전형적인 독일 음식을 맛볼 수 있다. 보행자 전용 도로이자 프랑크푸르트의 번화가 차일 거리에서 가깝다. 차일 거리의 갤러리아 백화점, 유명 스파 브랜드 매장 등을 돌아보고 찾아가 식사하기 좋다. 분위기는 로컬 느낌이 물씬 풍긴다. 현지인 맛집이지만 여행객들도 많이 찾는다. 2명이 학센 하나에 슈니첼 하나, 사이드로 샐러드 하나 시키면 만족스럽게 식사할 수 있다. 식사량이 많은 일행이 있다면 굴라쉬 수프를 추가하면 된다. 물론 맛있고, 푸짐하고, 가격도 합리적이다. 이 집 맥주도 잊지 말고 맛보자. 직접 만든 것으로 시원하고 깔끔하다.

🚶 S/U-Bahn 콘슈타블러바헤역Konstablerwache에서 북쪽으로 도보 4~5분 📍 Rosenbergerstraße 1, 60313
📞 +49 69 288668 🕐 매일 12:00~23:00
€ 1인당 30유로 🌐 www.12aposteln-frankfurt.de

이모리 iimori

뷔페도 먹을 수 있는 일본식 디저트 카페

뢰머 광장 북쪽 블럭 브라우바흐슈트라세Braubachstraße 거리에 있는 일본 디저트 카페이다. 독특한 인테리어와 맛있는 디저트로 현지인은 물론 여행자에게도 인기가 많은 곳이다. 서양식 가구와 아기자기한 일본소품이 어우러져 클래식하면서도 모던한 느낌을 준다. 독일의 카페는 아이스커피를 잘 팔지 않는데 이곳에서는 차가운 커피뿐만 아니라 아이스 녹차 라떼나 차이 라떼를 마실 수 있다. 단팥빵, 메론빵, 쉬폰케이크나 롤케이크 등 우리나라에서 많이 먹는 디저트를 주로 판매한다. 특히 녹차와 단팥을 사용한 디저트가 인기가 많다. 영화 속 어느 공간에 들어와 있는 기분으로 휴식을 즐길 수 있는 곳이다.

🚶 뢰머 광장 북쪽의 브라우바흐거리Braubachstraße 따라 동쪽으로 도보 2분 📍 Braubachstraße 24, 60311
📞 +49 69 97768247 🕐 매일 09:00~21:00 € 10~15유로 내외 🌐 www.iimori.de

☕ 바커스커피 Wacker's Kaffee

4대째 이어오는 프랑크푸르트 최고 카페

프랑크푸르트에서 커피가 제일 맛있는 곳으로 이름난 집이다. 1914년 처음 가게를 연 이래 4대를 이어오는 이 집은 언제나 사람들로 북적인다. 가게가 크지 않아 점심시간에는 밖에서 서서 마시거나, 심지어는 커피 잔을 들고 가게 건너편 화단에 앉아 있는 사람이 있을 정도이다. 아메리카노를 마시고 싶다면 Kaffee를 선택하면 된다. 구시가지 코른마르크트Kornmarkt 본점 외에 시내에 두 군데 지점이 있다.

🚶 괴테하우스가 있는 그로세 히르슈그라븐 거리Großer Hirschgraben에서 바이쓰아들러가세Weißadlergasse와 잔트가세Sandgasse 사잇길로 도보 2분 ⊙ Kornmarkt 9, 60311 📞 +49 69 287810 🕐 월~금 07:00~18:30, 토 08:00~18:00, 일 09:00~18:00 € 10유로 내외 ☰ www.wackers-kaffee.com

☕ 비터앤차르트 Bitter&Zart

🚶 ❶ 현대미술관MMK에서 서쪽으로 도보 2분
❷ 인부시 디저트 카페 이모리에서 뿔뚤어네 디닐니븐
❸ 뢰머 광장 북쪽의 Braubachstraße 도로 따라 도보 3분
⊙ Braubachstraße 14, 60311 📞 +49 69 94942846
🕐 월~금 10:00~18:00, 토 10:00~16:00 휴무 일요일
☰ www.bitterundzart.de

빈티지한 초콜릿 카페

뢰머 광장 북쪽 다음 블록에 있는 초콜릿 가게이다. 19세기 말, 20세기 초 느낌이 나는 빈티지한 인테리어가 눈길을 끈다. 상점에서 직접 만들어 파는 퀄리티 좋은 초콜릿부터 한국에서 쉽게 접하기 힘든 유럽의 다양한 초콜릿도 구매할 수 있다. 여행 기념품과 선물용으로 사기 좋은 빈티지한 주방 소품과 잼 등도 판매한다.

PART 6

퀼른
Köln

독일에서 가장 오래된 축제의 도시

독일에서 가장 오래된 도시로, BC 38년 로마제국이 세웠다. 도시 이름에 로마제국의 흔적이 남아있다. 때는 AD 1세기였다. 로마의 4대 황제 클라우디우스의 아내는 퀼른 출신의 여인 아그리피나였다. 그녀는 고향 퀼른을 로마 북부의 주요 도시로 승격시키고 이름을 'Colonia Cloudia Ara Agrippinensis'로 명명했다. '클라우디우스의 식민지와 아그리피나의 제단'이라는 뜻이다. 퀼른은 식민지, 즉 'Colonia'에서 유래했다.

퀼른은 독일 중서부 최대 도시로 인구는 약 113만 명이다. 베를린, 함부르크, 뮌헨에 이어 독일에서 네 번째로 크다. 라인강이 남북으로 흐르며 도시 곳곳을 적셔준다. 북쪽에 뒤셀도르프가, 남쪽엔 서독의 수도였던 본이 있다. 퀼른은 중세부터 상공업이 발달해 라인강을 통해 무역의 거점 도시로 성장하였다. 프랑스, 네덜란드, 벨기에로 이어주는 철도 덕에 지금도 교통의 요지 역할을 하고 있다. 프랑스 혁명 이후 퀼른은 한동안 프랑스 땅이었다. 신성로마제국이 프랑스의 나폴레옹과 겨룬 영토분쟁1803에서 패하여 나폴레옹의 사후까지도 프랑스 영토였다. 또 2차 세계대전이 끝날 무렵에는 영국군의 무차별 폭격으로 도시가 파괴되는 아픔을 겪었다.

퀼른은 예술과 축제의 도시이다. 루트비히, 발라프 리하르트 미술관 등 이름난 미술관과 박물관이 밀집해 있으며, 매년 미술박람회도 열린다. 또 퀼른은 카니발 축제의 원류이다. 매년 11월 11일 11시 11분에 시작되어 3개월 동안 이어지는 퀼른 카니발은 세계 3대 사육제 가운데 하나이다. 또 매년 여름에는 게이 퍼레이드CSD, Christopher Street Day가 열린다. 독일의 축제에 맥주가 빠질 수 없다. 깔끔하고 부드러운 퀼쉬맥주는 퀼른 지역의 특산품이다. 알콜도수 4.8%이므로 부담 없이 즐기기 좋다.

주요 축제

프리덤 사운드 페스티벌 음악축제, 4월 중순, www.freedomsoundsfestival.de

크리스토퍼 스트리트 데이 7월, www.csd-cologne.de

퀼러너 리히터 독일 최대 불꽃축제, 7월 중순, www.koelner-lichter.de

Gamescom 유럽 최대 게임 전시회, 8월 중순, www.gamescom-cologne.com

퀼른 카니발 11월 11일~다음해 3월 초까지, www.koelnerkarneval.de

크리스마스 마켓 11월 말~12월 24일, www.cologne-tourism.com/welcome/christmas

쾰른 여행 지도

고기마차

쾰른 중앙역
Köln Hauptbahnhof
S U 🚆 Tram

Breslauer Pl.

Johannis Str.

Goldgasse

Radstation Cologne
자전거 대여

Trankgasse

위치랜디아 (1.1km)

Tunisstraße

Komödienstraße

Burgmauer

출발

쾰른 내성당
Kölner Dom

호엔촐레른 다리
Hohenzollernbrücke

U Tram
Appellhofplatz

Marlengartengasse

An der Rechtschule

루트비히 미술관
Museum Ludwig

Bischofsgartenstraße

Neuen-Du Mont-Straße

로마게르만 박물관
Römisch-German-
isches Museum

라인강
Rhein

Hohe Str.

Am Hof

프뤼

Große Neugasse

공원
Rheingarten

Große
Budengasse

Kleine
Budengasse

Unter Goldschmied

Alter Markt

Alter Markt

포스트카르트
더프하우스 4711
Dufthaus 4711

Breite Str.

콜롬바 미술관
Kolumba

Kolumba Str.

Brückenstraße

호헤 거리
Hohestraße

Rathaus

Alte Markt
Tram

유람선
선착장
KD 라인

Glockengasse

Spanischer Bau

시청
구시청사
Historisches Rathaus

Obenmarspforten

Krebsgasse

Offenbachplatz

Farina 하우스

Marspf.

퇴르트헨
퇴르트헨
(350m)

도착

실더가세 거리
Schildergasse

Schildergasse

Schildergasse

안토니터 교회
Antoniterkirche

Gürzenichstraße

발라프 리하르츠 미술관
Wallraf-Richartz museum

Quatermarkt

Gürzenichstraße

Heumarkt

Deutzer Brücke

Deutzer Brücke

티투스
Cäcilienstraße

바이 데
에어탕트

Cäcilienstraße

Hohe Str.

Pipinstraße

Tram Bus
Heumarkt

초콜릿 박물관
Mhoff Schokoladen
Museum

쾰른 하루 여행 추천코스 지도의 빨간 점선 참고

쾰른 대성당 → 도보 3분 → 루트비히 미술관 → 도보 5분 →
호엔촐레른 다리 → 도보 5분 → 라인 강변 산책 → 도보 8분 →
구시청사 → 도보 3분 → 발라프 리하르츠 미술관 → 도보 5분 →
콜롬바 & 폐허의 마돈나 → 실더가세 쇼핑

쾰른 일반 정보

위치 독일 서부(프랑크푸르트에서 서북쪽으로 190km, 고속열차로 1시간 20분 안팎 소요)

인구 약 115만 명

기온 연평균 10.7℃, 겨울 평균 3℃, 여름 평균 18℃

℃/월	1월	2월	3월	4월	5월	6월	7월	8월	9월	10월	11월	12월
최고	6	7	11	15	19	22	24	23	20	15	10	6
최저	-0	1	3	5	9	12	14	13	11	7	4	2

여행 정보 홈페이지

쾰른시 홈페이지 www.stadt-koeln.de

쾰른 관광 안내 www.koelntourismus.de

쾰른 시내 교통 www.kvb-koeln.de

쾰른 관광안내소

관광안내소는 쾰른 대성당 맞은편에 있다. 유명 관광지와 음식점 관련 정보를 얻거나 쾰른 카드와 기념품도 구매할 수 있다. 쾰쉬 양조장 투어, 시티 투어 버스와 같은 가이드 투어에 참여하고 싶다면 직원에게 문의해보자.

📍 Kardinal-Höffner-Platz 1, 50667

🕐 월~금 09:00~18:00, 토 10:00~17:30

쾰른 가는 방법

비행기

인천공항에서

쾰른과 본 사이에 있는 쾰른/본 공항Köln Bonn Airport을 이용한다. 국내에는 직항 노선이 없으며, 뮌헨을 경유하거나 프랑크푸르트에 도착하여 기차를 타고 이동하는 편을 추천한다.

독일 및 유럽에서

독일과 유럽의 주요 도시에서 유로윙스, 이지젯 같은 저비용 항공사를 이용하면 저렴하고 빠르게 쾰른으로 이동할 수 있다.

기차

쾰른은 독일과 서유럽을 연결하는 요충지여서 기차 노선이 잘 발달돼 있다. 독일 전역에서 고속철도IC, EC, ICE를 이용하면 쾰른 중앙역Köln Hauptbahn-hof까지 최대 6시간 정도 소요된다. 쾰른이 속한 노르트라인베스트팔렌주에서는 저비용기차인 플릭스트레인Flixtrain(뒤셀도르프 325p 참고)을 이용하자.

인접한 주변국에서는 프랑스, 네덜란드, 벨기에와 독일을 연결하는 국제고속철도인 탈리스Thalys를 이용하자. 독일 철도청 홈페이지www.bahn.de에서 예매할 수 있다. 예매 시 열차 환승 여부를 잘 확인하자.

쾰른 중앙역 주소 Trankgasse 11, 50667 전화 +49 221 1411055

기차 소요시간
베를린-쾰른 5시간, 야간열차 8시간
프랑크푸르트(마인)-쾰른 1시간 20분
뮌헨-쾰른 6시간
파리-쾰른 5시간
브뤼셀- 쾰른 3시간

버스

쾰른 시내에는 고속버스터미널이 없다. 쾰른 시내에서 가장 가까운 고속버스터미널은 쾰른/본 공항의 터미널 2 주 차장에 있다. 주변 나라나 독일의 여러 도시에서 버스를 타고 이곳에 도착하면 도보 5분 거리에 있는 쾰른/본 공항 기차역Köln/Bonn Flughafen으로 가서 S-Bahn에 탑승하여 쾰른 시내로 진입할 수 있다. 시내 진입까지 생각하면 쾰 른 중앙역으로 바로 도착하는 기차 이동이 편리하니 신중하게 선택하자. 버스표 구매는 www.busliniensuche.de 또는 www.omio.com을 이용하면 보다 저렴하다.

공항에서 시내 들어가기

쾰른/본 공항독어 Köln Bonn Flughafen, 영어 Cologne Bonn Airport은 시내에 서 남동쪽으로 15㎞ 떨어져 있다. 공항에서 지역 열차인 레기오날반(RB) 이나 S반을 이용하면 시내까지 15~20분 정도 소요된다. 공항과 기차역 은 바로 연결되어 있어 표지판을 따라 쉽게 이동할 수 있다. 티켓 판매기 에서 쾰른 중앙역Köln Hbf을 입력하고 아인젤티켓Einzel Ticket을 구매하 면 된다. 공항은 운임 지역 1b에 해당하기 때문에 1회권의 금액이 성인 3.7유로, 6~14세 1.9유로이다. S19 열차는 20분마다 운행한다.

쾰른/본 공항
주소 Kennedystraße, 51147 전화 +49 2203 404001 홈페이지www.koeln-bonn-airport.de

쾰른 시내 교통

쾰른은 주요 관광지가 한 곳에 몰려 있어서 숙소가 시내에 있다면 도보 로도 여행하기 편리하다. 쾰른의 대중교통은 S반, U반, 트램, 버스가 있 다. S반은 공항에서 시내로 이동할 때 빼고는 특별히 이용하지 않는다.

KVBKölner Verkehrs-Betriebe는 쾰른과 그 주변 지역의 대중교통을 관할 하는 곳으로, 교통권이 필요할 때는 KVB티켓 판매기에서 구매하면 된 다. 티켓 판매기는 S반, U반 역과 트램 안에 있으며 버스에서는 기사에게 직접 구매할 수 있다. 교통권으로 택시를 제외한 쾰른의 모든 대중교통을 이용할 수 있다. 쿼츠슈트레케Kurzstrecke 는 U반, 버스, 트램을 환승 없이 네 정거장만 이용할 수 있는 단기권이다. 아인첼티켓Einzelticket은 1회권으로 1a 운 임 지역인 쾰른 시내에서는 90분 동안, 1b 운임지역인 쾰른/본 공항까지는 120분 동안 사용할 수 있다. 24Stun- denTicket은 하루권으로 쾰른 시내(1a) 이용 시 7.4유로, 공항 지역(1b)까지 이용 시 9유로이다. 교통권은 사용 직전 에 개찰기에 넣어 유효화시킨다. KVB 홈페이지 www.kvb.koeln

1a 기준 쾰른 시내 교통권 요금표

티켓종류	성인	6~14세
단기권 Kurzstrecke	2.7€	1.3€
4회 단기권 4erKurzstrecke	10.8€	5.2€
1회권 EinzelTicket	3.1€	1.6€
4회권 4erTicket	12.4€	6.4€

쾰른 카드

쾰른 내 모든 대중교통을 무제한으로 이용할 수 있는 티켓으로, 박물관이나 가이드 투어의 할인 혜택도 제공된다. 24시간, 48시간용으로 나뉘며 싱글카드1인용가 각각 9유로, 18유로이다. 최대 5명까지 사용할 수 있는 그룹카드 는 각각 19유로, 38유로이다. 쾰른 대성당 앞 관광안내소, KVB나 DB독일철도청의 티켓판매기, 쾰른 관광청 홈페이 지에서 구매할 수 있다.

쾰른 관광청 홈페이지 www.cologne-tourism.com/book-buy/koelncard

©Emmanuel Gill-Wikimedia Commons

쾰른 대성당
Kölner Dom 쾰너 돔

🚶 S-bahn·트람 5·16·18번 하우프트반호프역Hauptbahnhof(중앙역) 정문에서 남쪽으로 도보 3분

📍 Domkloster 4, 50667 📞 +49 221 17940555

🕐 **대성당** 월~토 10:00~17:00, 일 13:00~16:00 **보물실** 매일 10:00~18:00

종탑 11~2월 09:00~16:00, 3~10월 9:00~18:00

€ **대성당** 무료 **보물실** 성인 8유로, 학생 4유로(쾰른카드 소지자 보물실 입장료 20% 할인)

종탑 성인 8유로, 학생 4유로 **보물실&종탑 콤비 티켓** 성인 12유로, 학생 6유로

가이드 투어(영어) 매일 12:30/14:00 (60분 소요, 가이드 투어 비용은 성인 11유로, 학생 9유로)

☰ www.koelner-dom.de

쾰른의 랜드마크

독일에서 가장 유명한 건축물 중 하나로 1996년 세계문화유산에 등재되었다. 유네스코는 '인류의 창조적 재능을 보여주는 드문 작품'이라고 등재 이유를 밝혔다. 스페인의 세비야 대성당, 이탈리아 밀라노 대성당과 더불어 세계 최대의 고딕양식 교회로 꼽힌다. 종탑 높이는 157.38m로 울름 대성당161m에 이어 독일의 성당 종탑 가운데 두 번째로 높나. 대성당 사리에는 본래 카롤링거 왕조 시대에 지어진 성당이 자리하고 있었다. 1164년 신성로마제국 때 이탈리아에서 가져온 동방박사 3인의 유골함을 안치하기 위해 기존 성당을 헐고 쾰른 대성당을 지었다. 유골함이 안치되자이를 보기 위해 유럽의 전 지역에서 순례자들이 모여 들었다. 성당을 새로 지었으나 너무 많은 사람이 몰려드는 바람에 그 규모로는 순례를 감당할 수 없었다. 이에 쾰른 대교구는 더 크게 성당을 짓기로 하고 1248년 신축에 들어갔다. 이 성당은 프랑스의 아미앵 성당Amiens Cathedral을 모델로 지어졌다. 당시 북프랑스에서 초빙된 건축가 게르히르트가 설계와 공사의 총책임을 맡았다. 그는 쾰른 대성당을 통해 천국과 가까워지길 희망해 바벨탑처럼 하늘 높이 뻗은두 개의 첨탑을 세웠다. 외부 장식은 축소, 단순화되었는데, 이것이 독일 고딕 양식의 시초가 되었다. 그리고 630여 년뒤인 1880년 마침내 건물은 완성되었다. 그 긴 세월 내내 공사가 이어진 것은 아니다. 설계도가 사라져 300년 동안미완의 상태로 있다가, 사라졌던 설계도를 다시 찾아 재공사 후 1880년에 드디어 완성된 것이다.

대성당은 원래 하얀색의 건물이었다. 2차 세계대전 당시 연합군의 폭격으로 14발의 폭탄을 맞고, 연기에 그을려 검게변했다. 정문 왼편에 복원된 하얀 기둥을 통해 성당 본래의 색을 짐작할 수 있으며, 현재도 보수와 외벽 세척이 계속되고 있다. 성당 안에는 신약과 구약 이야기를 담고 있는 스테인드글라스를 비롯해 많은 유물과 보물이 있다. 영어와 독일어로 진행되는 가이드 투어에 참여하면 자세한 설명을 들으며 관람할 수 있다. 500여 개의 계단을 타고 올라가면첨탑 꼭대기에 다다른다. 첨탑은 쾰른 시내를 한눈에 담을 수 있는 최고의 전망대이다.

쾰른 대성당 제대로 돌아보기

1

대성당의 진귀한 유물들

성가대석 뒤편으로 돌아 들어가면 꽃, 식물, 포도 열매 무늬 모자이크로 바닥을 장식한 특별한 장소가 나오는데, 이곳이 대성당의 주요 유물을 관람할 수 있는 유물 기념관이다. 입장료는 따로 없고, 입장 시간을 확인하고 들어가면 된다. 입장은 월요일부터 금요일까지 10:00~11:30, 12:30~17:00에 가능하고, 예배가 있는 주말에는 10:00~11:30(토), 13:00~16:00(일)에 가능하다. 성가대석 왼편 출입구 천장에는 현대적 감각으로 그려진 성화가 있으니, 이 또한 놓치지 말자.

동방박사의 유물함Dreikönigenschrein

쾰른 대성당을 짓게 된 계기가 된 유물이다. 동방 박사는 예수의 탄생을 축하하기 위해 동방페르시아로 추정에서 온 3명의 이방인을 말한다. 이들의 유해를 담은 유골함을 대주교 라이날드 폰 다셀이 밀라노에서 가져왔다. 1225년 금세공을 더한 새로운 유골함을 제작했다.

게로 십자가Gero-Kreuz

유물 기념관 입구 왼편에 전시되어 있는 십자가이다. 알프스 북쪽 서유럽에서 가장 오래된 대형 목재 십자가이다. 10세기 후반 쾰른의 대주교였던 게로가 그리스도의 머리 부분에 생긴 틈새에 성체를 밀어 넣어 균열을 막았다는 데에서 그 이름이 유래했다. 이후 기적을 행하는 십자가로 알려졌으며 중세 유럽 대형 십자가 세공 유형의 시초가 되었다.

성가대석Chorgestühl

1308년부터 1311년까지 3년에 걸쳐 만들었다. 104석으로 이루어져 있는데, 독일에서 가장 규모가 크다. 성가대석 가장 안쪽에 동방박사의 유물이 자리하고 있어서 과거에는 일부 계층의 인물들만 접근이 가능했다. 현재는 가이드 투어에 참가하면 이 성가대석을 관람할 수 있다. 긴 세월 동안 잘 보존된 성가대석 내부 벽화와 의자에 새겨진 섬세한 조각들을 자세히 감상할 수 있다.

동방 박사의 경배Dreikönigsaltar

독일의 대표적인 중세 화가 슈테판 로흐너의 작품으로, 쾰른시의 의뢰로 1445년에 제작된 제단화이다.

마일랜트의 마돈나Mailänder Madonna

마일랜트Mailänd는 밀라노의 독일어로, 마돈나는 1164년 쾰른의 대주교 라이날드 폰 다셀이 동방박사의 유물함과 함께 가져온 조각상이다. 지금 우리가 보는 조각상은 화재로 파괴된 것을 1280~90년에 복원한 것이다. 조각상의 색, 왕관, 손에 들고 있는 홀은 1900년경 복원하였다.

바이에른의 창Bayerisches Fenster

쾰른 대성당은 창마다 아름다운 스테인드 글라스 장식이 가득하다. 그 중에서도 가장 유명한 창이 바로 바이에른의 창이다. 바이에른의 왕 루트비히 1세가 1842년에 기증한 창문으로 1848년 이곳에 설치했다. '동방박사의 경배', '십자가에서 내려온 그리스도', '성령강림', '4복음사가' 등의 내용을 담은 그림이 스테인드글라스로 장식되어 있다.

리히터의 창Südquerhausfenster(Richterfenster)

독일의 현대 미술가인 게르하르트 리히터의 작품으로 2007년 8월 25일 성당에 봉헌되었다. 2차 세계 대전 당시 파괴된 남쪽 창문의 스테인드 글라스를 대신하여 설치된 것으로, 72개의 서로 다른 색의 정사각형을 작가가 임의로 배열하여 모두 11,263개의 유리조각으로 만들었다.

2

성당 보물실Die Domschatzkammer

내성낭 성분에서 오는쪽으로 돌아가던 보물실과 동탑에 오글 수 있는 입구가 나온다. 입구를 통해 대성당의 지하실로 내려가면 보물실이 있으며, 따로 입장료를 내야 한다. 중세 시대부터 보존된 화려한 세공기술의 성물을 관람할 수 있다. 입장료는 성인 8유로로, 학생 4유로이다.

3

종탑 오르기Die Turmbesteigung

대성당의 종탑에 오르기 위해서는 지하로 내려가 입장료를 구매해야 한다. 533개의 계단을 오르면 종탑에 도착하는데, 쉬지 않고 걸으면 30분 정도 걸린다. 가파른 계단이니 무리하지 말고 쉬엄쉬엄 오르자. 대성당에 있는 종은 모두 11개이며 그중 4개의 종은 중세시대에 제작된 것이다. 가장 큰 종은 24톤에 다다르는 '성 베드로 종'으로 '뚱뚱한 베드로'라는 별명을 가지고 있다. 꼭대기에서는 쾰른 시내의 멋진 풍경을 한눈에 담을 수 있다. 입장료는 성인 8유로로, 학생 4유로이다.

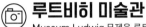

루트비히 미술관
Museum Ludwig 무제움 루트비히

🏃 쾰른대성당 뒤편 로마게르만 박물관 옆 ⦿ Heinrich-Böll-Platz, 50667
📞 +49 221 2212 6165 🕐 화~일 10:00~18:00, 첫째 주 목요일 10:00~22:00
€ 성인 13유로, 학생 8.5유로(18세 이하 무료), 첫째 주 목요일 오후 5시 이후 7유로, 쾰른카드 소지자 20% 할인(특별 전시 제외) ☰ www.museum-ludwig.de

피카소, 팝아트, 표현주의, 리히텐슈타인을 한 번에

쾰른 대성당 뒤편, 로마게르만 박물관 옆에 있다. 루트비히 미술관은 파리의 퐁피두, 암스테르담의 시립미술관과 더불어 유럽에서 손꼽히는 현대미술관이다. 쾰른시는 1946년 변호사이자 미술품 수집가였던 요세프 하우브리히에게 독일 표현주의 작품을, 1976년엔 현대미술 수집가인 루트비히 부부의 팝아트 350점과 900여 점의 피카소 작품, 러시아의 아방가르드 작품을 기증받았다. 1986년 쾰른 대성당 뒤편에 미술관을 세우고 최대 기부자였던 루트비히 부부의 이름을 땄다. 미술관의 자랑 중 하나는 루트비히 부부가 기증한 세계 최고 수준인 팝아트 작품들이다. 요세프 하우브리히가 기증한 독일 표현주의 작품들도 눈여겨 볼만하다. 이들 상당수가 나치 때 퇴폐 미술로 낙인찍혀 수모와 박해를 받아서 그 의미가 더욱 깊다. 피카소의 작품 또한 루트비히 미술관의 자랑거리이다. 미술관 이름에 '피카소'가 붙지 않았지만, 파리와 바르셀로나의 피카소 미술관에 못지않게 수준 높은 작품을 소장하고 있다. 피카소, 독일 표현주의, 팝아트, 리히텐슈타인 등 현대미술 전반을 모두 느낄 수 있는 특별한 미술관이다. 미술관은 넓고 작품은 많다.

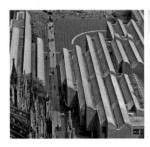

로마게르만 박물관
Römisch-Germanisches Museum 뢰미슈-게르마니쉐스 무제움

🚶 쾰른 대성당 남쪽 옆 📍 Roncalliplatz 4, 50667 📞 +49 221 22124438 🖥 www.roemisch-germanisches-museum.de
벨기에 하우스 Belgisches Haus 🚶 ❶ 트람 노이마르크트Neumarkt 정류장에서 하차 후 도보 3분 ❷ 로마게르만 박물관에
서 남서쪽으로 도보 14분(1.1km) 📍 Cäcilienstraße 46, 50667 📞 +49 221 29199292 🕐 수~월 10:00~18:00 **휴관** 화요일
€ 성인 6유로, 학생 3유로

로마 시대의 유적을 담다

쾰른은 독일에서 가장 오래된 도시로, BC 38년 로마제국의 식민지로 출발했다. 도시의 역사가 2천 년이 넘다 보니
땅속에서 로마의 유적이 쏟아져 나온다. 쾰른 대성당 옆에 있는 로마게르만 박물관은 쾰른과 주변 지역에서 출토된
로마 유물을 소장, 전시하고 있다. 로마시대 유적지 발굴 또한 이 박물관에서 관여하고 있다.

이곳의 대표적 유물로는 〈디오니소스 모자이크〉가 꼽힌다. 3세기에 제작된 것으로 2차 대전 때인 1941년 방공호
를 만들다 발견되었다. 로마시대 저택비 비다 진 씩이있빈 이 보사이크는 100만여 개의 유리와 도자기 조각으로 이
루어진 것으로, 그리스 신화 속 '술의 신' 디오니소스의 모습을 담고 있다. 가로 7m 세로 10m의 거대한 작품이다.
유물을 온전히 보존하기 위해 1974년 박물관 건축 당시 저택 바닥을 그대로 두고 그 위로 박물관을 세웠다. 1세기
에 조성된 〈포블리키우스의 무덤〉, 〈아우구스투스의 초상〉 등도 박물관의 자랑거리이다. 다양한 도자기, 유리 공예
품도 감상할 수 있다. 현재 박물관은 보수공사 때문에 아쉽게 문을 닫았지만, 세실리엔 거리에 있는 **벨**기에 하우스
Belgisches Haus, Cäcilienstraße 46, 50667에서 중요 유물들 중심으로 상설전이 열리고 있다.

쾰른 카니발
Kölner karneval 쾰르너 카네발

🚶 호이마르크트 트람 1·5·7·9번, 버스 106·132·133·250·260번 호이마르크트Heumarkt 정류장에서 하차 후 도보 1분
노이마르크트 트람 1·3·4·7·9·16·18번, 버스 136·146번 노이마르크트Neumarkt 정류장에서 하차
알터마르크트 트람 5번·U3호선 라타우스Rathaus 정류장에서 하차
📍 호이마르크트 Heumarkt, 50667 노이마르크트 Neumarkt, 50667 알터마르크트 Alter Markt, 50667
축제 기간 **여인들의 목요일** 2025년 2월 27일, 2026년 2월 12일, 2027년 2월 4일
로젠몬탁 2025년 3월 3일, 2026년 2월 16일, 2027년 2월 8일
재의 수요일(마지막 날) 2025년 3월 5일, 2026년 2월 18일, 2027년 2월 10일
☰ www.koelnerkarneval.de 예매 카니발 기간에 열리는 공연은 www.koelnticket.de에서 예매할 수 있다.

3개월 동안 이어지는 세계 4대 카니발

카니발은 '고기여, 안녕'이라는 뜻이다. 라틴어 카르네 발레carne vale에서 유래했다. 흔히 사육제라고도 부르는데 이 또한 '고기를 사양한다'는 의미이다. 카니발의 기원은 바빌론과 로마 등의 고대국가에서 신들에게 올리는 축제에서 시작되었다. 초기 그리스도교의 문화가 이와 결합하면서 발전하였다. 과거 로마 가톨릭은 광야에서 40일간 금식하며 악마의 유혹을 이겨낸 예수 그리스도의 수난을 기념하며 40일 동안 고기와 향락을 금하였는데 이를 사순절四旬節이라고 한다. 사육제는 사순절을 시작하기 전 고기를 마음껏 먹고 즐겁게 노는 축제로 발전하여 기독교 문화권에서 행해졌다. 프랑스 니스 카니발, 이탈리아 베네치아 카니발, 브라질 리우 카니발이 쾰른 카니발과 더불어 전통을 이어가는 대표적인 축제이다.

쾰른의 카니발은 11월 11일 11시 11분에 쾰레 알라프Kölle Alaaf, 쾰른이여, 영원하라!를 외치며 시작한다. 축제는 약 3개월

© J. Rieger, Köln Festkomitee Kölner K

동안 계속된다. 해를 넘겨 진행되기 때문에 '제5의 계절'이라는 별명이 붙었다. 11월 11일 호이마르크트광장Heumarkt 에서는 종일 축제의 시작을 알리는 공연이 열린다. 첫 축제 광경은 정규 방송으로 송출될 만큼 중요하고 인기도 많다. 카니발은 로젠몬탁이 되면 절정에 이른다. 로젠몬탁Rosenmontag은 '장미의 월요일'이라는 뜻으로, 실제는 가장 행렬을 말한다. 형형색색 다양한 복장과 소품으로 꾸민 1만여 시민들이 7.5km를 행진한다. 참가자들은 수레에 타거나 걸으면서 관중들에게 사탕, 초콜릿, 장미꽃 등을 뿌린다. 장미의 월요일 행사는 보통 2월 말 또는 3월 초에 열린다. 퍼레이드를 관람하고 싶다면 미리 날짜를 확인하자.

여인들의 목요일인 바이버파스트나흐트Weiberfastnacht는 로젠몬탁과 함께 쾰른 카니발을 대표하는 날이다. 이날엔 여인과 아이들이 가장하고 거리를 돌아다니며 남근을 상징하는 넥타이를 가위로 자른다. 19세기부터 시작된 행사로 이날 만큼은 여성들이 노동에서 해방되어 자유롭게 즐길 수 있는 날이었다. 영문도 모르고 넥타이를 잘리지 않도록 조심하자. 바이버파스트나흐트도 매년 날짜가 바뀐다. 보통 2월 초부터 2월 말 사이에 열린다. 쾰른 카니발 때는 매년 마스코트 세 명을 뽑는다. 카니발 왕자, 쾰른 농부, 쾰른 처녀가 그들인데, 이들을 세 개의 별이라는 뜻의 쾰르너 드라이게슈티른Kölner Dreigestirn이라고 부른다. 특이하게 쾰른 처녀도 여성 복장을 한 남자가 맡는다. 이들은 쾰른 시민의 사랑을 받으며 양로원, 병원을 포함해 400여 군데에서 공연을 열어 카니발을 홍보한다. 어린이들로 구성된 카니발 왕자, 농부, 처녀 3인조 쾰르너 킨더드라이게슈티른Kölner Kinderdreigestirn도 매년 함께 선발해 행사를 빛내준다.

카니발 기간 중에서도 특히 첫 시작일인 11월 11일, 연말과 새해, 여인들의 목요일, 로젠몬탁의 날에는 세계에서 모인 수많은 인파로 쾰른시가 북적인다. 볼거리가 가장 많은 시기는 여인들의 목요일로부터 약 일주일 동안이다. 사건 많고 소매치기를 만날 가능성도 크므로 소지품을 조심하도록 하자. 혹시 행사에 참여하고 싶다면 나치를 연상시키는 분장은 절대 안 된다는 점을 꼭 기억하자.

호헤 거리 & 쉴더가세
Hohestraße&Schildergasse 호헤슈트라세 & 쉴더가세

🚶 대성당 광장에서 남쪽으로 접어들어 2분 정도 걸으면 호헤 거리가 나온다. 쉴더가세는 호헤 거리에서 바로 이어진다. 트람 1·3·4·7·9·16·18번, 버스 136·146번을 타고 노이마르크트Neumarkt 정류장에서 하차해도 된다. 정류장에서 동북 방향 3분 거리에 쉴더가세가 있다.

쾰른의 명동

호헤 거리는 쾰른의 쇼핑 거리로 늘 사람이 가득하다. 대성당을 구경한 후 사람들이 북적이는 곳을 향해 남쪽으로 걷다보면 자연스럽게 호헤 슈트라세로 들어서게 된다. 여행객을 불러 모으는 기념품 가게와 레스토랑, 카페가 양 옆으로 늘어서 있다. 호헤 거리를 따라 7~8분 걷다보면 길이 넓어지면서 바로 쉴더가세로 연결된다. 쉴더가세는 우리가 흔하게 접할 수 있는 H&M, Zara 같은 의류 매장부터 갤러리아나 칼슈타트 백화점이 함께 있는 쇼핑 거리이다. 호헤 거리와 쉴더가세를 걷고 있으면 축소해 놓은 명동 거리에 있는 듯한 느낌이 든다. 작지만 개성 있는 편집숍이나 조용한 쇼핑 거리를 원한다면 호헤 슈트라세 중간즈음에서 서쪽으로 연결되는 브라이테 거리Breite straße와 에른 거리Ehrenstraße를 추천한다.

호엔촐레른 다리
Hohenzollernbrücke 호엔촐레른브뤼케

🚶 S-bahn·트람 5·16·18번 하우프트반호프역Hauptbahnhof(중앙역) 정문에서 쾰른대성당 뒤편으로 걸어서 5분
📍 50679 Köln

사랑의 자물쇠가 있는 철교이자 인도교

쾰른의 동쪽과 서쪽을 연결해주는 다리이다. 라인강을 가로지르는 철교이자 인도교로, 기차를 타고 쾰른시를 방문하는 이를 처음으로 맞아주는 거대한 흑임교이다. 베를린에서부터 시간 내에 고속철도를 디고 쾰른에 입성할 때도 이 다리를 건넌다. 1907년부터 4년에 걸쳐 지어졌다. 쾰른 시민들은 기차가 지나가는 모습을 바라보며 자전거나 도보로 인도교를 건넌다. 쾰른 대성당의 뒤편으로 돌아 걸어가면 보행자 다리로 연결되며, 다리 입구에 형형색색 자물쇠가 매달려 있는 모습을 볼 수도 있다. 연인들이 사랑을 약속하면서 채워놓은 것이다. 4만 개의 자물쇠 무게는 무려 15톤이 넘어 독일 철도청은 매년 자물쇠를 철거할 계획을 하지만 시민들은 이에 반발하고 있다. 늦은 밤 대성당 반대편으로 건너면, 조명을 켠 대성당의 아름다운 모습은 물론 쾰른의 멋진 야경도 즐길 수 있다.

©motiqua-flickr

라인 강변
Rhein

◎ 쾰른 알트슈타트 강변 선착장 Frankenwerft 35, 50667 코블렌츠 선착장 Konrad-Adenauer-Ufer 56068 Koblenz
뤼데스하임 선착장 Rheinstraße 65385 Rüdesheim 장트고아르 선착장 Bahnhofstraße 56329 St. Goar
◷ 쾰른 도심 크루즈 10:30, 12:00, 13:30, 15:00, 16:30, 18:00(하루 6차례 운행, 왕복 1시간)
€ 도심 크루즈 성인 18유로, 5~14세 9유로, 가족(성인 2명+16세 이하 2명) 46유로 ☰ www.k-d.com

라인 강변 산책하기

라인강Rhein은 알프스 산지에서 발원하여 스위스, 독일, 네덜란드를 지나 북해로 흘러들어 간다. 길이는 1,233㎞이다. 흔히 독일을 상징하는 강으로 여기는데, 강의 상당 부분이 독일 지역을 통과하기 때문이다. '라인'은 켈트어 레노스Renos에서 유래했는데 '흐른다'는 뜻이다. 마인츠, 본, 쾰른, 뒤셀도르프가 이 강을 중심으로 발달하였다.

쾰른 대성당에서 루트비히 미술관 뒤편으로 걸어가면 자연스럽게 라인 강변에 도착한다. 강을 따라 걷다보면 강변의 작은 공원에서 산책을 하거나 운동하는 시민들을 만날 수 있다. 공원에는 유람선 선착장도 있다. 유람선 중에 쾰른부터 마인츠까지 운행하는 KD크루저가 가장 유명하다.

◉─ Travel Tip ─◉

라인강 따라 '로맨틱 라인' 여행하기

독일 중남부 뷔르츠부르크에서 퓌센까지 여행길을 '로맨틱 가도'라 하듯이, '중북부 라인계곡' 여행길은 '로맨틱 라인'이라 부른다. 로맨틱 라인은 2002년 유네스코 세계문화유산에 등재될 만큼 자연이 아름답고 도시도 매력적이다. 로맨틱 라인은 독일 중서부 라인란트팔츠 주의 빙엔Bingen에서 코블렌츠Koblenz까지의 구간을 말하는데, 오래된 고성과 어우러진 마을이 마치 동화 속 풍경과도 같아서 많은 사람에게 사랑받고 있다. 로맨

틱 라인을 여행하는 가장 쉬운 방법 중 하나가 바로 크루즈를 이용하는 것이다. KD라인크루저를 많이 이용한다. KD라인크루저의 로맨틱 라인은 대략 6시간 정도 걸리는데, 각자의 계획에 맞춰 구간을 정해 여행하는 것도 가능하다. 배낭여행객들은 로맨틱 라인 구간 중 뤼데스하임Rüdesheim부터 장트고아르St.Goar 구간을 많이 찾는다. 아름다운 고성과 신비로운 전설이 흐르는 로렐라이 언덕을 볼 수 있는 구간이다. KD라인크루저 시간표는 성수기와 비성수기가 다르므로 미리 홈페이지에서 확인하는 것이 좋다. 대체로 3월 말이나 4월부터 10월까지 운행하며, 티켓은 선착장이나 홈페이지에서 구매할 수 있다.

 초콜릿 박물관
Schokoladenmuseum Köln 쇼콜라덴무제움 쾰른

🚶 버스 133번을 타고 쇼콜라덴뮤제움Schokoladenmuseum 정류장에서 하차 ⊙ Am Schokoladenmuseum 1A, 50678
📞 +49 221 9318880 ⏰ 매일 10:00~18:00(폐관 30분 전까지 입장 가능) **휴관** 1월, 2월, 3월, 11월의 월요일
€ 주중 성인 15.5유로, 6~18세 9유로, 6세 미만 무료 주말 성인 17유로, 6~18세 10.3유로, 6세 미만 무료 가족 티켓(성인 2인+18세 이하 아이 1명) 주중 40유로, 주말 44.5유로
≡ www.schokoladenmuseum.de

달콤한 초콜릿 이야기

독일인의 초콜릿 사랑은 대단하다. 1인당 초콜릿 소비량 세계 1위다. 쾰른에는 이를 반영하듯 독일에서 가장 큰 초콜릿 박물관이 있다. 독일 초콜릿 기업 슈톨베르크Stollwerck의 오너였던 한스 임호프Hans Imhoff가 1993년 설립하였다. 박물관에는 초콜릿을 처음 마신 올멕족과 마야족의 유물은 물론, 초콜릿이 유럽에 알려지게 된 16~17세기의 유물이 전시되어 있다. 초콜릿 제조 공정을 견학하거나 직접 만들어 볼 수 있는 체험도 가능하다. 박물관의 트레이드마크는 초콜릿이 끊임없이 흐르는 '초콜릿 분수'이다. 직원이 막대과자에 초콜릿을 찍어주니 꼭 맛보도록 하자.

©Winfried Mosler

구시청사

Historisches Rathaus 히스토리셔스 라타우스

🚶 트람 5번·U3호선 라타우스역Rathaus 바로 앞 📍 Rathauspl. 2, 50667 📞 +49 221 2210
🕐 차임벨 연주 09:00, 12:00, 15:00, 18:00 ☰ www.stadt-koeln.de

©Raimond Spekking·Wikimedia Commons

독일에서 가장 오래된 시청사 건물

구시가지 남쪽에 있으며, 독일의 시청사 중에서 가장 오래되었다. 1152년에 처음 지어졌으나 화재로 폐허가 되자 1367년 다시 지었다. 시청사가 들어선 이 자리는 원래 유대인 거주 지역이었다. 구시청사는 2차 세계대전 당시 쾰른 대공습으로 다시 파괴되는 불운을 겪었다. 1955년부터 여러 차례에 복원하여 오늘에 이르렀다. 구시청사는 신시청사와 나란히 자리하고 있는데, 5층짜리 타워형 건물이 구시청사이다. 오랜 세월 파괴와 복원을 반복하여 온 탓에 14세기부터 20세기에 이르는 건축 스타일이 모두 반영되어 있다. 외벽 인물 조각상은 2차 세계대전 이후에 복원하면서 추가된 것이다. 구시청사 입구의 정문은 1569년부터 1473년 사이에 지은 르네상스풍 건축물이다. 본 건물도, 현관 격인 정문도 고건축이지만 인테리어는 현대적으로 꾸몄다. 시정 활동은 신 시청사에서 이루어지고 있으며 이곳은 주로 결혼식, 관광 그리고 공공 행사용으로 사용되고 있다. 매일 4번, 첨탑에 설치된 48개의 청동 차임벨의 연주를 들을 수 있다. 지역 민요부터 클래식까지 24종류가 연주된다.

발라프 리하르츠 미술관
Wallraf-Richartz museum 발라프 리하르츠 무제움

🏃 ❶ 구시청사에서 서남쪽으로 도보 1분 ❷ 쾰른 대성당에서 남쪽으로 도보 6분 ⊙ Obenmarspforten 40, 50667
📞 +49 221 22121119 🕐 화~일 10:00~18:00, 첫째·셋째 주 목요일 10:00~22:00, **휴관** 월요일, 1월 1일, 11월 11일, 12월 24·25·31일 € 성인 11유로, 학생 8유로, 쾰른카드 소지자 20% 할인, 18세 이하나 미술사 또는 미술 복원 전공 학생 상설전 무료(학생증 지참) ☰ www.wallraf.museum

중세부터 반 고흐, 르누아르, 뭉크까지

1824년 쾰른대 교수이자 철학자, 수집가였던 페르디난트 프란츠 발라프가 세상을 떠나면서 기증한 회화·드로잉·판화 1만여 점, 책 1만3천여 권, 그리고 다양한 골동품들을 기반으로 세워진 미술관이다. 쾰른 시는 1854년 상인 요한 리하르츠가 미술관 설립을 위한 자금을 기증하자, 1861년 이 두 사람의 이름을 따 발라프 리하르츠 미술관을 개관하였다. 쾰른에서 가장 오래된 미술관이지만, 2차 세계대전 때 미술관 건물이 파괴되어 이리저리 옮겨 다니다가, 지금의 건물에 자리 잡게 되었다.

이곳에서는 중세부터 19세기까지 독일, 이탈리아, 프랑스, 네덜란드 거장들의 작품을 감상할 수 있다. 중세의 대표적인 작품인 슈테판 로흐너의 〈장미 넝쿨 아래의 성모〉도 있는데, 아름답고 자비로운 성모가 예수를 안고 있는 모습이 쾰른 대성당에 전시된 〈동방박사의 경배〉 속 성모와 매우 닮아 인상적이다. 그밖에 렘브란트의 〈자화상〉을 비롯하여 뒤러, 루벤스, 부셰, 모네, 반 고흐, 르누아르, 뭉크 등 바로크와 인상주의를 대표하는 화가의 작품도 관람할 수 있다.

──● **Travel Tip** ●──────────────────────

뮤지엄 카드 Museums Card 쾰른 시내에서 박물관 또는 미술관을 3군데 이상 들를 계획이라면 museen-köln에서 만든 박물관 카드MuseumsCard를 구매하자. 박물관이 개관하는 연속된 이틀 동안 사용할 수 있으며 티켓을 개시한 첫날은 쾰른의 대중교통도 무료로 이용할 수 있다. 쾰른 소재의 10개 박물관과 미술관에서 구매 후 사용할 수 있다. 싱글 카드1인용의 가격은 20유로이고, 성인 2명과 아이 2명이 포함된 패밀리카드의 가격은 32유로이다. ☰ www.museenkoeln.de (온라인 구매 가능)

콜룸바 미술관과 폐허의 마돈나
Kolumba & Die Madonna in den Trümmern 콜룸바 & 디 마돈나 인 덴 튜룸만

🏃 쾰른 대성당에서 도보 6분(호헤 거리에서 미노리텐슈트라세Minoritenstraße, 콜룸바슈트라세KolumbastraBe 경유)
📍 KolumbastraBe 4,50667 📞 +49 221 9331930 🕐 성당 매일 09:30~19:00(예배시간에는 출입이 제한될 수 있다.)
미술관 수~월 12:00~17:00 **휴관** 화요일, 1월 1일, 9월 1일~14일, 12월 24·25·31일 € 성당 무료 미술관 성인 8유로,
학생 5유로, 18세 이하 무료, 쾰른카드 소지자 40% 할인 ☰ www.kolumba.de

폐허 위에 들어선 미술관과 성당

쾰른 대성당에서 남서쪽으로 6분 거리인 콜룸바슈트라세KolumbastraBe에 있다. 중세시대의 아치문과 현대식 사
각 건물이 융합된 모습은 무슨 사연이라도 있는 듯 분위기가 독특하다. 건물 외벽에는 아무 설명 없이 무심하게
'Kolumba'라고 새겨져 있는데, 이곳은 오래된 성당과 미술관을 품은 의미가 깊은 건축물이다. 원래 이 자리는 중세
의 콜룸바 성당이 있던 자리였다. 2차 세계대전 말기에 벌어진 쾰른 대공습은 대성당을 제외하고 도시 전체를 잿더
미로 만들어 버렸다. 콜룸바 성당 또한 비극을 피해갈 수 없었다. 이후 폐허가 된 성당은 그대로 방치되었고, 2007
년에야 그 자리에 미술관이 들어섰다. 이 건물이 의미가 깊은 이유는 폐허로 남은 성당 잔해를 그대로 살려 그 위에
건물을 지었기 때문이다. 건물 안에는 콜룸바 미술관과 '폐허의 마돈나'라고 불리는 작은 성당이 함께 있다. 많은 건
축가와 예술가들은 '죽기 전에 꼭 가봐야 할 곳' 중 하나로 콜룸바를 꼽는다.

미술관에는 옛 성당의 유물이 전시되어 있다. 외벽 벽돌 사이 작은 틈새로 빛이 안으로 스며들어오는데, 이 모습
을 바라보고 있노라면 신비로움을 넘어 숭고함마저 느껴진다. 모두 15개의 전시실이 있으며 중세부터 근대까지의
성화와 성상들이 현대미술 작품과 함께 전시되어 있다. 미술관은 스위스의 유명 건축가 피터 줌토르가 설계했다.

안토니터 교회
Antoniterkirche 안토니터키르헤

🚶 콜룸바 미술관에서 남쪽으로 3분, 발라프 리하르츠 미술관에서 서남쪽으로 6분 ⚲ Schildergasse 57, 50667
📞 +49 221 92584615 🕐 화~금 11:00~18:00, 토 12:00~17:00, 일 12:00~17:30 € 무료 ☰ www.antonitercitykirche.de

평안과 휴식을 주는 오래된 교회

쾰른 대성당 남쪽 쉴더가세Schildergasse를 걷다보면 타원형의 외벽이 온통 유리로 덮인 피크 & 클로픈부르크 Peek&Cloppenburg 건물이 나온다. 이 거대한 건물 앞에 작은 교회가 하나 있다. 쾰른 대성당 다음으로 많은 방문객이 찾는 안토니터 교회이다. 대성당을 통해 알 수 있듯이 쾰른은 본래 가톨릭이 우세한 도시였다. 안토니터 교회도 원래 성당이었다. 하지만 프랑스군에 점령당했던 1802년 개신교 예배당로 비꾸었다. 쾰른 건물 대부분 그렇듯 2차 세계대전 반기 배공습 때 파괴되었으며, 1946년부터 6년에 걸쳐 재건되었다.

이 예배당에는 에른스트 바를라흐의 조각상 <떠있는 천사>가 있다. 이 작품은 바를라흐가 전쟁의 참상을 반성하며 만든 작품이었는데, 나치에 의해 퇴폐예술로 낙인 찍혀 파괴된 것을 작가 사후에 친구들이 석고 틀을 찾아내 다시 만든 작품이다. 이 조각상을 보고 있으면 우리나라의 '소녀상'이 오버랩 되어, 마음속으로 세계의 평화를 기원하게 된다. 사색하며 조용히 쉬어 가기 좋다.

더프하우스 4711
Dufthaus 4711

🚶 ❶ 콜롬바 미술관Kolumba에서 서쪽으로 도보 2분 ❷ 대성당에서 호헤 거리와 브뤼큰슈트라세Brückenstraße를 경유하여 서남쪽으로 도보 7분 📍 Glockengasse 4, 50667 📞 +49 221 27099911 🕐 월~금 09:30~18:30, 토 09:30~18:00(일요일 휴무) € 20유로 내외(쾰른 카드로 25유로 이상 제품 구매 시 10% 할인) **가이드 투어(영어)** 토 13:00(50분 소요, 성인 7.5유로) ☰ www.4711.com/en

향수의 원류를 찾아서

향수, 하면 파리를 떠올리지만, 향수의 고향은 놀랍게도 쾰른이다. 대성당에서 서남쪽으로 7분 거리인 쾰른 오페라 하우스Theater am Dom 앞에 가면, 아치형 기둥을 이고 있는 작은 궁전 같은 화려한 건물이 보인다. Dufthaus 4711 향기의 집 4711이라는 오데코롱Eau de Cologne, 오드콜로뉴 향수 회사의 본점 건물이다. Dufthaus 4711은 쾰른에서 파리나 1709와 쌍벽을 이루는 향수 기업이다. 1792년 빌헬름 뮐헨스라는 젊은이가 한 수도승에게 향수 제조법을 배운 게 회사의 시작이었다. Dufthaus 4711 본점으로 들어서면 향수가 끝없이 흘러나오는 수도꼭지가 여행객의 마음을 사로잡는다. 1층에서는 향수, 바디용품, 컵, 가방 등 다양한 종류의 상품이 방문객을 맞이한다. 2층은 향수박물관이다. 이 회사의 대표적인 상품은 '4711 오드콜로뉴'이다. 18세기 나폴레옹이 쾰른을 점령한 뒤 당시 향수 회사가 자리하고 있던 글로크가세Glockengasse 일대를 4711번지로 바꾸었다. 이때부터 4711이라는 숫자는 회사의 상징이 된다. 1875년 '4711'이라는 이름으로 상표 등록을 하면서 세계적으로 유명한 향수로 자리를 잡았다. 가격도 저렴하고 포장 용기도 예뻐 기념품으로 그만이다.

ONE MORE

오데코롱 향수의 고향 쾰른

불어 오데코롱Eau de Cologne, 오드콜로뉴은 향수의 일종이다. 일
반적인 향수나 오드 뚜왈렛Eau de Toillette보다 지속 시간이 1~2
시간으로 짧다. 향기가 가벼워 스포츠나 입욕 후에 전신에 뿌
리거나 실내용 향수로 가볍게 사용한다. 이 오데코롱의 고향
이 쾰른이다. 오데코롱은 '쾰른의 물'이라는 뜻이다. 이름에 이
미 호적처럼 향수의 출생지가 담겨있는 셈이다. 1709년 이탈리
아 출신 사업가 요한 마리아 파리나가 쾰른에서 향수를 만들어
판매하기 시작했다. 이탈리아 향수를 더욱 상쾌하고 가볍게 변

형시켜 자신의 가문 이름을 붙여 'GB Farina'라 명명하였다. 이후 쾰른 시민권을 얻게 되자 감사의 마음을 담아 향
수 이름을 '쾰른의 물'Kölnisch Wasser, Eau de Cologne 오데코롱이라 바꾸었다. 쾰른의 물을 불어로 표현하면 오드콜
로뉴이다. 오드콜로뉴는 금세 유명세를 타 모차르트, 괴테, 베토벤, 오스트리아의 마리아 테레지아, 바이에른 선제
후, 프로이센 왕, 그리고 나폴레옹까지 애용하였다. 특히 나폴레옹은 한 달에 무려 60병 사용했다고 한다. 이 향수
회사 이름은 'Farina 1709'이다.

Farina Haus 매장

🏃 구시가지 발라프 리하르츠 박물관Wallraf-Richartz museum 건너편 ⊙ Obenmarspforten 21, 50667
📞 +49 221 2941709 ⏱ 월~토 10:00~19:00, 일 11:00~17:00 € 향수 박물관 입장료 성인 8유로, 1~9세 무료(가이드 투어
45분간 무료 진행, 홈페이지에서 예매) € 매장 25유로 내외, 쾰른카드로 향수 구매 시 10% 할인
≡ 매장 www.farina1709.com 박물관 www.farina.org/welcome

🍽️ 고기마차 Gogi Matcha

쾰른에서 한식 즐기기

외국에서 제대로 된 한식을 맛보기란 쉬운 일이 아니다. 외국인들 입맛에 맞춰 요리하는데다 가격도 비싸기 때문이다. 하지만 고기마차는 다르다. 쾰른 중앙역 후문 광장에서 북동쪽으로 2분 거리에 있는데, 한국인 입맛에도 만족할만한 곳이다. 한국인이 좋아하는 칼칼하고 시원한 매운맛이 일품이며 가격도 적당하다. 벽면에는 유쾌한 그림들이 그려져 있고, 인테리어도 깔끔해 현지인들도 많이 찾는다. 야채불고기, 된장찌개, 김치찌개, 떡볶이, 파전, 양념치킨 등 메뉴도 다양하다.

🚶 S-bahn, 트람 5·16·18번 하우프트반호프 Hauptbahnhof(중앙역) 하차-후문에서 요하니슈트라세 JohannisstraBe 방향으로 걸어서 2분 ⊚ JohannisstraBe 47, 50668 📞 +49 221 72024255 🕐 일~수 17:00~22:30, 목~토 17:00~00:30 € 20유로 내외

🍽️ 프뤼 Früh am Dom

쾰른 맥주 쾰쉬 맛보기

쾰쉬 Kölsch는 쾰른 지역의 전통 맥주이다. 알콜 함량이 4.8%이어서 부담없이 마실 수 있다. 쾰른시에서 정한 양조법으로 만들어야 쾰쉬라는 이름을 붙일 수 있다. 비슷한 방식으로 양조한 맥주라 하더라도 시로부터 승인을 받지 못하면 '쾰쉬'라고 표기할 수 없다. 그만큼 쾰쉬에 대한 쾰른시의 관심과 관리는 각별하다. 프뤼는 쾰쉬를 제조하는 대표적인 회사 중 하나인 프뤼 쾰쉬가 운영하는 레스토랑이다. 프뤼의 쾰쉬는 맛이 조금 진하며 특유의 향을 가지고 있어 에일 맥주에 가깝다. 레스토랑 안으로 들어가면 맥주를 서빙하는 쾨베스 Köbes, 웨이터가 맥주를 가득 담은 캐리어를 들고 바삐 돌아다니는 모습이 눈에 들어온다. 쾰른 대성당 근처에 있어 사람들이 항상 많다. 음식은 한국인 입맛에는 좀 짠 편이다. 식사보다는 가볍게 쾰른의 명물 쾰쉬를 맛보러 가볼 것을 추천한다.

🚶 대성당 우측 골목으로 접어들어 호헤 거리 Hohe Str. 직전에서 좌회전하여 도보 1분

⊚ Am Hof 12-18, 50667 📞 +49 221 2613211

🕐 월~목 11:00~23:00, 금 11:00~00:00, 토 10:00~00:00, 일 10:00~23:00 € 35유로 내외, 슈바인학세 23.7유로, 프뤼 쾰쉬 2.4유로 🔗 www.frueh-am-dom.de

🍴 바이 데 에어 탕트 Bei d'r Tant

가격이 합리적인 현지인 맛집

대성당에서 남쪽으로 10분 거리인 쉴더가세 부근에 있는 음식점이다. 현지인들이 많이 찾는 곳으로 맛있는 음식을 적당한 가격에 맛볼 수 있다. 데이트를 하는 연인이나 반려견을 데리고 친구들과 한 잔 즐기는 할머니들을 심심치 않게 볼 수 있다. 쾨베스에게 쾰쉬와 어울리는 음식이 뭐냐고 물어보면 망설임 없이 모든 음식이라고 대답한다. 그만큼 음식에 대한 자부심이 대단하다. 이곳에서는 대표적인 쾰쉬 제조 회사 중 하나인 가펠Gaffel의 쾰쉬를 맛볼 수 있는데, 맛이 가볍고 깔끔해서 모든 음식과 다 잘 어울린다. 영어로 된 메뉴판이 따로 있으며 친절한 쾨베스가 영어도 능숙해서 주문하는데 어려움은 없다.

🚶 ❶ 트람 1·7·9·16·18·E번 노이마르크트Neumarkt 정류장에서 하차-세실리엔 거리Cäcilenstraße 따라 동쪽으로 도보 4분
❷ 쉴더가세Schildergasse의 피크 & 클로픈부르크Peek&Cloppenbrug 건물 왼쪽 골목으로 접어들어 도보 3분
📍 Cäcilienstraße 28, 50667 📞 +49 221 2577360 🕐 월~목 11:00~00:00, 금·토 11:00~01:00
€ 25~30유로 내외, 슈니첼 19.9유로, 가펠 쾰쉬 2.3유로 ☰ www.bei-dr-tant.de

☕ 퇴르트헨 퇴르트헨 Törtchen Törtchen

쾰른에서 즐기는 파리 정통 디저트

퇴르트헨은 작은 김케이커 혹은 바삭 디저트를 뜻한다. 쾰른 구시가지 중심부의 노이마르크트Neumarkt에서 아포스튼스트라세ApostelnstraBe 따라 걸어서 5분 정도 걸린다. 2006년에 오픈한 이 가게는 최고의 재료로 케이크와 초콜릿을 만드는 것으로 유명하다. 파티시에 마티아스 루드비히는 4명의 아마추어 셰프들이 경연을 벌이는 리얼리티 쇼의 진행자이자 심사위원이었다. 골목에 들어서면 핫 핑크 간판이 한눈에 들어오고, 가게 문을 열고 들어서면 형형색색의 마카롱이 손님을 반갑게 맞이한다. 인테리어 컬러도 젊은 느낌의 핫 핑크지만, 차를 마시며 신문을 읽고 있는 동네 할아버지의 모습도 심심치 않게 볼 수 있다. 쨈, 쿠키, 제빵 관련 기구도 함께 판매한다.

🚶 트람1·7·12·15·E번 노이마르크트Neumarkt 정류장에서 하차-아포스튼슈트라세ApostelnstraBe 방향으로 걸어서 5분
📍 ApostelnstraBe 19, 50667 📞 +49 221 27253081
🕐 월~토 09:00~18:00, 일 10:00~18:00 € 15유로 내외, 타르트·케이크 7~8유로 ☰ www.toertchentoertchen.de

📮 포스트카르튼 Walther Königs Postkartenladen 발터 쾨니스 포스트카르튼라덴

🚶 트람 3·4·5·16·18번 아펠호프플라츠Appellhofplatz 정류장에서 네벤두모슈트라세Neven-Du Mont-Straße를 따라 도보 3분
📍 Breitestraße 93, 50667 📞 +49 221 25 08 54-98
🕐 월~토 10:30~18:30 💶 5유로 내외

독일에서 가장 큰 엽서 가게

작은 가게가 줄지어 들어선 브라이테 거리Breitestraße에 있는 엽서 가게이다. 독일 전역에 매장을 가지고 있는 서점 '발터 쾨니스'가 운영하는 가게로 독일에서 가장 큰 엽서 가게이다. 1층에서는 독특하고 개성이 넘치는 아이디어 상품들을 주로 판매하고, 2층에서는 엽서만 따로 모아서 판매한다. 매장에 갖추고 있는 엽서가 무려 5만여 장에 이르며, 특히 유화 혹은 조각 등을 담은 예술 엽서가 매우 다양하다. 쾰른의 아름답고 다양한 모습을 사진으로 담은 엽서도 있으며, 값이 저렴해 기념품으로 안성맞춤이다. 쾰른 중심부의 대형 쇼핑몰 오페른 파사겐Opern Passagen 근처에 있다.

티투스 쾰른점 Titus Köln 티투스 쾰른

나만의 스케이트보드를 만들자!

독일을 여행하다 보면 보드를 타고 출퇴근하는 사람, 보드를 즐기는 가족과 연인들을 심심치 않게 볼 수 있다. 보드 관련 용품이나 의류를 파는 쇼핑몰도 쉽게 눈에 띈다. 티투스는 스케이트 용품점 중에서 으뜸으로 꼽히는 곳이다. 1978년부터 스케이트보드와 관련 용품을 팔기 시작했으며, 독일 전역에 34개 매장이 있다. 온라인 숍까지 합치면 취급하는 브랜드가 300개가 넘는다. 보드의 몸통인 '데크' 브랜드만 해도 10개 이상 취급하고 있어 선택의 폭이 넓다. 티투스의 가장 좋은 점은 이미 완성되어 있는 스케이트보드가 아닌 나만의 스케이트보드를 조립할 수 있다는 것이다. 보드를 타지 않는 사람이라도 다양한 모자, 가방, 옷을 구입할 수 있어 부담 없이 방문할 수 있다.

🚶 ❶ 트램 1·7·9·16·18·E번 노이마르크트Neumarkt 정류장에서 하차~ 세시리엔슈트라세CäcilienstraBe따라 동쪽으로 도보 4분 ❷ 쉴더가세Schildergasse의 피크 & 클로픈부르크Peek&Cloppenbrug 건물의 왼쪽 골목으로 접어들어 도보 3분 📍 Cäcilien-straBe 30, 50667 📞 +49 221 56959192 🕐 월~금 11:00~19:00, 토 10:00~18:00 ☰ www.titus.de

 ## 위치랜디아 Witchlandia

현대인을 위한 치유와 위로

뮤지컬 '위키드'는 서쪽 마녀 엘파바와 북쪽 마녀 글린다의 우정과 성장의 이야기를 다룬다. 마녀를 상상하면 약초로 사람들의 병을 고치거나 수정 구슬을 통해 미래를 예언하는 모습을 쉽게 떠올릴 수 있다. 위치랜디아는 마녀가 썼을 법한 수정, 허브, 아로마테라피 등 신비로운 물건을 파는 상점이다. 스스로를 마녀라 부르는 가게 주인 티나는 대도시에 살면서 자연을 끊임없이 그리워하는 현대인의 모습에서 치유, 위로가 필요하다고 느꼈다. 브라질, 콩고에서 온 수정들은 초자연적인 효능을 갖고 있을 뿐 아니라 인테리어 소품으로도 독특하고 아름답다.

🚶 트램 3·4·5·12·15호선 승차하여 프리젠플라츠Friesenplatz 정류장 하차 후 Kameke straBe 따라 북쪽으로 도보 5분
📍 BismarckstraBe 15, 50672
🕐 목~토 12:00~18:00 ☰ witchlandia.de

뒤셀도르프
Düsseldorf
라인 강가의 '작은 파리'

뒤셀도르프는 독일 서쪽 노르트라인-베스트팔렌주Nordrhein-Westfalen의 주도이다. 옛날엔 쾰른의 영향권 아래 있는 작은 마을이었다. 1288년 도시로 승격되었고, 1380년 베르크 공국의 수도가 되었다. 19세기 초반 잠시 프랑스 나폴레옹의 통치를 받기도 하였다. 나폴레옹은 뒤셀도르프를 '작은 파리' 같다고 평했다. 뒤셀도르프는 산업화 시대에 라인강 따라 형성된 루르공업지대Ruhrgebiet의 중심 도시로 활약하며 크게 성장하였다. 2차 세계대전을 기점으로 노르트라인-베스트팔렌 주의 주도가 쾰른에서 뒤셀도르프로 바뀌면서, 두 도시는 지금도 미묘한 라이벌 관계를 형성하고 있다. 뒤셀도르프는 세계대전 막바지에 연합군의 공습으로 도시의 90%가량이 파괴되었지만, 지금은 모두 재건되어 신도시 분위기가 강하다. 영국 일간지 데일리 텔레그래프는 뒤셀도르프를 세계에서 가장 살기 좋은 도시 6위로 뽑았다. 현재는 독일의 금융, 무역, 전자통신 산업의 중심지로 성장하였으며, 방송과 광고가 발달한 창조적인 문화의 도시이기도 하다. 일 년에 두 번, 국제 패션 박람회가 열리는 패션의 도시이며, 독일의 낭만주의 서정시인 하인리히 하이네의 고향이다. 작곡가 슈만은 말년에 뒤셀도르프에서 열정적인 음악 활동을 펼쳤으며, 한국의 예술가 백남준은 뒤셀도르프 예술대학에서 교수로 재직하기도 했다.

전후 독일에 진출한 일본 기업들이 주로 뒤셀도르프에 터를 잡으면서, 독일에서 유일하게 재팬타운이 있다. 한국인 거주자도 늘어나 한국 식료품과 음식점도 쉽게 찾을 수 있다. 구시가지에는 뒤셀도르프 지역의 맥주 '알트 비어'를 즐길 수 있는 바가 즐비하다. 구수하고 진한 보리 맛과 청량감이 일품이다.

주요 축제
카니발 11월 11일~2월 중순, www.karneval-in-duesseldorf.de

사진페스티벌 3월 중순, www.duesseldorfphotoweekend.de

박물관의 밤 4월 중순, www.nacht-der-museen.de/duesseldorf

일본의 날 5월 중순, www.japantag-duesseldorf-nrw.de

라인 강변 대축제 7월 중순, groesstekirmesamrhein.de

뒤셀도르프 페스티벌 9월, duesseldorf-festival.de

크리스마스 마켓 11월 말~12월 말, www.weihnachten-in-duesseldorf.de

뒤셀도르프 여행 지도

쿤스트팔라스트
Kunstpalast

NRW-Forum

톤할레/에른호프역
Tonhalle/Ehrenhof

Joseph-Beuys-Ufer

Oberkasseler Brücke

Scheibenstraße

Kaiserstraße

쿤스트잠룽
노르트라인 베스트팔렌 K20
Kunstsammlung Nordrhein-Westfalen K20

Maximilian-Weyhe-Allee

호프가르텐
Hofgarten

람베르트 교회
St. Lambertuskirche

쾨-보겐
Kö-Bogen

브라우어라이 퀴첸

뒤셀도르프 도시 관광 코스 크루즈
Panorama Cruise Düsseldorf

부르크 광장
Burgplatz

Heinrich-Heine-Allee

로스터라이 피어 휴시가지 점

하인리히
하이네 알레역
Heinrich-
Heine-Akkee

마르크트 광장
Marktplatz

출발

구시청사
Altes Rathaus

우에리게

로스터라이 피어
Carlstadt점

Benrather Str.

Breite Str.

Königsallee

Steinstraße

쾨닉스알레
Königsallee

뒤셀도르프
시립박물관
(관광안내소)

Poststraße

요야마

Königsallee

그라프 아돌프 플라츠역
Graf-Adolf-Platz

Haroldstraße

Graf-Adolf-Stra...

Rheinkniebrücke

라인강

도착

라인타워
Rheinturm

노이에 촐호프
Neue Zollhof

Neusser Str.

Rheinkniebrücke

쿤스트잠룽
노르트라인 베스트팔렌 K21
Kunstsammlung
Nordrhein-Westfalen K21

Herzogstraße

메디엔 항구
Medienhafen

Tram

슈타트토어 정류장
Stadttor

괴테박물관
Goethe Museum

AdlerstraBe

ofstraBe

JacobstraBe

Am Wehrhahn

Kölner Str.

LeopoldstraBe

ImmermannstraBe

소바-안

몬스터라이 피어 재팬타운 점

재팬타운
ImmermannstraBe

오스트슈트라세역
OststraBe

KarlstraBe

브라우어라이 슈마허

OststraBe

뒤셀도르프 중앙역
Düsseldorf Hbf

Graf-Adolf-StraBe

뒤셀도르프 하루 여행 추천코스 지도의 빨간 점선 참고
구시청사 & 마르크트 광장→ 도보 5분 → 쿤스트잠룽 K20 →
도보 2분 → 호프가르텐 → 도보 5분 → 쾨-보겐 & 재팬타운 →
대중교통 15분 → 쿤스트팔라스트 →라인강변 따라 도보 30분
→ 메디엔 항구 & 라인타워

뒤셀도르프 일반 정보

위치 독일 서부(쾰른에서 북쪽으로 약 45km)

인구 약 64만 명

기온

℃/월	1월	2월	3월	4월	5월	6월	7월	8월	9월	10월	11월	12월
최고	5	8	13	17	20	23	24	24	21	17	12	6
최저	0	0	2	5	8	11	14	13	10	6	3	1

여행 정보 홈페이지

뒤셀도르프 시 홈페이지 www.duesseldorf.de

뒤셀도르프 관광 안내 www.duesseldorf-tourismus.de

뒤셀도르프 시내 교통 www.rheinbahn.de

뒤셀도르프 관광안내소

뒤셀도르프 관광안내소는 구도심 라인강 변 근처에 있다. 뒤셀도르프 카드와 기념품들을 구매할 수 있으며, 시내 관광지와 행사 정보가 적힌 안내 책자들이 준비되어 있다.

뒤셀도르프 관광안내소

🚶 U-Bahn 하인리히 하이네 알레역Heinrich-Heine-Allee에서 플링어 거리 Fliger Str. 따라 도보 5분

📍 Rheinstrasse 3, 40213 📞 +49 211 1720 2840

🕐 월 10:00~16:30, 화~일 10:00~18:00

뒤셀도르프 가는 방법

인천공항에서 가기

아쉽게도 인천공항에서 출발하는 직항편이 없다. 루프트한자로 뮌헨 또는 프랑크푸르트까지 가서 경유하는 것이 일반적이다.

독일 다른 도시와 유럽에서 가기
비행기

유럽이나 독일의 다른 도시에서 뒤셀도르프로 이동하는 저렴한 저비용 항공사의 비행기를 이용할 수 있다. 유로윙스, 이지젯 등을 이용하면 된다. 베를린에서 뒤셀도르프 공항까지는 45분, 파리에서는 1시간 20분, 런던에서는 1시간 30분이 소요된다.

기차

❶ 프랑크푸르트 공항의 1터미널과 바로 연결되는 장거리 열차역Frank-furt(Main) Flughafen Fernbf(Frankfurt Airport long-distance station)에서 ICE 고속철에 승차하면 1시간 30분 만에 뒤셀도르프 중앙역Düsseldorf Hauptbahnhof에 도착한다.

❷ 유럽 전역에서 혹은 독일 전역에서 고속열차ICE, EC를 이용하면 최대 5~6시간 안에 뒤셀도르프로 이동할 수 있다. 출발일에 가까워질수록 가격이 상당히 비싸진다. 티켓을 일찍 예매하지 않았을 때는 오히려 저가항공이 더 저렴할 수 있다. 이동시간과 금액을 잘 비교하여 티켓을 예매하는 것이 좋다.

기차 소요 시간

파리-뒤셀도르프 4시간 20분 브뤼셀-뒤셀도르프 2시간 40분 프랑크푸르트-뒤셀도르프 1시간 40분 쾰른-뒤셀도르프 20분 함부르크-뒤셀도르프 3시간 40분 베를린-뒤셀도르프 4시간 30분

(Travel Tip)

뒤셀도르프 기차 여행 팁

❶ 도이칠란드티켓(독일카드) 이용하기

2022년 출시된 카드로 49유로에 독일 전 지역의 기차와 지역 열차, 대중교통을 무제한 이용할 수 있어 화제가 되었다. 2025년부터 카드 요금이 58유로로 인상되었다. (더 자세한 설명은 39페이지 참고)

❷ 랜더티켓 이용하기

쇼너탁티켓SchönerTagTicket은 노르트라인-베스트팔렌주 지역 열차RB와 대중교통을 하루 동안 모두 이용할 수 있는 랜더티켓이다. 5명까지 이용 가능한 기본 티켓SchönerTagTicket NRW과 싱글 티켓으로 나뉘며 성인기준 각각 52.2유로, 34.8유로이다. 3인 이상이 가족 여행을 계획 중이라면 기본 티켓을 추천한다.
홈페이지 www.bahn.de/en/view/offers/regional/regional-day-tickets.shtml

❸ 플릭스트레인Flixtrain 이용하기

독일철도인 도이치반은 이동 속도가 빠르지만 가격이 비싸고, 고속버스는 가격은 저렴한 대신 시간이 오래 걸린다. 플릭스트레인은 이들의 장점만 뽑아 만든 열차로 한 푼이라도 절약하고 싶은 여행객들에게 꼭 맞는 이동수단이다.

플릭스트레인은 유럽 전역을 운행하는 플릭스 고속버스 회사의 자회사이다. 2018년에 설립되어 아직 노선이 많지 않고 운행하는 기차 수도 적지만 해가 다르게 점점 성장하고 있다. 특히 노르트라인-베스트팔렌주의 큰 도시들쾰른, 뒤셀도르프, 에센, 도르트문트을 모두 정차하며, 독일철도보다 훨씬 저렴한 금액으로 이용할 수 있다. 홈페이지에서 예약할 수 있으며, 만약 예매한 티켓을 취소하면 돈으로 돌려주지 않고 쿠폰으로 지급해준다.
홈페이지 www.flixtrain.com

버스

❶ 프랑크푸르트 공항 1터미널의 주차장 36번에서 고속버스를 타면 뒤셀도르프 버스터미널까지 3시간 20분 정도 소요된다. 2터미널로 도착했다면 무료로 운행하는 공항 셔틀버스로 1터미널로 이동할 수 있다. 버스 승차권은 유명 고속버스 회사인 Flixbus, Flibco, DB Fernverkehr, Regiojet의 웹사이트를 통해 예매할 수 있다.

❷ 뒤셀도르프 고속버스 터미널Düsseldorf ZOB은 중앙역Düsseldorf Haupt-bahnhof 옆에 있다. 유럽이나 독일의 다른 도시에서 FlixBus, Regiojet의 고속버스를 이용하면 이곳에 도착한다. 암스테르담과 브뤼셀에서는 약 3시간, 베를린에서는 5시간 정도 소요된다. 시간은 다소 오래 걸리지만, 비용이 워낙 저렴해 많은 여행객이 애용한다.

공항에서 시내 들어가기

뒤셀도르프 국제 공항Flughafen Düsseldorf은 시내에서 약 10㎞ 떨어진 곳에 있다. 공항 터미널에서 무인 모노레일인 스카이트레인Skytrain에 탑승하면 공항과 연결된 기차역에 내려준다. 이 기차역에서 S-Bahn의 S11 노선을 타면 12분 만에 뒤셀도르프 시내에 도착한다. S11 노선은 20분에 한 대씩 운행한다.

뒤셀도르프 공항 주소 Flughafenstraße 105, 40474 홈페이지 www.dus.com
스카이트레인 이용료 무료 운영시간 03:45~00:45(4분 간격으로 운행)

뒤셀도르프 공항 기차역에서 교통권 구매하기

공항 기차역 티켓 판매기에서 1회권을 구매하려면, 첫 화면에서 노르트라인베스트팔렌 교통공사인 VRR의 티켓 구매를 선택한 후 가고자 하는 역 이름을 입력한다. 역이름을 잘 모르겠으면 일단 뒤셀도르프 중앙역Düssel-dorf Hauptbahnhof을 입력하자. 1회권은 90분 동안 사용할 수 있으므로, 중

앙역에서 다른 이동수단으로 환승하여 목적지까지 이동할 수 있다. 운임 단계Preisstufe가 A3이고 1회권 성인요금 기준 3.6유로이면 맞게 구매한 것이다.

뒤셀도르프 시내 교통

뒤셀도르프 시내 대중교통은 S-Bahn, U-Bahn, 버스, 트람이 있는데, U-Bahn과 트람을 가장 많이 이용한다. 뒤셀도르프의 주요 관광지들과 음식점들은 구시가지와 재팬타운인 임머만 거리를 중심으로 모여 있으므로, 1일권보다는 1회권 또는 4회권을 구매하는 편이 경제적이다.
S-Bahn, U-Bahn, 트람 내에 설치된 티켓 판매기에서 교통권을 구매하거나, 버스 기사에게 직접 구매하면 된다. 교통권은 뒤셀도르프 교통공사Rheinbahn에서 정한 운임단계에 따라 가격이 달라지는데, 뒤셀도르프 시내의 운임단계는 A3에 해당한다.

티켓종류	성인	6~14세
단기권Kurzstrecke	2.2€	2€
4회 단기권 4erKurzstrecke	7.6€	7€
1회권 EinzelTicket	3.6€	2€
4회권 4erTicket	13.2€	7.4€

단기권인 쿼츠슈트레케Kurzstrecke는 트람과 버스를 기준으로 한 번에 세 정거장을 이동할 수 있으며 환승은 불가능하다. 최대 20분 동안 사용할 수 있다. 1회권은 최대 90분 동안 한 방향으로만 이동할 수 있다. 구매한 모든 티켓은 사용 직전에 정류장 또는 트람, 버스 내에 설치된 개찰기에 넣어 유효화시켜야 한다.
교통공사 홈페이지 www.rheinbahn.de

뒤셀도르프 대중교통 어플 VRR

뒤셀도르프가 속한 노르트라인-베스트팔렌 주 교통공사는 무료 어플인 'VRR app'을 제공한다. 어플을 통해 이동 경로 검색과 온라인 티켓 구매 및 사용도 가능하다. 분실위험이 적고 편리하다는 점 때문에 온라인 구매는 점차 늘어나는 추세이다. 1회 교통권은 구매와 동시에 유효화 된다는 점만 기억해 탑승 직전에 구매하는 것을 추천한다. 교통권 구매를 위해 앱에 신용카드 정보를 미리 저장해놓자. 독일 전역의 기차와 대중교통을 무제한 이용할 수 있는 도이칠란드티켓(€58 독일 카드)도 VRR어플을 통해 구매, 사용이 가능하다.

뒤셀도르프 카드Düsseldorf Card 사용하기

뒤셀도르프를 보다 저렴하고 편하게 여행할 수 있도록 도와주는 관광카드이다. 싱글티켓과 그룹(가족)티켓으로 나뉜다. 사용 기간 내에 뒤셀도르프 시내의 대중교통을 무제한 이용할 수 있으며, 뒤셀도르프 공항까지 대중교통으로 이동할 때도 사용할 수 있다. 또 70여 곳의 박물관 및 관광지에서 최대 100%까지 할인 혜택을 받을 수 있다. 기드에 사용자의 이튼과 싱별, 개시일 능의 정보가 적혀 있으며 타인에게 양도할 수 없다. 주요 관광지는 구시가지에 있어 도보 이동이 많으므로 카드 구매가 필수적이지는 않다. 하지만 입장료 혜택이 많아 박물관 위주의 여행 계획을 세운다면 구매하는 편이 경제적이다. 관광안내소에서 직접 구매하거나 뒤셀도르프 관광안내소 홈페이지에서 온라인 구매 후 프린트해서 사용하면 된다.
관광안내소 홈페이지 www.duesseldorf-tourismus.de/en/book/duesseldorf-card

뒤셀도르프 카드 요금

	싱글티켓	그룹/가족 티켓
24 시간	13.9€	22.9€
48 시간	19.9€	32.9€
72 시간	25.9€	42.9€
96 시간	31.9€	52.9€

*그룹 티켓은 성인 3명, 가족 티켓은 성인 2명과 14세 미만 아이 2명 이용 가능

부르크 광장
Burgplatz 부르크플라츠

🚶 U-Bahn 하인리히 하이네 알레역Heinrich-Heine-Allee에서 Bolker Str.를 따라 도보 6분
📍 Burgplatz, 40213

라인강 옆 만남의 광장

광장은 구시가지Altstadt의 중심지에 있다. '부르크'Burg는 '성'이라는 뜻이다. 옛 성 자리에 있어서 이런 이름을 얻었다. 13세기에 지은 뒤셀도르프 성은 아돌프 백작의 소유였다. 프랑스의 침략과 화재로 사라지고, 지금은 성의 크기를 짐작하게 하는 탑만 남아있다. 아돌프 백작은 뒤셀도르프가 도시로 성장하는데 결정적인 역할을 했다. 그전까지 자치권을 지닌 자유도시 쾰른의 영향력 아래 있는 작은 마을이었다. 1288년 보링엔 전쟁에서 아돌프 백작이 쾰른의 대주교를 억류하여 도시권을 획득했다. 도시권 획득으로 화폐를 주조하고 시장을 개설할 수 있게 되면서 더는 쾰른의 지배하에 머무르지 않게 되었다.

부르크 광장은 만남의 광장이다. 고풍스러운 건물, 카페와 레스토랑 등을 쉽게 찾아볼 수 있다. 화창한 날에는 광장 바로 서쪽에 있는 라인강 변에서 산책하는 사람을 많이 볼 수 있다. 광장에서 가까운 곳에 라인강을 따라 운영하는 KD 크루즈 탑승장도 있다. 광장 북쪽에는 옛 성탑 슈로스트럼Schlossturm과 도시 기념 조각상Stadterhebungsmonument이 있다. 옛 성탑에는 선박 박물관Schiffahrtmuseum im Schlossturm 쉬프파르트무제움 임 슐루스툼이 있다. 구시가지

©Andrew Bone-Wikimedia

의 역사와 운송, 생활에 대한 전시를 관람할 수 있다. 꼭대기 층 카페에서 구시가지의 멋진 전망을 즐기기 좋다. 도시 기념 조각상은 뒤셀도르프의 도시 승격 700주년을 기념하며 세워진 것이다.

●──(Travel Tip)────────────────────────────────────●

KD 크루즈 타고 라인강 여행

KD 크루즈는 독일을 대표하는 크루즈 회사이다. 라인강과 라인강의 지류인 모젤강을 따라 뒤셀도르프, 쾰른, 마인츠, 뤼데스하임Rüdesheim, 프랑크푸르트 등의 30여 개가 넘는 계류장에 정박하는 크루즈를 4월부터 10월까지 운영한다. 부르크 광장 주변의 탑승장에서 크루즈를 타고 라인강 주변의 소박하고 아름다운 도시풍경을 만끽하기 좋다.

홈페이지 www.k-d.com

뒤셀도르프 도시 관광 코스 크루즈Panorama Cruise Düsseldorf
운행 기간 4월~10월 말 운행시간 1시간, 하루에 6번 운행(10:30, 12:00, 13:30, 15:00, 16:30, 18:00)
요금 성인 18유로, 시니어(60세 이상) 14.4유로, 학생(14~27세) 9유로, 페밀리티켓(성인 2인+아이 2인) 40유로

📷 람베르트 교회

St. Lambertuskirche 장트 람베르투스키르헤

🚶 부르크 광장에서 강변을 따라 북쪽으로 도보 4분 📍 Stiftspl. 7, 40213
📞 +49 211 3004 990 🕐 월 15:00~18:00, 화~일 09:00~18:00 🏠 www.lambertuspfarre.de

오랜 역사, 종교 유물이 가득

뒤셀도르프의 4대 가톨릭교회 중 하나로 부르크 광장과 구시청사 북쪽에 있
다. 1159년 처음으로 역사 기록에 등장하며, 뒤셀도르프시의 탄생보다도 오
래된 역사를 갖고 있다. 교회 안에는 현재 네덜란드령인 마스트리히트Maas-
tricht 주의 주교였던 성인 람베르트의 흉상이 성 유물로 모셔져 있다. 그밖
에 교회의 역사만큼 인상적인 예술품과 종교 유물이 많이 전시되어 있으며,
15세기에 제작된 성체 보관 탑과 성모자 벽화가 대표 유물로 꼽힌다. 1815
년 교회 화재로 탑의 지붕을 수리하였는데, 충분히 마르지 않은 목재를 사
용하여 지붕이 뒤틀리고 말았다. 당시 뒤셀도르프 시민들은 악마가 지붕을
뜯어내려고 비틀었다고 믿었다. 지금도 자세히 보면 뒤틀린 탑의 지붕을 확
인할 수 있다.

구시청사 & 마르크트 광장

Altes Rathaus & Marktplatz 알테스 라타우스 & 마르크트플라츠

🚶 U-Bahn 하인리히 하이네 알레역Heinrich-Heine-Allee에서 플링어 거리Flinger Str. 따라 도보 5분
📍 Marktpl. 2, 40213 📞 +49 211 8991 ☰ www.duesseldorf-tourismus.de

©Robot8A-Wikimedia Commons

뒤셀도르프 역사를 담은 유서 깊은 건축물

1288년 쾰른의 영향력에서 막 벗어난 뒤셀도르프는 아직 작은 마을이었다. 뒤셀도르프가 도시의 모습을 제대로
갖추기 시작한 것은 베르크 공국의 수도가 된 1380년부터이다. 이 무렵 마르크트 광장이 조성되고 조선소를 설치
했다. 첫 시청사를 람베르트 교회 건너편에 세웠고, 1573년 마르크트 광장 북쪽에 르네상스 양식으로 다시 지었다.
1749년 바로크 양식으로 시청 건물을 재건 증축하였고, 20세기 중반에 다시 한번 증축하였다. 시계탑 건물이 구시
청사이다. 르네상스 양식과 바로크 양식의 흔적을 동시에 확인할 수 있다. 현 시청사는 강변 쪽에 있는 건물과 광장
뒤쪽의 신축 건물에 나뉘어 운영되고 있다.

구시청사를 품고 있는 마르크트 광장은 뒤셀도르프 도심의 중심지이다. 이 광장에 서면 구시청사의 고풍스러운 모
습을 한눈에 담을 수 있다. 광장 중앙에는 뒤셀도르프의 예술과 문화 진흥에 이바지한 팔츠의 선제후 요한 빌헬름
Johann Wilhelm의 기마상이 서 있다. 매년 11월 11일에는 광장에서 뒤셀도르프 카니발Düsseldofer Karneval의 시작을
알린다. 11월 말부터 12월 말까지는 크리스마스 마켓이 열려, 뒤셀도르프를 아름답게 장식한다.

©Supercarwaar-Wikimedia Commons

©Robottiger-Wikimedia Commons

©frank-Wikimedia Commons

쿤스트잠룽 노르트라인 베스트팔렌 K20·K21
Kunstsammlung Nordrhein-Westfalen K20·K21

🚶 K20 U-Bahn 하인리히 하이네 알레역Heinrich-Heine-Allee에서 도보 3~4분 K21 U-Bahn 그라프 아돌프 프라츠역Graf-Adolf-Platz에서 도보 4분 K20에서 K21로 이동 K20 앞에서 20분에 한 대씩 운행하는 셔틀버스 이용

📍 K20 Grabbepl. 5, 40213 Düsseldorf K21 StändehausstraBe 1, 40217 Düsseldorf

📞 +49 211 8381 204 🕐 화~일 11:00~18:00, 매주 첫 번째 수요일 10:00~22:00 휴관 월요일, 12월 24일, 12월 25일, 12월 31일 € K20 성인 9유로, 학생 7유로 K21 성인 8유로, 학생 6유로 콤비 티켓(K20+K21) 성인 20유로(성인 티켓 한 장당 6~17세 동반 아동 1명 무료) 뒤셀도르프 카드 할인 가능 💻 www.kunstsammlung.de

독일 표현주의 미술부터 현대미술까지

뒤셀도르프는 미술의 역사에서 매우 중요한 도시이다. 지금은 사라진 뒤셀도르프 회화갤러리는 뮌헨 피나코텍 미술관의 전신이었다. 게다가 뒤셀도르프 예술대학은 백남준과 노르트라인-베스트팔렌주의 크레펠트Krefeld 출신 전위 예술가 요셉 보이스Joseph Beuys, 1921~1986가 교수로 재직했던 곳이다.

쿤스트잠룽은 노르트라인-베스트팔렌주에서 운영하는 미술관으로 K20과 K21으로 나누어져 있다. K20은 구시가지 북쪽에, K21은 구시가지 남쪽에 있다. K20에서 K21로 이동하려면 구시가지를 구경하며 남쪽으로 17분 정도 걸어가거나 셔틀버스를 이용하면 된다.

쿤스트잠룽에서는 독일 표현주의부터 포스트 모더니즘, 현대미술 작품들을 감상할 수 있다. K20에서는 20세기 미술작품을 중심으로 관람할 수 있고, K21에서는 21세기 현대 작품을 주로 만나볼 수 있다. 그래서 미술관 이름도 K20과 K21로 구분하여 놓았다. K20의 대표작은 독일 표현주의 작가 에른스트 루드비히 키르히너의 〈일본식 우산을 든 소녀〉이다. 그 밖에 미술 교과서에서 한 번쯤 만나 적 있는 작가 칸딘스키, 몬드리안, 잭슨 폴록, 앤디 워홀의 명작도 만날 수 있다. K21의 대표 작품은 아르헨티나 출신 작가 토마스 사라세노Tomás Saraceno, 1973~의 설치 작품 〈궤도 속으로〉이다. 두 박물관을 함께 감상할 수 있는 콤비 티켓을 구매했다면, K20을 돌아보고 미술관 앞에서 K21로 향하는 셔틀버스에 승차하여 5분 정도 이동하면 된다.

ONE MORE

독일 표현주의 작가 에른스트 루드비히 키르히너Ernst Ludwig Kirchner

키르히너1880~1938는 19세기 말 급격한 산업화와 어지러운 정치 상황 속에 빠진 독일을 바라보면서, 현실의 비참함을 돌파하기 위한 수단으로 예술을 선택했다. 그는 헤켈Erich Heckel, 1883~1970, 슈미트 로틀루프Karl Schmidt Rottluff, 1884~1976 등과 함께 혁명가를 자처하며 더 나은 미래로 나아가기 위한 다리가 되고자 '다리파'Die Brücke라는 미술 화파를 결성해 활동했다. 다리파는 혁명 정신과 회화를 연결해주는 '다리'가 되고자 했던 독일 표현주의 그룹

이다. 그의 대표작 〈일본식 우산을 든 소녀〉는 암혹한 현실에서 느낀 인간의 비참함을 왜곡된 형태와 과장된 색채로 표현한 수작으로 꼽힌다.

호프가르텐
Hofgarten

🚶 U-Bahn 하인리히 하이네 알레역Heinrich-Heine-Allee에서 도보 3분 📍 Hofgarten, 40213
📞 +49 211 8994800 🌐 www.duesseldorf.de

독일에서 가장 오래된 시민공원

호프가르텐은 독일에서 가장 오래된 시민공원이다. 1769년에 조성되었다. 뒤셀도르프 시내 중심부에 있으며, 호수와 녹음이 아름답게 어우러져 있다. 공원 안에서 백조나 거위, 오리들을 쉽게 찾아볼 수 있는데, 이는 호수에 만들어진 '백조의 집' 때문이다. 1994년에 만들어진 백조의 집은 아프거나 상처 입은 새들을 치료하고 재활할 목적으로 운영되고 있다. 또 호프가르텐 곳곳에는 아름다운 조각상이 많다. 조각상들은 예술을 넘어 자연의 일부인 듯 호프가르텐의 짙푸른 녹음을 더욱 아름답게 장식해준다. 그밖에 뒤셀도르프 출신 시인 하인리히 하이네1797~1856의 동상과 기념비도 찾아볼 수 있으며, 공원 동쪽 끝에는 괴테박물관이 있다. 공원의 아름다운 정원에서는 5월부터 9월 사이에 재즈 밴드나 오케스트라의 무료 야외 공연이 열린다. 공원 북쪽으로는 쿤스트팔라스트 미술관과 문화센터 NRW 포럼이 바로 연결되고, 동남쪽에는 미술관 쿤스트잠룽 K20이 가까이 자리하고 있어 뒤셀도르프의 문화와 예술을 즐긴 후 쉬어가기 좋다. 공원 남쪽 끝에서는 쇼핑가인 쾨-보겐Kö-Bogen으로 바로 연결된다.

ONE MORE

호프가르텐의 괴테박물관 Goethe Museum
독일의 대문호를 기리다

호프가르텐 동쪽 끝에 있는 예가호프 성Schloss Jägerhof은 18세기 중반 칼 테오도르Karl Theodor 선제후의 사냥용 저택이었다. 로코코 풍 건물 분위기는 소박하지만, 나름의 운치가 흐른다. 지금은 괴테박물관이 들어서 있다. 괴테와 전혀 인연이 없는 뒤셀도르프의 고풍스러운 저택에 들어선 괴테박물관이 좀 의아할 수 있지만, 괴테가 독일 전역을 아우르는 대문호임을 떠올리면 고개가 끄덕여진다. 이 건물을 소유한 개인이 괴테를 기리며 1956년부터 50년 동안 그에 관한 모든 것을 수집하여 만든 박물관이다. 소장품은 모두 3만 5천여 점에 이르며, 박물관의 도서관에 있는 괴테 관련 서적만 해도 1만 권이 넘는다. 박물관의 11개의 전시실에서 괴테의 인쇄물, 편지, 시집, 초판 단행본, 초상화, 흉상 등 다양한 전시품을 만나볼 수 있다.

🚶 ❶ U-Bahn 펨펠포터 슈트라세역Pempelforter Straße에서 도보 5~6분 ❷ 호프가르텐 공원 중심부에서 도보 8분
📍 acobistraße 2, 40211 📞 +49 211 8996262 🕐 화~금요일 11:00~17:00, 토 13:00~17:00(월요일 휴무)
💶 성인 4유로, 뒤셀도르프 카드 소지자 무료, 일요일과 평일 오후 4시부터 무료 🌐 www.goethe-museum.com

쿤스트팔라스트
Kunstpalast

쿤스트팔라스트 🚶 U-Bahn 톤할레/에른호프역Tonhalle/Ehrenhof 하차, 호프가르텐 공원 경유하여 도보 5분
📍 Ehrenhof 4-5, 40479 📞 +49 211 5664 2100 🕐 화·수·금~일 11:00~18:00, 목 11:00~21:00 휴관 월요일, 1월 1일, 12월 24·25·26일·31일 € 성인 16유로, 학생/뒤셀도르프 카드 소지자 12유로, 18세 이하 무료, 수요일 14:00~18:00 8유로, 첫 번째 목요일 18:00~21:00 상설전 무료 ☰ www.kunstpalast.de

NRW-Forum 🚶 ❶ U-Bahn 톤할레/에른호프역Tonhalle/Ehrenhof 하차 도보 3분 ❷ 쿤스트팔라스트에서 호프가르텐 공원 경유하여 남쪽으로 도보 3분 📍 Ehrenhof 2, 40479 📞 +49 211 8926 690 🕐 화·수·금~일 11:00~18:00, 목 11:00~21:00 휴관 월요일, 1월 1일, 12월 24·25·26일·31일 € 성인 9.5유로, 학생과 뒤셀도르프 카드 소지자 6.5유로, 18세 이하 무료 ☰ www.nrw-forum.de

아름다운 공원 옆 미술관

오래되고 아름다운 공원 호프가르텐Hofgarten 북쪽 끝에는 에른호프Ehrenhof라는 복합문화공간이 있다. 콘서트홀, 미술관, 문화센터 등이 있는데, 다양한 전시를 볼 수 있는 미술관 쿤스트팔라스트가 있어서 더 특별하다. 1913년 문을 연 쿤스트팔라스트는 소장품 스펙트럼이 넓어 관람하는 즐거움이 크다. 왕립 아카데미가 소장했던 루카스 크라나흐Lucas Cranach, 1472~1553와 루벤스Peter paul rubens, 1577~1640의 작품 등 15·16세기 회화 작품부터 유리공예와 조각, 독창적인 사진까지 관람할 수 있다. 특히 한국의 예술가 백남준의 미디어아트도 찾아볼 수 있어 친근하기까지 하다. 쿤스트팔라스트 남쪽에 있는 문화센터 NRW 포럼에서도 다양한 사진 전시와 이벤트를 즐기기 좋다. 여름이 되면 쿤스트팔라스트와 NRW 포럼 앞 잔디밭은 일광욕을 즐기는 뒤셀도르프 시민들로 북적인다. 뒤셀도르프 카드 소지자는 두 곳의 입장료 할인 혜택을 받을 수 있다.

쾨-보겐 & 쾨닉스알레
Kö-Bogen & Königsallee

쾨-보겐 🚶 ❶ 트람 701·705·706번 승차하여 샤도슈트라세Schadowstraße 정류장 하차, 도보 5분 ❷ U-Bahn(U71·72·73·83 호선) 샤도슈트라세역Schadowstraße 하차, 도보 5분 ❸ 호프가르텐 중심부에서 도보 4~5분
📍 Königsallee 2, 40212 Düsseldorf 📞 +49 211 4247 0600 🕐 월~토 10:00~20:00 🔗 www.koebogen.info
쾨닉스알레 🚶 ❶ U-Bahn 슈타인슈트라세/쾨닉스알레역Steinstr./Königsallee에서 도보 1분 ❷ 쾨-보겐에서 도보 2분

©Wojtek Gurak-flickr

뒤셀도르프 패피들의 쇼핑 핫 스폿

뒤셀도르프는 매년 국제 패션 박람회가 열리는 패션 도시다. 쾨-보겐과 쾨닉스알레에 가면 뒤셀도르프의 최신 유행 패션을 확인할 수 있다. 쾨-보겐은 호프가르텐 남쪽 끝에 있는 쇼핑몰이다. 2011년 베를린 유대인 박물관을 설계한 다니엘 리버스킨트Daniel Libeskind가 지었다. 유리와 하얀 자연석을 이용한 독특한 기하학적 문양이 인상적이다. 뒤셀도르프의 대표적인 랜드마크로 꼽힌다. 세계적인 프리미엄 브랜드들이 입점해 있고, 브로이닝어Breuninger 백화점도 들어와 있다. 쾨-보겐 남쪽 샤도플라츠Schadowplatz 거리를 따라 서쪽으로 조금 걸어가면 쇼핑의 거리인 쾨닉스알레Königsallee가 나온다. 명품매장, 갤러리아백화점과 대형 쇼핑몰이 몰려 있어 뒤셀도르프의 샹젤리제라 불린다. 800m가 넘는 거리 옆에 길게 흐르는 물길 스타트그라벤Stadtgraben은 중세에 도시를 지키기 위해 만든 해자였다. 지금은 쾨닉스알레를 따라 잔잔하게 흘러 쇼핑의 거리에 운치를 더해준다. 거리엔 카페도 많다. 커피 한 잔 앞에 놓고 휴식 시간도 가져보자. 지나가는 패피들의 최신 패션을 구경하는 것만으로도 여행의 즐거움이 더해진다.

메디엔 항구와 라인 강변
Medienhafen & Rheineufer 메디엔하펜 & 라이네우퍼

🚶 ❶ 트람 706, 709번 승차하여 슈타트토어Stadttor 정류장 하차, 도보 5~6분 ❷ 트람 706, 707번 승차하여 프란치우스슈트라세Franziusstraße 정류장 하차, 도보 5~6분 ◎ Am Handelshafen 21, 40221 🚇 www.medienhafen.de

오래된 항구가 지식 산업의 메카로

뒤셀도르프는 라인강을 따라 형성된 도시다. 항구가 들어선 것은 1896년이다. 하지만 뒤셀도르프 항구는 1970년 대에 들어 교역 중심지 기능을 잃게 된다. 뒤셀도르프시는 항구를 새롭게 활용할 수 있는 방법을 모색하였다. 기존의 창고들을 리모델링 하고 새로운 건물을 세우자, 라디오 방송국을 비롯한 미디어 산업 관련 사무실이 들어섰다. 항구 이름도 메디엔 항구Medienhafen로 바뀌었다. 'Medien'은 영어로는 'Media'를 뜻한다. 문화 예술, 미디어 분야의 다양한 일자리가 창출되었다. 창조의 도시로 탈바꿈하면서 뒤셀도르프는 문화와 예술의 메카로 자리 잡았다. 현재 뒤셀도르프에는 1826년 런던에서 독일로 전해진 가스등 14,000개가 남아있는데, 메디엔 항구 주변 산책로에서도 찾아볼 수 있다. 시에서는 에너지 효율 등을 이유로 현대식 가로등으로 교체하려 하지만, 시민들은 아직도 이 가스등을 지키려고 애쓰고 있다. 가로등의 위치가 표시된 지도가 따로 있을 정도이다.

ONE MORE

메디엔 항구의 현대 건축, 노이에 촐호프 Neue Zollhof
건축의 고정관념 깨기

노이에 촐호프Neue Zollhof는 메디엔 항구에서 단연 눈에 띄는 건물이다. 세 개의 건물로 나누어져 있는데, 하얀색, 은색, 갈색 건물이 형제들처럼 나란히 서 있다. 건물들 곳곳이 잘려나간 것 같기도 하고 구겨진 것 같기도 하여 매우 독특하다. 스페인의 빌바오 구겐하임 미술관을 설계한 해체주의 건축의 거장, 프랑크 게리Frank O Gehry, 1929~의 1998년 작품이다. 🚶 트람 706, 709번 승차하여 슈타트토어Stadttor 정류장 하차, 도보 5~6분 ◎ Neuer Zollhof 2 40221 Düsseldorf

©Martin Kraft-Wikimedia Commons

라인타워
Rheinturm 라인툼

날씨가 좋으면 퀼른 대성당까지

독일에서 10번째로 높은 텔레비전 타워이다. 독일 건축가 하랄드 다일만Harald Deilmann이 설계하여 1982년 세워졌다. 높이는 234m로, 168m 위치엔 전망대가 있다. 초고속 엘리베이터를 타고 1분 정도면 전망대에 도착한다. 시간대에 따라 입장료가 조금씩 달라진다. 입장 시간이 정해져 있으므로, 예매 전에 방문하고자 하는 시간을 먼저 선택해야 한다. 입장권은 현장이나 홈페이지에서 예매할 수 있다. 전망대에서는 날씨가 좋으면 퀼른 대성당까지 볼 수도 있다. 360도로 뒤셀도르프의 야경을 즐기며 식사할 수 있는 일식당과 바도 있다.

🚶 트람 706, 709번 승차하여 슈타트토어Stadttor 정류장 하차, 도보 5분 📍 Stromstraße 20, 40221 Düsseldorf
📞 +49 211 8632 000 🕐 매일 10:00~00:00 € 얼리버스(10:00~12:00)·야간입장(20:00 이후) 8유로 데이 티켓(12:00~20:00) 성인 12.5유로, 카드 할인·14~17세·65세 이상 9유로, 6~13세 8유로, 6세 미만·생일인 사람 무료, 가족(성인 2명+아이 3명) 30유로 🔗 www.rheinturm.de

©Second-Half-Travels-flickr

재팬타운
Immermannstraße

독일 유일의 일본인 거리

뒤셀도르프는 독일에서 유일하게 재팬타운이 있는 도시이다. 1859년 뒤셀도르프 상인 루이즈 크니플러Louis Kniffler가 일본 나가사키 데지마 섬에 독일 무역관을 설립하면서 관계가 시작되었다. 본격적으로 뒤셀도르프에 일본인들이 거주하기 시작한 것은 1950년대부터였다. 2차 세계대전 당시 베를린과 함부르크를 중심으로 활동하던 일본 기업들이 전쟁 후 독일에 재진출하면서 뒤셀도르프에 거점을 마련했다. 특히 야판슈트라세Japanstraße라고도 불리는 임머만 거리Immermannstraße에는 일본서점, 식자재 가게, 음식점들이 모여 있다. 한인들도 많이 늘어나 이 거리를 중심으로 한국 음식점과 식료품점도 자리하고 있다.

©Marco Verch-flickr

©Kurschner-Wikimedia Commons

🚶 U-Bahn 오스트슈트라세역OststraBe에서 도보 7분
📍 Immermannstraße, 40210 Düsseldorf

🍴 소바-안 Soba-an

뒤셀도르프에서 맛보는 소바

"베를린에서도 찾을 수 없다면 뒤셀도르프로 가라!" 일본 음식점 얘기를 나누던 도중 일본인 헤어디자이너가 해준 말이다. 소바-안은 일본인의 소울푸드, 메밀국수 전문 식당이다. 한국의 잔치국수처럼 소바는 일본인들이 사시사철 즐기는 음식 중 하나이다. 소바-안 역시 1년 내내 냉메밀과 온메밀을 판매한다. 가게에서 직접 메밀국수를 뽑아 만들며, 종류만 20가지가 넘는다. 온메밀을 주문하면 매콤한 일본식 향신료인 '시치미'를 함께 준다. 소량 첨가해 먹으면 한국인 입맛에 맞는 칼칼한 국수를 맛볼 수 있다.

🚶 U-Bahn 오스트슈트라세역OststraBe에서 도보 7분
📍 KlosterstraBe 68, 40211 📞 +49 211 3677 7575
🕐 월·수·목 12:00~14:30, 18:00~21:00 금 12:00~14:30, 17:30~21:00 토·일 12:00~16:30, 17:00~21:00 € 25유로
☰ www.soba-an.de

🍴 브라우어라이 슈마허
Brauerei Schumacher(Schumacher Alt)

'알트 비어'가 탄생한 양조장 겸 펍

뒤셀도르프 지역 맥주 '알트 비어Alt bier'가 탄생한 곳이나. 알트 비어란 '옛날 맥주'라는 뜻이다. 알트 비어는 상면발효 맥주인데 하면 발효 맥주보다 오래된 맥주라는 의미를 담아 1838년 마티아스 슈마허가 이름 붙였다. 쾰른의 쾰쉬 맥주처럼 250㎖의 작은 잔에 담겨 나온다. 브라우어라이 슈마허는 일본인 거리 근치에 있다. 워낙 인기가 많아 저녁 식사 시간에 예약 없이 방문하면 자리가 나기를 하염없이 기다려야 한다. 맥주와 함께 즐길 음식으로는 슈바인 슈니첼, 다진 돼지고기와 양파를 독일식 빵 브뢰첸에 얹어 먹는 슈바인메트 운트 쯔비벨 Schweinemett und Zwiebeln 등을 추천한다.

🚶 U-Bahn 오스트슈트라세역OststraBe에서 도보 3분
📍 OststraBe 123, 40210 📞 +49 211 8289 020
🕐 화 15:00~23:00, 수~토 11:00~23:00, 일 11:00~20:00
€ 30~40유로 내외, 학센 23유로, 알트비어 2.9유로
☰ www.schumacher-alt.de

🍽 우에리게 Uerige

150년 된 유서 깊은 양조장

구시가지 관광안내소 바로 옆에 있는 양조장으로, 구시
청사에서 남쪽으로 도보 2분 거리에 있다. 뒤셀도르프
시민들에게 가장 인기 좋은 유서 깊은 양조장으로, 1862
년 만들어졌다. 고전미 풍기는 독일 스타일 내부 인테리
어가 근사하다. 오래된 건물 전체를 음식점과 양조장으
로 사용하고 있으며, 양조장 투어도 준비되어 있다. 이곳
에서도 주로 알트 비어에 나진 돼지고기와 양파를 빵 위
에 얹어 먹는 멧브뢰첸Mettbrötchen, 줄여서 멧Mett이라고도
함을 즐겨 먹는다. 대략 1인당 25유로 정도면 따뜻한 한
끼 식사와 시원한 맥주를 함께 즐길 수 있다.

🚶 U-Bahn 하인리히 하이네 알레역Heinrich-Heine-Allee에서
플링어슈트라세Flinger Str. 따라 도보 5분
📍 Berger Str. 1, 40213 📞 +49 211 8669 90
🕐 매일 10:00~23:00, 12월 24일, 31일 10:00~14:00,
12월 25일 휴무 € 25유로 내외, 멧Mett 3.45유로로, 알트비어
2.85유로로 ≡ www.uerige.de

☕ 로스터라이 피어 Rösterei VIER

향기로운 커피 한잔의 휴식을

분위기 좋은 카페로 뒤셀도르프에서의 여유를 만끽하기 좋다. 특히 스페셜 커피를 맛보고 싶은 여행자에게 추천한
다. 카페 이름 로스터라이 피어에서 피어Vier는 숫자 4를 의미한다. 커피가 만들어지기까지의 4가지 공정인 수확-
선별-로스팅-추출의 4단계를 이름에 담기 위해 로스터라이 피어라 지었다. 아프리카 말라위공화국의 커피 농장에
서 공정무역을 통해 수입한 원두를 로스팅하여 커피를 내린다. 재팬다운 임머만 거리와 구시가지 마르크트 광장 매
장이 여행 일정 중에 들르기 좋다. 뒤셀도르프에서 활동하는 도예가들과 협업하여 커피잔도 생산, 판매하고 있다.

Rösterei VIER Wallstrasse 🚶 U-Bahn 하인리히 하이네 알레역Heinrich-Heine-Allee에서 Heinrich-Heline-Platz를 지나
WallstraBe로 도보 3분 📍 WallstraBe 10, 40213 🕐 월~금 08:00~19:00 토 09:00~19:00 일 11:00~18:00
Rösterei VIER ImmermannstraBe(재팬타운 점) 🚶 U-Bahn 오스트슈트라세역OststraBe에서 도보 5분
📍 ImmermanstraBe 23, 40210 🕐 월~금 08:00~18:00 토 09:00~18:00 일 10:00~18:00

브라우어라이 쿼처 Brauerei Kürzer

현대적으로 재해석한 알트 비어

오래된 역사를 자랑하는 양조장들의 틈바구니에서 뒤지지 않는 인기를 자랑하는 양조장이다. 구시청사에서 북동쪽으로 도보 3분 거리에 있다. 알트 비어를 현대적으로 재해석하여 만든 맥주를 맛볼 수 있으며, 젊은 세대에게 특히 인기가 많다. 맥주 맛이 강하지 않고 끝에 단맛이 감돌아 알트 비어 초급자들에게 추천할 만하다. 알트 비어에 커리부어스트와 감자튀김 혹은 치즈버거를 곁들여 먹으면 한 끼 식사로 그만이다.

🚶 U-Bahn 하인리히 하이네 알레역Heinrich-Heine-Allee에서 부르크 광장Burgplatz 방향으로 도보 8분
📍 Kurze Str. 20, 40213 📞 +49 211 3226 96 🕐 월~목 15:00~01:00, 금 15:00~03:00, 토 12:00~03:00, 일 15:00~01:00
€ 20~25유로 내외, 슈니첼 13.5유로(현금 결제만 가능) 🔗 www.brauerei-kuerzer.de

요야마 yooyama interior & lifestyle

기념품 사기 좋은 소품 가게

유명 브랜드와 디자이너의 소품을 만날 수 있는 편집숍이다. 우아한 곡선으로 유명한 체코의 TON 의자부터 핀란드의 마리메꼬, 이탈리아 파올라 나보네의 도자기 등 인테리어에 관심이 많은 사람이라면 한 번 이상 들어봤을 물건들이 매장을 채우고 있다. 작고 부피가 적은 소품도 많아 기념품이나 선물용으로 사기 좋다. 주인은 삶의 공간을 가꾸는 일이 결국 더 나은 라이프스타일을 만든다고 생각한다. 지역 아티스트들의 작품을 소개하고 판매도 한다.

🚶 U71,U72,U73 호선 벤라더거리역 Benrather Straße에서 Bastionstraße거리를 따라 도보 2분 📍 Bastionstraße 33, 40213 📞 +49 221 56959192
🕐 화~금 10:30~19:00, 토 10:30~16:00 🔗 www.yooyama.de

PART 8

하이델베르크
Heidelberg

매혹적인, 너무나 매혹적인 중세 도시

베를린

프랑크푸르트
하이델베르크
뮌헨

하이델베르크는 독일 프랑크푸르트 남쪽에 있는 매혹적인 고도이다. 2차 세계대전의 피해가 비교적 적어 중세 도시의 모습이 잘 남아 있다. 괴테, 빅토르 위고, 마크 트웨인 등 나라를 불문하고 이곳을 방문한 문학가들이 하나같이 사랑에 빠진 곳이자, 영화 <황태자의 첫사랑>의 배경 도시이다. 30년 전쟁과 팔츠계승전쟁9년 전쟁의 흔적이 고스란히 남아 있는 하이델베르크 성은 이 도시를 대표하는 랜드마크이다. 고풍스럽고 운치가 넘친다. 특히 성의 테라스에서 바라보는 시의 전경은 아름다움을 넘어 낭만적이기까지 하다. 노을에 물든 하이델베르크 전경은 숨이 막힐 듯 아름답다.

하이델베르크 대학교는 프라하 대학교, 빈 대학교와 함께 유럽에서 가장 오래된 대학 중 하나이자 이 도시가 학문의 도시로 불리는 이유이기도 하다. 하이델베르크 대학교를 비롯하여 주요 관광지가 구시가지에 모여 있어 여행하기에 편리하다. 주요 명소로는 하이델베르크 성과 하이델베르크대학, 하이델베르크 대학의 학생 감옥과 학생 식당이 있다. 카를 테오도르 다리를 걷거나 철학자의 길을 산책하는 것도 추천한다.

주요 축제

하이델베르크 봄 국제 음악 페스티벌 3월~4월, www.heidelberger-fruehling.de

퀴어페스티벌 5월, queer-festival.de

하이델베르크 캐슬 페스티벌 6월~8월, www.theaterheidelberg.de/festivals

인조이 재즈 10월~11월, www.enjoyjazz.de

국제 만하임-하이델베르크 필름 페스티벌 11월 중순, www.iffmh.de

크리스마스 마켓 11월 말~12월 24일, www.heidelberg-event.com/events/weihnachtsmarkt

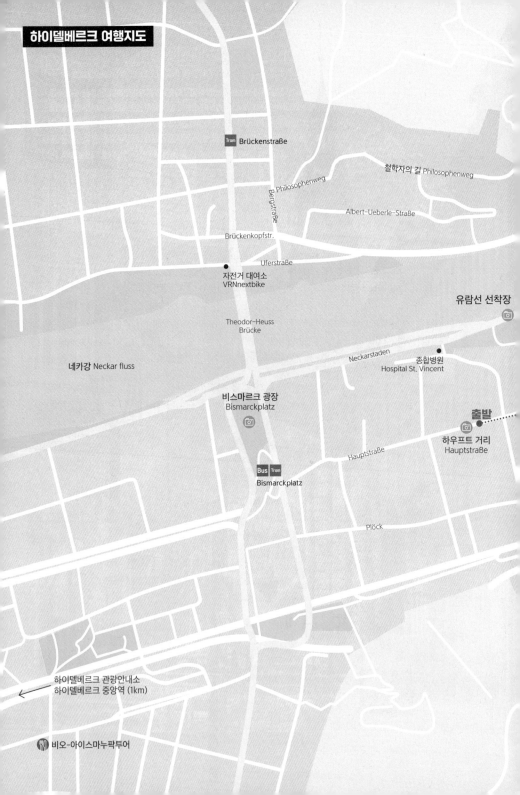

하이델베르크 여행지도

Tram Brückenstraße

철학자의 길 Philosophenweg

Philosophenweg

Bergstraße

Albert-Ueberle-Straße

Brückenkopfstr.

UferstraBe

자전거 대여소
VRNnextbike

유람선 선착장

Theodor-Heuss
Brücke

Neckarstaden

종합병원
Hospital St. Vincent

네카강 Neckar fluss

비스마르크 광장
Bismarckplatz

출발

하우프트 거리
HauptstraBe

Bus **Tram**
Bismarckplatz

HauptstraBe

Plöck

하이델베르크 관광안내소
하이델베르크 중앙역 (1km)

비오-아이스마누팍투어

철학자의 길 Philosophenweg

Schlangenweg

도착

철학자의 길
Philosophenweg

Ziegelhäuser Landstraße

Neuenheimer Landstraße

카를 테오도어 다리/알테 다리
Karl-Theodor-Brücke, Alte Brücke

유람선 선착장

네카강 Neckar fluss

알테다리 원숭이상
Brückenaffe

하이델베르크 관광안내소
네카뮌츠광장
Neckar Münzplatz

유람선 선착장

Am Hackteufel

Heidelberg Altstadt

Neckarstaden

Lauerstraße

레스토랑 ON

Mönchgasse

Hauptstraße

춤 로튼 옥슨

학생 식당 멘사
Zeughaus-Mensa im Marstall

베터스 양조장
Vetters Brewery

성령교회
Heiliggeistkirche

시청사
(관광안내소)
Heidelberg-Altstadt

카를 광장
Karlsplatz

Karlstraße

Untere Str.

한스 임 글룩크

코른마르크트 광장
Kornmarkt

선제후 박물관
Kurpfälzisches Museum

하이델베르크대학 박물관
Universitätsmuseum

마르크트
광장
Marktplatz

소반식당
Soban Heidelberg

Hauptstraße

Merianstra.

Ingrimstraße

카페 샤프호이틀레

프로비덴츠 교회
Ev. Providenzkirche

학생 감옥
Studentenkarzer

Augustinergasse

예수회교회
Jesuitenkirche

Neue Schloßstraße

하이델베르크 성
Heidelberger Schloss

Plöck

Grabengasse

복음교회
Peterskirche

하이델베르크 하루 여행 추천코스 지도의 빨간 점선 참고

하우프트 거리→ 도보 8분 → 선제후 박물관 → 도보 3분 → 하이델베르크 대학교 & 학생감옥 → 도보 5분
→ 성령교회 → 도보 10분 → 하이델베르크 성 → 도보 15분 → 네카 강 & 카를 테오도어 다리 → 도보 1분
→ 철학자의 길 산책

하이델베르크 일반 정보

위치 독일 서남부(프랑크푸르트에서 남쪽으로 90km, 기차로 약 1시간 소요)

인구 약 18만 명

기온 연평균 11℃, 겨울 평균 2℃, 여름 평균 20℃

℃/월	1월	2월	3월	4월	5월	6월	7월	8월	9월	10월	11월	12월
최고	5	7	11	16	21	23	26	25	21	15	9	6
최저	0	0	3	6	10	13	15	15	12	7	3	1

여행 정보 홈페이지 하이델베르크시 홈페이지 www.heidelberg.de

하이델베르크 관광 안내 www.heidelberg-marketing.de 하이델베르크 시내 교통 www.rnv-online.de

하이델베르크 관광안내소

중앙역Heidelberg Hbf 앞 관광안내소 ⊙ Willy-Brandt-Platz 1, 69115
🕐 월~토 10:00~17:00
네카뮌츠광장Neckarmünzplatz 관광안내소 ⊙ Obere Neckarstraße 33, 69117
🕐 4~10월 월·목·토 09:30~17:00, 금 09:30~18:00, 일 10:00~15:00
11~3월 월~토 10:00~17:00
시청사 관광안내소 ⊙ Marktplatz 10, 69117 🕐 월~금 08:00~17:00

하이델베르크 가는 방법

하이델베르크는 프랑크푸르트에서 당일 여행하기에 좋다. 기차를 이용할 경우는 하이델베르크 중앙역Heidelberg Hbf보다 여행지가 모여 있는 구시가지역Altstadt Bahnhof에서 내리도록 하자.

기차 소요시간
프랑크푸르트-하이델베르크 1시간
슈투트가르트-하이델베르크 45분
쾰른-하이델베르크 2시간

버스 소요시간
프랑크푸르트-하이델베르크 1시간 25분
쾰른-하이델베르크 4시간
뉘른베르크-하이델베르크 3시간 10분

기차
독일철도청DB 홈페이지에서 예매하거나 매표소에서 구매할 수 있다. 프랑크푸르트에서 기차로 1시간 안팎 소요되며 차편이 많아 편리하다. 독일 철도청 홈페이지 www.bahn.de
하이델베르크 기차역 안내
하이델베르크 중앙역Heidelberg Hauptbahnhof 🚶 트람 3·8·9·11번, 버스 66번 중앙역 정류장에서 하차 ⊙ Willy-Brandt-Platz 5, 69115
하이델베르크 알트슈타트Bahnhof Heidelberg-Altstadt, 구시가지역 🚶 버스 30·33·34·35번 하이델베르크 알트슈타트 정류장에서 하차 ⊙ Schlier-bacher Landstraße 1, 69118

버스
기차보다 이동시간은 조금 더 걸리지만, 요금이 저렴하다. 노선이 다양하고 배차 간격도 짧아 버스를 더 선호한다. 홈페이지에서 표를 예매하면 돈을 절약할 수 있다. 하이델베르크 버스터미널은 따로 없고 중앙역 앞 또는 역 건너편Alte Eppelheimer Str. 43-37에 정차한다. 구시가지까지는 대중교통을 이용하거나 도보로 30분 걸어야 한다.

시내교통

시내교통편은 S반, 버스, 트람이 있다. 도시가 작고 관광지가 구시가지에 몰려 있어 대중교통을 이용할 일이 적다. 대중교통 정류장의 티켓 자동판매기에서 승차 전에 표를 구매하자. 승차 후 차내의 개찰기에서 꼭 표를 유효화해야 한다. 아인첼파샤인Einzelfahrscheine은 1회권으로 90분 동안 한 방향으로 이동할 수 있으며, 요금은 성인 3.2유로이다. 6~14세는 2.2유로이다. 하루권Tageskarte은 1인이 8.3유로이며 성인티켓 1장에 14세 이하의 직계 아동 1명까지 탑승할 수 있

©wikimedia-Bahnfrend

다. 중앙역에서 트람 5번 또는 21번, 버스 32번이나 33번 승차 후 비스마르크광장Bismarckplatz 정류장에서 내리면 구시가지로 연결된 하우프트 거리가 나온다. 소요시간은 트람이든 버스든 10분 이내이다.

하이델베르크에서 자전거 여행하기

자전거 대여 회사 'VRNnextbike'를 이용한다. 홈페이지와 어플의 지도에서 자전거 지정소 위치를 확인할 수 있다. 기본요금은 15분에 1유로, 24시간 최대 12유로이다. 대여 방법은 우리나라의 공공 자전거 대여 방법과 거의 유사하다. 홈페이지 www.vrnnextbike.de/en/heidelberg

《공공 자전거 대여 방법》

1. 웹사이트 또는 어플에 회원 가입 뒤 자전거 요금을 결제할 신용카드 혹은 PayPal 서비스를 등록한다.
2. 앱에서 대여하고자 하는 자전거의 QR코드를 스캔하거나 자전거 번호를 입력하면 뒷바퀴 잠금장치가 자동으로 풀리고 바로 이용할 수 있다.
3. 브레이크 모드를 활성화하면 어디서나 자전거를 잠시 주차할 수 있다. 카페나 식당에 들를 때 유용하다.
4. 자전거 반납은 공식 지정장소에서 해야 하며, 안장 아래에 있는 잠금장치 레버를 아래로 누르고, 앱에서 반납이 잘 되었는지 다시 한번 확인하자.

하이델베르크 대중교통 어플

라인-네카강 교통공사에서 무료 어플인 'rnv/VRN Handy-Ticket'을 제공한다. 독일어로만 제공하지만, 국내 지도 어플 사용법과 크게 다르지 않아 어렵지 않다. 출발지(Ab)와 목적지(An)를 입력하고 검색(Suchen)을 누르고 교통수단의 노선번호를 선택한다. 'preis'에서 구매할 티켓을 선택한 후 신용카드로 결제하면 된다. 1회권 구매 시 결제와 함께 표가 유효화되므로 유효시간 안에 사용하자.

이용방법 안드로이드 Google play/ 애플 App store 에서 rnv/VRN 을 입력, 설치한다.

하이델베르크 카드 Heidelberg Card

대중교통을 무제한 이용 가능하며, 하이델베르크 성 입장료와 산악 철도(푸니쿨라) 이용권이 포함되어 있다. 학생 감옥 1회 입장 및 박물관이나 가이드 투어의 할인 혜택도 제공된다. 중앙역, 네카뮌츠광장, 시청사의 관광안내소에서 구매할 수 있다. € 1일권 26유로, 2일권 28유로, 4일권 30유로, 패밀리 2일권(성인 2명, 16세 이하의 어린이 3명) 60유로
≡ www.heidelberg-marketing.de/heidelbergcard

하우프트 거리
Hauptstraße 하우프트 슈트라세

🚶 중앙역에서 트람 5번이나 버스 35번을 타고
비스마르크광장Bismarckplatz 정류장에서 하차 후 H&M 오른편 거리로 진입

©wikimedia-Bahnfrend

모든 명소는 이 길로 통한다

구시가지 중앙에 있는 보행자 전용 도로이다. 바르셀로나의 람블라스 거리와 비슷하지만 폭이 조금 더 좁은 편이다. 버스와 트람 정류장, 갤러리아 백화점이 있는 비스마르크 광장에서 시작해 카를 광장까지 동쪽으로 2km 정도 이어지는데, 트람과 자동차가 다니지 않아 오래된 도시의 향기에 젖으며 여유롭게 구경할 수 있다. 거리 초입에는 상점과 음식점, 카페가 모여 있어 쇼핑을 하거나 식사하기에 좋다. 1841년에 문을 연 슈미츠와 한Schmitt&Hahn이란 서점도 이 거리에 있다. 길을 따라 산책 하듯 동쪽으로 10여분 내려가면 하이델베르크 대학 구시가지 캠퍼스가 나온다. 구시가지 명소 대부분은 대학광장부터 마르크트 광장 사이 하우프트 거리 주변에 밀집해 있다. 거리 골목마다 고풍스러운 건물과 가게가 숨어 있으므로 여유를 가지고 구석구석 구경해보자.

ONE MORE

프로비덴츠 교회 Ev.Providenzkirche, 프로비덴츠 키르헤

하우프트 거리를 8~9분쯤 걷다보면 낮은 건물들 사이로 고개를 삐쭉 내밀고 있는 시계탑이 보인다. 프로비덴츠 교회의 시계탑이다. 프로비덴츠 교회는 1659년에 처음 지어졌다. 당시 선제후였던 칼 루트비히가 구약성서 창세기 22장 8절에 나오는 '주님께서 예비하시리라'라는 뜻의 라틴어인 'Dominus providebit'에서 그 이름을 따왔다. 9년 전쟁으로 17세기 말에 교회가 파괴되자 1721년 재건하였다. 🚶 하우프트 거리 초입에서 도보로 8분

📍 Hauptstraße 90a, 69117 📞 +49 6221 21117 🕐 11:00~17:00 € 무료

선제후 박물관
Kurpfälzisches Museum 쿼펠치셔스 무제움

🚶 하우프트 거리 초입에서 도보로 8분 ⓥ Hauptstraße 97, 69117
📞 +49 6221 5834020 🕐 화~일 10:00~18:00 **휴관** 월요일, 1월 1일, 5월 1일, 12월 24·25·31일
€ 성인 3유로. 학생 1.8유로, 16세 미만 무료(일요일 성인 1.8유로, 학생 1.2유로, 하이델베르크 카드 소지자 20% 할인)

그림과 유물로 만나는 하이델베르크

하우프트 거리, 프로비덴츠 교회와 하이델베르크 대학교 사이에 있나, 바로그 양식으로 시은 박물관 건물이 인상
적이다. 고고학, 회화, 가구, 소각, 도자기, 하이델베르크의 도시 자료, 선제후의 역사와 의미 등을 전시하는 종합 박
물관이다. 전시물은 15세기부터 20세기까지의 것이 대부분이다. 백작 출신의 프랑스 이민자였던 그라임베르그
Charles de Graimberg는 1810년부터 판화, 그림, 서류, 무기, 도자기 등을 수집하는데 열중하였는데 그의 사후 수집
품을 하이델베르크 시가 사들여 박물관을 열었다. 주제와 시대별로 소장품을 전시하고 있는데 전시관이 많아 둘
러보는데 제법 시간이 걸린다. 박물관의 대표 유물 중 하나는 호모 하이넬베르크하이델베르크인이다. 유럽에서 가장
오래된 화석 인류이자 유일한 원인 화석으로 1907년 하이델베르크의 한 고등학교 교사가 발견했다. 호모 하이델
베르크는 약 60만 년 전부터 약 10만 년 전까지 생존한 호모 사피엔스의 조상이다. 틸만 리멘슈나이더15, 16세기의
뛰어난 조각가. 나무에 새긴 초상과 조각으로 유명했다.의 12사도 제단 또한 이 박물관의 유명한 소장품이다. 그 외에 중세
의 거주 공간과 가구, 하이델베르크의 옛 모습을 그린 그림, 현대 회화도 볼만하다. 고대 유물부터 중세, 근대, 현
대의 전시 작품까지 보고 나면 인류의 역사와 문화를 주제로 시간 여행을 한 기분이 든다. 박물관 내부는 사진 촬
영이 금지되어 있다.

하이델베르크 대학교
Universität Heidelberg 우니베지텟 하이델베르크

🚶 ❶ 하이델베르크 중앙역에서 택시 6분, 도보 25분 ❷ 하우프트 거리 초입에서 도보 12분
📍 Grabengasse 1, 69117 📞 +49 6221 542152 € 콤비 티켓(Kombi Ticket, 박물관+학생감옥) 성인 6유로, 학생 4.5유로로 학생감옥 성인 4유로, 학생 3.5유로, 하이델베르크 카드 소지자 1회 무료 관람(대학 박물관이 닫힌 경우에만 단일 구매 가능)
🔗 www.uni-heidelberg.de

황태자의 첫사랑이 흐르는 독일 최고 대학

1386년에 개교한 독일 최초의 대학이자 독일 최고 대학이다. 2010년 미국 시사주간지 <타임>은 하이델베르크 대학을 독일 최고 대학으로 꼽았으며, 노벨상수상자 순위로도 독일에서는 1등, 세계에서 14등이다. 하이델베르크가 대학의 도시, 철학의 도시가 된 것은 순전히 이 대학 덕분이다. 미국의 존스 홉킨스를 비롯한 많은 연구 중심 대학이 하이델베르크 대학을 롤 모델로 삼아 개교했을 정도다. 독일 통일에 큰 공을 세운 헬무트 콜 수상, 작곡가 슈만, 사회학의 아버지이자 철학자 막스 베버, 철학자 에리히 프롬과 한나 아렌트, 극작가 서머싯 모옴, 대륙이동설을 주장한 베게너, 주기율표를 만든 멘델레예프 등이 이 대학 출신이다. <압록강은 흐른다>로 유명한 소설가 이미륵도 이 대학에서 의학을 공부했다. 이밖에도 교황, 추기경, 유명 정치인, 과학자 등 독일과 유럽을 이끈 유명인을 많이 배출했다. 우리가 기억하고 싶지 않은 이름 요제프 괴벨스1897년~1945, 히틀러의 최측근으로 나치 선전 및 미화를 책임졌던 인물도 이 대학에서 박사 학위를 받았다. 또 이름만 들어도 입이 벌어지는 헤겔, 야스퍼스, 하이데거, 하버마스, 막스 베버 등 수많은 철학자와 사회학자가 하이델베르크 대학에서 교수를 지냈다.

하이델베르크 대학은, 빌헬름 마이어푀르스터의 소설을 영화로 만든 <황태자의 첫사랑> 덕에 더 유명해졌다. 카를 부르크의 황태자 하인리히는 하이델베르크 대학의 신입생이 되었다. 그는 약혼녀가 있었으나 하숙집 주인의 조카 케티와 운명적인 사랑에 빠진다. 이 영화에 나오는 유명한 음악이 있다. 축배의 노래 <Drink! Drink! Drink!>이다. 황 태자는 하에델베르크 대학의 전통 신고식에 따라 선배들 앞에서 맥주를 '원샷' 한다. 이때 합창의 노래가 울려 퍼진다. Drink! Drink! Drink! 하이델베르크 대학 캠퍼스는 시내 여러 곳에 나뉘어 있다. 그 중에서 네카강 남쪽 하우푸트 거리HauptstraBe 옆에 있는 구시가지 캠퍼스가 가장 유명하며, 관광하기에도 좋다. 대학 광장Universitätsplatz을 중심 으로 옛 대학 건물Alte Universität, 도서관, 새 대학 건물이 있다. 제일 오래된 대학 건물인 옛 대학 건물에 유명한 박물 관과 학생감옥이 있다. 나치 시절 많은 직원과 학생, 교수들이 정치적, 인종적 이유로 탄압을 받고 추방당했다. 그 가 운데 유명한 사람이 철학자 야스퍼스이다. 그는 친구의 누이와 결혼한 후 하이델베르크 대학의 교수가 되었다. 하지 만 나치는 그의 아내가 유태인이라는 이유로 이혼을 강요했다. 그렇지 않으면 교수를 할 수 없다는 협박도 이어졌다. 야스퍼스는 조금의 망설임도 없이 교수직을 버리고 아내를 선택했다. 그는 명예 대신 사랑을 선택한 멋진 철학자였 다. 나치 시절 추방되거나 희생된 직원, 학생, 교수들을 기리는 기념물이 하이델베르크 대학 박물관에 전시되어 있다.

ONE MORE
Universität Heidelberg 하이델베르크 대학교의 주요 명소

1 하이델베르크 대학교 박물관

바로크 양식으로 1728년 완공된 옛 대학 건물Alte Universität 안에 있다. 700년이 넘는 대학교의 역사를 보여주는 기록물, 장서, 소품과 수업 시간에 사용한 실험도구를 비롯해 대학교를 빛낸 인물의 초상화와 사진도 함께 전시되어 있다. 박물관 건물 2층에 있는 대강당Alte Aula은 1886년 대학의 설립 500년을 기념하여 건축가 요셉 두름Josef Durm이 네오르네상스 풍으로 복구한 것으로 지금까지도 강의나 졸업식 행사에 사용된다. 대강당의 정면에는 지혜의 여신 아테네 그림이 있으며 천장에는 신학, 법학, 의학, 철학의 4개 학부를 의인화한 그림이 있다.

ⓒ 월~토 10:30~16:00(15:15 입장 마감)

2 학생 감옥 Studentenkarzer

중세시대의 대학교는 학생과 대학 관계자가 죄를 지으면 대학이 가진 재판권으로 처벌이 가능한 일종의 치외법권 지역이었다. 독립된 법정도 존재했다. 하이델베르크 대학교 역시 학생이 죄를 지으면 대학이 처벌한 후 죄의 정도에 따라 최소 3일부터 최대 4주까지 학생 감옥에 수감하였다. 옛 대학 건물 뒤편에 위치한 학생 감옥은 1778년 처음 만들어졌다. 감옥이라는 이름을 가졌으나 수감된 학생은 수업이나 학교 행사에 참여하는 것이 가능했고, 몰래 술을 들여와 파티를 열기도 했다고 한다. 학생 감옥은 1차 세계대전이 일어난 1914년에 폐쇄되었다. 입구 벽부터 빼곡한 낙서로 가득한데 감옥에 수감되었던 학생들이 시를 적거나 그림을 그린 흔적이다. 학생 감옥은 중세시대의 면모를 엿볼 수 있는 유적이다. 유적을 보호하기 위해 낙서를 하지 말라는 경고문을 한글을 비롯한 여러 언어로 설치했지만, 안타깝게도 한글 낙서도 많이 발견돼 눈살을 찌푸리게 한다. 유적지에 자신의 흔적을 남기는 부끄러운 행동은 하지 않도록 하자.

🕐 월~토 10:30~16:00(15:15 입장 마감)

3 학생 식당 멘사 Zeughaus-Mensa im Marstall

학생 감옥이 있는 구시가지 캠퍼스에서 네카강 방향으로 3분 정도 떨어져 있다. 하우프트 거리를 건너 조금 더 가면 네카 강변에 성벽 같은 건물이 보인다. 예전에 무기고로 쓰던 건물로 마르슈탈Marstall이라고 부른다. 지금은 하이델베르크 대학의 학생회가 운영하는 학생 식당인 멘사Mensa가 자리하고 있다. 식팅 섹션과 카페 섹션으로 나누이저 있나. 식당은 샐러드바 형식으로 되어 있어 원하는 음식을 담아 마지막에 계산하면 된다. 일반 레스토랑보다 가격이 저렴하며 여행객과 일반인도 이용 가능하다. 카페는 식당 건물 안과 야외에 있다. 일반인과 여행객도 즐겨 찾는 곳이므로, 잠시 커피를 마시며 대학의 낭만을 느껴보자.

🚶 하이델베르크 구시가지 캠퍼스에서 네카 강변으로 도보 3분 ◎ Marstallhof 3, 69117

🕐 월~토 11:00~21:00 ☰ www.stw.uni-heidelberg.de

예수회교회
Jesuitenkirche

🚶 대학광장Universitätsplatz에서 도보로 3분 ⊙ Merianstraße 2, 69117 📞 +49 6221 166391
🕐 교회 월~토 10:00~17:00, 일 12:00~17:00
박물관 1~5월·11·12월 토 10:00~17:00, 일 13:00~17:00 6~10월 화~토 10:00~17:00, 일 13:00~17:00
€ 교회 무료 박물관 성인 3유로, 학생 2.5유로

화려하고 모던한 분홍빛 성당

하이델베르크 대학 구시가지 캠퍼스와 마르크트 광장 사이에 있다. 하이델베르크의
가톨릭 메인 교회이다. 1759년 바로크 양식으로 지어졌으며, 첨탑은 1872년 네오 바
로크 양식으로 추가로 건설되었다. 첨탑의 높이는 무려 78m에 이른다. 예수회는 16
세기에 탄생한 가톨릭의 수도회 중 하나이다. 부패와 타락으로 얼룩진 가톨릭을 비판하
며 신앙적 혁신을 추구하였다. 중국, 아메리카, 일본에 천주교를 전파한 곳이 예수회이다. 영
화 〈미션〉은 남아메리카에서 선교 활동을 하고 있는 예수회 소속 신부의 헌신적인 삶을 그리고 있다. 중국에 가톨릭
의 교리를 요약한 〈천주실의〉를 제작하고 전파한 마테오리치, 현재의 프란치스코 교황이 예수회 출신 성직자이다.
예수회교회는 크기가 마르크트 광장에 있는 성령교회와 맞먹는다. 분홍빛이 도는 사암으로 만들어 외관이 독특하
고 돋보인다. 하지만 내부는 외관과 달리 새하얗다. 하얀 벽과 기둥은 실내의 웅장한 벽화와 황금빛 조각, 금장식을
더욱 화려하고 도드라지게 만들어준다. 검은 색 예배석과 색대비가 분명해 실내는 전체적으로 모던한 느낌을 준다.
교회 안에 종교 예술과 예배 박물관Museum für sakrale Kunst und Liturgie이 있다.

마르크트 광장
Marktplatz 마르크트 플라츠

🚶 ❶ 하우프트 거리 초입에서 도보로 약 15분 ❷ 중앙역에서 33번 버스를 타고 라트히우스-베르그반Rathaus-Bergbahn정류장에서 내린 후 코른마르크트Kornmarkt 거리로 도보 5분 📍 Marktplatz, 69117

크리스마스 마켓이 열린다

구시가지Altstadt의 중심부에 위치한 광장이다. 광장 동쪽으로는 시청사Rathaus가, 서쪽으로는 성령교회Heiliggeist-kirche가 있다. 하우프트 거리HauptstraBe와 바로 이어져있고 주변에 주요 관광지가 몰려 있어 햇볕이 따뜻한 날이면 마르크트 광장 야외 테이블엔 여행객들이 붐빈다. 겨울에는 하이델베르크의 크리스마스 마켓이 열리는 곳이다. 광장 중앙에 있는 헤라클레스 분수는 17세기 말에 치른 9년 전쟁팔츠 계승전쟁, 아우스부르크 동맹전쟁으로 파괴된 도시를 재건하고, 재건을 이룬 시민들의 힘을 기억하고자 1706년 조성하였다.

코른마르크트 광장
Kornmarkt 코른마르크트

🚶 마르크트 광장 옆 📍 Burgweg, 69117

하이델베르크 성으로 가는 길목

구시가지에 있는 작은 광장이다. 마르크트 광장과 이웃해 있다. 히이델베르그 성에 오르기 진에 들르게 되는 곳으로 과거 시의회가 있었다. 한때는 우유와 약초 시장이 서기도 했다. 광장 중앙에는 이 광장의 상징인 바로크 양식의 마돈나 상이 서 있다. 1718년 페터 판 덴 브란덴Peter van den Branden이 조성한 것으로 이 조각상 아래에서 바라보는 하이델베르크 성의 모습이 고풍스럽다. 하이델베르크 성으로 오르는 등반열차 역이 광장 바로 뒤에 위치하고 있다.

하이델베르크 성
Heidelberger Schloss 하이델베르거 슐로스

🚶 ❶하이델베르크 중앙역Heidelberg Hbf 앞에서 33번 트람 타고 베르그반Bergbahn 정류장에서 하차, 동쪽으로 도보 1분 이동하여 등반열차 이용 ❷마르크트 광장에서 도보 5분 이동 후 등반열차 이용

🕐 하이델베르크 성 매일 09:00~18:00 (17:30 입장 마감) 독일 약학 박물관 3월 18일~12월 10:00~18:00(17:40 입장 마감) 1~3월 17일 10:00~17:30(17:10 입장 마감) 가이드 투어(영어) 4~10월 월~금 11:15~16:15(1시간마다) 토·일 10:15~16:15 11~3월 월~금 11:15, 12:15, 14:15, 15:15 토·일 11:15~15:15(1시간마다) € 자유 관람 성인 11유로, 학생 5.5유로(등반열차, 성 입장료 포함) 가이드 투어 요금 성인 6유로, 학생 3유로, 가족 15유로(한국어 오디오 가이드 6유로)

ⓘ 등반열차(Funicular) 하이델베르크 성이 자리한 해발 570.3미터의 산 쾨니히슈툴Königstuhl에 설치된 푸니쿨라를 이용하면 보다 편리하게 성까지 도달할 수 있다. 등반열차는 크게 상부와 하부로 나눠 운행한다. 하부노선은 코른광장Kornmarkt에서 성을 지나 몰켄커Molkenkur까지 운행하며, 상부 노선은 환승역인 몰켄커에서 쾨니히슈툴 정상까지 운행한나. 하이델베르크 성으로 갈 계획이라면 하부노선만 이용한다. 하이델베르크 카드 소지자는 하부노선 이용 시 무료이다. 캐슬 티켓하부 노선과 파노라마 티켓 요금상하부노선에는 하이델베르크 성과 독일 약학 박물관 입장료가 포함되어 있다.

푸니쿨라 노선 운영시간 및 요금(유로)

노선	운영시간	성인	6~14세	가족 (성인2, 아이2)
하부노선 캐슬 티켓Castle Ticket (Kornmarkt-schloss-Molkenkur)	4~10월 09:00~20:00 11월~3월 09:00~17:10 (10분 간격)	11	5.5	–
상부노선 쾨니히슈툴Königstuhl (Molkenkur-Königstuhl)	4~10월 09:08~19:37 11월~3월 09:08~17:28 (20분 간격)	10	5	24
상하부노선 파노라마 티켓panarama Ticket (Kornmarkt-schloss-Molkenkur-Königstuhl)		17	8	39

하이델베르크의 으뜸 전망 명소

독일에서 가장 아름다운 낭만의 도시. 프랑크푸르트에서 남쪽으로 한 시간 남짓 달리면, 하이델베르크 성이 여행자를 반겨준다. 네카강 남쪽 산 중턱에 있어서 멀리서도 눈에 띈다. 고성이 주는 운치와 묘한 신비감이 매력적으로 다가온다. 이 성은 하이델베르크의 랜드마크이다. 1225년 성에 관한 기록이 처음 나오는데, 이로 미루어 그 이전부터 존재했을 것으로 짐작된다. 오랜 기간 증개축을 거듭하여 다양한 양식이 혼재되어 있다.

성은 지난 시기에 꽤 많은 수난을 당했다. 대표적인 것이 30년 전쟁1616~1648과 팔츠계승전쟁1689~1697이다. 30년 전쟁은 신교와 가톨릭 사이에 벌어진 종교 전쟁이었다. 전쟁터는 독일이었지만 프랑스, 덴마크, 스웨덴까지 참여하는 국제전이었다. 팔츠계승전쟁은 9년 전쟁 또는 아우스부르크 동맹전쟁이라고도 부른다. 프랑스의 루이 14세가 독일 서남부의 팔츠 지역을 요구하면서 일으킨 전쟁으로 독일은 아우스부르크에서 에스파냐·네덜란드·스웨덴·영국과 동맹을 맺어 프랑스에 대항했다. 이 두 전쟁으로 하이델베르크는 물론 이 성도 많이 파괴되었다.

100년 뒤 황폐해진 성을 복원했지만 예전 모습은 다 갖추지는 못했다. 프리드리히관과 독일 약학 박물관이 있는 오토하인리히관은 자유여행이 가능하고, 그 외 구역은 가이드 투어로 관람할 수 있다. 가이드 투어는 1시간 동안 영어, 독일어로 여러 차례 진행된다. 한국어 오디오 가이드가 필요하면 성 입구에서 대여하면 된다.

하이델베르크 성의 주요 명소

프리드리히관
Friedrichsbau

하이델베르크 성에서 가장 아름다운 곳으로 건물 뒤편에 시내 전경을 한 눈에 볼 수 있는 테라스가 있다. 1601년부터 1607년 사이에 지어졌으며 1764년의 화재로 훼손된 곳을 복원하여 지금의 모습을 갖추었다. 건물의 각 층마다 자리한 16명의 선제후황제를 뽑을 수 있는 자격을 가진 제후 조각이 눈길을 끈다. 지하에는 세계에서 가장 큰 술통이 있다.

파스바우
Fassbau

1751년 완성된 세계에서 가장 큰 술통으로 프리드리히관 지하에 있다. 지금의 술통은 4번째로 만들어진 것으로, 만들 때마다 술통이 커졌다. 원래 22만ℓ를 담을 수 있었으나 나무통이 줄어들어 현재는 21만여 리터를 담을 수 있다. 지금도 이 술통에서 나오는 와인을 직접 마셔볼 수 있으니 기념으로 마셔보자. 술통 맞은편에는 페르케오Perkeo 상이 있다. 그는 술통의 파수꾼이었는데 하루에 18ℓ를 마시는 대주가로 항상 술에 취해있었다고 한다.

왕실 정원
Hortus Palatinus

선제후 프리드리히 5세1596~1632가 엘리자베스 왕비를 위해 만든 르네상스 양식 정원으로 입구에 있는 엘리자베스 문Elizabethen Tor은 왕비의 생일 선물로 하룻밤 만에 세웠다고 한다. 정원의 테라스에서도 하이델베르크의 전경을 감상 할 수 있다.

독일 약학 박물관
Deutsches Apothekenmuseums

오토하인리히관Ottheinrichsbau에 위치한 박물관으로 15세기부터 현재까지의 의약의 역사를 보여준다. 과거의 약국을 재현해 놓거나 독일의 대표적인 발명품 아스피린의 광고물 등 의약과 관련된 소장품 약 2만여 점이 전시되어 있다.

성령교회
Heiliggeistkirche 하일리그가이스트 키르헤

🏃 마르크트 광장 내 위치 ⊙ Marktplatz, 69115 📞 +49 6221 5834020
🕐 **교회** 월~토 11:00~17:00 일 12:00~17:00(예배 및 기도 중 방문 불가) **전망탑** 화~토 11:00~14:00 일 12:30~15:30 **오르간 공연**(30분) 5~9월 금·일 17:15 **교회 음악 공연** 매주 토 18:15
€ ①**전망탑** 성인 5유로, 18세 이하 3유로, 14세 이하 무료 ②**오르간 공연** 성인 5유로, 하이델베르크 카드 소지자 4유로, 학생 2유로 ③**교회음악 공연**(50분) 성인 10유로, 하이델베르크 카드 소지자 8유로, 학생 6유로

구시가지의 랜드마크

하우프트 거리를 따라 구시가지 쪽으로 12분쯤 걷다보면 거대한 성령교회 건물과 조우하게 된다. 마르크트 광장 절반가량을 차지해 전체 모습을 사진 한 장에 담기 힘들 정도로 크다. 하이델베르크를 대표하는 건물 중 하나로 1398년부터 100년 넘게 공사를 하여 1515년에 완공했다. 건물은 고딕이고, 1709년에 얹은 지붕은 바로크 양식이어서 두 건축 양식의 융합이 퍽 인상적이다. 건축 당시엔 가톨릭 교회였으나 종교개혁 이후인 1546년부터는 개신교 예배를 보기 시작했다. 하지만 17세 초 하이델베르크가 개신교와 가톨릭이 다투는 30년 전쟁의 주 무대가 되면서 교회는 가톨릭과 개신교 교회를 오가는 불운을 겪었다. 심지어 1706년부터 1900년대 초반까지 무려 230년 동안 내부에 장벽을 세우고, 구·신교가 동시에 사용하기도 했다. 현재는 개신교 교회로 사용하고 있다.

교회엔 1623년까지 궁정도서관이 있었다. 책 5천여 권과 필사본 3524권 등 진귀한 자료가 있었으나, 30년 전쟁 후 바이에른 선제후였던 막시밀리안 1세가 약탈해 교황에게 헌납하였다. 1816년 그 중 1/10정도의 책만 반환받아 하이델베르크 대학교 도서관에서 소장하고 있다. 교회 맞은편에는 1592년에 지어진 '기사의 집'Haus zum Ritter이라는 건물이 있다. 석조 건물이어서 동시대 건물 중 유일하게 전쟁과 화재를 견딜 수 있었다. 18세기 초반 시청사로 사용되었으며, 지금은 호텔과 레스토랑이 들어서 있다.

📷 네카강
Neckar fluss 넥카 플루스

하이델베르크의 풍경을 완성해주는

네카강은 하이델베르크를 남북으로 나누며 흐른다. '빠른, 난폭한' 또는 '야생의 남자'라는 켈트 어에서 이름이 유래했다. 라인강의 지류로 길이는 362km이다. 하이델베르크 뿐만 아니라 튀빙겐, 슈투트가르트 같은 도시도 적셔준다. 하이델베르크 주요 명소는 네카강 남쪽에 몰려 있다. 강의 북쪽엔 철학자의 길 등산로와 공원, 잔디밭이 있다. 유람선이 하루 열 차례 안팎으로 아름답고 푸른 네카강을 따라 유유히 흘러간다.

1800년대 후반, 마크 트웨인이란 필명으로 더 유명한 미국의 소설가 사무엘 랭혼 클레먼스는 유럽의 도시와 성지, 문화유산을 돌아보는 여행길에 올랐다. 그가 유럽에서 첫발을 내딛은 곳이 하이델베르크였다. 그는 이 도시를 '세상 모든 다이아몬드를 뿌려놓은 듯 아름답다'고 극찬했다. 마크 트웨인은 네카강에서 보트 여행을 하였다. 뒷날 네카강 보트 여행에서 영감을 받아『허클베리 핀의 모험』을 집필하였다. 유럽 여행의 경험을 풀어놓은 책『도보여행기』에 하이델베르크와 네카강의 아름다움이 잘 묘사되어 있다.

1 하이델베르크 시내 투어 Heidelberg Sightseeing Tour

3월 말부터 10월 말까지 네카 강을 따라 하이델베르크를 왕복 운행하는 유람선 관광코스이다. 메리어트 호텔Marriott Hotel 앞 정류장에서 승하선하며 매일 하루 5회 운행한다. 하이델베르크 카드 소지자는 요금 할인을 받을 수 있다.

◎ 승선 장소 메리어트 호텔 정류장Heidelberg, Marriott 69115 Bergheim
ⓒ 매일 12:00~18:00(왕복 50분, 5회 운행)
€ 왕복(음료 1잔 포함) 성인 19유로, 6~15세 9.5유로, 가족(성인 2명+아이 3명) 45유로

노이엔하임
Neuenheim

알테 다리
Alte Brücke

스타트할레
Stadthalle

캠퍼스
Campus

메리어트 호텔
Marriott Hotel

2 라인-네카강 고성 투어
Highlights Vier-Burgen-Rundfahrt

히이델베르크 인근 소도시인 네카어게뮌드Neckargemuegend와 네카슈타인나흐Neckarsteinach부터 독일의 서사시 <니벨룽겐의 노래>의 배경 도시인 보름스Worms까지 라인-네카강을 따라 운행하는 유람선이다. 강을 따라 네 채의 고성과 주변의 아름다운 경치를 감상할 수 있다. 모든 성을 관람하는데 3시간 정도 걸리지만, 원하는 성까지만 가서 하선할 수도 있다.

ⓒ 3~7월·9~10월 10:30, 11:30, 14:30, 15:00 4회 운행 8월 10:00~16:00 매시간 6회 운행
€ (코스별 가격 상이) 성인 최대 45유로, 6~15세 22.5유로, 가족(성인 2명+아이 3명) 99유로

📷 카를 테오도어 다리

Karl-Theodor-Brücke, Alte Brücke 카를 테오도어 브뤼케, 알테 브뤼케

🏃 성령교회와 마르크트 광장에서 네카강 방향으로 도보 2분
📍 Am Hackteufel, 69117

괴테가 건넜던 아름답고 오래된 다리

하이델베르크에서 가장 아름다운 다리이다. 해질 무렵 다리 위에서 바라보는 네카강과 하이델베르크 성이 무척 아름답다. 네카강 남쪽 구시가지에서 철학자의 길을 가기 위해서 꼭 건너게 되는 다리이다. 1788년 선제후 카를 테오도어의 명을 받아 시암으로 만들었다. 다리 양쪽에 선제후 동상이 있다. 현지인들은 이 다리를 '오래된 다리'라는 뜻으로 알테 브뤼케Alte Brücke라 부른다. 알테 다리 서쪽에 있는 프리드리히 호이스 다리보다 약 100여 년 전에 지어졌기 때문에 이를 구분하기 위해 '오래된 다리'라고 불렀다. 12세기에 나무다리로 만들었으나 화재와 유빙으로 무너져, 돌다리를 만들기까지 무려 여덟 번이나 새로 지었다고 전해진다. 다리 입구엔 브뤼켄토어Brückentor라는 문이 있다. 말 그대로 '다리 문'이란 뜻인데 본래는 하이델베르크 성의 일부였다. 과거 카를 테오도어 다리는 하이델베르크 성벽과 연결되어 있었는데, 브뤼켄토어에서 1878년까지 다리 통행료를 받았다.

Travel Tip

알테 다리의 원숭이 상

Brückenaffe, 브뤼큰아페

알테 다리 입구에는 거울을 들고 있는 커다란 원숭이 상이 있다. 원래 다리 반대편 탑에 15세기부터 있었으나 1689년 탑이 무너지면서 소실된 것을 1979년 청동으로 지금의 자리에 다시 세웠다. 원숭이 상의 머리는 얼굴을 넣을 수 있도록 디자인되어 많은 관광객들이 머리를 넣고 기념사진을 찍는다. 원숭이의 거울을 만지면 부자가 되고, 손가락을 만지면 하이델베르크로 다시 온다는 이야기가 전해져 내려온다. 원숭이 상 옆에 있는 두 마리의 쥐는 다리 건너편에 있던 곡식창고를 상징한다. 쥐를 만지면 자녀를 많이 낳는다고 한다.

철학자의 길
Philosophenweg 필로소픈베그

🚶 ❶ 카를 테오도어 다리 건너편 작은 도로를 건너자마자 시작

❷ 34번 버스 알테 뷔리케 노르드Alte Brücke Nord 정류장에서 하차 ◎ Philosophenweg, 69120

네카강과 하이델베르크를 품고 걷는 길

구시가지에서 카를 테오도어 다리와 작은 도로를 건너면 이윽고 철학자의 길이다. 길은 계단에서 시작된다. 옛 철학자들이 사색을 즐기며 자주 걸었다는 유서 깊은 산책로이다. 구불구불한 언덕 계단을 10여 분 오르면 네카강과 강 건너 구시가지 풍경이 시야 가득 들어온다. 반대편에서 바라보니 하이델베르크 성에서 내려다보는 풍경과 구시가지 모습이 또 다르게 매력적이다. 아름다운 전망에 다리가 아픈 것도 잊어버린다.

철학자의 길은 하일리겐산Heiligenberg의 등산로 중 하나이다. 카를 테오도어 다리를 건너 슐랑겐베그Schlangenweg 계단길로 진입하는 방법과 테오도르 호이스 다리에서 오르막길에 있는 고급주택가를 통해 진입하는 방법이 있는데, 카를 테오도어 다리에서 진입하기를 권한다. 경사가 높은 계단은 처음에는 힘들지만 다 오르고 나서는 내리막길이어서 걷기에 편하다. 난이도는 등산로와 산책로 사이쯤 된다. 사이클링을 하거나 러닝을 하는 사람들도 종종 볼 수 있다. 길은 서쪽으로 2km 남짓 이어지니, 산책로가 끝나는 곳에서 다리를 건너면 비스마르크 광장이다. 이곳에서 중앙역이 비교적 가깝다. 버스와 트람은 10분 이내, 걸어서는 20분이면 닿는다. 여유롭게 산책을 하며 하이델베르크의 다양한 모습을 마음에 품고 싶다면 철학자의 길을 걷기를 권한다. 다 걷고 나면 아름다운 도시가 가슴 깊은 곳까지 들어와 있을 것이다.

🍴 한스 임 글루크 Hans im Glück

🏃 마르크트 광장 가기 전 성령교회 옆 ⦿ Hauptstraße 187, 69115
📞 +49 6221 6549065 🕐 일~목 12:00~23:00 금~토 12:00~24:00
€ 버거 세트 점심 22유로, 저녁 25유로 내외 ☰ hansimglueck-burgergrill.de

채식주의자와 알레르기 환자까지 배려하는 햄버거 전문점

독일 전역에 분점이 있는 독일의 대표적인 수제 버거 체인점이다. 하우프트 슈트라세의 성령교회Heiliggeistkirche 옆
에 있다. 독일 태생 동화작가 그림 형제가 쓴 한스 임 글루크Hans im Glück, 한글 제목은 '운 좋은 한스'에서 가게 이
름을 따왔다. 가게 내부를 장식한 자작나무 덕에 마치 숲 속에서 식사를 하는 느낌이 든다. 메뉴판에는 음식 설명과
함께 7년간 일한 보수로 받은 은덩이를 소, 돼지 등과 바꾼 한스 이야기가 그림으로 그려져 있는데 그 모습이 마치
그림책 같다. 주문 시 일반 빵, 곡물 빵 중에서 선택할 수 있으며, 빵을 빼는 것도 가능하다. 패티는 소고기와 닭가
슴살 2종류가 있고, 채식주의자를 위한 메뉴도 다양하다. 특히 100% 비건을 위한 메뉴가 따로 준비되어 있다. 추
가 요금을 내면 사이드 메뉴와 음료가 포함된 세트를 주문할 수 있다. 사
이드 메뉴는 샐러드와 감자튀김 중 하나를 선택하면 된다. 17
시부터는 음료 대신 칵테일로 주문할 수 있다. 알레르기
환자를 위한 메뉴판이 별도로 있다. 메뉴판에 음식 재
료에 대한 자세한 설명이 적혀 있으니 필요하면 참고
하자. 서비스는 빠르고 친절하다. 가격은 합리적이다.

🍽 레스토랑 온 Restaurant ON

오, 반가운 한식

네카강 알테다리 근처에 있는 한국 음식점이다. 레스토
랑 온은 '따뜻할 온溫'에서 따온 이름처럼 따뜻한 집밥을
만날 수 있는 곳이다. 한국인 부부가 운영한다. 현지인
과 유학생, 한국 여행자를 모두를 만족할 수 있도록 한
식을 모던하게 재해석했다. 해를 거듭할수록 가게를 찾
는 손님이 늘어나고 있다. 비빔밥, 순두부찌개, 치즈 닭
갈비 등이 인기메뉴이며, 평일 점심12:00~14:15에는 다양
한 백반 메뉴를 보다 저렴하게 먹을 수 있다.

🚶 성령교회에서 하이델베르크 다리 방향으로 하스펠가세
Haspelgasse거리를 따라 도보 3분
📍 Haspelgasse 4, 69117 📞 +49 622 16183111
🕐 화 18:00~22:00, 수~일 12:00~14:30, 18:00~22:00
휴무 월요일 € 25~30유로(돌솥비빔밥 17유로)
≡ www.restaurant-on-heidelberg.de

🍽 춤 로튼 옥슨 Zum Roten Ochsen

〈황태자의 첫사랑〉에 나오는 300년 된 맛집

1703년에 처음으로 문을 열어 6대째 이어오는 역사 깊은 하이델베르크 지역 음식 전문점이다. 카를 광장 동쪽 하
우프트 거리에 있다. 〈황태자의 첫사랑〉에 배경으로 등장하면서 더욱 유명세를 탔다. '붉은 황소'라는 뜻의 가게 이
름에 걸맞게 입구에는 붉은색 소머리 조각과 그림이 걸려있다. 비스마르크 재상, 존 웨인, 마크 트웨인, 마릴린 먼
로 등 역사적인 인물들이 다녀갈 손님진이다. 비스마르크가 쓴 편지와 톤 웨인의 방명록을 보물처럼 간직하고 있
다. 실내는 마치 사냥꾼의 집처럼 동물의 뿔과 머리뼈로 장식되어 있다. 함께 걸려있는 옛 사진들이 이 집의 역사를
가늠하게 해준다. 하이델베르크 지역 음식과 맥주를 판다. 특히 하이델베르거 1603 필스너는 꼭 마셔보길 권한다.

🚶 카를광장에서 하우프트 거리 따라 동쪽으로 1분 📍 Hauptstraße 217, 69117 📞 +49 6221 20977
🕐 화~토 17:30~22:00 € 마울타셴(독일식 만두)과 샐러드 21.9유로 ≡ www.roterochsen.de

🍴 베터스 양조장 Vetters Brewery

🚶 성령교회에서 카를 테오도어 다리 방향으로 Steingasse 거리를 따라 도보 3분 ⊙ Steingasse 9, 69117
📞 +49 622 1165850 🕐 월~목 11:30~24:00 금~일 11:30~01:00
€ 마울타센 18.8유로, 베터스 헬레스 맥주0.5ℓ 5.3유로 ☰ www.brauhaus-vetter.de

©vetter_bild

수제 맥주와 함께 식사를

지금은 아름다운 풍경과 고풍스러운 마을의 분위기 때문에 찾는 이가 많지만 베터스 양조장이 세워질 당시만해도 하이델베르크는 교육의 도시라는 점 외에는 크게 주목받지 않은 소도시였다. 유서 깊은 양조장을 방문하기 위해 수많은 관광객이 방문하는 뮌헨의 모습을 보며 주인은 자신의 도시에서도 그 꿈을 실현하고 싶었다. 1987년 10월 하이델베르크의 첫 크래프트 맥주 양조장인 베터스 양조장이 문을 열었다. 하우프트 거리의 성령교회에서 카를 테오도어 다리 방향으로 3분쯤 걸어가면 나온다. 이곳의 최고 추천메뉴는 직접 만드는 생맥주이다. 청량감이 좋고 맥주의 쓴맛이 덜 한 헬레스 라거와 밀맥주의 맛이 특별하다. 특정 시기에만 마실 수 있는 다양한 복맥주Bock, 발효 기간이 길어 도수가 높고 맛이 깊다.도 판매한다. 학세 맛도 뛰어나다.

카페 샤프호이틀레 Conditorei-Café Schafheutle

🏃 선제후박물관 Kurpfälzisches Museum 맞은편에서 프로비덴츠 교회쪽으로 도보 1분
📍 Hauptstraβe 94, 69117 📞 +49 622 114680 🕐 매일 09:30~18:00 € 타르트와 케이크 6~7유로
≡ www.cafe-schafheutle.de

디저트가 맛있는 100년 카페

하우프트 거리의 선제후박물관 맞은편에 있다. 카페 샤프호이틀레는 지친 여행자를 위로하는 오아시스 같은 곳이
다. 중세 유럽의 모습을 잘 간직한 도시에 어울리게 카페 샤프호이틀레 역시 긴 역사를 자랑한다. 카페가 자리한 건
물은 실크를 생산하기 위해 1750년에 지었다. 1832년부터는 베이커리였다가 1934년부터로 카페가 되었다. 샤프
호이틀레 가족이 4대째 전통을 이어오고 있다. 카페의 디저트는 모두 제과 마이스터들이 직접 수제로 만들어 맛과
품질이 좋다. 화려한 색감에 종류가 다양해 무엇을 골라야 할지 선뜻 감이 오지 않을 수 있다. 이럴 땐 자허토르테를
추천한다. 자허토르테는 초콜릿 스폰지 케이크의 일종이다. 초콜릿 스폰지 시트에 살구 잼을 발라 전체를 초콜릿으
로 코팅한 케이크이다. 우스트리아를 대표하는 디저트이나 독일에서도 많이 먹는다.

PART 9

뮌헨
München
독일 라이프스타일의 수도

베를린

프랑크푸르트

뮌헨

독일 남부의 대도시 뮌헨은 바이에른 주의 주도이자 베를린, 함부르크에 이어 세 번째로 큰 도시이다. 프랑크푸르트와 더불어 독일의 금융과 산업, 교통, 통신, 문화와 예술의 중심지이다. 세계 3대 축제 중 하나인 옥토버페스트와 분데스리가 최고의 명문 축구팀 FC 바이에른 뮌헨으로 유명하며, 독일적인 이미지를 가장 잘 보여주는 여행지로 인기가 높다. 특히 뮌헨의 맥주는 독일의 맥주 가운데에서도 최고로 꼽힌다. 또한 독일 프리미엄 자동차 브랜드 BMW의 고향이기도 하다.

먼 옛날 뮌헨은 바이에른 왕국을 이끈 비텔스바흐 가문12세기 말부터 약 700년 동안 바이에른 지역을 통치했다.의 주 무대였으며, 또 베네딕트 수도승들이 거주하는 곳이었다. 뮌헨이라는 이름은 '수도승의 공간'이라는 뜻의 무니헨Munichen에서 유래되었다. 이런 배경 때문에 도시의 문장文章도 수도승 복장을 한 아이의 모습이다. 이 아이를 뮌헨의 아이라는 뜻의 뮌흐너킨들Münchner Kindl이라 부른다.

뮌헨은 신성로마제국1254~1806 시대의 바이에른 공국, 바이에른 선제후국, 그리고 신성로마제국 해체 후의 바이에른 왕국에 이르기까지 오랜 기간 왕실 문화를 꽃피운 도시이다. 레지덴츠 궁Residenz Schloss과 님펜부르크 궁Schloss Nymphenburg, 왕실 양조장 호프브로이, 왕실의 소장품을 보관하고 전시하는 박물관이 그 시절의 문화를 보여주고 있다. 불행히도 뉘른베르크와 함께 나치의 주요 활동 지역이어서 연합군 공습 때 도시가 많이 파괴되었으나 다행히 전후 복구 작업을 통해 되살아났다. 뮌헨에는 독일을 대표하는 많은 기업의 본사가 소재하고 있다. 탄탄한 경제력 덕분에 독일인이 가장 살고 싶은 도시 1위에 꼽힌다.

주요 축제

뮌헨 봄 축제Frühlingsfest 4월 중순부터 2주, 테레지엔 잔디밭Theresienwiese에서 열리는 봄 축제

아우어둘트Auer Dult 마리아힐프플라츠Mariahilfplatz에서 봄, 여름, 가을 9일 동안 열리는 민속 축제

코첼볼Kocherlball 매년 7월 셋째 주 일요일에 영국 가든 중국탑 주변에서 열리는 무도회

옥토버페스트 맥주 축제Oktoberfest 9월 중순부터 10월 첫째 주까지, www.oktoberfest.de

크리스마스 마켓 11월 마지막 주부터 크리스마스이브까지

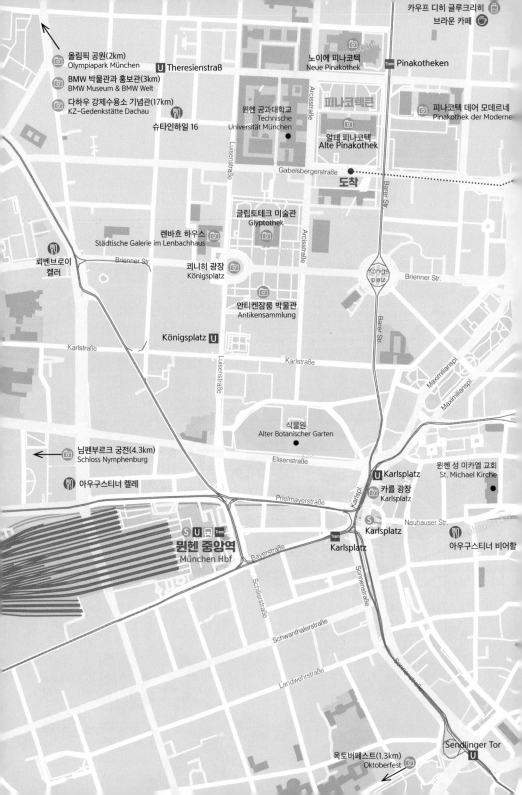

카우프 디히 글루크리히
브라운 카페

올림픽 공원(2km)
Olympiapark München

U TheresienstraB

노이에 피나코텍
Neue Pinakothek

Tram Pinakotheken

BMW 박물관과 홍보관(3km)
BMW Museum & BMW Welt

다하우 강제수용소 기념관(17km)
KZ-Gedenkstätte Dachau

슈타인하일 16

피나코텍큰

뮌헨 공과대학교
Technische
Universität München

피나코텍 데어 모데르네
Pinakothek der Moderne

알테 피나코텍
Alte Pinakothek

Gabelsbergerstraße

도착

글립토테크 미술관
Glyptothek

렌바흐 하우스
Städtische Galerie im Lenbachhaus

뢰벤브로이
켈러

쾨니히 광장
Königsplatz

Königs
platz

Brienner Str.

Brienner Str.

안티켄잠룽 박물관
Antikensammlung

Karlstraße

Königsplatz **U**

Karlstraße

Karlstraße

식물원
Alter Botanischer Garten

님펜부르크 궁전(4.3km)
Schloss Nymphenburg

Elisenstraße

U Karlsplatz

뮌헨 성 미카엘 교회
St. Michael Kirche

아우구스티너 켈레

Prielmayerstraße

카를 광장
Karlsplatz

S U Tram

뮌헨 중앙역
München Hbf

Bayerstraße

S Karlsplatz

Neuhauser Str.

Tram Karlsplatz

아우구스티너 비어할

Schillerstraße

Schwanthalerstraße

Landwehrstraße

Sendlinger Tor **U**

옥토버페스트(1.3km)
Oktoberfest

뮌헨 여행지도

슈바빙지구(1km)
Schwabing
알리안츠 아레나(9km)
Allianz Arena

영국 정원
Englischer Garten

아이스바흐
Eisbach

바이에른 국립박물관
Bayerisches Nationalmuseum

Haus der Kunst

Von-der-Tann-Straße

Prinzregentenstraße

Nationalmuseum/Haus
d.Kunst

오데온 광장
Odeonsplatz
Odeonplatz

공원
Hofgarten

레지덴츠 궁전
Residenz München

펠트헤른할레
Feldherrnhalle

바이에른 국립 극장
Nationaltheater

Maxmonument

뮌헨 쿤스트할레
nsthalle München

Maximilianstraße

TheatinerstraBe

달마이어

호프브로이 하우스

Bräuhausstr.

Hildegardstraße

출발

신시청사
Neues Rathaus

마리엔 광장
Marienplatz

구시청사Altes Rathaus

슈나이더 브로이하우스

마리엔플라츠역
Marienplatz

성령교회
Heilig-Geist-Kirche

Tal

스페셜 커피

성 페터 교회
St. Peterskirche

Isartor

Frauenstraße

빅투알리엔 시장
Viktualienmarkt

마담
처트니

카페 프리슈홋

Gärtnerplatz

뮌헨 하루 여행 추천코스 지도의 빨간 점선 참고

프라우엔 교회 → 도보 5분 → 마리엔 광장과 신시청사 →
도보 5분 → 빅투알리엔 시장 → 도보 10분 → 레지덴츠 궁전 →
도보 10분 → 영국정원 → 대중교통 15분 → 피나코텍큰

뮌헨 일반 정보

위치 독일 남부(프랑크푸르트에서 남서쪽으로 약 390km, 기차로 4시간 30분 소요)

인구 약 159만 명

기온 연평균 8.8℃, 여름 평균 17℃, 겨울 평균 0℃

℃/월	1월	2월	3월	4월	5월	6월	7월	8월	9월	10월	11월	12월
최고	2	3	9	12	17	20	23	23	19	14	7	3
최저	-4	-5	0	2	7	10	12	12	9	5	0	-2

여행 정보 홈페이지

바이에른 주 관광청 bayern.kr 뮌헨시 홈페이지 www.muenchen.de 뮌헨 관광 안내 www.muenchen.travel
뮌헨 시내 교통 www.mvg.de, www.mvv-muenchen.de(뮌헨교통요금통합회사)

뮌헨 관광안내소
신시청사 관광안내소 ⊀ S1·S2·S3·S4·S6·S7·S8·U3·U6호선 마리엔플라츠역Mariens-
platz에서 도보 1분 ⊙ Marienplatz 8, 80331
ⓒ 월~금 10:00~18:00, 토 09:00~17:00, 일 10:00~14:00

뮌헨 가는 방법

비행기

인천공항에서 루프트한자는 뮌헨국제공항Flughafen München, MUC까지 평균 12시간 소요되는 직항 노선을 거의
매일 운항한다. 아시아나항공, 대한항공을 비롯해 대형 외국 항공사도 1회 이상 경유하는 노선이 있다.

독일 및 유럽에서 독일과 유럽 내에서 뮌헨을 오고갈 때 이지젯, 유로윙스와 같은 저비용항공사로 저렴하게 이동할
수 있다. 일찍 예매하면 루프트한자 노선도 저비용항공사만큼 저렴하게 이용할 수 있다. 루프트한자는 뮌헨 국제공
항의 터미널 2, 저비용항공사들은 터미널 1을 이용한다.

기차

뮌헨은 독일 남쪽에 있는 지리적인 여건 때문에 기차를 이용하는 경우는
많지 않다. 뉘른베르크 등 바이에른 주의 다른 도시나 인접 국가인 오스트
리아와 스위스, 이탈리아에서 이동할 때에는 기차를 추천한다. 그 외의 경
우에는 시간과 비용 면에서 합리적인 저비용항공을 추천한다.

뮌헨 중앙역München Hauptbahnhof
⊀ ❶ S1~4호선, S6~8호선, U1·U2·U4·U5·U7·U8호선
❷ 트람 16·17·18·19·20·21·22번 ❸ 버스 58·100·150·X98번
출·도착 기차 지역열차 RB, RE 열차 EC, EN, IC, ICE, RJ(오스트리아 고속열차, Railjet), TGV
⊙ Bayerstraße 10A, 80335 ☰ www.bahnhof.de

기차 소요시간		
베를린-뮌헨 4시간 30분	취리히-뮌헨 4시간 30분	잘츠부르크-뮌헨 2시간
프랑크푸르트-뮌헨 3시간 30분	빈-뮌헨 4시간	볼로냐-뮌헨 6시간 30분

버스

가격이 저렴하지만 이동시간이 길기 때문에 기차와 마찬가지로 뉘른베르크 등 바이에른 주의 다른 도시에서 이동할 때를 제외하면 추천하지 않는다. 뮌헨을 떠날 때도 마찬가지다. 뮌헨 버스터미널ZOB은 학커브뤼케역Hackerbrücke 바로 옆에 있다. 버스터미널에서 중앙역까지는 걸어서 10분 정도 걸린다. 터미널 규모가 꽤 크므로 전광판을 통해 승차할 버스의 플랫폼을 미리 확인하도록 하자.

버스 소요시간
프랑크푸르트-뮌헨 7시간
잘츠부르크-뮌헨 1시간 30분
취리히-뮌헨 3시간 40분

뮌헨 고속버스 터미널 Zentraler Omnibusbahnhof, ZOB

🚶 ❶ S1~4·S6·S7호선 학커브뤼케역Hackerbrücke에서 하차 후 도보 1분 ❷ 트람 16·17번 학커브뤼케Hackerbrücke 정류장에서 하차 후 그라서슈트라세Grasserstraße 쪽으로 도보 3분 ⊚ Arnulfstraße 21, 80335 ☰ www.muenchen-zob.de

공항에서 시내 들어가기

뮌헨국제공항Flughafen München-Franz Josef Strauß의 공식 명칭은 프란츠 요제프 슈트라우스 공항으로 줄여서 MUC로 표기한다. 시내에서 북동쪽으로 30Km 정도 떨어져 있다. S반, 공항버스, 택시를 이용해 시내로 들어갈 수 있다. 홈페이지 www.munich-airport.de

❶ S-Bahn 공항과 S반은 바로 연결되어 있다. 터미널 1과 공항센터MAC 사이에 지하철로 가는 입구가 있다. 터미널 2에서 내렸다면 터미널 1 방향으로 나와 'S'라고 표기된 표지판을 따라 가면 쉽게 다다를 수 있다. S1, S8호선이 10분 마다 운행되며, 중앙역까지 40분 정도 소요된다. 티켓은 플랫폼 입구 티켓 판매기에서 구입할 수 있다. € 편도 성인 14.3유로, 6~14세 1.9유로

❷ 루프트한사 공항버스 Lufthansa express Bus 터미널 2의 게이트 G와 H 방향의 오른쪽 출입구로 나오면 버스싱듀장 1번에서 탈 수 있다. 06:25부터 22:25까지 20분 간격으로 터미널2에서 출발하며, MAC 정류장, 터미널 1을 거쳐 중앙역까지 약 45분, 슈바빙까지 약 25분 소요된다. 티켓은 버스기사에게 구입하거나 홈페이지에서 온라인 구매가 가능하다. € 편도 성인 12유로, 6~14세 6.5유로, 가족 티켓(성인 2명+어린이 3명) 28유로 왕복 성인 19.3유로, 6~14세 13유로

❸ 택시 지하철 입구의 오른편과 루프트한자 공항버스 정류장 옆에 택시 정류장이 있다. 택시를 이용할 경우 시내 중심까지 30분 이상 소요되며 요금은 약 80유로 정도이다.

뮌헨 시내 교통

대중교통 수단으로 S반, U반, 버스, 트람이 있다. 교통권은 S반, U반 승강장의 티켓 판매기, 트람 내 티켓 판매기, 버스 기사에게 구매할 수 있다. 뮌헨 대중교통 티켓은 발급 날짜, 시간이 적혀있어 발권기에 넣지 않아도 된다. 교통권을 구매하기 전에 운임 구간 타리프Tarif를 확인하는 게 중요하다. 뮌헨 국제공항은 ZONE5, 근교의 다하우는 ZONE M-1에 속하므로 기존 운임 요

금보다 조금 더 비싸다. 뮌헨 대중교통 기관을 MMVMünchener Verkhers-und Tarifbund라고 한다. MMV홈페이지 www.mvv-muenchen.de

뮌헨의 대중교통 티켓

❶ 1회권 아인젤파르트Einzelfahrt로는 1시간 동안 뮌헨 도심ZONE M의 대중교통을 이용할 수 있다.

❷ 1일권 타게스카르테Tageskarte라 부른다. 싱글 티켓과 그룹2~5명 티켓으로 나뉘며 평일, 주말 가격 변동이 없이 구매 후 다음날 새벽 6시까지 사용할 수 있다.

❸ Tarifzone M-1 1일권 Tarifzone M-1은 운임 구간 M-1이라는 뜻이다. 2019년 운임 구간 정책이 변경되면서 다하우 지역을 여행할 때는 Tarifzone M-1의 1일권을 구매하면 된다.

❹ 에어포트 시티 데이 티켓Airport City Day Ticket 공항과 뮌헨의 모든 대중교통을 이용할 수 있는 1일권으로 다음날 새벽 6시까지 사용할 수 있다. 싱글 티켓과 최대 5명까지 사용할 수 있는 그룹 티켓으로 나뉘며, 6~14세의 아이 2명은 어른 1명으로 계산한다.

뮌헨 시내 교통 요금표 (유로)

티켓종류	성인	6~14세
1회권 Einzelfahrkarte	4.1	1.9
1일권 Tageskarte 싱글	9.7	3.7
1일권 그룹(성인2~5명)	18.7	–
에어포트 시티 데이 싱글/그룹	15.5/29.1	–
Tarifzone M-1 1회권	6.1	1.9
Tarifzone M-1 1일권	11.1	3.3

❺ 도이칠란드티켓(독일 카드) 이용하기 2022년 출시된 카드로 49유로로 독일 전지역의 기차와 지역 열차, 대중교통을 무제한 이용할 수 있어 화제가 되었다. 2025년부터 카드 요금이 58유로로 인상되었다. (더 자세한 설명은 39페이지 참고)

바이에른 티켓 Bayern-Ticket

바이에른 주에 속한 도시의 대중교통과 지역 열차를 하루 동안 무제한으로 이용할 수 있으며, 오스트리아의 잘츠부르크까지도 이용할 수 있는 교통권잘츠부르크 시내교통 이용은 불가능이다. 단 초고속열차 ICE와 고속 열차 IC는 포함되지 않는다. 최대 5인까지 이용할 수 있으며 여행 인원이 많을수록 저렴해진다. 18시부터 다음날 새벽 6시까지 이용할 수 있는 바이에른 티켓 나흐트Bayern-Ticket Nacht는 좀 더 저렴하다. 티켓을 발권한 후에는 꼭 사용자의 이름을 영문으로 기입해야 한다. 독일 철도청 홈페이지www.bahn.de에서 예매하거나 바이에른 소재 티켓 판매기에서 구매할 수 있다. 철도역 매표창구에서 직접 구매할 수도 있는데, 예매비를 받아 2유로 정도 더 비싸다.

이용시간 바이에른 티켓 월~금 09:00~익일 03:00 토·일·공휴일 00:00~익일 03:00
바이에른 티켓 나흐트 일~목 18:00~익일 06:00 금~토·공휴일 18:00~익일 07:00
기타 5세 이하 어린이는 무료 탑승, 1~2인 티켓 이용 시 15세 미만의 자녀 무료 탑승, 3~5인 티켓 이용 시 6세 이상은 모두 성인으로 계산됨, 가족 관계를 불시에 확인하므로 가족임을 증명하는 영문 증명서 필요

> Tip 16개 주별 교통권
> 독일 철도청에서는 바이에른 주뿐 아니라 독일 전역의 16개 주에서 그 지역의 대중교통과 지역 열차를 탑승할 수 있는 지역 교통 티켓을 판매한다. 16개 주 중에서 여행객이 가장 많이 이용하는 티켓이 바이에른 티켓이다.

바이에른 티켓 요금표 (유로)

승객수	Bayern Ticket 2등급	Bayern Ticket 1등급	Bayern Ticket nacht 2등급	Bayern Ticket nacht 1등급
1명	29	41.5	27	38.5
2명	39	63.5	34	56.5
3명	49	85.5	41	74.5
4명	59	107.5	48	92.5
5명	69	129.5	55	110.5

뮌헨 대중교통 어플 최단 시간의 이동 경로를 편리하게 검색할 수 있으며 교통권도 구매할 수 있어 분실위험도 없다. 1회 교통권은 구매와 동시에 유효화되기 때문에 탑승 직전에 구매하는 것을 추천한다. 교통권 구매를 위해 앱에 신용카드 정보를 미리 저장해놓자. 독일 전역의 기차와 대중교통을 무제한 이용할 수 있는 독일 카드도 앱을 통해 구매, 사용이 가능하다.

이용방법 안드로이드 Google play/ 애플 App store 에서 MVV-App을 입력, 설치한다.

패스 카드로 편리하게 뮌헨 여행하기

뮌헨 시티투어카드 München CityTourCard 24시간, 48시간 등 최대 6일권까지 있다. 사용 기간 내에 무제한 이용 가능한 교통권과 주요 명소, 박물관 입장료 할인 혜택이 포함된 카드이다. 홈페이지에서 온라인 이티켓E-Ticket을 구매하거나 뮌헨 국제공항의 도이치반여행센터DB Reisezentrum, 시내 관광안내소, S반, U반 역에 비치된 DB도이치반와 MVG뮌헨교통 티켓 판매기에서 구매할 수 있다. 그리고 시티투어카드 홈페이지에서 온라인으로 구매할 수도 있다. 홈페이지 www.citytourcard-muenchen.com

뮌헨카드 & 뮌헨 시티패스 München Card & München CityPass 뮌헨카드는 시티투어카드와 마찬가지로 유효기간 내에 뮌헨 시내의 교통을 무제한으로 이용하면서 주요 명소와 박물관을 입장시 할인 혜택도 받을 수 있는 카드이다. 파트너쉽을 맺은 가이드 투어, 음식점, 기념품 숍에서도 할인 혜택을 받을 수 있다. 뮌헨카드는 시내 관광안내소, S반, U반 역에 비치된 DB도이치반와 MVG뮌헨교통 티켓 판매기에서 구매할 수 있고, 온라인으로 구매할 수도 있다. 뮌헨 시티패스는 뮌헨카드보다 조금 비싸다. 뮌헨카드와 같은 혜택을 받을 수 있으며, 박물관 45곳을 무료로 입장할 수도 있다. 시내 관광안내소, 온라인 등으로 구매할 수 있다. 온라인 구매처 www.turbopass.de

패스 카드 요금표 (유로)

사용기간	뮌헨시티투어 카드		뮌헨카드		뮌헨시티패스	
	싱글	그룹	싱글	그룹	18세 이상	6~14세
24시간	17.5	28.9	18.9	39.9	53.9	21.9
48시간	25.5	42.9	24.9	52.9	73.9	31.9
3일	29.5	47.9	34.9	73.9	88.9	39.9
4일	34.5	60.9	38.9	81.9	99.9	47.9
5일	40.5	70.9	45.9	96.9	109.9	52.9
6일	46.5	80.9	–	–	–	–

*그룹 카드에서 6~14세 2명은 성인 1명에 해당하며 최대 5명까지 이용 가능

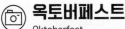

옥토버페스트
Oktoberfest

(ⓛ) 축제기간 **9월 중순~10월 초** 월~목 10:00~23:30, 금 10:00~24:00 토 09:00~24:00, 일 09:00~23:30
(개막식 12:00~00:00) 놀이기구 일~목 10:00~23:30, 금 · 토 10:00~24:00
🚶 U4 · U5호선 테레지엔비제역Theresienwiese에서 도보 5분
📍 Theresienwiese, Bavariaring, 80336
≡ www.oktoberfest.de

Drink, Drink, Drink! 최상의 페스티발을 즐겨라

옥토버페스트는 세계 3대 축제이다. 1810년 10월 12일 바이에른 왕국1806년 신성로마제국이 해체되면서 신성로마제국 소속의 바이에른 선제후국이 바이에른 왕국으로 이름을 바꾸었다.의 황태자였던 루드비히 1세와 작센의 공주 테레제의 결혼을 축하하기 위해 5일 동안 이어진 연회와 스포츠 경기에서 유래했다. 근위병들이 참가한 대규모 경마 경기가 축제의 마지막 날을 장식했는데, 이에 매료된 루드비히 1세는 매년 10월에 경마 경기를 열었다. 루드비히 1세는 당시 경기가 열린 잔디밭을 아내 테레제의 이름에서 따다 테레지엔비제Theresienwiese라 명명했다. 사람들은 테레지엔비제를 줄여서 비즌Wiesn이라 불렀는데, 이는 현재 옥토버페스트를 부르는 애칭이기도 하다.

옥토버페스트가 맥주 축제가 된 것은 1880년부터이다. 본래 뮌헨에서는 매년 맥주를 생산하는 시기가 정해져 있

Boehm, 바이에른관광청

©F Mueller, 바이에른관광청.jpg

©Tommy Loesch, 바이에른관청

었다. 그래서 다음 맥주 제조 시기가 오기 전에 이전에 만들어 놓은 맥주를 소진하기 위한 축제가 있었는데, 이 축제 가 루드비히 1세의 축제와 합쳐지면서 옥토버페스트가 되었다.

옥토버페스트는 전쟁과 전염병 등으로 24차례 중단되기도 했으나, 여전히 명성은 세계 최고이다. 축제는 200년 전 처음으로 경마 경기가 열렸던 테레지엔비제Theresienwiese에서 매년 9월 중순부터 10월 첫째 주까지 최대 18 일 동안 이어진다. 이 시기 뮌헨에서는 레더호젠Lederhosen, 남자들이 입는 전통 바지과 드린들Drindl, 여자들이 입는 전통 의상을 차려입은 사람을 쉽게 찾아볼 수 있다. 또 뮌헨시를 대표하는 뢰벤브로이, 아우구스티너, 파울라너, 호프브 로이 등 큰 양조장이 중심이 되어 크고 작은 40여 개의 천막이 세워지고, 다양한 놀이기구들도 들어서 축제의 즐 거움을 더해준다.

옥토버페스트에서는 축제 기간에만 마실 수 있는 페스트 비어를 판매한다. 뮌헨 시장이 첫 번째 맥주 통을 개봉한 후 '오 짜프트 이스!'Oʹzapft is!, 마개가 열렸다!를 외치면 축포가 터지면서 맥주 판매가 시작된다. 페스트비어는 평소 시 판되는 맥주에 비해 알코올 도수가 2배 정도 높으므로 천천히 마시도록 하자. 1ℓ 마스크루그Maßkrug, 옥토버페스트에 사용되는 맥주잔의 가격은 2024년 기준 대략 13~15유로이다.

©B. Roemmelt 뮌헨관광청

©Frank Bauer, 바이에른관광청

옥토버페스트를 제대로 즐기기 위한 팁

❶ 테러 방지를 위해 배낭과 큰 가방은 가지고 입장할 수 없다. 최대 20㎝X15㎝X10㎝ 크기까지는 허용된다. 유리병을 비롯한 예기, 스프레이 등은 반입이 불가하다.

❷ 안내견을 제외한 모든 동물은 출입할 수 없다.

❸ 현금이 떨어졌을 때를 대비해 옥토버페스트 출입구와 대형 텐트에 마스터카드와 비자카드로 이용할 수 있는 ATM기가 설치되어 있다.

❹ 첫날과 마지막 날을 제외하고는 아침 10시에서 오후 3시 사이가 가장 이용객이 적으며 저녁 6시부터는 매일 붐빈다.

❺ 소매치기, 성희롱, 폭력 사건 등 불미스러운 일이 발생했을 경우 곳곳에 경찰이 배치되어 있으니, 너무 놀라지 말고 현명하게 대처하자.

❻ 토요일과 10월 3일(독일 통일의 날)에는 유모차 반입이 금지되며, 저녁 18시부터도 안전상의 이유로 유모차 반입이 금지된다.

❼ 새벽 1시 30분부터 아침 9시 사이에는 어떤 방문객도 축제장 안으로 출입이 금지된다.

❽ 테이블 예약 한 사람에 한해 텐트 출입이 제한될 수 있다. 테이블 예약은 옥토버페스트 공식 어플을 통해 할 수 있다.

❾ 옥토버페스트 축제 기간에는 숙소 구하기가 쉽지 않다. 예약해두는 게 가장 편리하다. 너무 비싸 망설여진다면 뮌헨 근교의 레겐스부르크, 뉘른베르크 등의 도시에서 숙박 시설을 찾아볼 것을 추천한다. 다행히도 이들 도시의 숙박비는 축제 기간에도 크게 비싸지 않다. 근교 도시에서 뮌헨까지는 레기오날반지역 열차로 1~2시간 정도 걸린다. 열차 안은 맥주 축제에 참여하려는 사람들로 북적이고 소란스러울 가능성이 크다. 이런 분위기를 피하고 싶다면 1등석을 추천한다.

©Tommy Loesch, 바이에른관광청

📷 카를 광장
Karlsplatz 카를스플라츠

🚶❶ S1·S2·S3·S4·S6·S7·S8호선 뮌헨 카를스플라츠역München Karlsplatz에서 도보 1분
❷ U4·U5호선 카를스플라츠역Karlsplatz(Stachus)에서 도보 1분
📍Karlspl, 80335 München

뮌헨 여행의 시작점

뮌헨 구시가지의 관문인 카를 문Karlstor 앞에 들어서 있는 광장이다. 뮌헨 중앙역에서 동쪽으로 걸어서 7분 거리에 있다. 광장 뒤편으로 구시가지가 있기 때문에 카를 광장은 여행객과 뮌헨 시민들에게 만남의 광장으로 통한다. 뮌헨 여행은 카를 광장에서 시작하는 게 좋다. 카를 문을 지나면 유명한 쇼핑 거리 노이하우저 거리Neuhauser Str.와 카우핑거 거리Kaufingerstraße가 시작된다. 거리 양 옆으로 백화점 오버폴링거Oberpollinger, SPA 매장 외 유명 음식점 아우구스티너 등 다양한 식당들이 모여 있다. 광장 왼편에는 바이에른 주 법원이 입주한 유스티츠 궁Justizpalast이 있다. 1942년 이곳에서 당시 나치 정권 반대 운동을 벌여온 뮌헨대 학생들이 백장미단Weiße Rose 사건으로 사형 선고를 받았다. 광장 분수대 주변은 겨울에 아이스링크와 전망대가 들어선다. 전망대에서는 글루바인레드 와인으로 만든 칵테일을 마실 수 있다.

프라우엔 교회 성모 교회
Frauenkirche 프라우엔키르헤

🚶 S1·S2·S3·S4·S6·S7·S8·U3·U6호선 마리엔플라츠역Marienplatz에서 북서쪽으로 도보 3분 ⊚ Frauenplatz 12, 80331
📞 +49 89 2900820 ⏰ 성당 월~토 08:00~20:00, 일 09:30~20:00(예배 시 입장 불가) 전망대 월~토 10:00~17:00 일
11:30~17:00 € 전망대 입장료 성인 7.5유로, 7~16세 5.5유로, 6세 미만 무료 가족 티켓 (성인 2명+청소년 2명) 21유로
≡ www.muenchner-dom.de

전망이 끝내주는 구시가지의 랜드마크

붉은 벽돌로 지은 고딕 건축물과 두 개의 첨탑이 인상적이다. 교회 자리는 13세기에 지은 성모 예배당이 있었다. 이곳에 첨탑 두 개가 있는 성당을 다시 짓기 시작하여 1488년 공사를 마쳤다. 첨탑 위에 쾰른 대성당처럼 뾰족하고 높은 지붕을 얹을 계획이었지만 예산과 자재 부족으로 1526년 르네상스 시기에야 푸른 돔을 얹을 수 있었다. 그래서 고딕 양식과 르네상스 양식이 혼재되어 있다. 첨탑은 뮌헨의 상징이자 내표적인 랜드마크이다. 북쪽 첨탑은 높이가 99m이고 남쪽 첨탑은 100m이다. 엘리베이터를 타고 첨탑 전망대에 오르면 뮌헨 시내 풍경을 한눈에 담을 수 있다. 이 첨탑을 지키기 위해 성당 주변에는 높은 건물을 짓지 못하게 제한하고 있다. 전망대는 남쪽 첨탑에 있으며 월요일부터 토요일까지 오를 수 있다. 성당 안으로 들어가면 정면 오른쪽에 바이에른의 왕 루트비히 4세1283~1347, 비텔스바흐 가문 출신으로는 최초로 신성로마제국 황제의 자리에 올라 가문의 위상을 높였다.의 묘가 있다. 예술품 같은 검은 대리석 묘비와 루트비히의 동상 등을 볼 수 있다. 프라우엔 교회는 얀 폴락의 성모화를 비롯하여 많은 예술 작품을 소장하고 있다.

마리엔 광장과 신시청사

Marienplatz & Neues Rathaus 마리엔플라츠 & 노이에스 라타우스

🏃 신시청사 찾아가기 S1·S2·S3·S4·S6·S7·S8·U3·U6호선 마리엔플라츠역Mariensplatz에서 도보 1분
📍 Marienplatz 8, 80331 📞 +49 89 23300 🌐 www.muenchen.de

뮌헨 여행 일번지

마리엔 광장은 뮌헨에서 가장 아름다운 곳 중 하나로, 1년 내내 여행객이 북적이는 뮌헨 여행의 중심지이다. 1100년 대부터 뮌헨의 핵심지로 떠올랐을 만큼 역사가 깊은 곳이다. 광장 가운데에 마리엔 동상이 있어, 마리엔 광장이라 불린다. 마리엔은 성모마리아를 뜻하는데, 1638년 30년 전쟁1618~1648, 신교를 지지하는 보헤미아·덴마크·스웨덴·프랑스와 구교를 지지하는 신성로마제국·스페인이 독일을 무대로 벌인 종교 전쟁이자 영토 전쟁의 승리를 기원하며 신성로마제국의 바이에른 선제후국1623년부터 1806년까지 바이에른 지방을 다스렸다. 1806년 바이에른 왕국이 되었다.의 막시밀리안 1세재위 1624~1627가 세웠다. 마리엔 광장은 신·구 시청사, 여러 아름다운 교회 등으로 둘러싸여 있는 뮌헨 여행의 1번지이다. 보행자 전용 쇼핑 거리인 카우핑거 거리와도 인접해 있다.

광장 북쪽에 있는 신시청사는 독특하게도 공공기관인데 뮌헨의 대표적인 여행지로 꼽힌다. 1867년 공사를 시작해 무려 40년 후에 신고딕 양식으로 완성한 웅장하고 아름다운 건물이다. 공사 기간이 증명하듯 규모가 크고 화려한 외관을 지녔다. 뮌헨 시장의 사무실을 포함해 모두 400여 개의 방이 있으며, 1층에는 관광안내소가 있다. 시청사 가운데 솟아있는 첨탑은 높이가 85m에 달하며, 직접 올라가 뮌헨 시내 파노라마를 즐길 수도 있다. 시청사에서 운영하는 레스토랑인 라츠켈러Ratskellar에서는 식사도 가능하다.

첨탑 전망대 🕐 10:00~20:00 € 일반 성인 6.5유로, 7~18세 2.5유로, 6세 미만 무료
뮌헨카드 소지자 성인 5.2유로, 7~18세 2유로 (예매시 엘리베이터 이동 가능)

Travel Tip

신시청사의 하이라이트, 타종 소리와 인형극

신시청사 중앙 종루엔 인형극무대가 2단으로 설치되어 있다. 11월~2월에는 매일 오전 11시에 한 번, 나머지 계절엔 오전 11시와 정오 12시, 오후 5시에 공연이 열린다. 공연 시간이 되면 마리엔 광장이 사람들로 가득 찬다. 인형극은 시청사의 43개 종이 청아한 소리로 연주를 하며 시작된다. 실물 크기의 인형 32개가 2가지 주제로 공연하는데, 위층에서는 바이에른 대공 빌헬름 5세1548~1626의 결혼식 장면이 펼쳐진다. 이어 바이에른과 로트링겐 기사들이 기마전을 하는 모습이 묘사된다. 아래층에서는 맥주 통을 만들던 장인들이 춤추는 모습을 보여준다. 전설에 따르면 뮌헨에 전염병이 창궐하던 1517년 장인들이 거리를 돌며 이 춤을 추었다고 전해진다. 통장이들의 춤Schäfflertanz은 지금도 7년마다 뮌헨시에서 공연을 연다.

ONE MORE
Marienplatz &
Neues Rathaus

마리엔 광장의 명소들

1 구시청사
Altes Rathaus 알테스 라타우스

그림처럼 아름다운

신시청사에서 마리엔 광장 지나 남동쪽으로 220m 거리에 있다. 1874년까지 뮌헨 시정이 이루어지던 곳이다. 14세기에 프라우엔 교회 건축가인 외르그 폰 할스파흐가 고딕 양식으로 재건하였고, 후에 다시 네오고딕 양식으로 재보수하면서 건축 초기의 외관과는 크게 달라졌다. 그림책에 나올법한 깔끔하고 예쁜 건물이 웅장하고 화려한 신시청사와 비교된다. 신시청사가 세워지자 마리엔 광장으로의 접근을 쉽게 하기 위해 구시청사 1층을 아치형으로 뚫어놓았다. 현재 구시청사에는 체코 출신의 만화가 이반 슈타이거의 소장품을 전시하는 장난감 박물관이 있다.

🚶 S1·S2·S3·S4·S6·S7·S8·U3·U6호선 마리엔플라츠역Mariensplatz에서 도보 2분

📍 Marienplatz 15, 80331 📞 +49 89 294001 ⏰ **박물관 운영시간** 매일 10:00~17:30 **휴관** 12월 24일

€ 박물관 입장료 성인 6유로, 어린이 2유로, 가족(성인 2명+아이 3명) 12유로 ≡ www.spielzeugmuseummuenchen.de

2 성 페터 교회

St. Peterskirche 상크트 페테스키르헤

뮌헨의 뷰포인트

마리엔 광장의 도이체방크 뒤쪽에 있다. 뮌헨에서 가장 오래된 교회로, '오래된 페터'라는 뜻의 알테 페터Alter Peter 라고도 불린다. 12세기 말 로마네스크 양식으로 건축되었지만, 1327년 뮌헨 대화재 때 크게 무너졌고, 바로 재건되었다. 17세기에 91m 높이의 첨탑을 추가로 세웠다. 첨탑은 뮌헨의 대표적인 뷰포인트로 꼽힌다. 300여 개의 좁은 계단을 올라가면 뮌헨 구시가지의 전경을 한 눈에 담을 수 있다. 교회 내부는 고딕 회화를 대표하는 화가 얀 폴라크 Jan Polack 등 대가들의 작품으로 꾸며져 있다. 또 1675년 로마에서 뮌헨으로 인도된 성녀 문디티아Munditia의 유해가 보석 장식 유리관에 보존되어 있다. 🚶 마리엔 광장 도이치뱅크 뒤편 📍 Rindermarkt 1, 80331 📞 +49 89 210237760 🕐 매일 12:00~16:30 € 첨탑 전망대 입장료 성인 5유로, 6~18세 2유로, 6세 미만 무료 🖥 alterpeter.de

3 성령교회

Heilig-Geist-Kirche 하일리히 가이스트 키르헤

아름다운 프레스코 천장화

성 페터 교회 동쪽, 구시청사 대각선 방향에 있다. 성 페터 교회와 함께 역사가 오래된 교회로 꼽힌다. 병원 예배당으로 처음 지어졌으나, 1327년 뮌헨 대화재 때 크게 파손되었다가 재건되었다. 주변에 워낙 유명하고 화려한 교회들이 많아 여행객의 관심을 받지는 못하지만 내부의 아름다운 그림은 늑멸한 사랑거리이다. 특히 18세기 중반에 제작된 로코코 양식의 프레스코 천장화가 유명하다. 성령은 신의 뜻을 지상에 전달하거나 실현시키는 존재를 말한다. 마리아가 예수를 잉태했을 때, 예수가 세례자 요한에게 첫 세례를 받았을 때도 성령이 나타났다. 성경에는 성령이 비둘기 같은 모습으로 내려왔다는 표현이 등장한다. 그래서 성령교회 곳곳에서 비둘기로 형상화된 성령을 쉽게 찾아볼 수 있다. 🚶 마리엔 광장에서 동쪽으로 도보 2분 📍 Prälat-Miller-Weg 1, 80331 📞 +49 89 24216890 🕐 월~금 09:00~20:00, 토·일 08:30~20:00 🖥 www.heilig-geist-muenchen.de

빅투알리엔 시장

Viktualienmarkt 빅투알리엔마르크트

🚶 S1·S2·S3·S4·S6·S7·S8·U3·U6호선 마리엔플라츠역Marienplatz에서 동남쪽으로 도보 4분
📍 Viktualienmarkt 3, 80331
📞 +49 89 89068205
🕐 월~토 08:00~20:00(비어가르텐 월~토 10:00~22:00)
☰ www.viktualienmarkt.de

볼거리, 먹을거리 가득한 200년 된 시장

2024년 가을부터 2025년 초까지 방영된 TV 예능 프로그램 <텐트 밖
은 유럽>에 나온 바로 그 시장이다. 마리엔 광장에서 북쪽으로 3분 거
리에 있다. 성 페터 교회와 성령 교회 사이로 난 길을 따라 조금 걸어가
면 이윽고 빅투알리엔 시장이다. 뮌헨을 대표하는 전통 시장으로, 현
지인뿐만 아니라 여행자들도 즐겨 찾는 손에 꼽히는 관광 명소이다.
빅투알리엔은 라틴어로 '음식'이라는 뜻이다. 시장의 역사는 200년
을 훌쩍 넘었다. 빅투알리엔 시장은 1807년 5월 바이에른 왕국의 막
시밀리안 1세의 지시로 처음 문을 열었다. 마리엔 광장에 있던 곡물
과 농산물 저장고가 작아 지금의 시장이 있는 곳으로 이전하면서 자
연스럽게 시장이 형성되기 시작했다. 일요일과 공휴일을 제외하고 매
일 장이 열린다.

시장 규모는 제법 크다. 상점이 다양하고 판매하는 상품도 많아서 시
장을 구경하는 재미가 특별하다. 이 상점 저 가게를 구경하다 보면 시
간 가는 줄 모른다. 시장 초입엔 정육점이 모여 있다. 이곳에서 직접 구

워주는 소시지와 샌드위치를 먹기 위해 항상 줄이 길게 늘어서 있다. <뉴욕 타임스>는 빅투알리엔 시장의 소시지를 대서양을 횡단하는 비행기를 타고 가 먹을 가치가 있다고 극찬했다.

안쪽으로 들어가면 과일, 치즈, 와인을 판매하는 식료품 가게부터 꽃 가게, 초콜릿 가게까지 늘어서 있다. 현장에서 주문받아 직접 짜주는 과일 주스의 인기가 높다. 안쪽으로 들어갈수록 볼거리와 먹을거리가 많다. 시장 안에 있는 빅투알리엔 마르크트 비어가르텐Viktualienmarkt Biergarten도 꼭 가볼 만하다. 시장 한편의 너른 마당이 통째로 야외 맥주 정원이다. 이곳도 <텐트 밖은 유럽>에 나왔다. 이미 비어 홀에서 맥주를 마신 라미란, 곽선영 배우가 낭만 넘치는 시장의 맥주 정원을 뒤늦게 발견하고는 이곳에서 마시지 않을 걸 후회하는 장면이다. 날이 맑고 따듯한 날엔 야외 테이블에 자리가 없을 만큼 맥주 정원의 인기가 많다. 푸른 나무가 햇빛을 가려주는 멋진 비어가르텐에서 <뉴욕 타임스>가 추천한 소시지를 아주 삼아 뮌헨의 낭만을 마셔보자.

레지덴츠 궁전
Residenz München

🚶 ❶ U3·U4·U5·U6 오데온스플라츠역Odeonsplatz에서 도보 2분 ❷ 버스 100번 승차~오데온스플라츠Odeonsplatz 정류장 하차~도보 2분 ⦿ Residenzstraße 1, 80333 📞 +49 89 290671 🕐 박물관·보물관 4월~10월 19일 09:00~18:00 / 10월 20일~3월 10:00~17:00 극장 4월~7월·9월 16일~10월 19일 월~토 14:00~18:00, 일 09:00~18:00 / 8월~9월 15일 매일 09:00~18:00 / 10월 20일~3월 월~토 14:00~17:00, 일 10:00~17:00 휴관 1월 1일, 12월 24·25·31일
€ 박물관·보물관 성인 10유로, 학생 9유로 **콤비티켓(박물관+보물관)** 성인 15유로·학생 13유로 극장 성인 5유로, 학생 4유로 **토탈티켓(박물관+보물관+극장)** 성인 20유로·학생 16유로, 18세 이하 무료 ☰ www.residenz-muenchen.de

바이에른 왕가의 삶을 엿보자

오데온 광장 동쪽에 있다. 바이에른 지역을 오랫동안 통치한 비텔스바흐 가문의 본궁이자 바이에른 왕국의 중심지로 1385년에 처음 지어졌다. 얼핏 보면 평범해 보이지만 안으로 들어가면 그 웅장함과 화려함에 압도되어 버리고 만다. 독일 제국이 붕괴된 1918년까지 500년 넘는 시간 동안 계속 증축이 이루어져, 르네상스부터 신고전주의까지 다양한 양식이 공존하고 있다. 덕분에 레지덴츠 궁전은 유럽에서 가장 화려한 궁전 중 하나가 되었다. 100여개가 넘는 방 가운데 화려한 왕족의 일상을 보여주는 많은 공간을 개방하고 있으며, 관람하는데 2시간 넘게 소요된다. 궁전은 왕가 사람들이 거주하던 당시의 모습을 그대로 복원해 놓은 궁전박물관, 왕실의 금은보화를 전시하는 보물관, 퀴빌리에 극장으로 나뉘어져 있다.

궁전박물관에서 가장 유명한 곳은 선조화 갤러리와 안티콰리움이다. 선조화 갤러리Ahnengalerie는 왕가 가족들 121명의 초상화가 전시되어 있는 곳이다. 벽에서 천장까지 도금된 조각들로 화려하게 장식해놓아 비텔스바흐 가문의 위엄을 보여준다. 특히 유럽의 아버지로 추앙받는 프랑크 왕국481~843의 카를로스 대제740~814, 신성로마제국962~1806의 황제가 된 루드비히 4세1282~1347, 바이에른의 공작 테오도 1세의 초상은 화려한 장식과 함께 중앙에 자리 잡고 있다. 안티콰리움Antiquarium은 가장 오래된 르네상스 궁륭활이나 무지개처럼 높고 길게 굽은 형상 중 하나로 그 길이가 무려 69m에 이른다. 1568~1571년에 만들어진 이곳은 바이에른의 공작 알베르히트 5세가 소장했던 조각품을 전시하는 공간이다 안티콰리움에 들어서기 전에 볼 수 있는 조개 껍질로 상식된 분수대와 벽장식도 대단한 위상을 보여준다.

보물관은 비텔스바흐 가문의 보물들을 모아놓은 곳이다. 별도로 입장권을 구매해야 하며, 보물실만 따로 방문해도 바이에른 왕가의 삶을 충분히 엿볼 수 있을만큼 유물들이 화려하다. 퀴빌리에 극장은 1755년에 만들어진 왕실 극장이다. 로코코 양식을 뮌헨으로 처음 들여온 건축가 프랑수아 드 퀴빌리에François Cuvilliés가 설계해 퀴빌리에 극장이라 불린다. 1701년 이곳에서 모차르트의 오페라 이도메네오Idomeneo의 초연이 있었다.

오데온 광장 & 펠트헤른할레
Odeonsplatz & Feldherrnhalle 오데온스플라츠 & 펠트헤른할레

오데온스 광장 🚶 U3·U4·U5·U6 오데온스플라츠역Odeonsplatz ⊙ Odeonspl. 1, 80539

펠트헤른할레 🚶 U3·U4·U5·U6 오데온스플라츠역Odeonsplatz 도보 1분 ⊙ Residenzstraße 1, 80333

©Rafael Fernandes de Oliveira

아름다운 이탈리아풍 광장

마리엔 광장에서 북쪽으로 700m 지점, 레지덴츠 궁과 테아티너 교회 사이에 있다. 예전부터 전승 기념 행진과 공공 행사가 자주 열렸다. 옥토버페스트 퍼레이드 코스 중 한 곳이기도 하다. 광장 안쪽 펠트헤른할레용장기념관는 1844년 바이에른 군인의 용맹함과 충성심을 기리고 자 만들었다. 아치형 기념관은 이탈리아 피렌체의 시뇨리아 광장에 있는 '로자 데이 런치'로자의 회랑를 본떠 만들었다. 이곳은 1923년 히틀러가 쿠데타를 벌였다가 미수에 그친 뮌헨 폭동이 일어난 곳이기도 하다. 나치 정권 때는 뮌헨 폭동 때 총격전으로 죽은 나치 돌격대원 14명을 기리는 기념관으로 사용되었다. 행인들은 기념관 앞에서 나치식 경례를 해야 했다. 나치 몰락 후 30년 전쟁에서 맹활약한 신성로마제국의 백작 요한 체르클라에스와 1813년 하나우 전투에서 나폴레옹과 맞서 싸운 바이에른의 명장 카를 필립 폰 브레데 장군의 동상, 그리고 피렌체 로자 회랑의 메디치 사자상을 본 떠 만든 사자상 등이 원래 자리를 되찾았다.

오데온 광장에 서면 양파 모양 푸른 돔을 얹은 노란 건물이 보인다. 이 건물이 테아티너 교회이다. 바로크 양식으로 1726년 지었다. 지하에는 바이에른의 왕가인 비텔스바흐 가문의 묘지가 있다.

ONE MORE

테아티너 교회 Theatinerkirche 테아티너키르헤
오데온 광장에 서면 양파 모양 돔을 얹은 첨탑 두 개가 있는 노란 건물이 눈에 들어오는데, 이 건물이 테아티너 교회이다. 바로크 양식의 건축물로 1726년 지어졌으며, 지하에는 바이에른의 왕가인 비텔스바흐 가문의 묘지가 있다.

바이에른 국립박물관

Bayerisches Nationalmuseum 바이예리쉐스 나치오날무제움

🚶 버스 100번 나치오날무제움/하우스 데어 쿤스트Nationalmuseum/Haus der Kunst 정류장 하차 후 동쪽으로 도보 2분
📍 PrinzregentenstraBe 3, 80538 📞 +49 89 2112401
🕐 화·수·금~일 10:00~17:00, 목 10:00~20:00 **휴관** 월요일, 10월 3일, 12월 24·26일
€ 상설전+오디오 가이드(독어, 영어) 성인 7유로, 학생 6유로, 일요일 1유로로(무료입장과 일요일 입장의 경우 오디오 가이드 2유로) ☰ www.bayerisches-nationalmuseum.de

©뮌헨관광청 Sigi Mueller

궁전 같은 박물관

비텔스바흐 왕가의 예술품을 전시하고 있는 박물관이다. 루드비히 1세의 아들 막시밀리안 2세가 1855년에 세웠으며, 궁전이라고 봐도 손색이 없을 만큼 거대한 규모를 자랑한다. 전시실은 화려했던 왕족들의 삶을 엿볼 수 있는 유물로 채워져 있다. 중세, 르네상스, 바로크, 19세기 및 아르누보 등 서양 미술사를 관통하는 거의 모든 양식의 물건들을 방대하게 소장하고 있으며, 유럽 장식미술의 역사도 한눈에 담아볼 수 있다. 도자기, 상아, 악기, 가구, 직물, 금과 은 공예품, 무기까지 감상할 수 있다. 대표적인 소장품으로 마이센 도자기로 장식된 시계, 대리석 서랍장, 천문학 시계와 힐데스하임 은식기18세기 뮌헨 근교 아우크스부르크의 은세공 장인들이 만든 식기. 신성로마제국의 주교령이었던 힐데스하임의 왕자이자 주교를 위해 만들었다. 2백여 점 등이 있다. 일요일에는 입장료가 1유로이다.

영국 정원
Englischer Garten 앵글리셔 가르텐

🚶 ❶ 서쪽 일본식 정원 입구 레지덴츠 궁의 후원後園이 끝나는 지점에서 궁을 등지고 도보 7분 ❷ 남쪽 아이스바흐 트람 18번 나치오날무제움/하우스 데어 쿤스트Nationalmuseum/Haus der Kunst 정류장, 버스 100번 쾨니긴슈트라세Königinstraße 정류장에서 도보 3분 ❸ 동쪽 중국식 탑 쪽 트람 18번 티볼리슈트라세Tivolistraße 정류장에서 도보 3분 ⊚ Prinzregentenstraße, 80538(아이스바흐) 📞 +49 89 38666390 ☰ 영국정원 www.muenchen.de 아이스바흐 www.eisbachwelle.de

센트럴파크보다 더 크고 아름다운

1789년 뮌헨 시민들을 위해 선제후 카를 테오도르가 벤자민 톰슨의 조언을 받아들여 만든 공원이다. 넓이는 약 112만 평으로 유럽에서 가장 크며 뉴욕의 센트럴 파크보다도 11만 평이 더 넓다. 원래 이곳은 비텔스바흐 가문의 사냥터였다. 18~19세기에 영국 출신의 바이에른 물리학자이자 사회 개혁가인 벤자민 톰슨의 제안으로, 이자르강Isar River 옆에 있는 사냥터와 늪지대를 당시 유행하던 영국식 정원으로 만들었다. 넓은 잔디밭, 자전거 길, 산책로, 숲과 호수, 중국식 탑, 일본식 정원, 인공폭포 등으로 아름답게 꾸며져 있으며, 뮌헨 시민의 손꼽히는 소풍과 산책 장소이다. 여름에는 중국식 탑 앞 야외에서 맥주를 마실 수 있는 비어가르텐, 겨울에는 크리스마스 마켓이 열린다. 정원이 워낙 커서 입구가 여러 군데 있다. 일본식 정원이 있는 서쪽과 인공천 아이스바흐가 있는 남쪽이 가장 접근하기 좋다.

ONE MORE

영국 정원의 하이라이트, 아이스바흐 Eisbach

아이스바흐는 1m 남짓한 물살이 이는 인공 내천으로 영국 정원 안에 있다. 1972년부터 서퍼들이 이곳에서 서핑을 하기 시작했다. 지정학적 위치상 바다가 멀어 바다를 그리워하는 뮌헨의 서퍼들이 이곳을 즐겨 찾는다. 아이스바흐에서 서핑을 할 수 있는 곳은 2~3곳 정도이며, 그 중 물살이 가장 빠른 곳은 숙련된 서퍼들만 이용할 수 있다. 서퍼들의 멋진 모습을 구경하기 가장 좋은 장소는 영국 정원 초입에 위치한 미술의 집Haus der Kunst 오른편에 있는 다리이다. 다리 아래로 가면 서퍼들의 모습을 더 가까이 볼 수 있지만, 자칫 물벼락을 맞을 수도 있으니 조심하자.

쾨니히 광장
Königsplatz 쾨니히스플라츠

🚶 U1·U2·U8호선 쾨니히플라츠역Königsplatz에서 북동쪽으로 도보 3분 ⊚ Königsplatz 1, 80333

고대 아테네를 연상시키는

바이에른의 왕 루트비히 1세재위 1825~1848가 브리너거리BrennerstraBe, 오데온 광장에서 서북쪽으로 뻗은 거리에 만든 광장이다. 고대 그리스와 로마 미술에 관심이 많았던 왕의 취향을 고려해 아테네의 아크로폴리스를 모델로 삼았다. 신고전주의 양식의 건축물 글립토테크와 안티켄잠룽이 함께 세워졌으며, 현재 이 두 건물은 미술관으로 사용되고 있다. 그리스식 통행문인 프로필레엔Propyläen도 있다. 이 그리스풍 광장 덕분에 뮌헨은 '아자르 강변의 아테네'라 불리기도 한다. 나치 집권 당시엔 당의 선전 장소로 사용되기도 했다. 1933년 나치 지지자들이 일으킨 분서갱유 사건도 이 광장에서 일어났다. 광장을 가로질러 도로가 들어서 현재는 광장의 기능은 없어졌다.

ONE MORE

쾨니히 광장의 미술관-글립토테크와 안티켄잠룽

글립토테크Glyptothek는 그리스와 로마 시대 조각품을 전시하는 조각 전문 박물관이다. 쾨니히 광장의 신고전주의 건물 가운데 가장 먼저 건축되었으며, 글립토테크란 조각관이라는 뜻의 그리스어이다. 이곳에는 루드비히 1세가 황태자 시절부터 수집한 고대 그리스, 로마의 조각품이 전시되어 있다. 1차 세계대전 당시 연합군의 공습으로 건물 일부가 파괴되었으나, 조각상들은 다행히 심한 피해를 입지 않았다.

안티켄잠룽Antikensammlung은 비텔스바흐 가문의 수집품을 보관하던 곳으로, 글립토테크의 건너편에 있다. 현재는 그리스·에트루리아·로마 시기의 도자기·금속·보석 등을 전시 중이다. 글립토테크와 안티켄잠룽은 피나코텍 미술관, 바이에른 국립박물관과 함께 뮌헨의 예술지구에 포함되어 있어 일요일에는 각각 1유로로 입장이 가능하며, 18세 이하는 언제나 무료이다. 안티켄잠룽과 글립토테크 평일 통합권은 성인 6유로, 학생 4유로, 일요일 각각 1유로로

글립토테크 🚶 U1·U2·U8호선 쾨니히플라츠역Königsplatz에서 북동쪽으로 도보 3분 ⊚ Königsplatz 3, 80333
📞 +49 89 286100 ⏰ 화~일 10:00~17:00, 목 10:00~20:00
휴관 월요일, 1월 1일, 10월 3일, 12월 24·26·31일
☰ www.glyptothek-etsdorf.de

안티켄잠룽 🚶 U1·U2·U8호선 쾨니히플라츠역Königsplatz에서 북동쪽으로 도보 2분 ⊚ Königsplatz 1, 80333
📞 +49 89 59988830 ⏰ 화~일 10:00~17:00, 수 10:00~20:00,
휴관 월요일, 1월 1일, 10월 3일, 12월 24·26·31일 ☰ www.antike-am-koenigsplatz.mwn.de

피나코텍큰
Pinakotheken

€ 데이티켓(피나코텍큰+브란트호스트+샤크미술관) 12유로로. 현재, 데이티켓은 박물관에서 직접 구매만 가능

유럽 근대 미술관의 표본

쾨니히 광장 북동쪽에 있다. 알테 피나코텍, 노이에 피나코텍, 피나코텍 데어 모데르네. 이 세 개의 미술관을 합쳐 피나코텍큰이라 부른다. 알테와 노이에는 루드비히 1세 때 건립되었고, 가장 늦게 건립된 모데르네는 2002년에 개관하였다.

바이에른의 왕 루드비히 1세는 예술에 조예가 깊었던 인물이다. 황태자 시절부터 르네상스의 명작들과 그리스와 로마의 조각상을 수집했으며, 왕위에 오른 후에도 예술가들을 적극적으로 후원하였다. 그가 이룬 업적 중 하나가 비텔스바흐 가문 소장품을 전시하고 보관하기 위해 알테와 노이에를 건설한 것이다. 이 건물들은 독일과 유럽 근대 미술관의 표본이 되었다. 최근에 지어진 피나코텍 데어 모데르네는 현대 미술 전문 전시관이다. 피나코텍큰을 비롯하여 글립토테크와 안티켄잠룽, 브란트호스트 미술관, 샤크 미술관, 바이에른 국립박물관 등 뮌헨의 예술 지구에 포함된 전시관은 매주 일요일 1유로의 입장료로 입장할 수 있다.

ONE MORE
Pinakotheken

피나코텍큰의 미술관 셋

1 알테 피나코텍
Alte Pinakothek

뒤러와 루벤스 만나기

1836년에 개관한 세계에서 가장 오래된 미술관 중 하나이다. 전시된 작품은 빌헬름 4세맥주 품질 향상을 위해 1516년 맥주 순수령을 공포한 인물 때부터 수집된 비텔스바흐 가문의 소장품들이다. 14~18세기에 제작된 독일·프랑스·이탈리이 네덜란드의 플링드르 화가들의 직품이 주를 이두며, 내표석인 식품으로는 알브레히트 뒤러의 〈자화상〉, 루벤스의 〈최후의 심판〉 등이 있다.

🚶 버스 100번, 트람 27번 피나코테크Pinakotheken 정류장 하차, 도보 3분 ⓧ Barer Str. 27, 80333

📞 +49 89 23805216 ⏰ 화·수 10:00~20:00, 목~일 10:00~18:00 **휴관** 월요일, 5월 1일, 12월 24·25·31일

€ 성인 9유로, 학생 6유로, 18세 이하 무료, 일요일 1유로 ☰ www.pinakothek.de

2 노이에 피나코텍
Neue Pinakothek

고흐의 〈해바라기〉

노이에 피나코텍은 18세기 말부터 19세기에 제작된 작품을 전시하기 위해 설립되었다. 루드비히 1세 때 알테 피나코텍과 마주보는 위치에 건축되기 시작하여, 그가 세상을 뜬 뒤인 1853년 개관하였다. 노이에 피나코텍은 1909년 휴고 폰취디Hugo von Tschudi를 관장으로 임명하면서 미술사적으로 크게 도약하여, 왕가로부터 배척당했던 프랑스 인상주의 작품을 대거 구입하였다. 덕분에 노이에는 고흐, 고갱, 드가 등 프랑스 인상주의 작가들의 작품을 다수 소장하고 있다. 고흐의 〈해바라기〉도 만나볼 수 있다. 아쉽게도 박물관 건물을 확장하는 공사로 2029년까지 문을 닫는다. 19세기의 일부 명작들은 알테 피나코텍 1층과 샤크미술관에서 감상할 수 있다.

샤크 컬렉션Sammlung Schack ⊙ Prinzregentenstraße 9, 80538 ⏱ 수~일 10:00~18:00, 매달 1·3주 수요일 10:00~20:00

3 피나코텍 데어 모데르네
Pinakothek der Moderne

세계에서 가장 큰 현대 미술관

피나코텍 미술관 중 가장 최근인 2002년에 문을 열었다. 현대 예술을 전문으로 하는 미술관 중 세계에서 가장 큰 규모이다. 회화와 조각에 국한되어 있는 알테나 노이에 피나코텍과는 달리 사진, 비디오 아트, 산업 디자인 등 20세기와 21세기의 다양한 장르의 작품을 볼 수 있어서 매력적이다. 파울 클레, 피카소, 앤디 워홀, 요셉 보이스 등의 작품을 만나볼 수 있다.

🚶 버스 100번, 트램 27번 피나코테큰Pinakotheken 정류장 하차, 도보 3분 ⊙ Barer Str. 40, 80333 📞 +49 89 23805360 ⏱ 화~일 10:00~18:00, 목 10:00~20:00 휴관 월요일, 5월 1일, 12월 24·25·31일 € 성인 10유로, 학생 7유로, 18세 이하 무료, 일요일 1유로 오디오 가이드 4.5유로 ☰ www.pinakothek.de

렌바흐 하우스
Städtische Galerie im Lenbachhaus 슈태티셔 갈레리 임 렌바흐 하우스

🚶 U1·U2·U8호선 쾨니히플라츠역königsplatz에서 북서쪽으로 도보 3분
📍 LuisenstraBe 33, 80333 📞 +49 89 23332000
🕐 화~일 10:00~18:00, 목 10:00~20:00 **휴관** 월요일
€ 성인 10유로, 뮌헨카드 소지자 8유로, 65세 이상·대학생 5유로, 18세 미만 무료 🖥 www.lenbachhaus.de

칸딘스키, 표현주의, 현대 회화를 한번에

쾨니히 광장 부근에 있는 미술관이다. 렌바흐 하우스는 원래 비스마르크와 빌헬름 1세의 초상화를 그린 프란츠 폰 렌바흐의 아틀리에였다. 그가 세상을 뜨자 뮌헨 시는 건물을 인수하여 1929년 미술관으로 재탄생시켰다. 렌바흐 하우스는 18~19세기 작품과 20세기 초 활동했던 청기사파 그림을 소장하고 있다.

청기사파는 칸딘스키를 중심으로 1911년부터 1914년까지 활동한 미술 그룹이다. 표현주의 화가 가브리엘레 뮌터는 청기사파 회원이자 칸딘스키의 연인이었는데, 그녀는 자신의 80세 생일에 소장하고 있던 청기사파의 그림을 렌바흐 하우스에 대거 기증하였다. 이때부터 렌바흐 하우스는 시민들의 사랑을 받는 미술관으로 성장하기 시작했다. 뮌헨 학파, 청기사파, 표현주의는 물론 현대 미술에 이르는 2만8천여 점의 작품을 보관, 전시하고 있다.

슈바빙지구
Schwabing

🚶 U3·U6 우니베지텟역Universität에서 뮌히너 프라이하이트역Münchner Freiheit까지
이어지는 리오폴슈트라세Leopoldstraße 일대

전혜린과 릴케가 사랑한 대학가이자 문화 예술 지구

슈바빙은 뮌헨 대학가에 형성된 예술 지구로 구시가지 북쪽에 있다. 뮌헨대학교를
중심으로 개성 넘치는 상점과 카페, 음식점, 극장이 모여 있다. 연인들의 데이트 장소
나 산책 코스로 유명해 항상 활기가 넘친다. 학생들과 가난한 예술가들이 이곳에 모여 살
면서 거리는 자연스럽게 뮌헨 문화의 중심지가 되었다. 한국 여성 최초로 독일에 유학을 온 작가 전혜린은 슈바빙을
자유롭고 예술적인 곳이라고 적고 있다. 19~20세기에 걸쳐 전성기를 누렸으며, 노벨문학상을 수상한 소설가 토마
스 만과 시인 릴케, 독일 표현주의 화가들의 주된 활동 무대였다. 조나단 보로프스키의 작품 〈워킹 맨〉이 이곳에 설
치되어 있는데, 그는 서울 신문로 흥국생명 빌딩 앞에 설치된 대형 조각상 〈망치질 하는 사람〉의 작가이기도 하다.

알리안츠 아레나
Allianz Arena

🚶 U6호선 프뢴마닝역Fröttmaning에서 도보 15분(역에서 축구 공 모양 그림을 따라가면 축구장이 나온다.)
📍 Werner-Heisenberg-Allee 25, 80939 📞 +49 89 69931222 🕐 박물관 10:00~18:00 (입장 마감 17:15)
스토어 10:00~18:00(경기 날 10:00~경기종료 후 2시간) 휴관 1월 1일, 12월 24·25·26·31일 영어 가이드 투어 11:45, 13:15,
14:45, 16:15 (30명 제한, 예약 필수) € 박물관 성인 12유로, 학생 10유로, 6~13세 6유로, 6세 미만 무료 콤비티켓(가이드 투어
+FC 바이에른 뮌헨 박물관, 홈페이지 예약 필수) 성인 25유로, 학생 22유로, 6~13세 11유로, 6세 미만 무료
☰ www.allianz-arena.de

독일 축구의 성지, 바이에른 뮌헨의 홈구장

독일인의 축구 사랑은 각별하다. 독일을 대표하는 이미지 중에 하나로 축구를 꼽을 수 있을 정도이다. 프로 축구 분데스리가의 열기는 더 대단해서 경기당 관중 수는 월등한 차이로 몇 년째 세계에서 1등을 차지하고 있다. 프로 축구가 열리는 날에 독일인들은 수백 킬로미터 거리를 마다하지 않고 단체로 원정 응원을 다닌다. 이런 날은 질서 유지를 위해 경찰들이 열차에 함께 승차한다. 팬들은 열차 안에서 팀 응원가를 부르며 열정적으로 승리를 기원한다.
알리안츠 아레나는 뮌헨에 연고지를 둔 분데스리가 1부 리그 소속 바이에른 뮌헨과 2부 리그팀 TSV 1860 뮌헨의 홈구장이다. 7만 명 이상을 수용할 수 있으며, 어느 좌석에서도 경기를 관람하기 좋도록 설계되었다. 2006년에는 이곳에서 독일 월드컵 개막전이 열렸다. 또 13개국의 13개 도시에서 분산되어 열리는 'UEFA 유로 2020'의 주경기장으로 선정되기도 했다. 재미있는 것은 그날 열리는 경기에 따라 경기장 외벽의 조명이 바뀐다는 점이다. 국가대표 경기는 하얀색, 바이에른 뮌헨 경기는 붉은색, TSV 1860 뮌헨 경기는 파란색으로 바뀐다. 외벽이 하얀 고무보트를 연상시키는 모습이라 슐라우흐부트Schlauchboot, 고무 보트라는 별명으로도 불린다. 경기가 없는 날엔 대부분 가이드 투어가 열린다. 30명 제한으로 이루어지며 가능한 시간이 날마다 다르므로 홈페이지에서 꼭 예매해야 한다.

Travel Tip

FC 바이에른 뮌헨 박물관
알리안츠 아레나에 있는 박물관으로, 바이에른 뮌헨의 팬들이 많이
찾는다. 선수들의 식단, 토마스 뮐러의 축구화, 선수들 사진, 축구장
모양 레고와 모형, 우승컵 등이 전시되어 있다

BMW 박물관과 홍보관

BMW Museum & BMW Welt 베엠베 무제움과 베엠베 벨트

🚶 U3·U8호선 올림피아젠트룸역Olympiazentrum에서 Lerchenauer Str. 도로 따라 남동쪽으로 도보 7~8분
📍 Am Olympiapark 2, 80809 📞 +49 89 125016001 🕐 박물관 화~일 10:00~18:00 BMW Welt 월~토 07:30~24:00,
일 09:00~24:00 € 박물관 입장료 성인 12유로, BMW 회원·학생(6~18세) 8유로, 가족(성인 2명+18세 미만 3명) 29유로
☰ www.bmw-welt.com

꿈의 자동차를 보는 즐거움

자동차에 관심 높은 사람들의 필수 여행 코스이다. 1972년 설립되었으며, 뮌헨 북부 BMW 본사 옆에 자리하고 있다.
BMW는 1916년 프란츠 요세프 포프가 설립한 최고급 자동차 브랜드이다. 원래는 항공기 엔진 제조업체로 출발했으
나 1차 세계대전1914~1919 이후 모터사이클과 자동차로 눈을 돌렸다. 1972년 BMW 5시리즈를 내놓으면서 세계적인
브랜드로 성장했다. BMW 박물관에서 회사의 출발부터 현재에 이르는 발전과 성장의 역사를 확인 할 수 있다. 1차
와 2차 세계대전 때 독일의 많은 회사가 그랬듯이 BMW도 전범기업이었다. 2차 세계대전 때는 모터사이클과 자동
차 생산을 중단하고 항공기 엔진 생산에 집중하였다. 이때 강제 수용소의 재소자들이 공장에서 강제 노역을 해야만
했다. BMW는 전범기업의 부끄러운 과거를 숨기지 않고 그들의 아픈 역사도 전시실에 소개하고 있다. 2016년에는
회사 설립 100주년을 맞이하여 피해 가족들에게 공식적으로 사과문을 발표했다.

박물관 바로 옆에는 홍보관 베엠베 벨트BMW Welt가 있다. 벨트Welt는 독일어로 세계World라는 뜻이다. 순수한 운
전의 재미, 궁극의 드라이빙 머신을 목표로 하는 BMW의 모든 결과물, 즉 세단, 컨버터블, SUV, 스포츠카, 모터사이
클, 그리고 다양한 엔진까지 직접 관람할 수 있다. 미니어처와 유니폼 등 BMW 관련 상품도 전시 판매한다. 박물관
과 달리 입장료는 무료이다.

ONE MORE

BMW는 어떤 회사?

BMW는 벤츠, 아우디, 폭스바겐과 더불어 독일을 대표하는 자동차 회사이나. 바이에른 자동차 제작소Bayerische Motoren Werke의 첫 글자에서 따서 BMW라 부른다. 1916년 오스트리아 태생 엔지니어인 프란츠 요세프 포프가 항공기 엔진 회사를 인수해 BMW를 설립했다. 프란츠 요세프 포프는 항공기 엔진을 생산해 독일 군대에 납품했다. 그러나 제 1차 세계대전1914~1919년에서 승리한 연합국은 독일의 항공기 생산을 3 년 동안 중지시켰다. 그러자 BMW는 모터사이클로 눈을 돌렸고, 1928

년에 자동차 산업으로 사업 영역을 확장했다. 2차 세계대전1939~1945년 뒤에도 전범기업이 되어 다시 어려움을 겪었으나 1972년 BMW 5시리즈, 75년 BMW 3시리즈, 1977년엔 경쟁 업체인 다임러-벤츠의 S클래스에 대항해 BMW 7시리즈를 출시하면서 세계적인 자동차 회사로 발전하였다.

BMW의 앰프럼은 청색과 흰색으로 이루어져 있다. 본사와 공장이 바이에른에 있으므로, 주의 깃발과 같은 색으로 만들었다는 이야기가 있으나, 이보다는 푸른 하늘과 프로펠러의 흰색에서 영감을 얻었다는 설이 더 유력하다. 왜냐하면 앰블럼이 BMW가 비행기 엔진 회사이던 시절에 만들어졌고, 앰블럼 모양도 프로펠러가 돌아가는 모양을 닮았기 때문이다.

올림픽 공원
Olympiapark München

🚶 ❶ U3·U8호선 올림피아젠트룸역Olympiazentrum에서 남쪽으로 도보 10분 ❷ 트람 20·21번 타고 올림피아 파크 베스트 Olympia Park West 정류장 하차 ⊙ Spiridon-Louis-Ring 21, 80809 📞 +49 89 30670 ☰ www.olympiapark.de

뮌헨 올림픽 기념 공원

독일은 1936년과 1972년 두 번의 하계 올림픽을 개최했다. 1936년 올림픽은 베를린에서, 1972년 올림픽은 뮌헨에서 열렸다. 뮌헨의 올림픽 공원은 올림픽을 위해 세워진 경기장, 실내 수영장, 사이클 경기장 등을 재단장하여 조성한 멋진 공원이다. 당시 건물들은 최고 수준의 기술력을 도입하여 지어졌으며, 건축적으로나 디자인적으로도 그 가치를 인정받았다. 40여년이 지난 지금까지도 공원 안의 경기장들은 꾸준히 사용되고 있다. 공식적인 행사가 없을 때는 시민들도 경기장 이용이 가능하도록 개방된다. 이 공원의 상징인, 291m 높이의 올림픽 타워는 뮌헨 전경을 눈에 담을 수 있는 전망대였는데 보수공사로 운영이 중단되었다. 공원이 BMW Welt 남쪽에 있어서 함께 둘러보기에 좋다.

─(Travel Tip)─────────────────────

베를린 올림픽과 뮌헨 올림픽

나치 정권 하에 개최된 1936년 베를린 올림픽은 한국인들에게 그 의미가 깊다. 일제 치하에서 우리나라 손기정 선수와 남승룡 선수가 마라톤 금메달과 동메달을 차지해 한국인의 자긍심을 북돋아주었기 때문이었다.

1972년 뮌헨 하계 올림픽은 나치즘 선전 도구로 전락한 베를린 올림픽의 불명예를 씻고 서독의 부흥을 보여주려 했던 올림픽이었다. 하지만 테러 단체인 검은 9월단이 이스라엘 선수촌에 침입하여 11명을 인질로 삼고 팔레스타인 포로의 석방을 요구하는 사건이 벌어졌다. 결국 인질은 모두 사망하였고, 뮌헨 올림픽은 비극으로 막을 내렸다. 올림픽 선수촌에 희생자들의 이름을 새긴 위령비가 있다.

다하우 강제수용소 기념관
KZ-Gedenkstätte Dachau 카체트 게덴크슈텟테 다하우

🚶 S2호선 다하우역Dachau에서 726번 버스로 환승−다하우, 카체트 게덴크슈텟테Dachau, KZ Gedenkstätte 정류장에서 하차
📍 Pater−Roth−Straße 2A, 85221 Dachau 📞 +49 8131 669970 🕐 09:00~17:00
€ 무료(13세 이상만 입장 가능) **영어 오디오 가이드** 성인 4.5유로, 학생 3.5유로(보증금 별도) **영어 가이드 투어** 4유로(매일 11:00, 13:00, 2시간 반 소요, 투어 시작 15분 전까지 신청) ≡ www.kz-gedenkstaette-dachau.de

불행한 역사를 반복하지 않기 위하여

다하우 강제수용소는 1933년 뮌헨에서 16㎞ 떨어진 다하우 군수공장 지역에 건설된 나치 최초의 강제수용소이다. 처음에는 반나치 종교인들과 정치인을 수용하였으나 시간이 지나면서 유대인, 소련군 포로, 동성애자, 이민자 등 20만 몇을 수감하였다. 수용자들은 가혹한 노동과 의미 없는 체벌, 생체 실험, 열악한 환경에 시달리며 운명을 달리했다. 서독 정부는 전쟁이 끝난 뒤 광기와 야만의 역사를 반성하기 위해 수용소 일부를 남겨 기념관으로 만들었다. 전시관, 벙커, 화장터, 예배당, 막사 등으로 구성되어 있다. 전시관에는 당시의 참혹함을 고발하는 자료과 희생자들의 유품이 전시되어 있다. 34개의 막사가 서 있던 자리는 전시용으로 남은 2개의 막사를 제외하고 모두 철거해 터만 남아있다. 수용소 곳곳에는 끔찍했던 과거를 기억하고 되풀이되지 않기를 바라는 기념물들이 세워져있다. 오디오 가이드와 가이드 투어를 이용하면 좀 더 편리하게 둘러볼 수 있다.

님펜부르크 궁전
Schloss Nymphenburg 슈로스 님펜부르크

🚶 중앙역 북쪽 하우프트반호프 노드Hauptbahnhof Nord 정류장에서 트람 17번 타고 슈로스 님펜부르크Schloss Nymphenburg 정류장 하차 📍 Schloß Nymphenburg 1, 80638 📞 +49 89 179080
🕐 궁전·마차박물관·도자기박물관 4월~10월 15일 09:00~18:00 10월 16일~3월 10:00~16:00
정원 내 별궁(아말리엔부르크, 바덴부르크, 파고든부르크, 막달레느클라우제) 4월~10월 15일 09:00~18:00
정원 1~3월·11월·12월 06:00~18:00 4~10월 06:00~20:00 5~9월 06:00~21:30
€ 18세 이하 무료입장 님펜부르크 본궁+박물관+정원 별궁 성인 15유로, 대학생 13유로 님펜부르크 본궁 성인 8유로, 학생 7유로 마차박물관+도자기박물관 성인 6유로, 학생 5유로 콤비티켓(정원+별궁) 성인 5유로, 학생 4유로
☰ schloss-nymphenburg.de

요정의 성, 바이에른 왕가의 여름 별궁

바이에른의 선제후 페르디난트 마리아1636~1679는 결혼한 지 10년 만에 아들을 얻자 이를 기념하는 건물 두 개를 지었다. 하나는 오데온 광장에 있는 테아티너 교회이고, 다른 하나는 님펜부르크 궁전이다. 님펜부르크 궁전은 1664년 이탈리아 건축가 아고스티노 발레리가 건축했다. 이때부터 바이에른 왕가의 여름 별궁으로 사용되었다. 건축 초기엔 단순한 5층 구조 저택 형식이었으나, 후에 프랑스의 예술가들을 초청해 화려하게 증축하였다. 궁 중앙 건물 2층 천장에는 요한 밥티스트 침머만이 그린 유명한 프레스코화 <요정을 거느린 여신>이 있다. 님펜부르크라는 이름은 이 천장화에 등장하는 님프Nymp, 요정로부터 유래된 것으로, 요정의 성이라는 뜻이다. 뮌헨 동부에 있다.

님펜부르크의 박물관

궁전은 미술관으로 사용되고 있다. 그 중 가장 유명한 미술관이 미인 갤러리이다. 미인 갤러리에는 궁정화가 슈틸러가 1827년부터 1850년까지 왕명으로 그린, 바이에른에서 가장 아름다운 여성 36명의 초상화가 전시되어 있다. 루드비히 1세의 정부였던 댄서 롤라 몬테즈의 초상이 유명하다.

궁전 옆 건물은 마르슈탈 박물관Marstallmuseum이다. 세계에서 가장 유명한 마차 박물관으로 손꼽히는 곳이다. 비텔스바흐 가문에서 사용하던 17~19세기의 마차나 썰매 같은 운송수단들이 전시되어 있다. 또 이 건물에는 도자기 박물관도 자리하고 있다. 1761년경 궁이 운영하던 도자기 공장에서 제작된 님펜부르크 자기들이 전시되어 있다.

님펜부르크 왕실 정원

18세기 최고의 기술자들을 동원해 조성한 아름다운 정원이다. 수목은 물론이고 인공 호수, 운하, 분수 등이 설치되어 있다. 호수와 운하를 만들 때 궁전에서 2km 가량 떨어진 뷔름강에서 물을 끌어다 사용했다. 당시 설치된 분수는 무려 200년이 지난 지금까지도 문제없이 가동되고 있다. 그밖에 정원에는 왕실 목욕탕인 바덴부르크, 사냥할 때 사용했던 별채 아말리엔부르크 등의 부속 건물이 자리하고 있다. 님펜부르크 궁전과 정원을 모두 하루에 관람하는 것은 쉽지 않은 일이다. 궁전 내부를 구경한 후 궁 바로 뒤편에 설치된 분수를 중심으로 정원을 가볍게 산책하는 정도가 이상적이다.

©Werner Boehm, 바이에른관광청

뮌헨의 4대 비어홀

맥주는 자동차, 축구 등과 더불어 독일의 대표 브랜드이다. 독일 맥주가 맛이 깊고 풍미가 남다른 것은 맥주순수령 덕이 크다. 뮌헨 시민들은 맥주순수령이 최초로 적용된 바이에른 맥주에 대해 애정이 각별하다. 뮌헨에서 인기가 높은 양조장의 비어홀 4곳을 소개한다. 이들은 옥토버페스트 참여 자격이 있는 6개 브랜드 중에서도 가장 유명한 곳이다.

1 아우구스티너 켈러
Augustiner-Keller

🚶 S1·S2·S3·S4·S6·S7·S8호선 뮌헨 하키브뤼케역München Hackerbrücke에서 동북쪽으로 도보 5분
📍 Arnulfstraße 52, 80335 📞 +49 89 594393 🕐 매일 10:00~24:00 € 35유로 내외 (0.5ℓ 맥주 4.5유로, 바이스 부어스트 3.9유로, 학세 19.5유로). 할인하는 점심 메뉴도 있으니 타게스카르테Tageskarte 혹은 미탁스메뉴Mittagsmenü를 물어볼 것
☰ www.augustinerkeller.de

700년, 뮌헨에서 가장 오래된 양조장

아우구스티너 맥주는 1328년 수도원에서 시작되었다. 뮌헨에서 가장 오래된 양조장이다. 수도원에서 맥주를 만든다는 게 의아하겠지만, 중세에는 수도사들이 술을 제조하는 게 특별한 일이 아니었다. 그땐 수질이 안 좋고, 식수 공급이 원활하지 않아, 물보다 정제된 와인이나 맥주를 더 많이 마셨기 때문이다. 교회에서도 이를 권장했다. 1829년 뮌헨의 사업가 바그너Wagner 부부가 아우구스트 형제회로부터 양조장을 인수했다. 아우구스티너 맥주통에 새겨진 'J.W.'는 바그너 부부의 아들인 조셉 바그너의 이니셜이다. 그는 양조장 발전에 크기 기여했다. 아우구스티너 맥주를 즐길 수 있는 곳은 뮌헨 시내에 50군데가 넘는다. 그중에서 유명하고 접근성이 좋은 곳은 중앙역 근처의 아우구스티너 켈러와 구시가지 카를 광장 근처 노이하우저 거리NeuhauserStr.의 아우구스티너 본점 Augustiner Stammhaus, Neuhauser Straße 27, 80331 이다. 비어 가든이 있는 아우구스티너 켈러는 2천 명까지 수용할 수 있다. 식사 시간에도 기다리지 않고 입장이 가능해서 좋다.

©Chris Light-Wikimedia Commons

② 호프브로이 하우스

Hofbräuhaus München 호프브로이하우스 뮌헨

🚶 S1·S2·S3·S4·S6·S7·S8·U3·U6호선 마리엔플라츠역Marienplatz과 신시청사에서 동북쪽으로 도보 4~5분
📍 Platzl 9, 80331 📞 +49 89 290136100 🕐 매일 11:00~24:00 € 매년 음식값이 오른다. 40유로 내외(1리터 맥주 10.8유로,
바이스부어스트 7.2유로, 슈바인 학세 21유로) 🖥 hofbraeuhaus.de

무려 3천 명, 세계에서 가장 큰 비어홀

뮌헨에서 가장 유명한 양조장으로, 바이에른 공국의 빌헬름 5세가 1589년에 설립했다. 빌헬름 5세는 신 시청사 첨
탑의 인형극 주인공이다. 바이에른 왕국이 건설되면서 1806년에 왕실 양조장이 되었다. 지금은 바이에른주 소유이
다. 호프브로이가 대중의 사랑을 받기 시작한 때는 1828년이다. 바이에른 왕 루트비히 1세가 일반인들의 출입을 허
용하고 가격을 인하했다. 옥토버페스트 역시 루트비히 1세의 결혼 기념 축제에서 비롯되었다. 호프브로이의 비어홀
은 바리엔 쌍상의 신 시청사 근처에 있다. 호프브로이 비어홀은 무려 3천 명을 수용할 수 있는 세계 최대 양조장이
다. 모차르트와 레닌도 이곳을 방문했다. 레닌은 "호프브로이의 훌륭한 맥주는 계급 간 차이를 없애 준다."고 찬사를
보냈다. 맥주는 500㎖와 1ℓ용량으로 판매한다. 바이에른의 대표 요리 슈바인스학세Schweinshaxe 돼지 정강이 요리나
바이스부어스트Weißwurst 송아지 고기로 만든 하얀 소시지와 함께 먹으면 맛이 더욱 좋다. 종업원들이 전통 의상인 드린
들을 입고 돌아다니며 프레첼빵의 일종을 판매한다. 호프브로이 1층 중앙에서는 흥겹게 연주하는 브라스 밴드를 찾
아볼 수 있다. 아이돌 못지않게 인기가 많다.

3 뢰벤브로이 켈러
Löwenbräukeller

🚶 U1·U2·U7호선 스티글마이어플라츠역Stiglmaierplatz에서 동쪽으로 도보 2분
📍 Nymphenburger Str. 2, 80335 📞 +49 89 526021 🕐 월~목 11:00~23:00 금~토 11:00~24:00 일 11:00~23:00
€ 35유로 내외(1리터 맥주 11.2유로, 1/2슈바인학세 17.5유로) 🖥 www.loewenbraeukeller.com

지금도 순수령을 따르는 순도 높은 맥주

1383년부터 만들어지기 시작한 뢰벤브로이 맥주는 아우구스티너 맥주와 함께 뮌헨에서 역사가 가장 오래된 맥주이다. 맥주순수령이 공표된 이래 지금까지도 순수령을 가장 잘 따르는 맥주로 평가받으며 꾸준한 인기를 누리고 있다. 19세기 중반에 뢰벤브로이는 뮌헨 시 맥주의 1/4에 달하는 생산량을 자랑했다.

구시가지에서 조금 떨어진, 뮌헨 중앙역 북쪽에 있는 뢰벤브로이 켈러는 인기가 좋아 이른 저녁시간에 가도 대부분 만석이다. 미리 예약하기를 추천한다. 다른 호프브로이에 비해 가격이 비싼 편이지만 학세를 정량의 1/2만 주문이 가능해 혼자 식사를 하는데도 부담이 없다.

4 슈나이더 브로이하우스
Schneider Bräuhaus München

🚶 구시청사에서 동쪽으로 도보 2분, S1·S2·S3·S4·S6·S7·S8·U3·U6호선 마리엔플라츠역Marienplatz에서 동쪽으로 도보 3분 📍 Tal 7, 80331 📞 +49 89 2901380 🕐 매일 09:00~23:30 € 30유로 내외(맥주 0.5ℓ 5.3유로, 바이스 부어스트 3.6유로, 슈바인학세 19.9유로로) ⊜ www.schneider-brauhaus.de

밀 맥주를 즐기고 싶다면

슈나이더 바이쎄Schneiner Weisse는 뮌헨의 대표적인 밀 맥주 양조장이다. 원래 맥주 순수령에서 허용된 재료 중 밀은 포함되지 않았다. 당시 밀 가격이 보리보다 높았기 때문에 일부 상류층 사람들만이 밀 맥주를 즐기곤 했다. 시간이 지날수록 밀 맥주 수요가 늘어나자 게오르그 슈나이더 1세와 그의 아들이 1872년 밀 맥주를 전문으로 생산하는 양조장을 창업했다. 지금까지도 가업은 이어지고 있다. 슈나이더 바이쎄의 밀 맥주는 종류가 다양한데 그 중 'TAP 7'이 가장 유명하다. 알코올 도수가 3.3%인 가벼운 맥주부터 일반 맥주의 평균 2배가 넘을 만큼 도수가 높은 맥주까지 판매하므로 주문하기 전에 꼭 도수를 확인하자. 가게 오픈 시간이 다른 비어홀보다 이르고, 현지인들이 많은 편이다. 이곳의 바이스부어스트는 옛 전통대로 아침에만 판매하므로 맛보고 싶다면 일찍 방문하자.

Schneiner Weisse

🍴 마담 쳐트니 Madam Chutney

🚶 빅투알리엔 시장에서 Frauenstraße의 큰길 쪽으로 나온 뒤 좌측으로 도보 2분 📍 Frauenstraße 11, 80469
📞 +49 176 61948731 🕐 월~목 11:30~14:30, 17:30~22:30 금 11:30~14:30, 17:30~23:00 토 11:30~23:00 일 17:30~22:30
€ 치킨 비르야니 17.5유로, 망고 라씨 4.2 유로 ☰ www.madamchutney.com

눈과 입이 더불어 즐거운 인도 정통 요리

외국을 여행하다 보면 유난히 한식이 그리워진다. 하지만 현지의 한국 음식점을 찾았다가 실망하는 일이 의외로 잦다. 한국처럼 한식 재료를 구하기 어려워 그렇기도 하겠지만, 사실 그보다는 한국인이 아니라 현지인의 입맛에 맞게 조리해야 하기 때문에 더 그렇다. 뮌헨에 거주하던 인도인 프라텍 린 역시 같은 생각이었다. 긴 타지생활로 지칠 때마다 그녀는 인도 음식점을 찾았다. 음식으로 위로를 받고 싶었다. 하지만 아무리 노력해도 뮌헨에선 정통 인도 음식점을 찾을 수 없었다. 그녀는 결국 다니던 대기업을 그만두고 정통 인도 음식점을 차리기로 마음먹었다. 델리의 오래된 노점상에서 영감을 얻고, 여기에 그녀 집안에서 내려오는 전통 레시피를 보태어 인도 정통 요리를 만들었다. 대표 메뉴는 치킨 비르야니, 망고 라씨, 커리이다.

🍽 달마이어 Dallmayr Delikatessenhaus

300년 명품 카페와 레스토랑

300년 전통을 지닌 독일의 커피 명가이다. 독일 황제와 귀족들을 상대로 커피를 납품했다. 대표 상품은 달마이어 프로도모Dallmayr prodomo로, 지금은 일반 상점에서 구입할 수 있을 정도로 대중화되었다. 하지만 일반 커피와 비교했을 때 가격이 2배나 비싼 명품 커피이다. 뮌헨의 구시가지에 있는 달마이어는 8대째 내려오는 명가 기업 경영의 집약체이다. 1층에는 유럽에서 가장 큰 델리숍이 운영되고 있다. 햄, 치즈, 초콜릿, 와인 등 종류와 가격대가 다양하다. 비교적 저렴한 과자나 사탕, 초콜릿 등은 기념품으로 안성맞춤이다. 2~5층에는 카페와 레스토랑이 들어서 있다. 카페에서는 달마이어 프로도모 커피와 빵과 햄 등을 곁들인 아침식사와 디저트를 즐길 수 있으며, 레스토랑은 코스 요리가 나오는데 가격이 좀 비싼 편이다.

🚶 S1·S2·S3·S4·S6·S7·U3·U6호선 마리엔플라츠역Marienplatz에서 Dienerstraße 따라 북쪽으로 도보 3분. 길 좌측에 위치 ⊙ Dienerstraße 14, 80331 📞 +49 89 2135100 ⏱ 델리숍 월~목·토 09:30~19:00, 금 09:30~19:30, 휴무 일요일 카페-비스트로 월~토 09:30~18:00 바&그릴 월~토 09:30~22:00 ☰ www.dallmayr.de/delikatessenhaus

🍽 슈타인하일 16 Steinheil 16

양과 맛 둘 다 좋은 슈니첼 맛집

노벨상 수상자를 18명이나 배출한 뮌헨공과대학교Technische Universität München에서 불과 100m 떨어진 곳에 있는 슈니첼 맛집이다. 20년 넘게 뮌헨공과대학생과 교직원들의 사랑을 받고 있다. 오랜 시간 인정 받는 음식점은 다 그럴만한 이유가 있다. 이 집은 푸짐한 양과 훌륭한 맛을 둘 다 잡았다. 빈 스타일의 슈니첼이 가장 인기가 많은 메뉴이다. 돼지고기 슈니첼뿐만 아니라 칠면조 슈니첼, 채식주의자를 위한 콩 슈니첼까지 있다.

🚶 U2, U8호선 테레지엔슈트라세Theresienstraße역에서 하차 후 아우구스튼거리 Augustenstraße를 따라 걷다가 슈타인하일Steinheilstraße거리 진입 후 도보 2분 ⊙ Steinheilstraße 16, 80333 📞 +49 895 27488 ⏱ 매일 11:00~01:00 € 슈니첼 17.9유로 ☰ www.steinheil16.de

☕ 카페 프리슈훗
Schmalznudel-Cafe Frischhut

빅투알리엔 시장 근처 도넛 맛집

빅투알리엔 시장 남쪽 건너편에 있는 도넛 가게이다. 한 번 맛
보고 나면 하루에 한 번씩 들르고 싶어지는 곳이다. 뮌헨 시민
들도 즐겨 찾는다. 이곳에서는 슈말츠누델Schmalznudel이라
불리는 바이에른의 도넛을 판매한다. 슈말츠누델은 '빼내다'
라는 뜻인데, 공기를 뺐다고 하여 이렇게 부른다. 라드돈유에
튀겨낸 도넛에 설탕을 듬뿍 묻혀 주는데, 맛이 꼭 우리나라의
꽈배기 같다. 빵을 포장하려고 사람들이 줄서서 기다리기
도 한다. 포장할 경우에는 가격이 좀 더 저렴하다. 카페 실내
는 전부 목재로 꾸며져 있어 아늑하고 포근하다.

🚶 빅투알리엔 시장 남쪽 건너편 📍Prälat-Zistl-Straße 8, 80331
📞+49 89 26023156 🕐월~금 09:00~18:00, 토 09:00~17:30
€10유로 내외

☕ 스페셜티 커피 specialty coffee(sweet spot kaffee)

언제나 새로운 커피를 마실 수 있는

성령교회 뒷편에 있는 작은 커피집이다. 작은 규모지만 바리스타의 열정 때문에 더 인기가 많다. 그는 커피를 마시며
일상의 행복을 느끼는 지독한 커피 마니아였다. 서른 살에 돌연 회사를 그만둔 그는 카페를 차린 후 매주 세 개, 매년
최소 150개의 새로운 커피를 손님들에게 소개한다. 무료한 일상에서 커피를 마시며 달콤한 해방을 느끼곤 했던 경험
을 다른 이들에게도 전하고 싶어서이다. 이를 위해 그는 매년 천 종류 이상의 커피를 찾고 마신다.

🚶 마리엔 광장에서 성령교회 쪽으로 쭉 내려와 Tal 길에서 우측 Heiliggeiststraße거리로 들어선 후 도보 2분
📍Heiliggeiststraße 1, 80331 🕐월~금 08:00~19:00 토 09:00~18:00 ☰sweetspotkaffee.de

브라운 카페 Brown's Tea Bar

영국 차와 아침 즐기기

빅토리안 하우스라는 카페 전문 회사에서 운영하는 영국 차 전문점이다. 2004년 뮌헨 북쪽 슈바빙 지구에 문을 열었다. 슈바빙은 전혜린과 릴케가 사랑한 대학가이자 문화 예술 지구이다. 빅토리안 하우스엔 차의 종류만도 무려 70여 가지가 넘는다. 홍차와 허브티는 기본이고 녹차, 과일차까지 메뉴판에 적힌 차의 종류를 읽는 데에도 시간이 꽤 걸린다. 다양한 수제 케이크와 스콘, 영국식 아침식사인 잉글리쉬 브렉퍼스트도 맛볼 수 있다. 물론 커피도 있다.

🚶 ❶ 버스 100, 150번 막스보스타트/시믈. 브랜드호스트Maxvorstadt/Samml. Brandhorst 정류장 하차−북쪽으로 도보 3분
❷ 버스 100·150번 퇴르켄슈트라세Türkenstraße 정류장에서 남쪽으로 도보 1분
📍 Türkenstraße 60, 80799 📞 +49 89 25543839
🕐 월~토 11:00~18:00, 일 13:00~18:00
€ 8~10유로 내외 🌐 www.victorianhouse.de

카우프 디히 글루클리히 Kauf dich Glücklich

슈바빙에서 만나는 독일 유명 편집숍

슈바빙에 있는 편집 숍으로 프랑크푸르트, 슈투트가르트, 쾰른 등 독일 전역에 매장을 운영하고 있다. 인터넷 숍도 함께 운영하고 있으며, 꽤 인기 많은 상점이다. 뮌헨에는 슈바빙과 마리엔 광장 남쪽 가르트너광장Gärtnerplatz 근처에 매장이 있다. 슈바빙 지점의 접근성이 좀 더 좋은 편이다. 슈바빙 매장은 2층으로 이루어져 있다. 1층 안쪽에서 남성 의류와 가방을 판매하고, 나머지 공간에서는 여성 의류와 구두, 가방 그리고 기초 화장품, 바디 용품을 판매하고 있다. 브라운 카페에서 북쪽으로 1분 거리에 있다.

🚶 ❶ 버스 153·154번 퇴르켄슈트라세Türkenstraße 정류장에서 동쪽으로 도보 1분 ❷ U3·U6호선 우니베지텟역Universität 에서 서쪽으로 도보 5분 📍 Schellingstraße 23, 80799 📞 +49 89 24290317 🕐 월~토 10:30~20:00 🌐 www.kaufdich-gluecklich-shop.de

퓌센
Füssen
동화처럼 아름다운 고성 도시

퓌센은 오스트리아와 국경을 맞대고 있는 독일 남부의 작은 도시이다. 로마 시대AD 50년경 이탈리아 북부와 아우구스부르크를 연결하는 도로가 건설되면서 도시가 생겨났고, 4세기엔 로마 요새가 세워졌다. 현재 인구는 1만 5천 명이 조금 넘고, 뮌헨과 아우구스부르크에서 기차로 2시간 정도 걸린다. 로맨틱 가도의 종착지로, 빼어난 자연 경관과 디즈니랜드의 신데렐라 성의 모델이 된 노이슈반슈타인 성으로 유명하다. 노이슈반슈타인 성Schloss Neuschwanstein은 바이에른의 왕 루트비히 2세1845-1886가 평생을 바쳐 이룬 꿈의 결정체이다. 루트비히 2세가 작곡가 바그너와 우정을 쌓은 호엔슈방가우 성Schloss Hohenschwangau, 알프 호수Alpsee 등도 무척 아름답다. 퓌센은 뮌헨이나 아우구스부르크에 머물면서 당일치기로 여행하는 것이 일반적이며, 로맨틱 가도를 따라 운행하는 오이로파 버스유로파 버스로도 갈 수 있다. 당일치기로 여행할 경우 기차로 이동하는 것이 편리하며, 돌아가는 기차 시간을 확인해 부지런히 움직여 구석구석 여행하는 게 중요하다.

퓌센 여행지도

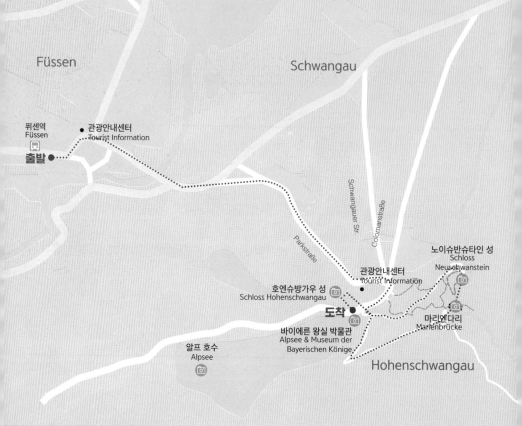

Füssen

Schwangau

뮈센역
Füssen
출발

관광안내센터
Tourist Information

Schwangauer Str.

Colomanstraße

Parkstraße

노이슈반슈타인 성
Schloss
Neuschwanstein

관광안내센터
Tourist Information

호엔슈방가우 성
Schloss Hohenschwangau

도착

마리엔다리
Marienbrücke

바이에른 왕실 박물관
Alpsee & Museum der
Bayerischen Könige

알프 호수
Alpsee

Hohenschwangau

퓌센 하루 여행 추천코스 지도의 빨간 점선 참고

퓌센역 → 버스 10분 → 인포센터 → 버스 10분 → 마리엔 다리 →
도보 15분 → 노이슈반슈타인 성 → 도보 40분 → 호엔슈방가우 성 →
도보 10분 → 바이에른 왕실 박물관

퓌센 관광안내소

🚶 퓌센역에서 도보 4분

📍 Kaiser-Maximilian-Platz 1, 87629 전화 +49 8362 93850

🕐 월~금 09:00~17:00 토 09:00~13:00 휴무 일요일

☰ www.fuessen.de

퓌센 가는 방법

가장 편리한 이동 방법은 뮌헨역에서 지역 열차RB/RE, Regional Express/Regional Bahn를 이용하는 것이다. 노이슈반슈타인 성의 내부 관람을 원한다면 여기에 맞춰 계획을 짜는 편이 좋다. 온라인으로 성의 입장 티켓을 예매했다면 적어도 관람 2시간 전에 티켓 교환 창구 매표소에 도착해야 한다. 현장 구매자도 1시간 이상 줄을 서야 티켓 구매가 가능하다. 열차는 직행하거나 1회 환승이 필요하며 평균 2시간 10분 정도 걸린다. 중간에 환승하는 역을 미리 꼭 확인하자. 여러 명이 함께 이용할수록 더 저렴한 바이에른 티켓으로 구매할 경우 비용은 29유로이다. 독일카드 소지자는 따로 바이에른 티켓이 필요하지 않다. 평일 오전 9시부터 매시 39분에 출발하는 기차를 이용할 수 있다. 그 이전에도 기차가 있기는 하나 비용이 비싸거나 이용 시간이 길다. 기차표는 뮌헨에 있는 어느 역에서든 자판기로 구매할 수 있다. 출발역과 도착역을 입력한 후 시간을 정하고 결제하면 기차표가 나온다. 표를 받으면 본인의 영문 이름을 적어놓는 것을 잊지 말자. 바이에른 티켓으로도 기차 이용이 가능하다. 독일 철도청 홈페이지 www.bahn.de

노이슈반슈타인 성으로 가는 방법

퓌센역 앞 버스정류장에서 73번과 78번 버스에 승차하면 된다. 버스는 30분 간격으로 운행하며, 노이슈반슈타인 매표소까지는 10분 정도 소요된다. 바이에른 티켓 소지자, 독일카드 소지자는 무료로 버스 이용이 가능하다. 매표소는 버스에서 내려 오른쪽에 있는 오르막길로 5분 정도 올라가야 한다. 입장권 구매 후 성으로 가는 방법은 3가지버스, 마차, 도보인데, 버스로 마리엔 다리 앞 정류장까지 올라간 다음 산책로를 따라 성까지 걸어서 이동하는 방법을 추천한다.

❶ 버스로 이동

버스 정류장은 성 매표소에서 조금 더 걸어 올라가면 나온다. 티켓은 정류장 앞 버스 티켓 매표소에서 구입한다. 20분 간격으로 버스가 운행되며 애완동물은 동반할 수 없다. 마리엔 다리Marienbrucke 앞 정류장까지 10~15분 소요된다. 마리엔 다리는 노이슈반슈타인 성의 가장 멋진 모습을 볼 수 있는 전망대이다. 다리를 지나 성의 정면을 감상하며 13분 정도 산책로를 따라가면 노이슈반슈타인 성에 도착한다. 예산 올라갈 때 3.5유로 내려올 때 2유로 왕복 5유로 (버스 기사에게 현금으로 구매)

❷ 마차로 이동

약 20분 정도 마차 이동 후 10~15분가량 더 걸으면 성에 도착한다.
예산 올라갈 때 8유로 내려올 때 4유로

❸ 도보로 이동

마차가 다니는 길을 따라 성 입구 쪽으로 걸어가는 방법이다. 40분 정도 소요된다. 시간 여유가 있거나 도중에 나오는 호엔슈방가우 성에 들를 계획인 사람에게 추천한다. 성 입장 시간까지 촉박하다면 갈 때는 버스로, 내려올 때는 산책로를 따라 걷는 것도 좋은 방법이다.

노이슈반슈타인 성
Schloss Neuschwanstein 슐로스 노이슈반타인

◎ Neuschwansteinstraße 20, 87645 Schwangau
📞 +49 8362 930830
🕐 매표소 4월~10월 15일 08:00~16:00, 10월 16일~3월 08:00~15:00
노이슈반슈타인 성 4월~10월 15일 09:00~18:00, 10월 16일~3월 08:00~15:30
휴무 1월 1일, 12월 24·25·31일
☰ www.neuschwanstein.de

©Jeff Wilcox- Wikimedia Commons

바그너의 오페라를 재현한 세계에서 가장 아름다운 성

바이에른의 왕 루트비히 2세1845~1886가 퓌센 근교 바이에른 알프스 산맥의 바위 위에 로마네스크 양식으로 지은 성이다. 노이슈반슈타인은 '새로운 백조 돌성'이라는 뜻이다. 성 맞은편에 있는 오래된 성 호엔슈방가우가 '백조의 성'으로 불렸는데, 이와 연결지어 새로 건축한 성 이름을 지었다. 노이슈반슈타인은 세계에서 가장 아름다운 성으로 디즈니랜드의 신데렐라 성의 모델이 되었다. 퓌센은 오스트리아와 국경을 맞대고 있는 작은 도시이지만 이 성 덕에 세계에서 하루 6천 명이 몰려드는 유명한 마을이 되었다. 이처럼 많은 여행객이 몰리는 이유는 성 자체도 아름답지만 이 성을 지은 한 남자의 꿈과 욕망, 죽음에 얽힌 호기심 가득한 스토리 때문이기도 하다.

이 성의 주인은 바이에른의 왕 루트비히 2세이다. 그는 어릴 때부터 여름과 사냥 시즌을 노이슈반슈타인 성 맞은편에 있는 호엔슈방가우 성에서 보냈다. 아버지 마시밀리안 2세1811~1864가 '백조의 성'이라 불리던 폐성 호엔슈방가우를 사들여 네오 고딕 양식으로 재건축한 뒤였다. 루트비히 2세는 어려서부터 바그너의 음악에 심취해있었다. 15세에 바그너의 오페라 〈로엔그린〉중세의 기사가 백조가 끄는 배를 타고 와서 곤경에 빠진 귀족 처녀를 돕는다는 이야기과 〈탄호이저〉중세시대 독일의 서정시인 탄호이저의 타락과 성지 순례 이야기를 그린 오페라를 접한 뒤 열렬한 팬이 된 것이다. 1864년 아버지 막시밀리안 2세가 죽자 그는 18세에 바이에른의 왕이 되었다. 왕 위에 오른 그는 바그너를 찾아 가까이 두고 후원을 했다. 빚을 탕감해주고 작품 활동에 지원을 아끼지 않았다. 그가 바그너에 빠진 이유는 바그너가 게르만 민족의 신화를 토대로 오페라 작품을 썼기 때문이다. 그는 바그너와 게르만 민족의 신화에 점점 빠져들었다. 루트비히 2세는 그 무렵 게르만 민족의 신화를 구현한 멋진 건축물을 구상하기 시작했다. 처음엔 어린 시절을 보낸 호엔슈방가우 성에 꿈을 담을 계획이었으나 그의 꿈과 욕망을 담기엔 부족했다. 1868년 결국 그는 호엔슈방가우 성 근

처 바이에른알프스 산맥의 바위 위에 새로운 성을 짓기 시작했다.

루드비히 2세는 근대에 살고 있었지만, 바그너 오페라의 배경이었던 중세시대에 매료되어 있었다. 그는 노이슈반슈타인 성에 중세시대를 재현해 놓았다. 성은 벽으로 둘러싸인 안뜰과 실내정원, 첨탑, 망루, 인공동굴도 갖추고 있다. 두 층을 터서 지은 왕의 알현실은 비잔틴 대성당을 본떠 만들었다. 푸른색 둥근 천장은 별들로 장식했고, 붉고 둥근 기둥이 천장을 떠받치고 있다. 인테리어와 작은 소품들도 중세라는 주제에 맞게 디자인되었다. 성 내부의 벽화는 모두 바그너 음악의 주제를 반영한 것이다. 서재에는 탄호이저의 모험담, 응접실에는 〈로엔그린〉을 주제로 벽화를 그렸다. 그리고 침대 시트는 백조와 백합으로 장식했다. 성 안으로 들어가면 그야말로 중세 이야기 속에 들어가 있는 착각이 든다. 또한 성 안에는 상류층만 누릴 수 있는 신문물을 거침없이 받아들였다. 중앙난방시스템을 갖추었고, 부엌에서는 냉수와 온수를 함께 사용할 수 있었으며, 전화기도 있었다. 하인을 부를 때는 전동벨을 사용했고, 음식 운반할 때는 리프트를 사용했다.

루트비히 2세는 노이슈반슈타인 성 외에도 여러 곳에 건축물을 짓느라 국고를 낭비했다. 게다가 신하들과 교권 강화를 놓고 갈등도 심화되었다. 1886년 신하들은 그를 정신병자로 몰아 강제 퇴위시켜 버렸다. 왕위에서 물러난 지 사흘 만에 그는 뮌헨 남서쪽 슈타른베르크 호수에서 의문사하고 말았다. 사인은 자살로 공식 발표되었으나, 실제로는 많은 의문점을 낳은 죽음이었다. 노이슈반슈타인 성은 그가 죽은 6년 뒤인 1892년 완성되었다. 루트비히 2세는 생전에 성이 관광지로 변하는 것을 염려하여 자신이 죽은 뒤 폭파시키길 원했으나, 그의 바람과는 다르게 환상적으로 아름다운 건축과 그의 슬픈 이야기를 찾아 지금도 수많은 여행자들이 성을 오르고 있다. 성 내부 관람은 유료 가이드 투어로만 가능하다.

• Travel Tip •

노이슈반슈타인 성 입장권과 가이드 투어 예약하기

성 내부 관람은 유료 가이드 투어로만 가능하다. 현장 매표소에서 티켓을 구매할 수도 있지만 적어도 1시간 이상 기다려야 하므로, 홈페이지www.hohenschwangau.de에서 입장권과 가이드 투어를 예매할 것을 추천한다. 사이트에 들어가 언어를 영어로 변경한 후 투어 & 티켓Tours&Tickets에서 예매Reservation하면 된다. 인터넷 예매는 적어도 방문 이틀 전에 해야만 한다. 독일 시간으로 오후 3시 전까지 결제는 신용카드만 가능하며 결제 후 PDF파일이 메일로 전달된다. 예매 시 개인 2.5유로로, 그룹 1.5유로의 예매비가 추가된다. 예매비가 추가된 입장료는 하단에 표로 정리하였다. 예매 후엔 현장 매표소 옆에 있는 교환 창구에서 티켓을 받으면 된다. 인터넷으로 표를 예매했다면 적어도 관람 2시간 전에 교환 창구에서 티켓을 받아야 하므로 시간을 잘 계산해서 움직이는 게 중요하다. 티켓을 받았다면 성 입구에 있는 전광판에서 투어 번호를 확인한 후 입장하면 된다. 가이드 투어는 독일어와 영어로 진행되며, 필요한 사람은 한국어로 된 오디오 가이드를 들으며 관람할 수 있다. 실내 사진 촬영은 금지되어 있다. 노이슈반슈타인의 모습을 감상할 수 있는 마리엔 다리Marienbrueke는 날씨나 자연재해 등에 따라, 혹은 겨울 시즌에는 안전상의 이유로 출입이 제한된다. 출발 전에 홈페이지에서 다리 출입이 가능한지 확인한 뒤 여행 동선을 정하자.

퓌센의 성과 박물관 입장료 (유로)

티켓종류 (가이드 투어 비용 포함)	성인	학생·65세 이상·그룹	7~17세	6세 이하
호엔슈방가우 성	21	18	11	–
노이슈반슈타인 성	21	20	–	–
바이에른 왕실 박물관	14	13	–	–
Prince Ticket 노이슈반슈타인 성, 박물관	33	31	–	–
King's Ticket 노이슈반슈타인 성, 호엔슈방가우 성	41	37	11	5
Wittelsbach Ticket 호엔슈방가우 성, 박물관	33	29	11	5
Swan Ticket 호엔슈방가우 성, 노이슈반슈타인 성, 박물관	53	48	11	7.5

호엔슈방가우 성
Schloss Hohenschwangau 슐로스 호엔슈방가우

🏃 매표소에서 도보 20~30분, 마차로 10분 (올라갈 때 5.5유로로 내려올 때 3유로)
📍 Alpseestraße 30, 87645 Schwangau 📞 +49 8362 930830
🕐 매표소 4월~10월 15일 09:00~18:00 10월 16일~3월 10:00~16:00
☰ www.hohenschwangau.de

루트비히 2세가 바그너와 교류한

노이슈반슈타인 성을 찾아가다 먼저 만나게 되는, 계곡 건너편에 있는 노란색 중세의 성이다. 12세기 이전에 세워졌는데, 나폴레옹 전쟁이 있던 1800~1809년 사이에 심하게 파괴되어 폐성이 되었다. 루트비히 2세의 아버지 막시밀리안 2세1811~1864가 '백조의 성'이라 불리던 폐성을 사들여 수리하였다. 막시밀리안 2세는 호엔슈방가우를 동화 속에서 나올 법한 네오고딕 양식으로 리모델링하였다. 1837년 완성하여 지금까지 그 모습을 이어오고 있다. 왕실 가족이 여름철이나 사냥 시즌에 주로 머물렀다. 루트비히 2세도 어린 시절 이 성에서 자주 살았다. 그가 바그너를 만난 것도 이성에서였다. 성의 식당은 바그너의 오페라 <로엔그린>에 나오는 '백조의 기사' 그림으로 장식되어 있다. 바그너가 루트비히 2세를 위해 연주했던 피아노도 찾아볼 수 있다. 실내는 루트비히 2세의 취향이 돋보이는 장식품과 소품들로 꾸며져 있다. 루트비히는 이 성에서 노이슈반슈타인 성이 완성되어가는 모습을 망원경으로 지켜보았다고 전해진다. 성은 매표소에서 멀지 않아 15분 정도 걸으면 다다를 수 있다. 노이슈반슈타인 성과 마찬가지로 단독 관람이 불가하며, 가이드 투어를 신청해야 내부 관람이 가능하다. 사진 촬영도 금지되어 있다.

알프 호수 & 바이에른 왕실 박물관
Alpsee & Museum der Bayerischen Könige 알프제 & 무제움 데어 바이에리셴 쾨니그

🚶 매표소에서 서남쪽으로 도보 3~4분 📍 Alpseestraße 27, 87645 Schwangau
📞 +49 8362 9264640 🕐 09:00~17:00(16:30 입장 마감) **휴관** 1월 1일, 9월 30일, 12월 24일·25·31일
€ 박물관 입장료 421쪽 표 참고
≡ www.hohenschwangau.de/museum_der_bayerischen_koenige.html

물빛 좋은 호수와 바이에른 왕가의 보물들

알프 호수는 호엔슈방가우 성 뒤편에 있다. 조용하고 풍경과 물빛이 아름다우며, 독일에서 가장 깨끗한 호수 가운데 하나로 손꼽힌다. 여름철과 사냥 시즌에 루트비히 2세가 이곳에서 수영과 목욕을 즐겼다고 전해진다. 지금도 여름철에는 보트를 타거나 수영을 하는 사람들을 심심찮게 발견할 수 있다. 호수 초입에서 15분가량 걸으면 수영장 Alpseebad Hohenschwangau이 나온다.

바이에른 왕실 박물관은 고성 매표소 근처 호수 초입에 있다. 바이에른 비텔스바흐 가문의 가계도, 루트비히 2세와 막시밀리안 2세 부부 유품, 1918년에 막을 내린 비텔스바흐 가문의 마지막 왕 루트비히 3세의 흔적 등 바이에른 왕가의 후기 유물을 감상할 수 있다. 루트비히 2세는 키가 2m에 가까웠다고 하는데 특히 엄청나게 긴 망토에서 이 사실을 짐작할 수 있다. 2층에 오르면 펼쳐지는 알프 호수의 환상 풍경은 박물관이 주는 아주 특별한 덤이다. 박물관은 2011년 가을, 루드비히 2세의 사후 125주년을 기념하며 문을 열었다. 성과 다르게 자유롭게 관람할 수 있다. 개별 티켓, 성과 함께 둘러보는 콤보 티켓 모두 구매 가능하다. 짐과 외투는 보관소에 맡기고 들어가야 한다.

PART 11

뉘른베르크
Nürnberg
중세의 운치가 흐르는 도시

베를린

프랑크푸르트

뉘른베르크

뮌헨

뉘른베르크는 바이에른 주 제2의 도시로, 인구는 약 51만 명이다. 중세 모습을 잘 간직하고 있으며, 독일의 다빈치라 일컫는 알브레히트 뒤러와 '캐논'의 작곡가 파헬벨의 고향이다. 소시지 맛은 독일에서도 으뜸으로 꼽히는 곳이고, 세계에서 가장 아름다운 크리스마스 마켓이 겨울마다 열리는 멋진 도시이다. 프라우엔 교회 앞에서 열리는 크리스마스 마켓이 가장 크고 화려하다. 르네상스 이후 16세기부터는 정밀공업이 발달해 '뉘른베르크의 달걀'이라 불리던 회중시계가방이나 주머니에 넣고 다니는 소형 휴대용 시계, 오토마톤이라는 자동 인형 등으로 유명세를 얻었다. 뉘른베르크는 밤베르크, 뷔르츠부르크, 로텐부르크와 더불어 바이에른 주 북서부에 있는 프랑켄Franken 지역 도시 중하나이다. 프랑켄 지역은 6세기 무렵 프랑크족이 이주하면서 생겨났는데 프랭키쉬Fränkisch라는 별도의 언어를 가지고 있을 만큼 시민들의 자부심이 대단하다. 그러나 뉘른베르크는 히틀러의 어둠도 품고 있다. 1927년부터 10년 동안 나치당의 전당대회가 이 도시에서 열렸다. 유대인 학살에 힘을 실어준 '뉘른베르크 인종법'이 탄생하기도 하였으며, 전후에는 전범재판이 열렸다.

뉘른베르크는 독일에서 중세 모습을 가장 잘 간직한 도시로 꼽힌다. 도시 전체가 하나의 문화유산 같다. 세월의 운치가 묻어나는 성벽, 교회, 첨탑, 고건축 등이 몰린 구시가지는 당신을 중세시대로 안내해줄 것이다. 도시가 크지 않아 여행지 대부분은 걸어서 이동할 수 있다. 자전거를 이용하기에도 편리하다.

주요 축제

블루 나이트 문화축제 5월, www.blauenacht.nuernberg.de

록암링 국제 록 페스티벌 6월, www.rock-am-ring.com

프랑코니아 맥주축제 6월, www.bierfest-franken.de

국제 오르간 축제(ION) 7월 초, www.ion-musica-sacra.de

클래식 오픈 에어 7월 말~8월 초, klassikopenair.nuernberg.de

폭스페스티벌 전통축제 4월·8월 말~9월 초, www.volksfest-nuernberg.de

크리스마스 마켓 11월 말~12월 24일, www.christkindlesmarkt.de

뉘른베르크 일반 정보

위치 독일 남동부(뮌헨에서 북쪽으로 170km, 기차로 1시간 10분 소요)

인구 약 51만 명

기온 연평균 9℃, 겨울 평균 1℃, 여름 평균 18℃

℃/월	1월	2월	3월	4월	5월	6월	7월	8월	9월	10월	11월	12월
최고	3	5	9	14	19	22	24	24	19	14	7	4
최저	-3	-2	1	4	8	11	13	13	9	5	1	-1

여행 정보 홈페이지

뉘른베르크시 홈페이지 www.nuernberg.de

뉘른베르크 관광 안내 tourismus.nuernberg.de 뉘른베르크 시내 교통 www.vgn.de

뉘른베르크 관광안내소

중앙 마르크트 광장 관광안내소Tourist Information am Hauptmarkt

🚶 ❶ S-bahn·U1·U2·U3호선 뉘른베르크 하우프트반호프역Nürnberg Hauptbahnhof(중앙역)에서 도보 14분

❷ 버스 36번, N11번 승차하여 뉘른베르크 하우프트마르크트Nürnberg Hauptmarkt 정류장 하차, 도보 1분

📍 Hauptmarkt 18, 90403 🕐 매일 09:30~17:00

뉘른베르크 가는 방법

비행기

인천공항에서

인천공항에서 뉘른베르크 공항Flughafen Nürnberg까지 운항하는 직항 노선은 없다. 직항 노선이 마련된 뮌헨이나 프랑크푸르트에서 환승하면 모두 16~20시간 정도 걸린다. 프랑크푸르트 공항에 도착하여 공항의 장거리 열차역 Frankfurt(Main) Flughafen Fernbf(Frankfurt Airport long-distance station)에서 ICE 고속철에 승차하면 2시간 20분 뒤 뉘른베르크 중앙역Nürnberg Hauptbahnhof에 도착한다.

독일 및 유럽에서

뉘른베르크는 지리적으로 유럽의 중심에 있다. 그래서 대륙 전역에서 운행되는 다양한 비행 노선을 이용하기 편리하다. 유로윙스, 부엘링, 라이언에어와 같은 저비용항공사를 이용하면 가격이 저렴하고 이동 시간도 짧아서 좋다.
유로윙스 www.eurowings.com 라이언에어 www.ryanair.com 부엘링 www.veuling.com

기차

뉘른베르크는 독일 중앙에 있는 교통의 요지이다. 뮌헨, 프랑크푸르트, 슈투트가르트, 함부르크, 베를린 등 독일 전역에서 고속열차IC, ICE를 타고 중앙역Nürnberg Hauptbahnhof까지 이동할 수 있다. 뮌헨에서 뉘른베르크까지는 지역 열차RE로 이동할 수도 있다. 바이에른 티켓대중교통과 지역 열차 탑승 시 사용할 수 있는 지역 교통 티켓을 사용할 수 있기 때문에 자신의

일정에 맞는 열차를 선택만 하면 된다. 독일철도청DB 홈페이지에서 기차의 시간과 요금을 확인할 수 있으며 예매도 가능하다.

뉘른베르크 중앙역 ⊙ Bahnhofspl. 9, 90402
독일철도청 ☰ www.bahn.de

> 기차 소요 시간
> 베를린-뉘른베르크 3시간 30분
> 함부르크-뉘른베르크 4시간 30분
> 뮌헨-뉘른베르크 1시간 10분
>
> 프랑크푸르트(마인)-뉘른베르크 2시간 10분
> 잘츠부르크-뉘른베르크 3시간

버스

뉘른베르크 고속버스 터미널Nürnberg ZOB은 중앙역에서 북동쪽 도보 5분 거리인 반호프슈트라세Bahnhofstraße에 있다. 고속버스를 이용하면 뮌헨에서 2시간 20분, 하이델베르크에서 3시간 정도면 뉘른베르크로 이동할 수 있다. 뉘른베르크는 프라하로 출발하는 거점 도시라 프라하를 오가는 버스 편도 많은 편이다. 프라하에서 3시간 정도면 뉘른베르크에 도착할 수 있다.

> 버스 소요 시간
> 뮌헨-뉘른베르크 1시간 45분(165km)
> 슈투트가르트-뉘른베르크 2시간 20분(206km)
> 프랑크푸르트-뉘른베르크 2시간 40분(225km)
>
> 베를린-뉘른베르크 5시간(440km)
> 프라하-뉘른베르크 3시간(290km)

공항에서 시내 들어가기

뉘른베르크 공항은 시내에서 8Km가량 떨어진 곳에 있다. 공항과 바로 연결된 U2호선을 타고 13분이면 뉘른베르크 중앙역에 도착한다. 열차는 10분마다 운행한다. 공항은 시내 운임지역과 동일한 A지역이다. 이틀 이상 머물 계획이라면 공항 인포메이션 센터에서 시내 대중교통을 무제한 사용할 수 있는 뉘른베르크 카드를 구매한 후 이동하자. 일회권인 아인첼파카르테Einzelfahrkarte는 성인 3.9유로, 6~14세 1.9유로이다.

뉘른베르크 공항 ⊙ Flughafenstraße 100, 90411 ☎ +49 911 93700
☰ www.airport-nuernberg.de

뉘른베르크의 시내 교통

뉘른베르크 여행지는 대부분 도보 이동이 가능하다. 다만 나치전당대회장은 시내교통을 이용하는 편이 좋다. 대중교통은 S반, U반, 버스, 트람이 있다. 대중교통을 관할하는 VGNVerkehrsverbund Großraum Nürnberg 티켓 판매기에서 교통권을 구매하거나 버스 기사에게 직접 구매할 수 있다. 1일권인 타게스카르테Tageskarte는 평일, 주말 가격 변동이 없으며 다음날 새벽 3시까지 사용할 수 있다. 중앙역을 중심으로 나치전당대회장까지 여행할 계획이라면 90분 동안 한 방향으로 이동이 가

능한 교통권 아인젤파카르테Einzelfahrkarte를 구매하면 좋다. 티켓은 뉘른베르크시의 대중 교통 기관인 VGN 홈페이지와 어플을 통해 구매할 수 있으며, 온라인이 조금 더 저렴하다.

 VGN 홈페이지 www.vgn.de/en

Preisstufe A 기준 뉘른베르크 시내 교통 요금표(유로)

티켓종류	성인	그룹 (최대 6명)	6~14세
단기권 Kurzstrecke	2.1		1
4회 단기권 4erTicket	7.2	–	3.6
1회권 EinzelTicket	3.9		1.9
4회권 4erTicket	13.9		6.9
하루권 Tageskarte	10.3	15.2	–

뉘른베르크 카드Nürnberg Card

시내 대중교통을 이틀 동안 무제한으로 이용할 수 있으며, 주요 박물관이나 가이드 투어 할인 혜택 또는 박물관의 무료입장이 가능하다. 2일권 성인의 가격은 33유로이고, 6~14세의 어린이는 11유로이다. 5세 이하는 무료이다. 뉘른베르크 관광안내소와 홈페이지에서 구매할 수 있다.

뉘른베르크 카드 홈페이지 tourismus.nuernberg.de/buchen/nuernberg-card/

성모문 탑

Frauentorturm & Königstor 프라우엔토어툼과 쾨니히스토어

🚶 S-bahn·U1·U2·U3호선 뉘른베르크 하우프트반호프역Nürnberg Hauptbahnhof(중앙역)에서 북쪽으로 도보 3분

📍 Königstraße 2, 90402

성벽 따라 중세로 떠나는 여행

성모문 탑은 중앙역 북쪽 3분 거리에 있다. 이곳에서 '왕의 거리'라는 뜻을 가진 쾨니히 슈트라세가 시작된다. 구시가지로 들어가는 도로이다. 구시가지는 중세의 성벽으로 둘러싸여 있는데, 성벽은 12세기 건설되기 시작하여 16세기에 완성되었다. 성벽의 길이는 5km 정도였으나, 현재는 4km가 남아 있다. 성벽 앞에 서면 마치 중세시대에 와 있는 느낌이 든다. 성모문 탑은 뉘른베르크 남동쪽 정문이었으나 현재 출입문은 없고 탑만 남아 있다. 옛 문 이름은 쾨니히 문Königstor, 왕의 문이었다. 중앙역 앞에서도 탑이 훤히 보이며, 역에서 지하도를 이용하면 쾨니히 슈트라세로 바로 연결된다. 성모문 탑 오른편에는 관광안내소가 있다. 성모문 탑 남서쪽 바로 앞 중세 분위기 물씬 풍기는 수공예장인 광장이 있다. 당신이 지금, 이 자리에 서 있다면 본격적인 뉘른베르크 여행이 시작된 것이나 다름없다.

게르만 국립박물관
Germanisches Nationalmuseum 게르마니셔스 나치오날무제움

🏃 **❶** 뉘른베르크 시립미술관에서 서쪽으로 도보 6분 **❷** 성모문 탑에서 서쪽으로 도보 7분
❸ U2·U3호선 오펀하우스역Opernhaus에서 북쪽으로 도보 3분
📍 Kartäusergasse 1, 90402 📞 +49 911 1331
🕐 화~일 10:00~18:00, 수 10:00~20:30 **휴관** 월요일, 12월 24일, 12월 25일, 12월 31일
€ 성인 10유로, 학생 6유로, 가족 티켓 14유로(최대 6명, 성인 2명과 18세 이하 4명),
수요일 저녁 5시 30분 이후 무료입장
☰ www.gnm.de

독일의 역사와 문화를 한눈에

독일 최대 규모의 역사 문화 박물관이다. 독일의 예술과 문화 관련 유물
과 작품 130만 점을 소장하고 있다. 고고학자 한스 필립 베르너의 지
휘 아래 1852년 세워졌다. 당시 바이에른 왕 루트비히 1세가 박물
관의 설립을 제안했는데 그는 뮌헨의 알테 피나코텍도 세울 정
도로 예술과 학문에 관심이 많았다. 14세기에 지은 수도원과 현
대 건축이 조화를 이룬 박물관 건물이 무척 이채롭고 아름답다.

박물관 정면에는 '독일 국민의 재산'Eigenthum der deutschen Nation이라는 글귀가 새겨져 있다. 규모가 커서 박물관 지도가 꼭 필요하니 안내데스크에서 미리 챙기자. 소장품은 선사시대부터 20세기까지 아우른다. 독일 문화권의 문화와 예술, 역사 유물을 조각, 회화, 항해 도구, 도자기 등 다양한 주제로 나누어 전시하고 있다. 청동기 시대의 황금 모자, 16세기 조각작품인 뉘른베르크의 마돈나, 뉘른베르크를 대표하는 예술가 알브레히트 뒤러1471~1528의 카를 대제의 초상화가 이곳의 대표 유물이다. 박물관 앞에는 '인권의 길'이라 불리는, UN의 인권선언문이 적힌 30개 기둥이 세워져 있다.

ONE MORE

인권의 길

Straße der Menschenrechte 슈트라세 데 멘쉰레히트

게르만 국립박물관 앞길의 의미

1935년 뉘른베르크에서 나치당 전당대회가 열린 시기에 독일 국회에서는 뉘른베르크 법 혹은 인종법이라 불리는 법이 제정되었다. 독일인과 유대인 사이의 결혼은 물론 성관계를 금지하는 법으로, '독일인의 피와 명예를 지키는 법'이라는 부제를 달고 있었다. 당시 나치 독일은 독일인이야 말로 유전적으로 우월한 아리아인이라며, 그 순수성을 유지하는데 광적인 관심을 보였다. 완벽한 아리아인은 다른 인종과 골격부터 다르다고 믿었으며 어린 학생들에게까지 이 내용을 교육시켰다. 아리아인에 관한 광기에 가까운 추종은 루마니아 작가 게오르규의 소설 <25시>에서도 엿볼 수 있다. 이 법으로 인해 결국 유대인은 시민권과 참정권을 상실하고 학살까지 당하는 끔찍한 탄압을 겪어야 했다.

이 법이 선포되고 58년이 지난 뒤 게르만 국립박물관 앞에는 '인권의 길'이 생겼다. 기둥이 30개가 세워진 이 길은 이스라엘의 아티스트 다니 카라반Dani Karavan의 작품이다. 8m 높이의 하얀 콘크리트 기둥에 UN 인권선언문이 독일어와 이디시어유대인의 언어를 비롯하여 30개국 언어로 새겨져 있다. 1948년 12월 10일 체택된 세계인권선언문의 첫 조항은 이렇게 시작한다. '모든 인간은 태어날 때부터 자유로우며 그 존엄과 권리는 동등하다.' 과오를 잊지 않고, 비극이 반복되지 않기를 바라는 독일인의 모습이 인상적이다.

수공예인 광장
Handwerkerhof 한트베르커호프

🚶 S-bahn·U1·U2·U3호선 뉘른베르크 하우프트반호프역Nürnberg Hauptbahnhof(중앙역)에서 북쪽으로 도보 3분
📍 Königstraße82, 90402 📞 +49 911 2312412 🕐 월~토 08:00~22:30, 일 08:00~20:00
휴무 1월 1일, 1월 6일, 11월 1일, 12월 24일·31일 ≡ www.handwerkerhof.de

장인의 숨결을 찾아서

성모문 탑 바로 옆 남서쪽에 있는 광장이다. 뉘른베르크는
수공업의 도시로 유명하다. 15세기 말에는 '뉘른베르크의 달
걀'이라는 별명을 가진 휴대용 시계를 처음 만들기도 하였
다. 뉘른베르크 시는 상품성 높은 수공예품을 관광 산업으
로 키우기 위해 뉘른베르크 출신 화가 알브레히트 뒤러 탄
생 500주년을 맞아 1971년 수공예인 광장을 만들었다. 좀
작은 규모지만 유리공예, 목공예, 가죽공예 등 13개의 수공
예품 상점이 자리하고 있다. 운이 좋으면 장인의 작업 과정
을 직접 볼 수도 있다. 장인들의 작품이라 가격은 대체로 비
싼 편이다. 광장엔 음식점도 있어 쫄깃한 뉘른베르크 소시
지와 시원한 맥주도 마음껏 즐길 수 있다. 음식점은 늦게까
지 운영하지만 상점들은 일찍 문을 닫는다.

뉘른베르크 시립미술관신미술관
Neues Museum 노이에스 무제움

🚶 성모문탑과 수공예광장에서 서북쪽으로 도보 1~2분 📍 Luitpoldstraße 5, 90402 📞 +49 911 2402069 🕐 화~일 10:00~18:00,
목 10:00~20:00(월요일 휴관) € 특별전+상설전 성인 7유로, 학생 6유로 일요일 1유로, 18세 이하 무료 ≡ www.nmn.de

뉘른베르크 대표 미술관

수공예 광장과 인접해 있다. 사업가이자 예술품 수집가였던 마리안네, 한스프리드 데페 부부의 기증품을 바탕으
로 2000년 개관했다. 뉘른베르크를 대표하는 미술관으로 꼽히며, 앤디워홀, 요셉 보이스, 백남준의 작품을 찾아
볼 수 있다. 시민들의 참여를 돕는 교육 프로그램도 많다. 2015년부터 꿀벌의 개체 수 감소와 환경오염에 대한 경
각심을 불러일으키기 위해 미술관 옥상에서 직접 양봉하고 있다. 채밀한 꿀은 미술관 기념품 가게에서 판매하며,
조기 매진될 정도로 인기 많은 뉘른베르크 특산품이다.

성 로렌츠 교회
St. Lorenz 상크트 로렌츠

🚶 U1호선 로렌츠키르헤역Lorenzkirche 바로 앞 📍 Lorenzer Pl. 10, 90402
📞 +49 911 24469950 🕐 월~토 09:00~17:30, 일 13:00~15:30(첨탑 투어 토 14:00~15:30)
€ 자발적 헌금 2유로(첨탑 투어는 성인 8유로, 어린이 5유로)
☰ www.lorenzkirche.de

뉘른베르크의 랜드마크

1477년에 완성된 고딕 건축물로 뉘른베르크 구시가지의 중
심부에 있다. 81m에 이르는 첨탑 두 개가 이 교회의 상징이
다. 자선활동을 하다 순교한 성인 로렌츠를 기리기 위해 지
은 교회로, 시청사 앞에 있는 제발두스 교회가 성 로렌츠 교
회의 모델이다. 스페인 출신 사제였던 로렌츠는 교회 재산을
가난한 이들에게 나누어 주다 로마 황제 발레리아누스에게
잡혀가 화형을 당했다. 그는 불 속에서도 굴하지 않고 찬송
가를 불렀다고 전해진다. 두 개의 높은 첨탑 사이의 조각과
정교한 박공 장식에 탐욕을 버리고 가난한 자를 도왔던 성인
로렌츠의 정신이 새겨져 있다. 박공 장식 아래로는 몇 해 전
불탄 파리의 노트르담 성당을 떠올리게 하는 지름 10m가 넘
는 둥글고 아름다운 장미 창이 있다. 5월~10월 매주 토요일
오후 2시에 첨탑 가이드 투어가 있다. 첨탑에선 뉘른베르크
의 고풍스러운 풍경을 한눈에 담을 수 있다.

로렌츠 교회는 원래 성당이었으나 종교개혁 이후 루터 교회로 바뀌었다. 내부엔 옛 성당의 유물도 다수 보관되어 있다. 대표적인 작품이 중앙 제단 위에 매달려 있는 바이트 슈토스Veit Stoß의 〈수태고지〉이다. 1517~1518년에 제작된 작품으로, 마리아의 잉태 소식을 전한 가브리엘이 장미 55송이에 둘러싸인 모습이 표현되어 있다. 대제단의 왼편의 〈성체안치탑〉은 예수의 고난을 상징하는 조각을 새긴 20m 높이의 탑이다. 1493년부터 1496년 사이에 제작된 작품으로, 연령대가 각기 다른 인물 세 명이 탑을 바치고 있는 모습이 인상적이다. 교회 정면을 기준으로 왼편에는 투겐트브루넨Tugendbrunnen 분수가 있다. 일곱 명의 미덕의 여신 가슴에서 물줄기가 나오는 독특한 분수이다.

성령 양로원
Heilig-Geist-Spital 하일리히 가이스트 슈피탈

🏃 ❶ U1호선 로렌츠키르헤역Lorenzkirche에서 북동쪽으로 도보 3분 ❷ 프라우엔 교회에서 남동쪽으로 도보 3분
❸ S-bahn·U1·U2·U3호선 뉘른베르크 하우프트반호프역Nürnberg Hauptbahnhof(중앙역)에서 북쪽으로 도보 12분
📍 Spitalgasse 16, 90403 📞 +49 911 221761 🕐 레스토랑 영업시간 매일 11:30~23:00 🌐 www.heilig-geist-spital.de

강과 어우러진 고풍스러운 풍경

커다란 두 개의 아치를 버팀목 삼아 페그니츠강에 떠 있는 건물이다. 1339년 뉘른베르크 최고의 부자이자 귀족이었던 콘라드Konrad Groß의 기부로 세운 양로원 겸 병원으로, 당시엔 200여 명을 수용할 수 있는 규모였다. 콘라드의 기부금은 신성로마제국 역사상 개인이 한 최고 수준의 금액으로 알려져 있다. 2차 세계 대전 때 폭격으로 아치가 있는 1층을 제외하고 크게 파괴되었다가 전쟁 후 복원되었으며, 현재는 양로원과 레스토랑으로 운영되고 있다. 물 그림자가 어린 강물과 어우러진 풍경이 무척 아름다우며, 야경도 아름답기로 손꼽힌다. 특히 박물관 다리Museums-brücke에서 바라보는 풍경이 아름답기로 유명하다.

프라우엔 교회 성모교회
Frauenkirche Nürnberg 프라우엔키르헤 뉘른베르크

🚶 U1호선 로렌츠키르헤역Lorenzkirche과 로렌츠 교회에서 북쪽으로 도보 4분 📍 Hauptmarkt 14, 90403
📞 +49 911 206560 🕐 월·화 10:00~17:00, 수·목 09:00~18:00, 금·토 10:00~18:00, 일 12:00~18:00
€ 자발적 헌금 ☰ www.frauenkirche-nuernberg.de

화려한 파사드, 인형극 그리고 크리스마스 마켓

페그니츠강 북쪽 구시가지에 있다. 로렌츠 교회와 더불어 뉘른베르크의 상징적인 건축물이다. 이 일대는 원래 유대
인 지구였다. 보헤미아의 왕이자 신성로마제국의 황제 카를 4세1316~1378가 유대인들을 쫓아내고 그들의 성전이었
던 시나고그를 부순 뒤 프라우엔 교회를 세웠다. 1360년 완성한 후 황실 예배당으로 사용하였다.
프라우엔 교회는 정교하고 화려한 파사드건물의 정면로 유명하다. 세계대전 때에도 다행히 크게 훼손되지 않아 지
금도 멋진 모습을 볼 수 있다. 파사드에는 독특한 시계탑이 있다. 1509년에 만들어진 이 시계 위에는 달을 상징하
는 둥근 구체가 있다. 매일 정오가 되면 이 시계탑에서 카를 4세가 '금인칙서'를 발포하는 내용을 주제로 3분 30초
가량 인형극이 진행된다. 카를 4세는 7명의 선제후가 투표로 뽑은 첫번째 신성로마제국 황제이다. 그는 1356년 황
제 선출과 선제후의 권리에 관한 제국법을 발포했는데, 황금 도장이 찍힌 이 문서가 바로 '금인칙서'Goldene Bulle
이다. 시계 바로 아래 금색 옷을 입고 왕좌에 앉아 있는 인형이 카를 4세이며, 고수와 나팔수 인형이 팡파레를 울리
면 7명의 선제후 인형이 왕의 앞으로 지나간다.

ONE MORE
Frauenkirche

프라우엔 교회 광장에서 만나보세요

1 뉘른베르크 크리스마스 마켓
Nürnberg Christkindlesmarkt 뉘른베르크 크리스트 킨들레스 마르크트

세계 최고의 크리스마스 축제

매년 11월 말부터 12월 24일까지 프라우엔 교회 중앙광장에서 세계 최고의 크리스마스 마켓이 열린다. 200여 개 상점이 들어서고, 축제를 즐기기 위해 세계 곳곳에서 200만 명이 넘는 사람들이 모여든다. 정식 명칭은 아기예수 시장이라는 뜻의 '그리스트 킨들레스 마르크트'이다 이 축제는 16세기에, 매년 12월 6일 성 니콜라스 날에 아이들에게 선물을 나눠주던 전통에서 시작되었다. 향신료, 각종 공예품, 크리스마스 트리 장식품은 물론 새콤하고 따뜻한 글뤼바인일종의 뱅쇼, 뉘른베르크 전통 진저 브레드 렙쿠흔, 쫄깃한 소시지 등 먹거리도 판매한다.

뉘른베르크 크리스마스마켓에서는 2년에 한 번씩 축제의 마스코트인 크리스트 킨트Christkind를 뽑는다. 1933년부터 시작된 전통으로, 16~19세의 여자 아이 12명을 선발하여 인터넷이나 우편으로 2주간 인기투표를 통해 1명을 뽑는다. 선발된 크리스트 킨트는 개막식날 프라우엔 교회의 발코니에서 크리스마스 마켓의 시작을 알리는 선포식을 한다.

2 쉐너브루넨
Schöner Brunnen

성서 이야기를 담은 아름다운 첨탑형 분수

프라우엔 교회 앞 중앙광장HauptMarkt에 있는 분수이다. 1395년 처음 만들어졌다. 높이 19m인 첨탑형 분수로, '아름다운 분수'라는 뜻을 가지고 있다. 7명의 선제후와 성서 속 인물을 묘사한 조각상 40여 개로 장식되어 있다. 분수 꼭대기에는 모세와 성경 속의 예언자 7명의 조각이 있으며, 그밖에 아더왕, 샤를마뉴 대제, 알렉산더 대왕과 같은 고대와 중세의 영웅 조각상도 찾아볼 수 있다. 분수 울타리에는 황동 고리가 걸려 있는데, 이 고리를 돌리면 소원이 이루어진다고 전해져 많은 이들이 찾고 있다.

성 제발두스 교회
St. Sebalduskirche 상크트 제발두스키르헤

🚶 뉘른베르크 시청사 건너편, 프라우엔 교회에서 도보 1~2분 📍 Winklerstraße 26, 90403
📞 +49 911 2142500 🕐 1월~3월 09:30~16:00, 4월~12월 09:30~18:00
☰ www.sebalduskirche.de

파헬벨의 오르간 소리가 지금도 들리는 듯

뉘른베르크에서 가장 오래된 교회이다. 뉘른베르크 시청사 앞에 있는 교회로 성 로렌츠 교회의 모델이기도하다. 1225년 건설을 시작하여 13세기 말에 완성되었다. 2차 세계대전 말 연합군의 공습으로 파괴된 것을 전후에 복원하였다. 교회 안에는 당시 파괴된 모습을 담은 사진들이 전시되어 있다.

교회의 이름은 8세기 뉘른베르크에 살았다고 전해지는 성인 제발두스Sebaldus 이름에서 따왔다. 지금도 교회 안에는 제발두스의 묘가 안치되어 있다. 이 묘는 뒤러와 함께 뉘른베르크의 르네상스를 이끈 사람으로 평가받고 있는 조각가 페테르 비슈어Peter Vischer가 1508년부터 1519년까지 만든 것이다. 또한 이 교회는 캐논Canon이라는 음악으로 대중들에게 유명한 작곡가 요한 파헬벨Johann Pachelbel,1653~1706과 인연이 깊다. 그는 뉘른베르크 출신의 작곡가이자 오르간 연주자였다. 이 교회의 성가대원이었던 하인리히 슈베머에게 어린 시절 음악 교육을 받았으며, 말년에는 고향으로 돌아와 이 교회에서 오르간을 연주했다.

장난감 박물관
Spielzeugmuseum 슈필조이그무제움

🚶 제발두스 교회에서 서남쪽으로 도보 2분 📍 Karlstraße 13~15, 90403 📞 +49 911 2313164 🕐 화~금 10:00~17:00, 토·일 10:00~18:00 **휴관** 월요일, 12월 24일·25일 € 성인 7.5유로 학생 2.5유로 🖥 www.museen.nuernberg.de/spielzeugmuseum

칙칙폭폭! 장난감 따라 동심 여행

장난감 박물관은 1971년 리디아와 파울 바예르 부부가 수집한 1만 2천 개의 수집품을 바탕으로 처음 문을 열었다. 수공예의 도시 뉘른베르크의 진면목을 볼 수 있는 곳으로, 중세부터 현대까지의 다양한 장난감 8만7천여 점을 보관, 전시하고 있다. 병정놀이 인형, 기차나 자동차 모형, 인형의 집 등 다양한 장난감을 찾아볼 수 있어 내실 있는 박물관으로 꼽힌다. 또한 이곳에는 동독 시절 유행했던 장난감을 비롯하여 대표적인 독일 장난감인 플레이모빌까지 전시되어 있다.

사형집행자의 다리
Henkersteg 헹커스테그

🚶 ❶ 프라우엔 교회 중앙광장Hauptmark에서 서남쪽으로 도보 5분 ❷ 장난감 박물관에서 남쪽으로 도보 3~4분 📍 Henkersteg, 90403 📞 +49 911 307360

그러나 아름다운 강가의 풍경

동서양을 막론하고 다른 이의 생명을 뺏는 직업은 하찮게 여겨졌다. 조선시대 망나니가 그랬고, 서유럽의 '카고'가 그랬다. 그들은 사는 마을이 따로 정해져 있었고 교회에서도 지정된 장소에서만 예배를 드릴 수 있었다. 사형집행자의 다리라 불리는 헹커스테그는 페그니츠강 위에 있는 작은 나무다리이다. 지붕을 얹은 모습이 이채롭다. 사형집행자는 이 다리만 이용할 수 있었다. 그러나 페그니츠강과 나지막한 다리와 키 큰 나무들이 어우러진 풍경은 몹시도 아름답다. 옛날 다리의 끝에는 교수형이 행해졌던 탑이 있었다. 지금은 뉘른베르크의 범죄 역사와 처형자들의 삶 등을 전시한 작은 박물관Henkershaus이 자리하고 있다.
Henkerhaus Museum 🕐 4월~12월 화~일 12:00~17:00 € 성인 3유로, 학생 2유로 🖥 www.henkerhaus-nuernberg.de

뒤러 하우스
Albrecht-Dürer-Haus 알브레히트 뒤러 하우스

🚶 ❶ 카이저부르크 성에서 서남쪽으로 도보 5분 ❷ 성 제발두스 교회St. Sebalduskirche에서 서북쪽으로 도보 4분
📍 Albrecht-Dürer-Straße 39, 90403 📞 +49 911 2312568
🕐 화~금 10:00~17:00, 토·일 10:00~18:00, 7월~9월 10:00~17:00 휴관 월요일, 12월 24일·25일
€ 성인 7.5유로, 학생 2.5유로(오디오 가이드 포함, 한국어 없음) ☰ museen.nuernberg.de/duererhaus

독일 최고 화가의 일상 엿보기

알브레히트 뒤러Albrecht Dürer는 1471년 뉘른베르크에서 태어났다. 금세공사였던 아버지 밑에서 일을 배웠으나 화가가 되어 회화뿐 아니라 판화, 수채화 등 다양한 분야에서 활약했다. 두 차례 이탈리아로 여행을 다녀와 자신이 경험한 화려한 르네상스 문화를 독일에 도입했다. 현재 그는 독일의 르네상스를 이끈 최고 작가로 평가받고 있으며, '독일 미술의 아버지'로 추앙받고 있다.

뒤러 하우스는 그가 1509년부터 세상을 뜬 1528년까지 20년간 살았던 집이다. 외관은 초콜릿이 묻은 잘 구운 과자가 떠오르는 그림 같은 목조주택이다. 안으로 들어가면 뒤러의 자화상, 회화, 판화 작품 등을 감상할 수 있는데, 대부분 원본을 복제한 그림이다. 주방 겸 부엌의 조리도구와 아궁이가 그대로 보존되어 있으며, 거실 등 생활공간도 재현해 놓았다. 당시 뉘른베르크 사람들의 생활상을 엿보기에 그만이다. 뒤러 하우스 부근에는 뉘른베르크의 아름다운 골목길 아이스게르버가세Weißgerbergasse가 있다. 뒤러 하우스처럼 생긴 반목조 건물이 올망졸망 늘어서 있는 아름다운 골목이다. 싱 제발두스 교회에서 가까워 천천히 걸으며 산책을 즐기기 좋다

카이저부르크 성

Kaiserburg 카이저부르크

🏃 프라우엔 교회에서 북쪽으로 도보 9~10분 ◎ Auf der Burg 17, 90403
📞 +49 911 2446590 🕐 4월~9월 09:00~18:00, 10월~3월 10:00~16:00
€ (가이드 투어 포함) 박물관+예배당+우물+진벨탑 성인 9유로, 학생 8유로 우물 성인 4유로, 학생 3유로,
박물관+예배당 성인 7유로, 학생 6유로, 18세 이하 무료 ☰ www.kaiserburg-nuernberg.de

성벽으로 둘러싸인 중세 도시를 한눈에

카이저부르크 성은 중세의 모습을 잘 간직한 뉘른베르크의 랜드마크 가운데 하나이다. 시가를 둘러싸고 있는 성벽
북쪽에 있으며, 최초의 성채는 11세기에 지어진 것으로 추정된다. 신성로마제국의 황제가 머물 곳으로 지어졌으며,
13세기에 뉘른베르크가 자유시로 승격되면서 성채 건물 대부분이 이 무렵 지어졌다.

여러 번 고쳐 지은 듯 성의 곳곳에서 후기고딕양식과 로마네스크 양식이 혼재하는 것을 찾아볼 수 있다. 성 안에는
예배당과 카이저부르크 박물관이 있으며, 박물관에서는 황제가 사용했던 물건과 무기 등을 관람할 수 있다. 마구간
이었던 건물은 현재 호스텔로 개조되어 운영 중이다. 그밖에 50m 깊이의 우물Tiefenbrunnen, 진벨탑Sinwellturm 등
도 있다. 성 내부 관람과 진벨탑 관람은 유로 가이드 투어를 통해 할 수 있다. 100여개 계단을 올라 탑 꼭대기에 다
다르면 성벽으로 둘러싸인 뉘른베르크의 모습을 한눈에 담을 수 있다. 진벨탑은 한 번 입장 인원이 25명으로 제한
되어 있다. 탑 입구에 있는 개찰구에 티켓 바코드를 찍으면 현재 탑에 있는 인원수가 모니터로 표시되기 때문에 확
인 후 입장하면 된다.

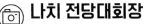

나치 전당대회장
Reichsparteitagsgelände 라이히뉴파르타이탁스게랜더

🚶 ❶ 중앙역에서 트람 9번 탑승하여 도쿠-젠트럼Doku-Zentrum 정류장 하차(15분 소요) ❷ 뉘른베르크 중앙역에서 S2호선 탑승-두츤타이히역Dutzendteich 하차-도보 10분 ⊕ BayernstraBe 110, 90478 📞 +49 911 2317538 🕐 10:00~18:00(마지막 입장 17:00) 휴관 12월 24일, 12월 25일 € 성인 6유로, 학생 1.5유로(오디오 가이드 포함), 뉘른베르크 카드 소지자 1.5유로 ☰ www.museen.nuernberg.de/dokuzentrum

©flickr_tomasz przechlewski

나치의 거대한 상흔

구시가지에서 남동쪽으로 4km 떨어진 곳에 있는 콜로세움을 연상시키는 거대한 건물이 나치 전당대회장이다. 로마제국을 동경한 히틀러가 친구이자 군수부 장관이었던 건축가 알베르트 슈페어에게 의뢰하여 지은 건물이다. 그는 베를린 올림피아 경기장을 설계한 인물로, 히틀러가 구상했던 건축물을 실현해낸 사람이다.

뉘른베르크는 나치의 선전 운동이 성행했던 도시이다. 1923년부터 나치 전당대회가 열리기 시작했는데, 1927년부터 1938년까지 11년 동안 연이어 열리기도 했다. 전당대회의 규모는 어마어마했다. 베를린 올림픽 기록 영화를 만든 레니 리펜슈탈 감독이 2차례 촬영한 전당대회 영상을 보면 그 거대한 규모에 공포감이 느껴진다. 전당대회장은 건설 도중 연합군이 승리하면서 미완의 상태로 남아있다. 뉘른베르크는 비극의 역사를 잊지 않기 위해 2001년 전당대 회장에 기록물전시관Dokumentationszentrum 만들었다. 설명이 독일어로 되어 있기 때문에, 전시관을 관람하려면 오디오 가이드가 필수이다. 독일어, 영어 등 9개 언어를 제공하고 있지만, 아쉽게도 한국어 오디오 가이드는 없다. 미완으로 남은 나치 전당대회장의 내부도 구경할 수도 있다. 확장 보수 공사로 일부 전시만 관람할 수 있다.

나치의 또 다른 흔적

1 체펠린 비행장 Zeppelinfeld
히틀러가 세운 거대한 연단

시간 여유가 있다면 전시관에서 남동쪽으로 도보 15분 거리에 있
는 체펠린 비행장에 가볼 것을 추천한다. 나치 전당대회가 체펠린
비행장에서도 수차례 개최되었는데, 히틀러는 이곳에 전당대회에
모인 군중들을 한눈에 볼 수 있는 거대한 연단Zepplin Grandstand
을 짓기를 원했다. 알베르트 슈페어는 베를린 박물관 섬에 있는 페
르가몬 박물관의 제우스 신전 제단에서 영감을 받아 이 거대한 연
단을 건설했다. 연단은 연합군에 의해 대부분 파괴되었고, 지금은
그 일부만 남아 있다. ⓥ ZeppelinstraBe, 90471

©flickr_tomasz przechlewski

2 뉘른베르크 재판기념관과 600호 법정 Memorium Nürnberger Prozesse
나치 전범 재판의 현장

나치 독일의 전쟁 범죄와 유대인 학살에 관한 재판도 뉘른베르크에서 진행됐다. 뉘른베르크 전범 재판이 그것이다.
미국·영국·소련·프랑스에서 뽑힌 검사와 판사, 재판장은 1945년 11월부터 이듬해까지 403회 재판을 진행했다. 피고
는 살아남은 나치의 최고위 인사 23명이었다. 피고인 중 3명은 무혐의 판결을 받았다. 11명은 처형되었으며 나머지
는 전범 교도소에 수감되었다. 재판 당시의 육성 녹음을 전당대회장의 기록물전시관에서 들을 수 있다. 뉘른베르크
법원에는 당시 재판에 대해 전시하는 기념관이 있는데, 이곳이 뉘른베르크 재판기념관이다. 전범 재판에 관한 기록,
재판 문서를 담아 옮기던 상자, 재판 당시 사용했던 의자, 법정 모형도 등이 전시되어 있다. 특히 당시 전범 재판에 사
용한 600호 법정은 아직 그대로 남아 있다. 재판이 없는 날 일반에게 공개하고 있다.
🚶 중앙역에서 U1호선 승차-배른산체역Bärenschanze 하차-'요스티스파라스트'Justizpalast(사법부 궁전)라고 새겨진 이정표 따라
도보 5분 ⓥ BärenschanzstraBe 72, 90429 📞 +49 911 32179372 🕐 ❶ 11월 1일~3월 31일 수~월 10:00~18:00(마지막 입
장 17:00) ❷ 4월 1일~10월 31일 월·수~금 09:00~18:00, 토·일10:00~18:00(마지막 입장 17:00)
휴관 화요일, 12월 24일·25일 € 성인 7.5유로, 학생 2.5유로(오디오 가이드 포함), 뉘른베르크 카드 소지자 2유로
가이드 투어 토요일 14:00(영어), 일요일 14:00(독어) 투어 비용 성인 3유로+입장료, 학생 2유로+입장료
☰ www.memorium-nuremberg.de

©wikimedia_DALIB

©flickr_Adam

팔코 마누팍투어 Falco Manufaktur

🚶 신박물관 골목에서 Luitpoldstraße길 쪽으로 나와 좌측으로 도보 1분 📍 Luitpoldstraße 12, 90402
📞 +49 911 47737840 🕐 월~목 12:00~14:30, 17:00~22:30 금 12:00~14:30, 17:00~01:00 토 14:00~01:00
€ 마르게리타 11.9유로, 판체타 마누팍토어 14.9유로 ☰ www.falcomanufaktur.de

나폴리 정통 피자 맛집

이탈리아의 나폴리 출신의 형제가 운영하는 나폴리 정통음식점이다. 이탈리아 사람들의 자기 나라 음식 사랑은 유명하다. 그중에서도 피자와 파스타는 재료의 요리 손시까지 마실 정도로 엄격하다. 화덕 피자의 원조라 할 수 있는 니폴리는 나폴리 피자 장인 협회를 통해 정통 피자 제법의 기준을 정하고 이를 기준으로 인증제도를 만들기도 했다. 그 기준으로 재료의 원산지, 도우 반죽의 발효 정도 심지어 두께까지 세밀하게 나누어져 있다. 팔코 마누팍투어 역시 나폴리에서 공수한 재료들을 기본으로 요리하는 곳으로 문을 연 지 23년이 넘었다. 나폴리 피자의 가장 기본이 되는 마르게리타와 삼겹살로 만든 이탈리아 염장육, 판체타에 치즈와 로즈메리를 곁들인 판체타 마누팍투어가 추천메뉴이다.

🍴 골데네스 포스트호른 Goldenes Posthorn

바그너가 오페라를 창작한 맛집

정통 뉘른베르크 소시지를 와인과 함께 맛볼 수 있는 음식점이다. 제발두스 교회의 왼편에 있다. 독일에서 가장 오래된 와인 바로 알려져 있으며, 뉘른베르크의 예술가와 학자들이 즐겨 찾았던 곳이다. 특히 작곡가 바그너가 그의 오페라의 일부를 이곳에서 창작했다고 전해진다. 즉석에서 숯불에 바로 구워주는 뉘른베르크 소시지의 맛이 일품이디. 소시지 6개가 기본이며 한 개씩 추가할 때마다 추가 요금을 받는다.

🚶 제발두스 교회에서 북쪽으로 도보 2분
📍 Glöckleinsgasse 2, 90403 📞 +49 911 225153
🕐 매일 11:00~23:00 € 20~25유로
≡ goldenes-posthorn.de

🍴 브라트 부어스트 호이슬레
Bratwursthäusle

뉘른베르크 정통 소시지 즐기기

뉘른베르크 소시지는 독일에서도 맛이 좋기로 손꼽힌다. 돼지고기에 소금, 로즈마리 같은 향신료를 더해 만든 것으로, 일반적인 독일 소시지에 비해 매우 작은데, 주석 접시에 소시지 6~8개가 사우어크라우트발효시킨 양배추 요리나 감자샐러드와 함께 나오는 것이 일반적이다. 브라트부어스트호이슬레는 뉘른베르크에서 가장 유명한 소시지 음식점으로 시청사 맞은편에 있다. 뉘른베르크를 대표하는 맥주인 투허Tucher와 레더러Leaderer도 판매하는데, 소시지와 매우 잘 어울린다. 소시지는 6, 8, 10, 12개로 묶어 팔며, 개수에 따라 가격이 달라진다. 사우어크라우트 또는 감자 샐러드 중 하나를 사이드 메뉴로 선택할 수 있다. 식탁 위의 빵은 유료 메뉴이다.

🚶 시청사 맞은편. 제발두스 교회에서 남쪽으로 도보 2분
📍 Rathausplatz 1, 90403 📞 +49 911227695
🕐 월~토 11:00~22:00, 일 11:00~20:00
€ 20~25유로 ≡ www.bratwursthaeuslenuernberg.de

🍴 빗츠하우스 훗튼 Wirtshaus Hütt'n

시원하고 상큼한 프랑켄 맥주

프랑켄 지역은 본래 와인으로 유명하다. 하지만 매년 6월이 되면 축제가 열릴 정도로 맥주 맛도 훌륭하다. 빗츠하우스 훗튼은 카이저 성을 구경하고 터벅터벅 내려오는 길에 만날 수 있는 맥주 집이다. 노을이 지는 시간이 되면 벌써 테라스는 맥주를 마시는 사람들로 가득하다. 현지인들에게 좋은 평을 받고 있으며, 프랑켄 지역 전통 음식이자 돼지어깨 요리인 쇼이펠레Schäufele, 프랑켄 소시지, 프랑켄식 로스트 비프인 슈바이네브라튼과 프랑켄 맥주를 판매한다. 맥주 종류를 선택하기어렵다면 직원에게 추천을 받자.

🚶 카이저부르크 성에서 남쪽으로 도보 5분 ⊙ BergstraBe 20, 90403 📞 +49 911 2019881 🕐 월·수~금 12:00~00:00, 토~일 11:00~21:00 휴무 화요일 € 30유로 내외 ☰ www.huettn-nuernberg.de

☕ 디 시모 Di Simo caffè e Vino

강가에서 즐기는 차 한 잔

디 시모는 페그니츠강의 작은 섬 트뢰델마르크트Trödelmarkt에 있는 이탈리안 카페이자 와인바이다. 분홍빛 외벽과 벽을 타고 올라간 푸른 담쟁이 덩굴이 싱그럽다. 여름철에는 카페 앞 다리까지 커피 마시는 손님들로 북적인다. 카페 앞 다리에서 사형집행자의 다리의 운치 있는 풍경을 시원하게 감상할 수 있다. 강변의 낭만을 여유롭게 즐기고 싶다면 디 시모를 기억하자.

🚶 사형집행자의 다리에서 동쪽으로 도보 3분 ⊙ Trödelmarkt 5-7, 90403
🕐 월~토 08:00~20:00 ☰ www.di-simo.de

🛍 퍼른마르크트 Perlenmarkt

수공예 장인의 액세서리 가게

페그니츠강 북쪽 제발두스 교회 근처엔 뉘른베르크에서 인정한 수공예 장인들이 운영하는 가게 18개가 모여 있다. 이들 가게의 입구에는 '수공예품 장인'Nürnberger Meisterhändler이라는 글자가 새겨져 있다. 그중 퍼른마르크트는 크리스탈, 유리구슬 등으로 액세서리나, 장식품을 만드는 가게이다. 완제품에서 장인의 숨결이 느껴진다. 가게 안쪽에는 작은 공방도 있다. 공방은 목걸이, 팔찌, 귀걸이를 만들 수 있는 재료로 가득하다.

🚶 제발두스 교회 맞은편
⊙ Weinmarkt 1, 90403 📞 +49 911 243359
🕐 화~토 12:30~18:00

PART 12

라이프치히
Leipzig
음악과 박람회와 통일 영웅의 도시

라이프치히는 작센주주도 드레스덴 최대의 도시다. 베를린에서 남서쪽으로 165km 거리에 있다. 동독 시절에는 동베를린에 이어 제2의 도시였다. 지금은 독일 10대 도시 중 하나이다.중세 때는 유럽 무역로의 길목에 있어서 상업적인 번영을 누렸다. 그 덕에 사업으로 부를 축적한 부르주아 계급이 많았다. 기득권층은 막강한 경제력을 바탕으로 자신들이 소비하던 문화와 예술을 시민들에게 보급했다. 여기에 더해 1409년 라이프치히 대학이 들어서자. 지식 인, 예술가, 종교인이 더 모여들었다. 라이프치히는 지식과 예술을 선도했다. 프랑크푸르트 못지않게 출판업이 크게 발달하였다. 1522년 마르틴 루터가 라이프치히에서 독일어판 성서를 출판하였고, 1632년에는 라이프치히 출판 박람회가 설립되었다. 라이프치히는 음악의 도시이기도 하다. 바흐, 멘델스존, 슈만이 라이프치히에서 열정적으로 음악 활동을 하였으며, 지금도 매년 6월이 되면 바흐페스트Bachfest가 열린다. 이 기간에는 도시 전체가 크고 작은 연주장이 된다. 라이프치히는 독일 통일의 시발점이 된 영웅의 도시다. 1989년 이곳에서 일어난 동유럽 혁명은 드레스덴, 동베를린 등으로 들불처럼 번져나가 베를린 장벽을 무너트리는 역사적인 순간을 만들어 냈다. 시민이 곧 통일의 영웅이다. 2024년부터 라이프치히는 시립박물관의 상설 전시 관람을 무료로 전환했다. 라이프치히로 여행을 꼭 떠나야 하는 중요한 이유가 하나 더 생겼다.

대문호 괴테는 라이프치히에서 법률학을 공부했다. 그는 <파우스트>에 다음과 같은 구절로 음악과 예술의 도시 라이프치히를 자랑하고 싶어 했다.

"정말이야, 네 말이 맞아. 난 내 라이프치히를 자랑하고 싶어. 여긴 작은 파리와 같아. 사람들을 키워내지."

주요 축제

국제 도서 박람회 3월 중순, www.leipziger-buchmesse.de

국제 보컬 음악 페스티벌 아카펠라 5월 초 www.a-cappella-festival.de

바흐 음악 페스티벌 6월 중순, www.bachfestleipzig.de

슈만 페스티벌 위크(Schumann Festival Week) 9월 www.schmann-verein.de

빛 페스티벌(독일 통일 기념) 10월 9일, www.lichtfest.leipziger-freiheit.de

국제 다큐멘터리 영화제(DOK Leipzig) 10월, 11월, www.dok-leipzig.de

라이프치히 재즈 데이즈(Leipzig Jazz Days) 10월, 11월 www.jazzclub-leipzig.de/jazztage

크리스마스 마켓 11월 말~12월 23일, www.leipzig.travel/christmas

라이프치히 여행 지도

라이프치히 하루 여행 추천코스 지도의 빨간 점선 참고

Mdbk 조형박물관 → 도보 3분 → 구시청 광장, 니콜라이 교회
→ 도보 5분 → 토마스 교회 & 바흐뮤지엄 → 도보 10분 →
아우구스투스 광장 → 도보 10분 → 그라시 뮤지엄, 멘델스존하우
스 → 대중교통 30분 → 슈피너라이 예술지구

레드불 아레나
Red Bull Arena

Jahnallee

Bowmanstraße

Lützner Str.

팔멘가르텐
Palmen garten

Lützner Str.

Enderstraße

Karl-Heine-Straße

Saalfelder Str.

Klingerweg

Zschochersche Str.

카이저바트

슈타트룬트파르트
Stadtrundfahrt-leipzig
(보트 탑승장)

Weißenfelser Str.

Halle 14

Naumburger Str.

도착

슈피너라이 예술지구
Leipziger Baumwollspinnerei

라이프치히 중앙역
Leipzig Hauptbahnhof

Waldstraße

Ranstädter Steinweg Tröndlinring Willy-Brandt-Platz

Jahnallee

출발

라이프치히 관광안내소
Tourist-Information Leipzig

MdbK 조형예술박물관
Museum der bildenden Künste

괴테 기념상&나슈 광장
Nasch Markt

카페하우스 리켓 카페

구시청사
Altes Rathaus
Markt

니콜라이 교회 Nikolaikirche

토마스교회
Thomaskirche

아우어바흐 켈러

오페라하우스
Oper Leipzig

innerstraße

슈타트하픈-라이프치히
Stadtgafen-leipzig
(보트 탑승장)

바흐 뮤지엄
Bach-Museum Leipzig

라이프치히 대학
Universität Leipzig

아우구스투스 광장
Augustusplatz

Käthe-Kollwitz-Straße

Marschnerstraße

Friedrich-Ebert-Straße

Martin-Luther-Ring

게반트하우스
Gewandhaus

그라시 박물관
GRASSI Museum

파노라마 빌딩
Panorama Tower
(City-Hochhaus)

Museum of
musical instruments

Johannispl.

라츠켈러

· 신시청

RoBpl.

멘델스존하우스
Mendelssohn-Haus

Nürnberger Str.

Harkortstraße

Windmühlenstraße

클라라-체트킨파크
Clara-Zetkin Park

Karl-Tauchnitz-Straße

라이프치히 일반 정보

위치 독일 동부(베를린에서 남서쪽으로 165km, 베를린에서 고속열차로 120분 소요)
인구 약 60만 명
기온 연평균 11.2℃, 겨울 평균 3.4℃, 여름 평균 20.9℃

℃/월	1월	2월	3월	4월	5월	6월	7월	8월	9월	10월	11월	12월
최고	4	6	12	17	19	22	25	25	21	17	10	5
최저	-2	-2	0	3	7	11	14	13	9	5	1	-1

여행 정보 홈페이지
라이프치히 시 홈페이지 www.leipzig.de
라이프치히 관광 안내 www.leipzig.travel/de
라이프치히 시내 교통 www.l.de/verkehrsbetriebe

라이프치히 관광안내소

라이프치히 관광안내소는 중앙역에서 도보 7분 거리의 시내 초입부에 있다. 시내에서 열리는 다양한 행사 정보를 담은 브로슈어와 무료 시내 지도가 준비되어 있으며, 라이프치히 카드와 기념품도 구매할 수 있다. 직원에게 직접 관광 팁과 음식점 정보 등도 안내받을 수도 있으니 여행하기 전 방문하여 도움을 받아보자.

🚶 ❶ S-Bahn 마르크트역Markt에서 카타리넨슈트라세Katharinenstraße 경유하여 도보 2분
❷ 라이프치히 중앙역Leipzig Hauptbahnhof에서 남서쪽으로 도보 7분
📍 Katharinenstraße 8, 04109 Leipzig 📞 +49 341 7104 260
🕐 월~금 10:00~18:00, 토·일 10:00~15:00

라이프치히 가는 방법

비행기

인천공항에서 가기

라이프치히·할레 공항Flughafen Leipzig/Halle은 라이프치히 시내에서 북서쪽으로 18km 거리에 있는 국제공항이다. 유럽에서 손꼽히는 화물 공항으로 유명하지만, 여행객이 이용하기에는 규모가 작고 취항 노선도 적은 편이다. 인천공항에서도 직항 노선은 없고 뮌헨, 프랑크푸르트, 이스탄불 등을 경유하여 다시 비행기로 이동하거나, 베를린, 뮌헨, 프랑크푸르트, 드레스덴 등으로 비행기로 이동하여 라이프치히까지 기차나 버스를 타면 된다. 인천공항에서 루프트한자 직항 노선으로 프랑크푸르트 공항까지 이동하여 1터미널에서 바로 연결되는 장거리 열차역Frankfurt(Main) Flughafen Fernbf에서 ICE 고속철에 승차하면 라이프치히 중앙역Leipzig Main Station에 도착한다. 이 경우 기차 이동 시간만 3시간 30분 정도 소요된다.

독일 다른 도시나 유럽에서 가기

독일 내의 다른 도시에서는 루프트한자와 저비용 항공사인 유로윙스로 라이프치히로 빠르게 이동할 수 있다. 하지만 독일을 제외한 지역에서는 비행기 티켓 값이 비싼 일반 항공사를 이용해야 하며 그나마 취항 노선이 없는 경우도 많다. 가장 좋은 방법은 라이프치히 인근의 대도시, 베를린 또는 드레스덴으로 먼저 비행기로 이동한 뒤 기차나 버스로 환승하는 것이다.

기차

독일 전역에서 고속열차ICE, IC를 이용하면 최대 3~4시간 안에 라이프치히로 이동할 수 있다. 베를린과 드레스덴에서는 각각 1시간 20분 걸린다. 드레스덴과 라이프치히를 함께 여행할 계획이라면 독일 철도청에서 제공하는 작센 티켓Sachsen-Ticket을 구매하여 지역 열차인 레기오날반RB을 이용하자. 티켓은 유효기간 동안 작센주의 지역 열차와 대중교통 승차 시 이용할 수 있다.

라이프치히 기차 여행 팁, 작센 티켓 Sachsen-Ticket &도이칠란드 티켓 Deutschlandticket
독일 철도청에서 제공하는 지역 교통 티켓인 랜더 티켓Länder-Ticket 가운데 작센주에서 사용할 수 있는 티켓이다. 사용하고자 하는 날의 오전 9시부터 다음 날 오후 3시까지 유효하다. 작센주의 지역 열차2등급 좌석와 U-Bahn을 제외한 모든 대중교통을 제한 없이 이용할 수 있으며, 동행인의 수가 많을수록 요금이 저렴해진다. 가격은 바이에른 티켓374페이지과 같으며, 타인에게 양도할 수 없으니 주의하자. 독일 철도청 홈페이지 www.bahn.de와 App을 통해 구매할 수 있다.
도이칠란드 티켓은 2022년 출시된 카드로 49유로로 독일 전지역의 기차와 지역열차, 대중교통을 무제한 이용할 수 있어 화제가 되었다. 2025년부터 카드 요금이 58유로로 인상되었다.(더 자세한 설명은 39페이지 참고)

버스

라이프치히 고속버스 터미널Leipzig ZOB은 중앙역 바로 동쪽에 있다. 고속버스로 라이프치히까지 베를린에서는 2시간 20분, 드레스덴에서는 1시간 20분 정도 걸린다. 시간과 비용을 따져볼 때 가장 저렴한 이동수단이라 많은 여행객이 가장 선호한다.

공항에서 시내 들어가기

라이프치히·할레 공항Flughafen Leipzig/Halle은 라이프치히 시내에서 18㎞ 떨어진 곳에 있다. 공항 북쪽의 기차역에서 S5와 S5X 노선에 승차하면 라이프치히 중앙역까지 15분 정도 소요된다.

라이프치히 시내 교통

시내 대중교통은 S-Bahn, 버스, 트람이 있으며, 특히 트람은 도시 곳곳에 노선이 있어 여행 중 가장 많이 이용하는 이동수단이다. 구시청사를 중심으로 시내를 관광할 계획이라면 도보만으로도 충분히 가능하다. 그래도 1872년부터 운행되기 시작한 라이프치히 트람도 꼭 한 번 경험해볼 만하다.

교통권은 S-Bahn 역과 트람 내에 설치된 티켓 판매기에서 구매하거나 버스 기사에게 직접 구매할 수 있다. 교통권은 독일 중부 교통공사 MDV에서 정한 운임 구역인 타리프Tariff에 따라 가격이 달라진다. 라이프치히 시내는 Zone 110에 해당한다.

단거리 티켓인 쿼츠슈트레케kurzstrecke는 트람과 버스를 기준으로 한 번에 네 정거장 이동이 가능하다. 일회권인 아인젤파카르테Einzelfahrkarte는 한 방향으로 1시간 동안 사용할 수 있다. 1일권인 24 슈튠덴 카르테24-Stunden-Karte는 티켓 개통 후 24시간 동안 시내 교통을 무제한 이용할 수 있다. 대형견 또는 자전거와 함께 대중교통을 이용할 때는 꼭 2.3유로 짜리 엑스트라 티켓Extrakarte을 구매해야 한다. 구매한 모든 티켓은 사용 직전에 정류장과 트람, 버스 내에 설치된 개찰기에서 넣어 유효화시켜야 한다. MDV 홈페이지 www.mdv.de

Zone 110 기준 라이프치히 시내 교통 요금표

티켓종류	성인	6~14세
단기권 Kurzstrecke	2.3€	–
4회 단기권 4erKurzstrecke	9.2€	–
1회권 Einzelfahrkarte	3.5€	1.5€
4회권 4erTicket	14€	6€
하루권 24-Stunden-Karte(Plus)	9.8€	–

*성인 Plus 1장으로 아동 3명 포함

라이프치히 대중교통 앱

트람 노선이 많고 복잡한 라이프치히에서 구글 맵 만으로는 실시간 교통정보를 효율적으로 얻기 힘들다. 이때 필요한 앱이 바로 LeipzigMOVE이다. 라이프치히 교통공사 LVBLeipzig Verkehrsbetriebe에서 무료로 제공하는 앱으로 라이프치히의 실시간 교통정보와 최단 거리 이동 정보를 쉽게 확인할 수 있다. 기본적인 조작은 영어로 적혀있어 비교적 이용하기 편리하다. 교통권 구매와 사용도 온라인으로 할 수 있으며, 분실위험도 적어 앱 이용객이 점차 늘어나는 추세이다. 1회 교통권은 구매와 동시에 유효화되기 때문에 탑승 직전에 구매하는 게 좋다. 교통권 구매를 위해 앱에 신용카드 정보를 미리 저장해놓자. "Tourism"메뉴에서 라이프치히 카드를 구매하여 사용할 수 있다.

라이프치히 카드LEIPZIG CARD

시내 대중교통을 무제한으로 이용할 수 있는 카드로, 박물관 입장료와 가이드 투어 요금도 최대 50% 할인 혜택 받을 수 있다. 주요 관광지는 충분히 도보로 이동할 수 있어 카드를 반드시 구매할 필요는 없으나, 박물관을 방문할 여행객이라면 카드 구매가 경제적이다. 1인 기준으로 1일권은 14.4유로로, 3일권은 28.9유로이며, 성인 2명과 14세 이하 어린이 3명이 사용할 수 있는 3일 단체권은 56.9유로이다. 라이프치히 근교 지역까지 사용 가능한 라이프치히 레기오 카드LEIPZIG REGIO CARD도 있으니 헷갈리지 말자. 라이프치히 관광안내소, 티켓 판매기 그리고 라이프치히 대중교통 어플에서 구매할 수 있다.
홈페이지 www.leipzig-card.de

라이프치히 카드 사용방법

❶ 카드 구매 후 사용하고자 하는 첫 날짜와 사용자의 서명을 적는다.
❷ 대중교통 첫 이용 시 카드를 개찰기에 넣어 날짜와 시간이 카드에 잘 기록되었는지 확인한다. 불시에 이루어지는 표 검사 때는 카드에 찍힌 개찰 기록을 보여준다.
❸ 박물관 입장료 할인 혜택을 받고 싶다면 티켓 구매 전 꼭 카드를 보여주자.

MdbK 조형예술박물관

Museum der bildenden Künste 무제움 데어 빌덴든 쿤스테

🏃 중앙역에서 구시가지 방면으로 도보 8분 📍 Katharinenstraße 10, 04109
📞 +49 341 216990 🕐 화·목~일 10:00~18:00, 수 12:00~20:00 **휴관** 월요일, 12월 24일, 12월 31일
€ 상설전시 무료, 특별전 상이, 박물관 종료 1시간 전 50% 할인 ☰ www.mdbk.de

시민이 설립한 미술관

'기득권층의 소유물인 예술을 더 많은 사람이 즐기게 하자.' 조형예술박물관은 이렇듯 멋진 철학 위에 세운 미술관
이다. 1837년 라이프치히의 부르주아들이 예술 협회를 설립했다. 예술 협회의 목적은 시민을 위한 박물관을 만드는
것이었다. 프랑스 실크 수입업자 아돌프 하인리히 슐레터Adolf Heinrich Schletter는 미술관 설립을 위해 그가 소장한
예술품을 기꺼이 기증했다. 그가 사망하고 5년 뒤인 1848년 조형예술박물관이 문을 열었다.

©Gunnar Klack-flickr

조형예술박물관은 방대한 회화와 조각 그리고 그래픽 아트 작품을 소장한 라이프치히의 대표적인 박물관이다. 독일 다리파 화가(333P)들에게 예술적 영감을 준 중세 르네상스 시기의 화가 루카스 크라나흐Lucas Cranach, 1472~1553의 작품부터 현대의 앤디 워홀Andy Warhol의 작품까지 65,000점이 넘는 작품을 소장하고 있다. 박물관의 자랑은 단연 독일의 대표 작가 카스파르 다비드 프리드리히Caspar David Friedrich, 1774~1840의 <생명의 단계>와 아르드 뵈르린Arnold Böcklin, 1827~1901의 <죽음의 섬>이다. 음악가 베토벤을 마치 제우스 신처럼 표현한 베토벤 좌상도 찾아볼 수 있는데, 라이프치히 출신의 조각가 막스 클링어Max Klinger, 1867~1920의 작품이다. 그가 독일의 로댕이라 불리는 이유

를 충분히 기늠케 한다. 그밖에 독일의 인상주의 회기 막스 리버만Max Liebermann, 1847~1935과 라이프치히 출신으로 독일 표현주의의 거장이었던 막스 베크만Max Beckmann, 1884~1950의 작품들도 만나볼 수 있다. 1937년 나치는 이들의 작품 일부를 '퇴폐 미술'로 낙인찍어 압수하기도 했다. 라이프치히 구시가지 초입에 들어서면 거대한 유리 건물이 눈에 들어오는데, 이 건물이 조형예술박물관이다. 박물관 바로 서쪽에 관광안내소가 있고, 그 건너편에 박물관 입구가 있다. 폐관 1시간 전에는 성인 입장료의 절반 가격으로 관람할 수 있다.

📷 구시청사
Altes Rathaus 알테스 라타우스

🚶 ❶ S-Bahn 마르크트역Markt에서 하차 도보 1분 ❷ 중앙역Leipzig Main Station에서 구시가지 방면으로 도보 10분
📍 Markt 1, 04109 📞 +49 341 9651 340 🕐 화~일 10:00~18:00 휴관 월요일, 12월 24일, 12월 31일
€ 2027년까지 무료 🌐 www.stadtgeschichtliches-museum-leipzig.de

라이프치히의 랜드마크

작센주의 주도인 드레스덴은 2차 세계대전 막바지에 연합군의 공격으로 폐허가 되어버렸다. 반면 라이프치히는 피해가 크지 않아 옛 도시의 원형을 비교적 잘 갖추고 있다. 시내 중심가에 있는 구시청사는 라이프치히의 랜드마크이다. 르네상스풍의 경쾌하고 아름다운 건물로 마치 동화 <헨델과 그레텔>에 나오는 과자로 만든 집을 연상시킨다. 1556년에 처음 세웠고, 1744년 증축한 뒤 오늘에 이르렀다. 1905년 남서쪽으로 도보 8분 거리에 신 시청사를 개관한 뒤, 구시청사는 도시역사박물관Stadtgeschichtliches Museum으로 운영되고 있다. 라이프치히의 역사, 1989년 독일 통일의 시발점이었던 동유럽 혁명에 관한 내용을 전시하고 있다. 구시청사 앞 광장에서는 부활절과 크리스마스 시즌에 이벤트와 시장이 열린다. 매년 7월에는 작센주와 라인란트팔츠주의 와인을 맛볼 수 있는 와인 페스티벌, 바인페스트Winefest가 진행된다.

> ### Travel Tip
>
> **괴테 기념상과 나슈마르크트**
> 구시청사 뒤편동쪽에는 괴테 기념상과 옛 증권거래소 건물이 있는 나슈마르크트Naschmarkt가 있다. 나슈마르크트는 예전에 상인들의 경매와 어음 교환이 이루어지던 곳인데 지금은 콘서트, 연극, 강연 등이 열리는 곳으로 활용되고 있다.

니콜라이 교회
Nikolaikirche 니콜라이키르헤

🚶 ❶ S-Bahn 마르크트역Markt에서 도보 5분 ❷ 구시청사에서 동쪽으로 도보 4분
❸ 아우구스투스 광장Augustusplatz에서 도보 3분 📍 Nikolaikirchhof 3, 04109
📞 +49 341 1245 380 🕐 월~토 11:00~18:00, 일 10:00~15:00 🌐 www.nikolaikirche.de

마르틴 루터에서 독일 통일까지

라이프치히에서 가장 오래된 교회이다. 1176년 처음 세워진 이래 2차 세계대전의 공습까지 꿋꿋이 이겨내고 오늘에 이르렀다. 니콜라이 교회는 중세 이후 세계사적 사건의 중심에 있었다. 마르틴 루터는 교회의 타락과 면죄부 판매를 저격하며 95개조 반박문을 발표해 종교개혁의 신호탄을 올린 세계사적인 인물이다. 그는 라이프치히에서 독일어 성서를 출판하고, 1539년 니콜라이 교회에서 설교했다. 그의 설교는 독일의 종교개혁을 이끌었다. 니콜라이 교회는 현대사에 재등장한다. 자유와 평화를 갈망하는 동독의 지식인과 종교인들이 1982년부터 매주 월요일마다 니콜라이 교회에서 기도 모임을 열었다. 이 작은 모임은 1989년 9월 교회 앞 광장을 시민들이 뒤덮을 정도로 확대되었다. 마침내 10월 9일, 7만 명이 넘는 라이프치히 시민들이 시내로 쏟아져 나왔고, 이는 다른 도시로 들불처럼 번져나가 결국 독일 통일을 이루어 냈다. 교회 앞 광장에는 이 평화 시위를 기념하는 야자나무 형상이 기둥 조형물이 세워져 있다. 방문객의 실내 사진 촬영은 허락되지 않으니 눈으로만 담아가자.

토마스교회 & 바흐 뮤지엄
Thomaskirche & Bach-Museum Leipzig 토마스키르헤 & 바흐 무제움 라이프치히

토마스교회 🚶 ❶ S-Bahn 마르크트역Markt에서 도보 5분 ❷ 트람 9번, 39번 승차하여 토마스키르헤Thomaskirche 정류장 하차, 동쪽으로 도보 1분 ⊙ Thomaskirchhof 18, 04109 📞 +49 341 2222 40 🕐 매일 09:00~18:00 ☰ www.thomaskirche.org
바흐 뮤지엄 🚶 ❶ S-Bahn 마르크트역Markt에서 도보 5분 ❷ 트람 9번, 39번 승차하여 토마스키르헤Thomaskirche 정류장 하차, 동쪽으로 도보 1분 ⊙ Thomaskirchhof 15/16, 04109 📞 +49 341 9137 202 🕐 매일 10:00~18:00 휴관 12월 24일, 25일, 31일 € 성인 10유로, 라이프치히 카드 소지자 8유로, 16세 미만 무료, 첫 번째 화요일 무료 ☰ www.bachmuseumleipzig.de

바흐의 음악이 숨결처럼

토마스교회는 13세기 초에 지은 고딕 양식이다. 본래 성당이었으나 종교개혁 이후 개신교 교회가 되었다. 이곳이 유명한 이유는 바흐가 칸토르로 있었던 곳이기 때문이다. '노래하는 자'라는 뜻의 칸토르Cantor는 바로크 음악을 논할 때 빠질 수 없다. 교회를 중심으로 한 도시의 음악 활동과 행사를 총괄하는 음악 감독으로, 명예롭고 중요한 직책이었다. 라이프치히의 칸토르 바흐는 토마스교회를 중심으로 음악 활동을 하면서, 교육자이자 지휘자로 토마스 소년합창단도 이끌었다.

토마스교회는 고딕 양식이라 웅장한 분위기지만, 반면에 정감도 간다. 바흐와 모차르트가 연주했다는 오르간이 있었는데, 아쉽게도 1889년 새 오르간을 설치했다. 교회에 방문하면 오르간으로 연주하는 바흐의 음악을 감상할 수 있다. 교회 제단 앞에는 바흐의 무덤이 있다. 사후 토마스교회 부근에 있던 요하니스교회 공동묘지에 안장되었는데, 2차 세계대전으로 요하니스교회가 모두 파괴되자 토마스교회로 옮겼다. 교회 앞 광장에는 바흐 동상이 있고, 동상 맞은편에는 바흐 뮤지엄이 있다. 바흐 뮤지엄 건물은 그가 라이프치히에서 사귄 친구 보제의 집이었다. 바로크 시기의 악기와 악보들이 전시되어 있으며, 바흐의 전 작품을 감상할 수 있는 음악 감상실도 있다.

ONE MORE

토마스교회에 담긴 바흐 스토리

❶ 라이프치히의 칸토르 바흐

바로크 음악의 대가 요한 제바스티안 바흐Johann Sebastian Bach, 1685~1750
는 1685년 독일 중부의 소도시 아이제나흐의 명문 음악 가문에서 태어났다.
어려서부터 음악적 재능이 뛰어났다. 오르가니스트로 활동하다, 33세에 독
일 중부의 작은 도시 쾨텐에서 궁정 음악장의 자리에 오른다. 1722년 라이
프치히의 칸토르가 사망하자 시는 마땅한 후임자를 수소문하여, 다음 해에
바흐를 칸토르로 임명하게 된다. 이후 바흐는 토마스교회에서 140여 곡이
넘는 교회 칸타타를 비롯하여 그의 최대 걸작인 요한 수난곡1724과 마태 수
난곡1727을 발표했다. 그는 세상을 떠날 때까지 27년간 라이프치히의 칸토
르로 음악 활동을 이어갔다.

❷ 토마스 소년합창단의 지휘자 바흐

토마스 소년합창단은 1212년 만들어진 라이프치히의 교회 성가대이다. 지
금까지 왕성하게 활동하고 있으며, 유럽에서 가장 오래된 소년합창단 중 하
나로 꼽힌다. 2016년에는 내한공연을 하기도 했다. 9~18세의 소년들로 구
성된 합창단 단원들은 알룸나트Alumnat라는 기숙사에서 합숙 생활을 해
야 하고, 음악 교육을 많이 하는 토마스 학교에서 교육과정을 수료해야 한
다. 바흐도 토마스 소년합창단을 관리, 교육하는 일을 맡아, 토마스 학교에
서 숙식하며 이들을 가르쳤다. 지금도 토마스교회에서는 토마스 소년합창
단의 공연이 정기적으로 이루어지고 있다.

❸ 지금도 계속되는 바흐 페스트Bachfest

매년 6월에는 라이프치히의 가장 큰 축제 중 하나인 바흐 페스트가 열린
다. 축제 기간에는 크고 작은 100여 개의 행사가 토마스교회와 구시청사
를 중심으로 진행된다. 공연 티켓 예매는 홈페이지www.bachfestleipzig.de
를 통해 할 수 있다.

아우구스투스 광장
Augustusplatz 아우구스투스플라츠

🚶 트람 라이프치히 아우구스트플라츠Leipzig Augustusplatz 정류장 하차 ⦿ Augustusplatz, 04109

라이프치히 문화의 중심지

라이프치히에서 문화 중심지 역할을 하는 광장이다. 교통의 요지라 언제나 활력이 넘친다. 동독 시절엔 칼 마르크스 광장이었는데, 통일 이후 작센 왕국의 초대 왕인 프리드리히 아우구스트 1세Friedrich August I, 1750~1827의 이름에서 따다 아우구스트 광장이라 부르고 있다. 1989년 라이프치히 시민 7만 명이 이 광장에 모여 통일과 자유를 염원하며 한 목소리로 "Wir sind das Volk"우리가 국민이다, 우리는 하나의 민족이다.를 외치며 평화 시위를 벌였다. 라이프치히 대학, 게반트하우스, 오페라하우스 그리고 파노라마 빌딩 등이 모두 광장에서 도보 5분 거리에 있다. 크리스마스 마켓을 비롯한 라이프치히의 중요 이벤트가 아우구스투스 광장에서 열린다.

| ONE MORE
Augustusplatz | **아우구스투스 광장 주변의
명소들** |

1 라이프치히 대학
Universität Leipzig 우니버지탯 라이프치히

노벨상 수상자 9명을 배출한 명문 대학

1409년 개교한 이래 노벨상 수상자 아홉 명을 배출한
명문 대학이다. 독일 총리 앙겔라 메르켈도 이 대학에서
물리학 박사를 취득했다. 아우구스투스 광장에서 바라
보면 유독 눈에 띄는 건물이 있는데, 라이프치히 대학 개
교 600주년을 기념하며 지은 파울리눔Das Paulinum이
다. 대학의 부속 교회였던 파울리너 교회의 파사드 모양
을 살려 현대적으로 재현해 건축했다. 파울리눔에는 예
배당, 이벤트 홀 등이 있으며 일반인도 방문할 수 있다.

🚶 아우구스투스 광장에서 서쪽으로 도보 4분
📍 Augustusplatz 10, 04109 📞 +49 341 9735400
🕐 화~토 10:30~14:30(폐관 10분 전에 입장 마감)
☰ www.uni-leipzig.de

2 게반트하우스
Gewandhaus

최고의 음향 시설을 자랑하는 콘서트홀

라이프치히 시립교향악단 '게반트하우스 오케스트라'의 전용 콘서트홀이다. 게반트하우스란 '포목 가게'라는 뜻이
다. 18세기 중반 직물 장사로 부유해진 라이프치히의 포목상들은 1781년 300년 된 무기고를 사들여 1층엔 직물 전
시장을 만들고 2층에 콘서트홀을 만들어 게반트하우스라 이름 붙였다. 연주가 16명을 고용하여 이 콘서트홀에서
공연하였는데, 이것이 '라이프치히 게반트하우스 오케스트라'의 시작이다. 멘델스존이 1835년부터 1847년까지 게
반트하우스 오케스트라의 지휘자로 활약하기도 했다. 1884년 게반트하우스는 베토벤 거리로 옮겨 새로운 공연장
을 갖게 되었지만 2차대전 때 모두 파괴되었다. 아우구스트 광장 남쪽의 게반트하우스는 1981년 개관한 세 번째 건
물로 최고의 음향 시설을 갖췄다. 매년 6월, 다음 해 공연의 티켓 데스크가 오픈한다. 웹 사이트에서 예매할 수 있다.
게반트하우스 앞에는 트레비 분수에서 영감을 얻어 제작된 멘데 분수Mendebrunnen가 자리하고 있다.

🚶 아우구스투스 광장에서 남쪽으로 도보 3분 📍 Augustusplatz 8, 04109
📞 +49 341 1270 280 ☰ www.gewandhausorchester.de

3 오페라하우스

Oper Leipzig 오퍼 라이프치히

시민들이 만든 오페라 극장

라이프치히 오페라의 역사는 무려 330년을 거슬러 올라간다. 라이프치히 부르주아들은 1693년 시내에 오페라 극장인 '오페라하우스'를 설립했다. 시민들이 세운 오페라하우스로는 유럽에서 세 번째였다. 음악 역사상 가장 많은 작품을 작곡한 음악가 게오르그 텔레만Georg Telemann, 1681~1767이 음악 감독을 맡으면서 오페라하우스는 전성기를 맞이한다. 라이프치히 시민들의 오페라 사랑은 더욱 깊어졌다. 이에 1868년 아우구스투스 광장 부근에 더 큰 규모의 오페라하우스를 개관한다. 하지만 1943년 연합군의 공습으로 모두 파괴되자, 1960년 아우구스투스 광장 북쪽에 새로 지었다. 오페라하우스는 광장을 사이에 두고 게반트하우스와 마주 보고 있다. 당시 기준으로 동독에서 가장 큰 규모의 오페라하우스였다. 건물 외관은 별다른 장식 없이 단순하여 사회주의 분위기가 느껴진다. 하지만 밤이 되면 화려한 조명으로 치장하여 아름답게 빛난다. 오페라 공연 외에 발레와 뮤지컬 공연도 열린다. 티켓은 웹사이트를 통해 예매할 수 있다. 인기 있는 공연은 금방 매진된다.

🏃 아우구스투스 광장 북쪽 ◉ Augustusplatz 12, 04109
📞 +49 341 3014 397 〓 www.oper-leipzig.de

바그너와 오페라하우스
나치에게 이용당한 그의 음악적 비극

리하르트 바그너Wilhelm Richard Wagner, 1813~1883는 라이프치히 출신으로, 라이프치히 오페라하우스와 매우 인연이 깊다. 1960년 아우구스투스 광장 북쪽에 새로운 오페라하우스가 개관하였을 때, 그의 오페라 '뉘른베르크의 명가수'가 개관 기념으로 무대에 올랐다. 이는 라이프치히 사람들이 그에 대해 얼마나 각별한 애정을 가졌는지를 보여준다. 그러나 바그너는 독일에서 논쟁의 여지가 있는 음악가이다. 그는 유대계 음악가였는데, 자신은 이를 부정했다. 덕분에 그의 음악은 히틀러의 사랑을 받았으며, 수용소의 유대인들이 가스실로 들어갈 때 틀어주기도 했다고 전해진다. 당시 나치의 만행은 많은 음악가에게 상처를 주었다. 유대계 음악가 멘델스존의 동상을 라이프치히 거리에서 치워버리거나, 바흐 음악의 가사를 바꿔 정치적으로 악용하기도 했다. 이후 라이프치히 시민들은 다시 멘델스존의 동상을 거리에 세우고, 바흐의 음악도 원상복귀 시켜 아낌없이 사랑하였다. 하지만, 바그너와 그의 음악은 여전히 마음껏 사랑을 표현하기엔 민감한 부분으로 남아 있다.

파노라마 빌딩
Panorama Tower City-Hochhaus 파노라마 타워 시티-호흐하우스

🚶 트람 라이프치히 아우구스트플라츠Leipzig Augustusplatz 정류
장에서 도보 3분
📍 Augustusplatz 9, 04109 📞 +49 341 7100590
🕐 월~목 11:30~23:00, 금·토 11:30~24:00, 일 09:00~23:00
☰ www.panorama-leipzig.de

라이프치히를 한눈에 담다

라이프치히 대학 남쪽에 있는 현대적인 건물로, 시내 전경
을 한눈에 담을 수 있는 곳이다. 베를린 TV타워를 세운 동
독 건축가 헤르만 헨셀만Hermann Henselmann의 1972년 작
품이다. 뾰족한 뿔 같은 생김새 때문에 사랑니, 유니콘이라
는 별명으로 불린다. 라이프치히 대학의 건물로 지어졌으
나 매각되어 현재는 사무 공간으로 사용되고 있다. 31층에
는 전망대와 레스토랑이 있어 시내 전경을 감상하기 좋다.
전망대 입장료는 5유로로 동전을 무인 출입구에 넣고 입장
하면 된다. 레스토랑에서는 창가 자리에 앉아 시내 전경을
감상하며 식사하기 좋다. 좌석 위치에 따라 보이는 풍경이
다르므로, 홈페이지를 통해 좌석의 이름을 미리 확인해놓
고 가면 편리하다.

 # 그라시 박물관
GRASSI Museum 그라시 무제움

🚶 트람 요하니스플라츠Johannisplatz 정류장 하차, 도보 5분 ⊙ Johannispl. 5-11, 04103

라이프치히에서 즐기는 박물관 여행

그라시 박물관은 이탈리아 출신의 사업가 프란츠 도미니크 그라시Franz Dominic Grassi가 시에 기부한 유산을 기초로 1892년에 문을 열었다. 그의 유산은 지금 가치로 2천만 유로에 달했다고 한다. 그가 기증한 재산으로 박물관 외에 게반트하우스, 멘데 분수 등 시의 중요 공공시설 지었다. 박물관엔 세 개의 테마 박물관이 있다. 악기박물관, 응용 예술 박물관 그리고 민족학 박물관인데, 이를 통틀어 그라시 박물관이라 부른다.

1 악기박물관 GRASSI Museum für Musikinstrumente der Universität Leipzig
그라시 무제움 퓨어 무지크인스트루멘테 데어 우니버지탯 라이프치히

바흐의 악기와 소품 관람

브뤼셀 박물관에 이어 유럽에서 두 번째로 큰 악기박물관이다. 라이프치히 대학교가 소장하고 있는 9000여 점의 음악 관련 소장품을 만날 수 있다. 라이프치히 대학은 네덜란드 출신의 출판업자 파울 드윗이 평생 모은 악기 컬렉션과 라이프치히의 다른 수집가들의 소장품을 적극적으로 구매하여 1929년 악기박물관을 개관했다. 르네상스, 바로크 시대 악기를 비롯하여 바흐의 라이프치히 시기 악기와 소품들도 만나볼 수 있어 감동이 남다르다.

📞 +49 341 3373 396
🕐 화~일 10:00~18:00
휴관 월요일, 12월 24일, 12월 31일
€ 상설전 무료, 특별전 상이
≡ mfm.uni-leipzig.de

2 응용예술박물관
GRASSI Museum für Angewandte Kunst 그라시 무제움 퓨어 앙게반테 쿤스트

고대부터 현대까지, 장식 예술의 모든 것

고대 그리스부터 현대에 이르는 9만여 점의 방대한 장식 예술품과 공예품을 관람할 수 있다. 라이프치히 응용예술 시민협회가 사업가 프리츠 폰 하르크의 소장품을 기증받아 1874년 개관했다. 그는 빈과 뮌헨에서 미술사를 공부했고, 베를린 보데 미술관의 초대관장인 빌헬름 폰 보데의 친구이기도 했다. 심미안과 재력을 동원해 미술품을 수집하곤 했다. 18세기 장식예술품과 아시아 예술품이 이 박물관의 주요 전시물이다. 응용예술박물관은 그라시 메세GRASSI MESSE라 불리는 박람회로도 유명하다. 산업 디자인의 새로운 트렌드를 살펴볼 수 있는 국제포럼으로, 1997년부터 매년 10월에 열린다.

📞 +49 341 2229 100 ⏰ 화~일 10:00~18:00 **휴관** 월요일, 12월 24일, 12월 31일
€ 상설전 무료, 특별전 상이 ⎓ www.grassimak.de

3 민족학 박물관
GRASSI Museum für Völkerkunde zu Leipzig 그라시 무제움 퓨어 폴커쿤데 추 라이프치히

전 세계 민족의 생활 풍습을 담다

18세기 유럽의 지식인들은 급속한 산업화로 물질주의가 팽배하고 인간성이 상실되는 세태에 깊은 회의를 느끼고 있었다. 그들은 산업화로 세속화된 정신을 회복하기 위해 문명화되지 않은 비서구지역의 원시 부족의 삶에서 희망을 찾고자 했다. 비서구권의 문명은 열등하지만 순수하고 신비롭다는 지극히 백인 중심적인 사고에서 민족학도 발전하게 되었다. 그라시 민족학 박물관은 19세기의 민속, 역사학자 구스타브 프리드리히 클렘Gustav Friedrich Klemm이 평생 모은 15,000첨의 소장품을 기반으로 1892년 개관했다. 함부르크 로덴바움박물관Museum am Rothenbaum 과 함께 독일을 대표하는 민족학 박물관이다. 아시아, 아프리카, 아메리카 대륙의 유물을 전시하고 있다. 한국 전시관, 아이누족과 마오리족 등 부족을 소개하는 전시실도 있다.

📞 +49 341 9730 770 ⏰ 화~일 10:00~18:00 **휴관** 월요일, 12월 24일, 12월 31일
€ 상설전 무료, 특별전 상이 ⎓ www.grassi-voelkerkunde.skd.museum

멘델스존하우스
Mendelssohn-Haus

🚶 트람 4, 7, 12, 15번 요하니스플라츠Johannisplatz 정류장에서 하차 후 뉘른베르거슈트라세NürnbergerStr. 따라 도보 5분
📍 Goldschmidtstraße 12, 04103 📞 +49 341 9628820 🕐 매일 10:00~18:00, 12월24일·31일 10:00~15:00
€ 성인 10유로, 라이프치히 카드 소지자·학생 8유로, 18세 이하 무료(일요일 연주회 성인 18유로, 학생 14유로)
☰ www.mendelssohn-haus.de

멘델스존의 영감으로 가득한 사랑스러운 집

독일의 낭만주의 작곡가 멘델스존1809~1847이 1845년부터 38세의 나이로 생을 다할 때까지 약 3년 동안 생활한 집이다. 그는 1809년에 유복한 은행가의 아들로 함부르크에서 태어났다. 어린 나이부터 음악적 재능이 뛰어났다. 12살 멘델스존의 연주를 본 괴테는 '어린 모차르트를 보는 것 같으며 그보다도 낫다'고 평했다. 멘델스존은 베를린, 런던을 오가며 음악가로 활약하다, 1835년 게반트하우스의 카펠마이스터수석지휘자로 초청받아 라이프치히로 옮겼다. 그는 이곳에서 세 번의 이사를 하며 가족들과 살았다. 멘델스존 하우스는 고전주의 건축 양식이 잘 보존된 건물이다. 원형 그대로 보존되어 있는데, 계단을 오를 때는 주의를 기울여야 한다. 응접실, 멘델스존의 작업실, 음악 살롱 등이 있다. 그림 재능이 뛰어났던 멘델스존의 수채화 작품들이 전시된 방도 있다. 그 밖에 여성이라 큰 주목을 받지 못했던 멘델스존의 누나, 파니 멘델스존을 주제로 한 전시실과 19세기 의상을 입고 기념사진을 찍을 수 있는 촬영실도 있다. 슈만과 클라라, 리스트 등이 참석했던 연주회장인 음악 살롱에는 지금도 매주 일요일 연주회가 열린다. 여행자도 관람할 수 있다.

ONE MORE

멘델스존, 바흐를 되살리다

멘델스존은 뛰어난 피아노와 오르간 연주자이자 작곡가로 19세기에 활동했으며, 1843년 독일에서 가장 오래된 음악학교를 라이프치히에 세우기도 했다. 멘델스존의 가장 큰 업적 중 하나는 바흐의 '마태 수난곡'을 발굴한 일이다. 멘델스존이 활동한 19세기에 바흐의 명성은 사후 1세기도지나지 않았지만 빠르게 잊혀갔다. 멘델스존은 거액의 사비를 들여 바흐의 악보를 모으고 복원해 1829년 3월 11일 초연을 열었다. 이를 기점으로바흐의 작품이 음악계의 재조명을 받으며 큰 인기를 끌었다.

클라라-체트킨파크 & 팔멘가르텐
Clara-Zetkin Park & Palmen garten

라이프치히의 아름다운 공원들

구시가지를 조금 벗어나 남쪽으로 가면 엘스터 강Elsterflutbett을 중심으로 크고 작은 공원이 모여 있다. 가장 규모가 큰 공원은 클라라 체트킨 공원이다. 공원 남쪽에는 150년 된 샤이벤홀츠 경마장Rennbahn Scheibenholz이 있고, 강 건너편에서 북쪽으로 조금 가면 야자수 공원 팔멘가르텐이 나온다. 공원 주변의 강과 운하를 카누와 모터보트를 타고 여행할 수 있다. 팔멘가르텐에서 가까운 강변에는 신예 축구팀 RB라이프치히의 홈구장인 레드불 아레나Red Bull Arena도 있다. RB라이프치히는 바이에른 뮌헨과 보루시아 도르트문트 사이에서 좋은 성적을 내고 있어 눈길이 가는 팀이다. 라이프치히의 경기를 보고 싶다면 공식 웹사이트www.dierotenbullen.com에서 티켓을 온라인으로 구매하면 된다.

- **Travel Tip**

운하 따라 보트 여행

라이프치히의 강과 운하는 구시가지 남쪽에 있다. 운하와 강을 따라 보트와 카누를 타고 라이프치히의 구석구석을 관광해보자. 팔멘가르텐과 클라라 체트킨 공원 지나 카를 하이네 운하까지 운행하는 보트가 가장 인기가 많다. 카누는 탑승자가 직접 노를 저어야 하므로 숙련자에게만 추천한다. 모터보트 관광Motorbootrundfahrten은 60~70분 정도 소요되며 홈페이지에서 인터넷으로 예매할 수 있다.

시내·운하 관광 모터보트 업체 정보

❶ 슈타트룬트파르트Stadtrundfahrt-leipzig ⏱ 4월~10월 매일 10:30~18:00(하루 6회, 70분) ◉ 탑승 위치 Bootsverlei-h/-haus Klingerweg 2, 04229 € 성인 14유로, 3~12세 9유로 ☰ www.stadtrundfahrt.com/leipzig/bootsrundfahrt

❷ 슈타트하픈-라이프치히Stadtgafen-leipzig ⏱ 4월~10월 매일 10:00~18:00(하루 6회)
◉ 탑승 위치 Schreberstraße 20, 04109 € 성인 16유로, 3~12세 11유로 ☰ www.stadthafen-leipzig.com

슈피너라이 예술지구
Leipziger Baumwollspinnerei 라이프치거 바움볼슈피너라이

🚶🚲 ❶ S-Bahn 라이프치히 플라그비츠역Leipzig-Plagwitz에서 도보 9분 ❷ 트람 14번 S-Bahnhof Plagwitz 정류장에서 하차 후 도보 9분 📍 SpinnereistraBe 7, 04179 📞 +49 341 4980222 🕐 화~토 11:00~18:00 🖥 www.spinnerei.de
Halle 14 📍 SpinnereistraBe 7, 04179 📞 +49 341 4924202 🕐 화~금 11:00~18:00
€ 성인 4유로, 학생 2유로, 매주 수요일 무료 🖥 www.halle14.org

면직공장 지대에 들어선 예술 거리

라이프치히 시내 중심가에서 트람을 타고 서쪽으로 20분쯤 가면 1800년대 건물이 많은 린데나우Lindenau가 나온다. 린데나우 남서쪽에 '슈피너라이'라 불리는 예술지구가 있는데, 정식이름은 '라이프치거 바움볼슈피너라이'로 '라이프치히 면직공장'이라는 뜻이다. 1884년 면직공장들이 들어섰다. 당시 유럽에서 가장 규모가 큰 공장 지대였다. 동서독 장벽이 무너진 1989년부터 문을 닫는 공장이 늘어나더니, 2000년이 되자 모든 공장이 운영을 중단했다. 데미안 허스트는 런던 부둣가의 빈 건물에서 전시를 열어 유명해졌다. 이를 따라 슈피너라이의 텅 빈 공장 부지에도 젊은 예술가들이 모이기 시작했다. 슈피너라이에는 현재 100여 개 이상의 예술가작업실, 디자이너 스튜디오, 유명 갤러리가 자리하고 있다. 슈피너라이 대표 갤러리인 '할레 14'를 제외하고는 대부분 무료 관람이 가능하다. 슈피너라이의 모든 갤러리와 전시회가 새롭게 단장을 하는 매년 1월과 4월 그리고 9월에는 갤러리 투어 행사가 열린다.

🍽☕ 라이프치히의 맛집·카페

🍽 라츠켈러 Ratskeller Leipzig

🚶 트람 14번 승차하여 노이어스 라타우스Neues Rathaus 정류장에서 하차, 도보 2~3분
📍 Lotterstraße 1, 04109 📞 +49 341 1234 567 🕐 월~목 17:00~22:00, 금~토 12:00~23:00, 일 11:00~16:00
€ 슈바인학세 19유로, 고제 맥주 0.3ℓ 3.9유로 ⎓ www.ratskeller-leipzig.de

시청사 안의 레스토랑

라츠켈러는 독일어권 나라에서 시청사 내에 있는 레스
토랑과 바를 부르는 용어이다. 시청사에 있을 뿐이지 일
반 레스토랑과 다를 것 없이 운영되기 때문에 일반인들
도 부담 없이 이용할 수 있다. 라츠켈러는 라이프치히
신 시청사 지하에 있다. 현대식 인테리어가 돋보이는 레
스토랑으로 저렴한 가격과 맛있는 음식으로 인기가 많
다. 평일 저녁과 주말에는 예약하지 않으면 오래 기다
려야 할 수도 있다. 라이프치히의 시장이었던 히에로니
무스 로터에서 이름을 딴 맥주 로터라너Lotteraner는 신
시청사의 라츠켈러에서만 맛볼 수 있다.

라이프치히를 대표하는 맥주, 고제Gose 맥주

고제 맥주는 상면발효 밀맥주이다. 니더작센주 고슬러Goslar지역에서 처음 만
들어졌고, 하르츠산맥 따라 주변 지역으로 전파되었다. 라이프치히에는 1738
년 안할트-데싸우 공국의 레오폴트 1세가 고제 맥주를 전파했는데, 이 맥주는
단번에 시민들의 마음을 사로잡아 라이프치히를 대표하는 지역 맥주가 되었
다. 고제 맥주는 벨기에 람빅맥주, 베를리너 바이쎄와 결을 같이하는데 발효과
정에서 생긴 젖산 특유의 향과 신맛이 난다. 여기에 소금과 고수를 첨가해 고
제만의 개성 있는 맛을 완성한다. 독특한 맛 때문에 사람에 따라 호불호가 갈
리지만, 기분 좋은 청량감을 느낄 수 있어 여름에 특히 빛을 발한다.

🍽 아우어바흐 켈러 Auerbachs Keller Leipzig

🚶 ❶ S-Bahn 마르크트역Markt에서 도보 3분 ❷ 구시청사에서 남쪽으로 도보 1분 📍 Grimmaische Straße, Mädler-
Passage 2-4, 04109 📞 +49 341 2161 00 🕐 월·목·일 12:00~22:00, 화~수 17:00~22:00, 금·토 12:00~23:00
€ 라이프치히 스타일 돼지고기 요리 27유로, 아우어바흐 필스 3.8유로 ⧉ www.auerbachs-keller-leipzig.de

괴테의 단골 술집

독일의 대문호 괴테가 자주 들린 술집으로 유명하다. 현재는 유럽에서 가장 유명한 쇼핑 아케이드 미들러 파사주
Mädler-Passage 지하에 있다. 구시청사 바로 남쪽에 있어 찾아가기도 편하다. 16세기 초 라이프치히 대학 총장이
었던 하인리히 슈트로머가 창고를 구매해 이 술집을 만들었다. 그는 바바리아 지역의 아우어바흐Auerbachs 출신이
라 아우어바흐 박사로 많이 불렸다. 그래서 술집 이름도 아우어바흐 켈러가 되었고, 지금도 이 술집의 역사는
계속되고 있다.

괴테는 라이프치히 대학에서 공부하던 당시인 1765년부터 1768년 사이에 이곳에 자주 들렀다. 그는 이곳에서 마
술사 파우스트가 악마와 계약을 맺는다는 내용의 '파우스트 전설'을 그린 두 개의 그림을 보고 그의 대작 '파우스트'
를 집필했다고 전해진다. 아우어바흐 켈러 곳곳에는 괴테의 대작 '파우스트'의 내용을 담은 그림과 조각상을 볼 수
있으며, 방문객을 위해 악마 메피스트의 복장으로 연극을 하는 연기자도 만날 수 있다.

🍽 카이저바트 Kaiserbad

식사 후 운하 산책까지

슈피너라이 예술지구가 있는 린데나우 지역의 음식점
이다. 관광지가 몰려있는 구시가지에서 서쪽으로 조
금 떨어져 있으며, 라이프치히 시민들이 즐겨 찾는 현
지인 맛집이다. 팬시한 분위기에서 버거, 오믈렛, 샐러
드, 맥주 등을 즐길 수 있다. 슈피너라이 예술지구에서
전시회를 감상한 뒤 식사하기 좋다. 레스토랑 서쪽으
로 1856년에 처음 조성된 카를 하이네 운하가 바로 연
결돼 식사 후 통행로를 따라 산책하기 좋다.

🚶 트람 14번 승차하여 칼-하이네/메르스버거 슈트라세
Karl-Heine-/Merseburger Str. 정류장에서 하차, 동쪽으로 도
보 3분 ⊙ Karl-Heine-Straße 93, 04229
📞 +49 341 3928 0894 🕐 일~목 10:00~23:00,
금~토 10:00~01:00, 월요일 휴무 € 버거+후렌치 프라이
15유로, 슈니첼 24유로 🖥 www.kaiserbad-leipzig.de

☕ 카페하우스 리켓 카페 Kaffeehaus Riquet Café

커피와 디저트, 프루슈툭까지

이국적인 건물 외관이 여행객의 눈을 단번에 사로잡는 카페이다. 프랑스 출신 리켓 가문이 1908년부터 문을 열었
다. 종교탄압을 피해 라이프치히에 정착한 리켓 가문은 1745년부터 차, 커피 그리고 향신료 등을 수입하며 성장해
왔다. 이후 향신료, 카카오와 함께 일본과 중국의 물건도 수입해 판매했고, 1905년엔 Riquet&Co를 설립하기에 이
른다. 그리고 1908년에 가게 문을 열면서 홍보를 위해 당시 전제를 아드누보 양식과 이국적인 상징물로 장식했다.
서띠아 니지드를 들기는 것도 좋지만, 독일식 아침 식사인 프루슈툭frühstück을 꼭 맛보기를 추천한다.

🚶 S반 Markt역에서 Salzgäßchen 따라 도보 3분
⊙ Schuhmachergäßchen 1, 04109 📞 +49 341 961 0000
🕐 매일 08:00~20:00 € 프루슈툭(독일식 아침식사) 20유로 정도 🖥 www.riquethaus.de

PART 13

드레스덴
Dresden

엘베강을 품은 예술과 도자기의 도시

베를린
드레스덴
프랑크푸르트
뮌헨

베를린에서 남쪽으로 버스로 2시간 거리에 있다. 2차 세계대전 당시 드레스덴 폭격의 비극을 품은 도시이자, 엘베 Elbe강을 기준으로 과거와 현재를 동시에 볼 수 있는 매력적인 도시이다. 강 이남에 위치한 구시가지에는 궁전, 궁정 교회, 오페라 극장 등 작센 왕국의 화려했던 과거를 보여주는 관광지가 모여 있다. 작센 왕가는 예술가들을 적극적으로 후원하였다. 특히 아우구스트 2세1670~1733의 예술과 문화 사랑은 대단했다. 드레스덴에 남아있는 문화유산 대부분이 그의 통치 시절에 탄생했다.

강의 북쪽인 신시가지는 깔끔한 이미지가 강하다. 쿤스트호프 파사제를 중심으로 개성 있는 작은 가게들과 동독 시기의 건물을 개조해 만든 카페와 술집이 몰려 있다. 이곳은 젊은이들의 놀이터 같은 곳이다. 어느 쪽이든 드레스덴의 한쪽만 만나고 돌아가기에는 너무 아쉽다. 최소 이틀은 머물면서 다양한 드레스덴의 모습을 만끽하길 추천한다.

주요 축제

필름 페스티벌 4월 중순, www.filmfest-dresden.de
국제 딕시랜드Dixieland 재즈 페스티벌 5월 중순, www.dixieland.de
드레스덴 음악제 5월~6월, www.musikfestspiele.com
야간 영화제 6월 말~8월 말, www.filmnaechte-am-elbufer.de
재즈 페스티벌 11월, www.jazztage-dresden.de
크리스마스 마켓 11월 말~12월 24일, striezelmarkt.dresden.de

드레스덴 여행 지도

겔트슈나이더

쿤스트호프 파사제(400m)
Kunsthof Passage
●도착

Anton-/Leipziger Str. Tram

Antonstraße

Theresienstraße

Dresden Albertplatz Tram

드라이쾨니히스 교회
Dreikönigskirche

Große Meißner Str.

Königstraße

Museum of
Dresden

Neustädter Markt Tram

아우구스트 황금 기마상
Goldener Reiter

Glockenpavillon

Carolaplatz

Canaletto-Blick ●

Wigardstraße

엘베강

젬퍼오페라 극장
Semperoper

아우구스트 다리
Augustusbrücke

고전 거장 회화관
Gemäldegalerie Alte Meister

쿳쳐생크

Terrassenufer

츠빙거 궁전
Zwinger

Theater-
platz

가톨릭 궁정 교회
Katholische Hofkirche

풀버툼
코젤팔레

브륄의 테라스
Brühlsche Terrasse

수학-물리학 살롱
Mathematisch-Physikalischer Salon

출발

카페
쉥켈바헤

군주의 행렬
Fürstenzug

관광안내소

Dresden Synagoge

도자기박물관
Porzellansammlung

레지덴츠 성
Residenzschloss

마이센 부티크

알베르티눔
미술관
Albertinum

Postplatz Tram

Wilsdruffer Str.

프라우엔 교회
Frauenkirche

Landhausstraße

경찰서

Altmarkt Tram

Wilsdruffer Str.

St. Petersburger Straße

Marienstraße

켁서라이

베엠 게쉥케
운트 암비엔테

Dresden
Webergasse Tram

Dr.-Külz-Ring

Prager Straße Tram

Waisenhaus Stra.

Trompeterstr.

Pragerstraße

Reitbahnstraße

Budapester Str.

프라거 거리
Pragerstraße

Walpurgisstraße Tram

마이센 박물관
(25km)

Weiner
Platz

Pragerstraße

St. Petersburger Straße

드레스덴 역
Dresden Hauptbahnhof
S Tram

Hauptbahnhof
Nord Tram

드레스덴 하루 여행 추천코스 지도의 빨간 점선 참고

츠빙거 궁전 → 고전 거장 회화관 & 도자기박물관 →
도보 5분 → 레지덴츠 성 → 도보 5분 → 프라우엔 교회 →
도보 5분 → 브륄의 테라스 → 알베티눔 미술관 →
대중교통 10분 → 쿤스트호프 파사제

드레스덴 일반 정보

위치 독일 동부(베를린에서 남쪽으로 190km, 라이프치히에서 동남쪽으로 116km.)

인구 약 59만 명(베를린에서 고속열차로 2시간, 라이프치히에서 열차에 따라 1시간 10분~1시간 40분 소요)

기온 연평균 12℃, 겨울 평균 3℃, 여름 평균 21℃

℃/월	1월	2월	3월	4월	5월	6월	7월	8월	9월	10월	11월	12월
최고	4	5	10	15	20	23	26	25	20	14	9	5
최저	-2	-1	1	4	9	12	14	13	10	6	3	0

여행 관련 홈페이지

드레드덴 시 홈페이지 www.dresden.de

드레스덴 관광안내 www.dresden.de/de/tourismus/tourismus.html.php

드레스덴 시내교통 www.dvb.de

드레스덴 관광안내소

드레스덴 중앙역과 프라우엔교회 근처 노이마르크트에 있다. 드레스덴 카드, 뮤지엄 패스를 구입하고, 여행 지도와 관광정보를 얻을 수 있다.

중앙역 관광안내소

🚶 드레스덴 중앙역Dresden Hauptbahnhof 역사 내 위치

📍 Wienerplatz 4, 01069 🕐 월~금 09:00~19:00, 토 10:00~18:00, 일 10:00~16:00

노이마르크트 관광안내소

🚶 트람1·2·4번 알트마르크트Altmarkt 정류장 하차 후 도보 4분 📍 Neumarkt 2, 01067

🕐 1월~2월 월~금 10:00~18:00, 토 10:00~16:00, 일 10:00~14:00

4월~12월 월~금 10:00~19:00, 토 10:00~18:00, 일 10:00~15:00

드레스덴 가는 방법

비행기

인천에서 드레스덴 국제공항Flughafen Dresden까지는 직항 노선은 없으며 뮌헨, 프랑크푸르트 등을 경유해야 한다. 노선이 많지 않고 가격이 비싼 만큼, 베를린 또는 체코 프라하를 여행하면서 기차나 버스로 이동하는 여행방법을 추천한다.

드레스덴 공항 ⊙Flughafenstraße, 01109 ☰www.mdf-ag.com

기차

드레스덴은 독일의 동쪽에 치우쳐 있어 베를린이나 라이프치히, 폴란드의 포즈난, 체코의 프라하에서 이동할 때 기차를 이용하는 편이 좋다. 같은 작센주에 있는 라이프치히에서 이동할 때에는 작센 티켓을 사용할 수 있다.

독일 철도청 홈페이지 www.bahn.de

> 도시별 기차 소요시간
>
> | | |
> |---|---|
> | 베를린-드레스덴 2시간 | 뮌헨-드레스덴 5시간 |
> | 라이프치히-드레스덴 1시간 10분 | 프라하-드레스덴 2시간 20분 |
> | 프랑크푸르트-드레스덴 4시간 20분 | 포즈난-드레스덴 6시간 |

버스

여행지에 따라서는 기차와 버스 소요시간이 비슷한 경우가 있다. 이럴 때는 좀 더 저렴한 버스를 이용하는 편이 좋다. 드레스덴 버스터미널ZOB은 중앙역Dresden Hauptbahnhof 뒤편, 바이리셔 거리Bayrische str 방면 출구 쪽에 있다. 한 가지 알아두어야 할 점은 여행자의 출발지 또는 도착지에 따라 노이슈타트 버스터미널Bahnhof Dresden-Neustadt을 이용해야 할 경우가 간혹 있다는 점이다. 노이슈타트 터미널은 신시가지 한자슈트라세Hansastraße 에 있다.

중앙역 정류장 Bayrishestraße.12 01069 노이슈타트 정류장 Hansastraße.4 01097

> 도시별 버스 소요시간
>
> 베를린-드레스덴 2시간 30분
> 라이프치히-드레스덴 1시간 30분
> 프라하-드레스덴 2시간 20분
> 포즈난-드레스덴 7시간

공항에서 시내 들어가기

드레스덴 국제공항은 시내로부터 10㎞가량 떨어져 있다. 공항과 바로 연결된 S2호선을 이용하면 중앙역까지 25분 정도 소요된다. 열차는 30분마다 운행한다. 티켓은 성인 3유로 15세 미만 2유로의 일회권Einzelfahrt을 구매하면 된다.

시내 대중교통

드레스덴 시내 대중교통은 S반, 버스, 트람이 있다. DVBDresdner Verkehrsbetriebe AG 티켓 판매기에서 교통권을 구매하거나 버스 기사에게 직접 표를 구매할 수 있다. 1회권인 아인젤파르트 Einzelfahrt는 1시간 동안 드레스덴 도심의 대중교통을 이용할 수 있다. 4회권을 이용하면 좀 더 저렴하다. 단거리 티켓인 쿼츠 슈트레케Kurzstrecke도 4회권이 있다. 단, 환승이 불가하고 드레스덴 도심의 버스와 트람을 네 정거장까지만 이용할 수 있다. 1일권

인 타게스카르테Tageskarte는 평일, 주말 가격 변동이 없으며 다음날 새벽 4시까지 사용할 수 있다. 성인 2명에 15세 이상 2명 또는 6~14세 어린이 4명까지 사용할 수 있는 가족권 파밀리에타게스카르테Familientageskarte도 있다.
홈페이지 www.dvb.de/en-GB

Preisstufe 1 기준 드레스덴 시내 교통 티켓 요금표(유로)

티켓종류	성인	6~14세
4회 단기권 4er-Kurzstrecke	7.5	–
1회권 Einzelfahrt	3	2
4회권 4er-Einzelfahrt	11.4	7.8
일일권 Tageskarte	7.4	6.2
가족권 Familientageskarte	13.1	–

Travel Tip

드레스덴은 주요 관광지가 구시가지에 몰려있어서 대중교통을 이용할 일이 많지 않다. 걷는 것에 무리가 없다면 시티투어카드를 사지 않고 필요할 때 1회 교통권Einzelfahrt를 구매하는 편이 낫다.

드레스덴 시티 카드 & 드레스덴 뮤지엄 카드

시티투어카드Dresden City Card는 정해진 기간에 드레스덴 시내의 대중교통을 무제한 이용할 수 있으며, 박물관과 가이드 투어, 레스토랑과 가게에서 할인 혜택도 받을 수 있다. 싱글티켓과 성인 2명, 14세 이하 어린이 4명이 함께 이용할 수 있는 패밀리 티켓이 있다.
드레스덴 뮤지엄 카드Dresden Museums Card는 이틀 동안 드레스덴에 있는 27개 박물관과 전시관 1회 무료입장이 가능하고 시티 카드와 동일한 레스토랑과 가게에서 할인 혜택을 받을 수 있지만, 대중교통은 포함되지 않는다.

시티 카드 & 뮤지엄 카드 요금(유로)

티켓종류	1일	2일	3일
시티 카드 싱글	17	24	33
시티 카드 패밀리	21	35	45
뮤지엄 카드	–	35	–

츠빙거 궁전
Zwinger

🚶 ❶ 드레스덴 중앙역에서 프라거 슈트라세Prager Str.와 발슈트라세WallstraBe를 지나 북쪽 구시가지 방향으로 도보 20분
❷ 트람 4·8·9번 티어터플라츠Theaterplatz 정류장 하차 후 도보 3분
❸ 레지덴츠 성레지덴츠슐로스 드레스덴, Residenzschloss Dresden에서 동쪽으로 도보 2분
📍 SophienstraBe, 01067 📞 +49 351 49142000 🕐 06:00~20:00
🔗 www.der-dresdner-zwinger.de

박물관이 모여 있는 아름다운 옛 궁전

츠빙거 궁전은 엘베강 남쪽 구시가지 중심부에 있는 아름다운 바로크 양식 건축물이자 드레스덴의 랜드마크이다. 가운데에 정원이 있고, 정원을 둘러싸고 있는 건물 3곳에 박물관이 들어가 있다. 작센의 선제후신성로마제국의 황제를 선출할 권한을 가진 제후이자 폴란드의 왕이었던 아우구스트 2세1670~1733는 드레스덴의 문화 부흥기를 이끈 인물이다. 그의 치세기에 드레스덴은 '독일의 피렌체'로 불릴 만큼 아름다운 예술과 문화의 도시였다. 아우구스트 2세는 1687년부터 2년 동안 프랑스와 이탈리아 등지를 여행하면서 바로크 문화에 큰 감명을 받았다. 작센으로 돌아온 그는 예술과 건축의 후원자로 적극 나섰다. 1710년 공사를 시작해 1719년에 완공된 츠빙거 궁전은 그의 건축에 대한 열정을 잘 보여주는 걸작이다. 츠빙거는 방어용 성벽과 해자 사이의 공간을 이르는 말인데, 드레스덴 왕가는 레지덴츠 궁전 서쪽 성벽과 해자 사이 넓은 터에 궁과 정원을 짓고 츠빙거라는 단어를 그대로 사용하였다. 궁정 건축가

마테우스 다니엘 푀펠만과 조각가 발타사르 페르모서가 설계한 궁전은 흠잡을 데가 없을 만큼 아름답고 화려하다. 궁전을 품고 있는 호수 같은 해자와 정원도 궁전 못지않게 아름답다. 1945년 2월 연합군의 드레스덴 폭격으로 궁의 대부분이 파괴되었으나, 건물의 중요도와 심미적인 가치가 높은 까닭에 동독 시절 소련군의 주도 아래 곧바로 복원을 시작하여 1963년에 옛 모습을 되찾았다.

츠빙거 궁은 입구 역할을 하는 몇 개의 파빌리온을 통해 입장할 수 있다. 이 가운데 특히 눈여겨 볼만한 입구가 정문인 크로넨 문Kronen Tor, 크로넨 토어과 글로켄슈필 파빌리온Glockenspiel pavillon이다. 해자를 지나 통과해야 하는 출입구 크로넨 문은 독수리 4마리가 수호하는 폴란드식 왕관을 이고 있어서 인상적이다. 아우구스트 2세의 폴란드 왕 즉위를 기념하여 제작되었으나 독수리 장식이 폴란드 양식이 아니라 신성로마제국 양식이라서 그가 황제 자리를 노리는 게 아니냐는 오해를 받기도 했다. 글로켄슈필 파빌리온에는 1933년 마이센 자기로 만든 편종차임과 시계를 설치했는데, 지금도 15분마다 자임이 연주된다. 당시엔 차임이 24개였으나 훗날 40개로 증설되었다. 드레스덴 폭격 때에도 다행히 이 차임은 화를 입지 않았다. 현재 궁궐에는 옛 거장 회화관과 도자기 박물관 등 이름난 박물관 3개가 들어서 있다. 박물관을 제외한 공간은 무료로 입장할 수 있다.

츠빙거 궁전이 품은
세 개의 미술관

1 고전 거장 회화관
Gemäldegalerie Alte Meister 게멜데갈레리 알테 마이스터

렘브란트와 루벤스 만나기

츠빙거 궁전 옆에 있는 오페라하우스를 설계한 건축가 젬퍼가 디자인했다. 전시실만 23개나 된다. 독일의 대문호 괴테는 생전에 이 곳을 방문하고 할 말을 잃을 정도로 놀랐다고 한다. 이탈리아와 네덜란드의 르네상스 시대 작품부터 플랑드르의 거장인 렘브란트, 루벤스, 베르메르 등 15~18세기에 활동한 작가의 작품이 전시되어 있다. 시대와 작가에 따라 전시장 벽 색깔을 달리한 점이 인상적이다. 고전 거장 회화관은 루카스 크라나흐1472~1553 등 독일 회화의 전성기인 16세기에 활동한 대표 작가의 작품을 세계에서 가장 많이 소유한 미술관이기도 하다. 하지만 이 미술관의 대표 작품은 누가 뭐라 해도 라파엘로의 〈시스티나의 마돈나〉이다. 성모마리아가 아기 예수를 안은 모습을 화면 아래에서 두 아기 천사가 무심하게 바라보는 모습으로 유명한 그림이다. 박물관 공사로 일부 전시만 관람할 수 있으며, 하우스 티켓을 구매하면 츠빙거 내 박물관 세 곳을 모두 관람할 수 있다. ⟲ 화~일 10:00~18:00(월요일 휴관) € 하우스티켓 성인 14유로, 학생 10.5유로. 17세 미만과 드레스덴 뮤지엄 패스 소지자는 무료 ≡ gemaeldegalerie.skd.museum/

2 수학-물리학 살롱
Mathematisch-Physikalischer Salon 마테마티쉬-피지칼리셔 잘롱

근대 과학의 역사를 한눈에

세계에서 손꼽히는 과학 박물관 중 하나로, 지난 수세기 동안 세계를 측정하는데 사용된 다양한 과학 도구들을 만날 수 있다. 세련된 시계와 기계 장치, 기념비적인 망원경, 천문 모델, 독일에서 가장 오래된 기계 계산기, 지구와 천문 관측 기구 등 16세기에서 19세기까지 인류가 이룩한 위대한 수학과 물리학 관련 실험 도구와 관찰 기구를 전시하고 있다. 18세기 후반에 이미 천문 관측소가 설치되었을 만큼 역사가 깊은 박물관이다. 근대 과학의 역사를 한눈에 관람할 수 있다. 과학 전공자나 과학에 관심이 있는 사람들뿐만 아니라 비전공자도 관람하기를 적극 추천한다.

⟲ 화~일 10:00~18:00(월요일 휴관)
€ 성인 6유로, 학생 4.5유로, 17세 미만 무료
≡ mathematisch-physikalischer-salon.skm.museum

3 도자기박물관
Porzellansammlung 포르첼란잠룽

드레스덴의 오래된 미래

1786년 문을 연 서양 최초의 도자기박물관이다. 아우구스트 2세의 아들 아우구스트 3세1696~1763는 아버지 뒤를 이어 드레스덴의 문화와 예술을 발전시키는데 큰 공을 세운 인물이다. 그는 또 독일의 도자기를 탄생시킨 제후이다. 아주 이른 시기부터 도자기를 만들었던 중국, 우리나라와 달리 서양은 17세기가 다 되도록 제대로 된 도자기 제작 기술을 가지지 못했다. 심지어 일본도 임진왜란 당시 납치해간 조선의 도공에게 전수받아 16세기 말에서야 겨우 도자기를 만들 수 있었다. 당시 도자기는 요즘의 반도체나 스마트폰에 버금가는 하이테크 제품이었다. 서양은 그 무렵 중국과 일본에서 도자기를 전량 수입하고 있었다. 아우구스트 3세는 명나라 도자기와 일본의 이마리 도자기를 열정적으로 수집하기 시작했다. 서양에서 도자기는 부를 상징하는 최고 사치품이었다. 그들에게 도자기는 진귀한 보물임과 동시에 언젠가는 도달해야만 하는 이상과도 같은 것이었다. 18세기 초 작센 왕조는 마침내 유럽에서 최초로 도자기 제작 기술을 가질 수 있었다. 도자기박물관은 아우구스트 3세가 30년 동안 수집한 동양의 도자기와 마이센드레스덴 서북 쪽 엘베 강가에 있는 작센주의 작은 도시. 지금도 도자기 도시로 유명하다.에서 생산한 서양 최초의 도자기를 전시하고 있다.

🕐 화~일 10:00~18:00(월요일 휴관)
€ 성인 6유로 학생 4.5유로 18세 미만 무료
≡ porzellansammlung.skd.museum

◆ **Travel Tip**

드레스덴 음악제

Dresdner Musikfestspiele 드레스드너 무직페스트슈필러

1978년 동독 시절부터 이어져온 음악 축제로 매년 5~6월에 열린다. 드레스덴 음악제는 츠빙거 궁을 비롯한 드레스덴 전 지역에서 열린다. 30여 일 동안 세계적인 음악가 1만 5천 명 참여하는 대규모 음악제로, 독일에서 손꼽히는 축제이다. 매년 세계적인 음악가 또는 나라를 선정해 음악제의 테마를 정한다. 2009년부터는 시간, 불과 얼음 등 감각적인 주제를 선정하여 음악제를 진행하고 있다. 더 구체적인 정보와 및 예매 방법은 인터넷 홈페이지에서 얻을 수 있다.www.musikfestspiele.com

© MARCO BORGGREVE

레지덴츠 성
Residenzschloss Dresden 레지덴츠슐로스 드레스덴

🚶 ❶ 트람 4·8·9번 티어터플라츠Theaterplatz 정류장 하차 후 도보 3분 ❷ 츠빙거 궁전에서 동쪽으로 도보 2분
📍 Taschenberg 2, 01067 📞 +49 351 49142000 🕐 수~월 10:00~18:00, 야간개장(금) 17:30~20:00 **휴관** 화요일
€ 레지덴츠 성 하우스 티켓 성인 14유로, 학생 10.5유로(구 녹색방을 제외한 모든 박물관 관람권, 17세 미만 무료)
히스토리셔스 그뤼네 게뷜베 성인 14유로(인터넷 홈페이지에서 예매 필수, 17세 미만 무료, 매시간 15분 단위로 20명씩 입장)
콤바인 티켓 24.5유로(레지덴츠 성 전체 관람, 인터넷 홈페이지에서 예매 필수, 17세 미만 무료)
🔗 www.skd.museum/besuch/residenzschloss

화려한 보석, 판화와 드로잉, 동전으로 가득한 박물관들
작센 선제후와 왕들이 사용하던 궁전으로 츠빙거 궁전 농쪽에 있다. 수세기에 걸쳐 증축이 거듭되어 구조가 독특하고 복잡하다. 1701년 대화재로 궁이 소실되자 아우구스트 2세가 작센주의 부와 권력을 과시하기 위해 재건을 명했다. 연합군의 공습으로 기초까지 파괴된 궁을 복원하기 위한 계획은 1985년부터 시작되었다. 최근까지도 궁의 완전한 복원을 위해 계속 공사하고 있다. 레지덴츠 궁에서 가장 유명한 장소는 히스토리셔스 그뤼네 게뷜베 Historisches Grünes Gewölbe, 구녹색방이다. 유럽 최고 수준의 보물이 가득한 이곳은 거울로 장식되어 있어 '거울방'이라고도 부른다. 41캐럿의 '드레스덴 녹색 다이아몬드' 등 작센 왕가의 높은 예술성을 엿볼 수 있는 보물이 가득하다.
노이에 그뤼네 게뷜베Neue Grüne Gewölbe, 신녹색방는 구녹색방에서 전시하지 못한 작센 왕가의 화려한 공예품을 관람할 수 있는 곳이다. 튀르키예관Türckische Cammer도 눈여겨볼 만하다. 세계에서 가장 중요한 오스만 유물 컬렉션으로 실물 크기의 목제 말과 거대한 튀르키예식 텐트 등을 만나볼 수 있다. 이외에도 작센 왕들이 사용했던 갑옷과 투구 등이 있는 무기관이자 왕가에서 열린 기사들의 토너먼트를 재현해 놓은 거대한 홀 리젠잘Risensaal, 세계 최고로 손꼽히는 판화·드로잉 박물관, 30만 점의 동전들을 보관한 동전전시실도 있다.

ONE MORE

왕실마구간의 거대한 도자기 벽화, 군주의 행렬 Fürstenzug 퓌르스튼쭈그

레지덴츠 궁의 왕실 마구간 슈탈호프Stallhof 외벽에 작센 왕 35명과 과학자, 장인, 예술가 등을 새겨 넣은 102m에 이르는 거대한 자기 벽화이다. 화가 빌헬름 발터가 작센을 다스렸던 베틴 가문 탄생 800주년을 기념해 1876년 처음 벽화로 만들었다. 건물 외벽에 그려진 탓에 시간이 지날수록 손상이 심해져 1904년 2만3천 개의 마이센 자기 타일에 그림을 새겨 다시 설치하였다. 연합군의 드레스덴 폭격에서도 기적적으로 화를 면했다. 벽화엔 작센 공국의 군주 35명과 과학자·장인·예술가·농부·아이 등 59명의 인물이 그려져 있다. 화가 본인의 모습도 포함되어 있어 눈길을 끈다. 인물 외에도 말, 개, 새, 나비가 함께 그려져 있는데 시간 순서대로 의상, 무기의 모습이 변화하는 점도 흥미롭다. 군주의 행렬이 설치된 슈탈호프의 앞마당에서는 매년 성탄절 시즌에 크리스마스 마켓이 열린다. 드레스덴 시내 다른 마켓과 달리 중세시대의 시장 모습을 재현한다. 물품의 가격표도 400여 년 동안 유럽 전역에서 쓰인 화폐 단위인 탈러Thaler로 표시되어 있다.

✦ Special Tip ✦

드레스덴 폭격 Luftangriffe auf Dresden 루프트앙그리페 아우프 드레스덴

드레스덴은 독일에서 7번째로 큰 도시이다. 2차 세계대전 말미인 1945년 2월 13일 영국과 미국이 주도 아래 나치 독일의 패망을 앞당기기 위하여 군용기 1천여 대를 동원하여 3일 밤낮으로 드레스덴에 대한 대대적인 폭격을 퍼부었다. 이 때 블록 하나를 날려버릴 만큼의 위력을 가진 '블록버스터'와 '소이탄'이 대량으로 투하되었다. 그야말로 융단폭격이었다. 이 작전을 지시한 사람이 영국 공군 대장이었던 아더 해리스였다. 그는 "적의 민간인도 적이다. 군인이든 민간인이든 적을 위해 흘릴 눈물은 없다."

©Deutsche Fotothek

라는 유명한 말을 남겼다. 이 폭격으로 독일의 피렌체라고 불리는 드레스덴 시가지의 70%가 파괴되었다. 대규모 화재가 발생하자 화상과 질식으로 수많은 시민들이 목숨을 잃었다. 집계된 사망자 수만 3만 5천명이 넘었으며, 실제 피해자는 이보다 훨씬 많을 것으로 본다. 폭격의 이유는 드레스덴에 산재한 군수공장을 파괴하여 나치 군대를 무력화시키는 것이었다. 미군의 비밀문서에 따르면 공습 당시 드레스덴에는 독일의 전쟁 물자를 지원하는 공장 110곳과 5만여 명의 노동자가 있다고 적고 있다. 하지만 일부에서는 드레스덴엔 대대적인 폭격을 할 만큼 의미 있는 군수공장이 없었다고 증언하고 있다. 연합군의 폭격으로 유서 깊은 건축물, 성과 교회, 박물관이 불타고 파괴되었다. 타격을 입은 문화유산 복원 작업은 최근까지 이어졌다.

젬퍼오페라 극장

Semperoper Dresden 젬퍼오퍼 드레스덴

🏃 ❶ 츠빙거 궁전에서 도보 2분 ❷ 트람 4·8·9번 티어터플라츠Theaterplatz 정류장 하차
📍 Theaterplatz 2, 01067 📞 +49 351 4911705 € 영어 가이드 투어 13:00(성인 14유로, 학생 9유로, 가족(성인 2명, 18세 이하 3명) 35유로) ☰ 가이드 투어 예약 www.semperoper-erleben.de/en 공연 예매 홈페이지 www.semperoper.de 🕒 박스오피스 운영시간 월~금 10:00~13:00

바그너가 지휘자로 활약했던 오페라의 성지

츠빙거 궁전의 고전 거장 회화관을 설계한 건축가 고트프리트 젬퍼Gottfried Semper의 작품이다. 궁전 안 도자기 파빌리온 근처에 있던 왕립 오페라 극장을 대체하기 위해 1841년 건설하였다. 하지만 완공 후 20년이 지난 1869년 젬퍼오퍼는 화재로 그만 전소되고 말았다. 드레스덴 혁명1849년 5월 9일 오스트리아로부터 독립을 요구하며 일어난 혁명. 작곡가 바그너도 참여했다.에 가담했다가 작센 주를 떠나 오스트리아에 머물고 있던 젬퍼는 시민들의 요청에 다시 오페라 극장을 설계했다. 그의 아들 만프리트 젬퍼가 아버지를 대신하여 건축 감독을 맡았다. 1878년 바로크 양식의 멋진 극장이 완공되었으나 1945년 2월 드레스덴 폭격으로 다시 수난을 맞는다. 지금의 건물은 1985년에 복원한 것이다.

젬퍼오페라 극장은 작곡가 리하르트 바그너1813~1883와 인연이 깊다. 1842년 왕립 오페라 극장의 지휘자가 된 그는 자신의 오페라 <탄호이저>를 이곳에서 초연하였다. 그 무렵 젬퍼오페라는 유럽의 대표 오페라 극장이자 독일 오페라의 성지로 우뚝 섰다. <마탄의 사수>, <살로메> 같은 걸작도 이곳에서 초연되었다. 지금도 발레와 오페라 공연이 정기적으로 열린다. 발레리나 이상은 씨가 이곳 수석 무용수로 활동하고 있다. 극장의 박스오피스와 홈페이지에서 공연 예매가 가능하다. 공연을 보지 않아도 독어 또는 영어 가이드 투어를 통해 실내를 관람할 수 있다. 매회 정원은 30명, 투어 시간은 30~45분이다. 인터넷으로 미리 예매를 하도록 하자.

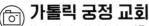

가톨릭 궁정 교회
Katholische Hofkirche 카톨리셔 호프키르헤

🚶 ❶ 젬퍼오페라 극장과 레지덴츠 성에서 도보 3~4분 ❷ 트람 4·8·9번 티어터플라츠Theaterplatz 정류장 하차
📍 Schloßstraße 24, 01067 📞 +49 351 4844712
🕐 월~목, 토 10:00~17:00, 금 13:00~17:00, 일 12:00~16:00(오르간 연주 수·토 11:30~12:00)

오르간 선율이 무척 아름다운

선제후 강건왕 아우구스트 2세1670~1733의 아들 아우구스트 3세1696~1763 때 건설되었다. 완공 시기는 1755년이다. 아우구스트 3세는 아버지가 그랬듯 폴란드 왕에 오르기 위해 가톨릭으로 개종을 했다. 가톨릭 궁정 교회는 이런 배경 속에서 탄생했다. 1739년 이탈리아의 바로크 양식 건축가 가에타노 키아베리의 감독 아래 공사를 시작하여, 16년 뒤인 1755년 작센 주에서 가장 큰 성당이 모습을 드러냈다. 궁정 교회답게 규모가 크고 내외부가 무척 장식적이고 화려하다. 지하에는 작센 왕가의 납골당이 있다. 강건왕 이후 작센의 모든 왕이 이곳에 묻혀있다. 하지만 궁정 교회도 드레스덴 폭격을 피해가지는 못했다. 교회 천장이 무너지고 외벽도 일부 파괴되었다. 현재의 모습은 1965년에 복원한 것이다. 그을린 건물 벽이 당시의 참상을 말해준다. 궁정 교회엔 유명 오르간 제작자 고트프리트 질버만Gottfried Silbermann이 만든 멋진 오르간이 있다. 이 작품은 그가 만든 오르간 50개 중에서 프라이베르그 성당의 오르간과 함께 최고의 작품으로 손꼽힌다. 매주 수요일과 토요일에 오르간 연주를 들을 수 있다. 일요일 미사 때는 독일에서 유명한 드레스덴 소년성가대Dresden Kapellknaben가 합창을 한다. 미사 시간엔 관광객 입장이 제한될 수 있다.

프라우엔성모 교회
Frauenkirche 프라우엔키르헤

🚶 ❶ 츠빙거 궁전에서 동쪽으로 도보 9분 ❷ 트람 1·2·4번 피어나이셔 플라츠Pirnaischer Platz(Stadtmuseum) 정류장에서 북동쪽으로 도보 6분 ⊙ Neumarkt, 01067 📞 +49 351 65606100

🕐 ❶ 교회 월~금 10:00~11:00, 13:00~17:30(주말은 예배, 행사에 따라 출입이 제한됨) ❷ 돔 전망대(Door G로 입장 가능) 3월~10월 월~토 10:00~18:00, 일 13:00~18:00 11월~2월 월~토 10:00~16:00, 일 13:00~16:00

€ 돔 전망대 성인 10유로, 학생(6~16세) 5유로 🖩 www.frauenkirche-dresden.de

마르틴 루터의 동상이 있는

구시가지 노이마르크트Neumarkt 광장에 있는 아름다운 바로크 양식 교회이다. 1743년 건축 당시엔 가톨릭 성당이었으나 16세기 종교개혁 이후 개신 교회가 되었다. 요한 세바스티안 바흐가 이곳에서 성당 완공 기념 파이프 오르간을 연주했다. 이 교회는 종교개혁의 선구자 마르틴 루터1483~1546. 사제이자 대학교수, 1517년 가톨릭의 '면죄부' 판매를 비판하면서 종교개혁의 첫 문을 열었다.의 동상으로 유명하다. 루터가 작센 지방 출신 종교 개혁가이기에 그의 동상을 세운 것이다. 이 교회의 상징은 높이가 96m에 이르는 아름다운 돔이다. 미학적으로나 기술적으로나 로마 베드로 성당의 미켈란젤로 돔에 버금가는 평가를 받는다. 1만 톤이 넘는 사암으로 이루어져 있는데 내부엔 돔을 지지해 주는 기둥이 전혀 없다. 18세기 말 7년 전쟁 때 포탄 100여 발이 쏟아졌으나 무너지지 않고 건재했다. 하지만 1945년 드레스덴 폭격 때 무너져 내렸다. 전쟁 후 시민들은 무너진 돌들을 모아 번호를 매겨 보관했다. 동독 시절에는 전쟁의 참상을 알린다는 이유로 방치되어 있다가 2005년에서야 복원되었다. 복원된 건물의 44%는 1945년 무너져 내린 돌을 다시 사용하였다. 교회 앞에는 폭격 당시 무너진 교회의 파편이 전시되어 있다.

브륄의 테라스
Brühlsche Terrasse 브륄셰 테라쎄

🚶 프라우엔 교회에서 엘베강 방향으로 도보 5분 📍 Georg-Treu-Platz 1, 01067

엘베강과 드레스덴의 멋진 풍경을 담자

19세기 이후 많은 문학 작품에서 드레스덴을 일러 '유럽의 발코니'라고 표현했다. 그 배경은 다음과 같다. 16세기 무렵 작센의 왕이 구시가지를 보호하기 위해 엘베 강변에 방어시설을 길게 세웠다. 그로부터 200년이 지난 1739년 왕실은 백작 하인리히 본 브륄Heinrich von Brühl에게 이 일대를 하사했다. 백작은 이곳에 미술관, 도서관, 정원 등을 세웠다. 쭉 뻗은 방어시설 주변으로 조성된 브륄의 건물들은 마치 테라스와 같았다. 사람들은 이곳에서 보는 엘베강과 드레스덴 풍경에 감탄하며 '브륄의 테라스'라 부르게 되었다. '유럽의 발코니'라는 말은 이 이야기에서 유래했다. 드레스덴 폭격으로 테라스는 도서관을 제외하고 대부분 파괴되었으나 회화와 사진이 많이 남아있는 덕분에 옛 모습에 가깝게 복원되었다.

©pixabay

프라거 거리
Pragerstraße 프라거슈트라쎄

🚶 드레스덴 중앙역에서 도보 3분 📍 Prager Straße 01069

드레스덴의 명동

드레스덴 중앙역에서 처음 만나게 되는 번화가로 구시가지를 향해 북동쪽으로 700여 미터 뻗어있다. 이 거리엔 쇼핑몰과 호텔, 음식점이 밀집해있다. 19세기 중반 드레스덴 기차역과 알트마르크트구광장를 이어주는 길로 조성되었다. 이때부터 은행, 빵집, 음식점, 옷가게 등이 모이면서 성장하기 시작했다. 1970년대부터 보행자 전용 거리가 되었다. 통행에 불편을 느끼지 않고 쇼핑을 즐길 수 있으며, 산책하듯 천천히 20분쯤 걸으면 구시가지의 중심 츠빙거 궁전이 나온다. 11월 마지막 주로부터 한 달 동안 이 길을 따라 크리스마스 마켓이 열린다.

알베르티눔 미술관
Albertinum

🏃 브뢸의 테라스 남쪽 건물 ⊙ Tzschirnerpl. 2, 01067 📞 +49 49142000 ⏰ 화·수·일 10:00~18:00, 목~토 10:00~21:00 **휴관** 월요일 € 성인 12유로, 학생 9유로, 17세 미만 무료(오디오 가이드 포함) ⎓ albertinum.skd.museum/besuch

고흐, 고갱, 로댕, 그리고 또 다른 거장들

알베티눔은 1887년에 문을 연 드레스덴 대표 미술관이다. 16세기에 지은 유럽에서 가장 크고 유명한 병기고 건물을 리모델링하여 개관 당시부터 이름이 높았다. 미술관 이름은 당시 작센의 왕 알베르트1828~1902에서 유래하였다. 1945년 연합군의 드레스덴 폭격으로 건물의 천장이 무너지면서 작품 일부가 파손되었다. 또 동독 시절에는 소련군이 일부 미술품을 약탈했다가 1958년에야 되돌려주었다. 2006년엔 엘베강이 범람하면서 박물관 일부가 물에 잠겼다. 젬퍼오페라 극장도 이때 큰 피해를 입었다.

알베티눔 미술관은 크게 신 거장 회화관Galerie Neue Meister과 조각 컬렉션으로 나누어져 있다. 신 거장 회화관은 츠빙거 궁의 옛 거장 회화관과 함께 드레스덴을 대표하는 회화관이다. 반 고흐, 고갱, 드가, 오토딕스 등 19세기부터 현재에 이르는 거장의 작품을 감상할 수 있다. 독일 낭만주의 대표화가 카스파르 다비드 프리드리히Caspar David Friedrich의 작품도 이곳에 있다. 조각 컬렉션은 고대부터 현재까지 약 5천년에 걸쳐 제작된 유럽과 이집트, 메소포타미아, 그리스, 로마의 근현대 조각을 두루 만날 수 있다. 고대 조각품은 이탈리아의 것을 제외하고 가장 오래된 것들이며, 규모도 가장 크다. 프랑스를 대표하는 조각가 로댕의 작품도 감상할 수 있다.

아우구스트 다리
Augustusbrücke 아우구스투스브뤼케

🚶 ❶ 가톨릭 궁정 교회에서 북쪽으로 도보 2분 ❷ 트람 4·8·9번 티아터플라츠Theaterplatz 정류장에서 북쪽으로 도보 2분
📍 Augustusbrücke, 01097

300년을 헤아리는 아치형 돌다리

엘베강이 나누어 놓은 구시가지와 신시가지를 이어주는 아치형 돌다리이다. 1731년 아우구스트 2세는 작센 출신 선제후로는 처음으로 폴란드 왕이 되었다. 드레스덴의 부흥기를 가져온 그의 별명은 '모츠니'Mocny 였다. 폴란드어로 힘이 세다는 의미로 우리나라에서는 강건왕이라고 부른다. 재미있는 점은 그가 강력한 왕권 통치를 해서 그런 게 아니라 실제로 힘이 세서 이런 별명을 얻었다는 것이다. 그는 맨손으로 말발굽을 부술만큼 힘이 장사였다. 그래서 작센의 헤라클레스, 강철손이라 불리기도 했다. 아우구스트 다리는 아우구스트 2세의 명으로 기존 다리를 연장해 재건축했다. 이 다리로 사람, 트람, 자동차, 자전거가 다닌다. 해질녘 다리에서 보는 엘베 강변의 모습이 장관이다.

아우구스트 황남 기마상
Goldener Reiter 골데너 라이터

🚶 ❶ 아우구스트 다리 북쪽 끝에서 도보 2분
❷ 트람 4·8·9번 노이슈태터 마르크트Neustädter Markt 정류장 건너편 📍 Neustädter Markt, 01097

신시가지의 시작을 알려주는 이정표

아우구스트 다리 북쪽 끝 신시가지 초입에 있다. 노이슈타트Neustadt, 즉 신시가지Neustadt의 시작을 알려주는 이정표이다. 드레스덴에서 가장 유명한 기념상으로 로마 황제로 변신한 아우구스트 2세가 말을 타는 모습을 형상화했다. 1736년 11월 프랑스 조각가 장 조셉 비나쉬가 만들었다. 여러 차례 해체와 수리를 반복하다 1956년 드레스덴 탄생 750주년을 기념하여 지금의 모습으로 다시 세웠다. 1965년 기마상을 황금으로 덮었다.

드라이쾨니히스 교회
Dreikönigskirche 드라이쾨니히스키르헤

🏃 ❶ 신시가지 트램 4·8·9번 노이슈태터 마르크트Neustädter Markt 정류장에서 북쪽으로 도보 6분
❷ 황금 기마상에서 북쪽으로 도보 5분 📍 Hauptstraße 23, 01097 📞 +49 351 8124101
🕐 월~금 10:00~18:00 € 전망대 성인 5유로, 학생 4유로, 6~17세 1.5유로, 6세 미만 무료 ☰ www.hdk-dkk.de

©flick_Henry

첨탑 전망대에서 드레스덴 구경하기

엘베강 북쪽 신시가지에 있다. 하우프트 거리를 걷다보면 높이가 87.5m에 이르는 첨탑이 유독 눈에 띄는데 이것이 드라이쾨니히스 교회 첨탑이다. 15세기 이전에 건설되었으나 드레스덴 폭격으로 크게 파괴되었다가 1980년대 후반 바로크 양식으로 복원되었다. 이 교회는 15세기에도 수난을 겪었는데 체코보헤미아의 종교 개혁가 얀 후스1369~1415, 보헤미아의 성직자이자 대학교수를 추종하는 후스파가 세 차례나 교회를 파괴했기 때문이다. 얀 후스는 교회의 기초는 베드로가 아니라 그리스도이며, 성경의 권위에 복종하지 않는 교황에게는 복종할 필요가 없다고 주장했다. 하느님과 인간 사이에는 그리스도 이외의 어떤 중재자도 없다고 보았고, 죄에 대한 대사 행위도 거부하였다. 그는 이단으로 몰려 교황청에 의해 처형당했다. 드라이쾨니히스는 '세명의 왕'이라는 뜻이다. 아기 예수의 탄생을 처음 경배하러간 동방박사 3명을 말한다. 첨탑 전망대에 오르면 아름다운 엘베강과 드레스덴 시 전경을 모두 눈에 넣을 수 있다. 전망대는 유료이다. 드라이쾨니히스 교회는 종교 건물이면서 동시에 문화공간이다. 벽화가 무척 아름다우며, 정기적으로 음악회와 공연이 열린다. 교회 건물로는 드물게 카페와 컨벤션 센터도 보유하고 있다.

©Miguel Mendez

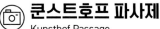

쿤스트호프 파사제
Kunsthof Passage

🚶 ❶ 트람 13번 괼리처 슈트라세 노드바트Görlitzer Str. Nordbad 정류장에서 Görlitzer Str. 따라 북쪽으로 도보 3분
❷ 트람 7·8번 루이젠슈트라세Luisenstraße 정류장에서 동쪽으로 도보 7분 ⦿ Görlitzer Str. 21-25, 01099
📞 +49 351 8025445 ⏰ 쿤스트호프 파사제는 24시간 오픈. 상점은 운영시간 상이 🖥 www.kunsthof-dresden.de

예술가들이 재생한 매혹적인 주상복합공간

노이슈타트신시가지의 중심에 있는, 드레스덴 출신의 예술가들이 만든 독특하고 개성이 넘치는 주상복합공간이다. 음식점, 가게, 주거 지역이 공존하는 곳으로, 5명의 예술가와 1명의 조각가가 건물 외벽과 정원 디자인을 맡아 모두 5개 테마로 꾸몄다. 가장 눈에 띄는 건물로는 원소의 뜰, 동물의 뜰이 있다. 원소의 뜰Hof der Elemente, 호프 데어 엘디멘테은 예술가 3명이 상크페테르부르크의 빗 건물들에 설치된 우수관雨水管에서 영감을 얻어 제작했다. 일반 우수관보다 직경이 넓어 바람과 빗물이 통과할 때 생기는 소리를 건축으로 표현하려고 했다. 건물에 드리운 초록빛의 장막을 걷어내려는 기린, 원숭이, 두루미가 표현된 동물의 뜰Hof der Tiere, 호프 데어 티어레도 쿤스트호프 파사제의 대표적인 건물이다. 이외에도 빛의 뜰Hof des Lichts, 호프 데스 리히츠, 상상의 동물의 뜰Hof der Fabelwesen, 호프 데어 파벨베즌, 변형의 뜰Hof der Metamorphosen, 호프 데어 메타모포즌이 있다. 형형색색의 건물 외벽, 조형성이 인상석이다.

ONE MORE 쿤스트호프 파사제의 개성 넘치는 상점

초파리Die Fruchtfliege 디 프룻트플리게

쿤스트호프 파사제 안쪽에 자리한 가게. 가게 주인이 창작한 초파리 캐릭터 그림과 관련 상품을 함께 파는 곳이자 주인의 아틀리에이다. 엽서, 공책, 컵받침 등 애정을 담아 제작한 상품들로 가게 한쪽이 가득하다. 식기를 비롯한 주방용품과 의류도 판매한다. 복합예술공간의 모습을 잘 보여주는 개성 넘치는 가게이다. ⦿ Görlitzer Str. 23, 01099 📞 +49 351 8024121 ⏰ 월~토 10:00~18:00 🖥 www.fruchtfliege.com

🍴 풀버툼 Pulverturm

작센 지방 요리 전문점

코젤팔라이스 건물 지하에 있는 작센 지방 요리 전문점이다. 17세기 초반 이 건물터에는 화약탑이 있었다. 아우구스트 2세는 드레스덴 바로크 또는 작센 로코코 양식의 대가로 인정받던 건축가 요한 크리스토프 크뇌펠에게 화약고를 하사하였다. 1744년 화약고가 무너지자 건축가는 이 자리에 6층 건물 2개를 세웠다. 이 건물이 1760년 7년 전쟁 때 크게 파괴되자 이를 아우구스트 2세의 서자 코젤이 사들여 확장하고 코젤팔라이스라 이름 붙였다. 풀버툼은 건물의 첫 시작이 화약탑 혹은 군사시설이었던 점을 이용해 음식점 실내를 방패, 갑옷 등으로 개성 있게 꾸몄다. 음식의 간이 세지 않아 먹

기 좋고 고기요리를 특히 잘 한다. 새끼돼지 통구이는 이 집의 간판 메뉴 중 하나이다. 🚶성모교회Frauenkirche 동쪽 바로 옆 ⓥAn der Frauenkirche 12, 01067 ☎+49 351 262600 ⓒ월·화·목 12:00~23:00, 금토 11:00~24:00, 일 11:00~23:00 휴무 수요일 €25~30유로 내외 ☰www.pulverturm-dresden.de

🍴 코젤팔레 Coselpalais-Restaurant & Grand cafe 코젤팔라이스

왕자가 살던 저택이 레스토랑으로

아우구스트 2세1670~1733, 작센 출신의 첫 번째 폴란드의 왕의 서자였던 프리드리히 아우구스트 폰 코젤이 살던 저택코젤팔라이스에 들어선 카페이자 레스토랑이다. 코젤의 어머니는 아우구스트 2세의 정부였다. 코젤은 1762년 후기 바로크 양식 건물을 구입해 그의 거처로 삼았다. 그의 사후에는 드레스덴 경찰이 사용했으나 지금은 고풍스런 레스토랑이 들어서 있다. 레스토랑은 테라스와 5개의 방으로 구성되어 있다. 규모가 무척 커 많게는 380명을 수용할 수 있다. 음식점

한편에는 기념품을 파는 매장도 작게 마련되어 있다. 다양한 케이크, 특히 작센 지역의 대표적인 디저트인 아이어쉐케가 유명한 맛집이다. 아이어쉐케는 독일인이 사랑하는 크박Quark이라는 치즈와 계란으로 만든 치즈 케이크이다. 코젤팔레에선 무료 와이파이 서비스를 이용할 수 있다.
🚶성모교회Frauenkirche 동쪽 바로 옆 ⓥAn der Frauenkirche 12, 01067 ☎+49 351 4962444 ⓒ일~목 11:00~23:00, 금·토 11:00~24:00 €디저트 8~10유로, 식사 25~30유로 내외 ☰www.coselpalais-dresden.de

쿳쳐생크 Kutscherschänke

독일 정통 육류 요리 즐기기

프라우엔 교회성모교회, Frauenkirche에서 북쪽, 즉 엘베
강과 브륄의 테라스로 향하는 짧은 뮌츠가세Münzgasse
골목에 있다. 쿳쳐생크는 마부의 술집이라는 뜻이다. 이
름에 걸맞게 말에 관련된 인테리어로 가게를 꾸며놓았
다. 정통 독일 요리를 전문으로 하며, 그 중에서도 육류
요리가 유명하다. 가장 유명한 육류 메뉴는 마부의 성찬
식이라는 뜻을 가진 쿳쳐슈마우스Kutscherschmaus이
다. 1인분을 시켜도 두 명이 먹을 수 있을 만큼 양이 많
고 맛도 좋기로 정평이 나 있다. 뮌츠가세Münzgasse 골
목은 음식점이 몰려있는 먹자 거리이다. 크리스마스 시
즌에는 프라우엔 교회부터 뮌츠가세까지 골목을 따라
크리스마스 마켓이 열린다. 골목이 예뻐 사진을 찍으려
는 여행객들로 항상 붐빈다.

🚶 프라우엔 교회에서 북쪽으로 도보 2분 📍 Münzgasse 10,
01067 📞 +49 351 4965123 🕐 매일 10:00~24:00
€ 25~30유로 🖥 www.kutscherschaenke-dresden.de

 ## 켁서라이 KeXerei

넘버 원 과자 가게

독일은 크리스마스 시즌이 되면 생강 쿠키인 렙쿠헨과 슈톨렌을 먹는다. 슈톨렌은 넓고 기다란 모양의 빵 위에 하
얀 설탕을 뿌린다. 작은 이불에 싸인 아기 예수 또는 요람의 모습을 본 따 만들었다. 럼주에 오랜 시간 절인 건 과인
들을 빵 반죽과 함께 구워낸 슈톨렌은 드레스덴에서 만들 것을 최고로 친다. 켁서라이는
트레스덴에서 가장 유명한 과자 가게 중 하나이다. 다양한 쿠키를 판매하지만,
최고의 인기상품은 슈톨렌이다. 선물용으로 딱 좋은 500g부터 2kg까지 다양하다.

🚶 레지덴츠 궁전을 좌측에 끼고 Taschenberg 길을 따라 올라가서 도보 2분
📍 Sporergasse 5, 01067 📞 +49 351 48109726 🕐 매일 09:00~20:00
€ 500g 드레스덴 슈톨렌 12.5유로 🖥 kexerei.de

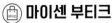

마이센 부티크
Meissen Signature store Dresden

🏃 프라우엔 교회 맞은편 쇼핑몰 QF Passage Dresden 1층에 위치

📍 An der Frauenkirche 5, 01067 📞 +49 351 8642967 🕐 월~토 10:00~19:00 🔗 www.meissen.com/de

마이센은 유럽 자기의 대표 브랜드이다. 18세기 초 아우구스트 2세의 명을 받은 연금술사 요한 프리드리히 뵈트거와 과학자 치른하이젠이 유럽 최초로 붉은 자기와 백자 개발에 성공했다. 1709년 6월 아우구스트 2세가 지켜보는 가운데 마이센드레스덴에서 서북쪽으로 25킬로미터 떨어진 인구 3만 명의 작은 도시의 알브레히츠 성에서 드디어 유럽의 첫 자기를 생산하였다. 다양한 색감과 아름다운 회화로 장식된 마이센 자기는 유럽 전역에서 큰 환호를 받았다. 얼마 후 오스트리아 빈에서 자기를 생산하자 마이센은 마이센 도자기를 식별하기 위해 차별화된 상표를 만들었다. 처음에는 왕의 모노그램인 AR을 상표로 사용하다가 1723년부터 칼 두 자루가 교차된 모양의 상표로 바꾸었다. 마이센은 지금까지도 이 상표를 사용하고 있다. 드레스덴 구시가지엔 마이센 자기의 진면목을 감상할 수 있는 부티크가 있다. 다양한 마이센 도자기를 직접 구매할 수 있다. 성모교회 맞은편 고급 쇼핑센터 1층에 있다. 레지덴츠 성의 군주의 행렬Fürstenzug, 퓌르스트쭈그이 바로 옆에 있다.

ONE MORE

마이센 박물관 Staatliche Porzellan-Manufaktur meißen GmbH
마이센 도자기 300년을 감상하자

마이센의 도자기 공장 안에 있다. 1916년 지은 본관과 2005년에 신축한 별관으로 구성되어 있다. 1710년부터 현재에 이르기까지 마이센의 도자기 300년 역사를 시대 순으로 감상할 수 있다. 그릇으로서의 도자기뿐 아니라 공예품 도자기도 감상할 수 있다. 또 아시아, 신화, 아라비아, 클래식 모던에 이르는 다양한 테마의 자기 작품이 눈길을 사로 잡는다. 가이드 투어도 가능하다. 박물관이 운영하는 카페에서는 마이센 식기에 담긴 음식을 맛볼 수 있다. 자기에 관심이 많은 사람에게 적극 추천한다.

🏃 드레스덴 중앙역에서 S1 승차 후 마이센 트리비슈탈역Meißen Triebischtal 하차~북쪽으로 도보 7분(총 50분 소요, 요금은 대중교통 1회권 아인젤파르트Einzelfahrt로 이동시 편도 성인 8.6유로, 6~14세 5.8유로로) 📍 Talstraße 9, 01662 Meißen 📞 +49 3521 468208 🕐 1월~3월 24일 10:00~17:00, 3월 25일~4월 09:00~17:00, 5월~12월 09:00~18:00 휴관 12월 24·25·26일 💶 성인 14유로, 학생 12유로, 가족 티켓(성인 2명, 18세 이하 1명) 30유로 🔗 www.porzellan-museum.com

베엠 게쉥케 운트 암비엔테 암 드레스데너 슐로스
BM GESHENKE & AMBIENTE am Dresdener Schloss

365일 문 여는 크리스마스 기념품 가게

크리스마스 마켓은 신성로마제국부터 이어져온 독일에서
가장 큰 행사로, 연례 이벤트 중 하나이다. 1434년부터 시작
된 드레스덴 크리스마스 마켓은 독일에서 뉘른베르크 다음
으로 아름답다. 크리스마스 시즌에는 마켓에 참여하려는 여
행객들로 도시가 가득 찬다. 프라우엔 교회 남쪽 길 건너편
에 있는 베엠 쿤스트 춤 레벤에서는 365일 크리스마스 용품
을 만날 수 있다. 크리스마스 트리 장식품부터 크고 작은 호

두까기 인형, 크리스마스 피라미드, 아기 천사와 어린이 목
각 인형, 그리고 뻐꾸기시계Kuckucksuhr까지 다양한 제품을
판매한다. 목공예품은 체코와 국경을 맞대고 있는 드레스덴
근교의 산간 마을 자이펜Seiffen에서 만든 것이다. 자이펜의
목공예품은 독일 전역에서 판매될 만큼 수준이 높다.

🚶 레지덴츠 성 뒷편 길 ⊙ Schloßstraße 18, 01067
📞 +49 351 215 3887 🕐 1~3월 매일 10:00~18:00 4~12월 월~
토 10:00~19:00, 일 10:00~18:00 ☰ www.bm-geschenke.de

 ## 겔트슈나이더 Geldschneider & Co

동전으로 만든 장신구

엘베강 북쪽 신시가지의 쿤스트호프 파사제Kunsthof Passage 서남쪽 알라운슈트라세Alaunstraße에 있다. 알라운슈
트라세는 젊은이들이 즐겨 찾는 신시가지의 번화가이다. 술집, 레스토랑, 개성 넘치는 작은 상점들이 모여 있다. 겔트
슈나이더는 '돈 자르는 사람' 혹은 '돈 절단사'라는 독특한 이름을 가진 장신구 가게이다. 가게에 들어서면 벽면을 채
운 동전 메달이 시선을 끈다. 이 메달들은 세계에서 수집한 동전으로 만일이 길아 만든 상신구이다. 잘 찾아보
면 우리나라의 500원 동전도 발견할 수 있다. 가게 안에 작은 공방이 있는데, 장신구를 만드는 가게 주인의 모습이
신기해 무심코 지나가다 들어오는 손님도 많다. 시계 부속품으로 만든 장신구, 와인 병으로 만든 컵 등 독특하고 개
성 넘치는 상품이 많다.

🚶 쿤스트호프 파사제에서 서남쪽으로 도보 6분 ⊙ Alaunstraße 29 01099
📞 +49 1522 1774485 🕐 월~토 11:00~18:00 ☰ www.geldschneider.de

PART 14

함부르크
Hamburg

멘델스존과 브람스, 그리고 햄버거의 고향

함부르크
베를린
프랑크푸르트
뮌헨

베를린 다음으로 독일을 대표하는 도시로, 인구는 약 180만 명이다. 그 어떤 주에도 속하지 않은 채 독립적인 지위를 가지고 있는 자유도시이다. 바다에 접해있지는 않지만 북해와 연결된 엘베 강가에 있어 항구도시로 발전할 수 있었다. 베를린에 이어 두 번째로 인구가 많은 독일 제2의 도시이며, 정식 명칭은 '함부르크 자유 한자 시'이다. 중세시대 북해와 발트해 연안의 무역 도시를 중심으로 형성된 한자동맹뤼베크·함부르크·브레멘·쾰른 등 70여개 도시가 맺은 무역 동맹. 14~16세기에 북방 무역을 독점하였다. 자체 법과 해군을 소유하고 있었다. '한자'(Hansa)란 원래 도시 상인들의 조합이란 뜻이다.의 중심 도시로 번영을 이루기 시작했다. 지금도 함부르크는 1인당 주민 소득이 독일 내에서 1등인 부자 도시이다. 예로부터 함부르크는 예술의 도시로도 유명했다. 멘델스존과 브람스의 고향이며, 1678년엔 독일 최초의 오페라 극장이 생겼다. 함부르크 시립 미술관은 최초로 시민들이 자발적으로 만든 미술관이다. 뮤지컬도 유명하여 독일의 브로드웨이라 불린다. 그리고 햄버거의 고향이다.

함부르크에서는 봄, 여름, 겨울에 각 1달씩 함부르크 돔Hamburg Dom 축제가 열린다. 대성당 앞 시장에서 처음 축제가 열려 이런 이름을 얻었다. 독일 남부에 옥토버페스트가 있다면 북부에는 함부르크 돔이 있다고 말할 정도로 큰 축제이다. 축제 기간 동안 놀이기구와 상점이 들어선다. 축제에 참여하고 싶다면 U반 3호선을 펠트슈트라세역 Feldstraße에서 내리면 된다. 신선한 해산물을 저렴하게 먹을 수 있는 수산시장 또한 꼭 들려야 하는 여행지이다.

주요 축제

함부르크 돔 3월, 7월, 11월 한 달간 열리는 함부르크 대표 축제, www.hamburg.de/dom

엘브재즈페스티벌 6월 초, elbjazz-festival.soulticket.de

알토날레 문화 페스티벌 6월 초중순, www.altonale.de

메탈페스티벌 Wacken 8월 초, www.wacken.com

국제 여름축제 8월 초중순, www.kampnagel.de

퀴어필름페스티벌 10월 중순, www.lsf-hamburg.de

함부르크 여행 지도

피쉬 임비스 샤비

Bei den Kirchhö

Messehallen **U**

Holstenglacis

Gorch-Fo

Feldstraße

U
Feldstraße

Glacischaussee

Ka

경기장
Millerntor-Stadion

함부르크
역사박물관
Hamburgische
Geschichte

St.Pauli
U

도착

리퍼반 거리
Reeperbahn

Helgoländer Allee

공원
Alter Elbpark

Stadth

성 미하엘 교회
Hauptkirche
Sankt. Michaelis

천주교

Seewartenstraße

공원
Michelwiese

St. Pauli Hafenstraße

Landungsbrücken
U **S**

알토나에 수산시장
Altonaer Fischmarkt

란둥스브뤼큰(유람선 선착장)
St. Pauli Landungsbrücken

Johannisbollwerk

Bau
(Elb

U

Vorsetzen

엘베강

Elt

함부르크 하루 여행 추천코스 지도의 빨간 점선 참고

시립미술관 → 대중교통 10분 → 알스터 호수 & 융페른슈티그 →

도보 3분 → 함부르크 시청사 → 도보 12분 → 칠레하우스 →

도보 3분 → 하펜시티 슈파이어슈타트 → 도보 10분 → 엘브필하모니

→ 페리 10분 → 란둥스브뤼큰 → 대중교통 5분 → 리퍼반

블로멘 공원
Blomen

Gorch-Fock-Wall

Kennedybrücke

Dammtorstraß

U Stephansplatz (Oper/CCH)

Lombardsbrücke

국립 오페라 극장
Hamburgische Staatsoper

Gänsemarkt **U**

함부르크 시립미술관
Hamburger Kunsthalle

알스터 호수
Alstersee

출발

함부르크 중앙역
Hamburg Hauptbahnhof

Glockengießerwall

U
Hauptbahnhof Nord

S 🚌

Jungfernstieg

Ballindamm

프란츠 & 프렌즈

Steintorwall

S **U**
Jungfernstieg

짐볼락

Bergstraße

Spitalerstraße

U
Hauptbahnhof Süd

Stadthausbrücke

함부르크 시청사
Hamburger Rathaus

Ballindamm

U
Rathaus

Mönckebergstraße

U
Mönckebergstraße

Große Johannisstraße

Domstraße

Alter Fischmarkt

Steinstraße

칠레하우스
Chilehaus

쵸콜릿 박물관
CHOCOVERSUM

U
Rödingsmarkt

Rödingsmarkt

Braunstwiete

U
Meßberg

Oberbaumbrücke

세관박물관
Deutsches Zollmuseum

Bei den Mühren

Zippelhaus

슈파이셔슈타트
Speicherstadt

Brooktorkai

코리아 거리
Koreastraße

Koreastraße

슈파이셔슈타트
카페로스터리

미니어처 원더랜드
Miniatur Wunderland

Am Sandtorkai

관광안내소

Am Sandtorkai

향신료 박물관
Spicy's
Gewüzmuseum

Osakaallee

Großer Grasbrook

Shanghaiallee

IF 디자인 전시관
IF Design Ausstellung

25 아워즈 호텔
25 hours Hotel

모형 자동차 박물관
Automuseum

Am Kaiserkai

Überseeallee

U
Überseequartier

U
HafenCity
Universität

마르코폴로 타워
Marco Polo Tower

하펜시티
Hafencity

함부르크 일반 정보

위치 독일 북부

인구 약 179만 명(베를린에서 북서쪽으로 약 330km, 베를린에서 고속열차로 2시간 소요)

기온 연평균 10℃, 겨울 평균 2℃, 여름 평균 17℃

℃/월	1월	2월	3월	4월	5월	6월	7월	8월	9월	10월	11월	12월
최고	4	5	8	13	17	20	22	22	18	13	8	5
최저	-1	-1	1	4	8	11	13	13	10	6	3	0

여행 정보 홈페이지

함부르크시 홈페이지 www.hamburg.de

함부르크 관광 안내 www.hamburg-tourism.de

함부르크 시내 교통 www.hvv.de

햄버거의 뿌리는 어디인가?

햄버거의 기원을 따지기 위해서는 먼저 햄버그스테이크부터 이야기를 시작해야 한다. 다진 고기요리는 과거부터 타르타르, 미트볼, 난자완스, 쾨프테 등 다양한 이름으로 세계 전역에서 존재했다. 18~19세기로 들어서면서 이 다진 고기요리는 함부르크에서 '함부르크 스테이크'라는 이름으로 대중들에게 널리 퍼지게 된다. 항구 도시인 함부르크는 신대륙으로 떠나려는 유럽 이민자들의 대표적인 출항지였다. 미국에 정착한 독일 이민자들은 고향을 그리워하며 다진 쇠고기나 돼지고기를 양념한 후 반죽해서 구운 함부르크 스테이크를 찾게 되었고, 이후 샌드위치처럼 빵 사이에 끼워 먹을 수 있게 개량되면서 햄버거라는 이름을 얻었다.

함부르크 관광안내소

중앙역 관광안내소

🚶 함부르크 중앙역Hamburg Hauptbahnhof(S-bahn·U2·U3·U4호선)에서 키르헨알레kirchenallee 방면 출구 부근

🕐 매일 09:00~19:00

항구 관광안내소

🚶 U3호선 상크트 파울리역St.Pauli 4번과 5번 승강장 사이

📍 St.Pauli Landungsbrucken 4, 20359 🕐 매일 10:00~17:00

함부르크 공항 관광안내소

🚶 함부르크 공항 터미널 1과 2 사이 🕐 월·화 09:00~16:00, 수~금 08:00~16:00

함부르크 가는 방법

비행기
함부르크 풀스뷔텔 공항까지는 직항 노선이 없다. 독일과 유럽의 다른 도시에서 환승해야 한다. 총 비행시간은 16~20시간 걸린다.

기차
베를린에서는 비교적 가깝지만, 프랑크푸르트나 뮌헨에서는 초고속열차라도 4시간 이상 걸린다. 운행시간이나 티켓 가격은 독일철도청DB 홈페이지www.bahn.de에서 확인할 수 있으며, 예매도 가능하다. 함부르크에서 가까운 도시에선 기차를 이용하는 편이 좋다. 하지만 먼 도시는 저비용항공이 더 편리할 수도 있으니 시간과 예산을 따져보고 예매하자.

기차 소요 시간
베를린-함부르크 2시간
브레멘-함부르크 1시간
프랑크푸르트 암 마인-함부르크 4시간 30분
뮌헨-함부르크 5시간
암스테르담-함부르크 5시간

버스
버스는 기차보다 시간이 더 걸린다. 버스 회사에 따라 금액과 시간이 차이가 난다. 인터넷을 통해 표를 알아보고 예매하면 더 저렴하게 이용할 수 있다. 버스 기사에게 직접 표를 살 수도 있지만 예매할 때보다 비쌀 수 있다. 함부르크 버스터미널ZOB Bus-Port Hamburg은 중앙역 동쪽에 있다.
함부르크 터미널 ⊙ Adenauerallee 78, 20097 📞 +49 40 247576 ☰ zob-hamburg.de

공항에서 시내로 들어가기

함부르크 공항HAM, Hamburg Airport은 시내에서 북쪽으로 11km 떨어져 있다. 시내로 이동하려면 터미널 1과 바로 연결된 S반 함부르크 에어포드역Hamburg Airport을 이용하는 것이 가장 편리하다. 열차는 10분에 한 대씩 운행하며 함부르크 중앙역까지 25분 걸린다. 승강장 티켓 판매기에서 5.0유로의 1회권인 아인셀카르테Einzelkarte를 구매하면 된다. 택시도 중앙역까지 25분 정도 걸린다.
함부르크공항
⊙ Flughafenstr. 1-3, 22335 📞 +49 40 50750 ☰ www.hamburg-airport.de

Travel Tip

아침이나 오전에 공항에 도착했다면 1일 교통권이나 함부르크 카드를 구매하여 첫날부터 시내 관광을 하는 것도 좋은 방법이다.

©flickr_Ed Webster

함부르크 시내 교통

대중교통은 S반, U반, 버스가 있으며, 페리Ferry를 이용할 수도 있다. HVVHam-
burger Verkehrsverbund는 함부르크와 근교의 대중교통을 관리하는 기관이다.
교통권은 HVV 티켓 판매기와 버스 기사에게 구매할 수 있다. 함부르크 시내
관광을 위해서는 AB 구간을 운행하는 1일권 타게스카르테Tageskarte를 사는
게 가장 좋다. 1일권은 아침 9시부터 사용할 수 있는 노인우어 타게스카르테
9Uhr Tageskarte와 새벽부터 사용할 수 있는 전일권 간츠타게스카르테Ganztag-
eskarte로 나뉜다. 둘 다 주말에는 하루 내내 사용할 수 있다. 다음날 새벽 6시
까지 사용하면 된다. 성인이 전일권을 구매하면 6~14세의 아이들 3명까지도 함
께 사용할 수 있다.

함부르크 교통공사에서 지원하는 HVV앱을 통해 실시간 교통정보와 빠른 이
동 경로 검색은 물론, 교통권도 구매할 수 있다. 구글 앱스토어 또는 애플 앱스토어에서 무료로 다운받을 수 있다.
HVV 홈페이지 www.hvv.de/en

Hamburg AB 구간 기준 시내 교통권 요금표

티켓종류	성인	6~14세
단기권 Kurzstrecke	2€	–
1회권 EinzelTicket	3.8€	1.4€
하루권 9-Uhr-Tageskarte	7.5€	2.7€
하루권 Ganztageskarte	8.8€	–

함부르크 여행을 위한 교통 카드

❶ 함부르크 카드Hamburg Card

시내버스, 전철, 페리를 무제한 이용이 가능하고, 박물관이나 가이드 투어 할인 혜택도 받을 수 있다. 일반 카드는
함부르크 AB구역 대중교통 이용이 가능하며, 그 외 지역CDE까지 여행하고 싶다면 Hamburg CARD plus Region
카드를 구매하면 된다. 홈페이지, 관광안내소와 함부르크 대중교통HVV 티켓 판매기, 그리고 버스에서도 구매할
수 있다.
무제한 교통권 혜택은 제외하고 박물관, 어트랙션 할인만 제공하는 함부르크 카드도 있다. 'Nahverkehr'는 근거리
교통을 뜻하는데 'ohne Nahverkehr'가 함께 적힌 함부르크 카드는 무제한 교통 혜택이 제외된 경우로 기본 카드보

다 저렴하다. 차를 렌트하거나 단체여행 등의 이유로 대중교통을 이용하지 않는 경우에는 이 카드를 구매하면 된다.
함부르크 카드 홈페이지 www.hamburg-travel.com/search-book/hamburg-card

함부르크 카드 요금표(유로)

	Hamburg CARD (싱글/그룹)		Hamburg CARD plus Region(싱글/그룹)
	ohne Nahverkehr 교통권 제외	Nahverkehr 교통권 포함	
1일권	4.5/6.9	11.9/20.9	23.5/41.5
2일권	7.5/9.9	21.9/37.9	–
3일권	9.9/10.9	31.9/52.9	62.5/98.5
4일권	12.5/13.9	41.9/69.9	–
5일권	13.5/16.9	48.9/86.9	–

❷ 함부르크 시티 패스 Hamburg City Pass
함부르크의 시내 교통을 무제한으로, 그리고 박물관과 박물관 가이드 투어를 무료로 이용할 수 있다. 함부르크 카드보다는 비싸지만, 박물관과 어트랙션 방문 계획이 많은 여행객은 시티 패스를 구매하는 편이 더 경제적이다. 홈페이지에서 구매할 수 있다.
함부르크 시티 패스 홈페이지 www.turbopass.com/hamburg-city-pass

함부르크 시티 패스 카드 요금표(유로)

	대중교통 포함			대중교통 미포함		
	성인	15–17세	3–14세	성인	15–17세	3–14세
1일권	47.9	39.9	22.9	39.9	24.9	22.0
2일권	69.9	57.9	29.9	53.9	39.9	29.9
3일권	84.9	63.9	34.9	58.9	44.9	34.9

©Jorge Franganillo_flickr

함부르크 시립미술관
Hamburger Kunsthalle 함부르거 쿤스트할레

🚶 S-bahn·U2·U3·U4호선 함부르크 하우프트반호프역Hamburg Hauptbahnhof(중앙역)에서 서북쪽으로 도보 3분
📍 GlockengieBerwall, 20095 📞 +49 40 428131200 🕐 화~일 10:00~18:00, 목 10:00~21:00 **휴관** 월요일, 12월 24·25일
€ 성인 16유로, 학생 8유로, 함부르크 카드 소지자 11유로, 17세 이하·함부르크 시티 패스 소지자 무료
≡ www.hamburger-kunsthalle.de

세계 최초로 시민의 힘으로 만든 미술관

15세기부터 시작된 유럽의 신항로 개척은 엄청난 무역량의 증가를 가져왔고, 항구도시를 중심으로 무역으로 부를 쌓은 신흥 귀족들이 생겨났다. 이들은 축적한 부를 기반으로 기득권층이 향유하던 문화에 적극적으로 참여했는데, 그 중 하나가 예술가를 후원하는 일이었다. 함부르크 역시 한자동맹에 참여하여 부를 축적하였다. 쿤스트할레는 시청사와 더불어 부를 모은 시민들의 힘을 보여주는 대표적인 건물로 꼽힌다.

함부르크 시립미술관은 시민들이 자발적으로 협회를 만드는데서 시작되었다. 세계 최초의 미술협회라고 알려진 이 협회는 건축기금을 모아 1869년 미술관을 설립했다. 미술관의 첫 관장 알프레드 리히트바르크는 적극적으로 작품을 수집하여 미술관의 틀을 다졌다. 그 다음으로 취임된 관장 구스타브 파울리는 나치 정권이 퇴폐미술이라 낙인찍었던 독일 표현주의 그림을 대거 수집했다. 이후 2개의 건물이 추가로 지어지면서 미술관은 15세기부터 현대미술에 이르기까지 방대한 작품을 소장, 전시하는 미술관이 되었다. 렘브란트, 반다이크 등으로 대표되는 17세기 네덜란드 미술 작품은 물론 독일 국민이 사랑하는 낭만파 작가 카스퍼 다비드 프리드리히의 작품도 찾아볼 수 있다.

칠레하우스
Chilehaus

🚶 U1호선 메스베르그역MeßBberg에서 큰 길 건너 도보 2분 📍 Fischertwiete 2, 20095
📞 +49 40 34919 4247 🌐 www.chilehaus.de

배를 닮은 건축, 세계문화유산이 되다

하펜시티의 창고 거리인 슈파이셔슈타트 지구Speicherstadt, 창고 지구 북쪽에 있다. 함부르크 출신 사업가 헨리 슬로만은 칠레에서 초산광산으로 큰돈을 벌어 60살에 고향으로 돌아왔다. 당시 함부르크는 1차 세계대전의 여파로 경기가 침체되어 있는 상태였다. 그는 함부르크 경제를 활성화시키기 위해 건축가 프린츠 회거에게 건물 설계를 의뢰했는데, 이 건축물이 칠레하우스이다. 칠레하우스는 20세기 초 표현주의 건축 양식 중 하나인 콘토어하우스 스타일로 지어졌다. 네덜란드식 벽돌 '클링커'로 마감한 다갈색 외관은 거대한 범선의 선체와 유사하다. 건물 내부는 깔끔하고 섬세하게 꾸며져 있다. 현재는 음식점과 사무실이 입주해있다. 칠레하우스 주변은 콘토어하우스 스타일 건물이 모여 있다. 이 구역을 흔히 콘토어하우스 지구Kontorhausviertel라고 부른다. 독특한 모양과 구조 때문에 세계 곳곳의 건축학도들이 많이 찾는다. 칠레하우스는 주변의 다른 건물, 그리고 슈파이셔슈타트 거리의 건물들과 더불어 2015년 유네스코 세계문화유산에 등재되었다. 이 건물 맞은편에는 독일 초콜릿 회사인 하세스Hachez가 운영하는 초콜릿 박물관이 있다.

©Daniel Gunther

▶ Travel Tip

칠레하우스 옆 붉은 벽돌 건물, 콘토어하우스Kontorhaus

콘토어Kontor는 한자동맹이 한창 활성화되던 시기에 사용하던 단어로 '사무실'이라는 뜻이다. 하펜시티의 칠레하우스 주변이 대표적인 콘토어하우스 밀집 지역이다. 본래 이곳은 연립 주택들이 들어선 주거지역이었다. 1892년 함부르크에 콜레라가 창궐하여 수많은 시민들이 목숨을 잃자 위생 상태가 문제점으로 부각되었다. 이에 대한 해결책으로 재개발의 필요성이 대두되었으며 주택보다  는 상점과 사무실을 건설하는 방향으로 진행되었다. 콘토어하우스 건물들은 철근 콘크리트 골격 구조를 기본으로 하였으며, 외벽에는 클링커Klinker라고 하는 네덜란드식 붉은 벽돌이 사용되었다. 대부분의 건물에는 구리 지붕을 얹었고, 건물 상부가 아래층보다 면적이 작은 옥탑 스타일로 지어졌다.

함부르크 시청사
Hamburger Rathaus 함부르거 라타우스

🚶 U3호선 라타우스역Rathaus(시청역) 앞 ⊙ Rathausmarkt 1, 20095 📞 +49 40 42831 2064
🕐 월~금 11:00~16:00, 토 10:00~17:00, 일 10:00~16:00 시청사 내부 가이드 투어(영어) 매일 11:15, 13:15, 15:15
(성인 7유로, 14세 이하 무료, 함부르크 카드 소지자 5.5유로) ⊟ www.hamburg.de/rathaus

함부르크의 상징 건축물

함부르크는 예나 지금이나 독일에서 손꼽히는 부자 도시이다. 네오 르네상스 양식으로 지은 시청사는 부강한 역사를 입증이라도 하듯 웅장하고 화려한 모습으로 함부르크 구시가지를 지키고 있다. 함부르크는 1842년 대화재로 증권거래소를 제외한 건물 대부분을 잃었다. 시청사도 화마를 피해가지 못했다. 11년 공사 끝에 1897년 새 청사가 드디어 완성되었다. 청사 전면에는 '선대가 쟁취한 자유를 후대가 지켜주길 바라며'라는 뜻의 라틴어가 새겨져 있다. 또 20명의 독일 황제와 왕의 조각상, 함부르크의 28개의 직업군을 나타내는 조각상이 멋지게 장식되어 있다. 건물 중앙부에는 높이가 112m에 이르는 시계탑이 위용을 뽐내고 있다. 청사 안뜰에는 건강과 위생의 여신 히게이아 분수가 있다. 1892년 콜레라로 시민 8천여 명이 목숨을 잃자, 다시는 이 같은 비극이 일어나지 않기를 바라며 설치한 것이다. 콜레라를 상징하는 용을 저지하고 치료의 물을 부어주는 여신상이 인상적이다.

시청사의 내부는 유료의 가이드 투어를 신청한 후 관람이 가능하다. 독일어, 영어, 프랑스어로 진행된다. 시청사에는 방이 647개가 있는데, 이는 버킹엄 궁전보다 많은 숫자이다. 가이드 투어는 중요한 방 위주로 30여 분 진행되며 플래시를 사용할 수는 없지만 사진촬영은 가능하다. 가이드 투어의 하이라이트는 대강당Große Saal이다. 강당

에는 함부르크의 역사를 보여주는 거대한 그림이 걸려있다. 첫 이주자, 첫 어부와 농부 그리고 20세기 함부르크 시의 모습이 한쪽 벽에 유화로 그려져 있다. 또 1.5톤에 달하는 대강당 샹들리에의 전구는 287개인데, 287은 노동자들의 연간 근무일을 뜻한다. 대강당에서는 매년 2월 24일 마티아스 날Saint Matthias. 예수의 제자 열두 사도 중 한 사람으로 그의 축일이 2월 24일이다.에 세계 각국의 귀빈 400여 명을 초대해 식사를 하는 행사를 진행한다. 이는 1356년부터 전통적으로 내려오고 있는 행사이다.

• Special Tip •

한자동맹Hanseatic League

중세시대 상업 성장에 큰 역할을 한 독일의 도시 동맹이다. 1358년 북해 연안 저지대인 플랑드르가 상업 봉쇄 정책을 펼치자 이에 저항하기 위해 라인강부터 북해, 발트해 연안의 많은 독일 도시들이 경제적, 정치적, 상업적 목적으로 결성하였다. 동맹을 통해 특권을 누리는 도시가 한때 100곳을 넘기도 하면서, 14세기 말에서 15세기 말까지 한자동맹 최고 전성기를 누리기도 하였다. 그 많은 도시 가운데 뤼베크, 브레멘, 함부르크, 쾰른 등이 4대 주요 도시로 꼽힌다. Hanse는 '무리'나 '친구'라는 중세 독일어로 '길드'나 '조합'을 뜻한다. 한자동맹은 함대와 요새, 자체의 법을 갖춘 연합국가 형태를 띠고 있었다. 15~16세기 신대륙 발견 이후 점차 쇠퇴하기 시작하여 1669년에 마지막 한자회의를 끝으로 역사의 뒤안길로 사라졌다.

하펜시티
Hafencity

🚶 U3호선 바움발역Baumwall에서 니더바움Niederbaum 다리를 건너면 하펜시티 지구가 시작된다. 📍 HafenCity 20457

함부르크 여행 1번지

엘베강 북쪽에 있다. 14세기 함부르크는 유럽의 최고 무역항이었다. 자유도시로 승격되는 데 이 항구 역할이 결정적이었다. 19세기엔 대규모 창고 단지가 들어섰다. 하지만 1943년 7월 24일 '고모라 작전'으로 불린 연합군의 공습으로 함부르크는 독일의 히로시마가 되었고, 항구도 폐허가 된다. 항구 기능이 점차 서쪽으로 이동하자, 옛 항구는 쇠락의 길을 걷는다. 현재 함부르크시는 옛 항구 72만 평을 재활용하는 하펜시티Hafencity 프로젝트를 진행하고 있다. 세계문화유산으로 등재된 창고거리 슈파이셔슈타트Speicherstadt 구역을 제외하고, 오래된 창고를 박물관·호텔·사무실·음식점·상점·주택으로 개조하는 재생 사업이다. 새 건물보다 기존 건물을 수리해 사용하고, 증축도 절제하고 있다. 가장 오래된 창고엔 국제해양박물관이 들어섰다. 대형 저장 창고는 상부에 새 건물을 얹어 함부르크의 새 랜드마크인 엘브필하모니 콘서트홀로 변모했다. 하펜시티는 오래된 항구 특유의 낭만적이고 서정적인 분위기 때문에 사진가들이 즐겨 찾는다. 키벨슈테그다리kibbelstegbrücke 키벨슈테그브뤼케, 주소_Kibbelsteg, 20457 Hamburg 를 따라 하펜시티를 가로질러가면 사진 찍기 좋은 장소가 많이 나온다. 크루즈 여객선 형태로 꾸민 '25 아워즈 호텔 하펜시티' 등에서 숙박도 할 수 있다

ONE MORE
Hafencity

하펜시티의 명소들

1 슈파이셔슈타트
Speicherstadt

세계문화유산, 옛 항구의 운치가 넘치는

붉은 벽돌로 지은 오래된 창고가 가득한 거리이다. 수로를
끼고 조성되어 있어 옛 항구의 운치 넘치는 풍경을 감상할
수 있는 곳이다. 19세기 후반 섬비이 물건을 싣기니 내리기
쉽게 하려고 수로와 창고를 함께 만들었다. 세계문화유산으
로 지정되어 있으며, 그 역사적 가치를 인정받아 하펜시티
프로젝트에서는 제외되었다.

⊙ Am Sandtorkai 36

2 코리아 거리
Koreastraße

반가운 이름, 해양박물관이 있는

하펜시티에는 반갑게도 코리아 거리Koreastraße가 있다. 코리아 거리 부근에는 부산 다리Busanbrücke라는 작은 다리와 홍콩슈트라세Hongkongstraße, 오사카알리Osakaallee, 상하이알리Shanghaiallee라는 거리도 있다. 동양의 도시와 나라 이름을 하펜시티의 거리와 다리에 붙여놓아 친근감이 느껴진다. 코리아 거리에는 국제해양박물관Internation Maritimes Museum이 있다. 하펜시티에서 가장 오래된 건물을 리모델링하여 만들었다. 함부르크 해양무역의 오랜 역사와 선박의 모형, 다양한 선박 관련 사진 영상물 등을 관람할 수 있다.

🚶 국제해양박물관 ❶U4 위베르제콰르티어역Überseequartier에서 하차 후 오사카알리Osakaallee 거리 따라 도보 5분 ❷ 버스 111번 오사카알리Osakaallee 정류장에서 하차 후 부산브뤼케Busanbrücke 지나 도보 2분 ◎ Koreastraße 1, 20457 🕐 10:00~18:00 휴관 12월 24일, 12월 31일 € 성인 18유로 학생 13유로 가족 티켓 21유로(성인 1명+6~16세 어린이 4명까지)/38유로(성인 2명+6~16세 어린이 4명까지), 함부르크 카드 소지자 14유로, 함부르크시티 패스 소지자 무료

3 엘브필하모니 함부르크
Elbphilharmonie Hamburg

창고 위에 올린 콘서트홀

2017년에 개관한 콘서트홀이다. 엘피Elphi라고도 부른다. 코코아, 차, 담배를 보관했던 창고건물을 재활용하여 지었다. 완공되기까지 10년 넘게 걸렸으며, 건축비가 무려 1조 1천억 원에 달했다. 일렁이는 파도를 닮은 외관으로, 스위스 건축가 듀오 헤르조그 & 드뫼롱의 작품이다. 그들은 런던의 테이트 모던 미술관과 뮌헨의 알리안츠 아레나 경기장도 설계했다. 공연 예매는 홈페이지를 통해 할 수 있다. 무료 전망대인 플라자Plaza에 방문하면 함부르크 항구의 전경을 360도로 감상할 수 있다. 입장은 무료이지만 시간마다 입장할 수 있는 인원이 정해져 있으므로 입장권을 미리 발권해야 한다. 입장권은 필하모니의 매표소, 방문자 센터 그리고 홈페이지에서 구할 수 있다. 당일 발권이 아닌 경우에는 예매비 3유로를 내야 한다.

🚶 ❶U3 바움발역Baumwall에서 하차, 암 샌토르카이Am Sandtorkai 거리를 따라 도보 6분 ❷버스 111번 승차하여 암 카이저카이Am Kaiserkai 정류장에서 하차, 도보 3분 ◎ Platz der Deutschen Einheit 1, 20457(방문자 센터 Am Kaiserkai 62, 20457) 🕐 플라자 10:00~24:00(입장 마감 23:30), 1시간 동안 관람 가능 티켓숍 11:00~20:00 방문자 센터 10:00~20:00 ≡ www.elbphilharmonie.de

4 미니어처 원더랜드 & 향신료 박물관
Miniatur Wunderland & Spicy's Gewüzmuseum

다양한 문화시설과 멋진 건축물

하펜시티에는 다양한 문화시설과 멋진 건축물이 들어서 있다. 미니어처 원더랜드, 향신료 박물관이 대표적이고 그 밖에 세관박물관, 모형자동차 박물관, 마르코폴로 타워 등도 있다. 미니어처 원더랜드는 독일을 비롯한 전 세계 도시들의 모습을 작게 축소해 미니어처로 꾸며 놓은 곳이다. 16,000m 넘게 설치된 철도 레일을 달리는 철도 모형이 이곳의 대표 볼거리이다. 향신료 박물관은 함부르크 항의 주요 수입품이자 귀족들의 사치품이었던 향신료의 역사를 살펴볼 수 있는 재미있는 박물관이다. 그밖에 세관박물관은 화물 검사 방법, 세관원의 유니폼, 밀수, 검역 등에 관한 이야기를 전시하고 있다. 모형자동차 박물관에서는 자동차 모형 외에 독일의 명차 포르쉐, 폭스바겐, 아우디를 직접 만나볼 수 있다. 마르코 폴로 타워는 많은 건축상 수상으로 그 가치를 인정받은 주거용 건물로 건축에 관심이 있다면 놓치지 않고 봐야 할 하펜시티의 명물이다.

세관박물관Deutsches Zollmuseum ⊙ Alter Wandrahm 16, 20457 ⊙ 화~일 10:00~17:00

향신료 박물관Spicy's Gewüzmuseum ⊙ Am Sandtorkai 34, 20457 ⊙ 매일 10:00~17:00

€ 성인 6유로, 4~14세 3유로, 패밀리 티켓(성인 2명, 아이 2명) 12유로 ☰ www.spicys.de

모형자동차 박물관Automuseum Prototyp ⊙ Shanghaiallee 7, 20457 ⊙ 화~일 10:00~18:00

€ 일일권 성인 13유로, 4~14세 5유로 패밀리 티켓(성인 2명, 아이 3명) 28유로 ☰ www.prototyp-hamburg.de

미니어처 원더랜드Miniatur Wunderland(미니어투어 분더란트) ⊙ Kehrwieder 2-4/Block D, 20457

⊙ 월, 수~금 09:30~18:00 화 09:30~21:00 토 08:00~22:00 일 08:30~20:00 € 성인 20유로, 학생 17유로,

16세 미만 12.5유로, 키 100㎝ 미만 무료(대기 프리패스 기준) ☰ www.miniatur-wunderland.com

마르코폴로 타워Marco Polo Tower ⊙ HübenerstraBe 1, 20457

● ─ Special Tip ─

25 아워즈 호텔 하펜시티

크루즈 여객선 콘셉트로 꾸민 호텔이다. 독특하고 감각적인 인테리어가 돋보이며, 어떤 객실은 진짜 여객선처럼 2층 침대로 꾸며져 있다. 함부르크 공항에서 호텔까지 지하철로 30분 정도 소요된다.

🚶 함부르크 공항에서 S1호선 승차 후 하우프트반호프Hauptbahnhof(중앙역)에서 하차-U4호선으로 환승-우버제콰르티어역 Überseequartier에서 하차-우버제알리 거리Überseeallee 방향으로 도보 2분 ⊙ Überseeallee 5, 20457 ☏ +49 40 2577770

란둥스브뤼큰
St. Pauli Landungsbrücken 상크트 파울리 란둥스브뤼큰

🚶 U3호선 란둥스브뤼큰역Landungsbrücken에서 도보 5분 📍 Landungsbrücken Brücke, 20359
🕐 페리 운영시간 05:00~24:00(노선에 따른 운행시간은 홈페이지에서 참고) ☰ www.hadag.de/english/harbour-ferries.html 페리 추가 요금 팁 함부르크 카드 1일권을 소지하면 페리로 함부르크 AB구간을 무료로 이용할 수 있다. 다만 AB구간보다 먼 지역을 페리로 가기 위해서는 거리에 따라 추가 요금을 내야 한다. 추가 비용은 페리 티켓 판매처에서 확인할 수 있다. 페리의 종류와 이동 경로는 홈페이지에서 확인할 수 있다.

페리를 탈 수 있는 엘베강의 항구

옛날 대서양을 오가던 선박들이 머물던 선착장이다. 지금은 관광 명소가 되어 여행객을 맞이한다. 함부르크 피쉬마켓과 란둥스브뤼큰역 사이에 있으며, 페리를 타고 항구를 둘러볼 수 있다. 페리 노선은 61·62·64·72·73·75번 등 모두 6개이며, 함부르크 1일 교통권 타게스카르테Tageskarte 또는 함부르크 카드와 함부르크 시티 패스 소지자는 별도의 비용 없이 이용할 수 있다. 항구에는 과거에 실제로 유럽과 미국을 오가던 거대한 배 '리크머 리크머스'와 여객선으로 쓰였던 '캡 샌디에이고'가 정박하고 있는데, 이 배들은 유료로 운영되는 선박 박물관이다.성인 입장료 7유로, 14세 이하 무료 리크머 리크머스는 레스토랑도 갖추고 있다. 함부르크 항구에는 외항도 있는데, 이곳은 강 밑을 뚫고 만든 엘베 터널을 통해 직접 걸어서 갈 수 있다. 터널 길이는 427m이다. 터널로 접근하려면 란둥스브뤼큰에 있는 대형 엘리베이터에 탑승해야 한다.

╾ **Travel Tip** ─────────────────────────

항구 도시의 밤은 이곳에서, 리퍼반Reeperbahn

함부르크의 최고 유흥거리 란둥스브뤼큰에서 북서쪽으로 도보 8~9분 거리에 있는 독일 최대의 유흥가이다. 성파울리 지구에 속하는 1km 남짓한 거리로, '세상에서 가장 죄가 많은 1마일'이라는 별명이 붙어있다. 술집, 음식점, 카지노, 섹스 숍 등이 몰려있다. 치안이 좋은 편은 아니지만 리퍼반 거리 중앙에는 꽤 큰 경찰서도 있다. 소지품 관리만 잘 한다면 즐거운 시간을 보내기 괜찮은 곳이다. 낮에는 가게 문을 열지 않는다. 🚶 ❶ S1·S2·S3호선 함부르크 리퍼반역Hamburg Reeperbahn 하차
❷ 란둥스브뤼큰에서 북서쪽으로 도보 8~9분

알토나에 수산시장
Altonaer Fischmarkt 알토네어 피쉬마르크트

🚶 U3호선 란둥스브뤼큰역Landungsbrücken 하차~호텔 하픈 함부르크 방면으로 길을 건넌 후 US Landungsbrücken 정류장에서 버스 111번 승차~피슈옥치온할레Fischauktionshalle 정류장에서 하차(버스 승차 시간 6~7분) ⦿ Fischmarkt 2A, 22767 ☎ +49 40 428116070 🕐 매주 일요일 시장이 들어선다. **3월 15일~11월 14일** 05:00~09:30 **11월 15일~3월 14일** 07:00~09:30

록밴드 공연이 열리는 독특한 수산물시장

일요일 새벽 함부르크에 도착했다면 잊지 말고 알토나에 있는 피쉬마르크트어시장로 가자. 1703년에 문을 열었다. 어시장 안쪽에는 생선경매장Fischauktionshalle이 있는데, 놀랍게도 이곳에서는 이른 아침부터 록밴드 공연이 열린다. 아침 7시부터 사람들이 밴드의 공연을 보며 맥주를 마신다. 그 모습이 놀라워 감탄이 절로 나온다. 어시장은 매주 일요일 새벽부터 아침까지만 열린다. 생선튀김, 샌드위치, 새우튀김 등 간단한 해산물 요리를 파는 가게가 많아 아침 식사를 하기도 좋다.

성 미하엘 교회
Hauptkirche Sankt. Michaelis
하우프트키르헤 상크트 미하엘리스

🚶 S1·S2·S3 슈타트하우스브뤼케역Stadthausbrücke에서 서남쪽으로 도보 6분 ⦿ Englische Planke 1, 20459 ☎ +49 40 376700 🕐 **11~3월** 10:00~18:00 **4·10월** 09:00~19:00 **5·9월** 09:00~20:00(마감 30분 전까지 입장 가능) € 지하 납골당 성인 6유로 학생 5유로 6~15세 4유로 첨탑 성인 8유로 학생 6유로 6~15세 5유로 납골당+첨탑 콤비 티켓 성인 10유로 학생 8유로 6~15세 6유로 ☰ www.st-michaelis.de

함부르크 전경을 한눈에

함부르크 시민에게 미헬이라는 애칭으로도 불리는 바로크 양식의 교회이다. 1647년 처음 건축되었다. 1750년 번개로 인한 화재로 첨탑이 무너졌고, 2차 세계대전 때는 연합국의 폭격을 받는 등 수차례 파괴와 복구를 거듭하였다. 독일 북부에서 가장 중요한 교회로 꼽히며, 내부는 크고 화려하다. 이 교회의 첨탑은 선원들이 항구를 찾을 수 있는 이정표 역할을 해주었다. 높이는 132.14m에 달하며, 엘리베이터를 타고 올라가면 함부르크 시내를 한눈에 담을 수 있다. 교회는 무료이고, 지하 납골당과 첨탑은 유료이다.

플란텐 운 블로멘 공원
Planten un Blomen 플란텐 운 블로멘

🚶 U2호선 메세할렌역Messehallen에서 홀스튼글라시스Holstenglacis 따라 북동쪽으로 도보 6~7분 ⊙ Marseiller Str. 7, 20355
🕐 10~3월 07:00~20:00, 4월 07:00~22:00, 5~9월 07:00~23:00 € 무료 ☰ www.plantenunblomen.hamburg.de

동양 분위기가 물씬 풍기는

함부르크는 2011년 유럽의 환경 수도로 지정되었다. 친환경적인 도시를 계획할 때 세계의 여러나라가 반드시 참고하는 도시로 유명하다. 플란텐 운 블로멘 공원은 친환경 도시 함부르크에 참 잘 어울리는 공원이다. 1930년 꽃박람회 때문에 열었다. 공원 이름 '플란텐 운 블로멘'은 '식물과 꽃'이라는 뜻이다. 플란텐 운 블로멘은 유럽의 공원 가운데서도 특별히 인상적이다. 일본 정원이 공원에 동양의 정취를 흐르게 하기 때문이다. 요코하마 항과 함부르크가 자매결연을 맺은 기념으로 조성되었다. 장미정원도 여름이 되면 많은 사람들이 찾는다. 5월부터 9월까지는 매일 밤 10시9월은 밤 9시에 호수에서 분수 쇼가 벌어진다.

알스터 호수
Alstersee 알스터제

🚶 U1·U2·U4호선 융페른슈티그역Jungfernstieg에서 북동쪽으로 도보 2분 ⊙ Jungfernstieg, 20354

대도시에 정감을 더해 주는 인공 호수

함부르크 시 중앙에 있는 거대한 인공 호수로 그 규모가 54만 평에 달한다. 1190년 함부르크에 대형 방앗간을 만들면서 조성한 저수지에 홍수가 나서 호수가 생겼다는 설과 알스터강에 댐을 건설하려다가 그만두어 호수가 생겼다는 설이 공존한다. 1620년 함부르크가 요새로 재건되면서 두 다리 롬바르스브뤼케Lombardsbrücke와 케네디브뤼케Kennedybrücke에 의해 외호와 내호로 나뉘게 되었다. 내호 면적만 5만여 평으로 서울의 선유도 공원보다 크다. 여름이 되면 함부르크 시민들은 이 호숫가에서 친구를 만나거나 일광욕을 즐긴다. 내호 주변에는 시청사와 쇼핑 거리 융페른슈티그Jungfernstieg, 카페와 음식점이 있다.

©Tony Webster

©Thomas Ulrich

🍴 프란츠&프렌즈 Franz & friends

함부르크에서 맛보는 프랑스식 빵

함부르크 중앙역에 있는 대표적인 프란츠 빵집이다. 프란츠 빵Franzbrötchen이란 나폴레옹 군이 함부르크를 점령했던 당시 전해진 프랑스식 빵으로 함부르크의 대표적인 먹을거리 중 하나이다. 페스트리 반죽에 계피와 설탕을 넣어 만드는 것이 기본 스타일이며, 여기에 아몬드나 초콜릿 등 다양한 토핑이 추가되면서 종류가 다양해졌다. S반 함부르크 하우프트반호프역 13, 14번 출구에 있는 프란츠&프렌즈의 매장 앞에는 이른 아침부터 밤늦게까지 항상 현지인들이 프란츠빵을 맛보기 위해 줄을 서 있다. 너무 달지 않고 아몬드 토핑이 얹어져 있는 만델프란츠Franzbrötchen mit Mandel를 추천한다. 가격도 저렴하고 커피와 함께 먹으면 아침식사 대용으로도 좋다. 함부르크에 왔다면 프란츠 빵 한 조각은 꼭 맛보고 가시길 권한다. 🚶 S-bahn·U2·U3·U4호선 함부르크 하우프트반호프역Hamburg Hauptbahnhof(중앙역) 13번과 14번 출구 ◎ BahnsteigGleis 11+12, 20099 📞 +49 40 32527969 🕐 매일 06:00~21:00 € 커피&빵 7~8유로 정도

🍴 짐블락 Jim Block

독일을 대표하는 햄버거 전문점

짐블락Jim Block은 함부르크에서 쉽게 만날 수 있는 햄버거 전문점이다. 독일 전역에 피져있는 'Block House'라는 스테이크 하우스에서 운영하는 곳으로, 스테이크 선분성의 고기를 사용해 햄버거를 만들기 때문에 패스트푸드 음식점이지만 수제 버거의 맛을 느낄 수 있다. 가격도 일반 패스트푸드 음식점과 비교할 때 크게 차이 나지 않는다. 함부르크 시내에 9개의 매장이 있으며 베를린과 하노버에도 매장이 있다. 베이컨, 양파, 치즈가 들어있는 JB BBQ 버거가 가장 맛이 좋다. 채식주의자를 위한 메뉴도 준비되어 있다. 알스터 호수 근처에 있는 가게가 접근성이 좋다. 🚶 U1·U2·U4호선 융페른슈티그역Jungfernstieg에서 도보 2분 ◎ Jungfernstieg 1, 20095 📞 +49 40 30382217 🕐 월~목·일 11:00~22:00, 금·토 11:00~23:00 € 버거 10·12유로 내외

피쉬 임비스 샤비 Fisch Imbiss Schabi

젊음의 거리에서 즐기는 해산물 철판 요리

피쉬 임비스 샤비는 현지 젊은이들이 즐겨 찾는 슐터블라트Schulterblatt 거리에 있다. 슐터블라트는 주요 여행지에서 조금 떨어져 있지만, 맛집이나 카페가 몰려 있어 사람들로 가득한 함부르크의 핫플레이스이다. 피쉬 임비스 샤비는 특히 인기가 많은 곳이다. 가게는 작고 소박하지만, 신선한 해산물로 만든 철판 요리를 즐기려는 사람들의 발길이 끊이지 않고 이어진다. 다양한 생선구이를 맛볼 수 있는 믹스텔러Mix Teller, 오징어를 철판에 구운 게그릴테 틴든피셔Gegrillte Tintenfische, 새우를 소스와 함께 볶은 감바스 아우스 데어 판네Gambas aus der pfanne가 가장 인기가 많다. 빵, 튀긴 감자, 샐러드가 함께 나와 한 접시만 먹어도 배가 부르다.

🚶 S11·S21·S31호선 슈테른샨제역Sternschanze에서 주잔넨슈트라세Susannenstraße로 접어들어 도보 6분
📍 Schulterblatt 60, 20357 📞 +49 40 43290940 🕐 매일 12:00~21:30 € 18유로 내외(현금 결제만 가능)

슈파이셔슈타트 카페로스터리 Speicherstadt Kaffeerösterei

독일 최고 카페 상을 받다

2014년 독일 최고 카페 & 로스팅 상을 받은 함부르크 대표 카페이다. 1888년에 건설된 슈파이셔슈타트의 무역창고 건물에 있다. 중남미의 원두 농장을 직접 방문해 원두를 수입하고, 그 지역 농촌 사회의 발전을 위해 꾸준히 노력하고 있다. 또 환경에 특별한 관심을 가지고 오랑우탄 커피 프로젝트를 진행하고 있다. 오랑우탄 그린 커피 1kg이 판매될 때마다 수익금 일부를 인도네시아 수마트라의 오랑우탄 서식지를 보호하는데 기부한다.

🚶 U3호선 바움발Baumwall역에서 하차 후 니더바움다리Niederbaumbrücke를 건넌 뒤 좌측 케르비더거리Kehrwieder로 진입 후 도보 7분 📍 Kehrwieder 5, 20457 📞 +49 405 37998500
🕐 화~일 10:00~18:00 € 카페 라테 4.7유로, 오랑우탄 커피(300ml) 6.8유로 ☰ www.speicherstadt-kaffee.de

PART 15

권말부록 1

실전에 꼭 필요한 여행 독일어

Auf welchem
Flugsteig sollte ich gehen?

1 ~주세요. ~bitte. 비테

계산해 주세요. Bezahlen, bitte. 베짤렌, 비테

오이 빼주세요. Ohne Gruke, bitte. 오네 그루케, 비테

2 어디인가요? Wo ist~? 보 이스트

제 좌석은 어디인가요? Wo ist mein Platz? 보 이스트 마인 플랏츠?

실례합니다만, 화장실이 어디인가요? Entschuldigung, wo ist die toilette? 앤슐디궁, 보 이스트 디 토일레테?

3 얼마예요? Wie viel kostet~? 뷔 필 코스텟~?

이건 얼마예요? Wie viel kostet das? 뷔 필 코스텟 다스?

4 ~하고 싶어요. Ich möchte ~ 이히 모쉬테

룸서비스를 주문하고 싶어요. Ich möchte den Zimmerservice bestellen. 이히 모쉬테 덴 침머서비스 베 슈텔렌.

택시 타고 싶어요. Ich möchte ein Taxi nehmen. 이히 모쉬텐 아인 탁시 네멘.

5 ~할 수 있나요? Kann Ich/ Können Sie~? 칸 이히/ 쾨넨 지

펜 좀 빌릴 수 있나요? Kann ich mir einen Stift ausleihen? 칸 이히 미어 아이넨 슈티프트 아우스라이헨?

영어로 말할 수 있나요? Können Sie Englisch Sprechen? 쾨넨 지 엥글리슈 슈프레헨?

6 저는 ~ 할게요. Ich werde ~. 이히 베르데.

호텔에서 지낼 거예요. Ich werde im **Hotel übernachten. 이히 베르데 임 **호텔 우버나흐텐.

7 ~은 무엇인가요? Was ist ~? 바스 이스트~?

이것은 무엇인가요? Was ist das? 바스 이스트 다스?

다음 역은 무엇인가요? Was ist die nächste Station? 바스 이스트 디 네쉬테 슈타치온?

8 ~ 있나요? Haben Sie ~? 하벤 지?

다른 거 있나요? Haben Sie ein anderes? 하벤 지 아인 안데레스?

자리 있나요? Haben Sie einen Tisch? 하벤 지 아이넨 티슈?

9 이건 ~인가요? Ist ~? 이스트 다스

이거 세일하나요? Ist das im Angebot? 이스트 다스 임 앙게봇?

이것은 여성용/남성용인가요? Ist das für Frauen/Männer? 이스트 다스 퓨어 프라우엔/매너?

10 이건 ~예요. Es ist ~. 에스 이스트 ~

이건 너무 비싸요. Es ist zu teuer. 에스 이스트 쭈 토이어

이건 짜요. Es ist salzig. 에스 이스트 짤치히

02 인사말

네 Ja 야 / 아니오 Nein 나인

안녕하세요(아침인사) Guten Morgen 구텐 모르겐

안녕하세요(점심) Guten Tag 구텐 탁

안녕 Hallo 할로

잘 가요, 안녕(헤어질 때) Auf Wiedersehen 아우프 뷔더제헨

Tschüss 츄스

실례합니다 Entschuldigung 엔슐디궁

맞아요. Genau. 게나우

감사합니다 Danke schön 당케 숀 / Vielen Dank 필렌 당크

미안합니다 (Das) Tut mir leid (다스) 툿 미어 라이드

문제 없어요. Kein Problem. 카인 프라블렘.

매우 좋아요. Sehr gut 제어 굿

맛있게 드세요 Guten Appetit 구텐 아페팃

건배! Prost! 프로스트

03 숫자

1 eins 아인스

2 zwei 츠바이

3 drei 드라이

4 vier 피어

5 fünf 푼프

6 sechs 젝스

7 sieben 지벤

8 acht 악트

9 neun 노인

10 zehn 첸

20 zwanzig 츠반지히

50 fünfzig 푼푸지히

100 einhundert 아인훈덜트

04 요일

월요일 Montag 몬탁

화요일 Dienstag 딘스탁

수요일 Mittwoch 미트보흐

목요일 Donnerstag 도너스탁

금요일 Freitag 프라이탁

토요일 Samstag 잠스탁

일요일 Sonntag 존탁

05 공항과 기내에서

 탑승 수속할 때

자주 쓰는 여행 단어

여권 Reisepass 라이제파스

탑승권 Bordkarte 보드카르테

비자 Visum 비줌

창가 좌석 Platz am Fenster 플라츠 암 펜스터
복도 좌석 Platz am Gang 플라츠 암 강
체크인 구역 Check-in-Bereich 체크-인-베라이히
공석 Frei 프라이

무게 Gewicht 게비힉
초과 수하물 Übergepäck 우버게펙
수하물 Gepäck 게팩
트렁크 Koffer 코퍼

여행 회화

여권을 보여주세요. Bitte zeigen Sie mir Ihren Reisepass. 비테 자이겐 지 미어 이어렌 라이제파스.

창가 좌석으로 앉을 수 있나요? Kann ich bitte einen Fensterplatz haben?
칸 이히 비테 아이넨 펜스터플라츠 하븐?

창가 좌석과 복도 좌석 중 무엇을 원하시나요? Möchten Sie am Fenster oder am Gang sitzen?
모쉬텐 지 암 펜스터 오더 암 강 짓츤?

짐을 벨트 위에 올려주세요. Stellen Sie Ihren Koffer bitte auf das Band. 슈텔렌 지 이어렌 코퍼 비테 아우프 다스 반트.

트렁크 1개의 무게 제한이 얼마인가요? Wie viel kg dürfen in einen Koffe? 뷔 필 킬로그람 뒤픈 인 아이넨 코퍼?

1킬로 당 추가 요금이 얼마인가요? Wie viel kostet 1kg Übergepäck? 뷔 필 코스텟 아인 킬로그람 우버게펙?

탑승 수속은 어디서 하나요? Wo kann ich einchecken? 보 칸 이히 아일체켄?

② 보안 검색을 받을 때

자주 쓰는 여행 단어

액체류 Flüssigkeit 플뤼지카이트
기내수화물 Handgepäck 한트게펙
주머니 Tauschen 타우쉔
전화기 Handy/ Smartphone 한디 / 스마트폰

노트북 Laptop 랩탑
신발 Schuhe 슈허
벗다 ausziehen 아우스지헨
임신부 schwanger 슈방어

여행 회화

여기 제 여권이 있습니다. Hier ist mein Reisepass. 히어 이스트 마인 라이제파스

저는 액체류가 없습니다. Ich habe keine Flüssigkeiten. 이히 하베 카이네 플뤼지카이튼

제 백팩에 노트북이 있어요. Ich habe einen Laptop in meinem Rucksack. 이히 하베 아이넨 랩탑 인 마이넴 륙삭.

바지 주머니에 아무것도 없나요? Haben Sie noch etwas in den Hosentauschen?
하벤 지 녹흐 에트바스 인 덴 호전타우쉔?

신발을 벗어야 하나요? Soll ich meine Schuhe ausziehen? 졸 이히 마이네 슈허 아우스지헨?

저 임신했어요. Ich bin Schwanger. 이히 빈 슈방어.

③ 면세점 이용할 때

자주 쓰는 여행 단어

면세점 Duty-Free-Shop(Laden) 듀티 프리 숍 (라든)
화장품 Kosmetik 코스메틱
향수 Parfüm 파퓸
가방 Tasche 타쎄

선글라스 Sonnenbrille 조넨브릴레
담배 Zigarette 지가레테
주류 alkoholische Getränke 알코홀리셔 게트렝케
계산하다 bezahlen 베짤렌

여행 회화

면세점은 어디 있나요? Wo sind die Duty-Free-Shops? 보 진 디 듀티-프리 숍스?

얼마예요? Wie viel kotstet das? 뷔 필 코스텟 다스?

선글라스를 찾고 있어요. Ich suche eine Sonnenbrille. 이히 주허 아이네 조넨브릴레.

이걸로 할게요. Ich nehme das. 이히 네메 다스.

여기 있어요. Hier, bitte. 히어 비테

이걸 기내에 가지고 탈 수 있나요? Darf ich das mit an Bord nehmen?
다르프 이히 다스 밋 안 보드 네멘?

④ 비행기 탑승할 때

자주 쓰는 여행 단어

탑승권 Bordkarte 보드카르테
좌석 Sitzplatz 짓츠플라츠
좌석 번호 Sitzplatznummer 짓츠플라츠누머

안전벨트 Sicherheitsgurt 지혀하이츠거트
바꾸다 Weckseln 벡셀른
마지막 탑승 안내 letzte Aufruf 레츠테 아우프루프

여행 회화

주목하세요! 루프트한자 마지막 탑승 안내입니다. Achtung bitte! Dies ist der letzte Aufruf für den Lufthansa
Flug. 악퉁 비테! 디지스트 데어 레츠테 아우프루프 퓨어 덴 루프트한자 플루그.

제 자리가 어디인가요? Wo ist mein Platz? 보 이스트 마인 플라츠?

여긴 제 자리입니다. Das ist mein Sitzplatz. 다스 이스트 마인 짓츠플라츠.

좌석 번호가 몇 번이에요? Was ist Ihre Platznummer? 바스 이스트 이어레 플라츠누머?

자리를 바꿀 수 있나요? Könnten wir die Sitze wechseln? 퀸튼 비어 디 짓츠 벡셀른?

가방을 어디에 두어야 할까요? Wo kann Ich mein Handgepäck hinstellen?
보 칸 이히 마인 한드게펙 힌슈텔른?

승객 여러분께서는 안전벨트를 매 주세요. Liebe Fahrgäste, schnallen Sie sich bitte an!
리베 파게스테, 슈날른 지 지히 비테 안!

5 환승할 때

자주 쓰는 여행 단어

환승 umsteigen 움슈타이겐

탑승구 Flugsteig 플룩슈타이그

탑승 Einsteigen 아인슈타이겐

연착 Verspätung 페어슈페퉁

편명 Flugnummer 플루그누머

갈아탈 비행기 Anschlussflug 안슐루스플루그

쉬다 ausruhen 아우스루헨

기다리다 Warten 바르튼

여행 회화

어디에서 환승할 수 있나요? Wo kann ich mein Flug umsteigen? 보 칸 이히 마인 플룩 움슈타이겐?

몇 번 탑승구로 가야하나요? Auf welchem Flugsteig sollte ich gehen?
아우프 벨셈 플루그슈타이그 졸테 이히 게헨?

탑승은 언제 시작하나요? Wann beginnt das Einsteigen? 반 비긴트 다스 아인슈타이겐?

어디에서 쉴 수 있나요? Wo kann ich mich ausruhen? 보 칸 이히 미히 아우스루헨?

6 기내 서비스 요청할 때

자주 쓰는 여행 단어

식사 Essen 에센

물 Wasser 바써

맥주 Bier 비어

와인 Wein 바인

오렌지 주스 Orangensaft 오랑젠자프트

커피 Kaffee 카페

콜라 Cola 콜라

닭고기 Hähnchen 헨쉔

여행 회화

식사할 때 깨워 주세요. Bitte wecken Sie mich vor dem Essen. 비터 베켄 지 미히 포어 뎀 에센.

음료 드시겠습니까? Möchten Sie etwas trinken? 모쉬텐 지 에트바스 트링켄?

커피 한 잔 주실수 있나요? Bringen Sie mir bitte eine Tasse Kaffee? 브링엔 지 미어 비테 아이네 타세 카페?

물 한 잔 주세요. Ich hätte gerne ein Glas Wasser, bitte. 이히 헤테 게르네 아인 글라스 바싸, 비테.

오렌지 주스 있어요? Haben Sie einen Orangensaft? 하븐 지 아이넨 오랑젠자프트?

콜라 주세요. Eine Cola bitte. 아이네 콜라, 비테.

닭고기로 주세요. Hähnchen, bitte. 헨쉔 비테

7 기내 기기/ 시설 문의할 때

자주 쓰는 여행 단어

등 Licht 리히트

화면 Bildschirm 빌트쉬름

좌석 등받이 Sitzlehne 짓츠레네

화장실 Toilette 토일레테

담요 Decke 덱케

난기류 Turbulenz 터뷸렌츠 ,

여행 회화

등을 어떻게 켜나요? Wie mache ich das Licht an? 뷔 마허 이히 다스 리히트 안?

화면이 안나와요. Es kommt kein Bild. 에스 콤트 카인 빌트.

화장실이 어디인가요? Entschuldigung, wo ist die Toilette? 엔슐디궁, 보 이스트 디 토일레테?

담요 한 장 갖다주시겠어요? Kann ich eine Decke haben? 칸 이히 아이네 데케 하븐?

등받이를 세워주시기 바랍니다. Wir möchten Sie bitten ihre sitzlehnen grade zu stellen.
뷔어 모쉬텐 지 비텐 이어레 짓츠레넨 게라데 쭈 슈텔렌.

8 입국 심사받을 때

자주 쓰는 여행 단어

방문하다 besuchen 베죽흔

머무르다 bleiben 블라이븐

여행 Reise 라이제

휴가 Urlaub 우어라웁

출장 Geschäftsreise 게쉐프트라이제

왕복 티켓 Rückflugticket 룩플룩티켓

일주일 eine Woche 아이네 보허

입국심사 Einreisekontrollen 아인라이제콘트롤른

세관 Zoll 쫄

여행 회화

어디에서 오셨나요? Woher kommen Sie? 보헤어 커믄 지?

방문 목적이 무엇인가요? Was ist der Grund für Ihren Besuch? 바스 이스트 데어 그룬트 퓨어 이어렌 베죽?

여행하러 왔습니다. Ich bin Tourist. 이히 빈 투어리스트

휴가차 왔어요. Ich bin im Urlaub hier. 이히 빈 임 우어라우프 히어.

출장으로 왔어요. Ich bin auf Geschäftsreise. 이히 빈 아우프 게쉐프트라이제.

얼마나 지낼 예정입니까? Wie lange wollen Sie bleiben? 뷔 랑어 볼렌 지 블라이븐?

돌아가는 항공권을 보여주세요. Zeigen Sie mir bitte Ihre Rückflugticket.
차이겐 지 미어 비테 이어레 룩플룩티켓

일수일 농안 머무를 예정입니다. Ich bleibe hier eine Woche. 이히 블라이버 히어 아이네 보허.

호텔에서 지낼 거예요. Ich werde im **Hotel übernachten. 이히 베르데 임 **호텔 우버나흐텐.

세관신고 해야합니다. Dafür müssen Sie Zoll zahlen. 다퓨어 뮈센 지 쫄 잘렌.

06 교통수단 이용할 때

1 승차권 구매할 때

자주 쓰는 여행 단어

표 Fahrschein/Fahrkarte 파샤인/파카르테

매표소 Fahrkartenschalter 파카르덴샬터

자동 개찰기 Fahrscheinautomat 파샤인아우토맛

시간표 Fahrplan 파플란

왕복 Hin- und Rückfahrt 힌 운트 륙파르트

편도 einfache Fahrt 아인파허 파르트

어른 Erwachsene 에르박센

어린이 Kind 킨트

여행 회화

티켓은 어디서 사나요? Wo kann man ein Ticket kaufen? 보 칸 만 아인 티켓 카우펜?
자동 매표기는 어디에 있나요? Wo gibt es der Fahrkartenautomat? 보 깁트 에스 데어 파카르텐아우토맛?
발권기는 어떻게 사용하나요? Wie benutze ich den Kartenautomaten? 뷔 베눗저 이히 덴 카르텐아우토마튼?
왕복 표 두 장이요. Bitte zwei Hin- und Rückfahrkarten. 비테 츠바이 힌-운트 뤽파카르튼.
어른 세 장이요. Drei Erwachsene, bitte. 드라이 에르박센, 비테
어린이는 얼마에요? Wie viel kostet es für ein Kind? 뷔 필 코스테스 퓨어 아인 킨트?

2 버스 이용할 때

자주 쓰는 여행 단어

버스를 타다 einsteigen 아인슈타이겐
내리다 aussteigen 아우스슈타이겐
버스 정류장 Bushaltestelle 부스할테슈텔레
시외 버스 Fernbus 페른부스
요금 preis 프라이스

중앙 버스 정류장 ZOB(Zentraler Omnibus Bahnhof)
쫍(첸트랄러 옴니부스반호프)
이번 정류장 dieser Haltestelle 디저 할테슈텔레
다음 정류장 nächsten Haltestelle 넥슈텐 할테슈테레

여행 회화

버스가 얼마나 자주 다니나요? Wie oft fährt der Bus? 뷔 오프트 페어트 데어 부스?
버스 정류장이 어디에 있나요? Wo ist die Bushaltestelle? 보 이스트 디 부스할테슈텔레?
이 버스 000로 가나요? Fährt dieser Bus in 000? 페어트 디저 부스 인 000?
어디에서 갈아타야 하나요? Wo kann ich umsteigen? 보 칸 이히 움슈타이겐?
다음 정류장이 무엇인가요? Wo ist die nächste Haltstelle? 보 이스트 디 넥슈테 할트슈텔레?
어디서 내려야 하나요? Wo soll ich aussteigen? 보 졸 이히 아우스슈타이겐?
다음 정류장에서 내리세요. Steigen Sie an der nächsten Haltestelle aus!
슈타이근 지 안 데어 넥슈튼 할테슈텔레 아우스!

3 지하철과 기차 이용할 때

자주 쓰는 여행 단어

지하철 U-Bahn 우-반
열차, 기차 S-Bahn 에스-반, Zug 쭈그
지역열차 Regionalbahn 레기오날반
고속열차 ICE (Inter City Express) 이체에
트램 Tram/ Straßenbahn 트람/슈트라쎈반
노선도 Linienplan 리니엔플란
승강장 Bahnsteig 반슈타이그

선로 Gleis 글라이스
역 Bahnhof 반호프
중앙역 Hbf(Hauptbahnhof) 하웁트반호프
도착 Ankunft 안쿤프트
출발 Abfahrt 압파아트
환승 Umsteigen 움슈타이겐

여행 회화

역이 어디에 있나요? **Wo ist der Bahnhof?** 보 이스트 데어 반호프?

베를린행 고속 열차가 여기서 출발하나요? **Fährt hier der ICE nach Berlin ab?**
페어트 히어 데어 이체에 나흐 베를린 압?

지하철 노선 주세요. **Geben Sie mir bitte einen U-Bahn Linienplan.**
게벤 지 미어 비테 아이넨 우-반 리니엔플란.

승강장을 못 찾겠어요. **Ich kann der Bahnsteig nicht finden.** 이히 칸 데어 반슈타이그 니히트 핀덴.

다음 역은 무엇인가요? **Wo ist die nächste Station?** 보 이스트 디 네츠테 슈타치온?

기차가 12시에 쾰른에 도착합니다. **Die Ankunft in Köln ist um 12 Uhr.**
디 안쿤프트 인 쾰른 이스트 움 즈뵐프 우어.

몇 번 선로로 기차가 도착합니까? **Auf welchem Gleis kommt der Zug an?**
아우프 뷀셈 글라이스 콤트 데어 쭈그 안?

환승해야 하나요? **Muss ich umsteigen?** 무스 이히 움슈타이겐?

④ 택시 이용할 때

자주 쓰는 여행 단어

택시 **Taxi** 탁시

택시 정류장 **Taxistand** 탁시슈탄트

공항 **Flughafen** 플루그하펜

트렁크 **Kofferraum** 코퍼라움

세우다 **anhalten** 안할텐

여행 회화

택시 어디서 탈 수 있나요? **Wo kann ich ein Taxi nehmen?** 보 칸 이히 아인 탁시 네멘?

도착까지 얼마나 걸리나요? **Wie lange werden wir brauchen?** 뷔 랑게 베르덴 뷔어 브라우헨?

공항으로 가주시겠어요? **Können Sie mich zum flughafen bringen?** 쾨넨 지 미히 춤 플루그하펜 브링겐?

트렁크 좀 열어주시겠어요? **Würden Sie bitte den Kofferraum öffnen?** 뷔르덴 지 비테 덴 코퍼라움 오프넨?

여기서 세워주세요. **Halten Sie bitte hier.** 할텐 지 비테 히어.

잔돈은 가지세요. **Stimmt so.** 슈팀 소.

⑤ 거리에서 길 찾을 때

자주 쓰는 여행 단어

주소 **Adresse** 어드레세

거리 **Straße** 슈트라쎄, **Weg** 벡

모퉁이 **Ecke** 엑케

오른쪽 **rechts** 레히츠 / 왼쪽 **links** 링스

직진 **geradeaus** 게라데아우스

먼 **weit** 바이트

가까운 **nähe** 네어

도보로 **zu Fuß** 쭈 푸스

여행 회화

이 주소로 어떻게 가나요? Wie komme ich zu dieser Adresse? 뷔 코메 이히 쭈 디저 어드레세?

모퉁이에서 오른쪽으로 도세요. Biegen Sie an der Ecke rechts ab. 비겐 지 안 데어 엑케 레히츠 압.

직진하세요! Gehen Sie geradeaus! 게헨 지 게라데아우스!

여기에서 가까운가요? Ist es in der Nähe? 이스트 데스 인 데어 네어?

걸어서 얼마나 걸리나요? Wie lange muss ich laufen? 뷔 랑게 무스 이히 라우펜?

길을 잃었어요. Ich habe mich verlaufen. 이히 하베 미히 페어라우펜.

거기까지 걸어갈 수 있나요? Kann man zu Fuß dorthin gehen? 칸 만 쭈 푸스 도트힌 게헨?

지하철이나 버스를 타는게 더 나아요. Nehmen Sie am besten die U-Bahn oder den Bus.
네멘 지 암 베스텐 디 우-반 오더 덴 부스.

6 교통편 농쳤을 때

자주 쓰는 여행 단어

비행기 Flugzeug 플루그초이그   다음 nächste 네흐슈터

놓치다 verpassen 페어파슨   변경하다 ändern 앤더른

연착 Verspätung 페어슈페퉁   기다리다 warten 바르튼

여행 회화

비행기를 놓쳤어요. Ich habe meinen Flug verpasst. 이히 하베 마이넨 플루그 페르파스트.

제 비행기가 연착됐어요. Mein Flug hat Verspätung. 마인 플루그 핫 페르슈페퉁.

다음 비행기/기차는 언제와요? Wann kommt der nächste Flug/Zug? 반 게트 데어 넥슈테 플루그/쭈그?

예약을 변경하고 싶어요. Ich möchte meine Reservierung ändern.
이히 모쉬테 마이네 레저비어룽 앤더른.

07 숙소에서

1 체크인할 때

자주 쓰는 여행 단어

체크인하다 einchecken 아인체켄   여권 Reisepass 라이제파스

일찍 früh 프류   추가 침대 Extra Bett 엑스트라 베트

예약 Reservierung 레저비어룽   와이파이 비밀번호 WLAN Passwort 뷔란 파스보트

방 Zimmer 침머   영수증 Quittung 크비퉁

싱글/트윈/더블 Einzelzimmer/Zwilling/Doppelt   보증금 Kaution 카우치온
아인첼/즈빌링/도펠트

여행 회화

체크인할게요 Ich würde gerne einchecken, bitte. 이히 뷰데 게어네 아인체켄, 비테.

일찍 체크인할 수 있나요? Kann ich früher einchecken? 칸 이히 퓨허 아인체켄?

예약했어요. Ich habe eine Reservierung. 이히 하베 아이네 레저비어룽.

조식이 포함되어 있나요? Ist das Frühstück im Preis inbegriffen? 이스트 다스 프류스툭 임 프라이스 인베그리픈?

여기 제 여권이요. Hier ist mein Reisepass. 히어 이스트 마인 라이제파스.

와이파이 비밀번호가 무엇인가요? Was ist das WLAN Passwort? 바스 이스트 다스 뷔란 파스보트?

② 체크아웃할 때

자주 쓰는 여행 단어

체크아웃 auschecken 아우스체큰

늦게 spät 슈페트

보관하다 aufbewahren 아우프베바렌

짐 Gepäck 게펙

청구서, 계산서 Rechnung 레히눙

요금 preise 프라이

택시 Taxi 탁시

여행 회화

체크아웃할게요. Ich möchte auschecken. 이히 모쉬테 아우스체켄.

체크아웃 몇 시까지 해야하나요? Wann muss man auschecken? 반 무스 만 아우스체켄?

늦게 체크아웃할 수 있나요? Kann ich später auschecken? 칸 이히 슈페터 아우스체켄?

늦은 체크아웃은 얼마인가요? Was kostet ein Late-Check-out? 바스 코스텟 아인 레이트-체크-아웃?

짐을 맡길 수 있나요? Können Sie mein Gepäck aufbewahren? 쾨넨 지 마인 게펙 아우프베바렌?

청구서를 받을 수 있나요? Kann ich eine Rechnung haben? 칸 이히 아이네 레히눙 하벤?

택시 불러주실 수 있나요? Können Sie mir ein Taxi bestellen? 쾨넨 지 미어 아인 탁시 베슈텔렌?

③ 부대시설 이용할 때

자주 쓰는 여행 단어

식당 Restaurant 레스토랑

조식 Frühstück 프류슈툭

수영장 Schwimmbad 슈빔바트

헬스장 Fitnesscenter 피트네스센터

사우나 Sauna 자우나

세탁실 Wäscherei 벡셔라이

자판기 Automat 아우토맛

여행 회화

식당 언제 여나요? Wann hat das Restaurant geöffnet? 반 핫 다스 레스도랑트 게오프넷?

조식 어디에서 먹나요? Wo wird das Frühstück serviert? 보 빌트 다스 프류스툭 서비어트?

조식은 언제 먹을 수 있어요? Wann wird das frühstück serviert? 반 빌트 다스 프류슈툭 저비어트?

수영장 언제 닫나요? Bis wann hat der Schwimmbad geöffnet? 비스 반 핫 데어 슈빔바트 게오프넷?

음료 자판기가 어디에 있나요? Wo ist der Getränkeautomat? 보 이스트 데어 게트렝케아우토맛?

세탁 서비스가 있나요? Gibt es einen Wäscheservice? 깁 에스 아이넨 베셔서비스?

4 객실 용품 요청할 때

자주 쓰는 여행 단어

수건 Handtücher 한트튜허
비누 Seife 차이페
화장지 Toilettenpapier 토일레텐파피어

베개 Kissen 키센
침대 시트 Betttuch 베트투흐

여행 회화

수건을 더 주시겠어요? Kann Ich mehrere Handtücher haben? 칸 이히 메어레 한트투허 하벤?
비누를 추가로 갖다 주세요. Bitte bringen Sie mir mehr Seifen. 비테 브링겐 지 미어 메이 차이펜.
화장지를 좀 갖다 주세요. Bitte holen Sie mir etwas Toilettenpapier.
비테 홀렌 지 미어 에트바스 토일레텐파피어.
베개 좀 더 갖다 주세요. Könnte ich ein extra Kissen haben? 퀸테 이히 아인 엑스트라 키센 하벤?
침대 시트 바꿔주세요. Wechseln Sie bitte das Betttuch. 벡셀른 지 비테 다스 베트투흐.

5 기타 서비스 요청할 때

자주 쓰는 여행 단어

룸서비스 Zimmerservice 침머서비스
주문하다 bestellen 베슈텔렌
청소하다 sauber machen 자우버 마흔
모닝콜 Weckdienst 벡딘스트

에어컨 Klimaanlage 클리마안라게
히터 Heizung 하이쭝
냉장고 Kühlschrank 쿨슈랑크

여행 회화

룸서비스 되나요? Haben Sie Zimmerservice? 하븐 지 침머서비스?
제 방 청소해 주시겠어요? Können Sie mein Zimmer sauber machen? 쾨넨 지 마인 침머 자우버 마흔?
방을 바꿔 주세요. Ich möchte ein anderes Zimmer. 이히 모쉬테 아인 안데레스 침머.
아침 6시에 모닝콜 해줄 수 있나요? Bitte wecken Sie mich um 6 Uhr. 비테 베켄 지 미히 움 젝스 우어
히터 확인해 주실 수 있나요? Können Sie die Heizung prüfen? 쾨넨 지 디 하이쭝 프루픈?

6 불편사항 말할 때

자주 쓰는 여행 단어

고장난 kaputt 카푸트
온수 Warmwasser 밤바써
수압 Wasserdruck 바써드룩
변기 Toilette 토일레테

귀중품 Wertsachen 베어자헨
더운 heiß 하이쓰
추운 kalt 칼트
시끄러운 laut 라우트

여행 회화

히터가 작동하지 않아요. Die Heizung funktioniert nicht. 디 하이쭝 풍치니어트 니히트.
에어콘이 고장났어요. Die Klimaanlage ist kaputt. 디 클리마안라게 이스트 카푸트
온수가 안 나와요. Es kommt kein warmes Wasser. 에스 콤트 카인 바머스 바써.
수압이 낮아요. Der Wasserdruck ist niedrig. 데어 바써드루크 이스트 니드리히.
변기 물이 안 내려가요. Der Toilette ist verstopft. 데어 토일레테 이스트 페어슈토프트.
귀중품을 잃어버렸어요. Ich habe meine Wertsachen verloren. 이히 하베 마이네 베어자헨 페르로렌.
너무 시끄러워요. Es ist zu laut. 에스 이스트 쭈 라우트.

08 식당에서

① 예약할 때

자주 쓰는 여행 단어

예약하다 reservieren 레저비어른
자리 Plätze 플래처
아침식사 Frühstück 프류슈툭
점심식사 Mittagessen 밋탁에쎈

저녁식사 Abendessen 아벤트에쎈
예약을 취소하다 Reservierung stornieren
레저비어룽 슈토니에른
주차장 Parkplatz 파크플라츠

여행 회화

자리 예약하고 싶어요. Ich möchte einen Tisch reservieren. 이히 모쉬테 아이넨 티슈 레저비어렌.
오늘 저녁에 한 자리 예약하고 싶어요. Ich möchte einen Tisch für heute Abend reservieren.
이히 뫼쉬테 아이넨 티슈 퓨어 호이테 아벤트 레저비어렌.
몇 시에 하실건가요? Für wie viel Uhr? 퓨어 뷔 필 우어?
예약 취소하고 싶어요. Ich möchte meine Reservierung stornieren. 이히 뫼쉬테 마이네 레저비어룽 슈토니에른.
제 이름은 000입니다. Mein name ist 000. 마인 나메 이스트 000.
주차장이 있나요? Haben Sie einen Parkplatz? 하벤 지 아이넨 파크플라츠?

② 주문할 때

자주 쓰는 여행 단어

메뉴판 Speisekarte 슈파이저카르테
채식메뉴판 Vegetarische Karte 베게타리쉐 카르테
음료 Getränke 게트렝케
전식 Vorspeisen 포슈파이젠
본식 Hauptgerichte 하웁트게리쉬테
후식 Nachspeisen 나흐슈파이젠
주문하다 bestellen 베슈텔렌
추천 empfehlung 엠펠룽
이것 das 다스

소시지 Wurst 부어스트
스테이크 Steak 슈테이크
짠 salzig 찰지히
매운 scharf 샤프
알레르기 Allergie 알러기
탄산수 한 잔 ein Wasser mit Kohlensäure.
아인 바써 밋 코흘렌조이레
수돗물 ein Stilles Wasser 아인 슈틸레스 바써

여행 회화

메뉴판 볼 수 있나요? Kann ich bitte die Speisekarte sehen? 칸 이히 비테 디 슈파이저카르테 제헨?
채식 메뉴판이 따로 있나요? Haben Sie eine vegetarische Karte? 하벤 지 아이네 베게타리쉐 카르테?
음료/음식 고르셨나요?(종업원) Was möchten Sie trinken/essen? 바스 모쉬덴 지 트링켄/에센?
000으로 주세요. Ich hätte gerne 000. 이히 헤테 게어너 000.
추천하는 음식이 있나요? Was empfehlen Sie? 바스 엠페엘렌 지?
너무 짜지 않게 해주세요. Bitte nicht zu salzig. 비테 니히트 쭈 잘지히.
00 빼주세요. Ohne 000 bitte. 오네 000 비테
00 알레르기가 있어요. Ich habe eine 000-Allergie. 이히 하베 아이네 000-알러기.

③ 식당 서비스 요청할 때
자주 쓰는 여행 단어

닦다 wischen 비쉔	젓가락 Stäbchen 슈텝헨
접시 Teller 텔러	잔 Glas 글라스
떨어뜨리다 fallen lassen 팔렌 라쎈	아기 의자 Hochstuhl 호흐슈튤
칼 messer 메써	또 noch 녹흐

여행 회화

죄송하지만 포크가 더러워요. Entschuldigung, die Gabel ist schmutzig. 엔슐디궁, 디 가벨 이스트 슈뭇찌히.
이 테이블 좀 닦아주세요. Können Sie diesen Tisch wischen? 쾨넨 지 디젠 티슈 비쉔?
접시 하나 더 받을 수 있나요? Kann ich noch eine Platte bekommen? 칸 이히 녹흐 아이네 플라테 베코멘?
나이프를 떨어뜨렸어요. Ich habe mein Messer fallen lassen. 이히 하베 마인 메써 팔렌 라쎈.
냅킨이 없어요. Es gibt keine Serviette. 에스 깁 카이네 처비어터.
아기 의자 있나요? Haben Sie einen Hochstuhl? 하븐 지 아이넨 호흐슈튤?
음식이 차가워요. Das Essen ist kalt. 다스 에쎈 이스트 칼트
이것 좀 데워주세요. Bitte wärmen Sie es auf. 비테 배맨 지 에스 아우프.

④ 불만 사항 말할 때
자주 쓰는 여행 단어

너무 익은 zu lange gekocht 쭈 랑게 게코흐트	음료 Getränke 게트렝케
완전히 ganz 간츠	짠 Salzig 잘치히
잘못된 falsch 팔쉬	싱거운 fade 파데
음식 Gericht 게리히트	

여행 회화

실례합니다 Entschuldigung 엔슐디궁

이것은 덜 익었어요 Das Fleisch ist nicht durch. 다스 플라쉬 이스트 니히트 듀쉬.

음식이 탔어요. Das ist gebrannt. 다스 이스트 게브란트.

메뉴가 잘못 나왔어요 Ich habe etwas anderes bestellt. 이히 하베 에트바스 안데레스 베슈텔트.

제 음식을 아직 못 받았어요 Meine Bestellung ist noch nicht gekommen.

마이네 베슈텔룽 이스트 노흐 니히트 게코멘.

이것은 너무 짜요 Das ist zu salzig. 다스 이스트 쭈 찰지히.

⑤ 계산할 때

자주 쓰는 여행 단어

계산서 Rechnung 레히눙	잔돈 Kleingeld 클라인겔트
지불하다 bezahlen 베찰렌	영수증 Quittung 크뷔퉁
현금 Geld 겔트	팁 Trinkgeld 트링크겔트
신용카드 Kreditkarte 크레딧카르테	

여행 회화

맛있게 드셨나요?(종업원) Hat es Ihnen geschmeckt? 핫 에스 이넨 게슈멕트?

아주 좋아요. Alles gut. 알레스 굿

계산해 주세요 Zahlen Sie, bitte. 잘렌지, 비테

함께 계산하나요? 따로 계산하나요? Zahlen Sie zusammen oder getrennt? 짤렌 지 쭈자멘 오더 게트렌트?

따로 계산해 주세요. Berechnen Sie das getrennt. 베레흐넨 지 다스 게트렌트.

신용카드로 지불하고 싶어요. Kann ich mit Kreditkarte bezahlen? 칸 이히 밋 크레딧카르테 베찰렌?

영수증 주시겠어요? Kann ich eine Quittung bekommen? 칸 이히 아이네 크뷔퉁 베고멘?

팁이에요. Stimmt so. 슈팀 조.

⑥ 패스트푸드 주문할 때

자주 쓰는 여행 단어

간이 식당 Imbiss 임비스	케밥 Döner 되너
단품 Solo 솔로	소스 Soße 쏘저
세트 Menü 메뉴	리필 Refill 리필
햄버거 Hamburger 함붜거	여기 zum Hier 춤 히어
감자튀김 Pommes 포메스	포장 zum mitnehmen 쭈 밋 네멘
케첩 Ketchup 케첩	

여행 회화

2번 세트 주세요 Ich nehme Menü Nummer zwei. 이히 네메 메뉴 누어 츠바이.

햄버거만 하나 주세요 Nur einen Burger, bitte. 누어 아이넨 버거, 비테

치즈 추가해 주세요 Extra Käse, bitte. 엑스트라 케제, 비테

리필할 수 있나요? Einmal Refill, bitte. 아인말 리필, 비테

어떤 소스를 뿌려줄까요? Welche Soße, bitte? 벨셔 쏘저, 비테?

매운 소스, 마늘 소스 그리고 채소는 다 넣어주세요. Scharfe Soße, Knoblauchsoße, Salat alles.
샤프 쏘저, 크노블라흐쏘저, 찰라트 아우스.

여기서 먹을 거예요 Zum hier essen. 춤 히어 에센.

포장해주세요. Zum Mitnehmen, bitte. 쭘 밋 네멘 비테.

7 카페에서 주문할 때

자주 쓰는 여행 단어

아메리카노 Kaffee Americano 카페 아메리카노

라떼 Milchkaffee 밀쉬카페

차 Tee 테

차가운 kalter 칼터

작은 klein 클라인

레귤러 normal 노말

큰 groß 그로쓰

샷 추가 Extraschuß Espresso 엑스트라슈스 에스프레쏘

두유 Sojamilch 조야밀쉬

귀리우유 Hafermilch 하퍼밀쉬

여행 회화

차가운 아메리카노 한 잔 주세요. Einen Kalter Americano, bitte. 아이넨 칼테 아메리카노, 비테

두유 라떼 한 잔 주세요. Ich hätte gerne einen Caffè Latte mit Sojamilch, bitte.
이히 헤테 게어네 아이넨 카페 라테 밋 조야밀쉬, 비테.

샷을 추가해주세요 Mit einem Extraschuß Espresso, bitte. 밋 아이넴 엑스트라슈스 에스프레쏘, 비테.

여기서 마실 거예요. Zum hier trinken. 쭘 히어 트링켄.

09 관광할 때

1 관람권 구매할 때

자주 쓰는 여행 단어

표 Ticket 티켓

입장료 Eintritt 아인트릿

공연 Aufführung 아우프퓨룽

인기 있는 beliebt 베립트

뮤지컬 Musical 무지칼

다음 공연 nächste Spiel 네쉬스테 슈필

좌석 Sitzplatz 짓츠플라츠

매진된 ausverkauft 아우스페르카우프트

여행 회화

표 얼마예요? **Was kostet der Eintritt?** 바스 코스텟 데어 아인트릿?

어른 2장, 어린이 1장 주세요. **Zwei Erwachsene und ein Kind bitte.** 츠바이 에르바세네 운 아인 킨트 비테.

패밀리 티켓은 10유로입니다. **Eine Familien-Karte kostet 10 Euro.** 아이네 파밀리엔-카르테 코스텟 첸 오유로.

어린이와 청소년은 공짜입니다. **Kinder und Jugendliche müssen nichts bezahlen.**
킨더 운트 융겐들리허 뮈센 니히츠 베찰렌.

가장 인기 있는 공연은 무엇인가요? **Was ist die beliebteste Show?** 바스 이스트 디 베립테스테 쇼?

공연은 언제 시작하나요? **Wann beginnt die Show?** 반 베긴트 디 쇼?

매진입니까? **Ist es ausverkauft?** 이스트 에스 아우스페르카우프트?

2 투어 예약 및 취소할 때

자주 쓰는 여행 단어

투어를 예약하다 **eine Reise buchen** 아이네 라이제 북흔

시내 투어 **Stadtrundfahrt** 슈타트룬트파아트

박물관 투어 **Museumsführung** 무제움스퓨룽

버스 투어 **Bus Tour** 부스 투어

취소하다 **stornieren** 슈토니어렌

바꾸다 **ändern** 엔데어른

취소 수수료 **Gebühren** 게뷰어렌

여행 회화

시내 투어 예약하고 싶어요. **Ich möchte eine Stadtrundfahrt buchen.** 이히 모쉬테 아이네 슈타트룬트파아트 북흔.

투어 몇 시에 시작해요? **Um wie viel Uhr beginnt die Tour?** 움 뷔 필 우어 베긴트 디 투어?

투어 몇 시에 끝나요? **Wann endet die Tour?** 반 엔뎃 디 투어?

우린 투어를 취소해야겠어요. **Wir mussten unsere Reise leider stornieren.**
뷔어 무스튼 운저러 라이제 라이더 슈토니어렌.

3 관광안내소 방문했을 때

자주 쓰는 여행 단어

추천하다 **empfehlen** 엠페헬렌

관광 정보 **Tourinformationen** 투어인포마치우넨

시내 시도 **Stadtplan** 슈타트플란

관광 안내 책자 **Touristenbroschüre** 투어리스텐브로슈어

시간표 **Fahrplan** 파플란

기까운 역 **die nächste Station** 디 네쉬스테 슈타치온

예약하다 **Reservieren** 레저비어른

여행 회화

관광으로 무엇을 추천하시나요? **Was empfehlen Sie zum Sightseeing?** 바스 엠페헬렌 지 춤 사이트시잉?

시내 지도 받을 수 있나요? **Kann ich einen Stadtplan bekommen?** 칸 이히 아이넨 슈타트플란 베코멘?

관광 안내 책자 받을 수 있나요? **Kann ich eine Touristenbroschüre bekommen?**
칸 이히 아이네 투어리스텐브로슈어 베코멘?

버스 시간표 받을 수 있나요? Kann ich einen Busfahrplan bekommen? 칸 이히 아이넨 부스파플란 베코멘?
가장 가까운 역이 어디예요? Wo ist die nächste bahnhof? 보 이스트 디 네쉬스테 반호프?
여기서 예약할 수 있나요? Kann ich hier reservieren? 칸 이히 히어 레저비어렌?

④ 관광명소 관람할 때

자주 쓰는 여행 단어

대여하다 mieten 미텐
오디오 가이드 Audioguide 오디오 가이드
가이드 투어 Führung 퓨룽
입구 Eingang 아인강

출구 Ausgang 아우스강
화장실 Toilette 토일레테
기념품 가게 Geschenkeladen 게쉔켄라덴

여행 회화

오디오 가이드 빌릴 수 있나요? Kann ich einen Audioguide mieten? 칸 이히 아이넨 오디오가이드 미텐?
오늘 가이드 투어 있나요? Gibt es heute Führungen? 깁 에스 호이테 퓨룽겐?
안내 책자를 받을 수 있나요? Kann ich eine Broschüre bekommen? 칸 이히 아이네 브로슈어 베코멘?
출구는 어디인가요? Wo ist der Ausgang? 보 이스트 데어 아우스강?
기념품 가게는 어디인가요? Wo ist der Geschenkeladen? 보 이스트 데어 게쉔켄라덴?
여기서 사진 찍어도 될까요? Darf man fotografieren? 다프 만 포토그라피어렌?

⑤ 사진 촬영 부탁할 때

자주 쓰는 여행 단어

사진을 찍다 ein Foto machen 아인 포토 마헨
하나 더 noch 녹흐
배경 Hintergrund 힌터그룬트
플래시 Blitz 블리츠
셀카 selfie 셀피
촬영 금지 Fotografieren verboten 포토그라피어렌 페르보텐

여행 회화

제 사진/저희 사진 좀 찍어 주실 수 있나요? Können Sie ein Foto von mir/uns machen?
쾨넨 지 아인 포토 폰 미어/운스 마헨?
한 장 더 부탁드려요. Noch einen bitte. 녹흐 아이넨 비테.
배경이 나오게 찍어주세요. Können Sie ein Bild mit dem Hintergrund machen?
쾨넨 지 아인 빌트 밋 뎀 힌터그룬트 마헨?
제가 사진 찍어드릴까요? Soll ich ein Foto von dir machen? 졸 이히 아인 포토 폰 디어 마헨?
플래시 사용할 수 있나요? kann man mit Blitz fotografieren? 칸 만 밋 블리츠 포토그라피어렌?

10 쇼핑할 때

① 제품 문의할 때

자주 쓰는 여행 단어

백화점 Kaufhaus 카우프하우스
옷 Kleidung 클라이둥
인기 있는 beliebt 베립트
얼마 wie viel 뷔 필

이것·저것 dies·das 디스, 다스
선물 Geschenk 게쉥케
추천 Empfehlung 엠페허룽

여행 회화

가장 인기 있는 것이 뭐예요? Was ist das beliebteste? 바스 이스트 다스 베렙테스데?
이거 얼마예요? Wieviel kostet das? 뷔필 코스텟 다스?
이거 세일하나요? Ist das im Angebot? 이스트 다스 임 앙게봇?
선물로 뭐가 좋은가요? Empfehlen Sie mir ein Geschenk? 엠페헤렌 지 미어 아인 게쉥케?

② 착용할 때

자주 쓰는 여행 단어

사용해보다 probieren 프로비어렌
탈의실 Umkleidekabine 움클라이드카비네
다른 것 anderer 안데레
다른 색상 andere Farbe 안데레 파아베

더 큰 것 größer 그로써
더 작은 것 kleiner 클라이너
사이즈 Größe 그로쎄
내 마음에 들다. gäfallt mir 게펠트 미어

여행 회화

이거 입어볼 수 있나요? Kann ich das anprobieren? 칸 이히 다스 안프로비어렌?
탈의실은 어디인가요? Wo ist die Umkleidekabine? 보 이스트 디 움클라이데카비네?
혹시 다른 색상도 있나요? Haben Sie vielleicht eine andere Farbe? 하벤 지 필라이히 아이네 안데레 파아베?
더 큰 것/작은 것 있나요? Haben Sie etwas größeres/kleineres? 하벤 지 에트바스 그로쎄레스/ 클라이네레스?
이 가방 마음에 들어요. Diese Tasche gefällt mir. 디제 타쉐 게펠트 미어.
이게 다예요. Das ist alles. 다스 이스트 알레스.

③ 가격 문의 및 흥정할 때

자주 쓰는 여행 단어

얼마 wie viel 뷔 필
가방 Tasche 타쉐
세금 환급 Steuerrückerstattung 슈토이어뤽커슈타퉁
비싼 teuer 토이어

할인 Rabatt 라바트
쿠폰 Gutschein 굿샤인
더 저렴한 것 billiger 빌링거
제일 저렴한 가격 günstigsten Preise 귄스틱스텐 프라이스

여행 회화

이 가방 얼마예요? **Wie viel kostet diese Tasche?** 뷔 필 코스텟 디저 타쉐?

나중에 세금 환급 받을 수 있나요? **Kann ich später eine Steuerrückerstattung bekommen?**
칸 이히 슈페터 아이네 슈터이어류커슈타퉁 베코멘?

너무 비싸요. **Es ist zu teuer.** 에스 이스트 쭈 토이어.

할인 받을 수 있나요? **Könnten Sie mir einen Rabatt geben?** 쾬텐 지 미어 아이넨 라밧 게벤?

쿠폰이 있어요. **Ich habe einen Gutschein.** 이히 하베 아이넨 굿샤인.

더 저렴한 거 있나요? **Haben Sie etwas billiger?** 하벤 지 에트바스 빌링거?

④ 계산할 때

자주 쓰는 여행 단어

계산대 **Kasse** 카세	체크 카드 **Debitkarte** 데빗카르테
ATM **Geldautomat** 겔트아웃토맛	현금 **Bargeld** 바겔트
총 **zusammen** 쭈자멘	유로 **Euro** 오이로
지불하다 **zahlen** 잘렌	할부로 결제하다 **Ratenzahlen** 라텐짤렌
신용 카드 **Kreditkarte** 크레딧카르테	일시불로 결제하다 **einmalige zahlen** 아인말리게 짤렌

여행 회화

계산대가 어디에 있나요? **Wo ist die Kasse?** 보 이스트 디 카세?

근처에 ATM이 어디있나요? **Gibt es einen Geldautomaten in der Nähe?**
깁 에스 아이넨 겔트아웃토마튼 인 데어 네허?

모두 얼마입니까? **Was macht das zusammen?** 바스 마흐트 다스 쭈자멘?

신용 카드로 지불할 수 있나요? **Kann ich mit Kreditkarte bezahlen?** 칸 이히 밋 크레디카르테 베찰렌?

현금으로 지불할 수 있나요? **Kann ich in bar bezahlen?** 칸 이히 인 바 베찰렌?

영수증 주세요. **Die Rechnung, bitte.** 디 레히눙, 비테.

일시불로 하시겠어요, 할부로 하시겠어요? **Möchten Sie eine einmalige Zhalung oder Rathenzahlung?**
모쉬텐 지 아이네 아인말리게 짤룽 오더 라텐짤룽?

⑤ 포장 요청할 때

자주 쓰는 여행 단어

포장하다 **verpacken** 페어파켄

뽁뽁이(버블랩) **Luftpolsterfolie** 루프트폴스터포일레

따로 **separat** 체파랏

선물 포장하다 **Geschenkverpackung** 게쉥크페어파쿵

선물상자 **Geshenkbox** 게쉥켄복스

쇼핑백 **Einkaufstasche** 아인카우프스타쉐

비닐봉지 Plastiktüte 플라스틱튜터

깨지기 쉬운 zerbrechlich 체르브레흐리히

여행 회화

포장은 얼마예요? Wie viel kostet das Verpacken? 뷔필 코스텟 다스 페어파켄?

이거 포장해줄 수 있나요? Können Sie mir das einpacken? 쾨넨 지 미어 다스 아이파켄?

뽁뽁이로 포장해줄 수 있나요? Können Sie es mit Luftpolsterfolie verpacken?
쾨넨 지 에스 밋 루프트폴스터폴리에 페르파켄?

따로 포장해줄 수 있나요? Können Sie diese separat verpacken? 쾨넨 지 디저 체파랏 페어파켄?

선물 포장해 줄 수 있나요? Können Sie es als Geschenk verpacken? 쾨넨 지 에스 알스 게쉥크 페어파켄?

쇼핑백에 담아주세요. Bitte legen Sie es in eine Einkaufstasche. 비테 레겐 지 에스 인 아이네 아인카우프스타쉐.

비닐봉지 주세요. Eine Tüte, bitte. 아이네 튜터, 비테

⑥ 교환 또는 환불받을 때

자주 쓰는 여행 단어

교환하다 umtauschen 움타우쉔	지불하다 zahlen 짤렌
다른 것 ein anderer 아인 안데레	사용하다 benutzen 베눗젠
영수증 Quittung 크뷔퉁	작동하지 않는 funktioniert nicht 풍츠니어트 니히트

여행 회화

교환할 수 있나요? Kann ich es umtauschen? 칸 이히 에스 움타우쉔?

환불받을 수 있나요? Kann ich eine Rückerstattung erhalten? 칸 이히 아이네 류커슈타퉁 에르할텐?

영수증을 잃어버렸어요. Ich habe meine Quittung verloren. 이히 하베 마이네 크뷔퉁 페어로렌.

현금으로 계산했어요. Ich habe mit bar bezahlt. 이히 하베 밋 바 베찰렏트

사용하시 않았어요. Ich habe es nicht benutzt. 아히 하베 에스 니히트 베눗츠트.

이것은 작동하지 않아요. Es funktioniert nicht. 에스 풍츠니어트 니히트.

11 위급 상황 시

① 아프거나 다쳤을 때

자주 쓰는 여행 단어

약국 Apotheke 아포테케	두통 Kopfschmerz 코프슈메르츠
병원 Krankenhaus 크랑켄하우스 / Klinik 클리니크	복통 Bauchschmerzen 바우흐슈메르첸
아픈 weh tun 베 툰	당뇨병 환자 Diabetiker 디아베티커
감기 Erkältung 에르켈퉁	열 Fieber 피버

여행 회화

가까운 병원은 어디인가요? Wo ist das nächste Krankenhaus? 보 이스트 다스 네쉬테 크랑켄하우스?

응급차가 필요해요. Ich brauche einen Krankenwagen. 이히 브라우허 아이넨 크랑켄바겐.

복통이 있어요. Ich habe Bauchschmerzen. 이히 하베 바우흐슈메르첸.

열이 있나요? Haben sie Fieber? 하벤 지 피버?

몸이 아파요. Ich bin Krank. 이히 빈 크랑크.

어지러워요. Mir ist schlecht. 미어 이스트 슐레흐트.

몸 상태가 이상해요. Ich fühle mich nicht so gut. 이히 퓔레 미히 니히트 조 굿.

여기가 아파요. Hier tut es weh. 히어 툿 에스 베.

저는 당뇨병 환자입니다. Ich bin Diabetiker. 이히 빈 디아베티커.

② 분실, 도난 신고할 때

자주 쓰는 여행 단어

경찰 Polizei 폴리짜이

분실된 verloren 페어로렌

가방 Tasche 타쉐

여권 Reisepass 라이제파스

신고하다 anzeigen 안차이겐

도난당한 gestohlen 게슈톨렌

한국 대사관 die koreanische Botschaft 디 코리아
니쉐 보트쉐프트

여행 회화

경찰을 불러주세요. Bitte rufen sie die Polizei. 비터 루픈 지 디 폴리짜이.

제 여권을 분실했어요. Ich habe meinen Reisepass verloren. 이히 하베 마이넨 라이제파스 페어로렌.

저 좀 도와주세요./ 도와주세요! Können Sie mir helfen? / Hilfe! 쾨넨 지 미어 헬펜? / 힐페!

제 가방을 도난당했어요. Meine Tasche wurde gestohlen. 마이네 타쉐 부어데 게슈톨렌.

분실물 보관소는 어디인가요? Wo ist das Fundbüro? 보 이스트 다스 푼트뷰로?

한국 대사관에 연락해 주세요. Bitte rufen Sie die koreanische Botschaft. 비테 루펜 지 디 코리아니쉐 보트쉐프트.

PART 16

권말부록 2

실전에 꼭 필요한 여행 영어

Where can I transfer?

이것만은 꼭! 여행 영어 패턴 10

1 ~주세요. ~ please. 플리즈

영수증 주세요. Receipt, please. 뤼씨트, 플리즈.
닭고기 주세요. Chicken, please. 취킨, 플리즈.

2 어디인가요? Where is ~? 웨얼 이즈

화장실이 어디인가요? Where is the toilet? 웨얼 이즈 더 토일렛?
버스 정류장이 어디인가요? Where is the bus stop? 웨얼 이즈 더 버쓰 스탑?

3 얼마예요? How much ~? 하우 머취

이건 얼마예요? How much is this? 하우 머취 이즈 디스?
전부 얼마예요? How much is the total? 하우 머취 이즈 더 토털?

4 ~하고 싶어요. I want to ~. 아이 원트 투

룸서비스를 주문하고 싶어요. I want to order room service. 아이 원트 투 오더 룸 썰비쓰.
택시 타고 싶어요. I want to take a taxi. 아이 원트 투 테이크 어 택시.

5 ~할 수 있나요? Can I/you ~? 캔 아이/유

펜 좀 빌릴 수 있나요? Can I borrow a pen? 캔 아이 바로우 어 펜?
영어로 말할 수 있나요? Can you speak English? 캔 유 스피크 잉글리쉬?

6 저는 ~ 할게요. I'll ~. 아윌

저는 카드로 결제할게요. I'll pay by card. 아윌 페이 바이 카드.
저는 2박 묵을 거예요. I'll stay for two nights. 아윌 스테이 포 투 나잇츠.

7 ~은 무엇인가요? What is ~? 왓 이즈

이것은 무엇인가요? What is it? 왓 이즈 잇?
다음 역은 무엇인가요? What is the next station? 왓 이즈 더 넥쓰트 스테이션?

8 ~ 있나요? Do you have ~? 두유 해브

다른 거 있나요? Do you have another one? 두유 해브 어나덜 원?
자리 있나요? Do you have a table? 두유 해브 어 테이블?

9 이건 ~인가요? Is ~? 이즈 디스

이 길이 맞나요? Is this the right way? 이즈 디스 더 롸잇 웨이?
이것은 여성용/남성용인가요? Is this for women/men? 이즈 디스 포 위민/맨?

10 이건 ~예요. It's ~. 잇츠

이건 너무 비싸요. It's too expensive. 잇츠 투 익쓰펜시브.
이건 짜요. It's salty. 잇츠 썰티.

01 공항 · 기내에서

① 탑승 수속할 때

자주 쓰는 여행 단어

여권 **passport** 패쓰포트

탑승권 **boarding pass** 볼딩 패쓰

창가 좌석 **window seat** 윈도우 씻

복도 좌석 **aisle seat** 아일 씻

앞쪽 좌석 **front row seat** 프론트 로우 씻

무게 **weight** 웨잇

추가 요금 **extra charge** 엑쓰트라 차알쥐

수하물 **baggage/luggage** 배기쥐/러기쥐

여행 회화

여기 제 여권이요. **Here is my passport.** 히얼 이즈 마이 패쓰포트.

창가 좌석을 받을 수 있나요? **Can I have a window seat?** 캔 아이 해브 어 윈도우 씻?

앞쪽 좌석을 받을 수 있나요? **Can I have a front row seat?** 캔 아이 해브 어 프론트 로우 씻?

무게 제한이 얼마인가요? **What is the weight limit?** 왓 이즈 더 웨잇 리미트?

추가 요금이 얼마인가요? **How much is the extra charge?** 하우 머취 이즈 디 엑쓰트라 차알쥐?

13번 게이트가 어디인가요? **Where is gate thirteen?** 웨얼 이즈 게이트 떨틴?

② 보안 검색 받을 때

자주 쓰는 여행 단어

액체류 **liquids** 리퀴즈

주머니 **pocket** 포켓

전화기 **phone** 폰

노트북 **laptop** 랩탑

모자 **hat** 햇

벗다 **take off** 테이크 오프

임신한 **pregnant** 프레그넌트

가다 **go** 고우

여행 회화

저는 액체류 없어요. **I don't have any liquids.** 아이 돈 해브 애니 리퀴즈.

주머니에 아무것도 없어요. **I have nothing in my pocket.** 아이 해브 낫띵 인 마이 포켓.

제 백팩에 노트북이 있어요. **I have a laptop in my backpack.** 아이 해브 어 랩탑 인 마이 백팩.

모자를 벗어야 하나요? **Should I take off my hat?** 슈드 아이 테이크 오프 마이 햇?

저 임신했어요. **I'm pregnant.** 아임 프레그넌트.

이제 가도 되나요? **Can I go now?** 캔 아이 고우 나우?

③ 면세점 이용할 때

자주 쓰는 여행 단어

면세점 **duty-free shop** 듀티프리 샵

화장품 **cosmetics** 코스메틱스

향수 **perfume** 퍼퓸

가방 **bag** 백

선글라스 **sunglasses** 썬글래씨스

담배 **cigarette** 씨가렛

주류 **alcohol** 알코홀

계산하다 **pay** 페이

여행 회화

얼마예요? **How much is it?** 하우 머치 이즈 잇?

이 가방 있나요? **Do you have this bag?** 두유 해브 디스 백?

이걸로 할게요. **I'll take this one.** 아윌 테이크 디스 원.

이 쿠폰을 사용할 수 있나요? **Can I use this coupon?** 캔 아이 유즈 디스 쿠펀?

여기 있어요. **Here you are.** 히얼 유 얼.

이걸 기내에 가지고 탈 수 있나요? **Can I carry this on board?** 캔 아이 캐리 디스 온 볼드?

④ 비행기 탑승할 때

자주 쓰는 여행 단어

탑승권 **boarding pass** 볼딩 패스

좌석 **seat** 씻

좌석 번호 **seat number** 씻 넘버

일등석 **first class** 펄스트 클래쓰

일반석 **economy class** 이코노미 클래쓰

안전벨트 **seatbelt** 씻벨트

바꾸다 **change** 췌인쥐

마지막 탑승 안내 **last call** 라스트 콜

여행 회화

제 자리는 어디인가요? **Where is my seat?** 웨얼 이즈 마이 씻?

여긴 제 자리입니다. **This is my seat.** 디스 이즈 마이 씻.

좌석 번호가 몇 번이세요? **What is your seat number?** 왓 이즈 유어 씻 넘벌?

자리를 바꿀 수 있나요? **Can I change my seat?** 캔 아이 췌인지 마이 씻?

가방을 어디에 두어야 하나요? **Where should I put my baggage?** 웨얼 슈드 아이 풋 마이 배기쥐?

제 좌석을 젖혀도 될까요? **Do you mind if I recline my seat?** 두 유 마인드 이프 아이 뤼클라인 마이 씻?

⑤ 기내 서비스 요청할 때

자주 쓰는 여행 단어

간식 **snacks** 스낵쓰

맥주 **beer** 비얼

물 **water** 워럴/워터

담요 **blanket** 블랭킷

식사 **meal** 미일

닭고기 **chicken** 취킨

생선 **fish** 퓌쉬

비행기 멀미 **airsick** 에얼씩

여행 회화

간식 좀 먹을 수 있나요? **Can I have some snacks?** 캔 아이 해브 썸 스낵쓰?

물 좀 마실 수 있나요? **Can I have some water?** 캔 아이 해브 썸 워럴?

담요 좀 받을 수 있나요? **Can I get a blanket?** 캔 아이 겟 어 블랭킷?

식사는 언제인가요? **When will the meal be served?** 웬 윌 더 미일 비 설브드?

닭고기로 할게요. **Chicken, please.** 취킨, 플리즈.

비행기 멀미가 나요. **I feel airsick.** 아이 퓔 에얼씩.

⑥ 기내 기기/시설 문의할 때

자주 쓰는 여행 단어

등 **light** 라이트

작동하지 않는 **not working** 낫 월킹

화면 **screen** 스크린

음량 **volume** 볼륨

영화 **movies** 무비쓰

좌석 **seat** 씻

눕히다 **recline** 뤼클라인

화장실 **toilet** 토일렛

여행 회화

등을 어떻게 켜나요? **How do I turn on the light?** 하우 두 아이 턴온 더 라이트?

화면이 안 나와요. **My screen is not working.** 마이 스크린 이즈 낫 월킹

음량을 어떻게 높이나요? **How can I turn up the volume?** 하우 캔 아이 턴업 더 볼륨?

영화 보고 싶어요. **I want to watch movies.** 아이 원트 투 워치 무비쓰.

제 좌석을 어떻게 눕히나요? **How do I recline my seat?** 하우 두 아이 뤼클라인 마이 씻?

화장실이 어디인가요? **Where is the toilet?** 웨얼 이즈 더 토일렛?

⑦ 환승할 때

자주 쓰는 여행 단어

환승 **transfer** 트렌스풔

탑승구 **gate** 게이트

탑승 **boarding** 볼딩

연착 **delay** 딜레이

편명 **flight number** 플라이트 넘벌

갈아탈 비행기 **connecting flight** 커넥팅 플라이트

쉬다 **rest** 뤠스트

기다리다 **wait** 웨이트

여행 회화

어디에서 환승할 수 있나요? **Where can I transfer?** 웨얼 캔 아이 트렌스풔?

몇 번 탑승구로 가야 하나요? **Which gate should I go to?** 위치 게이트 슈드 아이 고우 투?

탑승은 몇 시에 시작하나요? **What time does the boarding begin?** 왓 타임 더즈 더 볼딩 비긴?

화장실은 어디에 있나요? **Where is the toilet?** 웨얼 이즈 더 토일렛?

제 비행기 편명은 ㅇㅇㅇ입니다. **My flight number is ooo.** 마이 플라이트 넘벌 이즈 ㅇㅇㅇ.

라운지는 어디에 있나요? **Where is the lounge?** 웨얼 이즈 더 라운지?

⑧ 입국 심사받을 때

자주 쓰는 여행 단어

방문하다 **visit** 비짓

여행 **traveling** 트레블링

관광 **sightseeing** 싸이트씨잉

출장 **business trip** 비즈니스 트립

왕복 티켓 **return ticket** 뤼턴 티켓

지내다, 머무르다 **stay** 스테이

일주일 **a week** 어 위크

입국 심사 **immigration** 이미그레이션

여행 회화

방문 목적이 무엇인가요? **What is the purpose of your visit?** 왓 이즈 더 펄포스 오브 유얼 비짓?

여행하러 왔어요. **I'm here for traveling.** 아임 히어 포 트레블링.

출장으로 왔어요. **I'm here for a business trip.** 아임 히어 포 비즈니스 트립.

왕복 티켓이 있나요? **Do you have your return ticket?** 두유 해브 유얼 뤼턴 티켓?

호텔에서 지낼 거예요. **I'm going to stay at a hotel.** 아임 고잉 투 스테이 앳 어 호텔.

일주일 동안 머무를 거예요. **I'm staying for a week.** 아임 스테잉 포 어 위크.

02 교통수단

① 승차권 구매할 때

자주 쓰는 여행 단어

표 **ticket** 티켓	시간표 **timetable** 타임테이블
사다 **buy** 바이	편도 티켓 **single ticket** 씽글 티켓
매표소 **ticket window** 티켓 윈도우	어른 **adult** 어덜트
발권기 **ticket machine** 티켓 머쉰	어린이 **child** 촤일드

여행 회화

표 어디에서 살 수 있나요? **Where can I buy a ticket?** 웨얼 캔 아이 바이 어 티켓?

발권기는 어떻게 사용하나요? **How do I use the ticket machine?** 하우 두 아이 유즈 더 티켓 머쉰?

왕복 표 두 장이요. **Two return tickets, please.** 투 뤼턴 티켓츠, 플리즈.

어른 세 장이요. **Three adults, please.** 쓰리 어덜츠, 플리즈.

어린이는 얼마인가요? **How much is it for a child?** 하우 머취 이즈 잇 포 어 촤일드?

마지막 버스 몇 시인가요? **What time is the last bus?** 왓 타임 이즈 더 라스트 버스?

② 버스 이용할 때

자주 쓰는 여행 단어

버스를 타다 **take a bus** 테이크 어 버스	버스 요금 **bus fare** 버스 풰어
내리다 **get off** 겟 오프	이번 정류장 **this stop** 디스 스탑
버스표 **bus ticket** 버스 티켓	다음 정류장 **next stop** 넥스트 스탑
버스 정류장 **bus stop** 버스 스탑	셔틀 버스 **shuttle bus** 셔틀 버스

여행 회화

버스 어디에서 탈 수 있나요? **Where can I take the bus?** 웨얼 캔 아이 테이크 더 버스?

버스 정류장이 어디에 있나요? **Where is the bus stop?** 웨얼 이즈 더 버스 스탑?

이 버스 ooo로 가나요? **Is this a bus to ooo?** 이즈 디스 어 버스 투 ooo?

버스 요금이 얼마인가요? **How much is the bus fare?** 하우 머취 이즈 더 버스 풰어?

다음 정류장이 무엇인가요? **What is the next stop?** 왓 이즈 더 넥스트 스탑?

어디서 내려야 하나요? **Where should I get off?** 웨얼 슈드 아이 겟 오프?

③ 지하철·기차 이용할 때

자주 쓰는 여행 단어

지하철 underground/tube 언덜그라운드/튜브
열차, 기차 train 트레인
타다 take 테이크
내리다 get off 겟 오프

노선도 line map 라인 맵
승강장 platform 플랫폼
역 station 스테이션
환승 transfer 트렌스펄

여행 회화

지하철 어디에서 탈 수 있나요? Where can I take the underground(the tube)?
웨얼 캔 아이 테이크 디 언더그라운드(더 튜브)?
이 열차 ooo로 가나요? Is this the train to ooo? 이즈 디스 더 트레인 투 ooo?
노선도 받을 수 있나요? Can I get the line map? 캔 아이 겟 더 라인 맵?
승강장을 못 찾겠어요. I can't find the platform. 아이 캔트 파인 더 플랫폼.
다음 역은 무엇인가요? What is the next station? 왓 이즈 더 넥쓰트 스테이션?
어디에서 환승하나요? Where should I transfer? 웨얼 슈드 아이 트렌스펄?

④ 택시 이용할 때

자주 쓰는 여행 단어

택시를 타다 take a taxi 테이크 어 택씨
택시 정류장 taxi stand 택씨 스탠드
기본요금 minimum fare 미니멈 풰어
공항 airport 에어포트

트렁크 trunk 트렁크
더 빠르게 faster 풰스털
세우다 stop 스탑
잔돈 change 췌인쥐

여행 회화

택시 어디서 탈 수 있나요? Where can I take a taxi? 웨얼 캔 아이 테이크 어 택씨?
기본요금이 얼마인가요? What is the minimum fare? 왓 이즈 더 미니멈 풰어?
공항으로 가주세요. To the airport, please. 투 디 에어포트, 플리즈.
트렁크 열어줄 수 있나요? Can you open the trunk, please? 캔 유 오픈 더 트렁크, 플리즈?
저기서 세워줄 수 있나요? Can you stop over there? 캔 유 스탑 오버 데얼?
잔돈은 가지세요. You can keep the change. 유 캔 킵 더 췌인쥐.

⑤ 거리에서 길 찾을 때

자주 쓰는 여행 단어

주소 address 어드뤠쓰
거리 street 스트뤼트
모퉁이 corner 코널
골목 alley 앨리

지도 map 맵
먼 far 퐈
가까운 close 클로쓰
길을 잃은 lost 로스트

여행 회화

박물관에 어떻게 가나요? **How do I get to the museum?** 하우 두 아이 겟 투 더 뮤지엄?

모퉁이에서 오른쪽으로 도세요. **Turn right at the corner.** 턴 롸잇 앳 더 코널.

여기서 멀어요? **Is it far from here?** 이즈 잇 퐈 프롬 히얼?

길을 잃었어요. **I'm lost.** 아임 로스트.

이 건물을 찾고 있어요. **I'm looking for this building.** 아임 룩킹 포 디스 빌딩.

이 길이 맞나요? **Is this the right way?** 이즈 디스 더 롸잇 웨이?

⑥ 교통편 놓쳤을 때

자주 쓰는 여행 단어

비행기 **flight** 플라이트   기차, 열차 **train** 트레인

놓치다 **miss** 미쓰   변경하다 **change** 췌인쥐

연착되다 **delay** 딜레이   환불 **refund** 뤼풴드

다음 **next** 넥쓰트   기다리다 **wait** 웨이트

여행 회화

비행기를 놓쳤어요. **I missed my flight.** 아이 미쓰드 마이 플라이트.

제 비행기가 연착됐어요. **My flight is delayed.** 마이 플라이트 이즈 딜레이드.

다음 비행기는 언제예요? **When is the next flight?** 웬 이즈 더 넥쓰트 플라이트?

어떻게 해야 하나요? **What should I do?** 왓 슈드 아이 두?

변경할 수 있나요? **Can I change it?** 캔 아이 췌인쥐 잇?

환불받을 수 있나요? **Can I get a refund?** 캔 아이 겟 어 뤼풴드?

03 숙소에서

① 체크인할 때

자주 쓰는 여행 단어

체크인 **check-in** 췌크인   바우처 **voucher** 봐우처

일찍 **early** 얼리   추가 침대 **extra bed** 엑쓰트라 베드

예약 **reservation** 뤠저베이션   보증금 **deposit** 디파짓

여권 **passport** 패쓰포트   와이파이 비밀번호 **Wi-Fi password** 와이파이 패스월드

여행 회화

체크인할게요. **Check in, please.** 췌크인 플리즈.

일찍 체크인할 수 있나요? **Can I check in early?** 캔 아이 췌크인 얼리?

예약했어요. **I have a reservation.** 아이 해브 어 뤠저베이션.

여기 제 여권이요. **Here is my passport.** 히얼 이즈 마이 패쓰포트.

더블 침대를 원해요. **I want a double bed.** 아이 원트 어 더블 베드.

와이파이 비밀번호가 무엇인가요? **What is the Wi-Fi password?** 왓 이즈 더 와이파이 패스월드?

② 체크아웃할 때

자주 쓰는 여행 단어

체크아웃 check-out 췌크아웃

늦게 late 레이트

보관하다 keep 킵

짐 baggage 배기쥐

청구서 invoice 인보이쓰

요금 charge 차알쥐

추가 요금 extra charge 엑스트라 차알쥐

택시 taxi 택시

여행 회화

체크아웃할게요. Check out, please. 췌크아웃 플리즈.

체크아웃 몇 시예요? What time is check-out? 왓 타임 이즈 췌크아웃?

늦게 체크아웃할 수 있나요? Can I check out late? 캔 아이 췌크아웃 레이트?

늦은 체크아웃은 얼마예요? How much is it for late check-out? 하우 머취 이즈 잇 포 레이트 췌크아웃?

짐을 맡길 수 있나요? Can you keep my baggage? 캔 유 킵 마이 배기쥐?

청구서를 받을 수 있나요? Can I have an invoice? 캔 아이 해브 언 인보이쓰?

③ 부대시설 이용할 때

자주 쓰는 여행 단어

식당 restaurant 뤠스터런트

조식 breakfast 브렉퍼스트

수영장 pool 풀

헬스장 gym 짐

스파 spa 스파

세탁실 laundry room 뤈드리 룸

자판기 vending machine 벤딩 머쉰

24시간 twenty-four hours 트웬티포 아워쓰

여행 회화

식당 언제 여나요? When does the restaurant open? 웬 더즈 더 뤠스터런트 오픈?

조식 어디서 먹나요? Where can I have breakfast? 웨얼 캔 아이 햅 브렉퍼스트?

조식 언제 끝나요? When does breakfast end? 웬 더즈 브렉퍼스트 엔드?

수영장 언제 닫나요? When does the pool close? 웬 더즈 더 풀 클로즈?

헬스장이 어디에 있나요? Where is the gym? 웨얼 이즈 더 짐?

자판기 어디에 있나요? Where is the vending machine? 웨얼 이즈 더 벤딩 머쉰?

④ 객실 용품 요청할 때

자주 쓰는 여행 단어

수건 towel 타월

비누 soap 쏩

칫솔 tooth brush 투쓰 브러쉬

화장지 tissue 티쓔

베개 pillow 필로우

드라이기 hair dryer 헤어 드라이어

침대 시트 bed sheet 베드 쉬이트

여행 회화

수건 받을 수 있나요? **Can I get a towel?** 캔 아이 겟 어 타월?

비누 받을 수 있나요? **Can I get a soap?** 캔 아이 겟 어 쏩?

칫솔 하나 더 주세요. **One more toothbrush, please.** 원 모어 투쓰 브러쉬, 플리즈.

베개 하나 더 받을 수 있나요? **Can I get one more pillow?** 캔 아이 겟 원 모어 필로우?

드라이기가 어디 있나요? **Where is the hair dryer?** 웨얼 이즈 더 헤어 드라이어?

침대 시트 바꿔줄 수 있나요? **Can you change the bed sheet?** 캔 유 체인쥐 더 베드 쉬이트?

⑤ 기타 서비스 요청할 때

자주 쓰는 여행 단어

룸 서비스 **room service** 룸 썰비스

주문하다 **order** 오더

청소하다 **clean** 클린

모닝콜 **wake-up call** 웨이크업 콜

세탁 서비스 **laundry service** 뤈드리 썰비스

에어컨 **air conditioner** 에얼 컨디셔널

휴지 **toilet paper** 토일렛 페이퍼

냉장고 **fridge** 프리쥐

여행 회화

룸서비스 되나요? **Do you have room service?** 두 유 해브 룸 썰비스?

샌드위치를 주문하고 싶어요. **I want to order some sandwiches.** 아이 원트 투 오더 썸 쌘드위치스.

객실을 청소해 줄 수 있나요? **Can you clean my room?** 캔 유 클린 마이 룸?

7시에 모닝콜 해 줄 수 있나요? **Can I get a wake-up call at 7?** 캔 아이 겟 어 웨이크업 콜 앳 쎄븐?

세탁 서비스 되나요? **Do you have laundry service?** 두 유 해브 뤈드리 썰비스?

히터 좀 확인해 줄 수 있나요? **Can you check the heater?** 캔 유 췌크 더 히터?

⑥ 불편사항 말할 때

자주 쓰는 여행 단어

고장난 **not working** 낫 월킹

온수 **hot water** 핫 워터

수압 **water pressure** 워터 프레슈어

변기 **toilet** 토일렛

귀중품 **valuables** 밸류어블즈

더운 **hot** 핫

추운 **cold** 콜드

시끄러운 **noisy** 노이지

여행 회화

에어컨이 작동하지 않아요. **The air conditioner is not working.** 디 에얼 컨디셔널 이즈 낫 월킹.

온수가 안 나와요. **There is no hot water.** 데얼 이즈 노 핫 워터.

수압이 낮아요. **The water pressure is low.** 더 워터 프레슈어 이즈 로우.

변기 물이 안 내려가요. **The toilet doesn't flush.** 더 토일렛 더즌트 플러쉬.

귀중품을 잃어버렸어요. **I lost my valuables.** 아이 로스트 마이 밸류어블즈.

방이 너무 추워요. **It's too cold in my room.** 잇츠 투 콜드 인 마이 룸.

04 식당에서

1 예약할 때

자주 쓰는 여행 단어

예약하다 book 북

자리 table 테이블

아침 식사 breakfast 브렉퍼스트

점심 식사 lunch 런취

저녁 식사 dinner 디너

예약하다 make a reservation 메이크 어 뤠저붸이션

예약을 취소하다 cancel a reservation 캔쓸 어 뤠저붸이션

주차장 parking lot/car park 파킹 랏/카 파크

여행 회화

자리 예약하고 싶어요. I want to book a table. 아이 원트 투 북 어 테이블.

저녁 식사 예약하고 싶어요. I want to book a table for dinner. 아이 원트 투 북 어 테이블 포 디너.

3명 자리 예약하고 싶어요. I want to book a table for three. 아이 원트 투 북 어 테이블 포 뜨리.

000 이름으로 예약했어요. I have a reservation under the name of 000. 아이 해브 어 뤠저붸이션 언덜 더 네임 오브 000.

예약 취소하고 싶어요. I want to cancel my reservation. 아이 원트 투 캔쓸 마이 뤠저붸이션.

주차장이 있나요? Do you have a parking lot? 두 유 해브 어 파킹 랏?

2 주문할 때

자주 쓰는 여행 단어

메뉴판 menu 메뉴

주문하다 order 오더

추천 recommendation 뤠커멘데이션

스테이크 steak 스테이크

해산물 seafood 씨푸드

짠 salty 쏠티

매운 spicy 스파이씨

음료 drink 드링크

여행 회화

메뉴판 볼 수 있나요? Can I see the menu? 캔 아이 씨 더 메뉴?

지금 주문할게요. I want to order now. 아이 원트 투 오더 나우.

추천해줄 수 있나요? Do you have any recommendations? 두 유 해브 애니 뤠커멘데이션스?

이길로 주세요. This one, please. 디스 원 플리즈.

스테이크 하나 주시겠어요? Can I have a steak? 캔 아이 해브 어 스테이크?

제 스테이크는 중간 정도로 익혀주세요. I want may steak medium, please. 아이 원트 마이 스테이크 미디엄, 플리즈.

3 식당 서비스 요청할 때

자주 쓰는 여행 단어

닦다 wipe down 와이프 다운

접시 plate 플레이트

떨어뜨리다 drop 드롭

칼 knife 나이프

데우다 heat up 힛 업

잔 glass 글래쓰

휴지 napkin 냅킨

아기 의자 high chair 하이 췌어

실전에 꼭 필요한 여행 영어 549

여행 회화

이 테이블 좀 닦아줄 수 있나요? **Can you wipe down this table?** 캔 유 와이프 다운 디스 테이블?

접시 하나 더 받을 수 있나요? **Can I get one more plate?** 캔 아이 겟 원 모얼 플레이트?

나이프를 떨어뜨렸어요. **I dropped my knife.** 아이 드롭트 마이 나이프.

냅킨이 없어요. **There is no napkin.** 데얼 이즈 노우 냅킨.

아기 의자 있나요? **Do yon have a high chair?** 두 유 해브 어 하이 췌어?

이것 좀 데워줄 수 있나요? **Can you heat this up?** 캔 유 힛 디스 업?

④ 불만사항 말할 때

자주 쓰는 여행 단어

너무 익은 overcooked 오버쿡트	음료 drink 드링크
덜 익은 undercooked 언더쿡트	짠 salty 쏠티
잘못된 wrong 륑	싱거운 bland 블랜드
음식 food 푸드	새 것 new one 뉴 원

여행 회화

실례합니다. **Excuse me.** 익스큐스 미.

이것은 덜 익었어요. **It's undercooked.** 잇츠 언더쿡트.

메뉴가 잘못 나왔어요. **I got the wrong menu.** 아이 갓 더 륑 메뉴.

제 음료를 못 받았어요. **I didn't get my drink.** 아이 디든트 겟 마이 드링크.

이것은 너무 짜요. **It's too salty.** 잇츠 투 쏠티.

새 것을 받을 수 있나요? **Can I have a new one?** 캔 아이 해브 어 뉴 원?

⑤ 계산할 때

자주 쓰는 여행 단어

계산서 bill 빌	잔돈 change 췌인쥐
지불하다 pay 페이	영수증 receipt 뤼씨트
현금 cash 캐쉬	팁 tip 팁
신용카드 credit card 크뤠딧 카드	포함하다 include 인클루드

여행 회화

계산서 주세요. **Bill, please.** 빌, 플리즈.

따로 계산해 주세요. **Separate bills, please.** 쎄퍼뤠이트 빌즈, 플리즈.

계산서가 잘못 됐어요. **Something is wrong with the bill.** 썸띵 이즈 륑 위드 더 빌.

신용카드로 지불할 수 있나요? **Can I pay by credit card?** 캔 아이 바이 크뤠딧 카드?

영수증 주시겠어요? **Can I get a receipt?** 캔 아이 겟 어 뤼씨트?

팁이 포함되어 있나요? **Is the tip included?** 이즈 더 팁 인클루디드?

⑥ 패스트푸드 주문할 때

자주 쓰는 여행 단어

세트 combo/meal 컴보/미일

햄버거 burger 벌거얼

감자튀김 chips/fries 칩스/프라이스

케첩 ketchup 켓첩

추가의 extra 엑쓰트라

콜라 coke 코크

리필 refill 뤼필

포장 takeaway/to go 테이크어웨이/투 고

여행 회화

2번 세트 주세요. I'll have meal number two. 아이윌 햅 미일 넘벌 투.

햄버거만 하나 주세요. Just a burger, please. 저스트 어 벌거얼, 플리즈.

치즈 추가해 주세요. Can I have extra cheese on it? 캔 아이 해브 엑쓰트라 치즈 언 잇?

리필할 수 있나요? Can I get a refill? 캔 아이 겟 어 뤼필?

여기서 먹을 거예요. It's for here. 잇츠 포 히얼.

포장해 주세요. Takeaway, please. 테이크어웨이 플리즈.

⑦ 커피 주문할 때

자주 쓰는 여행 단어

아메리카노 americano 아뭬리카노

라떼 latte 라테이

차가운 iced 아이쓰드

작은 small 스몰

중간의 regular/medium 뤠귤러/미디엄

큰 large 라알쥐

샷 추가 extra shot 엑쓰트라 샷

두유 soy milk 쏘이 미일크

여행 회화

차가운 아메리카노 한 잔 주세요. One iced americano, please. 원 아이쓰드 아뭬리카노, 플리즈.

작은 사이즈 라떼 한 잔 주시겠어요? Can I have a small latte? 캔 아이 해브 어 스몰 라테이?

샷 추가해 주세요. Add an extra shot, please. 애드 언 엑쓰트라 샷, 플리즈.

두유 라떼 한 잔 주시겠어요? Can I have a soy latte? 캔 아이 해브 어 소이 라테이?

휘핑크림 추가해 주세요. I'll have extra whipped cream. 아윌 해브 엑쓰트라 휘트 크림

얼음 더 넣어 주시겠어요? Can you put extra ice in it? 캔 유 풋 엑쓰트라 아이쓰 인 잇?

05 관광할 때

① 관람권 구매할 때

자주 쓰는 여행 단어

표 ticket 티켓

입장료 admission fee 어드미쎤 퓌

공연 show 쑈

인기 있는 popular 파퓰러

뮤지컬 musical 뮤지컬

다음 공연 next show 넥쓰트 쑈

좌석 seat 씻

매진된 sold out 쏠드 아웃

여행 회화

표 얼마예요? How much is the ticket? 하우 머취 이즈 더 티켓?

표 2장 주세요. Two tickets, please. 투 티켓츠, 플리즈.

어른 3장, 어린이 1장 주세요. Three adults and one child, please. 뜨리 어덜츠 앤 원 촤일드, 플리즈.

가장 인기 있는 공연이 뭐예요? What is the most popular show? 왓 이즈 더 모스트 파퓰러 쑈?

공연 언제 시작하나요? When does the show start? 웬 더즈 더 쑈 스타트?

매진인가요? Is it sold out? 이즈 잇 솔드 아웃?

2 투어 예약 및 취소할 때

자주 쓰는 여행 단어

투어를 예약하다 book a tour 북 어 투어	취소하다 cancel 캔쓸
시내 투어 city tour 씨티 투어	바꾸다 change 췌인쥐
박물관 투어 museum tour 뮤지엄 투어	환불 refund 뤼펀드
버스 투어 bus tour 버스 투어	취소 수수료 cancellation fee 캔쓸레이션 퓌

여행 회화

시내 투어 예약하고 싶어요. I want to book a city tour. 아이 원트 투 북 어 씨티 투어.

이 투어 얼마예요? How much is this tour? 하우 머취 이즈 디스 투어?

투어 몇 시에 시작해요? What time does the tour start? 왓 타임 더즈 더 투어 스타트?

투어 몇 시에 끝나요? What time does the tour end? 왓 타임 더즈 더 투어 엔드?

투어 취소할 수 있나요? Can I cancel the tour 캔 아이 캔쓸 더 투어?

환불 받을 수 있나요? Can I get a refund? 캔 아이 겟 어 뤼펀드?

3 관광 안내소 방문했을 때

자주 쓰는 여행 단어

추천하다 recommend 뤼커멘드	관광 안내 책자 tourist brochure 투어뤼스트 브로슈얼
관광 sightseeing 싸이트시잉	시간표 timetable 타임테이블
관광 정보 tour information 투어 인포메이션	가까운 역 the nearest station 더 니어리스트 스테이션
시내 지도 city map 씨티 맵	예약하다 make a reservation 메이크 어 뤠저베이션

여행 회화

관광으로 무엇을 추천하시나요? What do you recommend for sightseeing? 왓 두유 뤼커멘드 포 싸이트씨잉?

시내 지도 받을 수 있나요? Can I get a city map? 캔 아이 겟 어 씨티 맵?

관광 안내 책자 받을 수 있나요? Where can I find a tourist brochure? 웨얼 캔 아이 파인드 어 투어리스트 브로슈얼?

버스 시간표 받을 수 있나요? Can I get a bus timetable? 캔 아이 겟 어 버스 타임테이블?

가장 가까운 역이 어디예요? Where is the nearest station? 웨얼 이즈 더 니어리스트 스테이션?

거기에 어떻게 가나요? How do I get there? 하우 두 아이 겟 데얼?

④ 관광 명소 관람할 때

자주 쓰는 여행 단어

대여하다 rent 렌트

오디오 가이드 audio guide 오디오 가이드

가이드 투어 guided tour 가이디드 투어

입구 entrance 엔터런쓰

출구 exit 엑씨트

기념품 가게 gift shop 기프트 샵

기념품 souvenir 수브니어

여행 회화

오디오 가이드 빌릴 수 있나요? Can I borrow an audio guide? 캔 아이 보로우 언 오디오 가이드?

오늘 가이드 투어 있나요? Are there any guided tours today? 얼 데얼 애니 가이디드 투얼스 투데이?

안내 책자 받을 수 있나요? Can I get a brochure? 캔 아이 겟 어 브로슈얼?

출구는 어디인가요? Where is the exit? 웨얼 이즈 디 엑씨트?

기념품 가게는 어디인가요? Where is the gift shop? 웨얼 이즈 더 기프트 샵?

여기서 사진 찍어도 되나요? Can I take pictures here? 캔 아이 테익 픽쳐스 히얼?

⑤ 사진 촬영 부탁할 때

자주 쓰는 여행 단어

사진을 찍다 take a picture 테이크 어 픽쳐

누르다 press 프레쓰

버튼 button 버튼

하나 더 one more 원 모얼

배경 background 백그라운드

플래시 flash 플래쉬

셀카 selfie 셀피

촬영 금지 no pictures 노 픽쳐스

여행 회화

사진 좀 찍어 주실 수 있나요? Can you take a picture? 캔 유 테이크 어 픽쳐?

이 버튼 누르시면 돼요. Just press this button, please. 저스트 프레쓰 디스 버튼, 플리즈.

한 장 더 부탁드려요. One more, please. 원 모얼, 플리즈.

배경이 나오게 찍어주세요. Can you take a picture with the background? 캔 유 테이크 어 픽쳐 윗 더 백그라운드?

제가 사진 찍어드릴까요? Do you want me to take a picture of you? 두 유 원트 미 투 테이크 어 픽쳐 옵 유?

플래시 사용할 수 있나요? Can I use the flash? 캔 아이 유즈 더 플래쉬?

06 쇼핑할 때

① 제품 문의할 때

자주 쓰는 여행 단어

제품 item 아이템

인기 있는 popular 파퓰러

얼마 how much 하우 머취

세일 sale 쎄일

이것·저것 this·that 디스·댓

선물 gift 기프트

지역 특산품 local product 로컬 프러덕트

추천 recommendation 레커멘데이션

여행 회화

가장 인기 있는 것이 뭐예요? **What is the most popular one?** 왓 이즈 더 모스트 파퓰러 원?

이 제품 있나요? **Do you have this item?** 두 유 해브 디스 아이템?

이거 얼마예요? **How much is this?** 하우 머취 이즈 디스?

이거 세일하나요? **Is this on sale?** 이즈 디스 언 쎄일?

스몰 사이즈 있나요? **Do you have a small size?** 두 유 해브 어 스몰 싸이즈?

신물로 뭐가 좋은기요? **What's good for a gift?** 왓츠 굿 포 어 기프트?

② 착용할 때

자주 쓰는 여행 단어

사용해보다 try 트라이	더 큰 것 bigger one 비걸 원
탈의실 fitting room 퓌팅 룸	더 작은 것 smaller one 스몰러 원
다른 것 another one 어나더 원	사이즈 size 싸이즈
다른 색상 another color 어나더 컬러	좋아하다 like 라이크

여행 회화

이거 입어볼 볼 수 있나요? **Can I try this on?** 캔 아이 트라이 디스 온?

이거 사용해 볼 수 있나요? **Can I try this?** 캔 아이 트라이 디스?

탈의실은 어디인가요? **Where is the fitting room?** 웨얼 이즈 더 퓌팅 룸?

다른 색상 착용해 볼 수 있나요? **Can I try another color?** 캔 아이 트라이 어나더 컬러?

더 큰 것 있나요? **Do you have a bigger one?** 두 유 해브 어 비걸 원?

이거 마음에 들어요. **I like this one.** 아이 라이크 디스 원.

③ 가격 문의 및 흥정할 때

자주 쓰는 여행 단어

얼마 how much 하우 머취	할인 discount 디스카운트
가방 bag 백	쿠폰 coupon 쿠펀
세금 환급 tax refund 택쓰 뤼펀드	더 저렴한 것 cheaper one 취퍼 원
비싼 expensive 익쓰펜씨브	더 저렴한 가격 lower price 로월 프라이쓰

여행 회화

이 가방 얼마예요? **How much is this bag?** 하우 머취 이즈 디스 백?

나중에 세금 환급 받을 수 있나요? **Can I get a tax refund later?** 캔 아이 겟 어 택쓰 뤼펀드 레이러?

너무 비싸요. **It's too expensive.** 잇츠 투 익쓰펜씨브.

할인 받을 수 있나요? **Can I get a discount?** 캔 아이 겟 어 디스카운트?

이 쿠폰 사용 할 수 있나요? **Can I use this coupon?** 캔 아이 유즈 디스 쿠펀?

더 저렴한 거 있나요? **Do you have a cheaper one?** 두 유 해브 어 취퍼 원?

④ 계산할 때

자주 쓰는 여행 단어

총 total 토털

지불하다 pay 페이

신용 카드 credit card 크레딧 카드

체크 카드 debit card 데빗 카드

현금 cash 캐쉬

파운드 pound 파운드

할부로 결제하다 pay in installments 페이 인 인스톨먼츠

일시불로 결제하다 pay in full 페이 인 풀

여행 회화

총 얼마예요? How much is the total? 하우 머취 이즈 더 토털?

신용 카드로 지불할 수 있나요? Can I pay by credit card? 캔 아이 페이 바이 크레딧 카드?

현금으로 지불할 수 있나요? Can I pay in cash? 캔 아이 페이 인 캐쉬?

영수증 주세요. Receipt, please. 뤼씨트, 플리즈.

할부로 결제할 수 있나요? Can I pay in installments? 캔 아이 페이 인 인스톨먼츠?

일시불로 결제할 수 있나요? Can I pay in full? 캔 아이 페이 인 풀?

⑤ 포장 요청할 때

자주 쓰는 여행 단어

포장하다 wrap 뤱

뽁뽁이로 포장하다 bubble wrap 버블 뤱

따로 separately 쎄퍼랫틀리

선물 포장하다 gift wrap 기프트 뤱

상자 box 박쓰

쇼핑백 shopping bag 샤핑 백

비닐봉지 plastic bag 플라스틱 백

깨지기 쉬운 fragile 프레질

여행 회화

포장은 얼마예요? How much is it for wrapping? 하우 머취 이즈 잇 포 뤱핑?

이거 포장해줄 수 있나요? Can you wrap this? 캔 유 뤱 디스?

뽁뽁이로 포장해줄 수 있나요? Can you bubble wrap it? 캔 유 버블 뤱 잇?

따로 포장해줄 수 있나요? Can you wrap them separately? 캔 유 뤱 뎀 쎄퍼랫틀리?

선물 포장해 줄 수 있나요? Can you gift wrap it? 캔 유 기프트 뤱 잇?

쇼핑백에 담아주세요. Please put it in a shopping bag. 플리즈 풋 잇 인 어 샤핑 백.

⑥ 교환·환불할 때

자주 쓰는 여행 단어

교환하다 exchange 익쓰췌인쥐

반품하다 return 뤼턴

환불 refund 뤼펀드

다른 것 another one 어나덜 원

영수증 receipt 뤼씨트

지불하다 pay 페이

사용하다 use 유즈

작동하지 않는 not working 낫 월킹

여행 회화

교환할 수 있나요? Can I exchange it? 캔 아이 익쓰췌인지 잇?

환불 받을 수 있나요? Can I get a refund? 캔 아이 겟 어 뤼풘드?

영수증을 잃어버렸어요. I lost my receipt. 아이 로스트 마이 뤼씨트.

현금으로 계산했어요. I paid in cash. 아이 페이드 인 캐쉬.

사용하지 않았아요. I didn't use it. 아이 디든트 유즈 잇.

이것은 작동하지 않아요. It's not working. 잇츠 낫 월킹.

07 위급 상황

① 아프거나 다쳤을 때

자주 쓰는 여행 단어

약국 pharmacy 퐈마씨		복통 stomachache 스토먹에이크	
병원 hospital 하스피탈		인후염 sore throat 쏘어 뜨로트	
아픈 sick 씩		열 fever 퓌버	
다치다 hurt 헐트		어지러운 dizzy 디지	
두통 headache 헤데이크		토하다 throw up 뜨로우 업	

여행 회화

가까운 병원은 어디인가요? Where is the nearest hospital? 웨얼 이즈 더 니어뤼스트 하스피탈?

응급차를 불러줄 수 있나요? Can you call an ambulance? 캔 유 콜 언 앰뷸런쓰?

무릎을 다쳤어요. I hurt my knee. 아이 헐트 마이 니.

배가 아파요. I have a stomachache. 아이 해브 어 스토먹에이크.

어지러워요. I feel dizzy. 아이 퓔 디지.

토할 것 같아요. I feel like throwing up. 아이 퓔 라이크 뜨로잉 업.

② 분실·도난 신고할 때

자주 쓰는 여행 단어

경찰서 police station 폴리쓰 스테이션		신고하다 report 뤼포트	
분실하다 lost 로스트		도난 theft 떼프트	
전화기 phone 폰		훔친 stolen 스톨른	
지갑 wallet 월렛		귀중품 valuables 밸류어블즈	
여권 passport 패쓰포트		한국 대사관 Korean embassy 코뤼언 엠버씨	

여행 회화

가장 가까운 경찰서가 어디인가요? Where is the nearest police station? 웨얼 이즈 더 니어뤼스트 폴리쓰 스테이션?

제 여권을 분실했어요. I lost my passport. 아이 로스트 마이 패쓰포트.

이걸 어디에 신고해야 하나요? Where should I report this? 웨얼 슈드 아이 뤼포트 디스?

제 가방을 도난당했어요. My bag is stolen. 마이 백 이즈 스톨른.

분실물 보관소는 어디인가요? Where is the lost-and-found? 웨얼 이즈 더 로스트앤파운드?

한국 대사관에 연락해 주세요. Please call the Korean embassy. 플리즈 콜 더 코뤼언 엠버씨.

Index
찾아보기